Thomas Bättig

Moderne Kampfflugzeuge

Thomas Bättig

Moderne Kampfflugzeuge

Bewaffnung, Einsatz, Erkennungsmerkmale

Seit 1789

Verlag E.S. Mittler & Sohn GmbH
Hamburg · Berlin · Bonn

Einbandfoto:
Eurofighter DA5.
Foto: DaimlerChrysler Aerospace AG.

Ein Gesamtverzeichnis der lieferbaren Titel der Verlagsgruppe Koehler/Mittler schicken wir Ihnen gern zu. Sie finden es aber auch im Internet unter www.koehler-mittler.de

Die Deutsche Bibliothek – CIP-Einheitsaufnahme

Moderne Kampfflugzeuge: Bewaffnung, Einsatz, Erkennungsmerkmale / Thomas Bättig. –
2. Aufl. – Hamburg; Berlin; Bonn: Mittler, 2000
1. Aufl. u.d.T.: On Target
ISBN 3-8132-0717-X

ISBN 3 8132 0717-X; Warengruppe 21

Einbandgestaltung, Layout und Produktion: Hans-Peter Herfs-George
Druck und Weiterverarbeitung: Druckerei zu Altenburg, Altenburg
Printed in Germany

Inhaltsverzeichnis

Vorwort

Kampfflugzeuge sind heute wie nie zuvor wichtige Bestandteile einer Armee. In den letzten Jahren gab es immer wieder Konflikte, in denen sie eingesetzt wurden, wie zum Beispiel im Golfkrieg, in Tschetschenien und in Bosnien. Alle diese Kriege haben gezeigt, wie wichtig es ist, die verschiedenen Kampfflugzeuge zu kennen und etwas über deren Fähigkeiten und Grenzen zu wissen, denn nur so können Krisensituationen beurteilt werden.
Durch moderne Technologien haben sich die Flugzeuge und ihre Bewaffnung in den letzten Jahrzehnten zu technologisch hochstehenden Systemen entwickelt, sie sind jedoch keine Wundermittel. So ist es für den, der mit Kampfflugzeugen oder Flugabwehrwaffen zu tun hat, von unschätzbarem Wert, die Leistungsfähigkeit der eigenen und der gegnerischen Waffensysteme richtig einschätzen können.
In meinem Buch »MODERNE KAMPFFLUGZEUGE« habe ich neben den Informationen über Kampfflugzeuge besonders großes Gewicht auf die Flugzeugerkennung gelegt, weil ich als Offizier einer Rapier-SAM-Batterie der Schweizer Luftwaffe eine Wissenslücke in dieser Hinsicht festgestellt habe. Gerade bei den Stinger- oder Rapier-Feuereinheiten wirkt sich ein derartiges Unvermögen verheerend aus, da die mutmaßlichen Gegner oft optisch identifiziert werden müssen, bevor man eine Lenkwaffe starten darf. Mein Ziel war also klar: die Flugzeugerkennungsfähigkeiten der Angehörigen der Luftwaffe zu verbessern. »Friendly Fire«, wie es den Amerikanern beim Abschuß von zwei eigenen UH-60 BLACKHAWKS über dem Irak passiert ist, darf es bei uns in einem Kriegsfall nicht geben. Ich versuchte deshalb das zu tun, was ich noch in keinem Buch gesehen, jedoch selber im Unterricht angewendet habe: dem Leser schriftlich und optisch die Erkennungsmerkmale und Hauptunterschiede im Erscheinungsbild der verschiedenen Jets zu präsentieren. Das Ergebnis erscheint dem Laien auf den ersten Blick vielleicht etwas zu detailliert; wenn man sich aber in die Materie einarbeitet, wird man erkennen, daß diese Genauigkeit durchaus seine Berechtigung hat. Zweifellos hat die optische Flugzeugerkennung auch ihre Grenzen, und man sollte nie dem Glauben verfallen, daß alle im Buch genannten Erkennungsmerkmale wirklich in der Luft ausgemacht werden können; schließlich fliegt ein Jet meistens mit über 800 km/h und ist dabei mehrere hundert Meter vom Beobachter entfernt. Wichtig ist deshalb neben den Grunderkennungsmerkmalen auch das Einprägen der Erscheinungsform, was sich jeder Flugzeugerkenner selber durch seine eigene Methode einprägen muß – hier kann das Buch nur damit helfen, indem es eine Übersicht verschafft und Anstöße gibt. Die Details sind aber nicht wertlos, denn sie helfen bei der Identifizierung von Flugzeugen auf Abbildungen oder, zum Beispiel bei einem Auslandsaufenthalt, wenn man unverhofft an einer Airbase mit abgestellten Kampfflugzeugen vorbeifährt ... .

Neben dem ersten Teil, der die einzelnen Flugzeuge behandelt, sollen Teil 2 und 3 einen Überblick über die Flugzeugbewaffnung, deren Einsatz und neuesten Technologien geben, welche von den modernsten Jets genutzt werden. In Teil 3 werden speziell jene Waffen und Techniken behandelt, die gegen die Fliegerabwehr gerichtet sind; er dürfte deshalb für Flab-Angehörige von besonderem Interesse sein.

Selbstverständlich sind einige der im Buch behandelten Flugzeuge für Europa wenig entscheidend. Doch das Buch soll ja auch eine Art Enzyklopädie darstellen und deshalb nach Möglichkeit komplett sein. Da die Maschinen alphabetisch geordnet sind, kann jeder Leser seine Prioritäten selber bestimmen und zielstrebig seine eigenen Schwächen ausgleichen.

Glattfelden im Sommer 2000 *Thomas S. Bättig*

Moderne Kampfflugzeuge: Erkennungsmerkmale, Daten

Identifikationskriterien

Flugzeuge erkennt man anhand von charakteristischen Merkmalen der Flugzeugbestandteile. Ein effizientes Lernen mit diesem Buch setzt die Kenntnis von Namen dieser Bestandteile voraus, denn die Unterschiede können aus Übersichtlichkeitsgründen nicht markiert werden.

Beim unten abgebildeten Flugzeug, einer Su-27 »FLANKER-B«, sind jene Bestandteile, die wichtig für die Erkennung sind, mit Ziffern versehen; darunter befindet sich die dazugehörige Legende.

Die Flugzeugbestandteile:

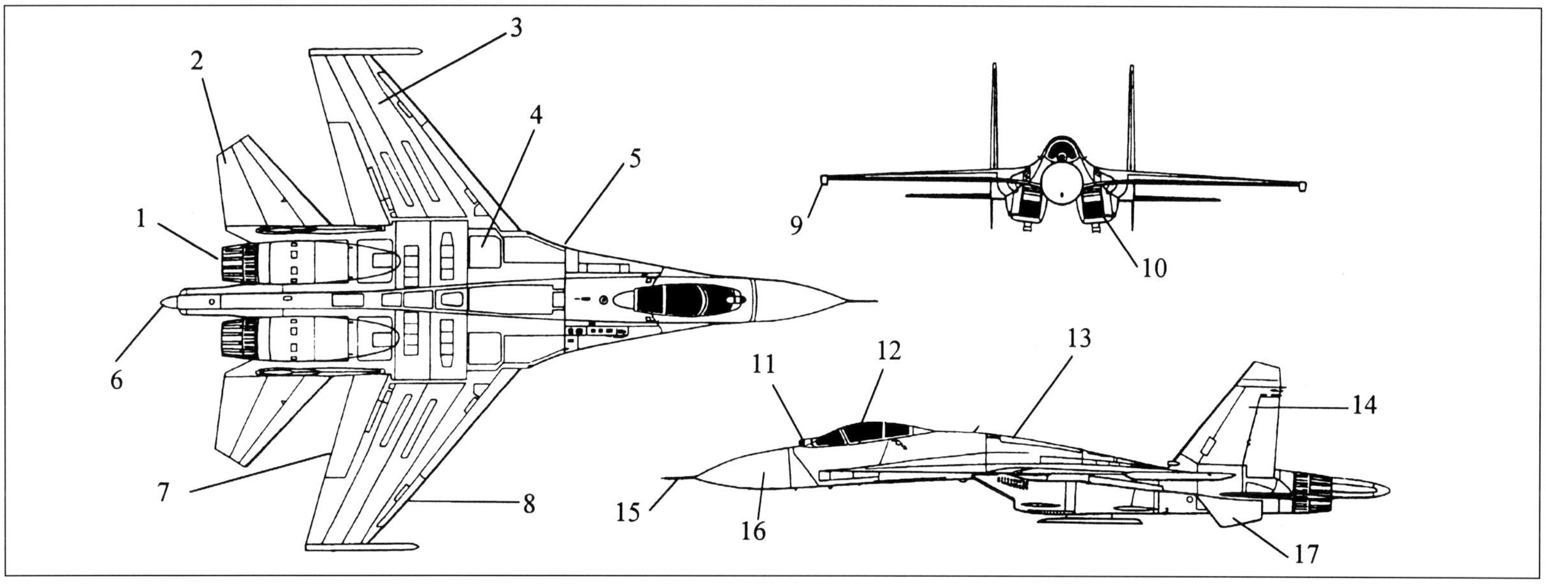

1) Düse / Jetpipe; 2) Leitwerk / Höhen-/evtl. Querruder; 3) Flügel ohne Grenzschichtzäune; 4) Rumpf; 5) LERX; 6) Heckkonus; 7) Flügelhinterkante (evtl. Querruder); 8) Flügelvorderkante; 9) Pylon (Waffenträger); hier: für AAM; 10) Lufteinlauf; 11) IRST; 12) Cockpit mit Canopy (Haube); 13) Rückgrat; 14) Seitenleitwerk (hier: »MiG«-Form); 15) Sonde; 16) Bug mit Radom; 17) Kielflosse

Einige dieser Bestandteile sind nicht bei allen Flugzeugen vorhanden. Dies kann ebenfalls als ein Erkennungsmerkmal gelten.

Die Flügelform und -stellung, Seitenleitwerke

Am wichtigsten ist die Erkennung der Flügelform, um ein erspähtes Flugzeug einem bestimmten Typus zuordnen zu können. Damit wird der Kreis der möglichen Flugzeuge bereits aus großer Entfernung stark eingeschränkt. Folgende Flügelformen existieren:

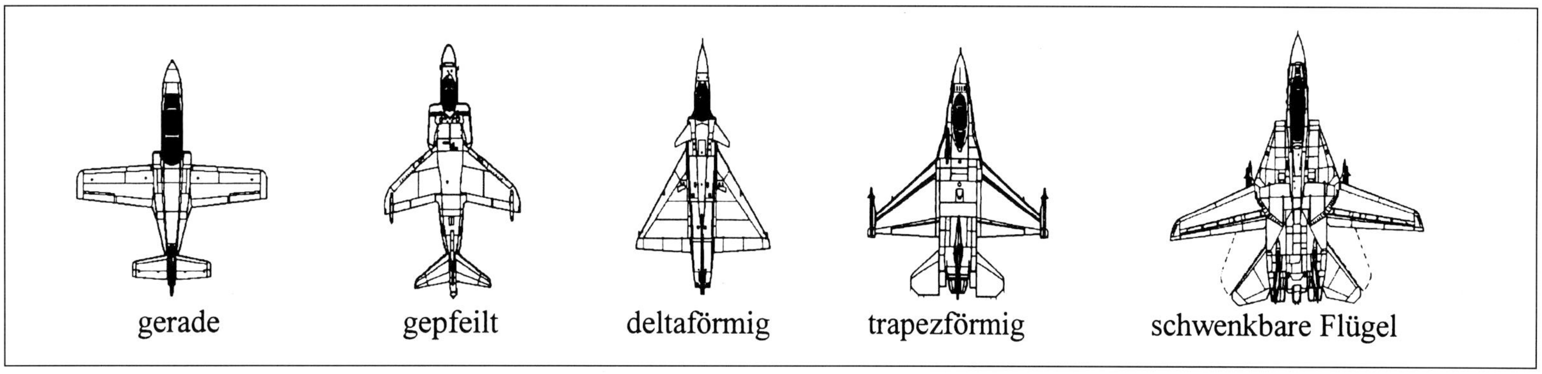

Falls Flugzeuge von vorne erkannt werden müssen oder die Bestimmung der Flügelform unzureichend für die Typenzuweisung ist, kann dies unter anderem durch die Bestimmung der relativen Flügelstellung bezüglich des Rumpfes geschehen:

Tiefdecker, V-positiv | Mitteldecker, V-neutral | Schulterdecker, V-negativ

Die oben abgebildeten Beispiele schließen keineswegs andere Zusammensetzungen (z.B. Tiefdecker, V-negativ) aus; diese können ebenfalls vorkommen.
Analog zu den Flügeln kann dasselbe auch in bezug auf die Höhen- und die Seitenleitwerke angewendet werden. Da letztere besonders typische Formen aufweisen können, sind einige davon hier abgebildet:

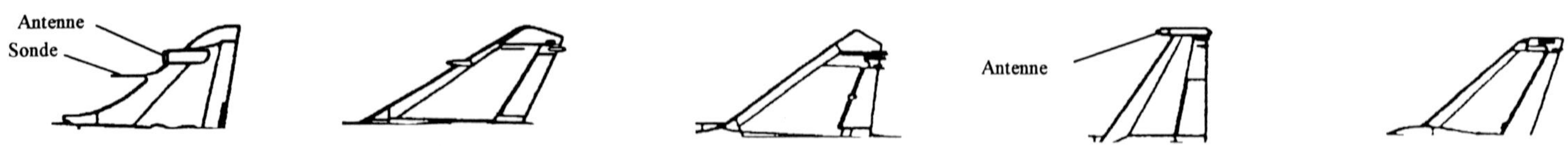

„Hawker" | „Mirage" | „MiG" | Trapez | gepfeilt

Selbstverständlich genügt das Einprägen der Seitenleitwerk-, Flügel- und Höhenleitwerkform bzw. -stellung jedes einzelnen Flugzeuges noch bei weitem nicht, um eine Maschine zu identifizieren. Da heutzutage Kampfflugzeuge mit dem Computer entwickelt und optimiert werden, gleichen sie sich teilweise stark. Die Identifikation muß deshalb noch spezifischer durchgeführt werden. Damit das geschehen kann, ist man gezwungen, die Flugzeuge untereinander peinlich genau zu vergleichen, um die Unterschiede richtiggehend herauszufiltern. Dies ist auf den folgenden Seiten bereits weitgehend gemacht, und zwar jeweils anhand einer Auswahl von Maschinen, die ähnlich wie das zu bearbeitende Flugzeug aussehen und deshalb häufig mit diesem verwechselt werden könnten. Zweifellos sind die erwähnten Erkennungsmerkmale nicht die einzigen, doch sollte es anhand von ihnen möglich sein, ein zu identifizierendes Flugzeug eindeutig einem Typus zuzuordnen.
Bei einigen Maschinen sind die Unterschiede untereinander allerdings derart klein, daß es auch dem Experten schwerfällt, die Typen aus größerer Distanz auseinanderzuhalten. Man denke hier an die Mirage III-Derivate.

Auswirkungen der Außenlasten auf die Identifizierung

Kampfflugzeuge tragen ihre Waffenlasten, Aufklärungsbehälter, Zusatztanks und ECM-Behälter häufig an Pylonen unter den Flügeln oder dem Rumpf. Dadurch kann das klare Erscheinungsbild des »cleanen« Flugzeuges stark verändert und die Erkennung erschwert werden. Es gehört zur Aufgabe des VAI-Spezialisten, sich durch diese Behinderungen nicht beirren zu lassen.
Es gibt Flugzeuge, welche auf den meisten bekannten Fotos immer dieselben Außenlasten tragen. So sind z.B. am Mirage IIIRS der Schweizer Luftwaffe meistens zwei 600-l-Zusatztanks angebracht, je einer unter jedem Flügel. Man beginge nun einen fatalen Fehler, wenn man annähme, daß dies immer der Fall sei und sich deshalb die beiden Zusatztanks als eindeutiges Erkennungsmerkmal für dieses Flugzeug einprägen würde. Außenlasten dürfen nie als typenbestimmender Faktor gelten. Auch erfahrene Flugzeug-Erkenner betrachten die Außenlasten nur deshalb, weil sie dadurch eventuell nähere Informationen über den Auftrag des Flugzeugs erhalten. Diese können durchaus sehr wertvoll sein.

Kampfflugzeuge von A–Z

Alle wichtigen modernen Kampfflugzeuge der Streitkräfte der Welt mit den bekannten Daten und Hinweisen auf die Verwechslung mit ähnlich aussehenden Flugzeugen

Aermacchi M.B.339

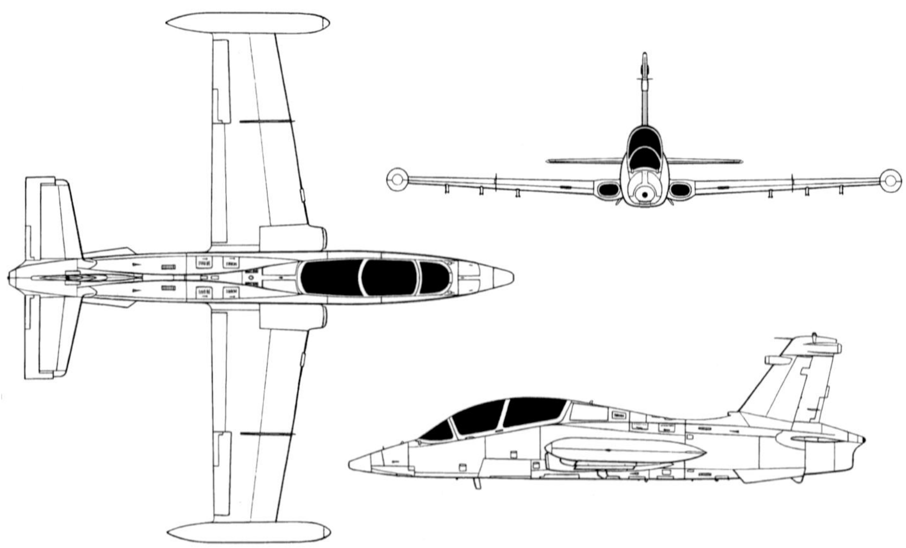

Hersteller:	Aermacchi SpA
Ursprungsland:	Italien
Einsatzrolle:	zweisitziger Waffentrainer und leichtes Erdkampfflugzeug (-A, -C und -CD) einsitziges leichtes Erdkampfflugzeug (Version -K)
Erstflug:	12. August 1976
Triebwerk:	ein Strahltriebwerk Rolls-Royce Viper Mk 680-43 mit 19.6 kN Schub ohne Nachbrenner (Version M.B.339C)
Massen:	leer 3310 kg normal take-off 4635 kg max. take-off 6350 kg
Abmessungen:	Spannweite: 11.22 m Länge: 11.24 m Höhe: 3.90 m
Flugleistungen:	V_{max} ohne Lasten auf Seehöhe: 900 km/h auf 10975 m: 835 km/h Steigrate auf Seehöhe: 40 m/s Dienstgipfelhöhe: 14630 m Einsatzradius hi-lo-hi: 590 km lo-lo-lo: 370 km
Bewaffnung:	max. Tragfähigkeit: 1820 kg 30 mm-Kanonenbehälter, Abwurftanks, A/G-Raketen, Bomben, AIM-9 Sidewinder- oder Magic 2 AAM, AGM-65 Maverick ASM, Marte MkII AShMs oder Aufklärungsbehälter an sechs Unterflügelpylonen
Betreiberländer:	Argentinien, Dubai, Eritrea, Ghana, Italien, Malaysia, Neuseeland, Nigeria, Peru, Venezuela

Die M.B.339 ist eine stark verbesserte Weiterentwicklung der M.B.326. Während das Viper-Triebwerk und das Rumpfheck des älteren Modells praktisch unverändert blieb, konstruierte man das Cockpit und den restlichen Rumpfvorderteil neu. Durch das abgestufte Tandemcockpit mit großem Canopy hat vor allem der Fluglehrer (hinten) eine wesentlich verbesserte Sicht erhalten. Daneben haben Ingenieure vor allem auf die Vermeidung von Ermüdung bei hohen Lastvielfachen (-4 bis +8g!) geachtet. Auch die eingebaute Avionik enthält zahlreiche Neuerungen, so zum Beispiel ein digitales Navigations- und Feuerleitsystem (-C-Version).

Eine einsitzige Erdkampfversion, die M.B.339K, wird zwar angeboten, sie erhielt jedoch bisher noch keine Aufträge, da ihre Vorteile gegenüber der auch als Trainer einsetzbaren zweisitzigen Version doch eher spärlich sind.

Als Trainer dürfte man die M.B.339 etwa eine Kategorie tiefer als den BAe HAWK ansiedeln, obwohl damit grundsätzlich dieselben Aufgaben erfüllt werden können. Die Maschine ist gutmütig, einfach zu fliegen und sehr manövrierfähig, was des öfteren bei Frecce-Tricolori-Vorführungen bestaunt werden kann (crazy-manoeuvre).

Für den amerikanischen JPATS-Wettbewerb schloß sich Aermacchi mit Lockheed zusammen, um den in Sachen Avionik, Zelle und Triebwerk noch einmal verbesserten »T-BIRD II« anzubieten, doch ein Auftrag blieb aus. Dafür wird derzeit gerade eine neue Version, die -CD, bei der AMI eingeführt.

Als Erdkampfflugzeug sind die Leistungen der Maschine beachtlich: Neben den eher konventionellen Waffen, wie z.B. Kanonen und Bomben, lassen sich damit auch die schlagkräftige, TV-gelenkte AGM-65 Maverick und die Anti-Ship-Stand-off-Missile Marte MkII einsetzen (Spezialversion M.B.339AM). Damit ist die M.B.339 in der Lage, Präzisionsangriffe auf Panzer, Brücken, Bunker, Schiffe oder andere Ziele hoher Priorität auszuführen, wozu sonst eine viel komplexere und vor allem teurere Maschine nötig wäre.

Genau wie der Hawk kann auch dieser italienische Trainer mit IR-SRAAMs wie der AIM-9 Sidewinder ausgerüstet werden, was eine limitierte Verwendung als Punktabfangjäger ermöglicht.

Erkennungsmerkmale:

- gerader Flügel mit leicht gepfeilten Vorderkanten, gerade Hinterkanten
- Flügelstellung etwas V-positiv, Tiefdecker; Grenzschichtzäune in Flügelmitte
- Höhenleitwerk gerade, V-neutral, oberhalb des Triebwerks befestigt
- in den Flügel integrierte, nur leicht vorstehende, ovale Lufteinläufe
- schmaler Rumpf; großes Verhältnis Spannweite/Rumpflänge (ca. 1)
- einstrahlig; Bug ohne Sonde
- zwei Kielflossen schräg gegen außen gestellt
- abgestuftes Tandem-Cockpit mit langem, etwas herausstehendem Canopy
- Abstand Seitenleitwerk zu Rumpfende mittellang
- Vorsicht: Flügelenden besitzen nicht immer Zusatztanks (siehe Foto)

Ähnliche Flugzeuge	Seite	Unterschiede zur M.B.339
ALBATROS	14	- nach vorne gepfeilte Flügelhinterkanten; keine Grenzschichtzäune - abgerundetes Seitenleitwerk mit scharfer Hinterkante - keine Kielflossen; je eine Sonde am Flügel - Lufteinläufe halbrund, am Rumpf oberhalb des Flügels - Lufteinläufe hinter dem Cockpit, auf dessen Höhe - kleineres Verhältnis Spannweite/Rumpflänge (ca. 0.75) - mehr in den Rumpf integriertes Cockpit
HAWK	40	- stärker gepfeilter Flügel mit runden Enden (vorne) - Flügel fast V-neutral, Höhenleitwerk gepfeilt, V-negativ - »Hawker«-Seitenleitwerk; kleinere Kielflossen - Lufteinläufe unterhalb Cockpit, halbrund, über dem Flügel angeordnet - Bug mit Sonde; nie mit Flügelendentanks; kurzes Heck - kleineres Verhältnis Spannweite/Rumpflänge (ca. 0.8)
K-8 KARAKORUM	102	- weniger gepfeilte Flügelvorderkante - nach vorne gepfeilte Flügelhinterkante; nie mit Flügelendentanks - relativ zur Rumpfgröße größeres Seitenleitwerk mit Knick in der Wurzel - größere Lufteinläufe, oberhalb des Flügels am Rumpf angeordnet - integrierteres Cockpit; Bug mit Sonde - kleineres Verhältnis Spannweite/Rumpflänge (ca. 0.8)
SUPER GALEB	140	- gepfeilte Flügel mit Knick in der Vorderkante - gepfeiltes Höhenleitwerk, V-negativ - Seitenleitwerk stärker gepfeilt und weiter hinten befestigt - Rumpf voluminöser - Cockpit stärker integriert in den Rumpf, weniger abgestuft - halbrunde, stärker nach vorne gezogene Lufteinläufe - nur eine Kielflosse; Bug mit Sonde - kleineres Verhältnis Spannweite/Rumpflänge (ca. 0.8)

Siehe auch z.B. IAR-99 (S. 24), HAWK 200 (S. 42), AVIOJET (S. 46), GALEB und JASTREB (S. 138) usw.

Aero L-39/59/139/159 ALBATROS

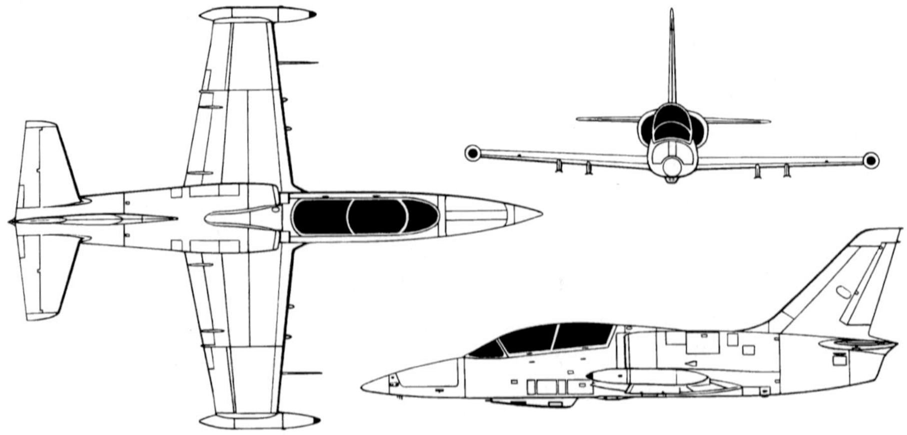

Hersteller:	Aero Vodochody
Ursprungsland:	Tschechien
Einsatzrolle:	zweisitziger Waffentrainer und leichtes Erdkampfflugzeug (L-39/59/139/159T) einsitziges leichtes Erdkampfflugzeug (L-159; Daten in Klammern)
Erstflug:	4. November 1968
Triebwerk:	ein Turbofan ZMDB Progress DV-2 mit 21.6 kN Schub ohne Nachbrenner (Version L-59) ein Turbofan AlliedSignal/ITEC F124-GA-100 mit 28 kN Schub ohne Nachbrenner (Version L-159/159T)
Massen:	leer 3460 kg (4160 kg) normal take-off 5510 kg max. take-off 6000 kg (8000 kg)
Abmessungen:	Spannweite: 9.54 m Länge: 12.20 m (12.73 m) Höhe: 4.77 m
Flugleistungen:	V_{max} ohne Lasten auf 5000 m: 875 km/h (960 km/h) Steigrate auf Seehöhe: 26 m/s (47 m/s) Dienstgipfelhöhe: 11730 m (13200 m) Einsatzradius: 350–750 km
Bewaffnung:	max. Tragfähigkeit: 1000 kg (2380 kg) plus eine 23 mm Zweirohr-BK GSh23 AIM-9, AGM-65, GPBs, CBUs, 57/130 mm A/G-Raketen-Behälter, BK-Behälter, Zusatztanks oder Aufklärungsbehälter an vier (sechs) Unterflügelpylonen
Betreiberländer:	Ägypten, Afghanistan, Algerien, Aserbaijan, Äthiopien, Bangladesch, Bulgarien, Georgien, Ghana, Irak, Kambodscha, Kasachstan, Kirgistan, Kuba, Libyen, Litauen, Nicaragua, Nigeria, Nordkorea, Rumänien, Rußland, Slowakei, Syrien, Thailand, Tschechien, Tunesien, Turkmenistan, Uganda, Ukraine, Ungarn, Usbekistan, Vietnam, Yemen

Der L-39 ALBATROS ist als Nachfolger der ebenfalls von Aero in der ehemaligen Tschechoslowakei konstruierten und gebauten L-29 DELFIN der Standard-Trainer der Luftwaffen der ehemaligen Warschauer-Pakt-Staaten mit Ausnahme von Polen, welches seine Trainingsflugzeuge selber herstellt. In den letzten 25 Jahren wurden über 2800 L-39 gebaut – eine beachtliche Anzahl.

Von der Leistungsfähigkeit her liegt der Albatros in der Größenordnung der M.B.339. Trotz der starken westlichen Konkurrenz haben es die Tschechen nach der Beendigung des Kalten Krieges verstanden, das Flugzeug an Länder zu verkaufen, welche ganz klar potentielle Kunden der westlichen Trainingsflugzeuge ALPHA JET oder HAWK waren, so zum Beispiel Thailand oder Ägypten. Dabei war vor allem der günstige Preis ausschlaggebend. Es muß aber zugegeben werden, daß das Flugzeug mit seinen ausgezeichneten Flugeigenschaften und seiner einfachen, robusten Bauweise ein geradezu idealer Trainer für diese Länder darstellt.

Der ALBATROS läßt sich neben seiner Primäraufgabe (Pilotenschulung/Waffenausbildung) auch als leichtes Erdkampfflugzeug oder als Aufklärer einsetzen. Nach der Außerdienststellung so mancher Flugzeuge bei der tschechischen Luftwaffe wird den neuen L-159 die Erdkampf- und Aufklärungsrolle sogar als Primäraufgabe zufallen.

Wie seine westlichen Gegenstücke HAWK, ALPHA JET und MB.339 wird auch der L-39 von einer Kunstflugstaffel geflogen: Die »weißen Albatrosse« aus der Slowakei betreiben sechs Flugzeuge mit weiß-rot-blauer Spezialbemalung.

Bisher existieren vier Grundversionen des ALBATROS: die L-39, welche die eigentliche Basisvariante des Trainers darstellt, eine in Sachen Triebwerk und Avionik verbesserte Variante, genannt L-39MS oder L-59, die für den Export an eher westlich orientierte Staaten gedacht ist, die an NATO-Standards angepaßte L-139, und schließlich die L-159, ein einsitziges Mehrzweckkampfflugzeug, welches speziell für die tschechische Luftwaffe entwickelt wurde und über moderne Systeme (z. B. Grifo-Multi-Mode-Radar) verfügt. 72 L-159 hat die CRAF bisher bestellt.

Erkennungsmerkmale:

- fast gerade Flügel mit je einer Sonde, Stellung wenig V-positiv, Tiefdecker
- nur schwach gepfeilte Flügelvorder-, nach vorne gepfeilte Flügelhinterkanten
- Flügelenden mit festen Treibstofftanks; keine Grenzschichtzäune
- Höhenleitwerk ungefähr Flügelform, über dem Triebwerk; V-neutral
- kleines Verhältnis Spannweite/Rumpflänge (ca. 0.75)
- abgerundete Seitenleitwerkvorderkante, scharfe Hinterkante
- einstrahlig; Lufteinläufe halbrund, oberhalb des Flügels, hinter dem Cockpit
- Tandemcockpit im Rumpf integriert; Rumpfhinterteil ohne Kielflossen
- keine Sonde am Bug

Ähnliche Flugzeuge	Seite	Unterschiede zum ALBATROS
M.B.339	12	- Flügel-/Höhenleitwerk-Hinterkante gerade - Flügel mit Grenzschichtzäunen, ohne Sonden - Seitenleitwerk eckiger - größeres Verhältnis Spannweite/Rumpflänge (ca. 1) - zwei Kielflossen; schmalerer Rumpf - Lufteinläufe oval, im Flügel integriert, leicht über die Flügelkante hinaus vorstehend - Cockpit herausstehender und mehr abgestuft
HAWK	40	- gepfeilter Flügel mit runden Enden ohne Tanks, Flügel V-neutral - Grenzschichtzäune an den Flügeln, ohne Sonden an den Flügeln - Höhenleitwerk V-negativ, gepfeilt - zwei kleine Kielflossen; Bug mit Sonde - Lufteinläufe unterhalb Cockpit, halbrund, über dem Flügel angeordnet - Lufteinläufe über den Flügel herausstehend - bulligerer Rumpf
K-8 KARAKORUM	102	- Flügelenden ohne Treibstofftanks; Flügel ohne Sonden - rechteckig abgerundete Lufteinläufe, über dem Flügel herausstehend - Seitenleitwerkkanten gerade, mit »Knick« in der Wurzel - relativ zum Rumpf größeres Seitenleitwerk - Bug stumpfer, mit Sonde
SUPER GALEB	140	- gepfeilte Flügel; gepfeiltes Höhenleitwerk - Flügel mit Grenzschichtzäunen - Höhenleitwerk V-negativ - Rumpf voluminöser - halbrunde, stärker nach vorne gezogene Lufteinläufe - Seitenleitwerk eckiger - eine Kielflosse; Bug mit Sonde - keine Tanks an den Flügelspitzen

Vergleiche mit: IAR-99 (S. 24), HAWK 200 (S. 42), AVIOJET (S. 46), GALEB und JASTREB (S. 138) usw.

Agusta S.211

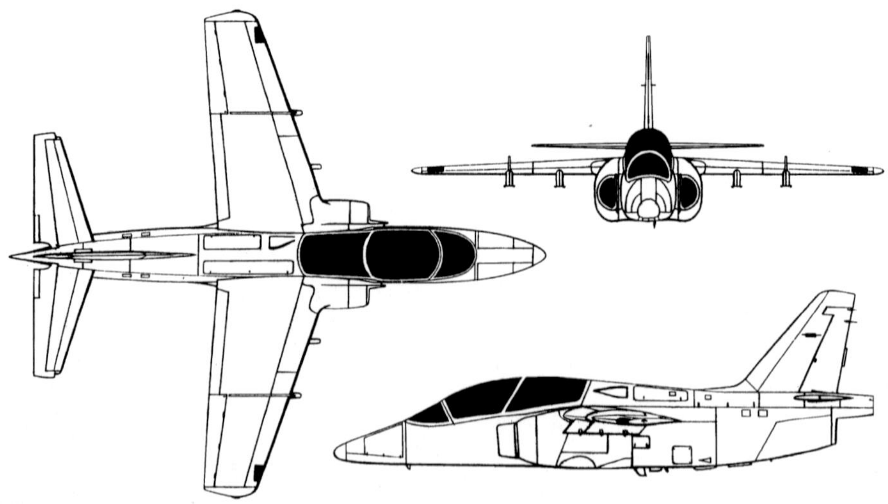

Hersteller:	Agusta SpA (SIAI-Marchetti SpA)/Aermacchi SpA
Ursprungsland:	Italien
Einsatzrolle:	zweisitziger Basis- und Fortgeschrittenentrainer sowie leichtes Erdkampfflugzeug
Erstflug:	10. April 1981
Triebwerk:	ein Turbofan Pratt&Whitney Canada JT15D-4C mit 11.1 kN Schub ohne Nachbrenner (S.211) ein Turbofan Pratt&Whitney Canada JT15D-5C mit 14.2 kN Schub ohne Nachbrenner (S.211A JPATS; veränderte Daten in Klammern)
Massen:	leer 1800 kg (2000 kg) normal take-off 2750 kg (2900 kg) max. take-off 3150 kg (3500 kg)
Abmessungen:	Spannweite: 8.43 m Länge: 9.31 m Höhe: 3.80 m
Flugleistungen:	V_{max} ohne Lasten auf 7600 m: 670 km/h (710 km/h) V_{reise} auf 9150 m: 500 km/h Steigrate auf Seehöhe: 21.4 m/s (25.9 m/s) Dienstgipfelhöhe: 12200 m Einsatzradius: ca. 400 km
Bewaffnung:	max. Tragfähigkeit: 660 kg 20 mm- oder 12.7 mm-Bordkanonenbehälter, 150 kg-GPBs oder CBUs, Behälter für ungelenkte A/G-Raketen, Zusatztanks etc.
Betreiberländer:	Philippinen, Singapur

Dieses äußerst leichte Jet-Flugzeug kann als Basis- und Fortgeschrittenen-Trainer eingesetzt werden und verfügt auch über eine leichte Bewaffnungsmöglichkeit. Die Zelle ist zu einem hohen Prozentsatz aus Verbundwerkstoffen gefertigt, was sich deutlich auf die Masse auswirkt.

Leistungsmäßig übertrifft die S.211 jedoch Turboprop-Trainer wie die Pilatus PC-7, PC-9 oder Embraer TUCANO nur unwesentlich, wodurch sich Exportkunden für das Flugzeug nicht allzu zahlreich finden ließen. Man muß bedenken, daß Maschinen mit einem Jet-Triebwerk wesentlich wartungs- und kostenaufwendiger sind als Propellerflugzeuge, und da die S.211 für Erdkampfaufgaben sehr limitiert ist, war SIAI-Marchetti/Agusta nicht in der Lage, den teureren, aber leistungsfähigeren Jettrainern wie HAWK oder M.B.339 Aufträge streitig zu machen. Potentielle Käufer der Maschine können sich einen reinen Jettrainer nicht leisten, auch wenn die Maschine übers Ganze gesehen hervorragende Leistungen bietet. Zudem konnte Agusta die italienische Luftwaffe nicht davon überzeugen, die S.211 in Dienst zu stellen, was keinen besonders guten Eindruck auf mögliche Kunden macht. Größter Betreiber ist Singapur mit 30 Maschinen, gefolgt von den Philippinen mit 19.

Agusta hat sich zusammen mit Grumman mit einer verbesserten S.211A (siehe Photo) um den großen USAF/USN-JPATS-Auftrag beworben. Die Aufdatierungen betrafen das Handling am Boden (steuerbares Fahrwerk), die Wartung, die Avionik (digitalisiert) sowie die Aerodynamik, wobei letztere in bezug auf die Stablilisierung verbessert wurde (vergleiche Dreiseitenriß mit dem Foto: S.211A mit Kielflossen). Die schon erwähnten Mehrkosten eines Jetflugzeugs limitierten jedoch von Anfang an die Erfolgschancen. Schließlich erhielt der Beech/Pilatus PC-9 MK.II den Auftrag für 711 Maschinen.

Die S.211A wird nun nach diversen Strukturänderungen in der italienischen Flugzeugindustrie von Aermacchi vermarktet.

Erkennungsmerkmale:

- leicht gepfeilter Flügel mit Grenzschichtzäunen, Mitteldecker, wenig V-negativ
- Höhenleitwerkvorderkante gepfeilt, -hinterkante gerade, V-neutral
- Höhenleitwerk oberhalb des Triebwerkes zu hinterst am Rumpf angesetzt
- wenig gepfeiltes Seitenleitwerk; kleiner Ausleger am Rumpfende
- Delphin-förmiger Bug ohne Sonde, mit Tamdem-Cockpit
- halbrunde Lufteinläufe unterhalb der Flügel, weit vor die Flügelkante gesetzt
- einstrahlig
- auffällig kleiner Rumpf mit herkömmlicher Form

Ähnliche Flugzeuge	Seite	Unterschiede zur S. 211
M.B.339	12	- Tiefdecker, V-positiv, Flügel fast gerade; meist mit Flügelendentanks - in den Flügel integrierte, ovale Lufteinläufe - größeres Verhältnis Spannweite/Rumpflänge - Jetpipe/Höhenleitwerk weiter nach hinten versetzt - schlankerer, spitzigerer Rumpf; zwei Kielflossen - aufgesetztes Canopy, etwas stärker herausstehend
HAWK	40	- Tiefdecker, wenig V-positiv, Flügel stärker gepfeilt - Höhenleitwerk gepfeilt, mit runden Vorderenden, stark V-negativ - typisches »Hawker«-Seitenleitwerk; zwei Kielflossen - Lufteinläufe über dem Flügel - schlankerer Rumpf; Bug mit Sonde auf der Spitze - Jetpipe hinter dem Seitenleitwerksende
ALPHA JET	64	- Hochdecker, stark V-negativ, Flügel stärker gepfeilt - Flügel mit runden Vorderenden und Sägezahn, ohne Grenzschichtzäune - Höhenleitwerk tiefer als der Flügel befestigt, stärker gepfeilt - Rumpf länger; Seitenleitwerk in »Mirage«-Form, höher - zweistrahlig; Jetpipes weit nach vorne verschoben - Lufteinläufe/Triebwerkschächte neben dem Rumpf positioniert
PAMPA	68	- Schulterdecker, Flügel praktisch gerade - Flügelhinterkante wenig vorwärts gepfeilt - Höhenleitwerk V-negativ, tiefer befestigt als die Flügel - Jetpipe unter dem Heckausleger nach vorne verschoben - Flügelbefestigung oberhalb der Lufteinlaufskanäle

Siehe auch ALBATROS (S. 14), AMX (S. 20), C.101 AVIOJET (S. 46), T-4 (S. 74), MiG-AT (S. 96), K-8 (S. 102) SUPER GALEB (S.140), etc.

AIDC CHING KUO

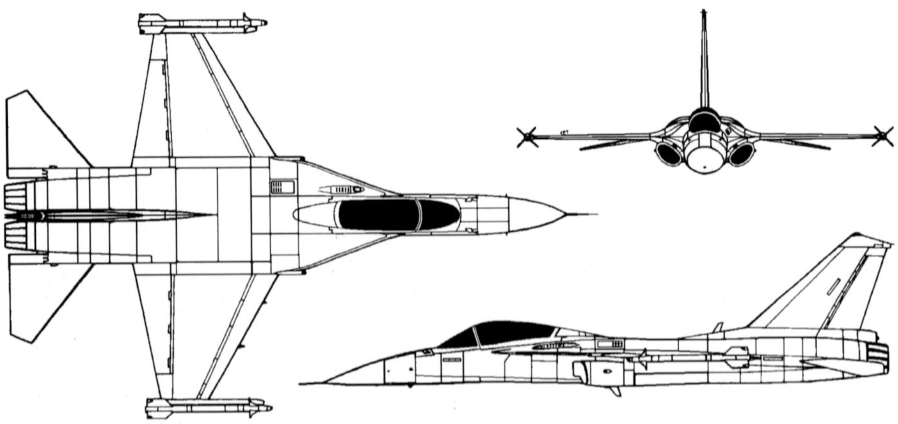

Hersteller:	Aero Industry Development Center	
Ursprungsland:	Taiwan	
Einsatzrolle:	einsitziger Luftüberlegenheitsjäger, zweisitziger Waffentrainer und Marinekampfflugzeug	
Erstflug:	28. Mai 1989	
Triebwerk:	zwei Turbofans ITEC (Garrett/AIDC) TFE1042-70(F125) mit je 42.1 kN Schub mit Nachbrenner	
Massen:	leer	nicht bek.
	normal take-off	9070 kg
	max. take-off	nicht bek.
Abmessungen:	Spannweite: 8.53 m Länge: 14.48 m Höhe: 4.83 m	
Flugleistungen:	V_{max} ohne Lasten auf 10975 m:	1275 km/h
	Steigrate auf Seehöhe:	254 m/s
	Dienstgipfelhöhe:	16760 m
	Einsatzradius:	nicht bek.
Bewaffnung:	max. Tragfähigkeit:	4080 kg
	plus eine 20 mm M61A1-BK	
	Bomben, LGBs, CBUs, AIM-9 Sidewinders, Sky Sword I und Sky Sword II-AAMs, Male Bee II-AShMs an sechs Pylonen	
Betreiberland:	Taiwan (RoCAF)	

Die Wurzeln des CHING KUO reichen zurück ins Jahr 1982, als die taiwanesische Luftwaffe einen Nachfolger für die veralteten F-5- und F-104-Jäger forderte. Ein Embargo der US-Regierung verhinderte den Kauf von amerikanischen F-20 TIGERSHARKS oder F-16 FIGHTING FALCONS, so daß die Taiwaner beschlossen, selber ein Flugzeug für ihre Bedürfnisse zu bauen – mit der Technik aus den USA, versteht sich, denn der Technologietransfer unterstand nicht dem Embargo. General Dynamics (Flugwerk), Westinghouse (Radar) und Garrett (Triebwerk) halfen bei der Entwicklung des Flugzeuges, dessen Aussehen stark an F-16 und F-18 erinnert.

Die Auslegung des Rumpfes mit großen LERX weist auf eine ansehnliche Luftkampftauglichkeit und sogenannte »high-alpha«-Kapazität hin. Das Radar wurde vom AN/APG-67 der F-20 abgeleitet und besitzt ungefähr die Leistung des AN/APG-66 der F-16A. Das Cockpit ist mit Multi-Funktions-Displays (MFDs), einem großen HUD und einem seitlichen Steuerknüppel mit HOTAS-Bestückung ausgerüstet.

Allerdings sollen die Flugleistungen nicht gerade berauschend sein, was auf die eher kraftlosen Triebwerke zurückzuführen ist. Trotzdem liegt die Steigleistung mit 254 m/s auf Meereshöhe weit über dem, was andere Maschinen dieser Preisklasse zu bieten haben.

Normalerweise besteht die Bewaffnung des CHING KUO aus der eingebauten 20 mm-Bordkanone, vier von der Sidewinder abgeleiteten IR-SRAAMs »Tien Chien I« (Sky Sword I) unter den Flügeln bzw. an den Flügelenden und zwei Sparrow-ähnlichen SARH-MRAAMs »Tien Chien II« (Sky Sword II) zur Luftüberlegenheitserringung. Als Marine-Kampfflugzeug kann er drei Stück der ebenfalls in Taiwan gebauten und an die amerikanische Harpoon erinnernden »Hsiung Feng II« (Male Bee II) tragen.

Taiwan wollte ursprünglich rund 260 Flugzeuge dieses Typs, einschließlich einiger Trainer und zur Schiffsbekämpfung ausgerüstete Maschinen beschaffen, doch als die Amerikaner einem F-16-Export zustimmten und die Franzosen ein interessantes Angebot für 60 MIRAGES 2000-5 vorlegten, reduzierte man die CHING KUO-Stückzahl auf nunmehr 130. Damit werden voraussichtlich zwei Geschwader ausgerüstet. Die erste Staffel wurde bereits im Februar '93 aufgestellt – ein Jahr früher als geplant. Verschiedene Probleme und die darauf zurückzuführenden Verluste haben die RoCAF einige Male dazu gezwungen, die ganze CHING KUO-Flotte zu grounden; inzwischen sollten diese Kinderkrankheiten aber überwunden sein.

Erkennungsmerkmale:

- trapezförmige Flügel, Hinterkante nach vorne gepfeilt
- Mitteldecker, Flügel V-neutral; AAM-Pylonen an den Flügelenden
- Höhenleitwerk V-negativ und auf derselben Höhe wie die Flügel
- Höhenleitwerk deltaförmig, hintere Kante gerade
- ausgeprägte LERX; aufgesetztes »Blasen«-Canopy
- ein Seitenleitwerk in »MIRAGE«-Form
- zweistrahlig; Canopy getrennt auf Instrumententafelhöhe
- Lufteinläufe oval, unterhalb LERX à la F/A-18
- Bremsklappen zwischen Höhenleitwerk und Triebwerk à la F-16
- kleines Verhältnis Spannweite/Rumpflänge (ca. 0.6)
- Radom mit Sonde

Ähnliche Flugzeuge	Seite	Unterschiede zum CHING KUO
F/A-18 HORNET	34	- Flügel schmaler, weniger gepfeilte Vorderkante, Hinterkante fast gerade - Radom ohne Sonde - rundes, gepfeiltes, V-neutrales Höhenleitwerk, etwas tiefer als der Flügel befestigt, Hinterkante auch gepfeilt - schräggestelltes Doppelseitenleitenwerk, nach vorne verschoben - LERX viel länger (1/3 Rumpflänge) - größeres Verhältnis Spannweite/Rumpflänge (ca. 0.7)
F-16 F. FALCON	76	- Flügelhinterkante gerade - Seitenleitwerk: oberes Ende horizontal - zwei schräge Kielflossen - einstrahlig - ein Lufteinlauf (halbrund) unter dem Rumpf - Canopy hinter dem Scheudersitz getrennt - LERX mehr nach vorne gezogen
F-2	100	- gleiche Unterschiede wie bei F-16, jedoch: - Canopy höher und zweimal getrennt - größeres Verhältnis Spannweite/Rumpflänge (ca. 0.7) - Flügelhinterkante nach vorne gepfeilt (wie CHING KUO!)
F-5E TIGER II	112	- Flügelhinterkante gerade; kleinerer Flügel - Tiefdecker; LERX nur klein - Seitenleitwerk trapezförmig - halbrunde Lufteinläufe neben dem Rumpf - Lufteinläufe über dem Flügel - Rumpf nach hinten zusammenlaufend - kurzes, in den Rumpf integriertes Canopy

AMX International AMX/A-1

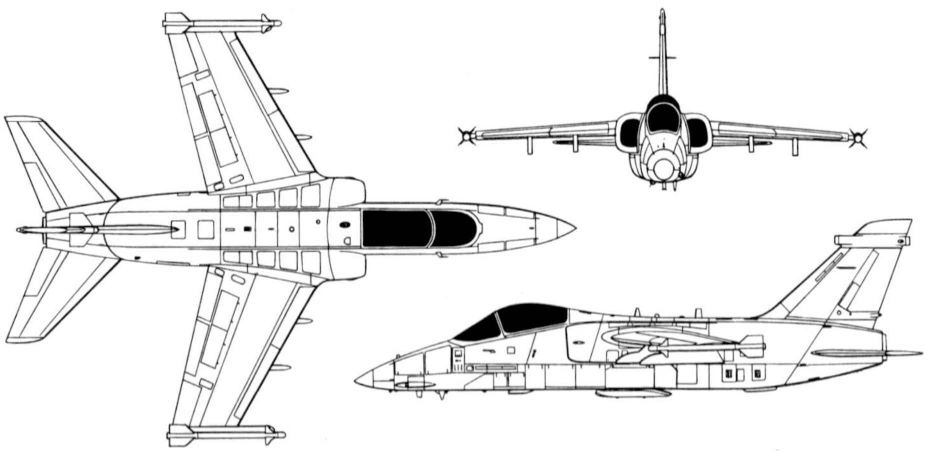

Hersteller:	AMX International: Alenia, Aermacchi SpA und EMBRAER
Ursprungsländer:	Italien und Brasilien
Einsatzrolle:	einsitziges Erdkampfflugzeug und Jagdbomber/Aufklärer zweisitziges Marinekampfflugzeug und Waffentrainer (AMX-T)
Erstflug:	15. Mai 1984
Triebwerk:	ein Turbofan Rolls-Royce Spey RB.168 Mk 807 (gebaut in Lizenz von Fiat, Alfa Romeo Avio und CELMA) mit 49.1 kN Schub ohne Nachbrenner
Massen:	leer 6700 kg normal take-off 9600 kg max. take-off 13000 kg
Abmessungen:	Spannweite: 8.87 m Länge: 13.58 m Höhe: 4.58 m
Flugleistungen:	V_{max} ohne Lasten auf 10975 m: 915 km/h / Mach 0.86 Steigrate auf Seehöhe: 52 m/s Dienstgipfelhöhe: 13000 m Einsatzradius hi-lo-hi: 890 km mit 907 kg Waffen
Bewaffnung:	max. Tragfähigkeit: 3800 kg plus eine 20 mm M61A1 (Italien) oder zwei 30 mm DEFA BKs (Brasilien) AIM-9 Sidewinder (Brasilien: evtl. MAA-1 Piranha AAMs) zur Selbstverteidigung, CBUs, GPBs, ASMs, AShMs wie die Exocet, LGBs, Aufklärungsbehälter usw. an fünf Pylonen (exkl. zwei AAM-Pylonen)
Betreiberländer:	Italien, Brasilien, Venezuela (AMX-T)

1978 taten sich die beiden italienischen Flugzeughersteller Aeritalia (jetzt Alenia) und Aermacchi zusammen, um der Forderung der italienischen Luftwaffe nach einem günstigen und einfachen, aber schlagkräftigen Jagdbomber als Ergänzung zum größeren und teuren TORNADO IDS zu entsprechen. 1980 stieg dann die brasilianische EMBRAER in das Programm mit ein, da die brasilianische Luftwaffe ein Flugzeug mit ähnlichen Spezifikationen benötigte.

Die eigentlichen Anforderungen an das Flugzeug lauteten: Operationen in niedriger Höhe bei hoher Unterschallgeschwindigkeit, fortschrittliches Navigationssystem zur Bekämpfung von Zielen bei jedem Wetter sowie STOL-Kapazität. Die Hersteller erfüllten diese Forderungen mit einem konventionellen, relativ kompakten Flugzeug, das mit einem treibstoffsparenden Rolls-Royce Spey-Triebwerk ohne Nachbrenner und der erforderlichen Avionik ausgerüstet wurde.

Die links als nackte Daten vorliegenden Leistungen mögen wohl niemanden vom Hocker reißen, doch muß man sehen, daß das Flugzeug im Preis/Leistungsverhältnis sehr gut dasteht. Außerdem hat die italienische Luftwaffe mit dem AMX genau das erhalten, was sie sich gewünscht hatte: ein Flugzeug, welches die alternden Fiat G 91 und F-104G STARFIGHTER ablösen kann und dort einsetzbar ist, wo es unverhältnismäßig wäre, einen TORNADO zu verwenden.

Diejenigen Leistungen, die sich nicht so einfach als Zahlen hinschreiben lassen, zum Beispiel die der Avionik und der Einsatzbereitschaft, beeindrucken zweifellos. Um ein Ziel im Blindflug mit Sprengbomben punktgenau zu treffen, benötigt man normalerweise ein viel teureres Flugzeug, wie z.B. F/A-18, TORNADO IDS, F-15E oder F-111. Die Erfüllung dieser Spezifikation ist weitaus wichtiger als eine Geschwindigkeit von Mach 2, denn der AMX soll im Tiefflug operieren, und da gibt es auch unter den Mach 2-Jabos nicht viele, die mit Waffenlast schneller sind als das italienisch-brasilianische Gemeinschaftsprodukt.

Erwähnenswert ist an dieser Stelle noch die zweisitzige Version AMX-T, welche dieselben Abmessungen wie die einsitzige Variante besitzt, bei der aber ein Treibstofftank der Cockpitvergrößerung wegen dem zweiten Schleudersitz weichen mußte. Das Flugzeug enthält jedoch sonst die gleiche Ausrüstung. Eine Zeitlang war sogar eine Version mit einem leistungsfähigeren Radar zur Schiffsbekämpfung in Entwicklung; Geldmangel stoppte jedoch das Projekt.

Italien hatte am Anfang 187 Einsitzer und 37 Doppelsitzer bestellt, aufgrund des Bugetdefizits werden wahrscheinlich doch nur 135 gekauft; Brasilien erhält 79 Ein- und 14 Doppelsitzer, die bei der brasilianischen Luftwaffe mit A-1 bezeichnet werden.

Erkennungsmerkmale:

- gepfeilte Flügel mit AAM-Pylonen an den Enden
- Schulterdecker; Flügel wenig V-negativ
- Höhenleitwerk V-neutral, tiefer als die Flügel angesetzt (Triebwerksmitte)
- Höhenleitwerk stärker gepfeilt als Flügel; keine Kielflossen
- gepfeiltes Seitenleitwerk mit ausgeprägten Antennen nach hinten/vorne
- Cockpit/Canopy aufgesetzt (bei AMX-T auffälliger)
- einstrahlig; relativ bulliger Rumpf; keine Sonde am Bug, kleines Radom
- Lufteinläufe rechteckig/abgerundet, neben dem Rumpf, hoch angesetzt
- Lufteinläufe befinden sich am Ende des Canopy
- optional mit Luftbetankungssonde

Ähnliche Flugzeuge	Seite	Unterschiede zum AMX
HAWK 200	42	- Tiefdecker; Flügel fast V-neutral, mit Grenzschichtzäunen - Seitenleitwerk: Antenne nur gegen vorne - Höhenleitwerk höher als Flügel, V-negativ - zwei schräge, kurze Kielflossen - Canopy mehr in den Rumpf integriert - Lufteinläufe halbrund, über den Flügeln angeordnet
MIRAGE F1	54	- Flügelvorderkante mehr gepfeilt, mit Sägezahn - Seitenleitwerk mit kleinen, spitzen Antennen und flacherer, gepfeilter Vorderkante sowie »Mirage«-Spitze - Höhenleitwerkform: wie Flügel, jedoch abgerundet - zwei Kielflossen; Cockpit integriert - Lufteinläufe halbrund, mit Konus - Bug/Radom mit Sonde; schmalerer Rumpf
ALPHA JET	64	- keine AAM-Pylons an den Flügelenden - Flügel und Höhenleitwerk stärker V-negativ - Seitenleitwerk mit runder »Mirage«-Spitze, ohne Antennen - halbrunde Lufteinläufe, tief angesetzt; seitliche Triebwerkschächte - zweistrahlig; Jetpipes vor Seitenleitwerkanfang - Heck viel dünner - längeres, integrierteres Tamdem-Canopy mit vielen Streben
JAGUAR	134	- Flügelhinterkante mit Knick gerade/gepfeilt - keine AAM-Pylons an den Flügelenden - Lufteinläufe quadratisch; zweistrahlig - Jetpipes nach vorne verlegt; zwei Kielflossen - Seitenleitwerk eckiger - integrierteres Cockpit - Bug meist mit Laser-EM-Spitze und Sonde

Atlas (Denel) CHEETAH

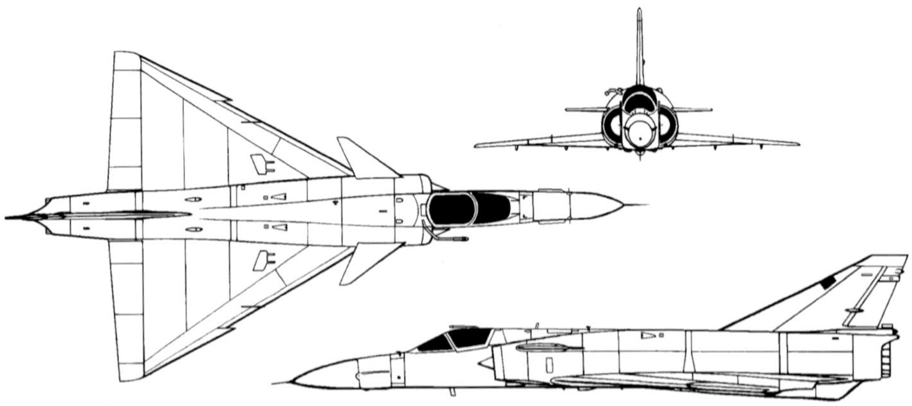

Hersteller:	Denel Atlas Aircraft Corp.
Ursprungsland:	Südafrika
Einsatzrolle:	einsitziges Mehrzweckkampfflugzeug (C/E) zweisitziger, voll einsatzfähiger Trainer (D) einsitziges Aufklärungsflugzeug (R)
Erstflug:	16. Juli 1986 (offiziell)
Triebwerk:	ein Turbojet SNECMA Atar 9K-50 mit 70.8 kN Schub mit Nachbrenner
Massen:	leer 7260 kg normal take-off nicht bek. max. take-off 13600 kg
Abmessungen:	Spannweite: 8.22 m Länge: 15.65 m Höhe: 4.55 m
Flugleistungen:	V_{max} ohne Lasten auf 12000 m: 2340 km/h / Mach 2.2 Meereshöhe: 1367 km/h / Mach 1.1 Steigzeit auf 10975 m: 180 s Dienstgipfelhöhe: 17000 m Einsatzradius hi-hi-hi: 1315 km (2 AAMs, 3 große Z'Tanks)
Bewaffnung:	max. Tragfähigkeit: 4000 kg plus zwei 30 mm DEFA BKs V3B Kukri oder V3C Darter IR-SRAAMs, AS30 Laser ASMs, LGBs, A/G-Raketen, Cluster- und Sprengbomben, Zusatztanks typisch als Luftüberlegenheitsjäger: zwei Darter AAMs und zwei Zusatztanks
Betreiberland:	Südafrika

Die CHEETAH ist das Resultat des langjährigen Waffenembargos gegen das Apartheid-Regime von Südafrika: Einheimische Ingenieure verbesserten die vorhandenen MIRAGE III mit israelischer Hilfe weitgehend, um so den Kampfwert zu steigern und den Betrieb der Flugzeuge bis weit ins 21. Jahrhundert sicherzustellen.

Modifikationen wurden an den folgenden Stellen durchgeführt: Radar (Einbau eines modernen Doppler-Radars), ein neues HUD und INS, ein Helmvisier für den Einsatz der Kukri/Darter-IR-SRAAMs, ein neuer Waffenrechner, weitere unspezifizierte Avionikverbesserungen, eine abnehmbare Luftbetankungssonde, zwei weitere Pylonen für Waffen, ein verändertes Radom für das Radar, eine heruntergezogene Nase bei der Doppelsitzerversion und eine strebenlose Windschutzscheibe zur Sichtverbesserung, kleine Flächen am Bug à la Kfir, Canard-Flügel, kleine Grenzschichtzäune auf den Flügeln (ungefähr in der Mitte) und schließlich ein »Sägezahn« an jedem Flügel. Bei der Aufklärervariante CHEETAH R wurde das Kamera-Radom beibehalten; unklar ist, ob sämtliche Flugzeuge mit dem stärkeren Triebwerk Atar 9K-50 ausgerüstet wurden oder ob einige Maschinen weiterhin mit dem Atar 9C der ursprünglich gelieferten MIRAGE III fliegen. Jedenfalls verfügen alle CHEETAH C über das neuere Triebwerk. Über die defensiven Geräte ist nur wenig bekannt; unter dem Heck ist jedenfalls ein großer Chaff/Flare-Dispenser zu erkennen.

Die aerodynamischen Veränderungen (Sägezahn, Grenzschichtzäune, Canards) haben die Leistungen der CHEETAH gegenüber der MIRAGE III stark verbessert, vor allem im Hinblick auf die erforderliche Startrollstrecke und die Kurvenflugleistung bzw. »Dogfight-Capability« ist sie dem französischen Original überlegen.

Die CHEETAH war das erste Kampfflugzeug der Welt, welches mit einem Helmvisier ausgerüstet wurde. Damit können die A/A-Lenkwaffen Kukri und Darter Zielen zugewiesen werden, die außerhalb der eigentlichen Visierlinie des HUDs liegen. Da die IR-Suchköpfe der Lenkwaffen direkt ans Helmvisier gekoppelt sind, »schauen« sie immer in die Blickrichtung des Piloten, bis sie an ein Ziel angehängt werden. Über die Zuverlässigkeit des Systems ist aber nichts bekannt.

Erkennungstechnisch gesehen muß gesagt werden, daß die Unterscheidung der CHEETAH von der MIRAGE III/5 (KWS) und der KFIR aufgrund der Verwandtschaft mit diesen Maschinen auf große Distanzen schwierig ist. Sollte sich jedoch ein Pilot in einen Kampf mit der CHEETAH verwickelt sehen, wird er den Unterschied mit Sicherheit zu spüren bekommen.

Der Dreiseitenriß zeigt die neueste CHEETAH C, während auf der nächsten Seite eine CHEETAH D abgebildet ist.

Erkennungsmerkmale:

- Deltaflügel mit »Sägezahn« und Grenzschichtzaun
- Tiefdecker; Flügel wenig V-negativ; kein Höhenleitwerk
- Canards an den Lufteinläufen (im oberen Drittel befestigt)
- Cockpit/Canopy kurz und integriert; breiter Tank unterhalb des Triebwerks
- ein Seitenleitwerk, »scharf«, ohne Knick in der vorderen Kante
- Seitenleitwerkform: hinten viel steiler als vorne
- Lufteinläufe halbrund, mit Konus
- einstrahlig; E:langer Bug, Sonde unterhalb der Spitze; C: Radarradom mit Sonde
- R: Kameraradom, Sonde oben befestigt; D: heruntergezogene Nase, sonst wie E
- Bug mit kleinen Leitflächen an den Seiten; evtl. Betankungssonde vorhanden

Ähnliche Flugzeuge	Seite	Unterschiede zur CHEETAH
MIRAGE IIIS/RS	50	- Deltaflügel ohne Sägezahn / Grenzschichtzaun - Seitenleitwerk mit Antenne gegen hinten - kurzes, spitzes Radom mit Sonde an der Spitze - niemals eine Luftbetankungssonde
MIRAGE 5/50	52	- Deltaflügel ohne Sägezahn / Grenzschichtzaun - meist mit Knick in der Seitenleitwerkvorderkante - schmaler, wenig kürzerer Bug - evtl. mit oder ohne Canards
MIRAGE F1	54	- Pfeilflügel, meist mit AAM-Pylonen an den Enden - Hochdecker; mit Höhenleitwerk - Seitenleitwerk mit runder »Mirage«-Spitze - kürzerer Bug mit Sonde an der Spitze (F1C) - kein Tank unter dem Triebwerk - keine Canards; zwei Kielflossen
MIRAGE 2000	56	- Deltaflügel ohne Sägezahn / Grenzschichtzaun - klarere Flügelform, mit ausfahrbaren Vorflügeln - kein Tank unter dem Triebwerk; Radarradom - keine Canards, nur kleine Leitflächen am selben Ort - Seitenleitwerk mit Antennen nach hinten und nach vorne - runde »Mirage«-Seitenleitwerkspitze - meist mit Betankungsstutzen vor dem Cockpit
KFIR C2/C7	72	- gleicher Flügel und ähnlicher Bug (nur E bzw. D)! - Jetpipe kürzer; Seitenleitwerk ragt darüber hinaus - zusätzlicher Lufteinlauf über dem Triebwerk/am Seitenleitwerk, weit nach vorne gezogen - zusätzliche kleinere Lufteinläufe am Rumpf (vier)

Bemerkung: Unterscheidung in der Luft von der Mirage-Familie sehr schwierig.

Avioane IAR-99 SOIM

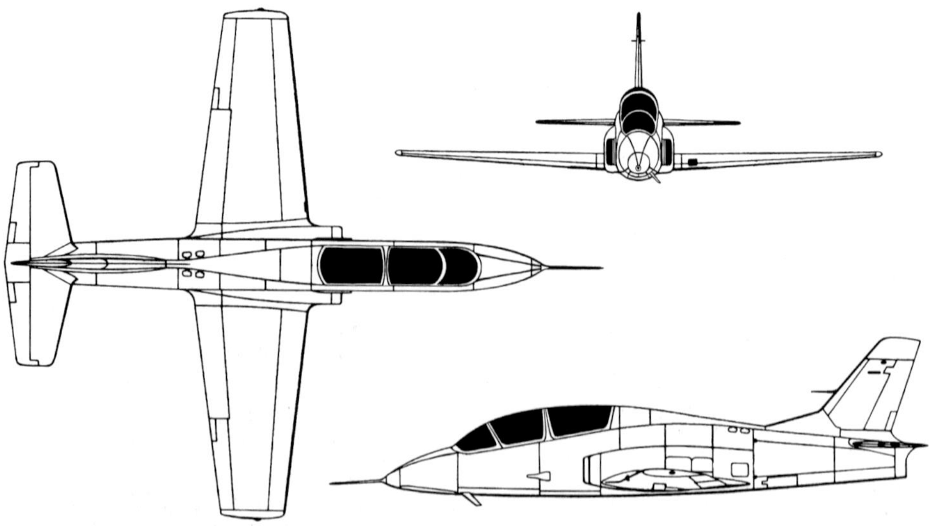

Hersteller:	Avioane, Elbit
Ursprungsland:	Rumänien (Israel)
Einsatzrolle:	zweisitziger Basis- und Fortgeschrittenentrainer und leichtes Erdkampfflugzeug
Erstflug:	21. Dezember 1985
Triebwerk:	ein Turbojet Rolls-Royce Viper 632-41M (gebaut in Lizenz bei Turbomecanica in Rumänien) mit 17.8 kN Schub ohne Nachbrenner
Massen:	leer 3200 kg normal take-off 4400 kg max. take-off 5560 kg
Abmessungen:	Spannweite: 9.85 m Länge: 11.01 m Höhe: 3.90 m
Flugleistungen:	V_{max} ohne Lasten auf Seehöhe: 865 km/h Steigrate auf Seehöhe: 35 m/s Dienstgipfelhöhe: 12900 m Einsatzradius: ca. 350 km
Bewaffnung:	max. Tragfähigkeit: 1000 kg plus ein 23 mm BK-Pod R-60 »Aphid«, Python 3 oder AIM-9 AAM Sprengbomben, Streubomben, Behälter für ungelenkte A/G-Raketen, Kanonenbehälter, evtl. Zusatztanks
Betreiberland:	Rumänien

Die SOIM (rumänisch für »Habicht«) ist eine Eigenentwicklung des rumänischen Flugzeugherstellers Avioane und wurde für den Bedarf der einheimischen Luftwaffe konstruiert, die dringend einen Nachfolger für die alternden Aero L-29 DELFIN-Trainer forderte.

Das Flugzeug ist in der westlichen Öffentlichkeit weitgehend unbekannt. Man weiß aber, daß die rumänische Luftwaffe ursprünglich 50 Stück zu Trainingszwecken bestellte und eine Option für weitere 100 Stück erteilte, da das Flugzeug auch für den Erdkampf bzw. die Nahunterstützung eingesetzt werden und dabei den ORAO unterstützen sollte. In Anbetracht der wirtschaftlichen Lage Rumäniens ist es jedoch unwahrscheinlich, daß diese Pläne in ihrer ganzen Größe realisiert werden können.

Die SOIM wurde in den letzten Jahren trotz stockender Produktion aufgrund von Finanzproblemen stetig weiterentwickelt. Bei der neuesten Version, welche bei der rumänischen Luftwaffe als Trainingsflugzeug für die Piloten der aufdatierten MiG-21 LANCER verwendet werden soll, wurde die Instrumentierung von Avioane und Elbit an die des LANCER angepaßt. Die neue Ausrüstung umfaßt ein neues HUD und zwei HDDs im Cockpit, einen Radarwarnempfänger, Chaff/Flare-Dispenser sowie ein INS mit GPS-Empfänger. Auf den HDD können über Datalink empfangene Radardaten von anderen Flugzeugen dargestellt und so Kampfsituationen simuliert werden. Bewaffnen läßt sich das Flugzeug im Vergleich zur ursprünglichen Maschine zusätzlich noch mit AIM-9, R-60 und Python III-AAMs.

Von dieser modifizierten Version der SOIM will die rumänische Luftwaffe 40 Exemplare beschaffen. Ein Auftrag für den Bau von 24 neuen Exemplaren wurde bereits erteilt.

Die Hersteller glauben, daß die stark modernisierte SOIM auch auf dem Exportmarkt Chancen haben könnte, da der Preis pro Maschine (ca. 10 Mio. $) vergleichsweise günstig ist. Vor allem Länder in Afrika und Südamerika werden als potentielle Kunden genannt. In der Tat ist die IAR-99 in dieser Form eine ideale Mischung aus östlicher Robustheit und bewährter (Triebwerk) sowie moderner (Avionik) westlicher Technik.

Erkennungsmerkmale:

- gerader Flügel; Tiefdecker, V-positiv
- über dem Triebwerk angesetztes Höhenleitwerk, gerade, V-neutral
- wenig gepfeiltes Seitenleitwerk mit Knick in der Vorderkante und Sonde
- kleine, rechteckige/abgerundete Lufteinläufe seitlich am Rumpf
- Lufteinläufe ragen nur wenig über den Flügel heraus
- einstrahlig; kielflossenloses Heck
- abgestuftes Tandemcockpit
- voluminöser Rumpf mit stumpfer Bugspitze und Sonde

Ähnliche Flugzeuge	Seite	Unterschiede zur SOIM
M.B.339	12	- Flügel mit größerer Spannweite und (meist) mit Flügelendentanks - in den Flügel integrierte, wenig vorstehende, ovale Lufteinläufe - Seitenleitwerk meist mit zwei Antennen, ohne Sonde - Grenzschichtzäune über den Flügeln - weniger voluminöser, dafür längerer Rumpf und Bug - weiter nach hinten gesetzte Jetpipe - zwei Kielflossen unter dem Heck
HAWK	40	- Pfeilflügel, nur wenig V-positiv - Höhenleitwerk gepfeilt, V-negativ - Seitenleitwerk mit runder »Hawker«-Form, ohne Sonde - Rumpf/Bug weniger voluminös; Bug mit aufgesetzter Sonde - zwei Kielflossen unter dem Heck - Lufteinläufe halbrund und größer - kleine Grenzschichtzäune an den Flügeln
K-8 KARAKORUM	102	- größere Lufteinläufe - weniger abgestuftes Cockpit - weniger voluminöser Rumpf; Seitenleitwerk ohne Sonde - längerer, stumpfer Bug mit aufgesetzter Sonde
SUPER GALEB	140	- Pfeilflügel mit Knick in der Vorderkante - pfeilförmiges Höhenleitwerk, V-negativ - weniger abgestuftes Cockpit - ähnliches, aber mehr gepfeiltes Seitenleitwerk ohne Sonde - Kielflosse unter dem Heck - halbrunde Lufteinläufe - Grenzschichtzäune über den Flügeln

Vergleiche auch mit: ALBATROS (S. 14), AVIOJET (S. 46), MiG-AT (S. 96), GALEB und JASTREB (S. 138)

Boeing (MDC) A-4 SKYHAWK

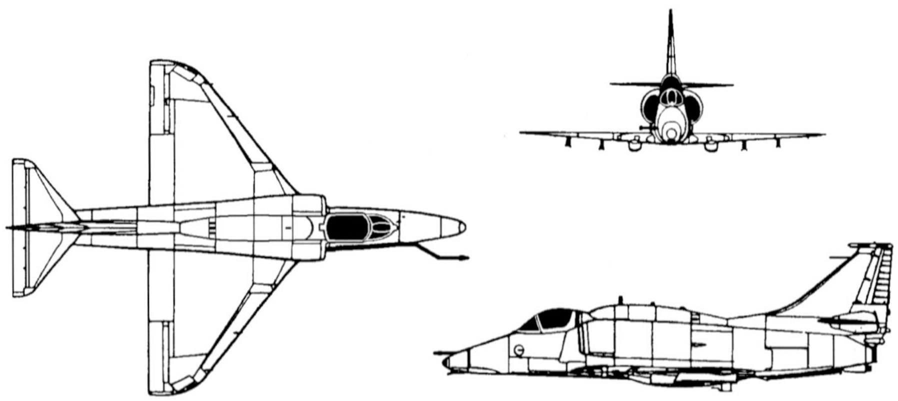

Hersteller:	McDonnell Douglas Corp., jetzt The Boeing Company; (Singapur Aerospace)
Ursprungsland:	USA (Singapur; nur SUPER-SKYHAWK)
Einsatzrolle:	einsitziges Erdkampfflugzeug und leichter Jagdbomber einsitziges Gegnerdarstellungs-Luftkampfflugzeug (»Top Gun« bzw. »Aggressor«) zweisitziger Kampftrainer
Erstflug:	22. Juni 1954
Triebwerk:	ein Turbojet Pratt&Whitney J52-408A mit 49.8 kN Schub ohne Nachbrenner oder ein Turbofan General Electric F404-GE-100D mit 48.1 kN Schub ohne Nachbrenner (SUPER-SKYHAWK; abweichende Daten in Klammern)
Massen:	leer 4650 kg normal take-off 8000 kg max. take-off 12440 kg
Abmessungen:	Spannweite: 8.38 m Länge: 12.72 m Höhe: 4.57 m
Flugleistungen:	V_{max} ohne Lasten auf Seehöhe: 1090 km/h (1130 km/h) Steigrate auf Seehöhe: 42.9 m/s (55.4 m/s) Dienstgipfelhöhe: 12200 m Einsatzradius hi-lo-hi: ca. 650 km (Angriffsmission)
Bewaffnung:	max. Tragfähigkeit: 4170 kg plus zwei 20 mm Mk12-BKs AIM-9 Sidewinder AAMs, Rafael Shafrir II AAMs, AGM-65 Maverick ASMs, LGBs, EOGBs, GPBs, CBUs, Behälter für ungelenkte A/G-Raketen, Zusatztanks etc.
Betreiberländer:	Argentinien, Brasilien, Indonesien, Israel (größtenteils eingemottet), Malaysia, Neuseeland, Singapur (zu SUPER-SKYHAWKS umgebaut), USA

Daß ein Flugzeug, welches in den frühen 50er Jahren als leichter Jagdbomber und Erdkämpfer konstruiert worden ist, noch zu Beginn der 90er Jahre als Aggressor bei der US Navy zum Training gegen die F-14 TOMCAT und die F/A-18 HORNET und bei dem USMC als Reserveflugzeug eingesetzt wurde sowie derzeit in seiner zweisitzigen Version als Pilotentrainer noch immer verwendet wird, sagt eigentlich schon genug über die Qualitäten eben dieser Maschine aus. Bis 1979 wurden insgesamt 2960 SKYHAWKS in 20 Versionen gebaut – ein Riesenerfolg.

Von den nackten Leistungsdaten her gesehen mag die A-4 sehr beschränkt sein; für den Auftrag, den sie bei den Luftwaffen der meisten Betreiberländer zu erfüllen hat, sind diese aber völlig nebensächlich: Flugzeuge für ähnliche Aufgaben, wie z.B. die A-10, der HARRIER oder die Su-25, sind zum Beispiel sogar eher langsamer als die A-4 und teilweise bei weitem nicht so beweglich im Luftkampf. Was dieses Flugzeug außerdem noch so erfolgreich machte, ist einerseits die große Waffenlast im Verhältnis zum Flugzeugleergewicht, andererseits die wartungsfreundliche Auslegung sowie die Zuverlässigkeit, welche in schon vielen Konflikten auf eine harte Probe gestellt worden ist. Israel zum Beispiel setzte die SKYHAWKS schon etliche Male gegen seine feindseligen arabischen Nachbarn ein; Argentinien verwendete SKYHAWKS, um die britische Flotte im Falklandkrieg zu bekämpfen, was für die Briten den Verlust der HMS Coventry und einiger kleinerer Schiffe bedeutete. Zugegeben: Gerade im Südatlantik gingen viele A-4 im Kampf mit SEA HARRIERN verloren, doch ist dies darauf zurückzuführen, daß die argentinische Luftwaffe die Flugzeuge ohne AAMs oder Jagdschutz losschickte, was selbst bei der guten Manövrierfähigkeit der A-4 gegen die mit Sidewinder bewaffneten RN-Flugzeuge Selbstmord bedeuten mußte.

Die SKYHAWK hat auch heute noch ein gewisses Potential. Viele Länder nutzen dies und modernisieren die Maschinen. Singapur baute neue F-404-Triebwerke und eine verbesserte Avionik ein, was die Leistung des Flugzeugs um einiges steigerte (vgl. Daten). Es kann u.a. lasergelenkte Bomben einsetzen. Neuseeland und auch Argentinien rüsten ihre A-4 mit dem APG-66-Radar, zusätzlicher Avionik und Bewaffnung (z.B. AGM-65) aus, um ihre Kampfkraft als Nahunterstützungsflugzeug zu halten.

Erkennungsmerkmale:

- Deltaflügel mit runden Enden; Tiefdecker, wenig V-positiv
- Höhenleitwerk deltaförmig, oberhalb des Triebwerkes montiert, V-neutral
- Seitenleitwerk trapezförmig, mit Antenne oder abgerundetem Ende
- auffallend kurzer, gedrungener Rumpf
- hoch angesetzte Lufteinläufe, halbrund, hinter dem Cockpit
- einstrahlig; auf beiden Seiten des Rumpfes eine Bremsklappe
- wenig nach vorne verschobene Jetpipe; kurzes Cockpit/Canopy
- einige Versionen besitzen einen »Kamelhöcker« hinter dem Cockpit
- stumpfer Bug ohne Sonde
- eine vom Rumpf weggeknickten Luftbetankungssonde

Ähnliche Flugzeuge	Seite	Unterschiede zur A-4 SKYHAWK
AMX	20	- gepfeilter Flügel mit AAM-Pylonen-Enden; V-negativ; Schulterdecker - in der Triebwerksmitte angesetztes Höhenleitwerk, gepfeilt - Seitenleitwerk in Pfeilform, mit Antennen - rechteckige/abgerundete Lufteinläufe - keine seitlichen Bremsklappen - Jetpipe am Rumpfende; ohne Kamelhöcker - schlankerer Rumpf; spitzigerer Bug
HAWK 200	42	- Pfeilflügel mit AAM-Pylonen-Enden - pfeilförmiges Höhenleitwerk, V-negativ - »Hawker«-Seitenleitwerk mit einer Antenne (vorn) - zwei kleine Kielflossen; ohne Kamelhöcker - keine seitlichen Bremsklappen - Jetpipe am Rumpfende - tiefer angesetzte Lufteinläufe
SEA HARRIER	44	- Pfeilflügel; Hochdecker; V-negativ - gepfeiltes Höhenleitwerk, V-negativ - »Hawker«-Seitenleitwerk mit Antenne (vorne) und Sonde - Heckausleger mit Antenne; eine Kielflosse - keine seitlichen Bremsklappen - aufgesetztes Cockpit/Canopy - größere Lufteinläufe und auf jeder Seite zwei Schubvektordüsen - Hilfsfahrwerk an den Flügeln (abklappbar)
HARRIER II	38	- gleiche Unterschiede wie Sea Harrier, jedoch ohne Antenne und Sonde am Seitenleitwerk

Boeing (MDC) F-4 PHANTOM II

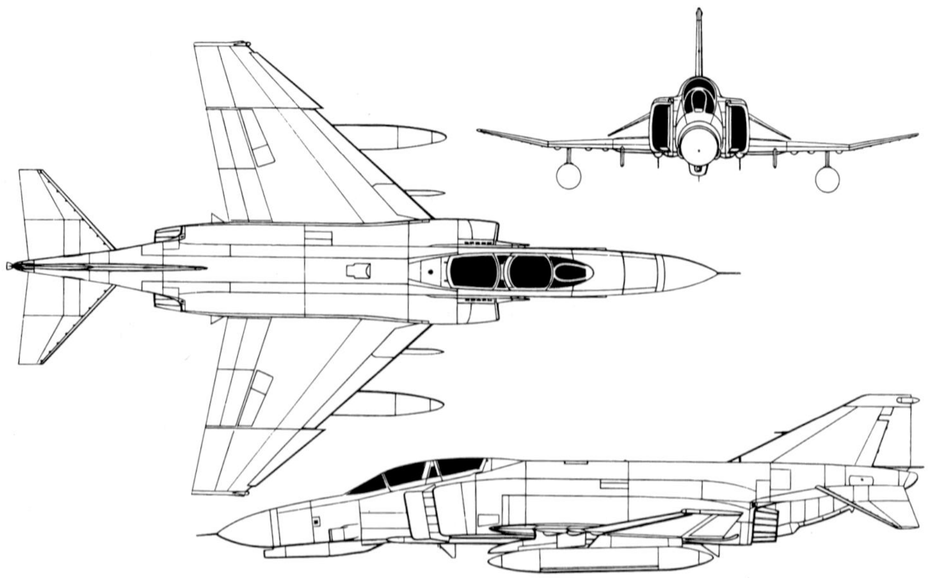

Hersteller:	McDonnell Douglas Corp., jetzt The Boeing Company
Ursprungsland:	USA
Einsatzrolle:	zweisitziges Mehrzweckkampfflugzeug zweisitziges Aufklärungsflugzeug (RF-4)
Erstflug:	27. Mai 1958
Triebwerk:	zwei Turbojets General Electric J79-GE-17A mit je 79.6 kN Schub mit Nachbrenner
Massen:	leer 13760 kg normal take-off 18820 kg max. take-off 28030 kg
Abmessungen:	Spannweite: 11.71 m Länge: 19.20 m Höhe: 5.02 m
Flugleistungen:	V_{max} ohne Lasten auf 10975 m: 2390 km/h / Mach 2.25 V_{Marsch}: 920 km/h Steigrate auf Seehöhe: 143 m/s+ Dienstgipfelhöhe: 18975 m Einsatzradius: 1270 km (Abfangmission)
Bewaffnung:	max. Tragfähigkeit: 7260 kg plus eine 20 mm M61A1-BK (E/F) AIM-9 Sidewinder AAMs, Python III AAMs, AIM-7 Sparrow AAMs, AIM-120 AMRAAMs (nur F-4F ICE), AGM-65 Maverick AGMs, AGM-45 Shrike ARMs, AGM-88 HARMs, LGBs, EOGBs, Durandal-Anti-Pisten-Waffe, GPBs, CBUs, Behälter für ungelenkte A/G-Raketen, ECM-Behälter, Zusatztanks etc.
Betreiberländer:	Ägypten, Deutschland, Griechenland, Iran, Israel, Japan, Spanien, Südkorea, Türkei, USA (QF-4-Drohnen)

Die F-4 ist der Inbegriff für den Ausdruck »Mehrzweckkampfflugzeug«. Als bordgestützter Abfangjäger für die US Navy konstruiert, verwendete man das Flugzeug bald im Vietnamkrieg auch für Bodenangriffe und in modifizierter Form als Aufklärer. Alle amerikanischen Teilstreitkräfte (Navy, Air Force, Marines) setzten PHANTOMS in großer Zahl ein, genau wie viele Exportkunden. Zahlreiche Versionen wurden entwickelt, darunter die F-4B , J und S der USN, die C, D, E und G der USAF, die K und M der RAF sowie die F der deutschen Luftwaffe.

Die Einsatzvielfältigkeit der Phantom wird erreicht durch eine lange Flugdauer, eine große Waffenlast und eine ausreichende Manövrierfähigkeit. Im Bereich der Avionik weist sie für die damalige Zeit sehr moderne Systeme auf. Dazu gehört z.B. das AWG-10-Radar (F-4J), welches eine Bekämpfung von tieffliegenden Luftzielen im Verbund mit der AIM-7 Sparrow ermöglicht. Aber auch RWR, ECM-Geräte und die erforderliche Ausrüstung für den Einsatz von Präzisionslenkwaffen stehen zur Verfügung. Der Aufklärer besitzt eine umfangreiche Kameraausrüstung, inklusive IRLS.

Die F-4 sind heute noch derart erfolgreich, daß einige Länder ihre verbliebenen Maschinen des Typs (meist F-4Es) für den Dienst weit über das Jahr 2000 hinaus modernisieren. Die deutsche Luftwaffe rüstet 110 ihrer F-4Fs mit dem APG-65-Radar (siehe F/A-18) und mit AMRAAMs aus (F-4F ICE), während Israel neben einer modernen Avionik auch noch die Zelle verstärkt (PHANTOM 2000); Japans F-4EJ wurden mit dem APG-66-Radar der F-16 verbessert (neue Bezeichnung: F-4EJ KAI). Die Türkei übernimmt das israelische KWS-Programm, während Griechenland einige seiner Flugzeuge auf den ICE-Stand der deutschen Luftwaffe bringt.

Bei den meisten Luftwaffen bleibt die PHANTOM ein sicherer Wert im Inventar. Die Amerikaner haben aber ihre letzten RF-4C-Aufklärer und F-4E-Jagdbomber ausgemustert und nun auch noch die F-4G »WILD WEASEL« aus dem Dienst entfernt, obwohl sie mit ihrem Radarlokalisierungssystem APR-38 und den AGM-88 HARMs im Golfkrieg erfolgreich als Bekämpfer von irakischen SAM- und Radarstellungen agierte und noch kein ebenbürtiger Nachfolger in Sicht ist. Einziger Grund hierfür scheint Geldmangel zu sein. Die PHANTOMS werden nach der Außerdienststellung in QF-4-Zieldrohnen umgebaut.

Erkennungsmerkmale:

- Pfeilflügel mit wenig gepfeilter Hinterkante (fast ein Deltaflügel)
- eckige Enden; Flügelvorderkante mit Sägezahn; Tiefdecker
- Knick im Flügel: Übergang V-neutral (innen) V-positiv (außen)
- hoch angesetztes Delta-Höhenleitwerk, V-negativ
- trapezförmiges, niedriges Seitenleitwerk
- zweisitziges Tamdem Cockpit; getrenntes, integriertes Canopy
- rechteckige, außen abgerundete Lufteinläufe
- schlanker, nach unten gezogener Bug mit Sonde
- evtl. mit BK-Ausbuchtung unter dem Bug mit Mündung beim Radom
- zweistrahlig; weit nach vorne versetzte, lange Jetpipes
- auffälliger Fanghaken am Heckausleger unterhalb des Seitenleitwerks
- markante Bleche vor den Lufteinläufen
- extrem kantiges Erscheinungsbild

Ähnliche Flugzeuge	Seite	Unterschiede zur F-4 PHANTOM II
F-1 / T-2	98	- Schulterdecker, V-negativ - Flügel mit kleinerer Spannweite und Fläche - Knick in der Flügelvorderkante - Höhenleitwerkauf auf der Höhe des Flügels befestigt - Seitenleitwerk mit Antenne gegen vorne (nur F-1) - Verhältnis Spannweite/Rumpflänge sehr viel kleiner - einsitzige Version mit kurzem Canopy - Bug weniger gegen unten gezogen; schlankerer Rumpf - keinen herausstehenden Kanonenbehälter - zwei kleine Kielflossen - Lufteinläufe viel kleiner - Jetpipes weniger weit nach vorne versetzt, kürzer
JAGUAR	134	- Schulterdecker, V-negativ; mit Grenzschichtzäunen - Flügelhinterkante mit Knick: innen gerade, außen gepfeilt - abgerundete Flügelenden - Höhenleitwerk auf derselben Höhe des Flügels befestigt, gepfeilt - schmaleres, höher aufragendes Seitenleitwerk - einsitzig; kurzes Canopy - quadratische Lufteinläufe, kein Kanonenbehälter - Bug nicht nach unten gezogen; kein Radarbug (außer einige indische JAGS) - Laser-EM-Bug (RAF-Version); spitziger Bug (armeé de l'air) - Jetpipes kleiner, weniger nach vorne versetzt - zwei Kielflossen; keinen auffälligen Fanghaken

Boeing (MDC) F-15 A/B/C/D EAGLE

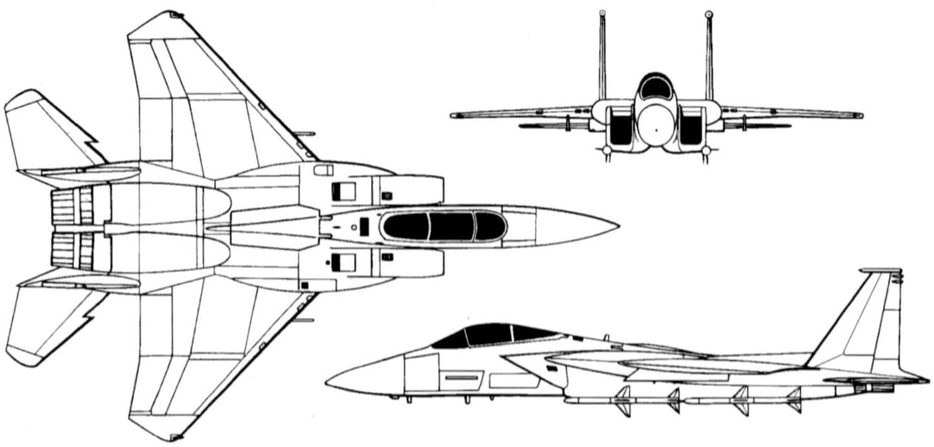

Hersteller:	McDonnell Douglas Corporation, jetzt The Boeing Company
Ursprungsland:	USA
Einsatzrolle:	einsitziger Luftüberlegenheitsjäger mit sekundärer Jagdbomberfähigkeit (A,C) zweisitziger Kampftrainer mit voller Kampfbefähigung (B/D)
Erstflug:	27. Juli 1972
Triebwerk:	zwei Turbofans Pratt&Whitney F100-PW-220 mit je 106 kN Schub mit Nachbrenner
Massen:	leer 12790 kg normal take-off 20245 kg max. take-off 30845 kg
Abmessungen:	Spannweite: 13.05 m Länge: 19.43 m Höhe: 5.63 m
Flugleistungen:	V_{max} ohne Lasten auf 10975 m: 2655 km/h / Mach 2.5 Steigrate auf Seehöhe: >254 m/s Dienstgipfelhöhe: 18290 m (zoom climb 30500 m) Einsatzradius: 1970 km (Abfangmission)
Bewaffnung:	max. Tragfähigkeit: 7260 kg plus eine 20 mm M61A1-BK AIM-9 Sidewinder AAMs, Python III/IV AAMs, AIM-7 Sparrow AAMs, AIM-120 AMRAAMs, AGM-65 Maverick AGMs, LGBs, EOGBs, GPBs, CBUs, ECM-Behälter, Zusatztanks etc.
Betreiberländer:	Israel, Japan, Saudi Arabien, USA

Die F-15 ist der Jäger par excellence. Sie verbindet eine große Reichweite, BVR-Kapazität und eine komplexe Avionik mit einer überragenden Steigleistung und Kurvenkampfmanövrierfähigkeit. Nur wenige andere Jagdflugzeuge sind in der Lage, sich mit der EAGLE messen zu können. Dafür vermögen sich auch nur die reichsten Länder dieses teure Flugzeug zu leisten. Israel war der erste Exportkunde und auch die erste Nation, welche die EAGLE im Ernstfall einsetzte: Zahlreiche syrische MiG-21, -23 und -25 sind dem Jäger aus St.Louis schon zum Opfer gefallen.

1968–72 als Nachfolger für die F-4 konstruiert und kompromißlos als Jäger ausgelegt (»not a pound for air-to-ground«), sollte die EAGLE der aufkommenden russischen MiG-25 »FOXBAT« Paroli bieten. Wenige Jahre später lieferte Israel den Beweis für die Überlegenheit des amerikanischen Flugzeugs.

Die Auslegung ist eigentlich relativ einfach: ein großer, deltaähnlicher Flügel mit geringer Flächenbelastung, kastenförmige Lufteinläufe mit variabler Geometrie, zwei Triebwerke und ein Doppelseitenleitwerk. Die Avionik ist dafür umso komplexer: Das APG-63-Radar hat eine Erfassungsreichweite von 185 km und besitzt »look-down/shoot-down«-Fähigkeiten; diverse Navigationshilfen, ECM-Systeme und RWR stehen dem Piloten ebenso zur Verfügung wie die HOTAS-Auslegung des Cockpits. Ein neues Gerät an Bord einiger F-15Cs ist das »Eagle-Eye« genannte, optische Identifikationsgerät, mit dem Flugzeuge auf Distanzen von 20 Meilen (ca. 32 km) identifiziert werden können.

Eingesetzt werden die EAGLES von der USAF vor allem zur Heimatverteidigung, aber auch in Europa sind einige Staffeln mit diesem hervorragenden Jäger ausgerüstet, der derzeit gerade auf die neue Mittelstrecken-Luft/Luft-Lenkwaffe AMRAAM umgerüstet wird. Die Sparrows bleiben aber nach wie vor im Arsenal der EAGLES.

1991 verwendeten die Amerikaner das Flugzeug zum ersten Mal in einem Ernstfall, als die Iraker Kuwait überfielen und auch in Saudi Arabien einzumarschieren drohten. In der Operation »Desert Storm« flogen viele F-15s Begleitschutz- und Luftüberlegenheitsmissionen, wobei sie zahlreiche irakische Maschinen abschossen. Dabei wurden selbst so hervorragende »Dogfighter« wie die MiG-29 ohne Probleme ausmanövriert, da nicht zuletzt der Ausbildungsstand und die eingeübte Taktik der US-Piloten eine Rolle spielte; keine einzige EAGLE verlor einen Luftkampf, lediglich durch SAMs bzw. AAA gingen drei Stück verloren.

Neben den überlegenen Luftkampffähigkeiten besitzt die F-15 auch eine ansehnliche Angriffsfähigkeit, wie die Bewaffnungsmöglichkeit (siehe links) zeigt. Die spezielle Bomberversion F-15E wird auf der nächsten Doppelseite behandelt.

Erkennungsmerkmale:

- Schulterdecker V-neutral; Flügel in Deltaform mit runden Enden
- Knick in der Flügelhinterkante: außen: gepfeilt, innen: gerade
- pfeilförmige, abgerundete Höhenleitwerke, Vorderkante mit Sägezahn
- Höhenleitwerk etwas tiefer als die Flügel angesetzt, V-neutral
- paralleles Doppelseitenleitwerk, trapezförmig, hintere Kante senkrecht
- geschoßförmige Antennen am Seitenleitwerkende; dicke Flügelwurzeln
- rechteckige/kastenförmige Lufteinläufe neben dem Rumpf, abgeschrägt
- große ausklappbare Luftbremse; aufgesetztes, blasenförmiges Canopy
- großes Radarradom ohne Sonde
- runde nebeneinanderliegende Jetpipes, wenig nach vorne verschoben
- auffallende höckerförmige Ausbuchtungen vor den Jetpipes

Ähnliche Flugzeuge	Seite	Unterschiede zur F-15 EAGLE
F-22	82	- trapezförmiger, eckiger Flügel mit gekappter Außenecke - eckiges Pfeil-Höhenleitwerk, auf gleicher Höhe wie Flügel - V-Doppelseitenleitwerk, trapezförmig - rhombusförmige Lufteinläufe unter eckigen LERX - 2D-Schubdüsen mit RAM-Keilen - Kante am Bug; »Stealth«-Konfiguration
MiG-29	92	- Flügel mit Pfeilform; wenig V-negativ - Höhenleitwerk in Pfeilform ohne Sägezahn - »MiG«-Seitenleitwerkform, wenig ausgeprägtes V - nach vorne gezogene Seitenleitwerkwurzel - tiefliegende Lufteinläufe und Triebwerke unter dem Rumpf - Lufteinläufe rechteckig; kurzes Cockpit - Bug nach unten gezogen, mit Sonde
MiG-31	94	- gepfeilter Flügel mit nur kleinen LERX; V-negativ - Flügel mit Grenzschichtzäunen - stark gepfeiltes Höhenleitwerk ohne Sägezahn - Seitenleitwerk in »MiG«-Form, wenig ausgeprägtes V - nach hinten versetzte Schubdüsen - zwei Kielflossen; ausgeprägtes Rückengrat - zweisitzig; integriertes, relativ kleines Cockpit
Su-27/35	150-54	- Flügel mit Pfeilform, AAM-Pylonen an den Enden - gepfeiltes Höhenleitwerk, ohne Sägezahn, eckig - tiefliegende Triebwerke und Lufteinläufe unter dem Rumpf - Triebwerke mit größerem Abstand untereinander - langgezogener Bug mit Sonde und langen LERX - zwei Kielflossen; Seitenleitwerk in »MiG«-Form - ausgeprägter Heckausleger

Beachte auch F/A-18E SUPER-HORNET (S. 36), MiG-25 (S. 88), F-14 (S. 116) etc.

Boeing (MDC) F-15E EAGLE »STRIKE EAGLE«

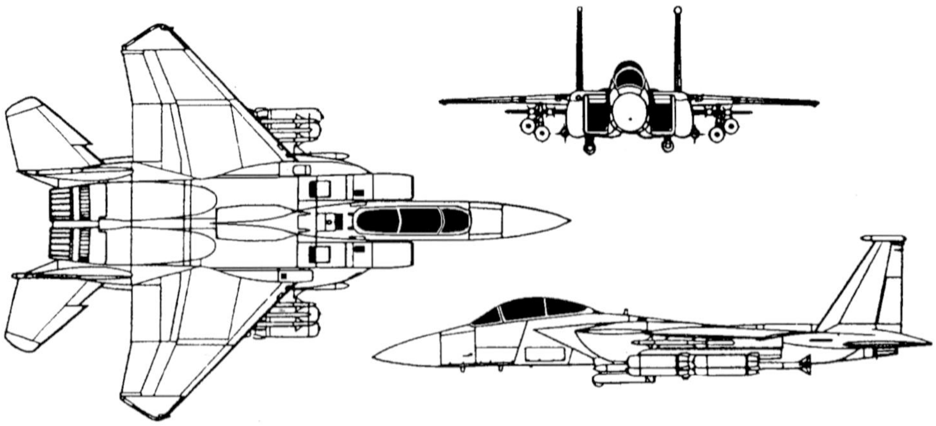

Hersteller:	McDonnell Douglas Corp., jetzt The Boeing Company
Ursprungsland:	USA
Einsatzrolle:	zweisitziges Allwetterangriffsflugzeug mit sekundärer Luftüberlegenheitsrolle
Erstflug:	27. Juli 1972 (Prototyp F-15) bzw. 11. Dezember 1986 (F-15E)
Triebwerk:	zwei Turbofans Pratt&Whitney F100-PW-229 mit je 129.5 kN Schub mit Nachbrenner
Massen:	leer 14380 kg normal take-off nicht bekannt max. take-off 36740 kg
Abmessungen:	Spannweite: 13.05 m Länge: 19.43 m Höhe: 5.63 m
Flugleistungen:	V_{max} ohne Lasten auf 10975 m: 2650 km/h / Mach 2.5 Steigrate auf Seehöhe: >254 m/s Dienstgipfelhöhe: 18300 m (zoom climb 30500 m) Einsatzradius: 1270 km (Angriffsmission)
Bewaffnung:	max. Tragfähigkeit: 11000 kg plus eine 20 mm M61A1-BK AIM-9 Sidewinder, Python III/IV und AIM-7 Sparrow AAMs, AIM-120 AMRAAMs, AGM-65 Maverick AGMs, AGM-88 HARMs, diverse LGBs und EOGBs, Durandal-Anti-Pisten-Waffe, JDAMs, GPBs, CBUs, Atombomben, ECM-Behälter, LANTIRN-Pods, Data-Link-Pod, Zusatztanks etc.
Betreiberländer:	Israel (F-15I), Saudi Arabien (F-15S), USA

Zu Beginn der 80er Jahre wurde der USAF bewußt, daß sie neben der F-111 kein Flugzeug besaß, welches eine ansehnliche Waffenlast über eine mittelgroße Distanz zum Einsatz bringen konnte. Da die früheren AARDVARK-Versionen auch langsam abgelöst werden mußten, war es dringend notwendig, einen Ersatz zu suchen. Im Wettbewerb standen die F-15E »STRIKE EAGLE« und die F-16XL, eine FALCON-Variante mit verlängertem Rumpf und Deltaflügel. Die EAGLE entschied schließlich das Rennen knapp für sich.

Im Vergleich zum zweisitzigen F-15B/D-Jäger weist der E-Jagdbomber folgende Verbesserungen und Optimierungen auf: eine verstärkte Zelle mit einer Lebensdauer von 15000 Flugstunden; sogenannte FAST-Packs, die eine Art maßgeschneiderte Rumpfseitenbehälter darstellen, um zusätzliche Avionik und eine größere Treibstoffmenge mitführen zu können; ein modernisiertes Cockpit mit MFDs/CRTs, welche das Flugzeug zur derzeit bedienungsfreundlichsten Maschine machen; das moderne APG-70-Radar, eine Verbesserung des ursprünglichen APG-63; und schließlich das Herzstück der Angriffsavionik, die LANTIRN-Navigations- und -Zielbeleuchtungsausrüstung, welche mit eingebautem TFR einen automatischen Terrainfolgeflug und dank dem FLIR ein Aufspüren der Ziele bei Nacht in einem passiven Modus ermöglicht. Auch die ECM- und RWR-Systeme dürften verbessert und für die Angriffsrolle ausgelegt worden sein.

Neben der neuen A/G-Rolle verfügt die F-15E aber fast immer noch über dieselben Qualitäten der F-15A/C-Versionen im Luftkampf. Abgesehen von einer schweren A/G-Waffenlast ist es ihr möglich, auch noch eine ganze Reihe A/A-Waffen für BVR-Einsätze (AIM-7 oder AIM-120) oder für den Kurvenkampf (AIM-9) mitzuführen, wodurch sie sich selbst eine gewaltige Durchschlagskraft gegenüber gegnerischen Jägern verleihen kann und deshalb keinen Jagdschutz benötigt.

Im Golfkrieg konnten die Flugzeuge ausgiebig unter realistischen Bedingungen getestet werden. Zusammen mit den verbliebenen F-111s und den britischen TORNADO GR.1 trugen sie die Hauptlast der PGM-Einsätze gegen Brücken, Einsatzzentralen und Bunker. Ein weiteres Hauptangriffsziel der STRIKE-EAGLES waren die gefürchteten irakischen Scud-Stellungen. Die Flugzeuge bewährten sich hervorragend, und lediglich zwei Maschinen gingen verloren. Trotz der positiven Berichte aus dem Golf beschloß die USAF, den ursprünglichen Kauf von 392 »STRIKE EAGLES« auf nunmehr 200 (plus einigen Ersatzmaschinen für verlorene) zu beschränken.

Israel hat als erster Exportkunde die E erhalten, gefolgt von Saudi Arabien. Die Israelis bauen aber einige selber entwickelte Systeme (u.a. ECM) in ihre F-15I genannte Version ein, während sich die Saudis mit einer etwas vereinfachten Avionik begnügen. Das Flugzeug wird die Bezeichnung F-15S tragen.

Erkennungsmerkmale:

- Schulterdecker V-neutral; Flügel in Deltaform mit runden Enden
- Knick in der Flügelhinterkante: außen: gepfeilt, innen: gerade
- pfeilförmige, abgerundete Höhenleitwerke, Vorderkante mit Sägezahn
- Höhenleitwerk etwas tiefer als die Flügel angesetzt, V-neutral
- paralleles Doppelseitenleitwerk, trapezförmig, hintere Kante senkrecht
- geschoßförmige Antennen am Seitenleitwerkende; dicke Flügelwurzeln
- rechteckige/kastenförmige Lufteinläufe neben dem Rumpf, abgeschrägt
- große ausklappbare Luftbremse; aufgesetztes, blasenförmiges Tamdem-Canopy
- großes Radarradom ohne Sonde
- runde nebeneinanderliegende Jetpipes, wenig nach vorne verschoben
- auffallende höckerförmige Ausbuchtungen vor den Jetpipes

Ähnliche Flugzeuge	Seite	Unterschiede zur F-15E EAGLE
F-22	82	- trapezförmiger, eckiger Flügel mit gekappter Außenecke - eckiges Pfeil-Höhenleitwerk, auf gleicher Höhe wie Flügel - V-Doppelseitenleitwerk, trapezförmig - rhombusförmige Lufteinläufe unter eckigen LERX - 2D-Schubdüsen mit RAM-Keilen - Kante am Bug; »Stealth«-Konfiguration; einsitziges Cockpit
MiG-29	92	- Flügel mit Pfeilform; wenig V-negativ - Höhenleitwerk in Pfeilform ohne Sägezahn - »MiG«-Seitenleitwerkform, wenig ausgeprägtes V - nach vorne gezogene Seitenleitwerkwurzel - tiefliegende Lufteinläufe und Triebwerke unter dem Rumpf - Lufteinläufe rechteckig; kurzes, einsitziges Cockpit - Bug nach unten gezogen, mit Sonde
MiG-31	94	- gepfeilter Flügel mit nur kleinen LERX; V-negativ - Flügel mit Grenzschichtzäunen - stark gepfeiltes Höhenleitwerk ohne Sägezahn - Seitenleitwerk in »MiG«-Form, wenig ausgeprägtes V - nach hinten versetzte Schubdüsen - zwei Kielflossen; ausgeprägtes Rückengrat - integriertes, relativ kleines Cockpit
Su-30	150	- Flügel mit Pfeilform, AAM-Pylonen an den Enden - gepfeiltes Höhenleitwerk, ohne Sägezahn, eckig - tiefliegende Triebwerke und Lufteinläufe unter dem Rumpf - Triebwerke mit größerem Abstand untereinander - langgezogener Bug mit Sonde und langen LERX - zwei Kielflossen; Seitenleitwerk in »MiG«-Form - ausgeprägter Heckausleger

Vergleiche auch mit: F/A-18F Super Hornet (S. 36), MiG-25 (S. 86), F-14 (S. 116) etc. Die LANTRIN-Behälter und FAST-PACKs sind die Unterscheidungsmerkmale zur F-15B/D.

Boeing (MDC) F/A-18 A/C, B/D HORNET

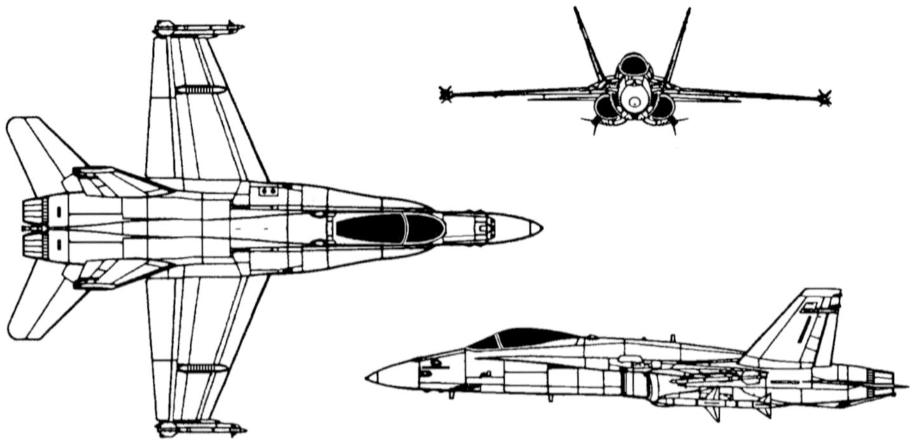

Hersteller:	McDonnell Douglas Corp., jetzt The Boeing Company/Northrop Grumman
Ursprungsland:	USA
Einsatzrolle:	einsitziger Mehrzweckluftkampfjäger und Jagdbomber (A,C; Angaben für -C) zweisitziger voll einsatzfähiger Kampftrainer (B/D)/ Nachtkampfflugzeug (D) zweisitziges Aufklärungsflugzeug (F/A-18D(RC))
Erstflug:	18. November 1978
Triebwerk:	zwei Turbofans General Electric F404-GE-400 mit je 70.3 kN Schub (A/B,C/D) oder General Electric F404-GE-402 mit je 78.7 kN Schub (C/D), beide mit Nachbrenner
Massen:	leer 10460 kg normal take-off 16650 kg max. take-off 25400 kg
Abmessungen:	Spannweite: 12.31 m Länge: 17.07 m Höhe: 4.66 m
Flugleistungen:	V_{max} ohne Lasten auf 12150 m: 1915 km/h / Mach 1.8 Steigrate auf Seehöhe: 228.6 m/s Dienstgipfelhöhe: 15240 m Einsatzradius: 740 km (Abfangmission) 1020 km (Abriegelungseinsatz)
Bewaffnung:	max. Tragfähigkeit: 7710 kg plus eine 20 mm M61A1-BK AIM-9 Sidewinder und AIM-7 Sparrow AAMs, AIM-120 AMRAAMs, AGM-65 Maverick AGMs, AGM-62 ASMs, AGM-84 ASMs/AShMs, AGM-88 HARMs, LGBs, EOGBs, JDAMs, JSOW, GPBs, CBUs, FLIR- und Laserzielbeleuchter-Pod, ECM-Behälter, Zusatztanks etc.
Betreiberländer:	Australien, Finnland, Kanada, Kuwait, Malaysia, Schweiz, Spanien, USA

Zwar verlor die Northrop F-17 COBRA den LWF-Wettbewerb der USAF gegen die F-16, doch die US Navy und das USMC beschlossen, ihre PHANTOM F-4 und CORSAIR A-7 durch eine modifizierte Version der COBRA zu ersetzen. Da Northrop bisher keine trägergestützten Maschinen gebaut hatte, nahm McDonnell Douglas die erforderlichen Anpassungen vor.

Wie bei der F-16 entstand aus dem Leichtgewichtjäger F-17 ein komplexes, vollwertiges Kampfflugzeug mit einer hervorragenden Manövrierfähigkeit. Ursprünglich war geplant, unterschiedliche Jagd(F)- und Angriffs(A)-Versionen zu bauen, doch konnten schließlich alle Parameter in einem Flugzeug, der F/A-18, vereinigt werden.

Die Avionik gehört zu den modernsten Systemen überhaupt und ist derjenigen der F-16 überlegen. Dem Piloten stehen ein HUD und drei MFDs zur Verfügung, das Flugzeug läßt sich nach dem HOTAS-Konzept fliegen. Das APG-65-Radar leistet sehr gute Dienste im A/A- wie im A/G-Einsatz. So können z.B. Flugzeuge in ca. 160 km Entfernung ausgemacht werden; die BVR-Kapazität wird der HORNET durch AIM-7 Sparrow- und AIM-120 AMRAAM-Lenkwaffen mittlerer Reichweite verliehen. Die hervorragende Wendigkeit und »high-alpha-capability« verdankt die HORNET den weit nach vorne gezogenen LERX und dem FBW-System. Als Jagdbomber verfügt sie über eine schwere A/G-Waffenlast und die Option zusätzlicher, spezieller Sensoren wie FLIR und Laserzielbeleuchter. Einige F/A-18Ds sind mit den erforderlichen Geräten für Nachtbodenangriffe ausgerüstet; für sämtliche Piloten von neueren F/A-18C/D steht die Möglichkeit offen, NVGs zu benützen.

Aufgrund der großen Einsatzvielfalt haben sich viele Länder für die Hornet entschieden, so auch die Schweiz, die ab 1997 26 F/A-18C und 8 F/A-18D erhielt. Diese Flugzeuge sollen als Abfangjäger eingesetzt werden und im Verbund mit den Raumschutzjägern F-5E Tiger II den Schweizer Luftraum überwachen. Den älteren Jägern kann dabei der HORNET-Pilot dank des aufdatierten APG-73-Radars die Ziele zuweisen und sich auch um tieffliegende Gegner kümmern.

Die neueste Aufgabe, welche von HORNETS des USMC erfüllt wird, ist die taktische Aufklärung. Hierfür sind einige F/A-18D mit ATARS ausgerüstet, welches aus einem IRLS und zwei EO-Kameras besteht. SAR-Bilder liefert das mit neuer Software versehene APG-73-Radar.

Erkennungsmerkmale:

- trapezförmige Flügel mit AAM-Pylonen an den Enden
- wenig V-negative Flügelstellung; Mitteldecker
- weit nach vorne gezogene LERX (1/3 der Rumpflänge)
- pfeilförmiges, abgerundetes und tiefer als der Flügel angebrachtes Höhenleitwerk
- Höhenleitwerk V-neutral
- eckiges, fast trapezförmiges V-Doppelseitenleitwerk, vor den Jetpipes angebracht
- fast ovale Lufteinläufe unter den LERX, neben dem Rumpf, auf Flügelkantenhöhe
- kleine vertikale Leitflächen an den LERX
- zweistrahlig; relativ langer Rumpf; aufgesetztes Cockpit; Radar-Radom ohne Sonde
- Fanghaken am Heck zwischen den Triebwerken

Ähnliche Flugzeuge	Seite	Unterschiede zur F/A-18A/C, B/D HORNET
SUPER-HORNET	36	- Flügel mit größerer Spannweite und Sägezahn - Höhenleitwerk mit Ecken - Rumpf mit größerer Länge - LERX großflächiger; kleine vertikale Flächen auf LERX fehlen - rhombusförmige »Stealth«-Lufteinläufe
F-16	76	- stärker gepfeilte Flügelvorderkante - gerade Flügelhinterkante; V-neutral; kürzere LERX ohne kleine Flächen - eckigeres, deltaförmiges Höhenleitwerk - Höhenleitwerk auf Flügelhöhe angebracht, V-negativ - ein Seitenleitwerk, mit Wurzelantenne und Knick in der Vorderkante - zwei Kielflossen - einstrahlig; bananenförmiger Lufteinlauf unter dem Rumpf - spitzigerer Bug mit Sonde
MiG-29	92	- Pfeilflügel ohne AAM-Pylonen an den Enden - eckigeres, V-negatives Höhenleitwerk - tiefhängende Triebwerke und Lufteinläufe unter dem Rumpf - Lufteinläufe rechteckig abgeschrägt; breiterer Rumpf - »MiG«-Doppelseitenleitwerk mit minimaler V-Stellung - kleineres, integrierteres Cockpit; nach unten gezogener Bug mit Sonde
F-5E TIGER II	112	- kleinerer Flügel mit kleinen LERX; Tiefdecker - V-negatives Trapezhöhenleitwerk - einzelnes, symmetrisches Trapezseitenleitwerk - seitliche, halbrunde Lufteinläufe - kurzes, integriertes Cockpit - Rumpf gegen hinten zusammenlaufend - kleine Jetpipes; spitziger Bug mit Sonde

Beachte auch CHING KUO (S. 18), F-15 (S. 30/32), MIRAGE F1 (S. 54), F-22 (S. 82), F-2 (S. 100), Su-27/30 (S. 150) usw.

Boeing (MDC) F/A-18 E/F SUPER HORNET

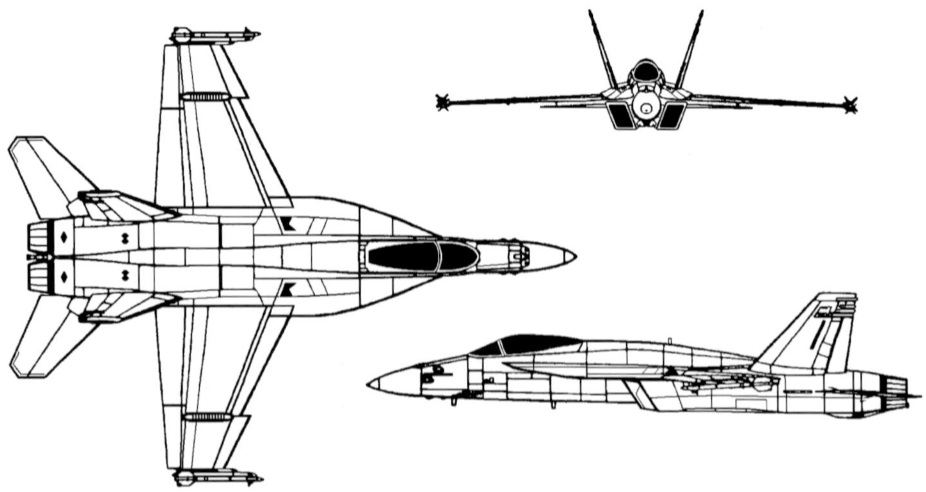

Hersteller:	McDonnell Douglas Corporation, jetzt The Boeing Company; (Northrop)
Ursprungsland:	USA
Einsatzrolle:	einsitziger Mehrzweckluftkampfjäger und Jagdbomber (E) zweisitziger voll einsatzfähiger Kampftrainer und Nachtkampfflugzeug (F)
Erstflug:	29. November 1995
Triebwerk:	zwei Turbofans General Electric F414-GE-400 mit je 97.8 kN Schub mit Nachbrenner
Massen:	leer ca.12000 kg normal take-off ca.20000 kg max. take-off 29950 kg
Abmessungen:	Spannweite: 13.68 m Länge: 18.50 m Höhe: 4.87 m
Flugleistungen:	V_{max} ohne Lasten auf 12150 m: 2000 km/h / Mach 1.9 Steigrate auf Seehöhe: nicht bekannt Dienstgipfelhöhe: 15240 m Einsatzradius: ca.1000 km (Abfangmission) 1400 km (Abriegelungseinsatz)
Bewaffnung:	max. Tragfähigkeit: 8500 kg plus eine 20 mm M61A1-BK AIM-9 Sidewinder AAMs, AIM-7 Sparrow AAMs, AIM-120 AMRAAMs, AGM-65 Maverick AGMs, AGM-62 ASMs, AGM-84 ASMs/AShMs, AGM-88 HARMs, LGBs, EOGBs, JDAMs, JSOW, GPBs, CBUs, FLIR- und Laserzielbeleuchter-Pod, ECM-Behälter, Zusatztanks etc.
Betreiberländer:	USA (Navy); geplant

Die Erkenntnis, daß die altgedienten A-6 INTRUDER über dem modernen Gefechtsfeld der 90er Jahre aufgrund ihrer bescheidenen Beweglichkeit gefährdet seien, veranlaßte die US Navy, sich nach einem neuen allwetterfähigen Angriffsflugzeug umzusehen. Am naheliegendsten war eine neue Konstruktion mit Stealth-Eigenschaften, das ATA. Die daraus hervorgegangene A-12 AVENGER II war ein zweisitziger Nurflügler, sozusagen eine verkleinerte B-2 für Trägereinsätze. Der Zusammenbruch des Warschauer Paktes und der damit verbundene Wegfall des großen potentiellen Gegners rechtfertigten die Milliarden-Investitionen aber nicht mehr, weshalb die A-12 anfangs der 90er Jahre noch vor dem Erstflug eingestellt werden mußte.

Der Golfkrieg bestätigte jedoch die Schwächen der INTRUDER; ein preiswerter Ersatz wurde dringend gefordert. MDC konstruierte deshalb die bereits im Kampf erprobte und sehr erfolgreiche F/A-18 derart um, daß das neue Flugzeug die Nachteile der A/B/C/D-Versionen gegenüber der A-6 (Waffenlast, Reichweite, Allwetterfähigkeit) nicht mehr aufwies. Man ließ auch einige der Erfahrungen, die man bei der Entwicklung der A-12 gemacht hatte, ins Programm miteinfließen.

Das Resultat der Entwicklung ist die F/A-18E/F SUPER HORNET, ein um 25% vergrößertes Derivat der bereits 20 Jahre alten HORNET. Leistungsmäßig mit der C/D-Version verglichen, hat die E/F einen um 40% ausgedehnten Einsatzradius als Angriffsflugzeug, eine um 80% erhöhte Patrouillenzeit als Jagdflugzeug, eine um fast 1000 kg gesteigerte Waffenlast sowie über 20% stärkere Triebwerke.

Die Avionik-seitigen Verbesserungen halten sich in Grenzen. Neben dem neuen APG-73-Radar, das auch in den neusten C/D-Modellen zum Einbau kommt, und dem GPS-Empfänger dürfte aber auch eine neue RHWR-Ausrüstung vorhanden sein. Der ALQ-165 ASPJ gehört zur Standardausrüstung, das Cockpit wurde mit neuen, großflächigeren Farb-MFDs ausgestattet.

Deutlich reduziert wurde der RCS. Die Maßnahmen, die dafür getroffen wurden, sind deutlich zu erkennen: F-22-ähnliche Lufteinläufe, wabenförmige Oberflächenstrukturteile, eckige Höhenleitwerke. Auffällig sind auch die vergrößerten LERX, die der Maschine eine hervorragende Manövrierbarkeit verleihen sollen, sowie die Sägezähne im äußeren Bereich des vergrößerten Flügels.

Da die F-14 auch dem Ende ihrer Lebensdauer entgegengeht, scheint es möglich, daß die SUPER HORNET auch deren Nachfolge antreten muß; der neue JSF (JOINT STRIKE FIGHTER) ist jedenfalls noch 10 Jahre von der Einführung entfernt.

Erkennungsmerkmale:

- trapezförmige Flügel mit AAM-Pylonen an den Enden und Sägezahn
- wenig V-negative Flügelstellung; Mitteldecker
- weit nach vorne gezogene, breite LERX (1/3 der Rumpflänge)
- pfeilförmiges, eckiges und tiefer als der Flügel angebrachtes Höhenleitwerk
- Höhenleitwerk V-neutral; aufgesetztes Cockpit; Radar-Radom ohne Sonde
- eckiges, fast trapezförmiges V-Doppelseitenleitwerk, vor den Jetpipes angebracht
- rhombusförmige Lufteinläufe unter den LERX
- Lufteinläufe neben dem Rumpf, auf Flügelkantenhöhe
- zweistrahlig; relativ langer Rumpf
- Fanghaken am Heck zwischen den Triebwerken

Ähnliche Flugzeuge	Seite	Unterschiede zur F/A-18E/F SUPER-HORNET
F/A-18A/C, B/D	34	- kleinerer Flügel mit kleinerer Spannweite und ohne Sägezahn - Höhenleitwerk mit abgerundeten Ecken - Rumpf mit kleinerer Länge - LERX kleinflächiger; mit vertikalen Flächen auf LERX - ovale Lufteinläufe
F-16	76	- stärker gepfeilte Flügelvorderkante - gerade Flügelhinterkante; V-neutral; kürzere LERX - deltaförmiges Höhenleitwerk - Höhenleitwerk auf Flügelhöhe angebracht, V-negativ - ein Seitenleitwerk, mit Wurzelantenne und Knick in der Vorderkante - zwei Kielflossen - einstrahlig; bananenförmiger Lufteinlauf unter dem Rumpf - spitzigerer Bug mit Sonde
MiG-29	92	- Pfeilflügel ohne AAM-Pylonen an den Enden - V-negatives Höhenleitwerk - tiefhängende Triebwerke und Lufteinläufe unter dem Rumpf - Lufteinläufe rechteckig abgeschrägt; breiterer Rumpf - »MiG«-Doppelseitenleitwerk mit minimaler V-Stellung - kleineres, integrierteres Cockpit; nach unten gezogener Bug mit Sonde
F-5E TIGER II	112	- kleinerer Flügel mit kleinen LERX; Tiefdecker - V-negatives Trapezhöhenleitwerk - einzelnes, symmetrisches Trapezseitenleitwerk - seitliche, halbrunde Lufteinläufe - kurzes, integriertes Cockpit - Rumpf gegen hinten zusammenlaufend - kleine Jetpipes; spitziger Bug mit Sonde

Beachte auch CHING KUO (S. 18), F-15 (S. 30/32), MIRAGE F1 (S. 54), F-22 (S. 82), F-2 (S. 100), Su-27/30 (S. 150) usw.

Boeing (MDC) / BAE AV-8B HARRIER II

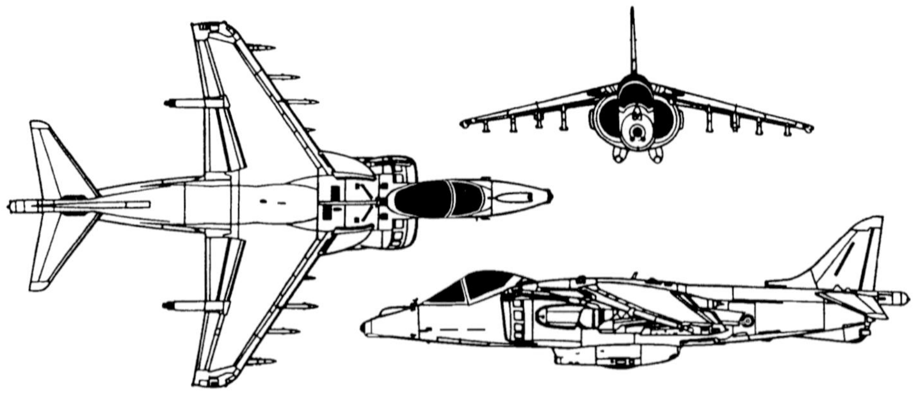

Hersteller:	McDonnell Douglas Corp., jetzt The Boeing Company; British Aerospace
Ursprungsland:	USA und Großbritannien
Einsatzrolle:	einsitziges STOVL-Erdkampfflugzeug (HARRIER II, HARRIER GR.5) einsitziges STOVL-Allwettererdkampfflugzeug (NIGHT H., GR.7) einsitziges STOVL-Allwettermehrzweckkampfflugzeug (HARRIER II PLUS) zweisitziger, voll einsatzfähiger STOVL-Kampftrainer (TAV-8B, T.10)
Erstflug:	9. November 1978
Triebwerk:	ein Vektorschub-Turbofan Rolls-Royce Pegasus Mk105 mit 96.8 kN Schub ohne Nachbrenner oder ein Rolls-Royce F402-RR-408 mit 105.9 kN Schub ohne Nachbrenner
Massen:	leer 7050 kg normal take-off 10410 kg max. take-off 14060 kg (STO); 8600 kg (VTO)
Abmessungen:	Spannweite: 9.25 m Länge: 14.53 m Höhe: 3.55 m
Flugleistungen:	V_{max} ohne Lasten auf Seehöhe: 1065 km/h auf 10975 m: 965 km/h Dienstgipfelhöhe: nicht bekannt Einsatzradius hi-lo-hi: 890 km (Angriffsmission)
Bewaffnung:	max. Tragfähigkeit: 3990 kg plus zwei 25 mm ADEN-BK-Pods oder ein 25 mm GAU-12A- BK-Pod AIM-9 Sidewinder AAMs, AIM-120 AMRAAMs (nur Harrier II Plus), AGM-65 Maverick ASMs, AGM-84 Harpoon AShMs (nur II Plus), ALARM-ARMs, LGBs, EOGBs, Behälter für ungelenkte A/G-Raketen, Streu- und Sprengbomben, Chaff-/Flare-Dispenser, TIALD-Behälter, Aufklärungsbehälter, ECM-Behälter, Zusatztanks usw.
Betreiberländer:	Großbritannien (RAF), Italien (Marine), Spanien (Marine), USA (USMC)

Der AV-8B wurde von McDonnell Douglas auf der Basis seines Vorläufers AV-8A HARRIER entwickelt. Da die US-Regierung erklärte, daß das Projekt nur weitergerführt werden könne, wenn ein Partnerland gefunden würde, überzeugte BAe, deren AV-16-Projekte gescheitert waren und die sich jetzt dem AV-8B anschloß, die RAF, daß der HARRIER II imstande war, die gestellten Forderungen für ein leistungsfähiges STOVL-Flugzeug zu erfüllen.

Gegenüber dem AV-8A/HARRIER GR.3 weist der HARRIER II eine verbesserte Avionik, ein stärkeres Triebwerk mit optimierten Schubvektordüsen, einen superkritischen Flügel aus Verbundwerkstoffen und vier Pylonen auf jeder Seite sowie ein moderneres Cockpit mit wesentlich verbesserter Sicht auf. Da die RAF anfangs mit der Manövrierfähigkeit nicht zufrieden war, versah BAe den Flügel mit LERX, welche das Problem behoben und deshalb an sämtlichen Flugzeugen angebracht wurden.

Nach der Einführung der AV-8B und der GR.5 verbesserten die beiden Firmen das Flugzeug. Als erstes wurde die Nacht-/Allwettereinsatzfähigkeit u.a. mit NVGs und einem FLIR deutlich verbessert (NIGHT HARRIER bzw. HARRIER GR.7). Schließlich baute MDC noch das von der F/A-18 her bekannte APG-65-Radar ein, welches dem Flugzeug BVR-Kapazität (mit max. acht AMRAAMs) verleiht und den Einsatz von AShMs wie der AGM-84 Harpoon erlaubt.

Der HARRIER II konnte den negativen Ruf seiner Vorgängerreihe, ein Kurzstreckenkampfflugzeug mit geringer Waffenlast zu sein, loswerden. Schon der Falklandkrieg brachte viele Kritiker zum Schweigen, als die RN/RAF-HARRIER eine ganze Luftstreitmacht in die Knie zwangen. Die neuen HARRIER II wurden vom USMC im Golfkrieg mit Erfolg als Nahunterstützungsflugzeuge eingesetzt, eine Aufgabe, die wie geschaffen war für diese Maschinen.

Einen weiteren Kampfeinsatz leisteten HARRIER im Kosovo-Konflikt. So flogen USMC- und RAF-Maschinen zahlreiche Einsätze gegen die serbischen Streitkräfte, wobei sie vorwiegend mit LGBs, CBUs und AGM-65 bewaffnet waren. Zukünftig werden die RAF-HARRIER vor allem mit der neuen Brimstone-ASM bestückt sein.

Erkennungsmerkmale:

- Pfeilflügel mit Knick in der Flügelhinterkante
- Schulterdecker, V-negativ; drei bis vier Pylone pro Flügel, LERX
- abklappbares Hilfsfahrwerk in Flügelmitte (rückwärts gerichtet im Flug)
- Höhenleitwerk auf derselben Höhe wie Flügel, V-negativ, gepfeilt
- bulliger Rumpf mit aufgesetztem Cockpit/Canopy und kurzem, schmalem Bug
- große halbrunde Lufteinläufe mit eckigen Seitenlöchern (schließbar)
- zwei eckige Vektorschubdüsen hintereinander an jeder Rumpfseite unter dem Flügel
- Heck mit »Hawker«-Seitenleitwerk; eine Kielflosse
- rückwärtsgerichtete Antenne am Heck
- Unterscheidung AV-8B/Night-Harrier: letzterer mit FLIR-Sensor auf dem Bug
- Unterscheidung Night-Harrier/Harrier II Plus: letzterer mit Radarradom
- RAF-Version: zwei Antennen unterhalb des Bugs

Ähnliche Flugzeuge	Seite	Unterschiede zum AV-8B HARRIER II
HAWK 200	42	- schlankerer Pfeilflügel mit AAM-Pylonen-Enden - Tiefdecker, fast V-neutraler Flügel - kein abklappbares Hilfsfahrwerk am Flügel - kleiner Grenzschichtzaun an der Flügeloberseite - Höhenleitwerk höher als der Flügel, V-negativ - schlankerer Rumpf, nicht so auffällig aufgesetztes Cockpit - kleinere halbrunde Lufteinläufe über dem Flügel - zwei kleine Kielflossen; Jetpipe an Heck - keine herausstehende Heckantenne
SEA HARRIER	44	- Flügel ohne LERX, ohne Hinterkantenknick, kleinere Flügelfläche - rundere Flügelenden; Hilfsfahrwerk an Flügelende (abklappbar) - 2 Pylone pro Flügel - Seitenleitwerk mit vorwärtsgerichteter Antenne - Vektorschubdüsen schräg und rund - auffallend rundes Radarradom - keinen FLIR-Behälter auf dem Bug - keine Antennen unter dem Bug
ALPHA JET	64	- schmalere Flügel ohne Hilfsfahrwerk, mit Sägezahn, größere Spannweite - Höhenleitwerk tiefer angesetzt als der Flügel - kleinere Lufteinläufe; keine Kielflosse - zweistrahlig; je eine kleine Schubdüse seitlich des Rumpfes - schmaleres, eckigeres Seitenleitwerk in »MIRAGE«-Form - schlankerer Rumpf/Bug mit Tamdem-Cockpit - keine Heckantenne

Beachte auch PAMPA (S. 68), T-4 (S. 74) etc.

British Aerospace HAWK MK1/50/60,100

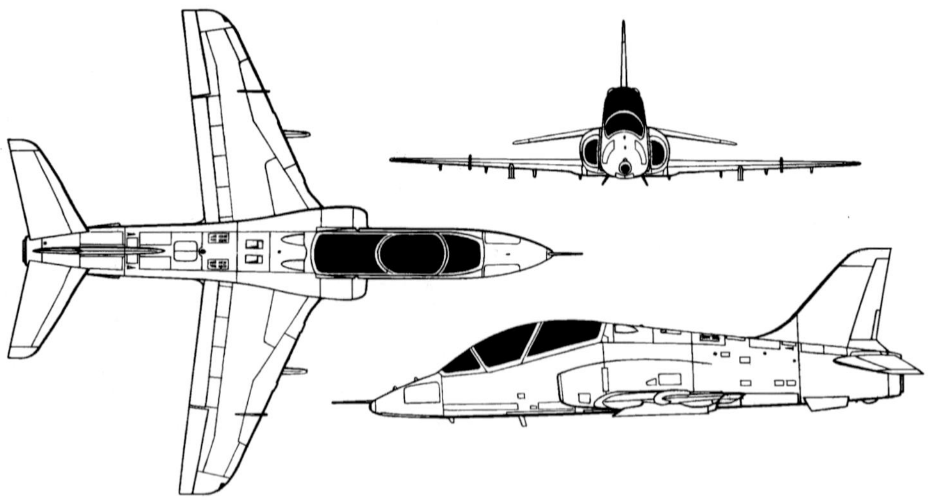

Hersteller:	British Aerospace PLC, Military Aircraft Division	
Ursprungsland:	Großbritannien	
Einsatzrolle:	zweisitziges leichtes Erdkampfflugzeug und (Waffen-)Trainer	
Erstflug: Mk1:	21. August 1974	
100:	1. Oktober 1987	
Triebwerk:	ein Turbofan Rolls-Royce/Turboméca Adour Mk 871 mit 26 kN Schub ohne Nachbrenner	
Massen:	leer	4400 kg
	normal take-off	5150 kg
	max. take-off	9100 kg
Abmessungen:	Spannweite: 9.94 m Länge: 12.43 m (100); 11.38 m Höhe: 3.99 m	
Flugleistungen:	V_{max} ohne Lasten auf 10975 m:	1040 km/h
	Steigrate auf Seehöhe:	62 m/s
	Dienstgipfelhöhe:	13550 m
	Einsatzradius hi-lo-hi:	510 km (Angriffsmission mit Bewaffnung)
Bewaffnung:	max. Tragfähigkeit:	3000 kg
	plus ein 30 mm ADEN-BK-Pod (100)	
	AIM-9 Sidewinder IR-SRAAMs, leichte ASMs, GPBs, CBUs oder LGBs, ungelenkte A/G-Raketen usw., Zusatztanks	
Betreiberländer:	Trainer:	Abu Dhabi, Dubai, Finnland, Großbritannien, Indonesien, Kenia, Kuwait, Saudi Arabien, Schweiz, Süd-Korea, USA (Navy), Zimbabwe
	100:	Abu Dhabi, Australien, Indonesien, Malaysia, NATO Pilot Training Center Kanada, Oman, Indien (bestellt), Südafrika

Der HAWK ist, von den Exportzahlen her gesehen, wohl das erfolgreichste europäische Militärflugzeug der letzten 15 Jahre. Neben vielen anderen Luftwaffen entschied sich sogar die US Navy für diesen relativ günstigen, einfach zu wartenden Jettrainer. Er wird in den USA bei McDonnell Douglas (jetzt Boeing) in Lizenz als T-45A GOSHAWK gebaut und für den Trägereinsatz angepaßt. Bei diesen Anpassungsarbeiten gab es jedoch einige Schwierigkeiten, so daß sich die Einführung hinauszögerte. Bei der Schweizer Luftwaffe sind noch 19 der 20 HAWK MK 66 im Einsatz.

Der HAWK läßt sich als Fortgeschrittenen- und Waffentrainer, als leichtes Erdkampfflugzeug oder Kurzstrecken-Luftkampfjäger einsetzen. Als Trainer lassen sich darauf die Pilotenschüler günstig und effizient ausbilden. Dabei kommt den Jet-Anfängern vor allem die Gutmütigkeit des Flugzeuges zugute, während die Fluglehrer die hervorragende Rundumsicht vom hinteren Sitz aus schätzen. Das Flugverhalten ist nicht viel anders als das der Hochleistungskampfflugzeuge.

In der Erdkampfrolle erstaunt vor allem die schwere Waffenlast, welche die doch kleine Maschine mitführen kann. Im Luftkampf bewies der HAWK in niedrigen Höhen schon oft seine Dogfight-Überlegenheit gegenüber Einsatzflugzeugen, denn er ist in der Lage, mit Lastvielfachen von +8 g zu kurven. In großen Höhen baut die Triebwerkleistung aber stark ab, weshalb sich dort die Flugleistungen reduzieren.

Mehrere Luftwaffen interessierten sich Mitte der 80er Jahre für eine Version des HAWK, die stärker für den Waffeneinsatz optimiert ist. BAe entwickelte deshalb zwei neue Varianten: den auf dem Trainer basierenden HAWK 100 mit erweiterter Angriffsavionik (FLIR, Laser-Sensor, Waffenrechner), verbesserter Cockpit-Ergonomie (MFDs, HOTAS), »combat-wing« mit AIM-9-Pylonen an den Enden und einem stärkeren Triebwerk; und den einsitzigen HAWK 200, der auf der nächsten Doppelseite beschrieben wird. Diese Verbesserungen machen aus dem HAWK ein äußerst preiswertes, leistungsfähiges Kampfflugzeug, das Aufgaben erfüllen kann, wofür sonst ein viel teureres Modell notwendig ist.

Erkennungstechnisch lassen sich die Versionen an Cockpit, Flügel und Bug unterscheiden. Da in Europa die ursprüngliche Trainervariante am zahlreichsten vorhanden ist, beziehen sich die weiter unten erwähnten Erkennungsmerkmale auf diese.

Erkennungsmerkmale:

- Flügel leicht gepfeilt, runde Enden; Tiefdecker, fast V-neutral
- Höhenleitwerk stärker gepfeilt als die Flügel, V-negativ
- Höhenleitwerk über dem Triebwerk befestigt
- abgestuftes Cockpit, Canopy eher integriert (»Delphin-Form«)
- geschwungenes »Hawker«-Seitenleitwerk
- einstrahlig; Verhältnis Spannweite zu Rumpflänge ca. 0.85
- Lufteinläufe halbrund, über dem Flügel, hervorstehend
- gedrungener Rumpf; zwei kleine Kielflossen unter dem Heck
- Bug mit Sonde über der Spitze
- kleine Grenzschichtzäune an den Flügeln

Ähnliche Flugzeuge	Seite	Unterschiede zum HAWK (Trainer-Version)
M.B.339	12	- praktisch gerader Flügel und Höhenleitwerk - Flügel stärker V-positiv, Höhenleitwerk V-neutral - Seitenleitwerk eckiger; stärker heraussteherdes Canopy - größeres Verhältnis Spannweite/Rumpflänge (ca. 1) - längere Kielflossen; schmalerer Rumpf - Lufteinläufe oval, im Flügel integriert - meist mit Flügelendentanks; keine Sonde am Bug
ALBATROS	14	- fast gerade Flügel; Flügelhinterkante nach vorne gepfeilt - Höhenleitwerkform ähnlich Flügelform; keine Kielflossen - keine Grenzschichtzäune; mit Flügelendentanks und einer Sonde pro Flügel - Lufteinläufe am Rumpf oberhalb der Flügel hinter dem Cockpit - Lufteinläufe auf Cockpit-Höhe - spitzigerer Bug ohne Sonde - mehr in den Rumpf integriertes Cockpit
ALPHA JET	64	- Schulterdecker, Flügel V-negativ - Flügel mit Sägezahn, ohne Grenzschichtzäune - Höhenleitwerk tiefer als Flügel - Lufteinläufe am Rumpf, unterhalb der Flügel - zweistrahlig; Jetpipes auf der Höhe des Seitenleitwerkes - Seitenleitwerk in »MIRAGE«-Form; keine Kielflossen; - dünneres Rumpfheck, keine Sonde am Bug (franz. Version)
SUPER GALEB	140	- stärker gepfeilte Flügel, Vorderkante mit Knick - Flügel- und Höhenleitwerkenden eckiger - Seitenleitwerk eckiger; größere Grenzschichtzäune - voluminöserer Bug - weniger abgestuftes, integrierteres Cockpit - nur eine, aber längere Kielflosse

Siehe auch: S. 211 (S. 16), AMX (S. 20), IAR-99 (S. 24), HAWK 200 (S. 42), K-8 (S. 102), GALEB und JASTREB (S. 138) usw.

British Aerospace HAWK 200

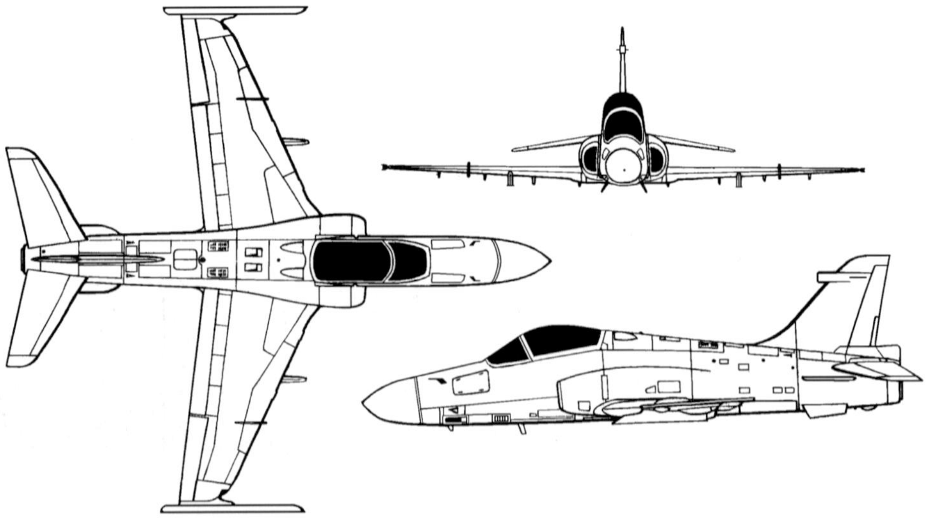

Hersteller:	British Aerospace PLC, Military Aircraft Division
Ursprungsland:	Großbritannien
Einsatzrolle:	einsitziges Mehrzweckkampfflugzeug
Erstflug:	21. August 1974 (Grundversion) 19. Mai 1986 (200-Prototyp)
Triebwerk:	ein Turbofan Rolls-Royce/Turboméca Adour Mk 871 mit 26 kN Schub ohne Nachbrenner
Massen:	leer 4510 kg normal take-off 5200 kg max. take-off 9100 kg
Abmessungen:	Spannweite: 9.94 m Länge: 11.38 m Höhe: 3.9 m
Flugleistungen:	V_{max} ohne Lasten auf 10975 m: 1040 km/h Steigrate auf Seehöhe: 62 m/s Dienstgipfelhöhe: 13550 m Einsatzradius hi-lo-hi: 510 km (Angriffsmission mit Bewaffnung)
Bewaffnung:	max. Tragfähigkeit: 3000 kg plus ein 30 mm ADEN-BK-Pod AIM-9 Sidewinder IR-SRAAMs, LGBs, AGM-65, GPBs, CBUs, ungelenkte A/G-Raketen, leichte ASMs usw. Zusatztanks
Betreiberländer:	Indonesien, Malaysia, Oman

Die Tatsache, daß Mitte der 80er Jahre zahlreiche Länder ihr Interesse an einem HAWK anmeldeten, der mehr für den Waffeneinsatz optimiert sein sollte, motivierte British Aerospace, ein einsitziges Derivat des erfolgreichen Trainers herzustellen. Das Programm startete allerdings schlecht: Der erste Prototyp stürzte bei einem Schauflug ab, was den Zeitplan etwas verzögerte und zweifellos bei manchem potentiellen Kunden gemischte Gefühle hinterließ.

Obwohl das Flugzeug, nun HAWK 200 genannt, eigentlich als leichtes Erdkampfflugzeug geplant war, profitiert es von dem schon beim Trainer vorhandenen Luftkampf-Potential. In niedrigen Höhen kann es Maschinen wie den F-5E TIGER II oder den JAGUAR problemlos ausmanövrieren mit dem maximalen Lastvielfachen von +8 g. In großen Höhen leidet es etwas an der Krankheit aller Flugzeuge, die mit einem Turbofan ohne Nachbrenner ausgerüstet sind: Der Schub baut mit zunehmender Höhe stark ab und damit auch die Steigleistung und die Fluggeschwindigkeit.

Dank der mit der Integration von HOTAS, HUD und MFDs stark verbesserten Cockpit-Ergonomie und dem Einbau des von der F-16 her bekannten APG-66H-Radar (H: Kennzeichnung des Radars mit kleinerer Antenne) hat der HAWK 200 aber Kapazitäten erhalten, die sonst nur viel teurere Hochleistungsmaschinen aufweisen. So ist es ihm möglich, Luft-, Boden- und Seeziele auf große Distanzen zu entdecken, was das Flugzeug natürlich für zahlreiche Länder, die sich keine Jagdflugzeuge der Spitzenklasse leisten können, interessant macht. Der HAWK 200 kann deshalb als eine Art »Hosentaschen-FIGHTING FALCON« bezeichnet werden.

Weitere Veränderungen in bezug auf die Trainerversion sind der sogenannte »combat-wing«, ein Flügel mit AIM-9 Sidewinder-Startschienen an den Enden, der Waffenrechner für den präzisen Abwurf von Luft/Boden-Kampfmitteln, eine umfangreiche RWR-Ausrüstung und die Möglichkeit, Chaff/Flare-Dispenser mitführen zu können.

Derzeit wird der HAWK 200 ziemlich aggressiv zum Kauf angeboten. Die bisherigen Käufer stammen alle aus dem Kreis der HAWK-Trainer-Kunden – kein Wunder, denn diese Staaten haben damit ein Flugzeug erhalten, das gute Leistungen zeigt und trotzdem nicht viel kostet. Der HAWK 200 unterscheidet sich nur wenig vom Trainer; die erforderliche Infrastruktur steht folglich bereits zur Verfügung. Konkurrenten sind vor allem die tschechische L-159 ALBATROS und der italienisch-brasilianische AMX, welchen die britische Maschine alles in allem überlegen ist.

Erkennungsmerkmale:

- Flügel leicht gepfeilt, mit AAM-Pylonen an den Enden; Tiefdecker, fast V-neutral
- Höhenleitwerk stärker gepfeilt als die Flügel, V-negativ
- Höhenleitwerk über dem Triebwerk befestigt
- einsitziges, kurzes Cockpit, Canopy eher integriert
- geschwungenes »Hawker«-Seitenleitwerk mit nach vorne gerichteter Antenne
- einstrahlig; Verhältnis Spannweite/Rumpflänge ca. 0.9
- Lufteinläufe halbrund, über dem Flügel, hervorstehend
- gedrungener Rumpf; zwei kleine Kielflossen unter dem Heck
- Bug mit Radarradom ohne Sonde
- kleine Grenzschichtzäune an den Flügeln

Ähnliche Flugzeuge	Seite	Unterschiede zum HAWK 200
ALBATROS	14	- fast gerade Flügel, Hinterkante nach vorne gepfeilt, Tanks an den Enden - Höhenleitwerkform ähnlich Flügelform, V-neutral - Seitenleitwerk ohne nach vorne gerichtete Antenne - langes Tamdem-Cockpit - Verhältnis Rumpflänge zu Spannweite größer - Lufteinläufe hinter dem Cockpit, über dem Flügel - schlankerer Bug; keine Kielflossen
AMX	20	- stärker gepfeilter Flügel, Schulterdecker, V-negativ - Höhenleitwerk tiefer angesetzt als Flügel, V-neutral - aufgesetztes Canopy - Verhältnis Rumpflänge zu Spannweite größer - Lufteinläufe hinter dem Cockpit, höher angesetzt, unter dem Flügel - keine Kielflossen; keine Grenzschichtzäune über den Flügeln
HAWK	40	- keine AAM-Pylonen an den Flügelenden - Seitenleitwerk ohne Antenne - längerer Rumpf mit abgestuftem Tamdem-Canopy - vor der Windschutzscheibe kürzerer Bug - kein Radarradom, mit Sonde über der Spitze
SEA HARRIER	44	- breiterer, stärker gepfeilter Flügel ohne AAM-Pylonen an den Enden - Flügel V-negativ, Schulterdecker - Höhenleitwerk auf Flügelhöhe - Seitenleitwerk mit Sonde, darunter eine einzige Kielflosse - vier Jetpipes seitlich am Rumpf unter dem Flügel - aufgesetztes Canopy; große Lufteinläufe unter den Flügeln - nach hinten gerichtete Antenne am Rumpfheck

Siehe auch: M.B.339 (S. 12), S.211 (S. 16), IAR-99 (S. 24), K-8 (S. 102), GALEB / JASTREB (S. 138) usw.

British Aerospace SEA HARRIER FRS.1, F/A.2

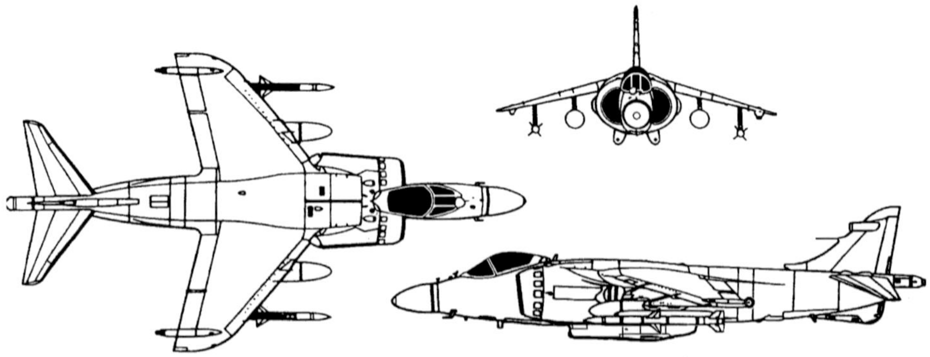

Hersteller:	British Aerospace PLC, Military Aircraft Division		
Ursprungsland:	Großbritannien		
Einsatzrolle:	einsitziges STOVL-Marinemehrzweckkampfflugzeug		
Erstflug:	20. August 1978 (FRS.1)		
	19. September 1988 (F/A.2)		
Triebwerk:	ein Vektorschub-Turbofan Rolls-Royce Pegasus Mk106 mit 95.6 kN Schub ohne Nachbrenner		
Massen:	leer	6370 kg	
	normal take-off	nicht bek.	
	max. take-off	11880 kg	
Abmessungen:	Spannweite: 7.70 m Länge: 14.50 m Höhe:3.71 m		
Flugleistungen:	V_{max} ohne Lasten auf Seehöhe:		1185 km/h / Mach 0.98
		auf 10975 m:	980 km/h / Mach 0.92
	Dienstgipfelhöhe:		15545 m
	Einsatzradius	hi-hi-hi:	750 km (Abfangmission)
		hi-lo-hi:	460 km (Angriffsmission)
Bewaffnung:	max. Tragfähigkeit:		3630 kg (STO)
			2270 kg (VTO)
	plus zwei 30 mm ADEN-BK-Pods		
	AIM-9 Sidewinder IR-SRAAMs, AIM-120 AMRAAMs, CBUs, GPBs, LGBs, ungelenkte A/G-Raketen, ALARM-ARMs, Sea Eagle-AShMs, Zusatztanks etc.		
Betreiberländer:	FRS.1:	Großbritannien (Royal Navy; werden kampfwertgesteigert), Indien	
	F/A.2:	Großbritannien (Royal Navy)	

Der »Original«-SEA HARRIER (FRS.1) wurde aus dem HARRIER GR.1/3 der RAF entwickelt, nachdem die britische Regierung beschlossen hatte, daß sich das Vereinigte Königreich ab 1980 keine Flugzeugträger mehr leisten werde. Es blieb der Royal Navy nichts anderes übrig, als ein Flugzeug zu beschaffen, welches auch auf den viel kleineren Helikopter-Träger-Decks starten und landen konnte. Eine HARRIER-Version bot sich als logische Lösung des Problems an.

Die einmalige Fähigkeit, senkrecht zu starten und zu landen, bringt auch Vorteile im Luftkampf: Der HARRIER kann einfach in der Luft stehenbleiben oder plötzlich nach oben wegtauchen - ein Manöver, das dem Flugzeug im Falklandkrieg oft zugute kam.

Um das Flugzeug an Navy-spezifische Bedürfnisse anzupassen, mußten folgende Veränderungen vorgenommen werden: erhöhte Cockpithaube zur Sichtverbesserung, ein neues HUD, ein vergrößertes Seitenleitwerk zur Richtungsstabilitätsverbesserung und das »Blue-Fox«-Radar mit A/A- und A/G-Modes.

Die 1982 im Falkland-Krieg eingesetzten SEA HARRIER bewährten sich hervorragend und erwiesen sich den argentinischen MIRAGES III/5, NESHERS und SKYHAWKS als überlegen: Sie konnten 23 Abschüsse bei keinem eigenen A/A-Verlust melden.

Die kampfwertgesteigerte Variante F/A.2 (vormals FRS.2) beseitigt viele Schwächen des Flugzeuges, indem das »look-down/shoot-down«-Radar »Blue Vixen«, HOTAS und andere Cockpit-Ergonomieverbesserungen eingebaut werden. Außerdem besitzt das »neue« Flugzeug dank der AIM-120-Integration BVR-Kapazität, wodurch es Ziele auch außerhalb der Sichtweite bekämpfen kann. Die einzige Schwäche liegt noch in der begrenzten Reichweite, da der Treibstoffvorrat nicht erhöht werden konnte; dies wird mit dem aufsetzbaren Luftbetankungsstutzen teilweise ausgeglichen.

Die Briten bringen derzeit 49 ihrer SEA HARRIER auf den F/A.2-Standard; ob die Inder (einziger Exportkunde) dies auch tun, ist noch nicht entschieden worden.

Als Trainerversion wird die zweisitzige -T.MK 8N eingesetzt, die alle Systeme des Einsitzers hat, abgesehen vom Radar; davon sind jedoch keine auf den drei RN-Trägern HMS ARK ROYAL, INVINCIBLE oder ILLUSTRIOUS vertreten.

Die SEA HARRIER der RN werden bis zum Ersatz durch den geplanten JSF ums Jahr 2010 im Einsatz bleiben.

Erkennungsmerkmale:

- Pfeilflügel mit runden Enden und abklappbarem Hilfsfahrwerk (außen)
- Schulterdecker, V-negativ; maximal zwei Pylonen pro Flügel
- Höhenleitwerk auf derselben Höhe wie Flügel, V-negativ, gepfeilt
- Heck mit »Hawker«-Seitenleitwerk mit Antenne (nach vorne); eine Kielflosse
- bulliger Rumpf mit aufgesetztem Cockpit/Canopy
- große halbrunde Lufteinläufe mit Seitenlöchern
- zwei Vektorschubdüsen hintereinander an jeder Rumpfseite unter dem Flügel
- rückwärtsgerichtete Antenne am Heck
- Unterscheidung FRS.1 / F/A.2:
  FRS.1: spitziger Bug und aufgesetzte Sonde
  F/A.2: runderes Radom; Sonde am Seitenleitwerk
- Verhältnis Spannweite/Rumpflänge ca. 0.55

Ähnliche Flugzeuge	Seite	Unterschiede zum SEA HARRIER F/A.2
AV-8B	38	- Flügel mit LERX und zweistufig gepfeilter Hinterkante, größere Fläche - meist 3-4 Pylons pro Flügel; Hilfsfahrwerk in Flügelmitte (abklappbar) - Seitenleitwerk ohne Antenne - eckige Vektorschubdüsen - bei AV-8B: Bugspitze weniger rund, kein Radar-Radom - bei »Night-H.«: wie AV-8B, jedoch mit zus. FLIR-Sensor oberhalb des Radoms, evtl. 2 Antennen unterhalb (RAF-Version) - bei Harrier II+: Radarradom, aber mit FLIR-Sensor
HAWK 200	42	- schlankerer Pfeilflügel mit AAM-Pylonen-Enden - Tiefdecker, fast V-neutraler Flügel - kein abklappbares Hilfsfahrwerk an den Flügelenden - kleiner Grenzschichtzaun an der Flügeloberseite - Höhenleitwerk höher als der Flügel, V-negativ - schlankerer Rumpf; Cockpit stärker im Rumpf integriert - kleine halbrunde Lufteinläufe über dem Flügel - zwei kleine Kielflossen; Jetpipe an Heck - keine herausstehende Heckantenne

Beachte auch ALPHA JET (S. 64), PAMPA (S. 68), T-4 (S. 74) etc.

CASA C.101 AVIOJET

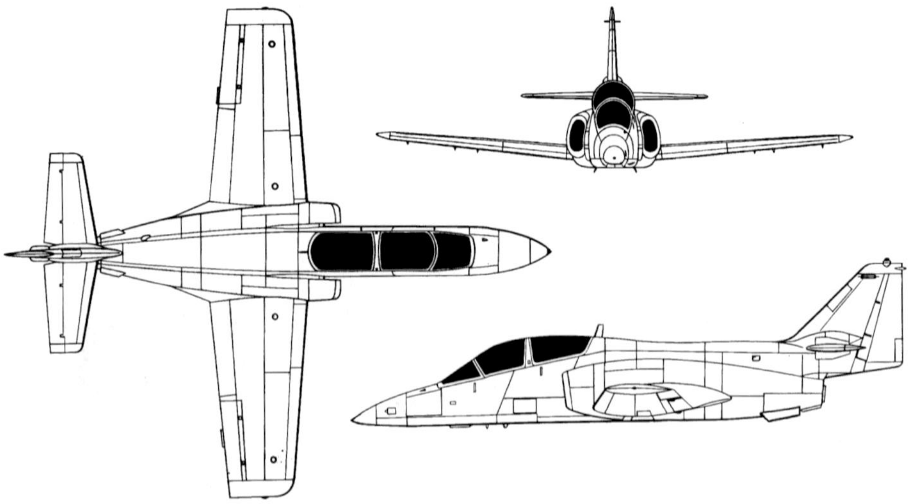

Hersteller:	CASA (Construcciones Aeronauticas SA)
Ursprungsland:	Spanien
Einsatzrolle:	zweisitziger Trainer und leichtes Erdkampfflugzeug
Erstflug:	29. Juni 1977
Triebwerk:	ein Turbofan Garrett TFE731-5-1J mit 20.9 kN Schub ohne Nachbrenner
Massen:	leer 3500 kg normal take-off 4570 kg max. take-off 6300 kg
Abmessungen:	Spannweite: 10.60 m Länge: 12.40 m Höhe: 4.25 m
Flugleistungen:	V_{max} ohne Lasten auf Seehöhe: 805 km/h auf 6095 m: 810 km/h Steigrate auf Seehöhe: 32.5 m/s Dienstgipfelhöhe: 13400 m Einsatzradius hi-lo-hi: 500 km (mit 1000 kg Waffen)
Bewaffnung:	max. Tragfähigkeit: 1820 kg plus ein 30 mm DEFA BK-Pod CBUs, GPBs, LAU-10 127 mm A/G-Raketen; AGM-65 Maverick-ASMs, AIM-9 Sidewinder oder Magic IR-SRAAMs; Aufklärungsbehälter, Laser-Designator, 12,7 mm Zwillings-BK etc.
Betreiberländer:	Chile (als A-36 HALCÓN), Honduras, Jordanien, Spanien (E.25 MIRLO)

Der AVIOJET wurde mit Unterstützung der Unternehmen Northrop (USA) und MBB (jetzt DASA; BRD) als Basis-und Fortgeschrittenentrainer sowie leichtes Erdkampfflugzeug entwickelt und gebaut. Von der Leistung her ist er niedriger einzustufen als der HAWK oder der ALPHA JET, was einerseits auf das treibstoffsparende, aber vergleichsweise schwache Triebwerk, andererseits aber auch auf die Auslegung der Maschine mit geradem Flügel zurückzuführen ist. Die Flugeigenschaften sind denn auch nicht ganz so hervorragend wie diejenigen der beiden anderen Trainer, vor allem im höheren Geschwindigkeitsbereich. Die Verkaufszahlen haben sich bisher in bescheidenen Grenzen gehalten, was umso verständlicher ist, wenn man in Betracht zieht, daß die Maschine einer zunehmenden, gleichwertigen Konkurrenz (vor allem L-59 ALBATROS) ausgesetzt ist.

Die Pilotenanwärter lassen sich trotzdem auf dem AVIOJET effizient und günstig in den Bereichen Jetflug und Waffeneinsatz schulen. Als Erdkämpfer scheint die Maschine aber nur bedingt geeignet zu sein, da die Beweglichkeit mit Außenlasten doch stark eingeschränkt wird und das Flugzeug bei einem Angriff sehr gefährdet ist. Ein Kampfeinsatz als COIN-Maschine wäre jedoch durchaus denkbar, zumal da die Wahrscheinlichkeit eines schweren Beschusses durch AAA oder SAMs klein und das Gewicht von ungelenkten Raketen (Hauptbewaffnung zur Aufständischenbekämpfung) gering ist. Es erstaunt etwas, daß Chile 20 seiner HALCÓNS als Erdkämpfer ausgerüstet hat; ursprünglich war sogar die Ausrüstung der Flugzeuge mit der britischen Sea Eagle AShM vorgesehen.

Das Herkunftsland Spanien nutzt seine Mirlos lediglich als Trainer und Kunstflugmaschinen: die »Patrulla Aguila« agiert in der Doppelrolle als Repäsentant des Könnens der spanischen Luftwaffe und Promotions-Team für das CASA-Flugzeug.

Vom Aviojet existieren mehrere Versionen: der C.101EB-Trainer der spanischen Luftwaffe, dessen vorhandene Flügelpylonen nie benutzt werden; der verbesserte C.101BB mit stärkerem Triebwerk, welcher von Chile und Honduras als Waffentrainer eingesetzt wird; der C.101CC, eine für den Angriff optimierte Variante, die in Chile, wie oben bereits angesprochen, als Erdkämpfer verwendet und A-36 HALCÓN genannt wird; und schließlich der stark verbesserte C.101DD mit Doppler, Waffeneinsatzcomputer, HUD, HOTAS-Cockpit, ALR-66 RWR und Chaff/Flare-Werfer. Er kann die AGM-65 Maverick einsetzen, fand aber bisher noch keinen Kunden.

Erkennungsmerkmale:

- Flügel gerade, V-positiv, eckige Enden; Tiefdecker
- Höhenleitwerk gerade, V-neutral, höher als die Flügel angesetzt
- Höhenleitwerk über dem Triebwerk befestigt
- abgestuftes Cockpit, Canopy integriert, Tamdemcanopy klar getrennt
- Seitenleitwerk in Trapezform mit gerader Hinterkante
- Jetpipe stark nach vorne verschoben; Leitwerke auf einem Ausleger
- einstrahlig; zwei kleine schräge Kielflossen (nicht alle C.101)
- Lufteinläufe länglich oval, über dem Flügel
- Bug ohne Sonde, scharfe Spitze

Ähnliche Flugzeuge	Seite	Unterschiede zum AVIOJET
ALBATROS	14	- Flügelstellung weniger V-positiv - Flügelenden mit Treibstofftanks - Flügelhinterkanten stärker nach vorne gepfeilt - rundes, gepfeiltes Seitenleitwerk; keine Kielflossen - Jetpipe am Rumpfheck - längere, weniger scharfe Bugspitze - höher und weiter hinten angesetzte halbrunde Lufteinläufe
HAWK	40	- gepfeilte Flügel, fast V-neutral - Höhenleitwerk gepfeilt, V-negativ - Tamdemcanopy nicht getrennt - Lufteinläufe oberhalb des Flügels, halbrund - »Hawker«-Seitenleitwerk (gepfeilt) - Jetpipe am Rumpfende - rundere Bugspitze mit aufgesetzter Sonde - kleine Grenzschichtzäune auf den Flügeln
PAMPA	68	- Schulterdecker, Flügelstellung wenig V-negativ - Höhenleitwerk etwas tiefer als der Flügel, V-negativ - Lufteinläufe am Rumpf, unterhalb der Flügel - Seitenleitwerk gepfeilt, Fläche kleiner - Bugspitze weniger scharf; keine Kielflossen - kein getrenntes Tamdemcanopy, in Delphinform
MiG-AT	96	- geknickte Flügelvorderkante, -hinterkante mehr gepfeilt - Höhenleitwerk trapezförmig mit stärker gepfeilten Kanten - wenig gepfeiltes Seitenleitwerk - keine Kielflossen - zweistrahlig; Jetpipes neben dem Rumpf; tunnelförmige Lufteinläufe - keine Aussparung am Heck - kein getrenntes Tamdemcanopy - weniger scharfe Bugspitze mit aufgesetzter Doppelsonde

Vergleiche auch mit S.211 (S. 16), IAR-99 (S. 24), K-8 (S. 102) usw.

Chengdu (CAC) J-/F-7

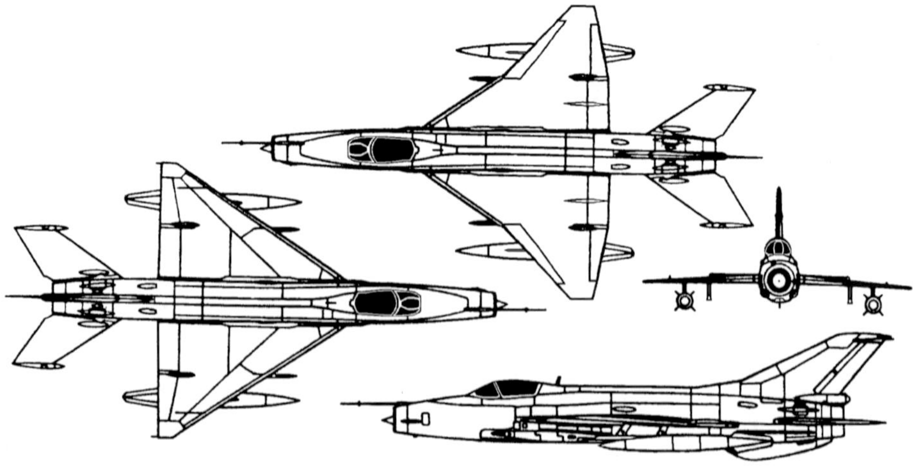

Hersteller:	staatliches Flugzeugwerk Chengdu/CAC
Ursprungsland:	VR China
Einsatzrolle:	einsitziger Luftüberlegenheitsjäger mit A/G-Zweitrolle zweisitziger Kampftrainer (FT-7)
Erstflug:	17. Dezember 1966 (Prototyp J-7)
Triebwerk:	ein Turbojet Liyang Wopen-7B(BM) mit 59.8 kN Schub mit Nachbrenner
Massen:	leer 5275 kg normal take-off 7530 kg max. take-off 9000 kg
Abmessungen:	Spannweite: 7.15 m Länge: 13.95 m Höhe: 4.10 m
Flugleistungen:	V_{max} ohne Lasten auf 11000 m: 2175 km/h / Mach 2.05 Steigrate auf Seehöhe: 180 m/s Dienstgipfelhöhe: 18200 m Einsatzradius hi-lo-hi: 600 km
Bewaffnung:	max. Tragfähigkeit: 1000 kg plus zwei 30 mm BKs PL-2, PL-5, PL-7, PL-8, PL-9 AAMs, evtl. auch R-60, Magic oder Sidewinder AAMs, A/G-Raketen-Pods diversen Kalibers, GPBs und CBUs, Zusatztanks
Betreiberländer:	Ägypten, Albanien, Bangladesch, Irak, Iran, Myanmar, Nordkorea, Pakistan, Somalia (Einsatzfähigkeit unwahrscheinlich), Sri Lanka, Sudan, Tansania, VR China, Zimbabwe

Die J-/F-7 ist ein chinesischer Nachbau der russischen MiG-21F »FISHBED« in einer immer weiter verbesserten Variante. Trotzdem liegt der Kampfwert der meisten J-/F-7-Versionen vermutlich unter dem der in Rußland zuletzt produzierten MiG-21bis. Vor allem die Waffenlast ist mit 1000 kg sehr limitiert und beträgt gerade 50% derjenigen der neuesten Version des russischen Produktes. Auch ist die chinesische Maschine, abgesehen von der J-7III, kein Nacht-/Allwetterkampfflugzeug. Aber dank dem niedrigen Preis ließ sie sich in zahlreiche Länder exportieren. Hauptabnehmer waren in erster Linie Drittwelt-Staaten und Länder, die einem Embargo der sonstigen Hauptlieferanten von Kampfflugzeugen unterliegen.

Die wichtigsten Versionen des Flugzeuges sind die J-7I/F-7A, welche das erste Produktionsmodell und damit praktisch eine 100%ige Kopie der MiG-21F darstellt; die J-7II, welche unter der Bezeichnung F-7B exportiert wurde und mit der französischen Magic IR-SRAAM ausgerüstet werden kann; die F-7M AIRGUARD, bei welcher eine deutlich verbesserte Avionik zum Einbau kommt und die Ende der 80er Jahre aggressiv zum Verkauf angeboten wurde; die F-7P SKYBOLT der pakistanischen Luftwaffe, eine mit westlicher Avionik und Martin-Baker-Schleudersitzen ausgerüstete F-7M mit der Einsatzmöglichkeit für AIM-9 Sidewinder und Magic AAMs; und schließlich die F-7III, eine bisher nicht exportierte Version, die eine größere Reichweite besitzt und Nacht-/Allwetterfähig ist; sie ist von der MiG-21MF äußerlich kaum unterschieden und dürfte auch ähnlich leistungsfähig sein. Alle diese J-/F-7-Versionen werden von der chinesischen Luftwaffe in großen Stückzahlen eingesetzt und stellen auch nach der Einführung der Su-27 und der F-8II die Hauptstütze der Landesverteidigung dar.

Die ursprünglich geplante Chengdu/Grumman Sabre II, welche vor allem für Pakistan bestimmt gewesen wäre, konnte nicht verwirklicht werden, da sämtliche amerikanischen Firmen ihre Zusammenarbeit mit den Chinesen nach dem Massaker auf dem »Platz des himmlischen Friedens« quittierten; die Konstruktion sah den Ersatz des zentralen Lufteinlaufs durch zwei seitliche vor, um damit genügend Platz für den Einbau des APG-66-Radars zu schaffen. Eine weitere Version, die F-7MG, deren äußeres Hauptmerkmal ein neuer Flügel mit Knick in der Vorder- und Hinterkante und weniger gepfeiltem Außenflügel ist (sogenannter »Doppeldelta«; siehe Foto), wurde 1996 erstmals vorgestellt. Pakistan soll bereits 50 dieser Flugzeuge, ausgerüstet mit dem britischen Super-Skyranger- oder dem italienischen Grifo-Radar, bestellt haben.

Die Flugleistungen sämtlicher F-7-Versionen sind gegenüber der MiG-21 ungefähr gleich geblieben. Visuell ist eine Unterscheidung zwischen den bisher exportierten F-7 und älteren MiG-21 praktisch nicht möglich. Vor allem auf große Distanzen dürfte sich die Identifikation als äußerst schwierig erweisen. Nur die neueste Version F-7MG weist mit dem von CAC selbst entwickelten Flügel ein Merkmal auf, welches sie eindeutig als F-7 identifiziert. Es ist anzunehmen, daß dieser Flügel der Maschine auch eine verbesserte Agilität im Luftkampf verleiht.

Erkennungsmerkmale:

- Deltaflügel, Mitteldecker, wenig V-negativ
- Höhenleitwerk pfeilförmig, V-neutral, auf derselben Höhe wie der Flügel
- geschoßförmige Anti-Flattergewichte an den Höhenleitwerkenden
- zentraler Lufteinlauf mit kleinem, wenig vorstehenden Radarkonus
- rohrförmiger Rumpf mit einem Triebwerk; eine abgerundete Kielflosse
- vorne relativ stark zusammenlaufender Rumpf
- leicht herausstehendes Canopy, kleiner Rückenwulst
- kontinuierliche Erhöhung des Neigungswinkels, Rückenwulst-Seitenleitwerk
- Sonde oberhalb des Lufteinlaufs, etwas nach rechts verschoben
- kleine Grenzschichtzäune auf den Flügeln, im äußeren Viertel
- je ein Kanonen-Behälter am Rumpf auf jeder Seite im unteren Bereich

Ähnliche Flugzeuge	Seite	Unterschiede zur J-/F-7 (exportierte Versionen)
MiG-21	84	Da die F-7 eine Kopie der MiG-21 ist, sind die Unterschiede ziemlich dünn gesäht. Neuere MiG-Versionen haben folgende Merkmale gegenüber der F-7: - größerer, mehr hervorstehender Radarkonus - integrierteres Canopy mit aufgesetztem Rückspiegel - größerer Rückenwulst - Seitenleitwerk mit größerer Fläche - Übergang Rückenwulst-Seitenleitwerk mit einem Knick - Bug gegen vorne weniger zusammenlaufend - eine Zwillings-23-mm-BK unter dem Rumpf - keine 30-mm-BK-Behälter seitlich am Rumpf
J-8/F-8	136	- Deltaflügel stärker gepfeilt - schmalere Höhenleitwerke mit größerer Spannweite und Pfeilung - zwei rechteckige, seitliche Lufteinläufe - zweistrahlig; eine große, eckige, klappbare Kielflosse - Bug mit Radarradom und Sonde an der Spitze - breiterer Rumpf - Übergang Rumpf-Seitenleitwerk mit Knick
Su-17/22	144	- Schwenkflügel, V-neutral - je zwei große Grenzschichtzäune an den festen Flügelteilen - größerer Rückenwulst mit integrierterem Canopy - Seitenleitwerk mit vorgestelltem kleinen Lufteinlauf (neuere Versionen) - Bordkanonen in die Flügelwurzel eingebaut - Rumpf mit größerem Volumen - zwei Sonden oberhalb des zentralen Lufteinlaufes - nur neuere Versionen mit Kielflosse: eckige Form

Dassault MIRAGE III

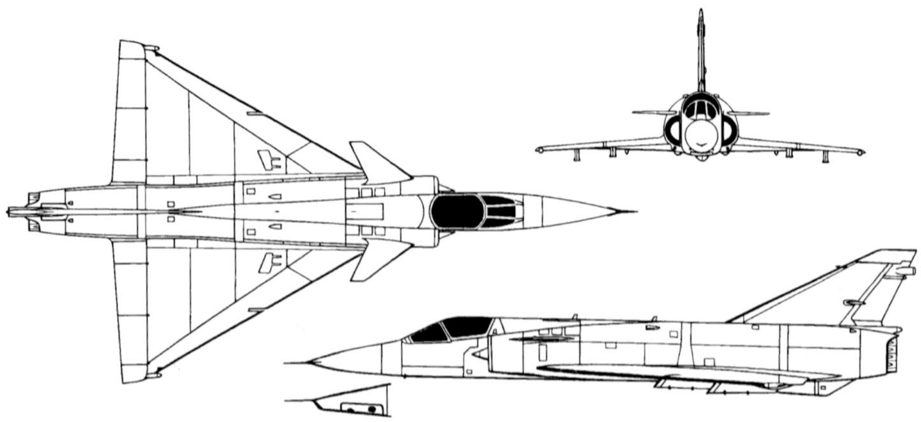

Hersteller:	Dassault Aviation
Ursprungsland:	Frankreich
Einsatzrolle:	einsitziger Abfangjäger mit Jabo-Sekundärrolle (IIIE-Familie und -S) einsitziger Aufklärer (IIIR-Familie) zweisitziger Kampftrainer (IIIB/D-Familie)
Erstflug:	17. November 1956
Triebwerk:	ein Turbojet SNECMA Atar 9C mit 61 kN Schub mit Nachbrenner
Massen:	leer 7035 kg normal take-off ca.10000 kg max. take-off 13670 kg
Abmessungen:	Spannweite: 8.23 m Länge: 14.93 m Höhe: 4.50 m
Flugleistungen:	V_{max} ohne Lasten auf 11000 m: 2340 km/h / Mach 2.2 Meereshöhe: 1370 km/h / Mach 1.12 Steigzeit auf 10975 m: 180 s Dienstgipfelhöhe: 17000 m Einsatzradius hi-hi-hi: 1200 km (2 AAMs, 3 große Z'Tanks)
Bewaffnung:	max. Tragfähigkeit: 4000 kg plus zwei 30 mm DEFA BKs AIM-9 Sidewinder oder Magic AAMs, Matra R.530 AAM, AS-30 Laser ASM, GPBs, CBUs, Belouga-Streubomben, A/G-Raketenbehälter, Durandal-Anti-Pisten-Waffe, Zusatztanks, IR-Aufklärungsbehälter etc. typisch für IIIRS: 2 Unterflügeltanks, 1 IR-Aufklärungsbehälter »Red Baron«
Betreiberländer:	Argentinien, Brasilien, Libanon, Pakistan, Schweiz (Südafrika: siehe CHEETAH)

Die MIRAGE III war in den 60er Jahren eines der besten Kampfflugzeuge der Welt. Kein anderes Modell war so vielseitig einsetzbar, über Mach 2 schnell, derart günstig im Preis und so erfolgreich wie Dassaults Deltaflügler. Im Sechstagekrieg zerstörten die Israelis mit ihren MIRAGES IIICJ fast die gesamte arabische Luftwaffenstärke in der Region, welche vor allem aus MiG-21 bestand, und begründeten damit die Erfolgsstory des Flugzeuges, das sich in der Folge in zahlreiche Länder exportieren ließ.

Es existieren neben dem Abfangjäger (IIIC/E-Familie), welcher auch als Jagdbomber eingesetzt werden kann, auch noch eine zweisitzige Waffenausbildungsvariante (IIIB/D-Familie) und die über diverse Kameras im Bug verfügende Aufklärungsversion (IIIR-Familie). Die IIIE war die Hauptproduktionsversion und wies das für damalige Verhältnisse leistungsfähige Thomson-CSF Cyrano II-Radar auf, welches in erster Linie im Verbund mit der Matra R.530 für das Abfangen von Bombern in großer Höhe gedacht war. Tatsächlich bewährte sich die Lenkwaffe aber nicht, wodurch das Radar nicht mehr voll ausgenützt werden konnte und die Piloten auf die Sidewinder- und Magic-AAMs sowie auf die BKs zurückgreifen mußten.

Die Schweizer Luftwaffe betreibt derzeit immer noch zwei Versionen der MIRAGE III, nämlich BS/DS-Doppelsitzer und RS-Aufklärer. Die S-Jäger wurden 1999 aus Kostengründen außer Dienst gestellt.

Die MIRAGE IIIRS verfügt über vier Reihenbildkameras im Bug und einen Red Baron-Aufklärungsbehälter mit einem IRLS unter dem Rumpf. Der IRLS produziert vom überflogenen Gebiet einen kontinuierlichen Wärmebildstreifen und ermöglicht damit auch die Aufklärung von Zielen bei Nacht. Die BS/DS-Doppelsitzer dienen als Trainer für RS-Piloten. Ende der 80er Jahre durchlief die gesamte übriggebliebene Schweizer MIRAGE III-Flotte ein KWS-Programm, bei welchem die Flugzeuge u.a. mit (KFIR-ähnlichen) Canards zur Kurvenflugleistungsverbesserung und einem RWR ausgerüstet wurden. Andere Länder, wie z.B. Brasilien und Venezuela, führen vergleichbare Arbeiten an ihren eigenen MIRAGES III aus, um sie weiterhin einsatztauglich zu erhalten.

Erkennungsmerkmale:

- Deltaflügel; Tiefdecker; Flügel wenig V-negativ; kein Höhenleitwerk
- Canards an den Lufteinläufen (höher als die Flügel befestigt)
- Seitenleitwerk in Pfeilform, scharfkantig, mit rückwärtsgerichteter Antenne
- Seitenleitwerk ohne Wurzelknick (Ausnahme: BS), oberes Ende waagerecht
- Cockpit/Canopy kurz und integriert
- fester Tank unterhalb des Triebwerks am Heck
- einstrahlig; IIIS: spitziger Bug, Radom mit Sonde
- RS: Kameraradom, Sonde oben befestigt; BS: Bug ähnlich RS, aber ohne Kameras
- Lufteinläufe halbrund, mit Konus

Ähnliche Flugzeuge	Seite	Unterschiede zur MIRAGE IIIS/RS
MIRAGE F1	54	- Pfeilflügel, Hochdecker, V-negativ, oft mit AAM-Pylonen an den Enden - pfeilförmiges Höhenleitwerk, V-neutral, tiefer als der Flügel angesetzt - Seitenleitwerk in »MIRAGE«-Form - meist mit fest installierter Betankungssonde - kein Tank unter dem Triebwerk - keine Canards; zwei Kielflossen
MIRAGE 2000	56	- Deltaflügel mit geringerer Pfeilung, mit ausfahrbaren Vorflügeln - kein Tank unter dem Triebwerk am Heck - keine Canards, nur kleine Leitflächen an den Lufteinläufen - Seitenleitwerk in »Mirage«-Form mit Antennen vor- und rückwärts - meist mit Betankungsstutzen vor dem Cockpit
RAFALE	60	- Halbmitteldecker, mit AAM-Pylonen an den Flügelenden - Seitenleitwerk in »Mirage«-Form mit Antennen vor- und rückwärts - zweistrahlig; kurzer, spitziger Bug mit Sonde und Luftbetankungsstutzen - breiterer Rumpf; blasenförmiges, aufgesetztes Canopy - Lufteinläufe seitlich unter dem Rumpf, »1/3«-rund; ausfahrbare Vorflügel
KFIR	72	- Deltaflügel mit Sägezahn - Seitenleitwerk ohne Antennen, mit Lufteinlauf an der Wurzel - schlankerer, längerer Bug mit kleinem Radom - Seitenleitwerk ragt weit über die Jetpipe hinaus - zusätzliche kleinere Lufteinläufe am Rumpf (vier)
DRAKEN	128	- Doppeldeltaflügel mit integrierten, ovalen Lufteinläufen - Flügel V-neutral, Mitteldecker; Knick in der Flügelhinterkante - keine Canards - langes, aber niedriges Seitenleitwerk mit Sonde am oberen Ende - ohne Tank unter dem Triebwerk am Heck - Lufteinläufe ohne Konus; pfeilförmige Antenne auf dem Rumpf

Vergleiche auch CHEETAH (S. 22), MIRAGE 5/50 (S. 52), EF2000 (S. 66), MiG-21 (S. 84), VIGGEN (S. 130), GRIPEN (S. 132) etc.

Dassault MIRAGE 5/50

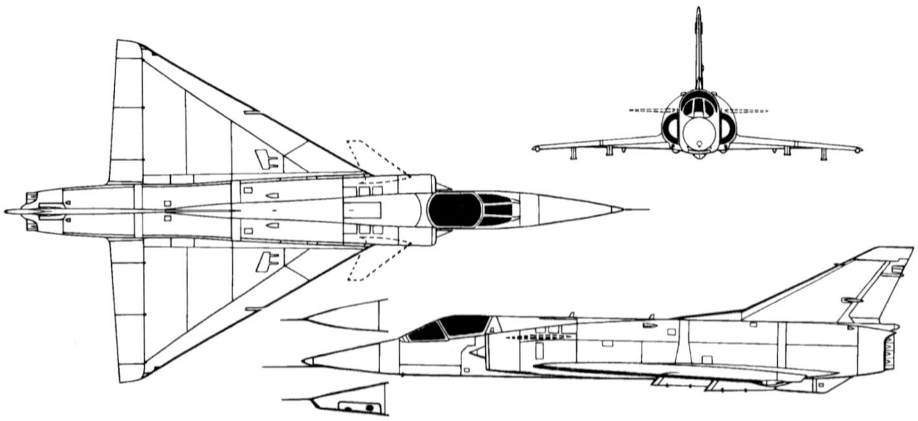

Hersteller:	Dassault Aviation
Ursprungsland:	Frankreich
Einsatzrolle:	einsitziger Jagdbomber mit Jagd-Sekundärrolle
	einsitziger Aufklärer (5R)
	zweisitziger Kampftrainer (5D)
Erstflug:	19. Mai 1967 (5)
	15. April 1979 (50)
Triebwerk:	ein Turbojet SNECMA Atar 9C mit 61 kN Schub mit Nachbrenner (5)
	ein Turbojet SNECMA Atar 9K-50 mit 70.8 kN Schub mit Nachbrenner (50)
Massen:	leer 6735kg (5); 7385 kg (50)
	normal take-off ca.11000 kg (beide)
	max. take-off 13670 kg (beide)
Abmessungen:	Spannweite: 8.23 m Länge: 15.54 m Höhe: 4.50 m
Flugleistungen:	V_{max} ohne Lasten auf 11000 m: 2340 km/h / Mach 2.2
	Meereshöhe: 1370 km/h / Mach 1.12
	Steigzeit auf 10975 m: 180 s
	Dienstgipfelhöhe: 17000 m
	Einsatzradius hi-hi-hi: 1300 km (2 AAMs, 3 große Z'Tanks)
Bewaffnung:	max. Tragfähigkeit: 4000 kg
	plus zwei 30 mm DEFA BKs
	AIM-9 Sidewinder oder Magic AAMs, AS-30 Laser ASM, GPBs, CBUs, Belouga-Streubomben, Napalm- und A/G-Raketenbehälter, Durandal-Anti-Pisten-Waffe, Zusatztanks, IR-Aufklärungsbehälter etc.
Betreiberländer:	Abu Dhabi, Ägypten, Argentinien, Chile, Gabun, Kolumbien, Libyen, Pakistan, Peru, Venezuela, Vereinigte Arabische Emirate

Die MIRAGE 5 wurde von Dassault deshalb entwickelt und gebaut, weil die Israelis eine Variante der MIRAGE III akzeptieren wollten, die zugunsten eines größeren Kraftstofftanks auf einen Teil der für damalige Verhältnisse komplizierten Avionik verzichtete. Die guten Sichtverhältnisse im Nahen Osten, so glaubten die Israelis, erlaubten diese Vereinfachungen, ohne daß unter dem Strich Nachteile im Vergleich zur -III entstanden wären. Zur Auslieferung der Flugzeuge an die israelische Luftwaffe kam es allerdings nicht, da der damalige französische Präsident de Gaulle Israel mit einem Waffenembargo belegte; dies war einer der Funken, die das Pulverfaß zum Sechstagekrieg explodieren ließen und zur Entwicklung des IAI NESHER (nichtlizenzierte Kopie der MIRAGE 5) und später zur KFIR führten.

Wie die Betreiber-Liste zeigt, benutzen heute vor allem arabische Länder das ursprünglich für Israel konstruierte Flugzeug; ein pikantes Detail.

Die MIRAGE 5 unterscheidet sich von der III durch einen zusätzlichen Kraftstofftank hinter dem Cockpit - dieser Raum war bei der -III für die Avionik reserviert. Letztere versetzte man in den verlängerten Bug, das eher komplizierte Cyrano-II-Radar wurde durch das einfachere und kleinere Aida-II ersetzt. Dadurch konnten die Reichweite und die Flugdauer, zwei der Schwächen der MIRAGE III, zumindest teilweise verbessert werden.

Durch den Einbau der einfacheren Avionik beschränkte man die Allwetter- und Abfangjägermöglichkeiten, weshalb die in Europa von Frankreich und Belgien eingesetzten Maschinen vorwiegend Jabo- und Aufklärungsaufgaben bei Schönwetterbedingungen erfüllten. Dafür bekam das Flugzeug weitere A/G-Waffenpylonen.

Einige Länder haben ihre MIRAGES 5 mit Canards, Luftbetankungssonden und anderen Verbesserungen kampfwertgesteigert. Chile und Venezuela sind außerdem die einzigen Operatoren der mit stärkerem Triebwerk ausgerüsteten Mirage 50. Die Maschinen Chiles sind inzwischen zur Pantera 50C weiterentwickelt worden, die auch Avionik-seitig einige Verbesserungen enthält.

Pakistan hat 1999 einige von SAGEM mit Canards und neuen Avionikelementen modernisierte MIRAGES 5F erhalten; ursprünglich flogen die Maschinen bei der französischen Luftwaffe.

Erkennungsmerkmale:

- Deltaflügel; Tiefdecker; Flügel wenig V-negativ; kein Höhenleitwerk
- evtl. Canards an den Lufteinläufen (höher als der Flügel befestigt)
- Seitenleitwerk, in Pfeilform, scharfkantig, meist mit Knick in der vorderen Kante
- oberes Seitenleitwerkende waagerecht; Cockpit/Canopy kurz und integriert
- einstrahlig; fester Tank unterhalb des Rumpfhecks
- schmaler, langer Bug, kleines Radom mit Sonde auf oder unter der Spitze
- R: Kameraradom, Sonde oben befestigt; D: Nase ähnlich R, jedoch ohne Kameras
- Lufteinläufe halbrund, mit Konus; evtl. mit Luftbetankungssonde

Ähnliche Flugzeuge:	Seite	Unterschiede zur MIRAGE 5/50
MIRAGE IIIS/RS	50	- ohne Knick in der Seitenleitwerkvorderkante - dickerer, kürzerer Bug mit Sonde auf der Spitze (Jägerversion) - immer Canards an den Lufteinläufen - rückwärts gerichtete Antenne am Seitenleitwerk - niemals mit Luftbetankungssonde
MIRAGE F1	54	- Pfeilflügel, Hochdecker, V-negativ, oft mit AAM-Pylonen an den Enden - Pfeilförmiges Höhenleitwerk, V-neutral, tiefer als der Flügel angesetzt - Seitenleitwerk in »MIRAGE«-Form - meist mit fest installierter Betankungssonde - kein Tank unter dem Triebwerk; zwei Kielflossen - keine Canards; Bug/Radom mit zentraler Sonde (Ausnahme: F1A)
MIRAGE 2000	56	- Deltaflügel mit geringerer Pfeilung und mit ausfahrbaren Vorflügeln - kein Tank unter dem Triebwerk am Heck - keine Canards, nur kleine Leitflächen an den Lufteinläufen - Seitenleitwerk in »MIRAGE«-Form, mit Antennen vor- und rückwärts - meist mit Betankungsstutzen vor dem Cockpit
KFIR	72	- Deltaflügel mit Sägezahn - immer mit Canards an den Lufteinläufen - Seitenleitwerk mit Lufteinlauf an der Wurzel - Seitenleitwerk ragt weit über die Jetpipe hinaus - zusätzliche kleinere Lufteinläufe am Rumpf (vier)
MiG-21	74	- Mitteldecker, mit kleinem Grenzschichtzaun - pfeilförmiges Höhenleitwerk - geschoßförmige Anti-Flattergewichte an den Höhenleitwerkenden - großes Seitenleitwerk in abgerundeterer Form - rückwärtsgerichtete Antenne am oberen Seitenleitwerkende - »Röhrenrumpf« mit zentralem Lufteinlauf und Kegelkonus - seitlich aufgesetzte Sonde; eine Kielflosse; ohne Hecktank

Vergleiche auch CHEETAH (S. 22), RAFALE (S. 60), EF2000 (S. 66), DRAKEN (S. 128), VIGGEN (S. 130), GRIPEN (S. 132) etc.

Dassault MIRAGE F1

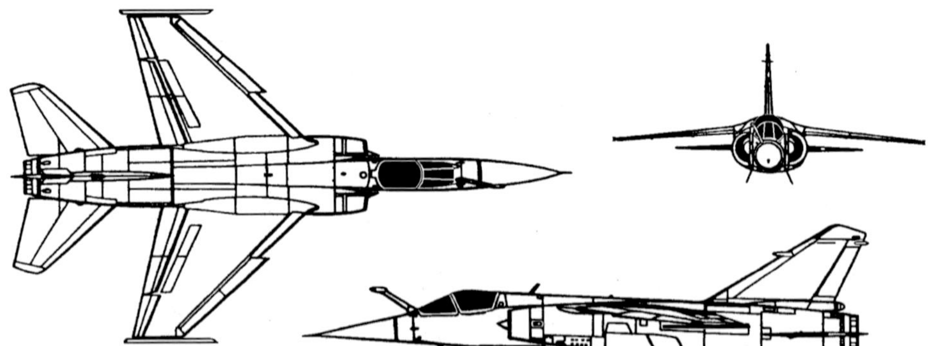

Hersteller:	Dassault Aviation	
Ursprungsland:	Frankreich	
Einsatzrolle:	einsitziges Mehrzweckkampfflugzeug (F1C; Hauptmodell)	
	einsitziger Jagdbomber mit Jagd-Sekundärrolle (F1A)	
	einsitziger Aufklärer (F1CR)	
	zweisitziger Kampftrainer (F1B)	
Erstflug:	23. September 1966	
Triebwerk:	ein Turbojet SNECMA Atar 9K-50 mit 70.2 kN Schub mit Nachbrenner	
Massen:	leer	7400 kg
	normal take-off	10900 kg
	max. take-off	16200 kg
Abmessungen:	Spannweite: 8.40 m Länge: 15.30 m Höhe: 4.50 m	
Flugleistungen:	V_{max} ohne Lasten auf 11000 m:	2340 km/h / Mach 2.2
	Steigrate auf Seehöhe:	213 m/s
	Dienstgipfelhöhe:	20000 m
	Einsatzradius hi-lo-hi:	740 km (CAP)
Bewaffnung:	max. Tragfähigkeit:	6300 kg
	plus zwei 30 mm DEFA BKs	
	AIM-9 Sidewinder oder Magic AAMs, Super530 AAM, AS-30 Laser ASM, AS.37 Martel- oder ARMAT ARMs, AM.39 Exocet AShM, GPBs, CBUs, Belouga-Streubomben, LGBs, A/G-Raketenbehälter, Durandal-Anti-Pisten-Waffe, Zusatztanks, IR- oder SLAR-Aufklärungsbehälter, ECM-Behälter etc.	
Betreiberländer:	Ecuador, Frankreich, Griechenland, Irak, Jordanien, Kuwait (zum Verkauf angeboten), Libyen, Marokko, Spanien	

Die MIRAGE F1 war Dassaults Nachfolger für die erfolgreiche MIRAGE III/5/50er Serie. Während die Rumpfform äußerlich nur wenig verändert wurde und man auch die Antriebseinheit fast identisch beließ, ersetzte man den Deltaflügel durch einen konventionellen, hoch angesetzten Pfeilflügel mit Höhenleitwerk. Dies verbesserte einige Parameter deutlich; Schwächen der Delta-MIRAGES, wie z.B. die mangelnde »Dogfight«-Beweglichkeit, geringe Waffenlast, lange Startlaufstrecken und die kurze Flugdauer, konnten teilweise oder ganz ausgemerzt, der Avionik wichtige Bestandteile für die Nacht/-Allwetterfähigkeit (nur bei F1C) zugefügt werden. Insgesamt ergab dies einen idealen Abfangjäger, der dank der Super530-AAM BVR-Kapazitäten aufwies. Doch die französische Luftwaffe wollte eigentlich die MIRAGE F2 beschaffen, einen fast doppelt so großen Abfangjäger; erst nach dessen Erstflug entschloß man sich für den in weiser Voraussicht entwickelten, als Exportjäger gedachten F1.

Grundsätzlich existieren drei Basisversionen der MIRAGE F1: die mit ähnlicher Avionik wie die MIRAGE 5 ausgestattete F1A, eher als Jagdbomber denn als Jäger geeignet und im Allwetterbetrieb eingeschränkt; der zweisitzige Trainer F1B; und schließlich die F1C, der Abfangjäger mit Cyrano-IV-Radar, der sich auch gut als Jagdbomber eignet. Daneben baute Dassault einige Untervarianten, die alle von der F1C abgeleitet sind, wie zum Beispiel die irakische F1EQ mit Agave-Radar für den Einsatz der Exocet-AShM oder die taktischen Aufklärer F1CR der armée de l'air, ausgerüstet mit einem normalen Radarbug, einem Kamerazusatzanbau unterhalb des Cockpits sowie Aufklärungsbehältern. Letztere Version lieferte den Alliierten äußerst nützliche Daten im Golfkrieg. Einige adla-MIRAGES F1C, welche Ende der 80er Jahre mit einem umfangreichen Kampfwertsteigerungsprogramm zur F1CT (»combat tactique«) modernisiert wurden, bilden zusammen mit den verbleibenden Jaguars die Speerspitze der französischen Luftwaffe und werden häufig im Verbund mit der Fremdenlegion eingesetzt, zum Beispiel in Afrika (Tschad, Ruanda). Dank der Luftbetankungssonde haben sie sich im Einsatz als äußerst flexibel erwiesen.

Aufgrund ihrer Zuverlässigkeit und dem einfachen Handling ist die MIRAGE F1 bei ihren Piloten sehr beliebt.

Erkennungsmerkmale:

- Pfeilflügel mit Sägezahn, Schulterdecker, V-negativ
- Höhenleitwerk ebenfalls in Pfeilform, V-neutral, tiefer als der Flügel angesetzt
- eckige Flügelenden meist mit AAM-Pylonen versehen
- Seitenleitwerk in »Mirage«-Form, mit kleinen Antennen
- Cockpit/Canopy kurz und integriert; spitziger Bug mit Sonde (F1C)
- einstrahlig; glatter, schlanker Rumpf; zwei Kielflossen
- Lufteinläufe halbrund, mit Konus, unterhalb der Flügel
- Luftbetankungsstutzen fest vor dem Cockpit montiert (F1C)

Ähnliche Flugzeuge	Seite	Unterschiede zur MIRAGE F1C
AMX	20	- Flügel schlanker und weniger gepfeilt, keine Sägezähne - Lufteinläufe rechteckig/abgerundet, ohne Konus - Canopy mehr herausstehend; bulligerer Rumpf - stumpferer Bug ohne Sonde; keine Kielflossen - große, eckige Antennen am Seitenleitwerk vor- und rückwärtsgerichtet
MIRAGE IIIS/RS	50	- Deltaflügel, Tiefdecker, nur wenig V-negativ - keine AAM-Pylonen an den Flügelenden - kein Höhenleitwerk, keine Kielflossen - Canards an den Lufteinläufen - pfeilförmiges, scharfkantiges Seitenleitwerk, oberes Ende waagerecht - rückwärtsgerichtete Antenne am Seitenleitwerk - Tank unterhalb des Triebwerks; ohne Betankungsstutzen
MIRAGE 2000	56	- Deltaflügel, Tiefdecker, fast V-neutral - keine AAM-Pylonen an den Flügelenden - kein Höhenleitwerk; keine Kielflossen - kleine Leitflächen an den Lufteinläufen; längere Schubdüse - Seitenleitwerk mit eckigen Antennen vor- und rückwärtsgerichtet
TIGER II F-5E	112	- trapezförmiger Flügel, Tiefdecker, V-neutral; mit kleinen LERX - trapezförmiges Höhenleitwerk, V-negativ, auf Flügelhöhe befestigt - kleine Lufteinläufe über dem Flügel, ohne Konus - zweistrahlig; ohne Kielflossen; sehr schlanker Rumpf - trapezförmiges Seitenleitwerk
JAGUAR	134	- Knick in der Flügelhinterkante, keine AAM-Pylonen an den Enden - Grenzschichtzäune über den Flügeln - kantiges Höhenleitwerk, V-negativ, höher befestigt - quadratische Lufteinläufe ohne Konus - zweistrahlig; Jetpipes nach vorne versetzt; kein spitziger Bug - kantigeres Seitenleitwerk, evtl. mit Antennen

Vergleiche auch CHING KUO (S. 18), CHEETAH (S. 22), F/A-18 (S. 34), MIRAGE 5/50 (S. 52), KFIR (S. 72), F-16 (S. 76), JH-7 (S. 158).

Dassault MIRAGE 2000

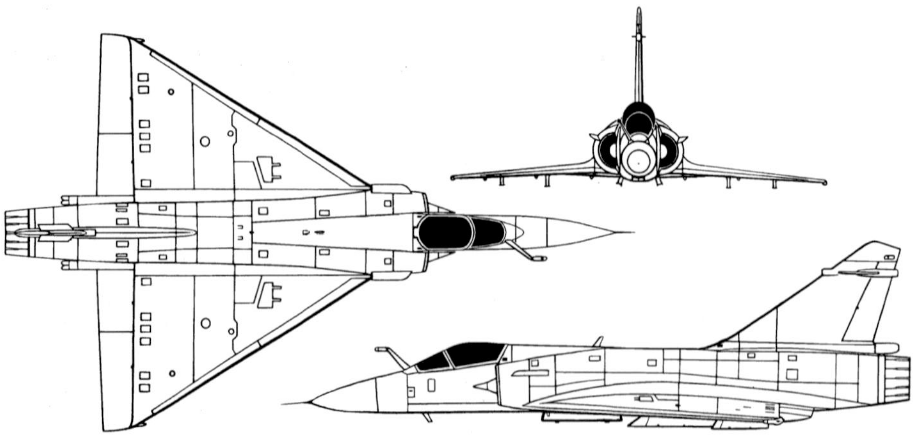

Hersteller:	Dassault Aviation
Ursprungsland:	Frankreich
Einsatzrolle:	einsitziger Abfangjäger (2000C RDI) einsitziges Mehrzweckkampfflugzeug (2000E; -5; -9) einsitziger Aufklärer (2000R) zweisitziger Kampftrainer (2000B; -5; -9)
Erstflug:	10. März 1978
Triebwerk:	ein Turbofan SNECMA M53-P2 mit 95.1 kN Schub mit Nachbrenner (2000C)
Massen:	leer 7500 kg normal take-off 10800 kg max. take-off 17000 kg
Abmessungen:	Spannweite: 9.13 m Länge: 14.65 m Höhe: 5.20 m
Flugleistungen:	V_{max} ohne Lasten auf 11000 m: 2450 km/h / Mach 2.3 Steigrate auf Seehöhe: 305 m/s Dienstgipfelhöhe: 18000 m Einsatzradius: 1480 km (A/G-Einsatz)
Bewaffnung:	max. Tragfähigkeit: 6300 kg plus zwei 30 mm DEFA BKs Matra Magic AAMs, Super530D/530F AAMs, MICA AAMs, GPBs, CBUs, Belouga-Streubomben, LGBs, AS.30L Laser ASM, A/G-Raketenbehälter, Durandal- oder BAP-Anti-Pisten-Waffen, Exocet AShMs, PDLCT-Pod, Apache- und ScalpEG-ALCM, Zusatztanks, IR-, SLAR- und Kamera-Aufklärungsbehälter, ECM-Behälter etc.
Betreiberländer:	Abu Dhabi, Aegypten, Frankreich, Griechenland, Indien, Peru, Qatar, Taiwan

Die MIRAGE 2000 war als Ersatz für die alternden MIRAGE III/5 und als Ergänzung zur MIRAGE F1 der armée de l'air gedacht und sollte vor allem die Luftverteidigung übernehmen. Dassault entschied sich für eine Deltaflügler-Konstruktion, und das entstandene Flugzeug erinnert stark an die erste MIRAGE-Generation. Durch die Ausnutzung von neuer Technologie, wie zum Beispiel dem »fly-by-wire«-System, verhält sich die MIRAGE 2000 aber ganz anders in der Luft als ihre Vorgängerinnen: high-alpha/low speed-Manöver, wie man sie etwa von F-16 und F/A-18 her kennt, sind für die 2000 kein Problem, ebenso wie enge, mit 9 g geflogene Kurven. Bei gewissen Geschwindigkeiten sollen die möglichen Kurvenradien, welche die 2000 fliegen kann, nur noch halb so groß sein wie diejenigen der -III.

Auch die restliche Avionik ist modern und braucht den Vergleich mit den amerikanischen oder russischen Pendants nicht zu scheuen. Das Radar Thomson-CSF RDI der 2000C RDI der französischen Luftwaffe ist auf A/A-Modes spezialisiert und in der Lage, sowohl Ziele in über 100 km Entfernung als auch tiefer fliegende Flugobjekte (look-down) auszumachen. Diese Ziele können dann mit der SARH-MRAAM Super530D/F ab einer Entfernung von 45 km bekämpft werden. Das Cockpit ist modern eingerichtet mit HOTAS und Multifunktions-Displays.

Die Exportvariante 2000E mit dem Mehrzweckradar Thomson-CSF RDM ist ein vollwertiges Mehrzweckkampfflugzeug; der Aufklärer 2000R, den Abu Dhabi gekauft hat, besitzt das normale Radar-Radom, kann aber zusätzlich mit Aufklärungsbehältern bestückt werden. Bei der Doppelsitzerversion 2000B hat man lediglich den Tank hinter dem eigentlichen Einsitzercockpit durch den zweiten Schleudersitz ersetzt und zwei weitere Canopysegmente dazugefügt; ihre Reichweite ist deshalb kleiner, das Flugzeug kann aber dieselben Kampfaufträge wie der Einsitzer ausführen.

Durch den mangelnden Verkauf von MIRAGES in der zweiten Hälfte der 80er Jahre wurde Dassault gezwungen, sein Flugzeug entscheidend zu verbessern. Das Resultat, die 2000-5/9, gehört derzeit zu den modernsten erhältlichen Kampfflugzeugen. Sie ist mit RAFALE-Avionik ausgestattet, verfügt über das neue Thomson-CSF RDY-Radar sowie eine verbesserte defensive Ausrüstung und kann zusätzlich die neue ARH-MRAAM Mica einsetzen, ebenso wie Exocet-AShMs, ARMAT-ARMs, AS30L und LGBs. Dank den überzeugenden Leistungen hat die MIRAGE 2000-5/9 bereits Aufträge aus Abu Dhabi, Griechenland, Taiwan und Qatar erhalten; die armée de l'air will mindestens 37 ihrer 2000C auf den -5-Standard bringen.

Erkennungsmerkmale:

- Deltaflügel, wenig V-negativ, Tiefdecker, ausfahrbare Vorflügel
- »MIRAGE«-Seitenleitwerk mit eckigen, vor- und rückwärtsgerichteten Antennen
- Cockpit/Canopy kurz und integriert; spitziger Bug
- Lufteinläufe halbrund, mit Konus und kleinen, aufgesetzten Flächen
- Luftbetankungsstutzen fest vor dem Cockpit montiert (nur bei armée de l'air)
- einstrahlig; lange Jetpipe; vorwärts gerichtete Antennen an den Flügelenden
- seitliche Staken am Rumpf hinter dem Flügel

Ähnliche Flugzeuge	Seite	Unterschiede zur MIRAGE 2000
MIRAGE IIIS/RS	50	- Deltaflügel mit stärkerer Pfeilung, ohne ausfahrbare Vorflügel - ohne Luftbetankungsstutzen - gepfeiltes, scharfkantiges Seitenleitwerk, oberes Ende waagerecht - nur rückwärtige Antenne am Seitenleitwerk - Canards anstelle der kleinen Flächen an den Lufteinläufen - Tank unterhalb des Triebwerks am Heck - keine Staken am Rumpfheck, kürzere Schubdüse
MIRAGE F1	54	- Pfeilflügel, Schulterdecker, stark V-negativ - AAM-Pylonen an den Enden möglich - pfeilförmiges Höhenleitwerk, tiefer als der Flügel angesetzt, V-neutral - Seitenleitwerk nur mit kleinen Antennen - zwei Kielflossen unter dem Heck, keine Staken am Rumpf - kürzere Schubdüse - keine Leitflächen an den Lufteinläufen
RAFALE	60	- Halbmitteldecker, Deltaflügel mit AAM-Pylonen an den Enden - Delta weniger stark gepfeilt - mit Canards; breiterer Rumpf; aufgesetztes »Blasen«-Cockpit - Lufteinläufe seitlich unter dem Rumpf, »$^1/_3$-rund« - zweistrahlig, kleine, kürzere Jetpipes - kürzerer, spitzigerer Bug
GRIPEN	132	- Mitteldecker; Deltaflügel V-neutral und mit AAM-Pylonen an den Enden - Sägezahn in der vorderen Flügelkante - V-positive, große Canards - Seitenleitwerk trapezförmig, zwei Antennen gegen vorne gerichtet - Sonde am Seitenleitwerk - rechteckige Seiteneinläufe neben dem Rumpf - Canopy stärker herausstehend - keine Luftbetankungssonde

Siehe auch CHEETAH (S. 22), MIRAGE 5/50 (S. 52), MIRAGE 2000D/N (S. 58) EF2000 (S. 66), KFIR (S. 72), DRAKEN (S. 128), VIGGEN (S. 130).

Dassault MIRAGE 2000D/N

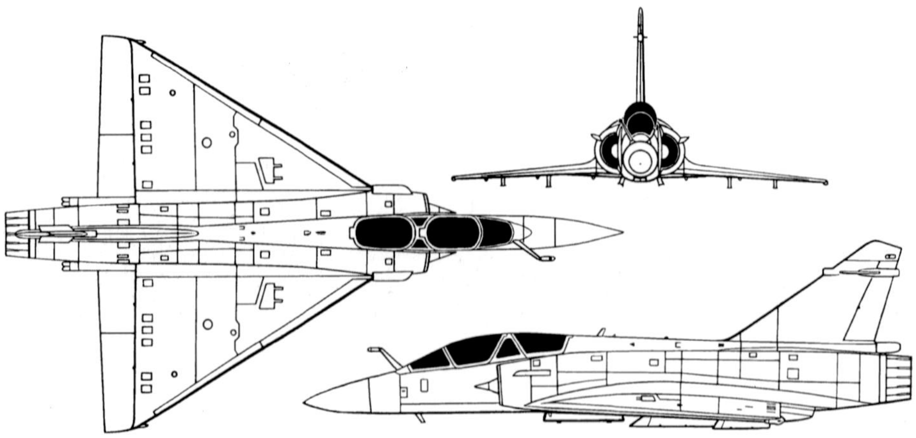

Hersteller:	Dassault Aviation	
Ursprungsland:	Frankreich	
Einsatzrolle:	zweisitziges, atomar bestückbares Tiefangriffsflugzeug (2000N) zweisitziges Angriffsflugzeug (2000D)	
Erstflug:	3. Februar 1983	
Triebwerk:	ein Turbofan SNECMA M53-P2 mit 95.1 kN Schub mit Nachbrenner	
Massen:	leer	7500 kg
	normal take-off	10800 kg
	max. take-off	17000 kg
Abmessungen:	Spannweite: 9.13 m Länge: 14.95 m Höhe: 5.20 m	
Flugleistungen:	V_{max} ohne Lasten auf 11000 m:	2450 km/h / Mach 2.3
	Steigrate auf Seehöhe:	305 m/s
	Dienstgipfelhöhe:	18000 m
	Einsatzradius:	1480 km (A/G-Einsatz)
Bewaffnung:	max. Tragfähigkeit:	6300 kg
	Matra Magic AAMs, GPBs, CBUs, Belouga-Streubomben, LGBs, AS.30L ASMs, A/G-Raketenbehälter, Durandal- oder BAP-Anti-Pisten-Waffen, ASMP-Nuklear-Abstandswaffe, Apache- und Scalp-EG-ALCMs, Zusatztanks, ECM-Behälter, PDLCT-Laser-Beleuchter-Pod etc.	
Betreiberland:	Frankreich	

Die armée de l'air forderte zu Beginn der 80er Jahre ein modernes Ersatzmuster für die eher betagten MIRAGE IV-Nuklearbomber. Dassaults Antwort war die MIRAGE 2000N.

Die Angriffsversion der MIRAGE 2000 ist abgeleitet von dem zweisitzigen 2000B-Trainer, verfügt aber über diverse Änderungen im Bereich Avionik. Hervorzuheben wäre vor allem das neue Terrain-Folge und Bodenbilddarstellungs-Radar Antilope V, welches das Flugzeug befähigt, mit einer Geschwindigkeit von über 1100 km/h in 90 m Höhe über Grund zu fliegen. Es kann auch zur Navigation verwendet werden. Des weiteren sind neue elektronische Verteidigungskomponenten (RWR, ECM, Chaff-/Flare-Werfer) eingebaut, um die Überlebenschance der Maschine im feindlichen Luftraum zu verbessern. Damit trotz der verminderten Treibstoffkapazität (zweiter Sitz!) eine ausreichende Reichweite zur Verfügung steht, entwickelten die Ingenieure große 2000l-Zusatztanks mit einer speziellen Formgebung, von welchen je einer unter jeden Flügel paßt.

Die Hauptbewaffnung der nuklearen -N-Version ist die ASMP, ein Abstandsflugkörper mit nuklearem Gefechtskopf und einer Reichweite von mehr als 80 km. Davon trägt das Flugzeug jeweils einen unter dem Rumpf, zusammen mit zwei Zusatztanks und zwei Magic-AAMs zur Selbstverteidigung. Rund die Hälfte der 2000N der adla besitzt aber auch die Verkabelungen und die Aufhängungspunkte für das Tragen von konventionellen Waffen wie ASMs und LGBs.

Die 2000D ist speziell für konventionelle Angriffe ausgerüstet, verfügt aber, abgesehen von einigen Modernisierungen (Radar), über dieselbe Avionik wie die -N. Das Antilope 5-Radar weist TRN-Fähigkeiten auf, was der D-Version einen extrem geländeangepaßten Tiefflug und eine genaue Navigation garantiert. Besonders effektiv ist der Einsatz der MIRAGE 2000D zusammen mit der A/G-Lenkwaffe AS.30 Laser, dem Apache-CM oder mit LGBs, wobei die Kompatibilität mit dem neuen PDLCT-Laser-Zielbeleuchter-Behälter ausgenutzt werden kann. Dadurch benötigt die MIRAGE 2000D kein spezielles Beleuchter-Flugzeug oder gar eine Markierung von den Bodentruppen, sondern kann selbständig das Ziel markieren und die Waffe darauf abwerfen.

Da die armée de l'air ihre Angriffs-Staffeln ums Jahr 2000 mit RAFALE B ausrüsten möchte, beschränkt sich der Auftrag für die Angriffs-MIRAGE 2000 auf 161 Maschinen (75 -N, 86 -D). Exporte erfolgten bisher keine, obwohl die Maschine äußerst schlagkräftig und zuverlässig sein soll.

Äußerliche Erkennungsmerkmale in Vergleich zur Trainer-Variante besitzt die »cleane« 2000N/D nur wenige, weshalb fast dieselbe Erkennungsmerkmalliste wie bei den anderen 2000-Versionen verwendet werden kann.

Erkennungsmerkmale:

- Deltaflügel, wenig V-negativ, Tiefdecker, ausfahrbare Vorflügel
- »MIRAGE«-Seitenleitwerk mit eckigen, vor- und rückwärtsgerichteten Antennen
- langes Tamdem-Cockpit/Canopy, integriert; spitziger Bug
- Lufteinläufe halbrund, mit Konus und kleinen, aufgesetzten Flächen
- Luftbetankungsstutzen fest vor dem Cockpit montiert
- einstrahlig; lange Jetpipe; vorwärts gerichtete Antennen an den Flügelenden
- seitliche Staken am Rumpf hinter dem Flügel

Ähnliche Flugzeuge	Seite	Unterschiede zur MIRAGE 2000N/D
MIRAGE IIIBS/DS	50	- Deltaflügel mit stärkerer Pfeilung, ohne ausfahrbare Vorflügel - ohne Luftbetankungsstutzen - gepfeiltes, scharfkantiges Seitenleitwerk, oberes Ende waagerecht - nur rückwärtige Antenne am Seitenleitwerk - Canards anstelle der kleinen Flächen an den Lufteinläufen - Tank unterhalb des Triebwerks am Heck - keine Staken am Rumpfheck, kürzere Schubdüse - gesenkter Bug mit Sonde etwas abwärts geneigt
MIRAGE F1B	54	- Pfeilflügel, Schulterdecker, stark V-negativ - AAM-Pylonen an den Enden möglich - pfeilförmiges Höhenleitwerk, tiefer als der Flügel angesetzt, V-neutral - Seitenleitwerk nur mit kleinen Antennen - zwei Kielflossen unter dem Heck, keine Staken am Rumpf - kürzere Schubdüse; Sonde auf der Radomspitze - keine Leitflächen an den Lufteinläufen
RAFALE B	60	- Halbmitteldecker, Deltaflügel mit AAM-Pylonen an den Enden - Delta weniger stark gepfeilt - mit Canards; breiterer Rumpf; aufgesetztes »Blasen«-Cockpit - Lufteinläufe seitlich unter dem Rumpf, »1/3-rund« - zweistrahlig, kleine, kürzere Jetpipes - kürzerer, spitzigerer Bug mit Sonde
GRIPEN (B)	132	- Mitteldecker; Deltaflügel V-neutral und mit AAM-Pylonen an den Enden - Sägezahn in der vorderen Flügelkante - V-positive, große Canards - Seitenleitwerk trapezförmig, zwei Antennen gegen vorne gerichtet - Sonde am Seitenleitwerk - rechteckige Seiteneinläufe neben dem Rumpf - keine Luftbetankungssonde; Canopy stärker herausstehend

Siehe auch Doppelsitzerversionen von CHEETAH (S. 22), MIRAGE 5/50 (S. 52), EF2000 (S. 66), KFIR (S. 72), DRAKEN (S. 128), VIGGEN (S. 130).

Dassault RAFALE

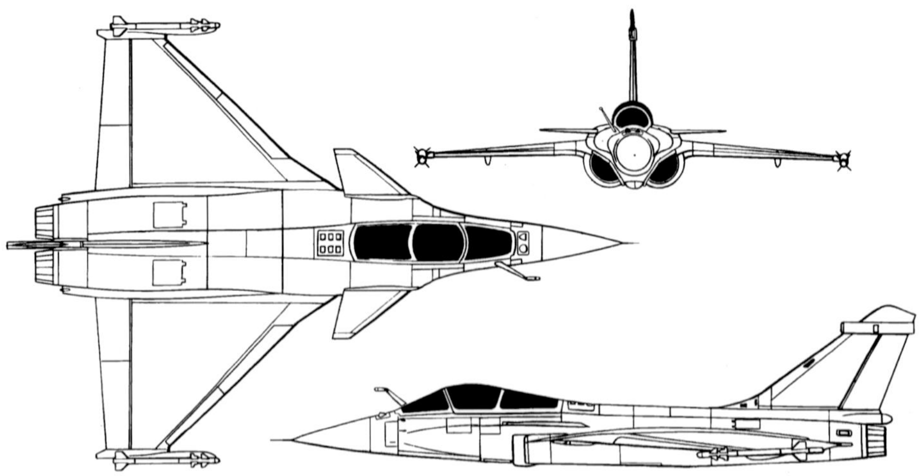

Hersteller:	Dassault Aviation	
Ursprungsland:	Frankreich	
Einsatzrolle:	einsitziges Mehrzweckkampfflugzeug (C) einsitziger bordgestützter Marinemehrzweckjäger (M) zweisitziger Kampftrainer/Angriffsflugzeug (B)	
Erstflug:	4. Juli 1986 (Demonstrator RAFALE A) 19. Mai 1991 (C-Prototyp)	
Triebwerk:	zwei Turbofans SNECMA M88-2 mit je 75 kN Schub mit Nachbrenner	
Massen:	leer	9800 kg
	normal take-off	15500 kg
	max. take-off	24500 kg
Abmessungen:	Spannweite: 10.80 m Länge: 15.30 m Höhe: 5.30 m	
Flugleistungen:	V_{max} ohne Lasten auf 11000 m:	2125 km/h / Mach 2
	auf Seehöhe:	1390 km/h / Mach 1.15
	Steigrate auf Seehöhe:	>305 m/s
	Dienstgipfelhöhe:	16800 m
	Einsatzradius:	1800 km (CAP) 1100 km (IDM)
Bewaffnung:	max. Tragfähigkeit:	9500 kg
	plus eine 30 mm GIAT-DEFA 791 BK Matra Magic AAMs, Matra Mica MRAAMs, GPBs, LGBs, AS.30L ASMs, AM39 Exocet AShMs, Durandal- oder BAP-Anti-Pisten-Waffen, ASMP-Nuklear-Abstandswaffe, Apache- und Scalp-EG-Abstandswaffen, Zusatztanks, ECM-Behälter, PDLCT-Laser-Beleuchter-Pod, Aufklärungspod, etc.	
Betreiberland:	Frankreich: armée de l'air (B und C) und Aéronavale (M)	

Die RAFALE gehört zu der neuesten Generation von Kampfflugzeugen, die man leicht an der Konstruktion erkennt: Deltaflügel kombiniert mit vollbeweglichen Canards, dazu »Stealth«-Eigenschaften. In der Tat hat Dassault wieder einmal ein Flugzeug geschaffen, das in Sachen Vielseitigkeit von keinem anderen Flugzeug dieser Klasse übertroffen wird, was der Maschine deutliche Vorteile gegenüber dem EF2000 oder der F-22 verleiht.

Dank ihrer aerodynamisch instabilen Auslegung ist die RAFALE extrem agil und kann es mit jedem anderen Kurvenkämpfer aufnehmen. Aber auch für die BVR- und die A/G-Zielbekämpfung besitzt sie die ideale Ausrüstung: Das Thomson-CSF-RBE2-Radar arbeitet mit einem elektronisch geschwenkten Strahl und kann dank diversen Modi sowohl für A/A- als auch für A/G-Einsätze verwendet werden. Das defensive Spectra-ECM-System schützt das Flugzeug vor gegnerischen Angriffen; FLIR- und IRST-Geräte sorgen für die passive Detektion von Boden- und Luftzielen; das Helmvisier und die neuen Matra Mica A/A-Lenkwaffen, die es mit IR- und AR-Suchkopf gibt, verdeutlichen die Fortschritte der französischen Luftfahrtindustrie. Die Standard-MRAAM-Bewaffnung stellt sicher, daß die RAFALE sich auch bei einem Jabo-Auftrag gegen gegnerische Jagdflugzeuge durchsetzen kann. Die Maschine ist deshalb mit der F-15E zu vergleichen. Hauptbewaffnung der doppelsitzigen RAFALE B werden die Cruise-Missiles Apache und Scalp-EG sein. Erstere wird gegen Flugplätze, letztere gegen harte Punktziele hoher Priorität eingesetzt.

Trotz starker nationaler Unterstützung läuft auch das RAFALE-Programm nicht ganz problemlos. Während die armée de l'air nach dem Golfkrieg ihre Bestellung revidieren mußte, da man feststellte, daß viel zu wenig doppelsitzige Angriffsflugzeuge zur Verfügung standen, war die französische Regierung gezwungen, die Entwicklung und die Produktion aufgrund der schlechten Finanzlage des Staates zu strecken, so daß die Luftwaffe ihre erste Maschine erst nach dem Jahr 2000 bekommen wird. Auch der Export dürfte derzeit schwierig sein, denn es gibt wohl nicht allzuviele Länder, die sich ein Flugzeug mit einem Preis von 135 Mio. DM/Stück leisten können. Diejenigen Nationen, die es kaufen, bekommen aber eine Maschine in die Hand, die der F-16 oder F/A-18 überlegen und dem Eurofighter ebenbürtig ist.

Erkennungsmerkmale:

- Halbmitteldecker, leicht V-negativ, Deltaflügel mit AAM-Pylonen-Enden
- am Rumpf angesetzte Canards, höher als der Flügel befestigt
- ausfahrbare Vorflügel
- »Mirage«-Seitenleitwerk mit eckigen Antennen vor-/rückwärtsgerichtet
- blasenförmiges, aufgesetztes Canopy; spitziger Bug, Radom mit Sonde
- Luftbetankungsstutzen fest vor dem Cockpit montiert
- zweistrahlig; breite, geschwungene Rumpfform
- Lufteinläufe seitlich unter dem Rumpf, »1/3«-rund

Ähnliche Flugzeuge	Seite	Unterschiede zum RAFALE
MIRAGE III	50	- Tiefdecker, Deltaflügel mit stärkerer Pfeilung, ohne Vorflügel - keine AAM-Pylonen an den Flügelenden - Seitenleitwerk scharfkantig, oberes Ende waagerecht - Seitenleitwerk nur mit Rückwärtsantenne - einstrahlig; schlankerer Rumpf; Canopy integriert - ohne Luftbetankungsstutzen - Lufteinläufe halbrund, mit Konus, neben dem Rumpf - Tank unterhalb des Triebwerks am Heck
MIRAGE 2000	56	- Tiefdecker, keine AAM-Pylonen an den Enden - keine Canards, nur kleine Leitflächen - integriertes Cockpit/Canopy - einstrahlig; schlankerer Rumpf - halbrunde Lufteinläufe mit Konus, neben dem Rumpf angeordnet - längere, größere Jetpipe
EF2000	66	- Deltaflügel mit ESM-/ECM-Pods an den Enden, V-neutral - mit Canards am Bug befestigt - Seitenleitwerk mit Lufteinlauf am Ansatz, ohne Antennen am oberen Ende - schmalerer Rumpf - Lufteinläufe unter dem Rumpf, kastenförmig/abgerundet - keine starre Luftbetankungssonde
GRIPEN	132	- Mitteldecker, Deltaflügel V-neutral; - Sägezahn in der vorderen Flügelkante - V-positive Canards - Seitenleitwerk trapezförmig, zwei Antennen gegen vorne - Sonde am Seitenleitwerk - einstrahlig; keine Luftbetankungssonde - rechteckige Seiteneinläufe neben dem Rumpf

Siehe auch CHEETAH (S. 22), MIRAGE 5/50 (S. 52), MIRAGE F1 (S. 54), KFIR (S. 72), VIGGEN (S. 130) etc.

Dassault SUPER ETENDARD

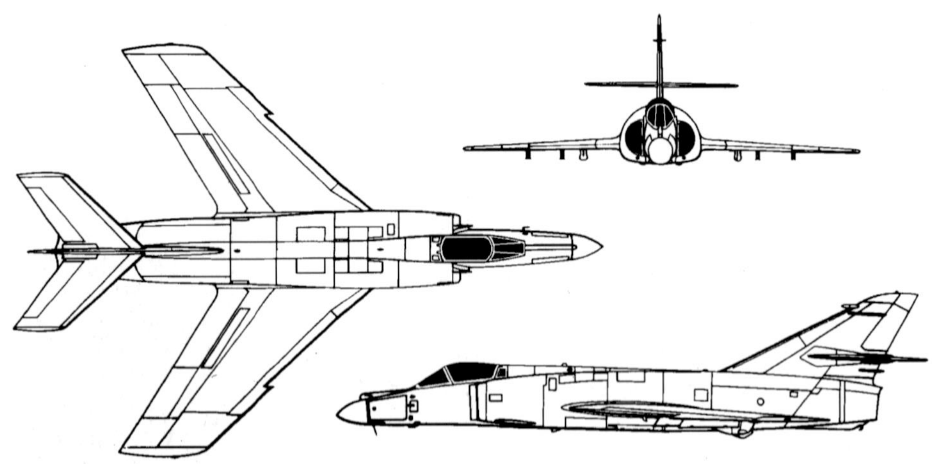

Hersteller:	Dassault Aviation		
Ursprungsland:	Frankreich		
Einsatzrolle:	einsitziger bordgestützter Jagdbomber (SUPER ETENDARD) einsitziges bordgestütztes Aufklärungsflugzeug (ETENDARD IVP)		
Erstflug:	24. November 1977 (SUPER ETENDARD)		
Triebwerk:	ein Turbojet SNECMA Atar 8K50 mit 49.1 kN Schub ohne Nachbrenner		
Massen:	leer	6500 kg	
	normal take-off	ca. 10000 kg	
	max. take-off	11900 kg	
Abmessungen:	Spannweite: 9.60 m Länge: 14.31 m Höhe: 3.85 m		
Flugleistungen:	V_{max} ohne Lasten auf 11000 m:		Mach 1.3
		auf Seehöhe:	1200 km/h
	Steigrate auf Seehöhe:		125 m/s
	Dienstgipfelhöhe:		13800 m
	Einsatzradius hi-lo-hi:		940 km (1 Exocet, 2 Magics, 1 Z'tank)
Bewaffnung:	max. Tragfähigkeit:		2270 kg
	plus zwei 30 mm DEFA 552 BKs Matra Magic AAMs, GPBs, CBUs, AS.30L ASMs, AM39 Exocet AShMs, ASMP-Nuklear-Abstandswaffe, Behälter für ungelenkte A/G-Raketen, »buddy-pack«-Betankungssystem, LGBs, Aufklärungsbehälter, Zusatztanks, Atlis-Laserdesignatorpod		
Betreiberländer:	Argentinien, Frankreich (Marine)		

Die SUPER ETENDARD ist eine stark verbesserte Variante der ETENDARD, welche bereits 1958 ihren Erstflug durchführte. Eigentlich hatte man den navalisierten JAGUAR als ETENDARD-Nachfolger vorgesehen, doch Dassault brachte die Marine und die französische Regierung dazu, die SUPER ETENDARD zu kaufen; dies trotz der Tatsache, daß das rein französische Flugzeug nie hat mit dem anglo-französischen Gemeinschaftsprodukt konkurrieren können. Vor allem von den Flugleistungen her gesehen muß die SUPER ETENDARD als Enttäuschung gelten. Verglichen mit dem JAGUAR ist sie sowohl in Sachen Waffenlast und Einsatzradius als auch bei der Geschwindigkeit, Beschleunigung und Manövrierfähigkeit unterlegen.

Das Geheimnis des erfolgreichen Einsatzes des Flugzeugs liegt im zweckmäßigen Radar Thomson-CSF Agave (Reichweite gut 50 km) bzw. Dassault Electronique Anemone und vor allem in der dazugehörenden Aerospatiale AM.39 Exocet, einer schlagkräftigen Anti-Schiffs-Lenkwaffe. Diese Waffe wird auf Radarzeichen abgefeuert und besitzt ungefähr dieselbe Reichweite wie das Radar. Sowohl der Irak (im Golfkrieg Irak-Iran) als auch Argentinien (Falklandkrieg) haben die Exocet mit der SUPER ETENDARD erfolgreich verwendet. So verloren die Briten die Schiffe HMS SHEFFIELD und ATLANTIC CONVEYOR durch den Einsatz dieser Kombination.

Die Aéronavale setzt mit der SUPER ETENDARD neben der AM.39 auch noch die nukleare Abstandswaffe ASMP als Schlagfaust ein. Beide Lenkwaffen werden jeweils einzeln unter einem Flügel getragen, während ein Zusatztank unter dem anderen Flügel die Last ausgleicht und die Reichweite verlängert.

Als Alternative zu diesen beiden großen Lenkwaffen steht auch die AS.30L Laser für die Präzisions-Bodenzielbekämpfung zur Verfügung, während Spreng- und Streubomben sowie ungelenkte Raketen die A/G-Bewaffnungsmöglichkeiten abrunden. Matra Magic AAMs und die beiden 30-mm-Bordkanonen sind nur zur Selbstverteidigung gedacht, da die SUPER ETENDARD sich kaum als Jäger eignet.

Neben den SUPER ETENDARDS sind auf den französischen Flugzeugträgern derzeit auch noch einige ETENDARD IVP-Aufklärer stationiert. Sie werden aber alle durch die RAFALE M abgelöst werden. Da dieser Prozeß aber noch einige Jahre auf sich warten läßt, wird die SUPER ETENDARD-Flotte mit Laser-Designatoren Atlis sowie weiteren Avionik-seitigen Verbesserungen ausgerüstet (SEM: Super Etendard Modernisé).

Erkennungsmerkmale:

- Pfeilflügel mit Sägezahn, Mitteldecker, V-neutral
- großflächiger Flügel mit abgerundeten Enden
- gepfeiltes Höhenleitwerk, hoch angesetzt / in 1/3 Seitenleitwerkhöhe
- Höhenleitwerk V-neutral
- Seitenleitwerk gepfeilt
- Cockpit/Canopy integriert
- Bug mit kurzem, rundem Radom ohne Sonde
- ausfahrbarer Luftbetankungsstutzen vor dem Cockpit, zylinderförmig
- einstrahlig; langgezogener, schlanker Rumpf; Jetpipe nicht sichtbar
- halbrunde Lufteinläufe seitlich.

Es existieren heutzutage kaum noch Flugzeuge mit einer derart einfachen und plumpen Konstruktion wie die SUPER ETENDARD, deshalb erkennt man sie auch ziemlich einfach. Die älteren ETENDARD IVP-Aufklärer erkennt man an dem radarlosen Kamerabug.

Ähnliche Flugzeuge	Seite	Unterschiede zur SUPER ETENDARD
ALPHA JET	64	- Flügel weniger gepfeilt; Hochdecker; V-negativ - Höhenleitwerk etwas tiefer als Flügel, V-negativ - Seitenleitwerk in »MIRAGE«-Form - langes Tandemcockpit mit »Delphin«-Bug - zweistrahlig; Lufteinläufe unterhalb Flügel - Jetpipes nach vorne versetzt, neben dem Rumpf - schlankerer Rumpf
A-/Q-5	104	- schlankere Flügel ohne Sägezahn, mit großen Grenzschichtzäunen - tiefer angesetztes Höhenleitwerk, V-negativ - geschoßförmige Anti-Flattergewichte an den Höhenleitwerkenden - eckigeres Seitenleitwerk - zwei schräge Kielflossen unter dem Heck - zweistrahlig; keine Luftbetankungssonde - spitziger Bug mit Sonde
A-7 CORSAIR II	106	- Flügel laufen gegen außen mehr zusammen - Schulterdecker, V-negativ - tiefer als der Flügel angesetztes, kleines Höhenleitwerk, V-positiv - großes, weniger gepfeiltes Seitenleitwerk - ein »Kinn«-Lufteinlauf direkt unter dem Radom - Cockpit/Canopy weit nach vorne gesetzt - hoher, voluminöserer Rumpf

Dassault/Dornier ALPHA JET

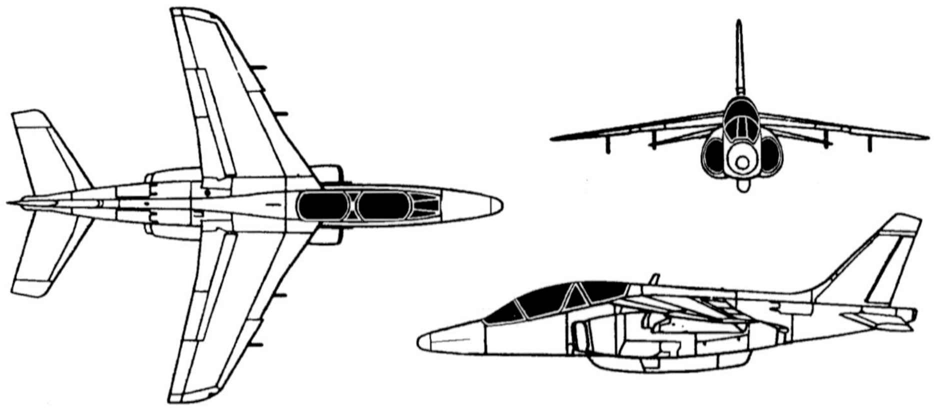

Hersteller:	Dassault Aviation/Dornier (DASA)
Ursprungsländer:	Frankreich und Deutschland
Einsatzrolle:	zweisitziger Fortgeschrittenen- und Waffentrainer und leichtes Erdkampfflugzeug
Erstflug:	26. Oktober 1973
Triebwerk:	zwei Turbofans SNECMA/Turboméca Larzac 04-C6 mit je 13.2 kN Schub ohne Nachbrenner
Massen:	leer 3350 kg normal take-off 5000 kg max. take-off 8000 kg
Abmessungen:	Spannweite: 9.11 m Länge: 12.30 m Höhe: 4.19 m
Flugleistungen:	V_{max} ohne Lasten auf Seehöhe: 1000 km/h Steigrate auf Seehöhe: 61 m/s Dienstgipfelhöhe: 14600 m Einsatzradius lo-lo-lo: 650 km (Trainingsmission, 2 Z'tanks)
Bewaffnung:	max. Tragfähigkeit: 2500 kg plus ein BK-Pod (27 mm oder 30 mm) Matra Magic AAMs, AGM-65 Maverick ASMs, GPBs, CBUs, Behälter für ungelenkte A/G-Raketen, Aufklärungsbehälter, ECM-Pods, Zusatztanks etc.
Betreiberländer:	Ägypten, Belgien, Elfenbeinküste, Frankreich, Großbritannien (DERA), Kamerun, Marokko, Nigeria, Portugal, Qatar, Thailand, Togo, UAE

Dassault und Dornier taten sich Ende der 60er Jahre zusammen, um einen neuen Fortgeschrittenen-Trainer zu konzipieren, da das ursprünglich für diese Aufgabe vorgesehene Flugzeug für die armée de l'air, der JAGUAR, zu teuer und zu aufwendig geworden war. Auch die deutsche Luftwaffe forderte ein ähnliches Flugzeug, doch entschieden sich die Deutschen später, ihre Piloten in den USA zu trainieren und das neue Flugzeug als leichten Jagdbomber zu beschaffen, um damit die G.91 abzulösen. Deshalb wurden die deutschen ALPHA JETS dann auch mit der erforderlichen Angriffsavionik (INS, Doppler, HUD) ausgerüstet. Diese Maschinen unterscheiden sich äußerlich von den französischen durch den spitzigeren Bug mit Sonde. 1993 mußte die Luftwaffe aufgrund der prekären Finanzlage der Bundesrepublik und der veränderten politischen Situation ihre Prioritäten neu setzen, wodurch die ALPHAS als entbehrlich betrachtet wurden.Während man 50 Maschinen an Portugal abgab, wurden andere zwischenzeitlich eingelagert, wobei einige dieser Flugzeuge inzwischen ebenfalls Käufer (Großbritannien, UAE (?)) gefunden haben. Seit Ende 1997 befinden sich keine ALPHA JETS mehr im Dienst bei der deutschen Luftwaffe.

Dassault entwickelte zu Beginn der 80er Jahre den ALPHA JET weiter zum ALPHA JET 2. Der Hauptunterschied dieser Maschine liegt im integrierten Navigations- und Angriffssystem, welches die Bekämpfung von Bodenzielen erleichtert und den Einsatz von Magic-AAMs ermöglicht. Das Flugzeug wurde von Ägypten und Kamerun gekauft.

Der ALPHA JET ATS (Advanced Training System) ist die modernste Version des Flugzeuges. Die Maschine weist zahlreiche Neuerungen (Glas-Cockpit mit HUD; FLIR, Laser-EM, usw.) auf, die sowohl eine effiziente Vorbereitung der Piloten auf die neueste Kampfflugzeug-Generation als auch einen Kampfeinsatz sicherstellt.

Der ALPHA JET ist wohl zusammen mit dem BAe HAWK der beste und leistungsfähigste Trainer. Die beiden Flugzeuge lieferten sich bei der Schweizer Ausschreibung für einen VAMPIRE-Nachfolger ein dichtes Kopf-an-Kopf-Rennen. Trotz den hervorragenden Flugeigenschaften des französisch-deutschen Produktes, die jeweils an den Vorführungen der »Patrouille de France« bestaunt werden können, hat sich die Schweizer Luftwaffe zugunsten des etwas günstigeren und einfacher zu wartenden HAWK entschieden.

Die Auslegung der Konstruktion des Hochdeckers mit den beiden Triebwerken vor dem Höhenleitwerk läßt einige unorthodoxe Fluglagen zu, die nur wenige andere Maschinen nachvollziehen können. Das Flugzeug ist sehr gutmütig und einfach zu fliegen.

Erkennungsmerkmale:

- Pfeilflügel mit Sägezahn und runden Enden; Schulterdecker; V-negativ
- Höhenleitwerk gepfeilt, wenig tiefer angesetzt als Flügel, V-negativ
- Seitenleitwerk in »MIRAGE«-Form
- Bug spitzig mit Sonde (à la Luftwaffe) oder rund ohne Sonde (à la adla)
- zweistrahlig; Lufteinläufe halbrund, tiefer angesetzt als die Flügel, hervorstehend
- Jetpipes weit nach vorne gesetzt, neben dem Rumpf
- Rumpf gegen hinten zusammenlaufend
- Übergang Seitenleitwerk-Rumpfwulst fließend, ohne Ecke
- abgestuftes Tamdem-Cockpit, Canopy eher integriert (»Delphin-Form«)
- Canopy mit vielen Streben

Ähnliche Flugzeuge	Seite	Unterschiede zum ALPHA JET
HAWK	40	- Tiefdecker, fast V-neutral; Flügel ohne Sägezahn - kleine Grenzschichtzäune auf dem Flügel - Höhenleitwerk höher angesetzt als die Flügel, V-negativ - runder Bug mit aufgesetzter Sonde - Lufteinläufe über dem Flügel - einstrahlig; Jetpipe am Rumpfende - zwei kleine Kielflossen am Rumpfheck - rundes »Hawker«-Seitenleitwerk - Canopy mit wenigen Streben
PAMPA	68	- gerader Flügel; Flügelstellung ähnlich ALPHA JET - Höhenleitwerk in Trapezform - einstrahlig; runder Bug ohne Sonde; Canopy mit weniger Streben - Jetpipe auffälliger nach vorne verlagert, da unter dem Rumpf positioniert - weniger stark gepfeiltes, kleineres Seitenleitwerk, oberes Ende waagerecht - stärker unter den Flügeln hervorragende Lufteinläufe
T-4	74	- Flügel und Höhenleitwerk gleich V-negativ - Seitenleitwerk gepfeilt, keine »MIRAGE«-Form - Übergang an der Seitenleitwerkwurzel zweistufig - Lufteinläufe oval und größer; Bug stumpfer, mit aufgesetzter Sonde - Cockpit weniger stark abgestuft, mehr aufgesetzt - Canopy mit weniger Streben
IRYDA	124	- trapezförmiger Flügel mit gerader Hinterkante und eckigeren Enden - Seitenleitwerk fast gerade, waagerechtes Ende - ovale Lufteinläufe - Cockpit mehr integriert - Vorderrumpf keine »Delphin«-Form; keine Sonde

Man vergleiche: M.B.339 (S. 12), IAR-99 (S. 24), SEA HARRIER (S. 44), AVIOJET (S. 46), MiG-AT (S. 96), K-8 (S. 102), SUPER GALEB (S. 140) usw.

Eurofighter EF2000 TYPHOON

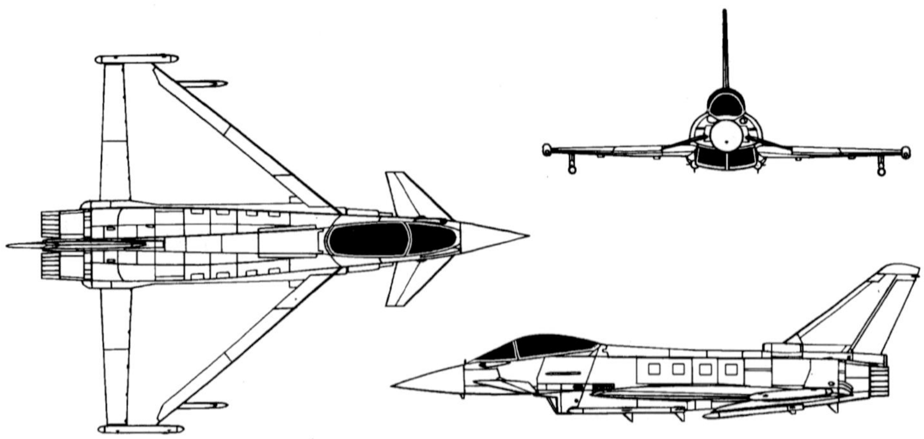

Hersteller:	Eurofighter GmbH (DASA, BAE, Alenia, CASA)
Ursprungsland:	Deutschland, Großbritannien, Italien, Spanien
Einsatzrolle:	einsitziger Luftüberlegenheitsjäger mit Jabo-Zweitrolle zweisitziger Kampftrainer mit voller Einsatzfähigkeit
Erstflug:	8. August 1986 (EAP-Technologieträger; kein EFA-Prototyp) 27. März 1994 (EF2000-Prototyp DA1)
Triebwerk:	zwei Turbofans Eurojet EJ200 mit je 90 kN Schub mit Nachbrenner
Massen:	leer 9750 kg normal take-off 16000 kg max. take-off 21000 kg
Abmessungen:	Spannweite: 10.95 m Länge: 15.96 m Höhe: 5.28 m
Flugleistungen:	V_{max} ohne Lasten auf 11000 m: 2125 km/h / Mach 2 Steigzeit auf 10670 m (Mach 1.5): 150 s Dienstgipfelhöhe: nicht bekannt Einsatzradius: 1390 km (CAP; mit AAM-Bewaffnung)
Bewaffnung:	max. Tragfähigkeit: 6500 kg plus eine 27 mm Mauser BK AIM-9 Sidewinder AAMs, AIM-132 ASRAAMs, IRIS-T AAMs, AIM-120 AMRAAMs, später evtl. Meteor FRAAMs, Zusatztanks und eine Vielzahl von A/G-Kampfmitteln wie GPBs, LGBs, AGMs, ALARM-ARMs, Taurus/Storm Shadow-CMs, etc.
Betreiberländer:	Deutschland, Großbritannien, Italien, Spanien; ab 2002 geplant, Griechenland: Kauf beabsichtigt

Der EUROFIGHTER 2000 soll nach der Jahrtausendwende die derzeitigen Jagdflugzeuge der vier europäischen Länder Deutschland (F-4F PHANTOM II und MiG-29), Großbritannien (JAGUAR und TORNADO F.3), Italien (F-104S STARFIGHTER und die von der RAF geliehenen 24 TORNADO F.3) und Spanien (MIRAGE F1) ersetzen.

Ursprünglich war vorgesehen, daß die ersten Flugzeuge 1997 einsatzbereit sein sollten, doch die Finanzlage und Probleme mit dem Flugkontrollsystem des Flugzeuges machten eine Streckung der Entwicklung nötig, so daß die ersten Maschinen wohl erst im Jahr 2002 bei den italienischen und britischen Luftstreitkräften in Dienst gestellt werden können. Da inzwischen aber die Serienproduktion gesichert ist, hat das Flugzeug bestimmt auch gute Exportchancen, wobei hier vor allem an Saudi Arabien und Norwegen gedacht wird. Griechenland beabsichtigt bereits den Kauf von EF2000.

Technisch und militärisch gesehen gibt es keine Alternative zum EUROFIGHTER. Seine Agilität im Luftkampf stellt alles Bisherige, mit Ausnahme des viel teureren F-22, in den Schatten. Erreicht wird dies durch die aerodynamisch instabile Auslegung des Flugzeuges mit Hilfe der Canard/Delta-Konfiguration und des integrierten elektronischen Flugkontrollsystems (FCS). Manöver sind bis zu +9/-3 g möglich. Pläne für den Einbau von Schubvektorsteuerung in die Triebwerke zeigen zudem das Entwicklungspotential auf.

Für den Kampf außerhalb der Sichtweite hat der EF2000 ebenfalls die erforderliche Ausrüstung an Bord: das neue ECR-90-Radar mit diversen A/A- und A/G-Modes, ein IRST zur passiven Luftzielsuche, eine komplette Palette an EW-Systemen (ESM-ECM-Flügelspitzenbehälter, MAWS, RWR, LWR, Chaff/Flare-Werfer und gezogene Köder) und selbstverständlich die derzeit beste A/A-Bewaffnung. Erwähnenswert wären an dieser Stelle die AIM-132 ASRAAM und die IRIS-T, infrarotgesteuerte Kurzstrecken-AAMs mit Zweifarben-IR-Suchköpfen, denen Ziele in 90° zur Flugrichtung über das Helmvisier zugewiesen werden können.

Bei den Luftwaffen der vier Länder erwartet man die Einführung des Flugzeuges mit Spannung, denn erstmals seit langem werden sie wieder ein Flugzeug in die Finger bekommen, das im »Dogfight« den potentiellen Gegnern eindeutig überlegen ist. Die Piloten, welche die Prototypen fliegen konnten, äußerten sich jedenfalls begeistert über das Flugverhalten und die Manövrierfähigkeit, obwohl noch bei weitem nicht an die Limiten herangegangen wurde. Aus RAF-Quellen konnte man jedenfalls vernehmen, daß die Maschine alle Anforderungen erfüllt oder sogar übertrifft. Man denkt auch bereits laut über eine mehr auf Bodenangriffe spezialisierte Version des EF2000 nach, um die TORNADO IDS ablösen zu können.

Erkennungsmerkmale:

- Deltaflügel mit ESM-/ECM-Pods an den Enden
- Tiefdecker (Halbmitteldecker), V-neutral; mit ausfahrbaren Vorflügeln
- vollbewegliche Canards weit vorne am Bug angesetzt, V-negativ
- ein relativ kleines Seitenleitwerk mit kleinem Lufteinlauf an der Wurzel
- blasenförmiges Cockpit/Canopy aufgesetzt; spitziger Bug ohne Sonde
- Lufteinlauf in »lächelnder« Form unter dem Rumpf, von oben nicht zu sehen
- zweistrahlig; Rumpf wird gegen hinten breiter
- ausfahrbare Luftbetankungssonde

Ähnliche Flugzeuge	Seite	Unterschiede zum EF2000
MIRAGE IIIS	50	- Tiefdecker mit leichter V-negativ-Stellung, ohne Vorflügel - keine Behälter an den Flügelenden - Canards an den Lufteinläufen montiert, V-neutral, höher angesetzt - schnittigeres Seitenleitwerk, oberes Ende waagerecht - rückwärtige Antenne am Seitenleitwerk, ohne Lufteinlauf an der Wurzel - halbrunde Lufteinläufe seitlich am Rumpf, mit Konus - einstrahlig; Canopy kürzer und integriert - Bug mit Sonde; schlankerer Rumpf - Tank unterhalb des Triebwerks am Heck
MIRAGE 2000	56	- Tiefdecker mit leicht negativer V-Stellung, keine Behälter an den Enden - keine Canards, nur kleine Leitflächen - »MIRAGE«-Seitenleitwerk mit Antennen, ohne Lufteinlauf an der Wurzel - kurzes integriertes Cockpit/Canopy - halbrunde Lufteinläufe seitlich am Rumpf, mit Konus - einstrahlig, eine längere, größere Jetpipe - meistens mit aufgesetzter Luftbetankungssonde vor dem Canopy
RAFALE	60	- Deltaflügel mit AAM-Pylonen an den Enden - Mitteldecker (Halbmitteldecker), wenig V-negativ - Canards weiter hinten positioniert, V-neutral, hoch angesetzt - »MIRAGE«-Seitenleitwerk mit Antennen, ohne Lufteinlauf an der Wurzel - breiter Mittelrumpf - Lufteinläufe seitlich unter dem Rumpf, »1/3«-rund - starre Luftbetankungssonde
GRIPEN	132	- Deltaflügel mit AAM-Pylonen; Mitteldecker, Sägezahn an der Flügelkante - V-positive Canards an den Lufteinläufen befestigt - Seitenleitwerk trapezförmig, mit 2 vorwärtsgerichteten Antennen, 1 Sonde - rechteckige Lufteinläufe neben dem Rumpf - einstrahlig; Bug mit Sonde - Mittelrumpf breiter

Siehe auch CHEETAH (S. 22), MIRAGE 5/50 (S. 52), KFIR (S. 72), VIGGEN (S. 130) etc.

FMA IA-63 PAMPA

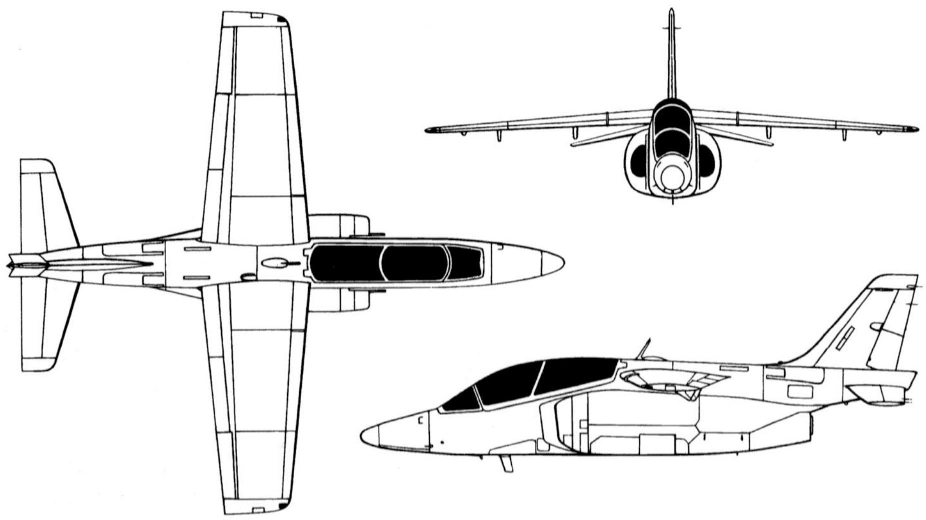

Hersteller:	Fabrica Militar de Aviones (FMA), jetzt Lockheed Martin Argentina
Ursprungsland:	Argentinien
Einsatzrolle:	zweisitziges Trainingsflugzeug und leichter Erdkämper (COIN)
Erstflug:	6. Oktober 1984
Triebwerk:	ein Turbofan Garrett TFE731-2-2N von 15.7 kN Schub ohne Nachbrenner
Massen:	leer 2820 kg
	normal take-off 3650 kg.
	max. take-off 5000 kg
Abmessungen:	Spannweite: 9.69 m Länge: 10.90 m Höhe: 4.30 m
Flugleistungen:	V_{max} ohne Lasten auf Seehöhe: 740 km/h / Mach 0.6
	V_{reise} : 560 km/h
	Anfangssteiggeschwindigkeit: 27 m/s
	Dienstgipfelhöhe: 12900 m
	Einsatzradius: 360 km (Erdkampfmission)
Bewaffnung:	max. Tragfähigkeit: 1160 kg
	plus ein 30 mm DEFA BK-Pod
	A/G-Raketenbehälter, leichte Spreng-, Brand- oder Streubomben, Kanonenbehälter, Zusatztanks etc.
Betreiberland:	Argentinien

Die argentinischen Militärflugzeugwerke ließen diesen kleinen und kostengünstigen Fortgeschrittenentrainer Ende 70er anfangs 80er Jahre von dem renommierten deutschen Flugzeughersteller Dornier entwerfen, welcher mit dem ALPHA JET großen Erfolg verbuchen konnte. Von der Auslegung her (Hochdecker mit V-negativem Flügel, Rumpfform usw.) erinnert die PAMPA auch stark an den ALPHA JET, ist jedoch kleiner, leichter und dank dem einzelnen Triebwerk deutlich günstiger im Unterhalt. Dafür mußte man aber deutliche Leistungseinbußen in Kauf nehmen. Die Maschine ist, was die Leistung betrifft, in etwa mit der italienischen S.211 von Agusta (SIAI-Marchetti) vergleichbar.

Ihre Existenz verdankt die PAMPA den argentinischen Luftstreitkräften, die Ende der 70er Jahre einen neuen Trainer zur Pilotenschulung forderten. Auch eine beschränkte Erdkampftauglichkeit in wenig verteidigtem Luftraum wurde verlangt, so daß die Maschine neben der ebenfalls von FMA stammenden PUCARÀ (zweimotoriges Propellerflugzeug) als COIN-Flugzeug (COIN: counter insurgency – Aufständischen-/Guerrilla-Bekämpfung) eingesetzt werden kann. Für den Export ist eine verbesserte Erdkampfvariante in Planung; sie wird das schubstärkere Allied Signal-(Garrett)-Triebwerk (TFE731-5 mit 20.9 kN) erhalten, welches bereits beim spanischen AVIOJET verwendet wird. Bisher konnten jedoch keine Verkaufserfolge im Ausland erzielt werden.

Die argentinische Luftwaffe hatte ursprünglich einen Bedarf von insgesamt 64 PAMPAS. Im ersten Baulos bestellte man aus finanziellen Gründen lediglich 18 Stück, die bereits 1992 ausgeliefert waren. Inzwischen scheint man sich darüber geeinigt zu haben, daß sogar 100 PAMPAS angeschafft werden sollen. Einige davon sind für COIN- und leichte Erdkampfeinsätze vorgesehen und werden dafür mit einer angemessenen Avionik israelischer Herkunft ausgerüstet. Wo jedoch das erforderliche Geld für die Produktion der Maschinen herkommen wird, ist nicht ganz klar. Der neue Inhaber der Firma FMA, Lockheed Martin Argentina, bemüht sich jedenfalls weiterhin um eine Wiederaufnahme der Serienfertigung.

Wie zahlreiche andere Trainingsflugzeughersteller, so beteiligte sich auch FMA zusammen mit dem Partner LTV-Vought am amerikanischen JPATS-Wettbewerb um einen neuen Basistrainer für die USAF/USN. Dafür verbesserte man die Cockpit-Ergonomie und fügte einige Avioniksysteme hinzu. Die »PAMPA 2000« ist aber bereits vorzeitig aus dem Wettbewerb ausgeschieden, angeblich aus technischen Gründen. Wahrscheinlicher sind jedoch politische Differenzen, die das Evaluationsteam dazu veranlaßten, die PAMPA von der Liste zu streichen.

Erkennungsmerkmale:

- Flügel gerade, Schulterdecker, wenig V-negativ
- Flügel unmittelbar hinter dem Cockpit montiert
- Höhenleitwerk fast gerade (trapezförmig), stärker V-negativ als die Flügel
- Höhenleitwerk am Heckausleger befestigt
- Seitenleitwerk leicht gepfeilt
- abgestuftes Cockpit, Canopy integriert; »Delphin«-Rumpfvorderteil
- Lufteinläufe halbrund, neben dem Rumpf/unterhalb des Flügels
- Heckausleger oberhalb des Triebwerks mit Seitenleitwerk und Höhenleitwerk
- Jetpipe nach vorne versetzt, auf Seitenleitwerkvorderkantenhöhe
- einstrahlig; Bug ohne Sonde, runde Spitze; schlanker Rumpf

Ähnliche Flugzeuge	Seite	Unterschiede zur PAMPA
S.211	16	- Pfeilflügel, Mittel-/Schulterdecker, mit Grenzschichtzäunen - Höhenleitwerk höher als Flügel angesetzt, V-neutral - Jetpipe am Rumpfheck - nur mit kurzem Heckausleger - konventionelle Rumpfform - Flügel gerade über den Lufteinläufen befestigt
AVIOJET	46	- Tiefdecker; Flügelstellung V-positiv - Höhenleitwerk höher angesetzt als Flügel; V-neutral - ovale Lufteinläufe über den Flügeln - Canopy getrennt in zwei Cockpitteile - großflächiges Seitenleitwerk in Trapezform - zwei schräge Kielflossen - Bug spitziger, keine Delphinform
ALPHA JET	64	- gepfeilter Flügel mit Sägezahn; mehr V-negativ - Höhenleitwerk gepfeilt - zweistrahlig; Jetpipes neben dem Rumpf - kontinuierlicherer Übergang in den Heckausleger am Triebwerksende - höheres Seitenleitwerk in »MIRAGE«-Form
IRYDA	124	- trapezförmiger Flügel mit gerader Hinterkante - Höhenleitwerk gepfeilt - zweistrahlig; Triebwerke neben dem Rumpf - kontinuierlicherer Übergang in den Heckausleger am Triebwerksende - getrenntes Canopy in zwei Cockpitteile - längerer, flacherer Bug, keine Delphin-Form

Vergleiche auch mit ALBATROS (S. 14), IAR-99 (S. 22), HAWK (S. 40), T-4 (S. 74), NAMC K-8 (S. 102), SUPER GALEB (S. 140) usw.

General Dynamics F-111 AARDVARK

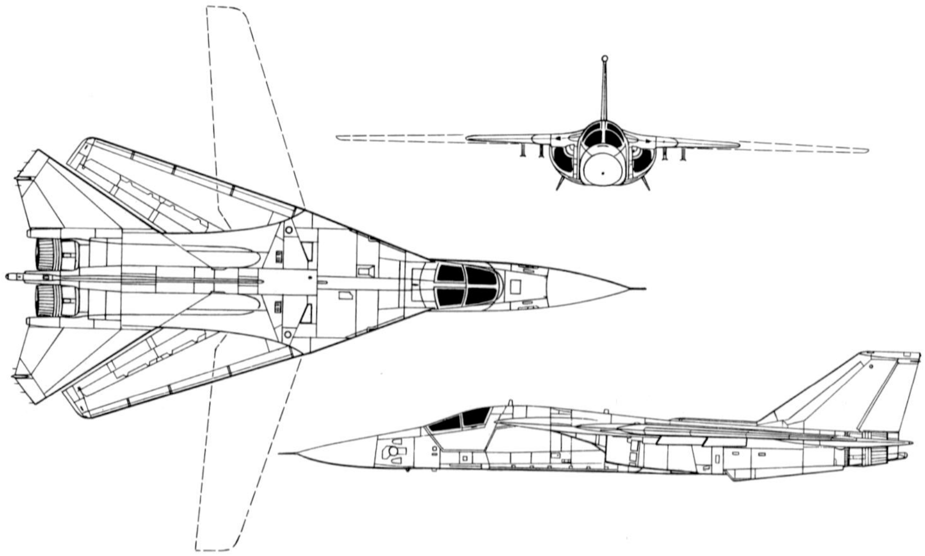

Hersteller:	General Dynamics
Ursprungsland:	USA
Einsatzrolle:	zweisitziger schwerer Jagdbomber/Allwetterangriffsflugzeug (F-111A/C/D/E/F/G) zweisitziges Aufklärungsflugzeug (RF-111C)
Erstflug:	21. Dezember 1964
Triebwerk:	zwei Turbofans Pratt & Whitney TF30-PW-100 mit je 111.7 kN Schub mit Nachbrenner
Massen:	leer 21540 kg normal take-off nicht bekannt max. take-off 45360 kg
Abmessungen:	Spannweite: 19.20 m/9.74 m Länge: 22.40 m Höhe: 5.22 m
Flugleistungen:	V_{max} ohne Lasten auf 11000 m: 2660 km/h / Mach 2.5 V_{max} in Bodennähe: 1450 km/h / Mach 1.16 Steigrate: nicht bekannt Dienstgipfelhöhe: 18300 m Einsatzradius: 2780 km
Bewaffnung:	max. Tragfähigkeit: 14200 kg Option für eine 20 mm BK AIM-9 Sidewinder AAMs, LGBs/EOGBs mit diversen Kalibern, GPBs, CBUs, Durandal-Antipisten-Waffe, B61 Atombomben, AGM-84 Harpoon AShMs, AGM-88 HARM ARMs, ECM-Pods, Aufklärungsbehälter (RF-111C; im Waffenschacht), Pave-Tack-Zielbeleuchter-System (im Waffenschacht), Zusatztanks etc.
Betreiberländer:	USA (ausgemustert/eingemottet), Australien (div. US-Versionen, u.a. RF-111C)

Die F-111 wurde zu Beginn der 60er Jahre als Langstrecken-Abriegelungsflugzeug für die Air Force entwickelt, daneben gab es aber auch die Jagdversion F-111B für die USN. Die letztere Maschine sollte die AIM-54 Phoenix (siehe F-14) tragen. Aufgrund von Gewichtsproblemen strich der Kongreß aber das Projekt, was der Entwicklung der Tomcat den Weg öffnete. Das USAF-Programm zog man aber weiter, obwohl auch hier beinahe unüberwindbare Probleme gemeistert werden mußten, was nicht von ungefähr kam: Die »AARDVARK« besaß als erstes Flugzeug des Westens Schwenkflügel und dazu eine Avionik (u.a. das erste Terrain-Folge-Radar), mit der das Flugzeug im Tiefflug mit hoher Unterschallgeschwindigkeit das Ziel blind und beim ersten Anflug punktgenau treffen sollte. Die Kosten bei Entwicklung und Produktion explodierten, hinzu kam auch noch die strukturelle Ermüdung in den Schwenkflügellagern, was die Ursache einiger Flugzeugverluste über Vietnam war. Außerdem beging man auch den Fehler, von jeder verbesserten Variante einige Flugzeuge herzustellen, anstatt die Maschine zu Ende zu entwickeln und dann eine große Serie zu kaufen. Daraus resultierten wenige Flugzeuge und hohe Produktions-/Wartungskosten. Exportieren ließ sich die F-111 nur nach Australien, nachdem der RAF-Auftrag für die F-111K storniert worden war.

Die zuletzt produzierten Jagdbomber F-111F sind aber äußerst schlagkräftig und in Sachen Reichweite und Waffenlast der F-15E ebenbürtig. Ausgerüstet mit dem Pave Tack-Laserdesignator dienten sie bis 1996, vorwiegend bewaffnet mit LGBs und EOGBs, als Präzisionsbomber, u.a. 1986 über Libyen. Im Golfkrieg bewiesen sie einmal mehr ihre Zuverlässigkeit, denn die AARDVARKS trugen zusammen mit den F-15Es und den britischen TORNADOS die Hauptlast der Angriffe auf Hartziele hoher Priorität. Aus Kostengründen wurden sie bei der USAF außer Dienst gestellt. Dies eröffnete der australischen Luftwaffe die Gelegenheit, ihr Inventar an ONE-ELEVEN aufzustocken und genügend Ersatzteile günstig einzukaufen. Bereits wurden einige F-111Gs (kampfwertgesteigerte FB-111A) und F-111As der USAF in die Staffeln der australischen Luftwaffe integriert. Es ist anzunehmen, daß sie dort weit übers Jahr 2000 im Einsatz bleiben werden. Modernisierungsprogramme und neue Abstandswaffen (Popeye-ASM, konventionelle Cruise Missiles) sollen die Kampfkraft erhalten oder gar steigern.

Erkennungsmerkmale:

- Schwenkflügel; Schulterdecker, V-neutral; paddelförmige Enden
- gepfeiltes Höhenleitwerk mit gekappten Enden
- Höhenleitwerk auf derselben Höhe wie der Flügel; V-neutral
- kurze Distanz zwischen den Flügeldrehpunkten
- gepfeiltes, großflächiges Seitenleitwerk mit aufgesetzter Antenne (rückwärts)
- kurzes, zweisitziges Cockpit, integriert; nebeneinanderliegende Sitze
- zweistrahlig; Lufteinläufe unter den Flügelwurzeln versteckt, 1/4-förmig, mit Konus
- langes Radom mit Sonde; auffällig langer Rumpf
- zwei flache Kielflossen; kein ausgeprägtes »Rückengrat«
- gestreckte Flügel: fast gerade; geschwenkte Flügel: an Höhenleitwerk anliegend

Ähnliche Flugzeuge	Seite	Unterschiede zur F-111
MiG-23/27	86/90	- typisches »MiG«-Seitenleitwerk, evtl. mit Knick in der Vorderkante - Lufteinläufe rechteckig hochgestellt, vorstehend - einstrahlig; auffallender Konus am Rumpfheck - nur eine, aber größere, klappbare Kielflosse - schmalerer Rumpf für einsitziges Cockpit - deutlicher Abstand zwischen geschwenktem Flügel und Höhenleitwerk
F-14	116	- Schwenkflügel mit abgerundeten vorderen Enden - tiefer angesetztes, abgerundetes Höhenleitwerk - kleines Doppel-Seitenleitwerk in V-Stellung - großer Abstand zwischen den Triebwerken und den Flügeldrehzapfen, quadratische Lufteinläufe; langes, aufgesetztes Tamdem-Canopy - Übergang Rumpf-Flügel über Lufteinläufe
TORNADO	118ff.	- Schwenkflügel mit abgerundeten vorderen Enden - Höhenleitwerk tiefer als Flügel, keine gekappten Enden - großes, gepfeiltes Seitenleitwerk mit je einer Antenne nach hinten/vorne - mit Lufteinlauf an der Seitenleitwerkwurzel; Rumpf mit Rückengrat - Lufteinläufe (quadratisch) an der Flügelwurzel - langes Tamdemcanopy - gestreckte Flügel: gepfeilte Form; keine Kielflossen
Su-24	146	- schmalere Flügelenden - Grenzschichtzäune am festen Flügelteil mit Pylon - stärker gepfeiltes Seitenleitwerk mit Konus an der Wurzel am Heck - Lufteinläufe rechteckig hochgestellt, am Übergang Rumpf/Flügel - Jetpipes nicht sichtbar

Israel Aircraft Industries KFIR

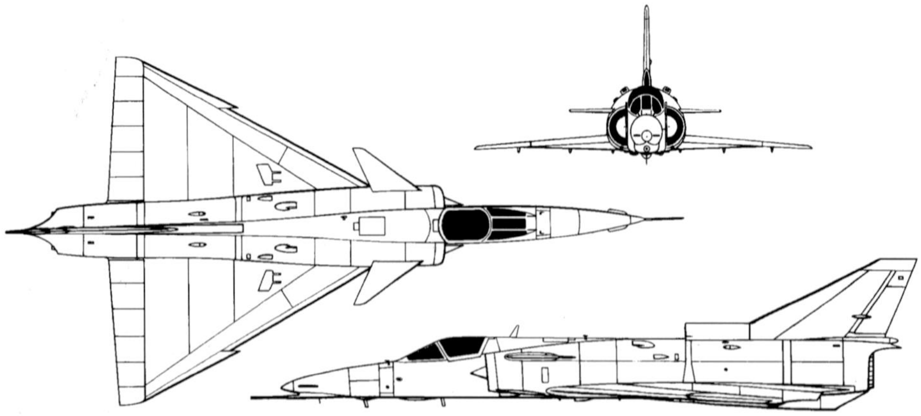

Hersteller:	Israel Aircraft Industries
Ursprungsland:	Israel
Einsatzrolle:	einsitziger Jagdbomber mit Abfangjäger-Sekundärrolle (C2/C7) zweisitziger, voll einsatzfähiger Trainer mit EW-Auftrag? (TC2/TC7)
Erstflug:	1973
Triebwerk:	ein Turbojet General Electric J79-J1E mit 83.4 kN Schub mit Nachbrenner
Massen:	leer 7300 kg normal take-off 10400 kg max. take-off 16500 kg
Abmessungen:	Spannweite: 8.22 m Länge: 15.65 m Höhe: 4.55 m
Flugleistungen:	V_{max} ohne Lasten auf 10975 m: 2440 km/h / Mach 2.35 Meereshöhe: 1390 km/h Steigrate auf Seehöhe: 233 m/s Dienstgipfelhöhe: 17700 m Einsatzradius: 800 km (CAP) 1180 km (Angriffsmission)
Bewaffnung:	max. Tragfähigkeit: 6090 kg plus zwei 30 mm DEFA BKs Shafrir 2 oder Python 3 oder IV AAMs, AIM-9 Sidewinder AAMs, GPBs, CBUs, LGBs und EOGBs (z.B. HOBOS-ASM, GBU-13), AGM-45 Shrike-ARMs, AGM-65 Maverick, Werfer für ungelenkte A/G-Raketen, Kanonenbehälter, ECM-Pods, Zusatztanks etc.
Betreiberländer:	Ecuador, Israel, Kolumbien, Sri Lanka

Die KFIR ist eine stark verbesserte israelische Variante der MIRAGE 5. Die MIRAGE 5 war eigentlich für Israel konstruiert worden, konnte aber aufgrund eines 1967 vom französischen Präsidenten verhängten Embargos nicht geliefert werden. Die Israelis stellten sofort auf »Selbstversorgung« um, indem sie zuerst die NESHER (MIRAGE 5-Kopie; Triebwerks- und andere Unterlagen wurden durch Spionage beschafft) und später die KFIR bauten. Letztere vereinigte neben einer neuen Avionik auch das amerikanische J79-Triebwerk, von F-4 und F-104 her bekannt und bewährt, mit der MIRAGE-Zelle.

Vor allem der Einbau des stärkeren Triebwerks verursachte zahlreiche Änderungen am Flugzeug. So mußten die Lufteinläufe geringfügig vergrößert werden, um den Luftdurchsatz zu erhöhen, während man zur Kühlung des Nachbrenners diverse zusätzliche kleine Lufteinlässe anbrachte. Bei der zweiten (C2) und dritten (C7) Serie ergänzte man noch verschiedene Avioniksysteme, wie z.B. ein neues HUD, MFD, RWR, HOTAS, Waffenrechner, Elta-Entfernungsmessungs-Radar, Navigationssysteme, Einsatzmöglichkeit für Präzisionswaffen etc., aber auch aerodynamische Neuerungen wurden vorgenommen: Canards, kleine Leitflächen am Bug und Flügelvorderkanten mit Sägezähnen.

Die größere Leistung des Triebwerks und die aerodynamischen Modifizierungen verbesserten die Flugleistungen der KFIR im Vergleich zur MIRAGE 5 deutlich. Die erforderliche Startlaufstrecke konnte fast halbiert, die Langsamfluggeschwindigkeit gesenkt, die Waffenlast um 50% gesteigert, der Anstellwinkel, die Kurvenfluggeschwindigkeit und Wendigkeit deutlich erhöht werden. Auch die maximale Fluggeschwindigkeit ist mit Mach 2.35 um einiges besser als beim Originalflugzeug. So kam es, daß die schnellste MIRAGE gar keine MIRAGE ist!

Die israelische Luftwaffe setzt die KFIR vor allem als Jagdbomber bei Schlägen gegen feindliche Milizen im Libanon ein, da inzwischen für den Luftkampf leistungsfähigere Maschinen zur Verfügung stehen. Dank der modernen Ausrüstung besitzt sie aber nach wie vor einen hervorragenden Kampfwert, der mit der ersten MIRAGE-Generation nicht erreicht werden kann.

Der KFIR-Export hielt sich bisher in Grenzen und das trotz des günstigen Preises und der guten Leistungen. Als einziges europäisches Land hat Slovenien inoffiziell Interesse gezeigt, bisher aber noch keine Maschinen bestellt.

IAI bietet für MIRAGE-Betreiber ein Kampfwertsteigerungsprogramm an, bei dem wesentliche Punkte der KFIR-Modifizierungen auch an den MIRAGES umgesetzt werden. So entstand beispielsweise in Zusammenarbeit mit Atlas die CHEETAH, und auch die Schweizer MIRAGE IIIS/RS-Flotte konnte von den IAI-Entwicklungen profitieren.

Erkennungsmerkmale:

- Deltaflügel mit Sägezahn; Tiefdecker, Flügel wenig V-negativ
- kein Höhenleitwerk; V-neutrale Canards an den Lufteinläufen
- pfeilförmiges, scharfkantiges Seitenleitwerk mit Lufteinlauf an der Wurzel
- Cockpit/Canopy kurz und integriert; Tank unterhalb des Triebwerks
- einstrahlig; Jetpipe etwas nach vorne verschoben
- Lufteinläufe halbrund, mit Konus
- langer Bug mit Sonde unterhalb der Spitze
- Bug mit kleinen seitlichen Staken; Rumpf mit kleinen Lufteinläufen
- zweisitzige Version TC2/7: heruntergezogene Nase; evtl. Betankungssonde

Ähnliche Flugzeuge	Seite	Unterschiede zur KFIR
CHEETAH	22	- ohne Seitenleitwerkwurzellufteinlauf - einige Maschinen großem Radarbug und Sonde auf der Spitze - Triebwerk weiter nach hinten gezogen
MIRAGE IIIS/RS	50	- Deltaflügel ohne Sägezahn - Seitenleitwerk ohne Wurzellufteinlauf, dafür mit Rückwärts-Antenne - S: kurzes, spitziges Radom mit Sonde auf der Spitze - keine kleinen Rumpflufteinläufe; Triebwerk weiter nach hinten gezogen
MIRAGE 5/50	52	- Deltaflügel ohne Sägezahn; Seitenleitwerkwurzel ohne Lufteinlauf - meist mit Knick in der Seitenleitwerkvorderkante - wenig kürzerer Bug; keine kleinen Rumpflufteinläufe - Triebwerk weiter nach hinten gezogen
MIRAGE F1	48	- Pfeilflügel, Hochdecker, stark V-negativ; meist mit AAM-Pylonen-Enden - gepfeiltes Höhenleitwerk, V-neutral, tiefer als die Flügel angesetzt - »MIRAGE«-Seitenleitwerk; keine Canards - spitzigerer Bug mit Sonde an der Spitze (F1C) - kein Tank unter dem Triebwerk; zwei Kielflossen - meist mit Betankungsstutzen vor dem Cockpit
MIRAGE 2000	56	- Deltaflügel ohne Sägezahn, weniger stark gepfeilte Vorderkante - klarere Flügelform, mit ausfahrbaren Vorflügeln - kein Tank unter dem Triebwerk; Radarradom mit Sonde an der Spitze - keine Canards, nur kleine Leitflächen am selben Ort - »MIRAGE«-Seitenleitwerk mit Antennen nach hinten und nach vorne - meist mit Betankungsstutzen vor dem Cockpit

Kawasaki T-4

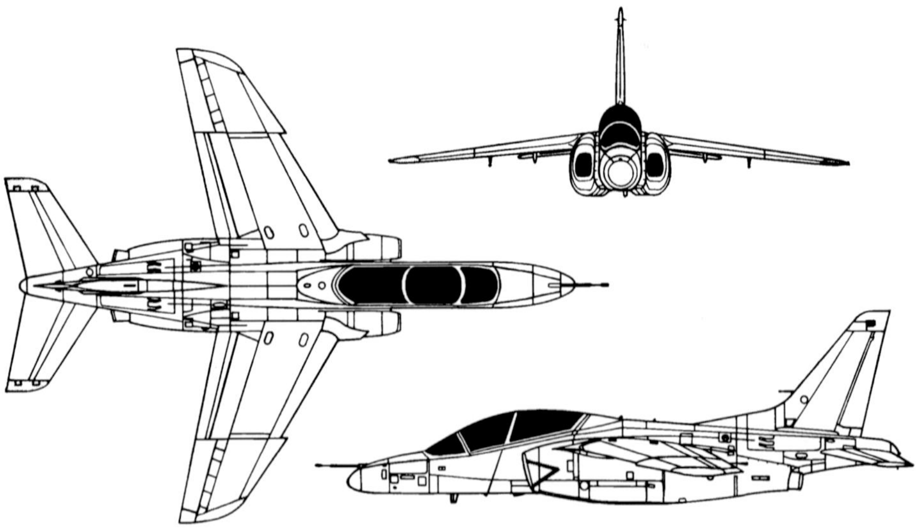

Hersteller:	Kawasaki Heavy Industrie Ltd.	
Ursprungsland:	Japan	
Einsatzrolle:	zweisitziger Fortgeschrittenen- und Waffentrainer	
Erstflug:	29. Juli 1985	
Triebwerk:	zwei Turbofans Ishikawajima-Harima mit je 16.3 kN Schub ohne Nachbrenner	
Massen:	leer	3840 kg
	normal take-off	5730 kg
	max. take-off	7500 kg
Abmessungen:	Spannweite: 9.94 m Länge: 13.00 m Höhe: 4.60 m	
Flugleistungen:	V_{max} ohne Lasten auf 10975 m:	960 km/h
	auf Meereshöhe:	1040 km/h
	V_{marsch} auf 10975 m:	795 km/h
	Steigrate auf Seehöhe:	50.8 m/s
	Dienstgipfelhöhe:	14813 m
	Einsatzradius:	650 km (Trainingsmission; mit Zusatztanks) ca. 400 km (ohne Zusatztanks)
Bewaffnung:	max. Tragfähigkeit:	2000 kg
	7.65 mm-MG-Behälter, AIM-9 Sidewinder AAMs, Behälter für ungelenkte A/G-Raketen, leichte Sprengbomben, ECM-Pods, Zusatztanks, etc; meist ohne Bewaffnung als Fortgeschrittenen-Jettrainer im Einsatz	
Betreiberland:	Japan	

Die T-4 ist das erste vollkommen japanische Flugzeug seit 25 Jahren. Dabei wurde nicht nur das Flugwerk in Japan entwickelt, sondern auch die Triebwerke, auch wenn die T-4 sehr an den deutsch-französischen ALPHA JET von Dassault und Dornier erinnert.

Seinen Ursprung hat das exzellente Schulflugzeug in den späten 70er bzw. frühen 80er Jahren, als die JASDF (Japanese Air Self-Defence Force) den Anforderungskatalog für einen Lockheed T-33/Fuji T-1-Nachfolger zusammenstellte. Die Konstruktion ist konventionell und garantiert gute Manövrierfähigkeit bei hohen Unterschallgeschwindigkeiten. Dank dem hoch angesetzten, leicht gepfeilten Tragwerk und den beiden seitlich angeordneten Triebwerken ist das Handling der Maschine sehr gut, sie reagiert auf Fehler der Pilotenschüler tolerant – genau wie der von der Auslegung her identische ALPHA JET. Die zweistrahlige Auslegung ist zwar etwas kostspieliger, garantiert aber eine größere Sicherheit, während die Anordnung außerhalb des eigentlichen Rumpfes den Zugriff bei Reparaturen vereinfacht. Dank dem abgestuften Cockpit mit Streben-armen Canopy, welches eher an jenes des HAWK denn an das des ALPHA JET erinnert, haben sowohl Flugschüler als auch Instruktor eine gute Sicht nach allen Seiten.

An der Produktion des Flugzeuges beteiligen sich neben Kawasaki (Hauptauftragnehmer und Hersteller des vorderen Rumpfes/Zusammenbau) auch Fuji (Rumpfhinterteil, Flügel) und Mitsubishi (Rumpfmittelteil und Lufteinläufe).

Von den geforderten 200 Trainern sind bisher über 170 ausgeliefert worden. Kawasaki ist jedoch bemüht, den Luftstreitkräften den Kauf einer triebwerks- und avionikmäßig verbesserten Version schmackhaft zu machen, damit die unökonomischen Überschall-Trainingsflugzeuge vom Typ Mitsubishi T-2 außer Dienst gestellt werden können.

Zu einem Export des Flugzeuges wird es aus politischen Gründen nicht kommen: Seit dem Zweiten Weltkrieg ist es Japan untersagt, irgendwelche Waffen auszuführen.

Neben den Trainings- und Schulungsstaffeln fliegt auch die japanische Kunstflugstaffel »Blue Impulse« diesen hervorragenden Jettrainer. Ihre Maschinen sind blau/weiß bemalt.

Erkennungsmerkmale:

- Pfeilflügel mit Sägezahn und runden Enden; Schulterdecker, V-negativ
- Höhenleitwerk gepfeilt, wenig tiefer angesetzt als die Flügel, V-negativ
- gepfeiltes Seitenleitwerk, hoch aufragend, mit Knick in der Vorderkante
- zweistrahlig; Lufteinläufe oval , unterhalb des Flügels
- Jetpipes weit nach vorne gesetzt, neben dem Rumpf
- Rumpf gegen hinten zusammenlaufend
- abgestuftes Tamdem-Cockpit; Canopy und Vorderrumpf in Delphin-Form
- stumpfer Bug mit aufgesetzter Sonde

Ähnliche Flugzeuge	Seite	Unterschiede zum T-4
HAWK	40	- Tiefdecker, fast V-neutral - Flügel ohne Sägezahn, mit kleinem Grenzschichtzaun an der Vorderkante - Höhenleitwerk höher angesetzt als der Flügel - rundes »Hawker«-Seitenleitwerk - halbrunde Lufteinläufe über dem Flügel - einstrahlig; Jetpipe am Rumpfende - zwei Kielflossen am Rumpfheck - runder, etwas spitzigerer Bug
ALPHA JET	64	- Flügel weniger V-negativ als das Höhenleitwerk - Flügel und Höhenleitwerk schmaler - Lufteinläufe halbrund und kleiner, deutlich unter dem Flügel angesetzt - Bug weniger stumpf, meist ohne Sonde - Seitenleitwerk in »MIRAGE«-Form; Vorderkante ohne Knick - Cockpit mehr integriert; Canopy mit mehr Streben
PAMPA	68	- gerader Flügel ohne Sägezahn; Flügelstellung ähnlich - trapezförmiges Höhenleitwerk - kleineres Seitenleitwerk ohne Knick in der Vorderkante - einstrahlig; schmalerer Rumpf - Jetpipe auffälliger nach vorne verlagert, da unter Rumpf positioniert - Heckausleger markanter - runder, aber spitzigerer Bug
IRYDA	124	- trapezförmiger Flügel mit gerader Hinterkante, eckigeren Enden - kein Sägezahn; Höhenleitwerk eckiger - Seitenleitwerk fast gerade, waagerechtes Ende - Lufteinläufe tiefer angesetzt, merklicher Abstand zum Flügel - Cockpit mehr integriert, klar getrenntes Canopy - Vorderrumpf keine Delphin-Form; keine Sonde

Man vergleiche auch mit: M.B.339 (S. 12), IAR-99 (S. 24), SEA HARRIER (S. 44), MiG-AT (S. 96), K-8 (S. 102), SUPER GALEB (S. 140) usw.

Lockheed Martin F-16 FIGHTING FALCON

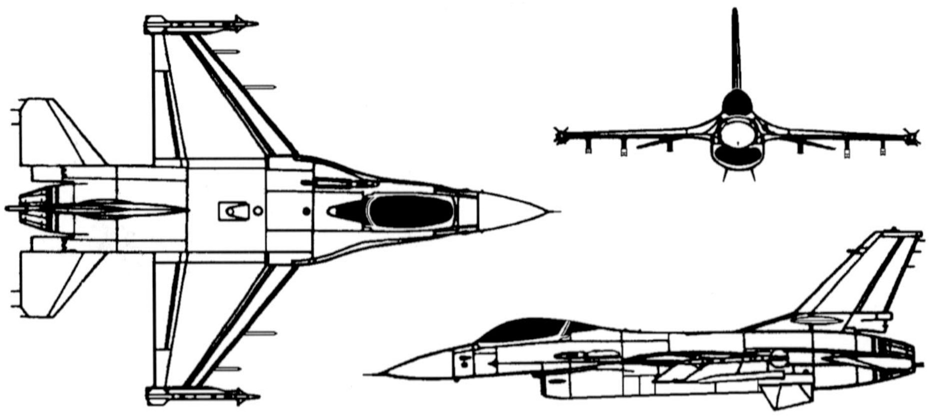

Hersteller:	Lockheed Martin, Fort Worth Division (früher General Dynamics)
Ursprungsland:	USA
Einsatzrolle:	einsitziger Mehrzweckluftkampfjäger (A, C) zweisitziger Kampftrainer mit voller Einsatzfähigkeit (B, D)
Erstflug:	20. Januar 1974
Triebwerk:	ein Turbofan Pratt & Whitney F100-PW-220 mit 106 kN Schub mit Nachbrenner oder ein Turbofan General Electric F110-GE-100 mit 122.8 kN Schub mit Nachbrenner
Massen:	leer 8660 kg normal take-off 11370 kg max. take-off 19190 kg
Abmessungen:	Spannweite: 10.00 m Länge: 15.03 m Höhe: 5.01 m
Flugleistungen:	V_{max} ohne Lasten auf 12190 m: 2125 km/h / Mach 2 auf Seehöhe: 1470 km/h Steigrate: >254 m/s Dienstgipfelhöhe: 15240 m Einsatzradius hi-lo-hi: 550 km (Angriffsmission)
Bewaffnung:	max. Tragfähigkeit: 6890 kg plus eine 20 mm M61A1-BK AIM-9 Sidewinder AAMs, Python III oder IV AAMs, AIM-7 Sparrow AAMs (nur ADF), AIM-120 AMRAAMs, AGM-45 Shrike und AGM-78 Standard-ARM, AGM-88 HARM, GPBs, CBUs, LGBs, EOGBs, JSoW, JDAMs, AGM-65 Maverick, Durandal-Anti-Pisten-Waffe, Behälter für ungelenkte A/G-Raketen, diverse ECM-Pods, LANTIRN-Pods, Aufklärungsbehälter, Zusatztanks etc.
Betreiberländer:	Ägypten, Bahrain, Belgien, Dänemark, Griechenland, Indonesien, Israel, Jordanien, Niederlande, Norwegen, Pakistan, Portugal, Singapur, Südkorea, Taiwan, Thailand, Türkei, UAE, USA, Venezuela

Mit der F-16 wollte man eigentlich nur erforschen, zu welchen Leistungen ein sogenannter »Leichtgewichtjäger« fähig wäre, doch aus dem Programm entstand dann das meistverkaufte westliche Kampfflugzeug der letzten 20 Jahre. Das in Serie gegangene Modell kann aber sicher nicht mehr als Leichtgewicht bezeichnet werden, denn es führt eine komplexe Avionik mit, welche das Flugzeug dazu befähigt, Bodenziele punktgenau zu treffen und Luftziele in 80 km Entfernung auszumachen. Außerdem ist die Cockpitauslegung (Sitz mit größerer Neigung, HOTAS, »Sidestick«) und Flugsteuerung (»fly-by-wire«) revolutionär, die Manövrierfähigkeit atemberaubend. Die FIGHTING FALCON gilt derzeit als Standardmaß für Mehrzweckjäger. General Dynamics und später Lockheed haben das Flugzeug permanent weiterentwickelt. Im Vergleich mit der F-16A der späten 70er Jahre hat die heutige F-16C Block 50/52 ein moderneres Cockpit (MFDs, neues HUD, GPS, NVG-Option), ein neues Radar (APG-68 anstelle des -66), mit welchem auch AMRAAMs eingesetzt werden können, und die Möglichkeit, den im Golfkrieg erfolgreich eingesetzten LANTIRN-Laser-Beleuchter-Pod zu verwenden.

Von der USAF wird die F-16 vorwiegend zur Präzisionszielbekämpfung (F-16CG; Ausrüstung mit LANTIRN, Hauptbewaffnung LGBs und AGM-65) und zur Radarbekämpfung (F-16CJ; Ausrüstung mit HTS-Radarlokalisierungssystem, Hauptbewaffnung AGM-88 und JSOW) eingesetzt. Aber auch als Abfangjäger und taktischer Aufklärer (mit einem neuen Aufklärungspod) finden die FIGHTING FALCON Verwendung. Zahlreiche F-16 sind derzeit eingelagert.

Bei den meisten Exportkunden wird die F-16 als Mehrzweckkampfflugzeug eingesetzt. Je nach Ausrüstung sind die Maschinen unterschiedlich gut geeignet für ihre Aufgabe. Die F-16A/B der europäischen NATO-Staaten werden einem umfangreichen Aufdatierungsprogramm (MLU) unterzogen, welches die Schlagkraft der Flugzeuge deutlich erhöht. Zum Beispiel wird der Einsatz von AMRAAMs ermöglicht, ebenso wie die Ausrüstung mit einem FLIR/Laserdesignator-System.

Die neueste Version der F-16C, die Block 60, soll sowohl strukturell wie Avionik-seitig starke Veränderungen erfahren. Große Ausbuchtungen im oberen Rumpfbereich vergrößern die Tankkapazität, während das LANTIRN-, das AN/ALQ-165-Selbstschutzstör- sowie ein Raketenwarn-System intern mitgeführt werden. Das Flugzeug wurde von UAE bestellt.

Erkennungsmerkmale:

- trapezförmige Flügel, mit gerader Hinterkante und ausgeprägten LERX
- Mitteldecker, Flügel V-neutral; AAM-Pylonen an den Flügelenden
- Höhenleitwerk mit gleicher Form wie Flügel, aber mit gekappter Ecke
- Höhenleitwerk V-negativ, auf derselben Höhe wie die Flügel
- gepfeiltes Seitenleitwerk mit Knick in der Wurzel und waagerechtem Ende
- Behälter mit rückwärtsgerichteter Antenne an der Seitenleitwerkwurzel
- einstrahlig; zwei schräge Kielflossen
- aufgesetztes tropfenförmiges Canopy, getrennt auf Schleudersitzhöhe
- ein bananenförmiger Lufteinlauf unter dem Rumpf
- äußerst aerodynamisches Erscheinungsbild; Radom mit Sonde

Ähnliche Flugzeuge	Seite	Unterschiede zur F-16 FIGHTING FALCON
CHING KUO	18	- Flügelhinterkante nach vorne gepfeilt, LERX kürzer - Höhenleitwerk in Deltaform, mit gekapptem Ende - Seitenleitwerk in »MIRAGE«-Form - keine Seitenleitwerk-Wurzelbehälter; keine Kielflossen - zweistrahlig; viel kleinere Jetpipes - zwei fast ovale Lufteinläufe unter den LERX (wie F/A-18) - Canopy auf Instrumententafelhöhe getrennt
F/A-18 HORNET	34	- Flügel schmaler, weniger gepfeilte Vorderkante - Flügelhinterkante nach vorne gepfeilt - LERX viel länger (1/3 Rumpflänge) - gepfeiltes, V-neutrales Höhenleitwerk, etwas tiefer als der Flügel befestigt - V-förmiges Doppelseitenleitwerk, nach vorne verschoben - zweistrahlig; zwei Lufteinläufe je unterhalb LERX; Radom ohne Sonde - keine Kielflossen; Canopy auf Instrumententafelhöhe getrennt
F-2	100	- kleine Unterschiede, da die F-2 ein F-16-Derivat ist! - größere Flügelspannweite; Flügelhinterkante nach vorne gepfeilt - größeres Höhenleitwerk - Canopy mit zwei Streben, mehr aus dem Rumpf hervorstehend
F-5E TIGER II	112	- kleinerer Flügel mit kleinen, eckigen LERX, Tiefdecker - Höhenleitwerk ohne gekappte hintere Ecke - Seitenleitwerk trapezförmig; keine Kielflossen - zwei halbrunde Lufteinläufe neben dem Rumpf - zweistrahlig; halbrunde Lufteinläufe über dem Flügel - Rumpf nach hinten zusammenlaufend - kurzes, in den Rumpf integriertes Canopy

Man vergleiche die F-16 auch mit AMX (S. 20), HAWK 200 (S. 42), MIRAGE F1 (S. 54) etc.

Lockheed Martin F-104 STARFIGHTER

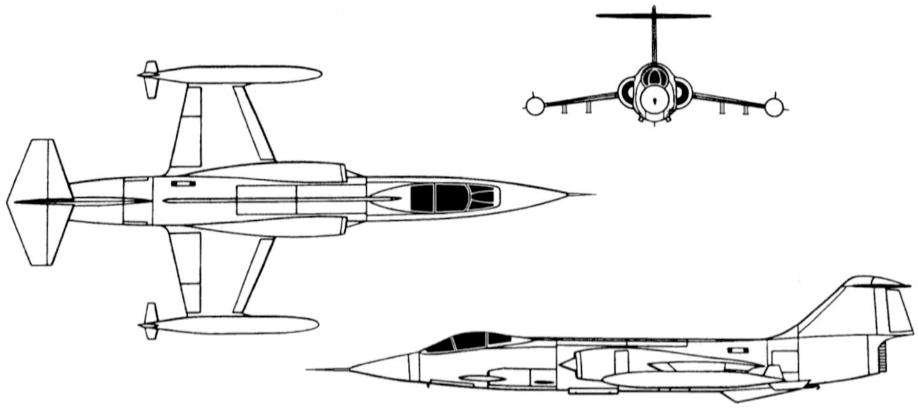

Hersteller:	Lockheed Martin/Alenia
Ursprungsländer:	USA, Italien
Einsatzrolle:	einsitziger Jagdbomber (G) einsitziger Allwetter-Abfangjäger (S/S ASA) zweisitziger Kampftrainer
Erstflug:	7. Februar 1954
Triebwerk:	ein Turbojet General Electric J79-GE-19 mit 79.6 kN Schub mit Nachbrenner
Massen:	leer 6760 kg normal take-off 9840 kg max. take-off 14060 kg
Abmessungen:	Spannweite: 6.68 m Länge: 16.69 m Höhe: 4.11 m
Flugleistungen:	V_{max} ohne Lasten auf 10975 m: 2330 km/h / Mach 2.2 auf Seehöhe: 1465 km/h Steigrate auf Seehöhe: 280 m/s Dienstgipfelhöhe: 17700 m (Einsatz) 27430 m (maximal erreichbare Höhe) Einsatzradius hi-lo-hi: 1250 km (mit maximalem Treibstoff)
Bewaffnung:	max. Tragfähigkeit: 3400 kg plus eine 20 mm M61A1-BK (nur G) AIM-9 Sidewinder AAMs, AIM-7 Sparrow AAMs, Aspide SARH-MRAAMs, Kormoran und Penguin AShMs, AGM-65 Maverick ASMs, GPBs, CBUs, Aufklärungsbehälter, Zusatztanks etc.
Betreiberländer:	(inkl. ehem Betreiber): Belgien, Deutschland, Griechenland, Italien, Japan, Kanada, Niederlande, Norwegen, Taiwan, Türkei, USA; abgesehen von Italien haben alle Länder die F-104 außer Dienst gestellt.

Der STARFIGHTER wurde entwickelt, nachdem einige Piloten ziemlich ernüchternde Berichte aus dem Koreakrieg mitbrachten. Dort waren sie in ihren F-86 auf die MiG-15 gestoßen, die der SABRE in Sachen Geschwindigkeit, Steigleistung, Wendigkeit und Dienstgipfelhöhe überlegen war. Die Piloten forderten deshalb eine kleine, leichte und schnelle Maschine. Die resultierende F-104 erfüllte einige der Forderungen. So waren Steigleistung und Fluggeschwindigkeit phänomenal, die Manövrierfähigkeit und die Reichweite aber so dürftig, daß die USAF das Flugzeug in Vietnam nur sporadisch nutzen konnte und die Maschine in den USA als Fehlschlag bezeichnet wurde. Kampfberichten zufolge mußte die einzige eingesetzte Staffel des öfteren aus Treibstoffmangel umkehren, bevor es zum Feindkontakt gekommen war. Anders sah es in Europa aus: Hier kauften wichtige NATO-Länder wie Deutschland Hunderte von F-104G für die Jagdbomberrolle; so waren die STARFIGHTER lange Jahre der Schlagstock der NATO. Bei der deutschen Luftwaffe bekamen sie einerseits den positiven Beinamen »bemannte Rakete«, andererseits aber, aufgrund der zahlreichen Abstürze, den negativen Übernamen »Witwenmacher«. Leistungsmäßig waren sie überzeugend, denn die F-104 kann dank des kleinen Flügels längere Zeit mit ausreichender Waffenlast im Tiefflug mit hoher Geschwindigkeit fliegen und war deshalb genau das, was viele NATO-Länder suchten. Daß die Manövrierfähigkeit zu wünschen übrig ließ, betrachtete man als zweitrangig. Erst als Italien den STARFIGHTER als Abfangjäger einsetzen wollte, tauchten wieder die aus den USA bekannten Probleme auf, obwohl Alenia (damals noch Aeritalia) eine weitgehend modifizierte Version entwickelte: die F-104S. Sie erhielt ein neues Radar und die erforderliche Avionik für den Einsatz der italienischen Sparrow-Weiterentwicklung Aspide. Dadurch entstand ein Allwetterjäger, der auf mittlere Distanzen wirksam ist, der aber den Dogfight meiden muß. Trotzdem konnte Alenia dieses Flugzeug sogar in die Türkei exportieren, und die F-104S der italienischen Luftwaffe werden für den Einsatz bis ins Jahr 2005 »fit« gemacht, da der projektierte EUROFIGHTER noch einige Zeit auf sich warten läßt. Einige davon müssen allerdings den 24 geleasten TORNADO F.3 Platz machen.

Erkennungsmerkmale:

- trapezförmige Flügel mit kleiner Spannweite, Mitteldecker, V-negativ
- meistens Zusatztanks oder AAM-Pylonen an den Flügelenden
- T-Höhenleitwerk, trapezförmig; V-neutral
- kleines Seitenleitwerk in Trapezform
- eine große und zwei kleine Kielflossen
- einstrahlig; Canopy, mäßig integriert, dreiteilig
- seitliche, halbrunde Lufteinläufe mit Konus
- äußerst langer, schlanker Rumpf; Verhältnis Spannweite/Rumpflänge ca. 0.4
- spitziger Bug mit Sonde
- kurze Jetpipe, etwas vorversetzt

Ähnliche Flugzeuge	Seite	Unterschiede zur F-104 STARFIGHTER
CHING KUO	18	- Flügel größer, V-neutral, mit auffallenden LERX - Flügelenden immer mit AAM-Pylonen - Höhenleitwerk deltaförmig, V-negativ, auf gleicher Höhe wie der Flügel - Seitenleitwerk in »MIRAGE«-Form - zweistrahlig, Jetpipes am Heck; ovale Lufteinläufe unterhalb der Flügel - aufgesetztes Cockpit, zweiteilig; keine Kielflossen - breiterer Rumpf; Verhältnis Spannweite/Rumpflänge ca. 0.6
F-16	76	- Flügel größer, V-neutral, gerade Hinterkante, mit LERX - Flügelenden immer mit AAM-Pylonen - Höhenleitwerk deltaförmig, V-negativ, auf gleicher Höhe wie der Flügel - gepfeiltes Seitenleitwerk mit Antenne am Ende - Behälter an der Seitenleitwerkwurzel - ein bananenförmiger Lufteinlauf unter dem Rumpf - lange Jetpipe am Rumpfheck; tropfenförmiges Canopy, zweiteilig - breiterer Rumpf; Verhältnis Spannweite/Rumpflänge ca. 0.7
F-5A	110	- Flügel mit größerer Spannweite und Knick in der Vorderkante - Flügelstellung V-neutral, Tiefdecker; Flügelendentanks kürzer - Höhenleitwerk auf Flügelhöhe, V-negativ, Hinterkante gerade - Seitenleitwerk höher - Lufteinläufe ohne Konus; zweistrahlig; Jetpipes am Heck herausstehend - gegen hinten zusammenlaufender Rumpf - kürzerer Rumpf; kurzes Cockpit
F-5E TIGER II	112	- Flügel mit größerer Spannweite und Knick in der Vorderkante und LERX - Flügelstellung V-neutral, Tiefdecker; AAM-Pylonen an den Flügelenden - Höhenleitwerk auf Flügelhöhe, V-negativ, Hinterkante gerade - Seitenleitwerk höher - Lufteinläufe ohne Konus; zweistrahlig; Jetpipes am Heck herausstehend - gegen hinten zusammenlaufender Rumpf - kürzerer Rumpf; kurzes Cockpit

Lockheed Martin F-117A NIGHTHAWK

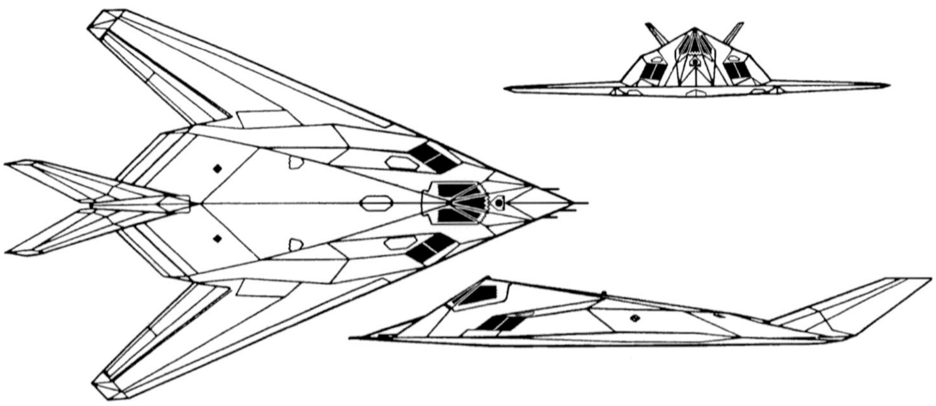

Hersteller:	Lockheed-Martin, Burbank Division (»Skunk Works«)
Ursprungsland:	USA
Einsatzrolle:	einsitziges, mit Radar und IR-Sensoren schwer ortbares Präzisionsangriffsflugzeug
Erstflug:	15. Juni 1981
Triebwerk:	zwei Turbofans General Electric F404-GE-F1D2 mit je 48 kN Schub ohne Nachbrenner
Massen:	leer 13610 kg normal take-off nicht bekannt max. take-off 23815 kg
Abmessungen:	Spannweite: 13.20 m Länge: 20.08 m Höhe: 3.78 m
Flugleistungen:	V_{max} ohne Lasten auf Seehöhe: 1125 km/h / Mach 0.92 $V_{Einsatz}$ auf 1500 m: 1040 km/h Steigrate: nicht bekannt Dienstgipfelhöhe: nicht bekannt Einsatzradius hi-lo-hi: 1110 km (Angriffsmission; max. Last)
Bewaffnung:	max. Tragfähigkeit: 2270 kg zwei 907 kg LGBs Paveway II/III in zwei internen Waffenschächten; zukünftig 907 kg JDAMs; CBUs (inkl. SUU-30 mit Graphite-Fibre Bomblets BLU-114), AGM-158 JASSM, JSOW (?)
Betreiberland:	USA

1974 begannen einige US-Firmen ernsthaft mit dem kompletten Stealth-Konzept zu experimentieren, doch schon viel früher wurden einige Aspekte dieser Technik für Flugzeuge wie z.B. den legendären SR-71 verwendet. Das erste richtige Stealth-Flugzeug, welches einen bedeutenden Schritt in Richtung F-117 und B-2 darstellte, war die Lockheed XST HAVE BLUE, von welcher man lediglich zwei Stück zur Erprobung baute; beide stürzten dabei ab und deckten einen Teil des geheimen Projektes auf, ermutigten aber Lockheed und die USAF, ein voll kampftaugliches Stealth-Flugzeug zu bauen.

Die F-117A ist das erste einsetzbare Stealth-Kampfflugzeug. Die USAF führte sie in aller Heimlichkeit schon 1983 ein und mußte deren Existenz nach diversen Täuschungsmanövern erst im November 1988 zugeben.

Die NIGHTHAWK ist konstruktionstechnisch kompromißlos auf Unentdeckbarkeit in bezug auf Radar- und IR-Systeme ausgelegt und besitzt deshalb flugleistungsmäßig keine hervorragenden Daten. Um den RCS (Radar Cross-section; Radarrückstrahlfläche) zu reduzieren, verwendeten die Lockheed-Konstrukteure einerseits radarabsorbierendes Material (RAM), andererseits bauten sie aber die gesamte Zelle in einer facettenartigen Struktur, welche 90°-Winkel und runde Flächen meidet, ebenso wie die direkte Sicht von vorne und hinten auf die beiden Triebwerke. Selbst das Cockpit bekam eine möglichst Radarwellen-reflexionsfreie Form mit Goldüberzug auf der Verglasung und RAM-Keilen an der Einfassung. Die Triebwerksdüsen sind so angelegt, daß sie die heißen Abgase biberschwanzartig verteilen, wodurch deren Oberfläche möglichst groß und somit das Abkühlen beschleunigt wird. Dadurch erschwert man die Erfassung mit einem IR-Sensor, wie ihn beispielsweise die Su-27 besitzen, der aber auch bei einigen Flab-Systemen vorhanden ist (weitere Informationen über Stealth siehe Kapitel: Die Unterdrückung von Luftverteidigungssystemen).

Zur Zielsuche verwendet die F-117A nicht Radar, sondern zwei passive Sensoren, einen FLIR und einen DLIR. Die Ziele werden mit einem Laser-Designator markiert und mit Laser-gelenkten Bomben (LGBs) bekämpft. Als Navigationshilfen dient neben dem INS auch ein GPS-Empfänger.

Eingesetzt wird die F-117A bei Angriffen auf stark verteidigte, lebenswichtige Präzisionsziele, die sich weit im Hinterland des Feindes befinden können; aber auch als Pfadfinder bzw. Flugzeug zur Bekämpfung von modernen und weitreichenden SAM-Stellungen, Aircraft-Sheltern usw. verwendet die USAF ihre Flugzeuge dieses Typs.

Wie gefährlich Stealth-Maschinen in einem Krieg sind, wurde im Golfkrieg 1991 durchschlagend bewiesen, als die NIGHTHAWKS ausgesuchte Ziele in Bagdad bombardierten, ohne überhaupt entdeckt zu werden. Die irakische Flugabwehr schoß erst nach den Bombeneinschlägen, und das erst noch ziellos. Während des ganzen Krieges verloren die Amerikaner nicht eine einzige F-117A.

Erkennungsmerkmale:

- spitzwinkliges Dreieck Flügelende-Bug-Flügelende
- Tiefdecker, V-neutral; kein Höhenleitwerk
- kleines V-förmiges Doppelseitenleitwerk, scharfkantig
- Seitenleitwerk stark nach hinten ragend
- facettenartige Struktur des ganzen Flugzeuges; flache Rumpfunterseite
- Lufteinläufe in Rhomboid-Form, über dem Flügel angeordnet, mit Gitternetz
- schlitzartige Jetpipes am Rumpfheck, schräg angeordnet
- eckiges, integriertes Cockpit mit spitzwinkligen Frontcanopysegmenten
- vier kurze Sonden am dreieckigen Bug
- M-förmige Hecksilhouette
- Verhältnis Spannweite/Länge ca. 0.7
- eckige, sehr charakteristische Erscheinungsbild

Die NIGHTHAWK besitzt eine derart eigenwillige und charakteristische Form, daß es wohl kaum andere Flugzeuge gibt, mit denen man sie verwechseln kann. Lediglich der Stealth-Bomber B-2 könnte ein Verwechslungsopfer darstellen, und das auch deshalb, weil mit den Bezeichnungen »Stealth-Fighter, -Jagdbomber und -Bomber« häufig ein Durcheinander gemacht wird. In diesem Buch wird deshalb für die F-117 das Wort »Stealth-Fighter« gemieden, weil sie gar kein Jäger ist. Zutreffend wäre eher »Stealth-Jagdbomber«, doch dieser Ausdruck scheint nicht weit verbreitet zu sein und dürfte aus diesem Grund zu Verwechslungen mit dem Bomber führen.

Ähnliches Flugzeug	Unterschiede zur F-117A NIGHTHAWK
B-2 SPIRIT	- Nurflügelflugzeug - stumpferer Winkel Flügel-Bug-Flügel - keine Seitenleitwerke - viel größerer Rumpf - keine Facettenstruktur, abgerundete Formgebung - breites Zweimann-Cockpit mit nebeneinanderliegenden Sitzen - Frontansicht mit »drei Höckern«: zwei Lufteinläufe und Cockpitbereich - vierstrahlig - Lufteinläufe mit gezackten Kanten, ohne Gitter - schmale Düsenaustritte vor dem Heckende, im oberen Bereich - Doppel-M-förmige Hecksilhouette - Verhältnis Spannweite/Länge ca. 2.5 - flunderartiges Erscheinungsbild

Lockheed Martin/ Boeing F-22 RAPTOR

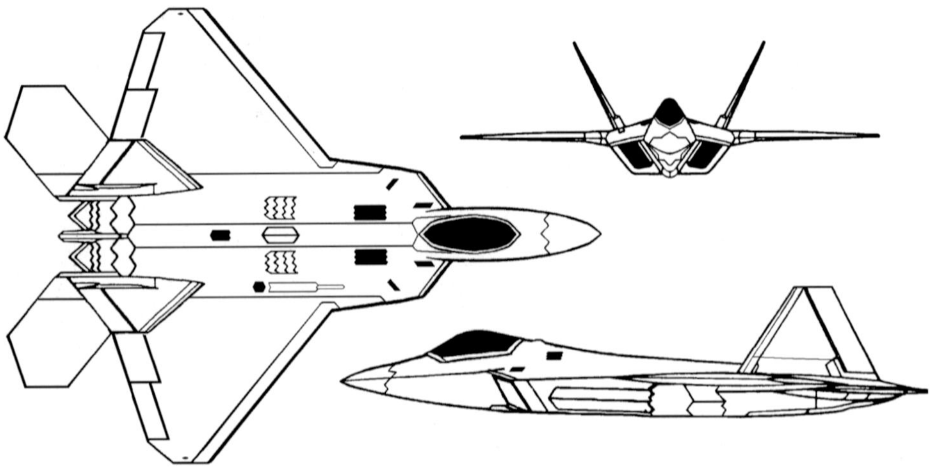

Hersteller:	Lockheed Martin Corporation und The Boeing Company
Ursprungsland:	USA
Einsatzrolle:	einsitziger, mit Radar schwer ortbarer Luftüberlegenheitsjäger (sog. Air Dominance Fighter) und Überraschungsangriffs-Jagdbomber
Erstflug:	29. Sept. 1990 (YF-22 Rapier/Lightning II) 7. Sept. 1997 (F-22A Raptor)
Triebwerk:	zwei Turbofans Pratt&Whitney F119-PW-100 mit je 155.7 kN Schub mit Nachbrenner und 2D-Schubvektorsteuerung
Massen:	leer ca. 14400 kg normal take-off ca. 26000 kg max. take-off > 30000 kg
Abmessungen:	Spannweite: 13.56 m Länge: 18.90 m Höhe: 5.08 m
Flugleistungen:	V_{max} ohne Lasten auf 10975 m: 2120 km/h / Mach 2 $V_{supercruise}$ in optimaler Höhe: 1600 km/h / Mach 1.5 Steigrate: nicht bekannt Dienstgipfelhöhe: > 15240 m Einsatzradius hi-lo-hi: 1400 km (CAP)
Bewaffnung:	max. Tragfähigkeit: 10500kg plus eine 20 mm M61A2-BK AIM-9M/X Sidewinder AAMs, AIM-120B/C AMRAAMs, JDAMs (Joint Direct Attack Munitions) intern, JSOW, JASSM, Zusatztanks etc. extern an optionalen Unterflügelpylonen
Betreiberland:	USA (ab dem Jahr 2005)

Die F-22 ist der Gewinner der ATF-Ausschreibung der USAF für einen modernen Luftüberlegenheitsjäger mit Stealth-Eigenschaften und der »Supercruise«-Fähigkeit. Er wird, falls nicht noch weitere Kürzungen im Buget vorgenommen werden müssen, kurz nach der Jahrtausendwende bei der amerikanischen Luftwaffe eingeführt werden und dabei die F-15A/C EAGLE in der Luftüberlegenheits- und Abfangjägerrolle ersetzen und eventuell auch die Erstschlagsrolle der F-117 übernehmen.

Ausgerüstet mit 2D-Schubvektordüsen und einer raffiniert ausgeklügelten Stealth-Zelle, wird die F-22 zum Zeitpunkt ihrer Einführung jedem anderen Kampfflugzeug in fast jeder Hinsicht bei weitem überlegen sein. Im Gegensatz zur F-117 verwendete Lockheed hier nicht die Facettenbauweise, sondern eine auf sehr komplexen Rechnungen basierende Methode. Die Zelle ist vorwiegend aus Titan-Legierungen und Verbundwerkstoffen gefertigt. Die Triebwerke sind derart schubstark, daß sie dem Flugzeug eine Marschgeschwindigkeit von über Mach 1 ohne Nachbrenner ermöglichen, selbst wenn der RAPTOR eine volle interne Waffenlast schleppt. Dies erhöht den Überraschungseffekt des Angriffes und die Überlebensfähigkeit der Maschine. Über die Avionik ist noch nicht allzu viel bekannt, doch soll sie sich sowohl für Luft/Luft- als auch für Luft/Boden-Einsätze eignen, wodurch die F-22 zum echten Mehrzweckkampfflugzeug wird, auch wenn wohl mehr Gewicht auf die Luft/Luft-Fähigkeiten gelegt wird. Das APG-77-Radar soll so kleine Nebenkäulen besitzen, daß die Emissionen von feindlichen RWRs kaum aufzuspüren sind. Im Luftkampf kommen der F-22 das »fly-by-wire«-System, die geschickte Konstruktion sowie die Schubvektordüsen zugute. Laut USAF-Quellen soll kein anderer Jäger, also auch nicht Su-35/37, RAFALE oder EF2000, ebenbürtige Leistungsreserven aufweisen.

Die normale Waffenlast besteht aus zwei AIM-9M/X und bis zu sechs AIM-120C, welche alle intern in Waffenschächten mitgeführt werden, um den RCS auf ein Minimum reduzieren zu können. Als Angriffsflugzeug kann die F-22 aber auch zwei 454 kg JDAM intern mitführen. Die Möglichkeit, durch externe Pylons die Waffenlast oder den Treibstoff auf Kosten des dann vergrößerten RCS zu erhöhen, besteht ebenfalls.

Aufgrund der hoch gesteckten Ziele mußte das ATF-Programm einige Rückschläge einstecken, wie z.B. den Absturz des einzigen, mit dem PW-Triebwerk ausgerüsteten YF-22. Kostensteigerungen verursachten auch eine Stückzahlreduzierung auf 339 und die Streckung der Entwicklung/Produktion. Der Doppelsitzer F-22B wurde seinerseits ersatzlos gestrichen.

Erkennungsmerkmale:

- trapezförmiger Flügel mit gekappter hinterer Außenecke
- Mittel/Schulterdecker, V-neutral; eckige LERX-Vorderkanten
- weit nach hinten ragendes, pfeilförmiges Höhenleitwerk, V-neutral
- gekappte hintere Höhenleitwerkecke
- Doppelseitenleitwerk in V-Stellung, trapezförmig und großflächig
- aufgesetztes Cockpit ohne Streben
- rhombusförmige Lufteinläufe unter den LERX
- zweistrahlig; 2D-Vektorschubdüsen mit spitzigen Enden
- Bug mit auffälliger Längskante; spitziges Radom ohne Sonde
- Strukturübergänge mit Keilen; kantiges Erscheinungsbild

Ähnliche Flugzeuge	Seite	Unterschiede zur F-22A RAPTOR
F-15 EAGLE	30/32	- Flügel in Deltaform mit runden Enden und Knick in der hinteren Kante - keine LERX; abgerundete, voluminöse Flügelwurzel - pfeilförmiges Höhenleitwerk, tiefer als Flügel angesetzt, mit Sägezahn - Doppelseitenleitwerk parallel, mit gerader Hinterkante - Seitenleitwerk mit spitzigen Antennen an den Enden - Lufteinläufe rechteckig/kastenförmig; runde Jetpipes - Bug ohne Kante; abgerundetes Erscheinungsbild
F/A-18E/F	36	- schlanker Flügel in Trapezform und Sägezahn, wenig V-negativ - AAM-Pylonen an den Flügelenden - Höhenleitwerk in Pfeilform, aber weniger breit - schlankeres Doppel-Seitenleitwerk - breite, abgerundete, stark nach vorne gezogene LERX ohne Ecke - Jetpipes rund; runder/ovaler Vorderrumpfquerschnitt
MiG-31	94	- gepfeilter Flügel mit nur kleinen LERX; V-negativ - Schulterdecker mit Grenzschichtzäunen - gepfeiltes Höhenleitwerk, tiefer als Flügel angesetzt - Seitenleitwerk in »MiG«-Form, weniger ausgeprägtes V - nach hinten versetzte, runde Schubdüsen - rechteckige Lufteinläufe; zwei Kielflossen - zweisitzig; integriertes, relativ kleines Cockpit; Bug mit Sonde
Su-27	150ff.	- Flügel mit Pfeilform, AAM-Pylonen/ECM-Pods an den Enden - V-neutale Flügel und Höhenleitwerke - gepfeiltes Höhenleitwerk, tiefer angesetzt als der Flügel; - Seitenleitwerk in »MiG«-Form, parallel, mit senkrechter Hinterkante - tiefliegende Triebwerke (rund) und Lufteinläufe; zwei Kielflossen - langgezogener Bug mit Sonde und langen LERX; langer Heckausleger

Beachte: Die vier mit der F-22 verglichenen Flugzeuge haben keine »Stealth«-Eigenschaften (ausgenommen F/A-18E/F). Vergleiche auch MiG-25 (S. 88) etc.

MAPO-MiG MiG-21 »FISHBED«

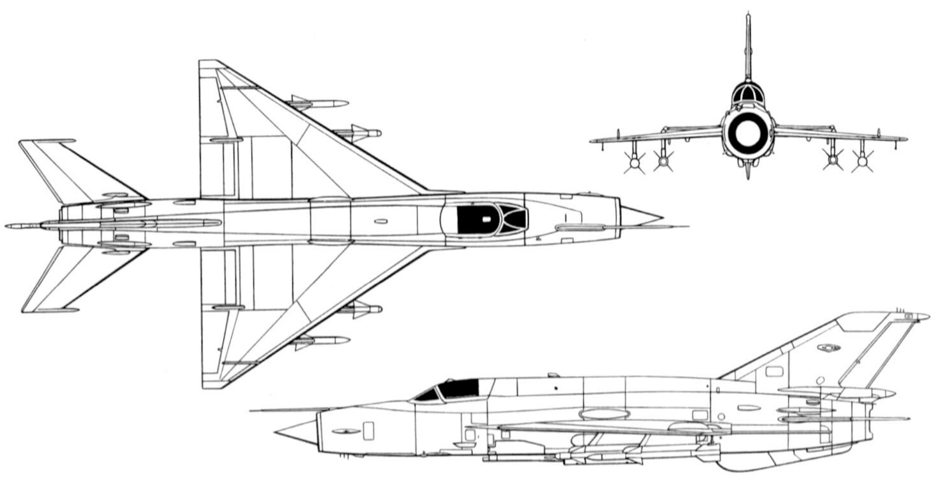

Konstrukteur:	Mikoyan OKB
Ursprungsland:	ehem. UdSSR/GUS, Rußland
Einsatzrolle:	einsitziger Luftüberlegenheitsjäger mit limitierter Jabo-Zweitrolle einsitziger Aufklärer zweisitziger Kampftrainer (NATO-Code »Mongol«)
Erstflug:	Ende 1955
Triebwerk:	ein Turbojet MNPK »Soyuz« R-13-300 mit 64.7 kN Schub mit Nachbrenner oder ein Turbojet MNPK »Soyuz« R-25-300 mit 69.6 kN Schub mit Nachbrenner (bei älteren Maschinen MiG-21F: schubschwächere R-13)
Massen:	leer 5250 kg normal take-off 8200 kg max. take-off 10300 kg
Abmessungen:	Spannweite: 7.15 m Länge: 15.76 m Höhe: 4.12 m
Flugleistungen:	V_{max} ohne Lasten auf 11000 m: 2230 km/h / Mach 2.1 auf Seehöhe: 1150 km/h Steigrate auf Seehöhe: 120 m/s Dienstgipfelhöhe: 19000 m Einsatzradius: 500 km
Bewaffnung:	max. Tragfähigkeit: 2000 kg plus eine Zweirohr-23 mm BK AIM-9 Sidewinder, R.550 Magic, R-13 »Atoll« und »Advanced-Atoll«, R-60 »Aphid« oder R-73 »Archer« SRAAMs, R-27 »Alamo« oder R-77 »Adder« MRAAMs, Behälter für ungelenkte A/G-Raketen, GPBs, CBUs, Aufklärungsbehälter, evtl. ECM-Behälter, Zusatztanks usw.
Betreiberländer:	Afghanistan, Ägypten, Algerien, Angola, Aserbaijan, Äthiopien, Bangladesch, Bulgarien, Guinea, Guinea-Bissau, Indien, Irak, Kambodscha, Kirgistan, Kroatien, Kuba, Laos, Libyen, Madagaskar, Mali, Mongolei, Nigeria, Nordkorea, Polen, Rumänien, Sambia, Slowakei, Syrien, Tschechien, Turkmenistan, Ungarn, Vietnam, Yemen, Yugoslawien

Von der MiG-21 existieren zahlreiche Untertypen, welche auch vielfach in UdSSR-freundliche Länder exportiert worden sind. Insgesamt haben die damalige Sowjetunion und ihre Lizenznehmer (z.B. HAL in Indien) über 15000 MiG-21 gebaut – dreimal mehr, als der Westen von der PHANTOM hergestellt hat. Die erste Serie (-21F) durfte man aufgrund der leichten Bewaffnung eher als Überschallsportflugzeug denn als Kampfflugzeug bezeichnen, doch die modernsten MiG-21bis sind doch ernstzunehmende Jäger, die einer verbesserten MIRAGE III ebenbürtig und der F-5E überlegen sind. Diese neueren FISHBED erkennt man an dem kurzen, zweiteiligen Canopy, dem größeren Seitenleitwerk, dem vergrößerten zentralen Lufteinlauf, der oberhalb des Lufteinlaufs angebrachten Sonde sowie dem großen Radarkonus und dem Rückenwulst. Wie aus Quellen neuerem Datums zu erfahren ist, können diese Flugzeuge auch die modernen A/A-Lenkwaffen R-73 »Archer« und R-27 »Alamo« einsetzen, dürften somit über eine beschränkte BVR-Kapazität verfügen. Die Allwettertauglichkeit und Bodenangriffsfähigkeit muß aber als sehr limitiert betrachtet werden, was auf die doch noch dürftige Avionik bzw. kleine Waffenlast zurückzuführen ist.

Derzeit bieten Sokol und IAI/Elbit Kampfwertsteigerungsprogramme für die Export-FISHBED an, welche neben einer Aufdatierung von Radar und anderen Avioniksystemen eine größere Waffenkompatibilität besitzen. So hat z.B. die rumänische Luftwaffe beschlossen, einen Teil ihrer MiG-21 zu modernisieren und damit weit übers Jahr 2000 im Dienst zu behalten. Die Arbeiten an den Maschinen werden durch Aerostar und Elbit durchgeführt; neuer Waffensystemname: MiG-21 LANCER.

Drei verschiedene LANCER-Versionen wurden entwickelt. LANCER I ist für die Bekämpfung von Bodenzielen spezialisiert, während LANCER II ein Jagdflugzeug mit R-60/R-73/Python III-Kompatibilität darstellt. LANCER III heißt die für den Export gedachte Mehrzweckversion.

Die von Sokol angebotene MiG-21-93 weist das neue Kopyo-Radar auf. Neben der R-73 läßt sich damit auch die moderne R-77 MRAAM mit aktivem Radarsuchkopf einsetzen. Laos und Indien haben sich für dieses Kampfwertsteigerungsprogramm entschieden.

Erkennungsmerkmale:

- Deltaflügel, Mitteldecker, wenig V-negativ
- kleine Grenzschichtzäune auf den Flügeln, im äußeren Viertel
- Höhenleitwerk pfeilförmig, V-neutral, auf derselben Höhe wie der Flügel
- geschoßförmige Anti-Flattergewichte an den Höhenleitwerkenden
- großes, pfeilförmiges Seitenleitwerk mit Spitze am hinteren Ende
- zentraler Lufteinlauf mit großem, vorstehenden Radarkonus
- wenig zusammenlaufender Vorderrumpf; Doppellaufkanone unter dem Rumpf
- »Rohr-Rumpf« mit einem Triebwerk; eine runde Kielflosse
- integriertes, kurzes Canopy, aufgesetzter Rückspiegel; großer Rückenwulst
- Übergang Rückenwulst-Seitenleitwerk mit einem Knick
- Sonde oberhalb des Lufteinlaufs, etwas nach rechts verschoben

Ähnliche Flugzeuge	Seite	Unterschiede zur MiG-21 »FISHBED«
J-/F-7	48	Da die F-7 eine Kopie der MiG-21F ist, sind die Unterschiede ziemlich dünn gesäht. Unterschiede der F-7 gegenüber der neueren MiG-21bis: - kleinerer, weniger hervorstehender Radarkonus - Bug gegen vorne mehr zusammenlaufend - aufgesetztes Canopy ohne aufgesetzten Rückspiegel - kleiner Rückenwulst - Seitenleitwerk mit kleinerer Fläche - Übergang Rückenwulst-Seitenleitwerk kontinuierlich - je eine Kanone auf jeder Seite des Rumpfes
J-8/F-8	136	- Deltaflügel stärker gepfeilt - schmaleres Höhenleitwerk mit größerer Spannweite, stärker gepfeilt - Seitenleitwerk schmaler, stärker gepfeilt, mit Wurzellufteinlauf - zwei seitliche, eckige Lufteinläufe - zweistrahlig; eine große, klappbare Kielflosse - Bug mit Radarradom und Sonde an der Spitze - längerer, breiterer Rumpf
Su-17/22	144	- Schwenkflügel, V-neutral - zwei große Grenzschichtzäune auf jeder Seite an den festen Flügelkästen - größerer Rückenwulst - schmaleres Seitenleitwerk, mit Wurzellufteinlauf (neue Versionen) - Rumpf mit größerem Volumen - zwei Sonden oberhalb des zentralen Lufteinlaufes - nur neuere Versionen mit Kielflosse: klein und eckig - kürzerer Lufteinlaufkonus; kürzerer Bug, nach vorne zusammen laufend - Bordkanonen in die Flügelwurzel eingebaut

MAPO-MiG MiG-23 »FLOGGER«

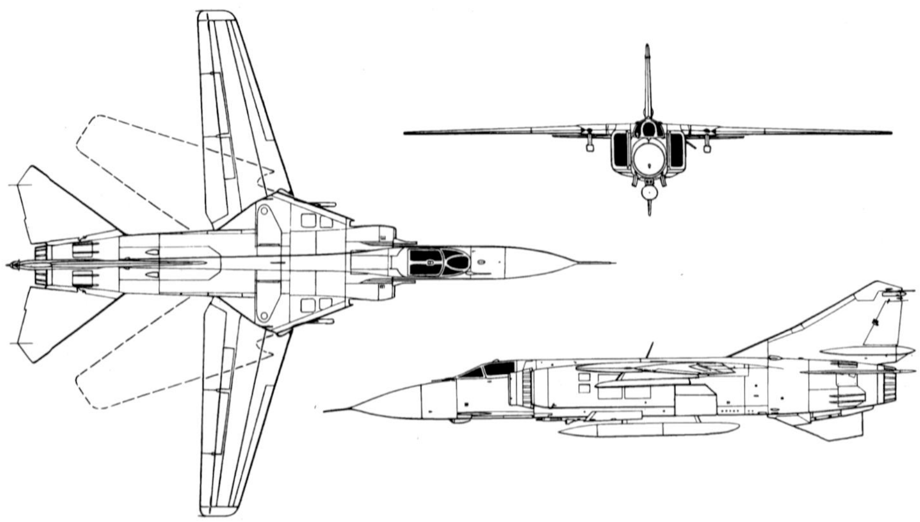

Konstrukteur:	Mikoyan OKB	
Ursprungsland:	ehem. UdSSR/GUS, Rußland	
Einsatzrolle:	einsitziger Luftüberlegenheitsjäger mit Jabo-Zweitrolle zweisitziger Kampftrainer	
Erstflug:	10. April 1967	
Triebwerk:	ein Turbojet MNPK »Soyuz« R-35-300 mit 127.5 kN Schub mit Nachbrenner (MiG-23ML »FLOGGER-G«) oder ein Turbojet MNPK »Soyuz« R-29BS-300 mit 122.3 kN Schub mit Nachbrenner (ältere und »Attack-Floggers«)	
Massen:	leer	10200 kg
	normal take-off	14700 kg
	max. take-off	17800 kg
Abmessungen:	Spannweite: 13.97 m/7.78 m Länge: 16.70 m Höhe: 4.82 m	
Flugleistungen:	V_{max} ohne Lastenauf 11000 m:	2500 km/h / Mach 2.35
	auf Seehöhe:	1470 km/h
	Steigrate auf Seehöhe:	240 m/s
	Dienstgipfelhöhe:	18500 m
	Einsatzradius hi-hi-hi:	1000 km (mit Zusatztanks)
Bewaffnung:	max. Tragfähigkeit:	3000 kg
	plus eine Zweirohr-23 mm BK R-60 »Aphid« oder R-73 »Archer« SRAAMs, R-23 »Apex« MRAAMs, evtl. R-27 »Alamo« MRAAMs, Behälter für ungelenkte A/G-Raketen, GPBs, CBUs, Zusatztanks usw.	
Betreiberländer:	Algerien, Angola, Bulgarien, Kuba, Äthiopien, Indien, Irak, Kasachstan, Libyen, Nordkorea, Rumänien, Sudan, Syrien, Turkmenistan, Ukraine, Weißrußland	

Die MiG-23 wurde als Nachfolger der MiG-21 konstruiert, wobei besonderes Gewicht auf STOL-Fähigkeit, größere Reichweite und stärkere Feuerkraft gelegt wurde. Das neuere Flugzeug besitzt auch Allwetter- sowie BVR-Fähigkeiten und dürfte leistungsmäßig ungefähr mit der F-4 PHANTOM II gleichgesetzt werden. Dank des Schwenkflügels und der Niederdruckreifen kann die FLOGGER von kurzen, behelfsmäßigen Pisten starten; die Manövrierfähigkeit ist nicht zu unterschätzen, die Tiefflugeigenschaften sind bemerkenswert. Allerdings benötigt sie diese auch, denn um ein tieffliegendes Ziel zu bekämpfen, muß sie, da sie über keine »look-down/shoot-down«-Kapazität verfügt, erst einmal auf dieselbe Flughöhe hinuntergehen.

Eine Eigenart der FLOGGER ist die klappbare Kielflosse, welche im Flug ausgefahren und am Boden (wegen der Bodenfreiheit) geklappt wird. Sie dient zur Verbesserung der Längsstabilität bei hohen Geschwindigkeiten.

Wie von praktisch jedem russischen Kampfflugzeug, so existieren auch von der MiG-23 mehrere Versionen. Grundsätzlich kann man diese in zwei Gruppen einteilen: die Luftverteidigungs-/Luftüberlegenheitsvariante mit Radarbug und die Angriffsvariante mit Laserbug. Aufgrund der großen Ähnlichkeit und der Aufgabengleichheit der letzteren mit der MiG-27 wird diese zusammen mit der -27 behandelt.

Die Jagdversionen unterscheiden sich gegenseitig durch unterschiedlich leistungsfähige Avioniksysteme und Triebwerke, veränderte Seitenleitwerkvorderwurzeln und strukturelle Änderungen. Die ersten Modelle hatten nach vorne gezogene Seitenleitwerkwurzeln mit einem Knick. Export-FLOGGER verzichteten sogar auf das BVR-fähige Radar. Die neuesten Maschinen (MiG-23MLD »FLOGGER-K«) besitzen eine leichtere Zelle, eine kürzere Seitenleitwerkwurzel, verbesserte Avionik (Radar, ECM-Ausrüstung) und aerodynamische Optimierungen zur Manövrierfähigkeitsverbesserung.

Die FLOGGER wurde zahlreich exportiert und gehört auch heute noch bei vielen Ländern zur Hauptstütze bei der Abfangjagd.

Erkennungsmerkmale:

- Schwenkflügel mit paddelförmigen Enden, Schulterdecker, Flügel V-neutral
- Sägezahn am Schwenkpunkt (nur bei geschwenkten Flügeln sichtbar)
- gepfeiltes Höhenleitwerk mit gekappten Enden, Hinterkante wenig gepfeilt
- Höhenleitwerk auf gleicher Befestigungshöhe wie der Flügel, V-neutral
- niedriges Seitenleitwerk in typischer »MiG«-Form
- kurze Distanz zwischen den Flügeldrehpunkten; schmaler Rumpf
- einsitziges, kurzes, integriertes Cockpit mit Rückspiegel auf dem Canopy
- einstrahlig; Lufteinläufe rechteckig hochgestellt, hervorstehend
- langes Radom mit Sonde; großer Heckkonus an der Seitenleitwerkwurzel
- eine klappbare, große Kielflosse
- geschwenkte Flügel: deutlicher Abstand zwischen Flügel und Höhenleitwerk

Ähnliche Flugzeuge	Seite	Unterschiede zur MiG-23 »FLOGGER«
F-111	70	- großflächigeres Seitenleitwerk, oberes Ende waagerecht - doppelsitziges Cockpit, Pilotensitze nebeneinander - zweistrahlig; Lufteinläufe unter den Flügeln, 1/4-rund, mit Konus - zwei kleinere Kielflossen; keinen Canopyrückspiegel - bei geschwenkten Flügeln: minimaler Abstand Flügel/Höhenleitwerk - keinen Heckkonus; breiterer Rumpf - keinen Flügelsägezahn
MiG-27	90	- kürzere Jetpipe; kürzeres Blech vor dem Lufteinlauf auf der Rumpfseite - kein Radar, nur Laser-EM-Radom, Bug nach unten gezogen - seitwärts auf dem Bug aufgesetzte Sonde
TORNADO	120/122	- Schwenkflügel mit runden Enden; Flügel ohne Sägezahn - Höhenleitwerk tiefer als der Flügel, stärker gepfeilt - hohes, übergroßes Seitenleitwerk mit zwei Antennen - Lufteinlauf an der Seitenleitwerkwurzel - Lufteinläufe quadratisch/abgeschrägt - geschwenkter Flügel: Abstand Flügel/Höhenleitwerk klein - langes Tamdemcanopy; keine Kielflosse - zweistrahlig; breiterer Rumpf mit Rückengrat - keinen Heckkonus
Su-24	146	- schmalere Flügelenden - Seitenleitwerk stärker gepfeilt - doppelsitziges Cockpit, Piloten nebeneinander - zweistrahlig; Jetpipes nicht sichtbar; breiterer Rumpf - zwei schmalere Kielflossen - Grenzschichtzäune am festen Flügelteil - schwereres Erscheinungsbild; Bug voluminöser

Beachte: MiG-23 und -27 sind auf große Distanzen schwierig zu unterscheiden. Vergleiche auch F-14 (S. 116) usw.

MAPO-MiG MiG-25 »FOXBAT«

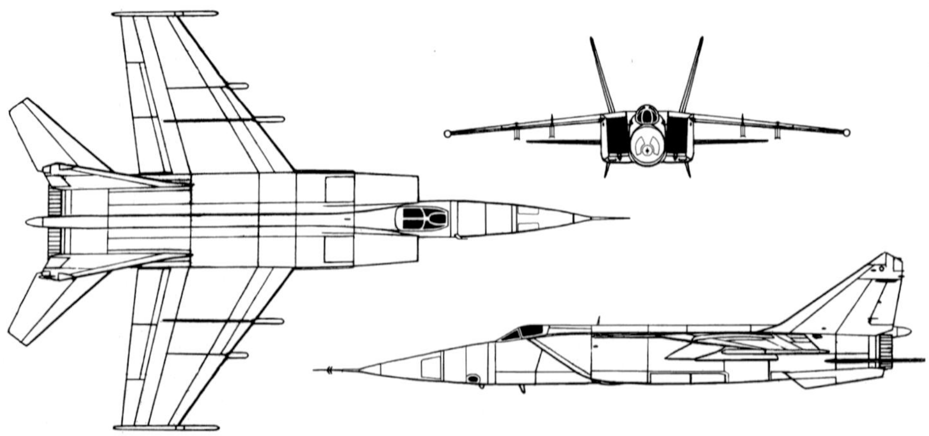

Konstrukteur:	Mikoyan OKB
Ursprungsland:	ehem. UdSSR/GUS, Rußland
Einsatzrolle:	einsitziger Langstrecken-Hochgeschwindigkeits-Abfangjäger einsitziges Aufklärungsflugzeug (MiG-25R-Versionen) einsitziges Radarbekämpfungsflugzeug (MiG-25BM »FOXBAT-F«) zweisitziger Kampftrainer
Erstflug:	9. September 1964
Triebwerk:	zwei Turbojets MNPK »Soyuz« R-15BD-300 mit je 109.8 kN Schub mit Nachbrenner
Massen:	leer 19600 kg normal take-off 34920 kg max. take-off 36720 kg
Abmessungen:	Spannweite: 14.02 m Länge: 23.82 m Höhe: 6.10 m
Flugleistungen:	V_{max} ohne Lasten auf 13000 m: 3000 km/h/Mach 2.8, kurzzeitig Mach 3.2 Steigzeit auf 20000 m: 530 s Dienstgipfelhöhe: 20700 m (Aufklärerversion: über 25000 m) Einsatzradius hi-hi-hi: 1730 km (Unterschall) 1250 km (Überschall)
Bewaffnung:	max. Tragfähigkeit: nicht bekannt R-40 »Acrid« MRAAMs (IR- oder SAR-gelenkt), R-60 »Aphid« SRAAMs, AS-11 »Kitler« oder Kh-31 »Krypton« ARMs (nur FOXBAT-F), Zusatztanks usw.
Betreiberländer:	Algerien, Armenien, Aserbaijan, Indien, Irak, Kasachstan, Libyen, Rußland, Syrien, Turkmenistan

Die MiG-25 war die sowjetische Antwort auf den amerikanischen Mach 3-Bomber B-70 VALKYRIE. Als der Bomber im Anfangsstadium der Entwicklung stand, begann man bereits mit der Konstruktion der FOXBAT. Schließlich wurde die B-70 nach nur zwei Prototypen storniert – doch der russische Jäger ging in Serie und ist heute, 30 Jahre später, immer noch das schnellste Kampfflugzeug der Welt und eine eindrückliche Kampfmaschine.

Neben den Jägerversionen existieren auch eine zweisitzige Trainerversion, verschiedene Radar-/ Photo- und Radar-/ELINT-Aufklärer und das Radarbekämpfungsflugzeug FOXBAT-F. Den Jäger, welcher Ende der 70er Jahre mit Rußlands erstem »look-down/shoot-down«-Radar ausgerüstet wurde, erkennt man am langen Radarradom und der meistens mitgeführten A/A-Bewaffnung, bestehend aus zwei der sechs Meter langen R-40 »Acrid«-AAMs mittlerer Reichweite und vier R-60 »Aphid«-AAMs kurzer Reichweite, wobei die ersteren sowohl halbaktiv-radargelenkt als auch infrarotgelenkt sein können. Der Trainer weist ein zweites einzelnes Cockpit anstelle des Radars auf. Der Photoaufklärer führt in seinem spitzigeren Bug ein SLAR sowie mehrere Kameras mit. Die Radar-/ELINT-Aufklärer können ihre SLAR und eine Reihe von passiven Sensoren einsetzen. Das Anti-Radar-Flugzeug schließlich bekämpft seine Ziele hauptsächlich aus großer Höhe mit AS-11 »Kitler«-Antiradar-Lenkwaffen, welche über eine große Reichweite verfügen; der Einsatz modernerer Lenkwaffen (z.B. Kh-31) könnte ebenfalls möglich sein.

Während die Jagdversionen bei der russischen Luftwaffe fast vollständig durch die neuere MiG-31 FOXHOUND abgelöst worden sind, fliegen immer noch zahlreiche Aufklärerstaffeln die FOXBAT, da sie in dieser Rolle ihre Geschwindigkeit voll ausnützen kann. Die meisten Abfangjäger sind überfordert, wenn sie die Mach 3 schnelle MiG-25R in über 25000 m Höhe abfangen sollen. Dies bewies die russische Luftwaffe bei Überflügen von israelischem und persischem Hoheitsgebiet in den 70er Jahren.

Das ziemlich beschränkte Einsatzspektrum (bezogen auf einen Typen) und die hohen Betriebskosten des Flugzeugs haben anscheinend nur beschränkt eine abschreckende Wirkung auf Käufer gezeigt, denn es haben sich doch einige Exportkunden finden lassen. Die Zahl der Exportflugzeuge ist allerdings sehr klein.

Erkennungsmerkmale:

- gepfeilter, äußerst eckiger Flügel mit Anti-Flatter-Behältern an den Enden
- Schulterdecker, V-negativ; Grenzschichtzäune über den Flügeln
- stark gepfeiltes Höhenleitwerk, tief angesetzt, V-neutral, eckig
- Doppelseitenleitwerk in V-Stellung und in »MiG«-Form
- rechteckige, abgeschrägte Lufteinläufe, kastenförmig
- zweistrahlig; kurze Jetpipes, bündiges Ende Jetpipe/Seitenleitwerk
- zwei Kielflossen; langer, spitziger Bug mit Sonde
- kurzes, integriertes Cockpit
- äußerst kantiges, eckiges Gesamterscheinungsbild des Flugzeuges

Ähnliche Flugzeuge	Seite	Unterschiede zur MiG-25 »FOXBAT«
F-15	30/32	- deltaförmiger Flügel mit Knick in der Hinterkante, V-neutral - Flügel mit runden Enden, ohne Grenzschichtzäune/Anti-Flatter-Behälter - dicke Flügelwurzeln; Flügel weiter vorne befestigt - Höhenleitwerk mit runden Enden und mit Sägezahn - trapezförmiges Doppelseitenleitwerk mit geschoßförmigen Antennen - Doppelseitenleitwerk in paralleler Stellung - längeres, aufgesetztes Canopy, blasenförmig - Bug weniger spitzig und ohne Sonde - längere Jetpipes; ohne Kielflossen - runderes Erscheinungsbild
F-22	82	- trapezförmiger, V-neutraler Flügel mit gekappter hinterer Außenecke - keine Grenzschichtzäune oder Anti-Flatter-Behälter - eckiges Pfeil-Höhenleitwerk, gleiche Höhe wie Flügel, - Seitenleitwerk mit stärkerer V-Stellung, Trapezform - rhombusförmige Lufteinläufe unter eckigen LERX - abgeschrägte LERX; breiterer Rumpf - 2D-Schubdüsen mit RAM-Keilen; keine Kielflossen - Kante am kürzeren Bug; aufgesetztes Blasencanopy - Stealth-Konfiguration; keine Sonde am Bug
MiG-31	94	Die Foxhound ist aus der Foxbat entwickelt worden, sie gleicht dem Vorgängerflugzeug folglich stark. Äußerliche Veränderungen sind: - Flügel mit kleinen LERX und Knick in der Vorderkante - keine Anti-Flatter-Behälter an den Flügelenden - Seitenleitwerk mit weniger auffälliger V-Stellung - zweisitziges Cockpit, Canopys klein und geteilt; kürzerer Bug - stark nach hinten verschobene, längere Jetpipes

MAPO-MiG MiG-27 »FLOGGER« und MiG-23BN

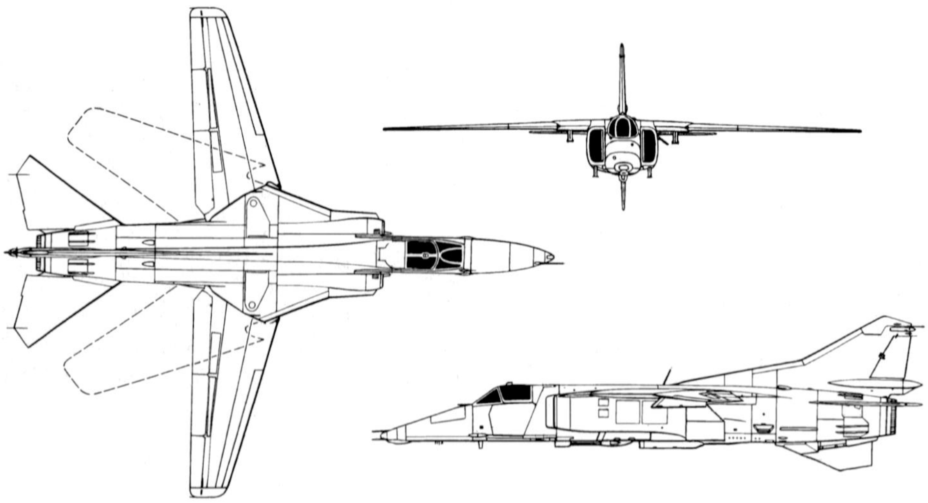

Konstrukteur:	Mikoyan OKB
Ursprungsland:	ehem. UdSSR/GUS, Rußland
Einsatzrolle:	einsitziges Angriffs- und Erdkampfflugzeug einsitziger Gefechtsfeldaufklärer, Nahunterstützungsflugzeug und Jagdbomber
Erstflug:	10. April 1967 (FLOGGER-Familien-Prototyp) bzw. 1972 (erste MiG-27)
Triebwerk:	ein Turbojet MNPK »Soyuz«R-29B-300 mit 112.8 kN Schub mit Nachbrenner (MiG-27-Versionen)
Massen:	leer 11910 kg normal take-off 18100 kg max. take-off 20300 kg
Abmessungen:	Spannweite: 13.97 m/7.78 m Länge: 16.28 m Höhe: 5.00 m
Flugleistungen:	V_{max} ohne Lasten auf 8000 m: 1890 km/h/Mach 1.75 auf Seehöhe: 1350 km/h Steigrate auf Seehöhe: nicht bekannt Dienstgipfelhöhe: ca. 15240 m Einsatzradius lo-lo-lo: 540 km (Angriffsmission)
Bewaffnung:	max. Tragfähigkeit: 4000 kg plus eine Sechsrohr-30 mm BK R-60 »Aphid« oder R-73 »Archer« SRAAMs zum Selbstschutz, diverse russische ASMs wie Kh-23 oder Kh-29; ARMs wie Kh-31, LGBs, EOGBs, GPBs und CBUs, Behälter für ungelenkte A/G-Raketen, großkalibrige Kanonen in Behältern, Aufklärungsbehälter, ECM-Behälter(?), Zusatztanks usw.
Betreiberländer:	Algerien, Äthiopien, Kuba, Indien, Libyen, Syrien, Yemen; außerdem könnten einige MiG-23-Jäger-Betreiberländer auch über die MiG-27 oder die fast baugleiche MiG-23BN-Familie verfügen.

Die MiG-27, deren NATO-Codename aufgrund der nahen Verwandtschaft zur MiG-23 ebenfalls »FLOGGER« lautet, ist die für Angriffs- und Erdkampfaufgaben spezialisierte Version des Schwenkflüglers. Bodenangriffsaufträge verlangen grundsätzlich eine andere Ausrüstung als die Abfangjagd, weshalb an der ursprünglichen FLOGGER zahlreiche Änderungen vorgenommen werden mußten. So verwendet die MiG-27 vereinfachte, starre Lufteinläufe und ein schubschwächeres Triebwerk (erkennbar an der kürzeren Schubdüse), welches zwar die Höchstgeschwindigkeit deutlich unter Mach 2 fallen läßt, jedoch eine größere Zuverlässigkeit und Wartungsfreundlichkeit garantiert. Die Triebwerksleistung wurde für das Fliegen im unteren Luftraumbereich optimiert. Der Bug enthält nicht ein Abfangradar, sondern lediglich einen Laser-Entfernungsmesser und die erforderliche Angriffsavionik. Die Bugform wurde zur Sichtverbesserung auf Bodenziele erheblich verändert. Sie ist kürzer und stärker nach unten gezogen. Außerdem ist das Flugzeug stärker gepanzert, um leichten Beschuß vom Boden besser verkraften zu können, während die Zweirohr-23 mm-Bordkanone gegen eine schwerere, sechsrohrige 30 mm-BK ausgetauscht wurde. Das Fahrwerk scheint ebenfalls noch zusätzlich verstärkt worden zu sein, um Starts und Landungen von behelfsmäßigen Pisten/Grasplätzen zu ermöglichen. Alle »Attack-FLOGGER« besitzen die ältere Form des Seitenleitwerks mit dem Knick und der stark nach vorne gezogenen Wurzel.

Trotz der Blindflug-/Allwetterangriffsfähigkeit und der Möglichkeit, Präzisionswaffen (ASMs, ARMs, LGBs und EOGBs) einsetzen zu können, wurde die MiG-27 bei den GUS-Streitkräften außer Dienst gestellt. Sie hinterlassen dort aber eine beträchtliche Lücke, da sie nicht durch ein Flugzeug mit ähnlichen Fähigkeiten ersetzt wurden. Einziger Betreiber der „echten" MiG-27 ist derzeit die indische Luftwaffe. Ihre 160 Maschinen werden mit russischer Hilfe modernisiert, was die Flugzeuge für mindestens zehn weitere Jahre im Einsatz halten wird. Alle anderen Betreiberländer setzen die MiG-23BN ein. Diese Maschinen verfügen nicht über eine derart hochentwickelte Angriffsavionik wie die MiG-27 und sind deshalb wahrscheinlich nicht allwetterkampftauglich.

Erkennungsmerkmale:

- Schwenkflügel, paddelförmige Enden; Schulterdecker; Flügel V-neutral
- Sägezahn am Schwenkpunkt (nur bei geschwenktem Flügel sichtbar)
- gepfeiltes Höhenleitwerk mit gekappten Enden, Hinterkante wenig gepfeilt
- Höhenleitwerk auf gleicher Befestigungshöhe wie der Flügel, V-neutral
- ein Seitenleitwerk in typischer »MiG«-Form mit Knick in der Vorderkante, niedrig
- kurze Distanz zwischen den Flügeldrehpunkten
- einsitziges, kurzes, integriertes Cockpit mit Rückspiegel auf dem Canopy
- einstrahlig; kurze Jetpipe; schmaler Rumpf; eine klappbare, große Kielflosse
- Lufteinläufe rechteckig hochgestellt, hervorstehend
- kurzes, nach unten gezogenes Radom mit seitlicher Sonde; großer Heckkonus
- geschwenkte Flügel: deutlicher Abstand zwischen Flügel und Höhenleitwerk

Ähnliche Flugzeuge	Seite	Unterschiede zur MiG-27 »FLOGGER« (auch MiG-23BN)
F-111	70	- großflächiges Seitenleitwerk, oberes Ende waagerecht - doppelsitziges Cockpit, Pilotensitze nebeneinander - zweistrahlig; großflächigeres Seitenleitwerk, oben gerade - Lufteinläufe unter den Flügeln, 1/4-rund, mit Konus - zwei kleinere Kielflossen; keinen Canopyrückspiegel - bei geschwenkten Flügeln: minimaler Abstand Flügel/Höhenleitwerk - keinen Heckkonus; breiterer Rumpf - keinen Flügelsägezahn - Radarradom mit Sonde auf der Spitze
MiG-23	86	- längere Jetpipe; längeres »Blech« vor dem Lufteinlauf - mit längerem Radar-Radom, Sonde an der Spitze
TORNADO	120/122	- Schwenkflügel mit runden Enden; Flügel ohne Sägezahn - Höhenleitwerk tiefer als der Flügel, stärker gepfeilt - hohes, übergroßes Seitenleitwerk mit zwei Antennen - Lufteinlauf an der Seitenleitwerkwurzel - Lufteinläufe quadratisch/abgeschrägt - geschwenkter Flügel: Abstand Flügel/Höhenleitwerk kleiner - langes Tamdemcanopy; keine Kielflossen - zweistrahlig; breiterer Rumpf mit Rückengrat - ohne Heckkonus; Sonde an der Radomspitze
Su-24	146	- schmalere Flügelenden - Seitenleitwerk stärker gepfeilt - doppelsitziges Cockpit, Piloten nebeneinander - zweistrahlig; Jetpipes nicht sichtbar; breiterer Rumpf - zwei schmalere Kielflossen; Sonde an der Bugspitze - Grenzschichtzäune am festen Flügelteil - schwereres Erscheinungsbild; Bug voluminöser

Beachte: MiG-23 und -27 sind auf große Distanzen schwierig zu unterscheiden = Bezeichnung »MiG-23/27«. Vergleiche auch F-14 (S. 116) usw.

MAPO-MiG MiG-29 »FULCRUM«

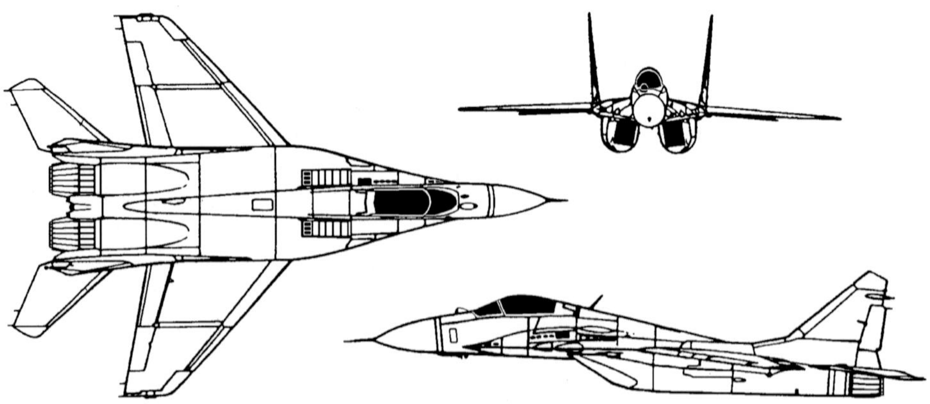

Konstrukteur:	Mikoyan OKB
Ursprungsland:	ehem. UdSSR/GUS, Rußland
Einsatzrolle:	einsitziger Luftüberlegenheitsjäger mit begrenzter A/G-Angriffsfähigkeit zweisitziger Kampftrainer mit eingeschränkter Kampffähigkeit
Erstflug:	6. Oktober 1977
Triebwerk:	zwei Turbofans Klimov/Leningrad RD-33 mit je 81.4 kN Schub mit Nachbrenner oder zwei Turbofans Klimov/Leningrad RD-33K mit je 86 kN Schub mit Nachbrenner (MiG-29M/K)
Massen:	leer 10900 kg normal take-off 15240 kg max. take-off 18500 kg
Abmessungen:	Spannweite: 11.36 m Länge: 17.32 m Höhe: 4.73 m
Flugleistungen:	V_{max} ohne Lasten auf 11000 m: 2450 km/h / Mach 2.3 auf Seehöhe: 1300 km/h / Mach 1.1 Steigrate auf Seehöhe: 330 m/s Dienstgipfelhöhe: 17000 m Einsatzradius hi-lo-hi: 630 km (Jagdeinsatz)
Bewaffnung:	max. Tragfähigkeit: 3000 kg (A, C) 4000 kg (M, S) plus eine 30 mm Gsh-301-BK R-60 »Aphid«, R-73 »Archer« IR-SRAAMs, R-27 »Alamo« MRAAMs, R-77 RVV-AE »Adder« ARH-MRAAMs, diverse russische ASMs wie Kh-29, LGBs, EOGBs, ARMs wie Kh-31, GPBs, CBUs, Behälter für ungelenkte A/G-Raketen, Zusatztanks usw.
Betreiberländer:	Algerien, Bangladesch, Bulgarien, Deutschland, Eritrea, Indien, Iran, Irak, Kasachstan, Kuba, Malaysia, Nordkorea, Peru, Polen, Rumänien, Rußland, Syrien, Serbien, Slowakei, Turkmenistan, Ungarn, Ukraine, USA, Usbekistan, Weißrußland

Die MiG-29 sorgte für großes Aufsehen an der Farnborough Airshow '88, als die Russen erstmals mit einem modernen Kampfflugzeug an einer Messe im Westen teilnahmen. Von der Manövrierfähigkeit her gesehen ist die MiG-29 vielen modernen Westjägern überlegen, und dies trotz der Tatsache, daß sie nicht mit Hilfe eines »fly-by-wire«-Systems in der Luft gehalten wird. Extrem-Flugfiguren, wie z.B. die berühmte »Pugatschew-Kobra«, sind für sie ebensowenig ein Problem wie »tail-slides« oder andere Manöver mit hohem Anstellwinkel.

Auch im Bereich Avionik haben die Russen mit der FULCRUM deutlich aufgeholt, obwohl die Qualität noch nicht an Westniveau heranreicht. Das Puls-Dopplerradar kann Flugzeuge in über 100 km Entfernung ausmachen und erfaßt auch tiefer fliegende Objekte. Dank der R-27 »Alamo«-A/A-Lenkwaffe mittlerer Reichweite, von der mehrere radargelenkte und infrarotgelenkte Varianten existieren, ist die MiG-29 fähig, Ziele außerhalb der Sichtweite zu bekämpfen (BVR). Um auch gegen Gegner vorgehen zu können, welche starke ECM aussenden, besitzt die FULCRUM ein IRST; dieses soll auch im Luftkampf genauer arbeiten als ein Radar. Ebenfalls ins Waffensystem integriert wurde ein Helmvisier, mit dem der Pilot den A/A-Lenkwaffen »Archer« und »Aphid« ihre Ziele zuweist. Neben der Hauptverwendung als Luftüberlegenheitsjäger läßt sich die FULCRUM beschränkt auch als Erdkämpfer einsetzen.

Die wirtschaftlichen Schwierigkeiten Rußlands haben sich negativ auf den Verkauf und die Entwicklung/Produktion neuer MiG-29-Versionen ausgewirkt. Die beschränkt aufdatierte MiG-29S konnte nur an Malaysia geliefert werden. Die stark verbesserte Version M, bei welcher praktisch alle Schwächen der Basisversion beseitigt waren, kam nicht über den Prototypstatus hinaus. Allerdings soll eine ähnlich ausgestattete, navalisierte MiG-29K auf den indischen Flugzeugträgern stationiert werden. Mehr Erfolg verspricht man sich von der MiG-29SMT/UBT. Dies ist ein Modernisierungsprogramm für bestehende MiG-29 der russischen Luftwaffe und Exportkunden, das der Maschine eine modernere Avionik, eine größere Reichweite und die Fähigkeit zur Bodenzielbekämpfung mit Präzisionswaffen verleihen soll.

Erkennungsmerkmale:

- gepfeilte Flügel, Hinterkante wenig gepfeilt; Schulter-/Mitteldecker
- Flügel wenig V-negativ; große LERX
- Höhenleitwerk stärker gepfeilt und tiefer angesetzt als der Flügel, V-negativ
- Doppelseitenleitwerk in »MiG«-Form, geringe V-Stellung
- nach vorne gezogene Seitenleitwerkwurzeln
- zweistrahlig; tiefhängende Triebwerke und Lufteinläufe
- abgeschrägte, rechteckige Lufteinläufe unter großen LERX
- mäßig integriertes, kurzes Cockpit; Bug vorne nach unten gezogen, mit Sonde
- Glaskuppel für IRST vor dem Cockpit

Ähnliche Flugzeuge	Seite	Unterschiede zur MiG-29 »FULCRUM«
F-15 EAGLE	30	- Deltaflügel mit Knick in der Hinterkante, V-neutral - Höhenleitwerk mit Sägezahn - trapezförmiges Doppelseitenleitwerk, parallel - geschoßförmige Antennen an den Seitenleitwerkenden - kastenförmige Lufteinläufe (von oben sichtbar) - keine LERX; dicke Flügelwurzel - aufgesetztes Blasen-Canopy; Bug ohne Sonde - Triebwerke und Lufteinläufe nicht tiefhängend - Bug nicht so stark nach unten gezogen
F/A-18 HORNET	34	- Flügel trapezförmig, AAM-Pylonen an den Enden, Mitteldecker - Höhenleitwerk tiefer als Flügel, V-neutral - fast trapezförmiges Seitenleitwerk mit starker V-Stellung - Seitenleitwerk nach vorne versetzt - längere LERX (1/3 Rumpflänge); Lufteinläufe fast oval, zurückversetzt - aufgesetztes Canopy; Bug nicht nach unten gezogen; Radom ohne Sonde - Triebwerke näher zusammen, weniger tiefhängend
F-14 TOMCAT	116	- Schwenkflügel, schmal; V-neutral - Höhenleitwerk tiefer als Flügel, wenig V-negativ - gepfeiltes Seitenleitwerk; zwei Kielflossen - langes Tamdem-Canopy - Triebwerke auf Rumpfhöhe, weit auseinanderliegend - Bug weniger nach unten gezogen
Su-27/35	150ff.	- Flügel wenig stärker gepfeilt, mit AAM-Pylonen an den Enden - eckigere Höhenleitwerke, tiefer als Flügel und V-neutral - höhere, senkrechte Seitenleitwerke - mehr zurückgesetzte Lufteinläufe - auffallender, langer Heckkonus; zwei Kielflossen - Canopy aufgesetzt - Triebwerke mehr nach hinten verlegt

Beachte auch F-22 (S. 82), Su-30/33 (S. 150), Su-32 (S. 152) usw.

MAPO-MiG MiG-31 »FOXHOUND«

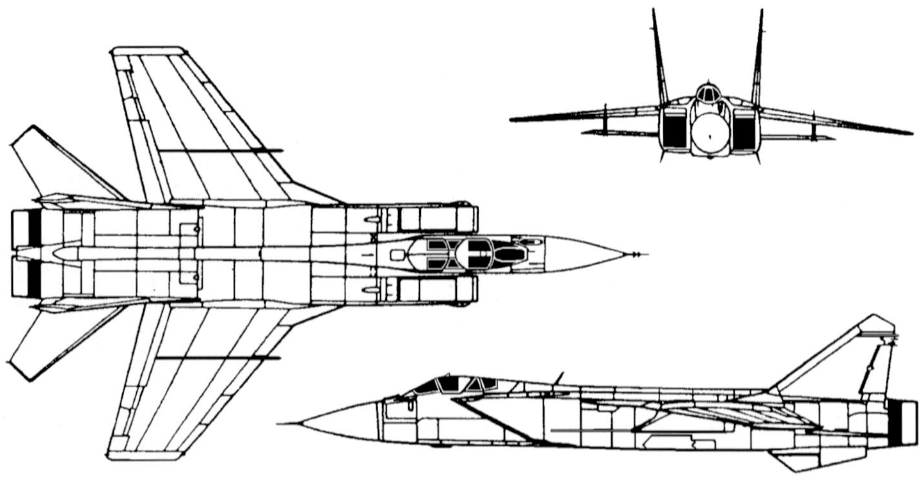

Konstrukteur:	Mikoyan OKB		
Ursprungsland:	ehem. UdSSR/GUS, Rußland		
Einsatzrolle:	zweisitziger Langstrecken-Hochgeschwindigkeits-Allwetterabfangjäger		
Erstflug:	16. September 1975		
Triebwerk:	zwei Turbofans Perm/Solowiew (Aviavidgatel) D-30F6 mit je 151.9 kN Schub mit Nachbrenner		
Massen:	leer	21830 kg	
	normal take-off	ca.30000 kg	
	max. take-off	46200 kg	
Abmessungen:	Spannweite: 13.46 m Länge: 22.69 m Höhe: 6.15 m		
Flugleistungen:	V_{max} ohne Lasten	auf 17500 m:	3000 km/h / Mach 2.8
		auf Seehöhe:	1470 km/h
	Steigzeit:		nicht bekannt
	Dienstgipfelhöhe:		20600 m
	Einsatzradius	hi-hi-hi:	1200 km (ohne Zusatztanks, Unterschall)
		hi-hi-hi:	ca. 1700 km (mit Zusatztanks, Unterschall)
Bewaffnung:	max. Tragfähigkeit:		nicht bekannt;
	eine 23 mm GSh-6-23 BK R-60 »Aphid« SRAAMs, R-40 »Acrid« MRAAMs (IR- oder SARH-gelenkt), R-33 »Amos« LRAAMs, evtl. auch R-77 RVV-AE »Adder« MRAAMs, Zusatztanks		
Betreiberländer:	Kasachstan, Rußland		

Die MiG-31 ist eine stark verbesserte, zweisitzige Ableitung der MiG-25. Modifiziert wurde sowohl die Avionik als auch die Zelle. Hatte man bei der FOXBAT fast das ganze Flugzeug aus Titan und Stahl gefertigt, so sind bei ihrer Nachfolgerin nur noch besonders beanspruchte Teile aus dem ersteren, schwierig zu verarbeitenden Material bzw. seinen Legierungen hergestellt, während der Großteil aus Al-Legierungen besteht. Durch aerodynamische Optimierungen (z.B. veränderter Flügel mit kleinen LERX) verbesserten sich die Flugeigenschaften deutlich. Die neuen Mantelstromtriebwerke sind schubstärker und treibstoffsparender, ermöglichen eine Startgewichtserhöhung und eine größere Patrouillenzeit; die Höchstgeschwindigkeit ist auf 3000 km/h festgesetzt und damit etwas tiefer als bei der FOXBAT, was aber einen unwesentlichen Leistungsverlust bedeutet.

Der größte Unterschied im Vergleich der MiG-31 mit der -25 liegt wohl in der viel moderneren Abfangavionik. Der zweite Mann an Bord der neueren Maschine bedient das Saslon-»phased array«-Radar, ein Gerät, das nach der modernen, elektronischen Strahlschwenkungsmethode funktioniert. Große Ziele können ab einer Entfernung von über 300 km, Jägerziele auf 200 km erfaßt werden; ab 120 km ist die gleichzeitige Verfolgung von bis zu zehn Zielen möglich. Das Radar wird ergänzt durch ein bei Bedarf ausfahrbares IRST. Da die Reichweite und Flugdauer der Foxhound gewaltig ist und dank der eingebauten Luftbetankungssonde verlängert werden kann, agieren sie oft als Mini-AWACS. Dabei fliegen vier MiG-31 in loser Formation und decken dabei einen 900 km breiten Streifen ab, wobei die einzelnen Maschinen mit Hilfe eines Datalinks miteinander verbunden und auch zur Weiterleitung der Daten an die Bodenstation oder andere Jäger befähigt sind.

Die Bewaffnung besteht meistens aus vier R-33 »Amos«-A/A-Lenkwaffen großer Reichweite, welche halbaktiv-radargesteuert sind und eine geschätzte Reichweite von 100 km besitzen, und bis zu vier R-60 »Aphid«-A/A-Kurzstreckenlenkwaffen mit Infrarotsuchkopf. Auf ganz kurze Distanzen kann die MiG-31 ihre eingebaute 23 mm-Bordkanone einsetzen, doch muß die Manövrierfähigkeit als sehr beschränkt gelten.

Seit einiger Zeit befindet sich die verbesserte MiG-31M in Erprobung, welche diverse Avionikaufdatierungen aufweist und äußerlich an den ESM-Pods an den Flügelenden und der einteiligen Windschutzscheibe zu erkennen ist. Sie kann die neue R-77 »Amraamski«-A/A-Lenkwaffe einsetzen; daß sie in Serie gebaut wird, ist aus finanziellen Gründen unwahrscheinlich.

Vorgeschlagen wurde der russischen Luftwaffe die Modifikation einiger MiG-31 zu MiG-31BM-SEAD-Flugzeugen als Ersatz für die MiG-25BM. Die Maschinen würden mit ARMs Kh-58 oder Kh-31P bewaffnet werden. Aus Kostengründen ist dieses Projekt aber gefährdet. Allgemein ist die Einsatzbereitschaft aller mit MiG-31 ausgerüsteten Einheiten niedrig.

Erkennungsmerkmale:

- gepfeilter, eckiger Flügel mit Knick in der Vorderkante bzw. kleinen LERX
- Schulterdecker, V-negativ; Grenzschichtzäune über den Flügeln
- stark gepfeiltes Höhenleitwerk, tief angesetzt, V-neutral, eckig
- Doppelseitenleitwerk mit geringer V-Stellung und in »MiG«-Form
- rechteckige abgeschrägte Lufteinläufe, kastenförmig
- zweistrahlig; lange, nach hinten versetzte Jetpipes
- zwei Kielflossen; spitziger Bug mit Sonde
- Tamdem-Cockpit, unterteilt mit kleinen Canopys
- kantiges, eckiges Gesamterscheinungsbild des Flugzeuges

Ähnliche Flugzeuge	Seite	Unterschiede zur MiG-31 »FOXHOUND«
F-15	30/32	- deltaförmiger Flügel mit Knick in der Hinterkante und runden Enden - keine LERX; dicke Flügelwurzeln; Flügel weiter vorne befestigt - Flügel V-neutral, keine Grenzschichtzäune - runde Enden am Höhenleitwerk, mit Sägezahn - trapezförmiges Doppelseitenleitwerk mit geschoßförmigen Antennen - parallele Seitenleitwerkstellung - längeres, aufgesetztes Blasen-Canopy - Bug weniger spitzig und ohne Sonde - keine Kielflossen - runderes Erscheinungsbild
F-22	82	- trapezförmiger, eckiger Flügel mit gekappter hinterer Außenecke - Flügel V-neutral, ohne Grenzschichtzäune - eckiges Pfeil-Höhenleitwerk, gleiche Höhe wie die Flügel - Seitenleitwerk mit stärkerer V-Stellung, Trapezform - rhombusförmige Lufteinläufe unter eckigen LERX - abgeschrägte, größere LERX; breiterer Rumpf - 2D-Schubdüsen mit RAM-Keilen; keine Kielflossen - Kante am kürzeren Bug; aufgesetztes Blasencanopy - »Stealth«-Konfiguration; keine Sonde am Bug
MiG-25	88	Die Foxhound ist aus der Foxbat entwickelt worden, sie gleicht dem Vorgängerflugzeug folglich stark. Äußerliche Unterschiede der MiG-25 sind: - mit Anti-Flatter-Gewichten an den Flügelenden - Flügel ohne LERX/Knick in der Vorderkante - Seitenleitwerk mit wenig stärkerer V-Stellung - einsitziges Cockpit; längerer Bug - Jetpipes kürzer, nicht so weit nach hinten versetzt (auf Triebwerkshöhe)

MAPO-MiG MiG-AT

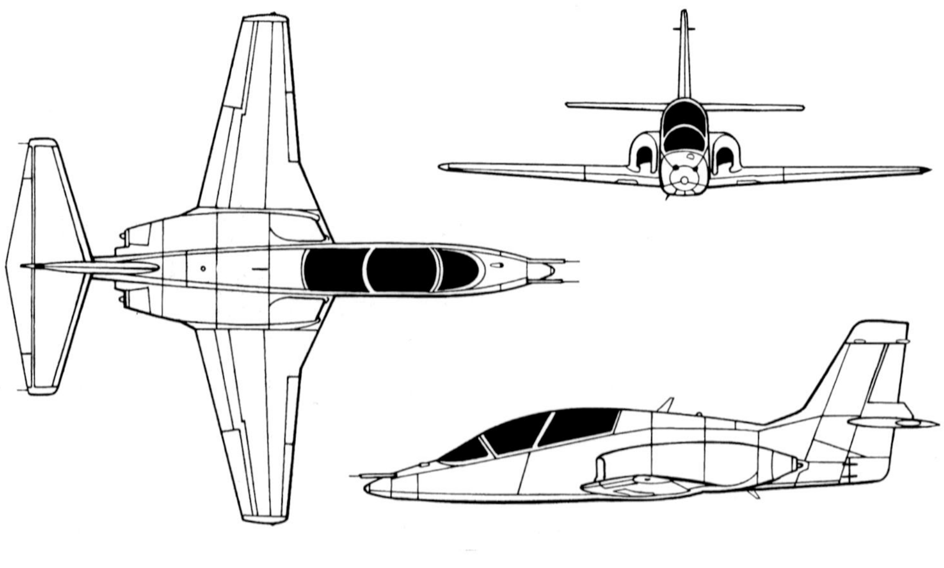

Hersteller:	MAPO-MiG (Konstruktion: Mikoyan-OKB)
Ursprungsländer:	Rußland und Frankreich
Einsatzrolle:	zweisitziger Basis- und Fortgeschrittenentrainer
Erstflug:	16. März 1996
Triebwerk:	zwei Turbofans SNECMA Larzac 04R20 mit je 14.1 kN Schub ohne Nachbrenner
Massen:	leer nicht bekannt normal take-off 5210 kg max. take-off 7800 kg
Abmessungen:	Spannweite: 10.16 m Länge: 12.01 m Höhe: 4.62 m
Flugleistungen:	V_{max} ohne Lasten: 850 km/h / Mach 0.8 Steigrate: 63 m/s Dienstgipfelhöhe: 15500 m Einsatzradius: ca. 500 km (Trainingsmission)
Bewaffnung:	max. Tragfähigkeit: 2000 kg Wahrscheinlich ist eine Trainingswaffenausrüstung vorgesehen, wobei auch Kanonen-Behälter, ungelenkte A/G-Raketen, leichte GPBs und CBUs oder gar ASMs mitgeführt werden können, ebenso wie Zusatztanks.
Betreiberländer:	vorgeschlagen für Rußland; potentielle Käufer wären auch alle anderen GUS-Staaten

Um die Jahrtausendwende ist bei der russischen Luftwaffe eine drastische Erneuerung der Schulflugzeugflotte fällig, die derzeit vorwiegend aus Aero L-29 DELFIN und L-39 ALBATROS besteht, welche aus tschechoslowakischer Produktion stammen. Das russische Verteidigungsministerium schrieb deshalb 1991 einen Wettbewerb aus, an dem die Design-Büros Mikoyan, Yakovlev, Myasischew und Sukhoi teilnahmen. Die beiden letzteren schieden schon bei der »Papierfliegerprodukion« aus, die beiden ersteren wurden beauftragt, ihre Konstruktionen in Prototypen umzusetzen. Obwohl die Yakovlev YAK-130 bereits als Sieger gehandelt wurde, schaffte es das Mikoyan OKB dank großem Einfluß beim Militär, daß der MiG-AT-Entwurf gleichwertig behandelt wurde und nun beide Teams gleichviel Geld für die Entwicklung erhielten.

Die Anforderungen an den neuen Trainer waren die folgenden: Startgewicht von zirka 5000-5500 kg; Schub-/Gewichtsverhältnis von 0.6-0.7; Trainingsmissionsreichweite von 1200 km bei einer Geschwindigkeit von Mach 0.6 auf 6000 m Höhe; maximale Geschwindigkeit von 850 km/h bzw. Mach 0.8; und schließlich eine gute Manövrierfähigkeit mit einer g-Belastungsgrenze bei 8+ g und einem Anstellwinkel (AoA) von 25°.

Mikoyan will diese Leistungsparameter mit einem relativ konventionellen Tiefdeckerflugzeug, das zwei Triebwerke, einen fast geraden Flügel mit Knick in der Vorderkante und über dem Flügel liegende Lufteinläufe besitzt, erreichen. Damit das Flugzeug nicht an Triebwerk- oder Avionikproblemen scheitert und eventuell auch im Westen einen Absatzmarkt findet, wurden SNECMA (Triebwerke) und Sextant Avionique (Avionik) als Partner gewählt. Weitere westliche Firmen liefern kleinere Bestandteile für die MiG-AT. Allerdings sollen die für die russische Luftwaffe produzierten Maschinen einheimische Triebwerke und Avionik aufweisen. Da die Entwicklung dieser Komponenten aus Geldmangel zeitlich im Rückstand ist, werden sämtliche Prototypen vorerst mit der westlichen Ausrüstung ausgestattet werden.

Man ging bei Mikoyan anfangs davon aus, daß der Prototyp am 15. April 1995 zum ersten Mal in die Luft steigen würde, doch konnte der Zeitplan, den man sich gesteckt hatte, nicht eingehalten werden, so daß der Erstflug fast ein Jahr später stattfand. Inzwischen fliegt auch der zweite Prototyp.

Als Exportmarkt hat man vor allem Indien im Visier, das einen Wettbewerb für einen neuen Fortgeschrittenentrainer ausgeschrieben hat. Es scheint jedoch festzustehen, daß der britische HAWK den Auftrag über 66 Jettrainer für sich entschieden hat, was einen harten Rückschlag für die MiG-AT bedeuten würde.

Erkennungsmerkmale:

- gerader Flügel mit nach vorne gepfeilter Hinterkante, Knick in der Vorderkante
- Flügel praktisch V-neutral; Tiefdecker
- Höhenleitwerk an der Seitenleitwerkwurzel angesetzt, trapezförmig, V-neutral
- wenig gepfeiltes Seitenleitwerk mit fast senkrechter Hinterkante, hoch aufragend
- Lufteinläufe über dem Flügel, nicht vorstehend, tunnelförmig
- zweistrahlig; Jetpipes nach vorne versetzt; Triebwerke neben dem Rumpf
- abgestuftes Tandemcockpit mit integriertem Canopy; Delphin-Bug
- Bugspitze mit zwei seitlich aufgesetzten Sonden oberhalb der Spitze

Ähnliche Flugzeuge	Seite	Unterschiede zur MiG-AT
M.B.339	12	- Flügelhinterkante gerade, -vorderkante leicht gepfeilt, ohne Knick - Flügel V-positiv; oft mit Endentanks - gerades Höhenleitwerk weniger hoch angesetzt - Seitenleitwerk kleiner - in die Flügel integrierte, wenig vorstehende, ovale Lufteinläufe - einstrahlig; Jetpipe am Rumpfende; Heck mit zwei Kielflossen - Grenzschichtzäune über den Flügeln - Bug ohne Sonden; größeres Verhältnis Spannweite/Rumpflänge (1)
IAR-99 SOIM	24	- gerade Flügelhinterkante, gepfeilte Vorderkante ohne Knick - Höhenleitwerk tiefer angesetzt - Seitenleitwerk kleiner - nur kleine, rechteckig/abgerundete Lufteinläufe - einstrahlig; Jetpipe am Rumpfheck - voluminöserer Bug/Rumpfvorderteil - Bug mit einer Sonde auf Spitze; keine Delphinform
HAWK	40	- Pfeilflügel mit kleinen Grenzschichtzäunen, Vorderkante ohne Knick - Flügel wenig V-positiv - Höhenleitwerk gepfeilt, tiefer angesetzt, V-negativ - Seitenleitwerk kleiner, mit runder »Hawker«-Form - zwei kleine Kielflossen unter dem Heck - Lufteinläufe halbrund, über die Flügel hinausstehend - einstrahlig; Jetpipe am Rumpfende - Bug mit einer aufgesetzten Sonde
K-8 KARAKORUM	102	- Flügel ohne Knick in der Vorderkante - gerades Höhenleitwerk, weniger hoch angesetzt - Seitenleitwerk mit Knick in der Wurzel - rechteckig/abgerundete Lufteinläufe, über die Flügel vorstehend - einstrahlig; Jetpipe am Rumpfheck - nur eine Sonde auf dem Bug (seitlich) - stumpfer Bug, keine Delphin-Form

Vergleiche: ALBATROS (S. 14), AVIOJET (S. 46), ALPHA JET (S. 64), PAMPA (S. 68), T-4 (S. 74), IRYDA (S. 124), SUPER GALEB (S. 140) usw.

Mitsubishi F-1/T-2

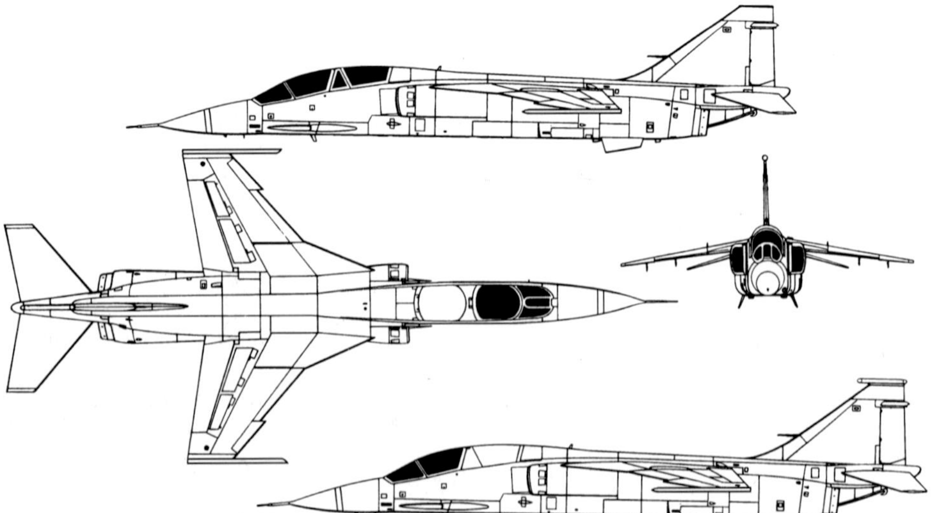

Hersteller:	Mitsubishi Heavy Industries Ltd.
Ursprungsland:	Japan
Einsatzrolle:	einsitziger Marinekampf- und Nahunterstützungsflugzeug, Jagdbomber (F-1)
	zweisitziger Überschall-Trainer (T-2)
	zweisitziger Kampftrainer (T-2A)
Erstflug:	20. Juli 1971 (XT-2)
	3. Juni 1975 (F-1)
Triebwerk:	zwei Turbofans Ishikawajima-Harima TF-40-801A mit je 32.5 kN Schub mit Nachbrenner (Lizenzbau des Rolls-Royce/Turboméca Adour Mk 102)
Massen:	leer 6360 kg
	normal take-off 10000 kg
	max. take-off 13700 kg
Abmessungen:	Spannweite: 7.88 m Länge: 17.86 m Höhe: 4.39 m
Flugleistungen:	V_{max} ohne Lasten auf 10975 m: 1700 km/h / Mach 1.6
	Steigrate auf Seehöhe: 178 m/s
	Dienstgipfelhöhe: 15240 m
	Einsatzradius hi-lo-hi: 350 km (Antischiffsmission; zwei Zusatztanks)
Bewaffnung:	max. Tragfähigkeit: 2700 kg
	plus eine 20 mm M61A-1 BK
	AIM-9 Sidewinder AAMs, ASM-1 AShMs, GPBs, CBUs, Behälter für ungelenkte A/G-Raketen, ECM-Behälter, Zusatztanks
Betreiberland:	Japan

Die Mitsubishi T-2 war Japans erstes Militär-Überschallflugzeug und als solches bemerkenswert erfolgreich. Von der Auslegung her ähnelt sie der Sepecat JAGUAR, deren Triebwerke auch identisch sind, besitzt aber einen eigenartigen Flügel mit überraschend kleiner Spannweite. Anfangs als Überschall-Trainer für die Gewöhnung von Piloten an Flugzeuge der F-4EJ PHANTOM II-Klasse konstruiert, leitete Mitsubishi etwas später aus der T-2 den Jagdbomber F-1 ab, welcher sich äußerlich durch das einsitzige Cockpit, die geschoßförmige Antenne am Seitenleitwerkende und die abnehmbaren AIM-9-Pylonen an den Flügelenden von der T-2 unterscheidet, aber dieselben Abmessungen besitzt.

Die Hauptunterschiede des Jagdbombers im Vergleich zum Trainer liegen in der Avionik, denn hier mußten Geräte wie das J/ASQ-1 Feuerleitsystem, ein INS und ein Radarwarngerät zusätzlich zum bereits vorhandenen Radargerät eingebaut werden, um einen effizienten Waffeneinsatz zu gewährleisten. Man benützte für die Unterbringung der zusätzlichen Ausrüstung gerade den durch die Entfernung des zweiten Sitzes entstandenen Raum hinter dem Piloten. Allerdings wurde dadurch die Rundumsicht stark beeinträchtigt; diese ist schlechter als bei der F-4 PHANTOM und stellt dementsprechend eine äußerst gefährliche Konfiguration dar.

Die Hauptbewaffnung des Flugzeuges ist die ebenfalls von Mitsubishi hergestellte Anti-Schiffs-Lenkwaffe ASM-1 mit aktivem Radarsuchkopf, aber auch Bomben und ungelenkte Luft/Boden-Raketen sowie AIM-9 Sidewinder AAMs zum Selbstschutz können mitgeführt werden. Hinzu kommt als Ergänzung die 20 mm Vulcan-Bordkanone. Für die gewöhnliche Jagdbomberrolle ist die Maschine relativ dürftig ausgerüstet, weshalb ihr Kampfwert deutlich tiefer liegt als der des europäischen Pendants JAGUAR. Im Luftkampf wirkt sich der kleine Flügel, welcher eine große Flächenbelastung induziert, negativ aus, so daß das japanische Flugzeug sich für diese Rolle kaum eignet.

Insgesamt lieferte Mitsubishi 90 T-2-Trainer (28 T-2-Überschall-Trainer und 62 T-2A-Kampftrainer) und 77 F-1-Jagdbomber an die JASDF, wobei die letzte Maschine 1987 die Kampfverbände erreichte. Exportieren darf die japanische Industrie keine Kampfflugzeuge, weil ihr aufgrund des Zweiten Weltkriegs diese Auflage gemacht wurde.

Die F-1-Jagdbomber bleiben voraussichtlich bis zum Jahr 2002 im Einsatz, denn dann soll der neue F-2 eingeführt werden. Derzeit prüft man zudem ein Kawasaki-Angebot, welches den Kauf von T-4-Trainern vorsieht, um die relativ unökonomischen T-2 zu ersetzen. Dessen Annahme würde auch das Aus für die Trainerversion in absehbarer Zeit bedeuten.

Erkennungsmerkmale:

- eckiger Pfeilflügel mit Sägezahn und Knick in der Vorderkante
- Schulterdecker, V-negativ
- eckiges, gepfeiltes Höhenleitwerk, auf Flügelhöhe, aber stärker V-negativ
- trapezförmiges Seitenleitwerk mit gerader Hinterkante
- Seitenleitwerk mit vorwärtsgerichteter, schoßförmiger Antenne am Ende
- kleine, rechteckig/abgerundete Lufteinläufe unter dem Flügel, vorgezogen
- zweistrahlig; Jetpipes nach vorne versetzt
- zwei Kielflossen unter dem Heck, vor den Jetpipes
- abgestuftes (T-2: Tamdem-) Cockpit, integriertes Canopy
- schmaler Rumpf; schlanker Bug mit Sonde an der Radomspitze
- Verhältnis Spannweite/Rumpflänge ca. 0.45

Ähnliche Flugzeuge	Seite	Unterschiede zur F-1/T-2
F-4 PHANTOM	28	- Tiefdecker, innerer Flügelbereich V-neutral, außen V-positiv - Flügelflächen größer, Flügelvorderkante ohne Knick - Delta-Höhenleitwerk höher als Flügel angesetzt, stark V-negativ - Seitenleitwerk ohne nach vorne gerichteter Antenne - größere Lufteinläufe; Triebwerke mehr nach vorne versetzt - Verhältnis Spannweite/Rumpflänge ca. 0.63 - Jetpipes länger - meist mit Kanonenverkleidung unter dem Bug (E, F)
JAGUAR	134	- Flügelhinterkante mit Knick innen gerade, außen gepfeilt - Flügelvorderkante ohne Knick - Grenzschichtzaun auf der Höhe des Knicks der Flügelhinterkante - Seitenleitwerk höher aufragend, aber schmaler - Seitenleitwerk mit je einer Antenne nach hinten und vorne (nur GR.1) - quadratische Lufteinläufe - Verhältnis Spannweite/Rumpflänge ca. 0.6 - Bug weniger spitzig, kein Radarbug (nur GR.1) - Einsitzerversion mit weniger nach vorne geneigter Cockpitform - kleiner herausstehender Behälter hinter dem Cockpit
ORAO	142	- Flügel größer, ohne Sägezahn, mit Grenzschichtzaun - Höhenleitwerk tiefer angesetzt als Flügel, V-neutral - gepfeiltes Seitenleitwerk, schmaler, höher aufragend, ohne Antenne - Lufteinläufe bis zum Cockpit nach vorne gezogen - Jetpipes am Rumpfheck; Rumpf kürzer - längere Kielflossen - Cockpit mit besserer Sicht nach hinten - Verhältnis Spannweite/Rumpflänge ca. 0.6

Mitsubishi F-2

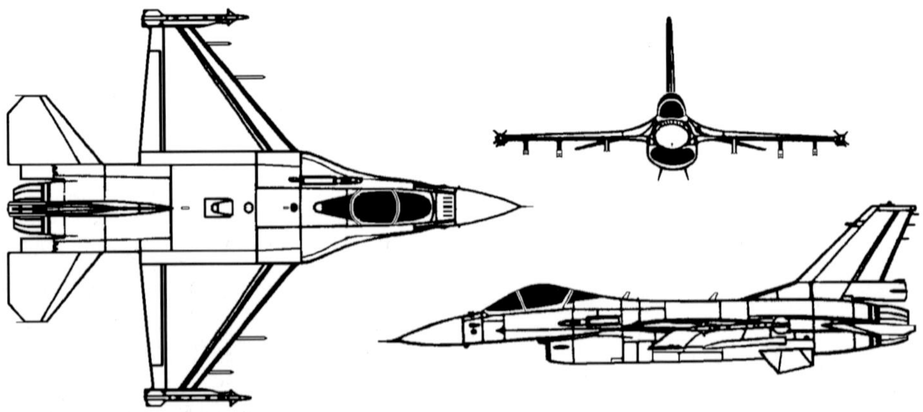

Hersteller:	Mitsubishi Heavy Industries Ltd. und Lockheed Martin, Fort Worth Division
Ursprungsländer:	Japan und USA
Einsatzrolle:	einsitziger Jagdbomber mit Luftkampffähigkeit und RCS-Reduzierung (beschränkte Stealth-Eigenschaften) zweisitziger Kampftrainer
Erstflug:	7. Oktober 1995
Triebwerk:	ein Turbofan General Electric F110-GE-129 mit 129.1 kN Schub mit Nachbrenner
Massen:	leer 9530 kg normal take-off ca. 14000 kg max. take-off 22100 kg
Abmessungen:	Spannweite: 11.13 m Länge: 15.52 m Höhe: 4.96 m
Flugleistungen:	V_{max} ohne Lasten auf 10975 m: 2100 km/h / Mach 2 Steigrate auf Seehöhe: >254 m/s Dienstgipfelhöhe: 15240 m Einsatzradius hi-lo-hi: 600 km (Antischiffsmission)
Bewaffnung:	max. Tragfähigkeit: 8090 kg plus eine 20 mm M61A-1 BK AIM-9 Sidewinder AAMs, AAM-3 AAMs, ASM-1 oder ASM-2 AShMs, ASMs und LGBs, GPBs, CBUs, Behälter für ungelenkte A/G-Raketen, ECM-Behälter, Zusatztanks, usw.
Betreiberland:	Japan

Mitte der 80er Jahre forderte die japanische Luftwaffe (JASDF) einen neuen Jagdbomber zur Schiffsbekämpfung, wobei man damit die alternden Mitsubishi F-1 ablösen wollte. Die von Mitsubishi, Fuji, Kawasaki und anderen japanischen Unternehmen gemeinsam projektierte Version des FS-X war als ein vollkommen nationales Produkt gedacht, bei welchem moderne Technologien wie Verbundwerkstoffe als Strukturbaustoffe und »Stealth« als form- und oberflächenbestimmender Faktor zur Anwendung kommen sollte. Japan hatte auf diesem Gebiet bereits große Erfahrungen gesammelt. Als schließlich die japanische Regierung grünes Licht für die Entwicklung gab, übten die USA starken Druck auf Japan aus in der Absicht, man müsse US-Firmen am Projekt beteiligen und als Grundlage für die neue Maschine ein bereits bestehendes amerikanisches Modell verwenden. Vorgeschlagen als Basisflugzeug waren die F-15, F/A-18, F-16 und der Außenseiter (weil europäisch!) TORNADO. Angesichts des gewünschten Zweistrahlers betrachtete man die F-16 als etwas benachteiligt, doch genau sie gewann schließlich den Wettbewerb, und die JASDF schluckte zum Schluß die bittere Pille der Bevormundung durch die Amerikaner.

An der F-16 mußte man zahlreiche Modifizierungen vornehmen, um die ursprünglichen Forderungen zu erfüllen. Einige davon erwiesen sich als zu kostspielig, was zur Stornierung führte. So waren eigentlich auch Stützflügel, vorne schräg am Lufteinlauf befestigt, ähnlich jenen der F-16/AFTI, vorgesehen, sie konnten jedoch nicht verwirklicht werden. Sie hätten die Maschine zusätzlich aerodynamisch instabil werden lassen und damit eine überragende Agilität garantiert.

Die schließlich realisierten Änderungen im Vergleich zur Fighting Falcon betreffen die Bereiche Avionik, Flügel, Cockpit/Canopy und die Bewaffnung. Bei der Avionik ist vor allem das Radar hervorzuheben, das eine elektronische Strahlschwenkung besitzt, aber auch das EW-System und die Navigations- und Waffeneinsatzgeräte sind Neuentwicklungen. Der Flügel ist etwas größer und aus Verbundwerkstoffen gefertigt. Das Canopy weist eine andere Form auf, die Windschutzscheibe wurde gegen Vogelschlag besser geschützt. Hauptbewaffnung der jetzt F-2 genannten Maschine soll die neue Anti-Schiffs-Lenkwaffe ASM-2 werden, die über eine Reichweite von 150 km verfügt.

Von der Leistung her dürfte die F-2 in etwa der F-16C gleichwertig sein, wobei allerdings die verbesserten RCS-Werte einige Vorteile bringen könnten.

Japan hatte zu Beginn des Programmes einen Bedarf für 130 Maschinen, da aber Kostenüberschreitungen auftraten, muß mit einer drastischen Kürzung gerechnet werden, die bisher jedoch noch nicht bestätigt wurde.

Erkennungsmerkmale:

- trapezförmige Flügel, Hinterkante nach vorne gepfeilt
- Mitteldecker, Flügel V-neutral; AAM-Pylonen an den Flügelenden
- ausgeprägte LERX
- Höhenleitwerk V-negativ, auf derselben Höhe wie die Flügel positioniert
- Höhenleitwerk deltaförmig, mit gekappter hinterer Ecke
- gepfeiltes Seitenleitwerk, Knick in der Vorderkante und waagerechtes Ende
- Behälter an der Seitenleitwerkwurzel gegen hinten, Antenne am oberen Ende
- einstrahlig; Canopy getrennt auf Schleudersitz- und Instrumententafelhöhe
- zwei schräge Kielflossen; aufgesetztes Blasen-Canopy
- ein bananenförmiger Lufteinlauf unter dem Rumpf
- äußerst aerodynamisches Erscheinungsbild; Radom mit Sonde

Ähnliche Flugzeuge	Seite	Unterschiede zur F-2
CHING KUO	18	- Seitenleitwerkende in »MIRAGE«-Form ohne Antenne - ohne Seitenleitwerkwurzelbehälter - LERX kürzer; keine Kielflossen - zwei ovale Lufteinläufe unter den LERX neben dem Rumpf - Canopy nur auf Instrumententafelhöhe getrennt - zweistrahlig, kleinere Jetpipes
F/A-18	34	- Flügel schmaler, weniger gepfeilte Vorderkante - stärker gepfeiltes, V-neutrales Höhenleitwerk, Hinterkante gepfeilt - LERX viel länger (1/3 Rumpflänge) - Höhenleitwerk etwas tiefer als der Flügel befestigt - schräggestelltes Doppelseitenleitwerk, nach vorne verschoben - keine Kielflossen; Canopy nur auf Instrumententafelhöhe getrennt - zweistrahlig; zwei ovale Lufteinläufe unterhalb LERX, seitlich am Rumpf - Radom ohne Sonde
F-16	76	- Kleine Unterschiede, da F-2 ein F-16-Derivat ist! - Canopy nur einmal getrennt: hinter dem Schleudersitz - Flügelhinterkante gerade; kleinere Spannweite - kleinere Höhenleitwerke
F-5E TIGER II	112	- kleinerer Flügel mit kleinen, eckigen LERX, Tiefdecker - Höhenleitwerk ohne gekappte hintere Ecke - Seitenleitwerk trapezförmig; keine Kielflossen - zwei halbrunde Lufteinläufe neben dem Rumpf - zweistrahlig; halbrunde Lufteinläufe über dem Flügel - Rumpf nach hinten zusammenlaufend - kurzes, in den Rumpf integriertes Canopy

Man vergleiche die F-2 auch mit AMX (S. 20), HAWK 200 (S. 42), MIRAGE F1 (S. 54), F-104 (S. 78) etc.

NAMC K-8 KARAKORUM

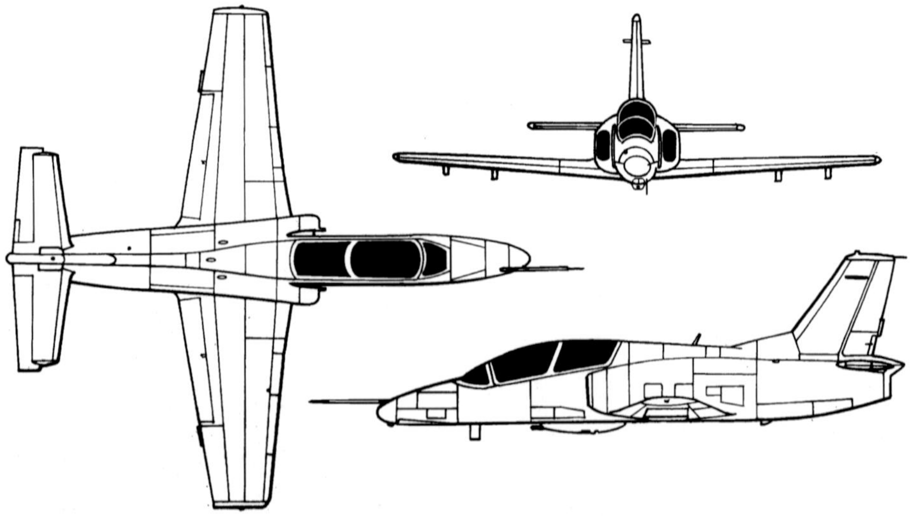

Hersteller:	NAMC (Nanchang)
Ursprungsländer:	VR China und Pakistan
Einsatzrolle:	zweisitziger Basis- und Fortgeschrittenentrainer, leichtes Erdkampfflugzeug
Erstflug:	21. November 1990
Triebwerk:	ein Turbofan Allied Signal (Garrett) TFE731-2A-2-A mit 16 kN Schub ohne Nachbrenner oder ein Turbofan ZMKB/ZVL DV-2 (in chinesischer Evaluation)
Massen:	leer 2690 kg normal take-off 3630 kg max. take-off 4330 kg
Abmessungen:	Spannweite: 9.63 m Länge: 11.60 m Höhe: 4.21 m
Flugleistungen:	V_{max} ohne Lasten auf Seehöhe: 800 km/h / Mach 0.75 Steigrate auf Seehöhe: 30 m/s Dienstgipfelhöhe: 13000 m Einsatzradius: ca.600 km
Bewaffnung:	max. Tragfähigkeit: 950 kg plus ein 23 mm BK-Pod Spreng- und Streubomben, BK-Pods, Behälter für ungelenkte A/G-Raketen, Zusatztanks etc.
Betreiberländer:	Ägypten, Myanmar, Pakistan; für VR China in Evaluation

Die KARAKORUM 8 wurde für die Bedürfnisse der pakistanischen Luftwaffe konstruiert und von den Chinesen auch zusammen mit dem Pakistan Aeronautical Complex verwirklicht. Federführend bei der Konstruktion war die staatliche chinesische Flugzeugfabrik Nanchang (NAMC), während PAC rund 25% der Produktion hält. Zusammengebaut werden alle K-8 aus Kostengründen in China, obwohl ursprünglich auch eine Produktionslinie in Pakistan geplant war. PAC liefert jeweils Komponenten für die Flugzeuge.

Die K-8 der pakistanischen Luftwaffe verfügen über zahlreiche westliche Ausrüstungsbestandteile, so zum Beispiel den Schleudersitz (Martin-Baker), das Triebwerk (Allied Signal) und die Avionik (Collins).

Von der Leistung her gesehen deutlich den etablierten Jettrainern wie HAWK oder ALPHA JET unterlegen, war der Schwerpunkt bei der Entwicklung der K-8 vor allem auf günstige Herstellungskosten, Wartungsfreundlichkeit und Zuverlässigkeit gelegt worden und nicht auf überragende Leistung. Über die Avionik und Erdkampffähigkeit der Maschine ist nur wenig bekannt. Da die Waffenlast aber sehr beschränkt ist, dürfte sich die K-8 lediglich zur Aufständischenbekämpfung eignen.

Bisher wurde der pakistanischen Luftwaffe die erste Serie von sechs K-8 ausgeliefert; ob und wann die Bestellung der restlichen geforderten 69 Stück erfolgt, ist noch ungewiß. Möglich ist auch ein weiteres Baulos von bis zu 150 Maschinen, welche in einer verbesserten Ausführung geliefert werden sollen. Die chinesische Luftwaffe hat zwar einen Bedarf von nahezu 1000 neuen Basis- und Fortgeschrittenentrainern, konnte sich aber bisher noch nicht für eine Bestellung entscheiden; ein Modell mit einem ZMKB/ZVL-Triebwerk ist derzeit in der Evaluation. Die Chancen für eine Indienststellung sehen aber schlecht aus, weil jene Maschinen wohl auf den Großteil der westlichen Ausrüstung verzichten müssen, weshalb anzunehmen ist, daß sie deutlich leistungsschwächer sein werden.

Ob es für die K-8 viele Exportkunden geben wird, muß die Zukunft noch zeigen. China betreibt jedenfalls besonders bei Drittwelt-Staaten ein aggressives Marketing. Preislich gesehen soll das Angebot jedenfalls für manchen potentiellen Kunden interessant sein.

Erkennungsmerkmale:

- gerader Flügel mit nach vorne gepfeilter Hinterkante
- Tiefdecker, wenig V-positiv
- Höhenleitwerk hoch angesetzt, gerade, V-neutral
- wenig gepfeiltes Seitenleitwerk mit zwei Knicken in der Wurzel
- Lufteinläufe über dem Flügel, über Flügel vorstehend, rechteckig/abgerundet
- einstrahlig; Jetpipe am Rumpfende
- abgestuftes Tandemcockpit mit integriertem Canopy
- stumpfer Bug mit einer seitlich aufgesetzten Sonde

Ähnliche Flugzeuge	Seite	Unterschiede zur K-8 KARAKORUM
M.B.339	12	- Flügelhinterkante gerade - Flügel mit Grenzschichtzäunen und meistens mit Endentanks - größere relative Spannweite - keine Knicke in der Seitenleitwerkwurzel - in den Flügel integrierte, wenig vorstehende, ovale Lufteinläufe - Heck mit zwei Kielflossen; Jetpipe nach hinten verschoben - Bug spitziger, ohne Sonde - Cockpit aufgesetzt
IAR-99 SOIM	24	- kleinere Lufteinläufe - Rumpf gegen hinten stärker zusammenlaufend - voluminöserer Bug/Rumpfvorderteil - stärker abgestuftes Cockpit - Bug mit Sonde auf der Spitze
HAWK	40	- Pfeilflügel mit kleinen Grenzschichtzäunen - Höhenleitwerk gepfeilt, V-negativ - Seitenleitwerk mit runder »Hawker«-Form - zwei Kielflossen unter dem Heck - Lufteinläufe halbrund; Delphin-Bugform - Bug mit einer oberhalb der Bugspitze aufgesetzten Sonde
MiG-AT	96	- Flügel mit Knick in der Vorderkante - Höhenleitwerk größer, trapezförmig - dominanteres, breiteres Seitenleitwerk - tunnelförmige Lufteinläufe, nicht vorstehend, über dem Flügel - zweistrahlig; Jetpipes nach vorne versetzt, neben dem Rumpf - zwei Sonden auf dem schlankeren Bug

Vergleiche auch mit: ALBATROS (S. 14), AVIOJET (S. 46), PAMPA (S. 68), SUPER GALEB (S. 140) usw.

NAMC Q-/A-5 »FANTAN«

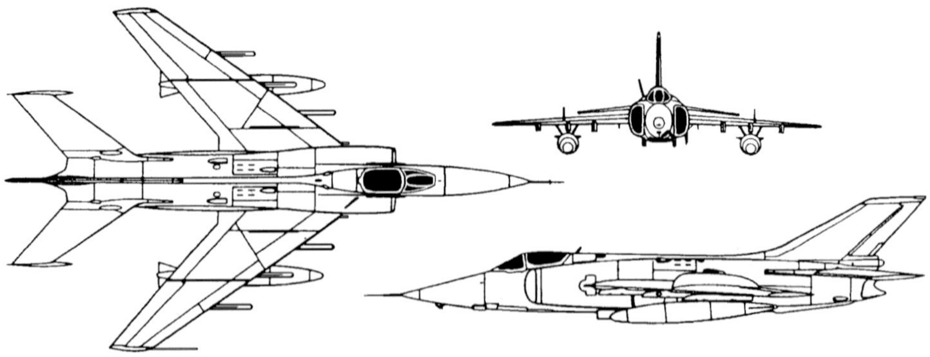

Hersteller:	NAMC (Nanchang)	
Ursprungsland:	VR China	
Einsatzrolle:	einsitziger Jagdbomber, Nahunterstützungs- und Erdkampfflugzeug	
Erstflug:	4. Juni 1965	
Triebwerk:	zwei Turbojets Liyang (LMC) Wopen-6A mit je 36.8 kN Schub mit Nachbrenner	
Massen:	leer	6380 kg
	normal take-off	9490 kg
	max. take-off	11830 kg
Abmessungen:	Spannweite: 9.68 m Länge: 15.65 m Höhe: 4.33 m	
Flugleistungen:	V_{max} ohne Lasten auf 11000 m:	1190 km/h / Mach 1.12
	auf Seehöhe:	1210 km/h / Mach 1.13
	Steigrate auf Seehöhe:	103 m/s
	Dienstgipfelhöhe:	15900 m
	Einsatzradius lo-lo-lo:	400 km (Angriffsmission)
	hi-lo-hi:	600 km (Angriffsmission)
Bewaffnung:	max. Tragfähigkeit:	2000 kg
	plus zwei 23 mm BKs	
	PL-2, PL-7, R.550 Magic oder AIM-9 Sidewinder AAMs (pakistanische Luftwaffe), C-801 AShMs, GPBs, CBUs, Napalm-Behälter, Behälter für ungelenkte A/G-Raketen, Zusatztanks etc.	
Betreiberländer:	Bangladesch, Myanmar, Nordkorea, Pakistan, VR China	

Der Q-5-Jagdbomber wurde von Nanchang aus der J-6 entwickelt, welche ihrerseits eine chinesische Kopie der russischen MiG-19 »FARMER« war. Einige entscheidende Änderungen wurden im Vergleich zu den beiden älteren Typen vorgenommen. So ersetzen zwei länglich-halbrunde seitliche Lufteinläufe den zentralen Lufteinlauf, was einiges an Platz schafft für Avionik, Treibstoff und einen (nur bei den ersten Serien der Q-5 vorhandenen) Waffenschacht. Neuerungen betreffen auch den nun etwas größeren Flügel, während das Fahrgestell und das Rumpfheck praktisch identisch mit der FARMER sind. Im Westen erwartete man in den 70er Jahren weiter nach vorne gezogene, kleinere Lufteinläufe.

Über die Original-Avionik ist nicht viel bekannt, doch scheint das Flugzeug relativ bescheiden bestückt zu sein, obwohl in einigen neueren Maschinen ein Dopplerradar für den Einsatz der Anti-Schiffs-Lenkwaffe C-801 und defensive Geräte wie RWR eingebaut sein sollen. Export-FANTAN, welche mit A-5 bezeichnet werden, haben verschiedentlich westliche Avioniksysteme erhalten, vor allem die an Pakistan gelieferten A-5III. Sie sind auch in der Lage, die amerikanische AIM-9 Sidewinder Luft/Luft-Lenkwaffe zur Selbstverteidigung einzusetzen. Die sonstige Standard-AAM ist die PL-2, wobei auch die PL-7 mitgeführt werden kann.

Die Hauptbewaffnung des Flugzeuges sind ungelenkte Luft/Boden-Raketen sowie Streu- und Sprengbomben. Die neuesten Versionen sollen dank verbesserter Angriffsavionik zu »Präzisionsangriffen« fähig sein, doch fehlen nach wie vor Präzisionswaffen und die dafür erforderlichen Sensoren im Inventar der FANTAN. Auch sind die Chinesen gerade in der Entwicklung von derartigen Hochleistungswaffen und -komponenten ziemlich rückständig. In Richtung »Präzision« abzielende Informationen sollten deshalb besonders vorsichtig beurteilt werden.

Wie jedes andere chinesische Kampfflugzeug wird auch die Q-5 ziemlich aggressiv zum Verkauf angeboten. Sie befindet sich weiterhin in immer weiter modifizierten Versionen in Produktion. Bis jetzt baute Nanchang über 1000 Stück, wobei ca. 650 Q-5 bei der PLAAF im Einsatz stehen. Aber trotz des äußerst günstigen Preises muß jedem potentiellen Kunden auffallen, daß eine Konstruktion aus den 50er Jahren wohl kaum die ideale Lösung darstellen kann, zumal die Leistungen des Flugzeugs, speziell in den Bereichen Einsatzradius, Waffenlast und -spektrum, Waffeneinsatzgenauigkeit, Nacht-/Allwetterfähigkeit und Überlebensfähigkeit, doch sehr zu wünschen übrig lassen.

Erkennungsmerkmale:

- stark gepfeilter, relativ schmaler Flügel mit großem Grenzschichtzaun
- Mitteldecker, wenig V-negativ; Bordkanonen in den Flügelwurzeln
- Höhenleitwerk gepfeilt, höher angesetzt als der Flügel, V-negativ
- geschoßförmige Anti-Flatter-Behälter an den Leitwerkenden
- stark gepfeiltes Seitenleitwerk mit kontinuierlichem Übergang zum Rumpf
- längliche, halbrunde Lufteinläufe neben dem Rumpf
- Lufteinläufe weit nach vorne gezogen (bis zur Windschutzscheibe)
- kurzes Cockpit mit integriertem Canopy
- spitziger Bug mit Sonde; zwei Kielflossen
- zweistrahlig; auffällige »Trennwand« zwischen den beiden Jetpipes

Die Q-5 FANTAN fällt auf wegen ihrer ausgesprochen schlichten Form, ein Merkmal der Flugzeuge der 50er Jahre. Die kantige Form hat sie von der MiG-19 »FARMER« geerbt, doch auch die chinesischen Konstrukteure bauten ihre Modifizierungen nicht in einem anderen Stil: Von den zahlreichen Kampfwertsteigerungen zeugen viele kleine Lufteinläufe, welche über den ganzen Rumpf verteilt sind.

Ähnliche Flugzeuge	Seite	Unterschiede zur A-/Q-5 FANTAN
SUPER ETENDARD	62	- breiterer Pfeilflügel mit Sägezahn, ohne Grenzschichtzäune, V-neutral - abgerundetes Höhenleitwerk, V-neutral, ohne Anti-Flatter-Gewichte - runderes Seitenleitwerk mit Knickübergang zum Rumpf - an das Seitenleitwerk angesetztes Höhenleitwerk - halbrunde Lufteinläufe, weniger weit nach vorne gezogen - einstrahlig - keine Kielflossen; stumpferes Radom ohne Sonde - keine BKs in den Flügelwurzeln
Su-17/22	144	- Schwenkflügel mit zwei Grenzschichtzäunen auf jeder Seite, V-neutral - Höhenleitwerk auf derselben Höhe wie der Flügel, V-neutral - anders geformtes Seitenleitwerk mit Rückwärtskonus - zentraler Lufteinlauf mit kurzem Konus - zwei aufgesetzte Sonden oberhalb des Lufteinlaufs - einstrahlig; nur eine kleine* oder gar keine Kielflosse - evtl. mit Lufteinlauf an der Seitenleitwerkwurzel *

*) nur bei der neuesten Su-22M-4

Northrop Grumman A-7 CORSAIR II

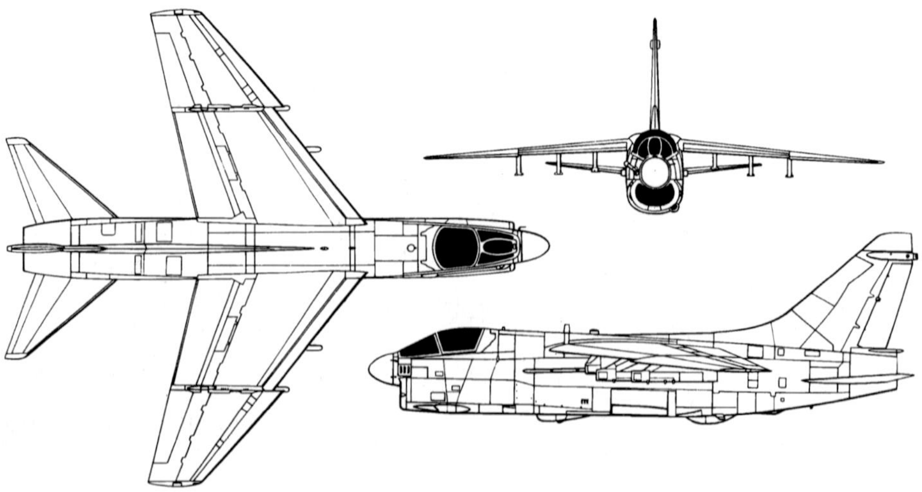

Hersteller:	LTV (Ling-Temco-Vought), jetzt Northrop Grumman
Ursprungsland:	USA
Einsatzrolle:	einsitziges Erdkampfflugzeug, Angriffsflugzeug und Jagdbomber zweisitziger Kampftrainer
Erstflug:	27. September 1965
Triebwerk:	ein Turbofan Rolls-Royce/Allison TF41 mit 66.7 kN Schub ohne Nachbrenner
Massen:	leer 8800 kg normal take-off nicht bekannt max. take-off 19050 kg
Abmessungen:	Spannweite: 11.80 m Länge: 14.06 m Höhe: 4.90 m
Flugleistungen:	V_{max} ohne Lasten auf Seehöhe: 1110 km/h Steigrate: nicht bekannt Dienstgipfelhöhe: 15240 m Einsatzradius hi-lo-hi: 850–1150 km (Angriffsmission)
Bewaffnung:	max. Tragfähigkeit: 6800 kg plus eine 20 mm M61A1-BK AIM-9 Sidewinder AAMs, AGM-65 Maverick ASMs, LGBs, EOGBs, Durandal-Anti-Pisten-Waffe, GPBs, CBUs, Brandbomben, Behälter für ungelenkte A/G-Raketen, FLIR- und ECM-Behälter, Zusatztanks, etc.
Betreiberländer:	Griechenland, Portugal, Thailand, USA (außer Dienst gestellt)

Die CORSAIR II darf als gutes Beispiel gelten, wie man ein Flugzeug innerhalb einer kurzen Zeitspanne entwickelt, baut und einführt. Vom Programmstart bis zum operationellen Dienst vergingen gerade dreieinhalb Jahre. Und dabei erhielt die US Navy genau das, was sie sich gewünscht hatte: eine Maschine, welche mit einer Waffenlast von 1630 kg einen 1110 km-Einsatzradius fliegen und dazu von einem Flugzeugträger starten konnte. Ihre Flugleistungen in Sachen Geschwindigkeit und Steigleistung sind zwar nicht aufsehenerregend, aber für ein Flugzeug, das zur Nahunterstützung und als Jagdbomber eingesetzt werden soll, reichen sie allemal. Ein feindlicher Jägerpilot beginge jedenfalls einen großen Fehler, wenn er den Luftkampf gegen die A-7 auf die leichte Schulter nehmen würde. Die beiden AIM-9 Sidewinder verleihen dem Jabo einiges an Durchschlagskraft, und die Wendigkeit erinnert daran, daß die A-7 von dem erfolgreichen F-8 CRUSADER abstammt.

Von der Avionikausrüstung her ist die »SLUF« (Short Little Ugly Fellow) konventionell, sie ermöglicht dem Flugzeug aber den Allwetterflug. So gehört ein Mehrzweckradar, Doppler, Waffenzielrechner, HUD und ein internes ECM-System zur Standardausrüstung. Die Version A-7E »Super SLUF« der US Navy führte unter der einen Tragfläche jeweils einen auffälligen FLIR-Behälter mit, welcher sich bei Nacht als sehr hilfreich erwiesen hat. Die USAF mußte noch Mitte der 60er Jahre einsehen, daß der Navy mit dem Flugzeug ein großer Wurf gelungen war. Sie schluckte ihren Stolz hinunter und bestellte die Marinemaschine ebenfalls. Trotz der ausgezeichneten Reichweite/Waffenlast entschieden sich nur wenige Exportländer für die CORSAIR II, wohl deshalb, weil zu dieser Zeit genügend günstige A-4 zu haben waren. Einzig Griechenland kaufte 60 neue A-7H und erhielt zusätzlich einige USN-Occasionsmaschinen; Portugal übernahm 50 zu A-7P modernisierte Occasions-A-7A der USAF. Auch Thailand hat einige Occasions-A-7 im Inventar. Frankreich wollte die CORSAIR auf den beiden Flugzeugträgern FOCH und CLÉMENCEAU stationieren, beschaffte dann aber die einheimische, aber deutlich schwächere SUPER-ETENDARD. In der Schweiz sollte der Erdkämpfer die veralteten Venoms ablösen, doch die Beschaffung wurde vom Parlament gestoppt, und schließlich kaufte man zusätzliche HUNTER.

Ende der 80er Jahre machte LTV der USAF und der US Navy den Vorschlag, einen Teil der CORSAIR-Flotte in A-7F STRIKEFIGHTER umzubauen. Zum Programm gehörte u.a. ein Triebwerk mit Nachbrenner, so daß die Maschine überschallfähig gewesen wäre. Doch beide Streitkräfte beschlossen, neue Flugzeuge in der Form von F-16 (USAF) und F/A-18 (USN) zu kaufen, weshalb die amerikanischen CORSAIRS zu Beginn der 90er Jahre ausgemustert wurden. Es scheint jedoch zweifelhaft, ob die beiden neuen, komplexen Maschinen die robuste A-7 in der oft unterschätzten Nahunterstützungsrolle effektiv ersetzen können. Immerhin stand die CORSAIR II bereits in Vietnam, in Libanon, 1986 gegen Libyen und 1991 im Golfkrieg gegen den Irak jeweils erfolgreich im Einsatz.

Erkennungsmerkmale:

- breiter Pfeilflügel mit Sägezahn; Schulterdecker; V-negativ
- relativ kleines Höhenleitwerk, in Triebwerksmitte befestigt; V-positiv
- hohes, abgerundetes Seitenleitwerk mit Antenne gegen hinten
- auffällig weit vorne angebrachtes, kurzes Cockpit
- kurzes, stumpfes Radom
- integriertes Cockpit/Canopy
- Kinnlufteinlauf gleich unterhalb des Radoms
- einstahlig; ovale Rumpfsilhouette von vorne
- meist mit AIM-9-Pylonen am Rumpf; Bordkanone an Backbord

Die A-7 stammt von der F-8 ab und sieht wie eine kurze, dicke CRUSADER aus. Äußerliche Unterschiede zur F-8 sind zum Beispiel der sich vertikal nicht verschiebbare Flügel, die fehlenden Kielflossen, der rundere Bug und das weniger eckige Seitenleitwerk. Die CRUSADER wird in diesem Buch nicht behandelt, denn es fliegen nur noch knapp 20 Stück bei der Aéronavale, und sie werden bald ausgemustert.

Ähnliche Flugzeuge	Seite	Unterschiede zur A-7 CORSAIR II
SUPER ETENDARD	62	- Mitteldecker; stärker gepfeilte Flügel, V-neutral - runde Flügelenden - Höhenleitwerk am Seitenleitwerk befestigt, V-neutral - Höhenleitwerk mit abgerundetem Ende - Seitenleitwerk mit stark gepfeilter Vorderkante - Seitenleitwerk weniger hoch, ohne rückwärts gerichtete Antenne - seitliche, halbrunde Lufteinläufe - schlankerer Bug mit spitzigerem Radom - breiterer Rumpf - Cockpit weiter hinten positioniert

Northrop Grumman A-/ OA-10A THUNDERBOLT II

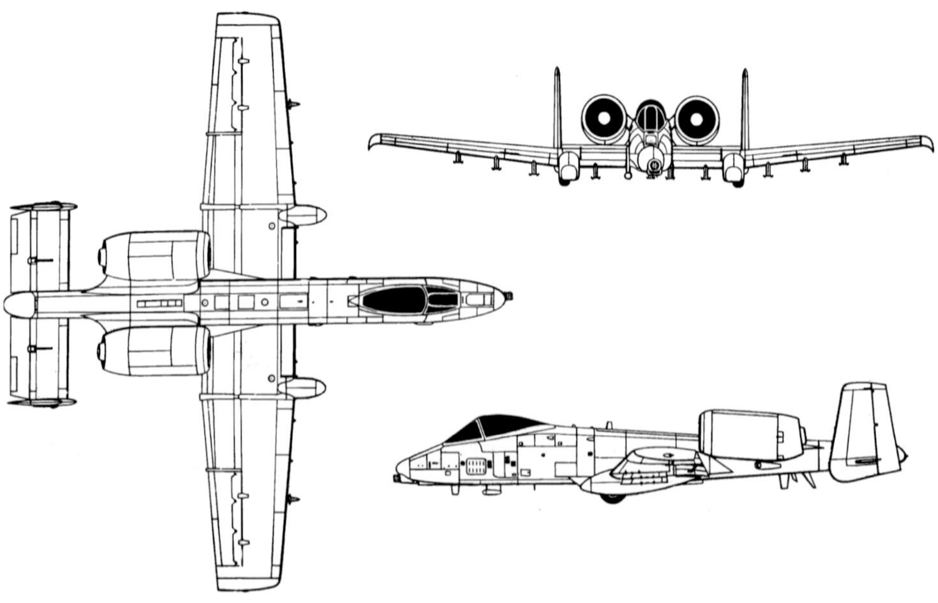

Hersteller:	Fairchild-Republic, jetzt Northrop Grumman	
Ursprungsland:	USA	
Einsatzrolle:	einsitziges Gefechtsfeldangriffsflugzeug/Panzerjäger (A-10) einsitziges Gefechtsfeldluftüberwachungs- und Nahunterstützungsflugzeug (OA-10)	
Erstflug:	10. Mai 1972	
Triebwerk:	zwei Turbofans General Electric TF34-GE-100 mit je 40.3 kN Schub ohne Nachbrenner	
Massen:	leer	9770 kg
	normal take-off	14870 kg.
	max. take-off	22680 kg
Abmessungen:	Spannweite: 17.53 m Länge: 16.26 m Höhe: 4.47 m	
Flugleistungen:	V_{max} ohne Lasten auf Seehöhe:	705 km/h
	Steigrate auf Seehöhe:	30.5 m/s
	Dienstgipfelhöhe:	nicht bekannt (unwesentlich)
	Einsatzradius:	1000 km (Angriffsmission) 460 km (Nahunterstützung; +2 h Verweilzeit)
Bewaffnung:	max. Tragfähigkeit:	7260 kg
	plus eine 30 mm GAU-8A BK AIM-9 Sidewinder AAMs, AGM-65 Maverick ASMs, LGBs, EOGBs, GPBs, CBUs, Behälter für ungelenkte A/G-Raketen, Laser-Entfernungsmesser, ECM-Behälter, Zusatztanks etc.	
Betreiberländer:	USA; Bestellung von Griechenland und der Türkei storniert	

Die WARTHOG (Warzenschwein), wie die A-10 auch noch genannt wird, wurde Ende der 60er Jahre entwickelt, nachdem der USAF durch den Vietnamkrieg vor Augen geführt wurde, daß sie zwar über eine Menge schneller Flugzeuge verfügte, aber kaum eine Maschine besaß, welche fähig war, längere Zeit über dem Gefechtsfeld mit großer Waffenlast zu operieren, um allfällige Ziele, die ihr von den Bodentruppen zugewiesen wurden, zu bekämpfen. Einige Zeit dachte man daran, die A-1 SKYRAIDER, eine Kolbenmotormaschine aus dem Zweiten Weltkrieg, wieder zu produzieren, da die A-1 das einzige Flugzeug war, das im Vietnamkrieg für die Nahunterstützungsrolle taugte; man hatte schlicht keine Ahnung, wie ein neues Flugzeug für diese Aufgabe konstruiert sein sollte. Man stellte einen Aufgabenkatalog zusammen und schrieb einen Wettbewerb aus. Das Flugzeug sollte eine schwere Waffenlast tragen können, eine große Flugdauer besitzen, 23-mm-Geschosse problemlos wegstecken und von kurzen Startbahnen starten können, bei niedrigen Geschwindigkeiten äußerst manövrierfähig und einfach zu warten sein etc. Schließlich wurden Northrop (A-9) und Fairchild (A-10) angewiesen, ihre Konzepte in Prototypen umzusetzen. Die THUNDERBOLT II, das schwerere, langsamere und größere, aber auch unempfindlichere Flugzeug der beiden, gewann schließlich den Auftrag für 713 Maschinen.

Besonderheiten der A-10 sind die gewaltige 30-mm-Avenger-Bordkanone, mit der problemlos jeder bekannte Panzer mit einem 1-Sekunden-Feuerstoß einfach weggepustet werden kann, ihre treibstoffsparenden und gegen IR-Lenkwaffen abgeschirmten Triebwerke, die den Piloten schützende Titan-Badewanne und die teilweise drei- bis vierfach vorhandenen Steuersysteme.

Trotz der starken Panzerung des Flugzeuges waren Ende der 80er Jahre einige USAF-Verantwortliche der Meinung, daß das Flugzeug wegen der langsamen Fluggeschwindigkeit wenig Überlebenschancen habe und deshalb durch die A-16, eine für Bodeneinsätze spezialisierte Version der FIGHTING FALCON, ersetzt werden müsse. Das A-16-Programm wurde jedoch gestrichen, einige THUNDERBOLT-Staffeln aber trotzdem mit »Block 40«-F-16 ausgerüstet, ihre A-10 in OA-10 unbenannt und den Gefechtsfeldluftüberwachungs- und FAC-Staffeln zugeteilt oder ausgemustert.

Wie wertvoll und überlebensfähig die Maschine wirklich ist, bewies der Golfkrieg: Die A-10 zerstörten Dutzende von Panzern. Eine WARTHOG kehrte noch zur Basis zurück, obwohl sie nur noch zwei Drittel eines Flügels besaß. Ob dies einer F-16 ebenfalls gelungen wäre, ist zu bezweifeln. Auch über dem Balkan leisten die WARTHOGS gute Dienste. Diese Erfahrungen führten dazu, daß der Ausmusterungsplan gestoppt wurde und nun doch ca 300 A-10 im Dienst verbleiben werden.

Erkennungsmerkmale:

- gerader Flügel mit integrierten Fahrwerkkästen und heruntergezogenen Enden
- Tiefdecker, V-positive Flügelstellung; Flügel mit vielen Pylons
- Flügel vor der Rumpfmitte befestigt
- gerades Höhenleitwerk, auf derselben Höhe wie die Flügel; V-neutral
- paralleles Doppelseitenleitwerk an den Enden des Höhenleitwerkes befestigt
- zwei markante, seitlich auf dem Rumpfhinterteil aufgesetzte Triebwerke
- schmaler Rumpf mit aufgesetztem Cockpit/Canopy
- kreuzförmiges Erscheinungsbild des Flugzeugs
- Verhältnis Spannweite/Rumpflänge ca. 1.1
- runder Bug mit vorstehender Avenger Bordkanone
- drei eckige Antennen unter dem Rumpfheck

Die THUNDERBOLT II hat eine derart typische Erscheinungsform, daß es keinen Sinn machen würde, krampfhaft nach ähnlichen Flugzeugen zu suchen, um diese hernach aufzuführen und zu vergleichen. Auch blutige Flugzeugerkennungsanfänger brauchen das WARZENSCHWEIN nur einmal zu Gesicht zu bekommen, um danach zu wissen, wie es aussieht. Deshalb werden hier nur noch die Unterschiede des russischen Gegenstückes, der Su-25 »FROGFOOT«, erwähnt.

Russisches Gegenstück	Seite	Unterschiede zur A-10 THUNDERBOLT II
Su-25	148	- Schulter-/Mitteldecker; V-negative Flügelstellung - Behälter für Düppel und Bremsklappen an den Flügelenden - gepfeilte Flügelvorderkante - V-positives Höhenleitwerk mit Trapezform - trapezförmiges, einzelnes Seitenleitwerk - runde Lufteinläufe neben dem Rumpf - zwei tief neben dem Rumpf angesetzte Triebwerke - Jetpipes nach vorne versetzt - kurzes, integriertes Cockpit/Canopy mit aufgesetztem Spiegel - abgeschrägter Bug mit zwei Sonden - Flügel hinter der Rumpfmitte befestigt - auffällige, herausstehende Spitze am Heck

Northrop Grumman F-5A FREEDOM FIGHTER

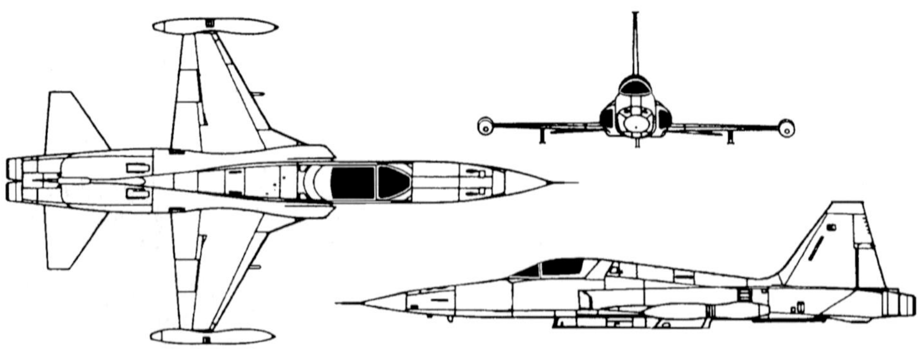

Hersteller:	Northrop Grumman Corp. (früher Northrop)	
Ursprungsland:	USA	
Einsatzrolle:	einsitziges Mehrzweckleichtgewichtkampfflugzeug (F-5A)	
	zweisitziger Kampf- bzw. Fortgeschrittenen-Trainer (F-5B und T-38 Talon)	
	einsitziges Aufklärungsflugzeug (RF-5A)	
Erstflug:	30. Juli 1959	
Triebwerk:	zwei Turbojets General Electric J85-GE-13 mit je 18.2 kN Schub mit Nachbrenner	
Massen:	leer	3670 kg
	normal take-off	nicht bekannt
	max. take-off	9380 kg
Abmessungen:	Spannweite: 7.70 m Länge: 14.38 m Höhe: 4.01 m	
Flugleistungen:	V_{max} ohne Lasten auf 10975 m:	1490 km/h / Mach 1.4
	V_{marsch} auf 10975 m:	1030 km/h
	Steigrate auf Seehöhe:	145.8 m/s
	Dienstgipfelhöhe:	15390 m
	Einsatzradius hi-lo-hi:	350 km
Bewaffnung:	max. Tragfähigkeit:	2000 kg
	plus zwei 20 mm M39-BKs	
	AIM-9 Sidewinder AAMs, GPBs, CBUs, Napalm-Behälter, Behälter für ungelenkte A/G-Raketen, Zusatztanks usw.	
Betreiberländer:	Botswana, Brasilien, Deutschland (T-38), Griechenland, Iran, Indonesien, Marokko, Niederlande (an die Türkei abgegeben), Norwegen, Philippinen, Saudi Arabien, Südkorea, Spanien, Taiwan, Thailand, Türkei, USA, Venezuela, Yemen	

Den F-5A FREEDOM FIGHTER entwickelte Northrop als firmeneigenes Kampfflugzeugprojekt aus dem T-38 TALON-Trainer. Letzterer steht heute noch bei der USAF in der Funktion des Fortgeschrittenen-Trainers im Einsatz. Das amerikanische Verteidigungsministerium bestellte 170 der kleinen Tagjäger F-5A, dies aber nicht für die eigene Luftwaffe, sondern für befreundete Länder, die man mit Waffen versorgen wollte, damit sie sich gegen kommunistische Gegner verteidigen konnten. Dieselbe Absicht stand auch später hinter dem Export des F-5E TIGER II. Das Flugzeug besitzt nur eine äußerst schlichte Avionik ohne besondere offensive oder defensive Geräte und ist deshalb nur für den Schönwetter-Tagkampf geeignet. Sein russisches Gegenstück ist die bei den meisten Luftwaffen längst verschrottete MiG-19 »FARMER«, es kann aber auch gegenüber der älteren MiG-21F »FISHBED« Vorteile aufweisen, obwohl letztere zum Mach 2-Flug befähigt ist.

Waffen- wie leistungsmäßig bietet der FREEDOM FIGHTER nur gerade das Minimum; die am weitesten entwickelte Waffe stellt die AIM-9 Sidewinder AAM für den Luftkampf dar. Trotz des geringen Gewichtes und der kleinen Silhouette sind aber seine Möglichkeiten im »Dogfight« beschränkt, die erträgliche g-Belastung gering. Die Luft/Boden-Einsatzfähigkeiten müssen aufgrund der spartanischen Avionik ebenfalls als dürftig eingestuft werden, denn es stehen keine besonderen Zielerfassungsgeräte zur Verfügung. Lediglich normale Sprengbomben, Streubomben und Napalm sowie ungelenkte Raketen stehen dem Piloten zur Bodenzielbekämpfung zur Verfügung. Der Übername »Fighter of the poor man« umschreibt ziemlich gut die Gesamtleistungen der Maschine.

Einige Luftwaffen haben den FREEDOM FIGHTER bereits außer Dienst gestellt. Es fliegen aber noch zahlreiche Maschinen dieses Typs, weshalb mehrere Firmen ein Modernisierungsprogramm anbieten. Es geht dabei vor allem um Aufdatierungen im Bereich Cockpitinstrumentierung und Avionik. So haben Norwegen und die Türkei einige F-5A/B/D derart modifiziert, daß sie als Trainingsmaschinen für F-16-Piloten dienen können. Hierfür war der Einbau eines neuen INS, eines HUD/MFD und eines Missionscomputers notwendig. Die Flugzeuge lassen sich nun auch nach dem HOTAS-Konzept fliegen. Botswana und Marokko verfügen ihrerseits über ähnlich kampfwertgesteigerte FREEDOM FIGHTER.

Erkennungsmerkmale:

- trapezförmiger Flügel mit einem Knick in der Vorderkante (kleine LERX)
- Tiefdecker, V-neutral, Tanks oder AAM-Pylonen an den Enden
- trapezförmiges Höhenleitwerk auf derselben Höhe wie die Flügel, V-negativ
- trapezförmiges Seitenleitwerk mit schräger Hinterkante
- kleine, halbrunde Lufteinläufe tief neben dem Rumpf
- zweistrahlig; auffallend kleine Jetpipes
- kurzes integriertes Cockpit/Canopy; gegen hinten zusammenlaufender Rumpf
- schmaler Rumpf, spitziger Bug mit Sonde

Ähnliche Flugzeuge	Seite	Unterschiede zum F-5A FREEDOM FIGHTER
F/A-18	34	- Flügel mit größerer Spannweite, Mitteldecker - leicht V-negative Flügelstellung; Enden mit AAM-Pylonen - gepfeiltes, V-neutrales Höhenleitwerk, tiefer als der Flügel angesetzt - Höhenleitwerk V-neutral - V-Doppelseitenleitwerk, nach vorne verschoben - LERX viel länger (1/3 Rumpflänge); breiterer Rumpf - ovale Lufteinläufe unterhalb der LERX - blasenförmiges, aufgesetztes Canopy; Radom ohne Sonde
F-16	76	- Mitteldecker ohne Knick in der Flügelvorderkante - Flügelhinterkante gerade; große LERX - Flügelenden immer mit AAM-Pylonen; Flügel mit größerer Spannweite - deltaförmiges Höhenleitwerk mit gekappten Enden - gepfeiltes Seitenleitwerk (eckig) mit Knick an der Wurzel - bananenförmiger Lufteinlauf unter dem Rumpf - einstrahlig; große Jetpipe; zwei Kielflossen - blasenförmiges, aufgesetztes Canopy
F-104	78	- Mitteldecker, V-negativ, kleine Spannweite, ohne LERX - V-neutrales T-Höhenleitwerk - kleineres Seitenleitwerk - langer, schlanker Rumpf mit drei Kielflossen am Heck - halbrunde Lufteinläufe mit Konus - mehr aufgesetztes, längeres Canopy - einstrahlig; Seitenleitwerk über die Jetpipe hinausstehend
F-5E TIGER II	112	- größere LERX (zwei Knicke) - größere Lufteinläufe; aerodynamischere Rumpfform - immer AAM-Pylonen an den Flügelenden - Rückenwulsthinterteil etwas voluminöser

Man vergleiche die F-5A auch mit CHING KUO (S. 18), AMX (S. 20), HAWK 200 (S. 42), MIRAGE F1 (S. 54), F-2 (S. 100) etc.

Northrop Grumman F-5E/F TIGER II

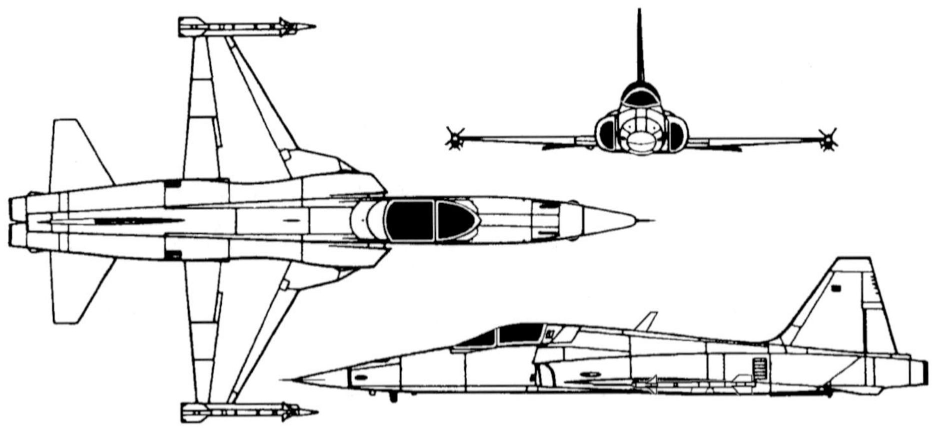

Hersteller:	Northrop Grumman Corp. (früher Northrop)
Ursprungsland:	USA
Einsatzrolle:	einsitziges Mehrzweckleichtgewichtkampfflugzeug (F-5E) einsitziger Raumschutzjäger (SAF F-5E) zweisitziger Kampftrainer (F-5F) einsitziges Aufklärungsflugzeug (RF-5E)
Erstflug:	11. August 1972
Triebwerk:	zwei Turbojets General Electric J85-GE-21B mit je 22.2 kN Schub mit Nachbrenner
Massen:	leer 4400 kg normal take-off 7100 kg max. take-off 11200 kg
Abmessungen:	Spannweite: 8.13 m Länge: 14.68 m Höhe: 4.08 m
Flugleistungen:	V_{max} ohne Lasten auf 10975 m: 1700 km/h / Mach 1.64 V_{marsch} auf 10975 m: 1040 km/h Steigrate auf Seehöhe: 174 m/s Dienstgipfelhöhe: 15790 m Einsatzradius lo-lo-lo: 260 km
Bewaffnung:	max. Tragfähigkeit: 3175 kg plus zwei 20 mm M39A2-BKs AIM-9 Sidewinder, Python III oder Shafrir 2 AAMs, AGM-65 Maverick ASMs, BAP-100 oder Durandal-Anti-Pisten-Waffe, GPBs, CBUs, Behälter für ungelenkte A/G-Raketen, Zusatztanks usw.
Betreiberländer:	Bahrain, Brasilien, Chile, Honduras, Indonesien, Iran, Jordanien, Kenia, Malaysia, Marokko, Mexiko, Paraguay, Saudi Arabien, Singapur, Südkorea, Sudan, Schweiz, Taiwan, Thailand, Tunesien, USA (USAF und USN), Jemen

Der F-5E TIGER II unterscheidet sich äußerlich zwar nur minimal von der Vorgängerversion F-5A, er ist aber deutlich leistungsstärker. Northrop wollte mit diesem Flugzeug einen Jäger auf den Markt bringen, der günstig im Preis war und trotzdem im Kampf gegen die weit verbreiteten MiG-21 bestehen konnte. Viele westlich orientierte Dritte-Welt- und einige Industrie-Staaten kauften dann auch über 1300 Stück; die US Air Force und die US Navy setzen ihre TIGER als Aggressorflugzeuge ein; aufgrund der Budgetkürzungen und der gestiegenen Anforderungen an diese Aggressor-Squadrons ersetzt man derzeit die 122 F-5E/F zumindest teilweise durch einige F-16 oder F/A-18 aus Restbeständen.

Trotz den zusätzlichen Systemen, mit denen man den F-5E im Vergleich zum F-5A ausrüstete, muß das Flugzeug, gemessen an heutigen Maßstäben, als dürftig ausgestattet beurteilt werden. Hinzugefügte Geräte sind u.a. ein RWR, ein INS, ein Feuerleitrechner und das Emerson APG-159-Radargerät. Mit letzterem kann der Pilot unter guten äußeren Bedingungen ein Ziel in 37 km Entfernung ausmachen, es ist aber gegen tiefer fliegende Maschinen blind. Weitere Modifikationen stellen die vergrößerten LERX und die stärkeren Triebwerke zur Kurvenflugleistungsverbesserung dar.

Zur Aufklärung existiert der Aufklärer RF-5E TIGEREYE, der mit diversen Kameras und einem IR-Linescanner bestückt ist und von den Luftwaffen Malaysias, Saudi-Arabiens und Singapurs eingesetzt wird.

Derzeit bieten mehrere Firmen weltweit Kampfwertsteigerungsprogramme für den F-5E an. Zur Integration vorgeschlagen werden moderne Puls-Doppler-Radargeräte (z.B. Grifo, APG-67), Radarwarner, INS, HUD/MFDs und das HOTAS-Konzept. Luftwaffen in Fernost und Südamerika modifizieren ihre F-5E/F entsprechend.

Die TIGER der Schweizer Luftwaffe sind alle mit zwei AIM-9P Sidewinder bewaffnet und dienen als Raumschutzjäger. Die geplante Umrüstung zu Erdkämpfern mit vier Mavericks realisiert man aus finanziellen und strukturellen Gründen nicht. Seit 1995 fliegt die Schweizer Kunstflugstaffel Patrouille Suisse mit speziell bemalten TIGERN; die Maschinen 'kämpfen' in den Zwischenzeiten als Aggressormaschinen gegen die Jagdstaffeln und die Flab (35 mm AAA, Rapier, Stinger).

Erkennungsmerkmale:

- trapezförmiger Flügel mit zwei Knicken in der Vorderkante (LERX)
- Tiefdecker, V-neutral,AAM-Pylonen an den Enden
- trapezförmiges Höhenleitwerk auf derselben Höhe wie die Flügel, V-negativ
- trapezförmiges Seitenleitwerk mit schräger Hinterkante
- halbrunde Lufteinläufe neben dem Rumpf
- zweistrahlig; auffallend kleine Jetpipes
- kurzes, integriertes Cockpit/Canopy; gegen hinten zusammenlaufender Rumpf
- schmaler Rumpf, spitziger Bug mit Sonde; Rückenwulst

Ähnliche Flugzeuge	Seite	Unterschiede zum F-5E TIGER II
F/A-18	34	- Flügel mit größerer Spannweite, Mitteldecker - leicht V-negative Flügelstellung - gepfeiltes, V-neutrales Höhenleitwerk, etwas tiefer als der Flügel angesetzt - Höhenleitwerk tiefer als der Flügel befestigt, V-neutral - V-Doppelseitenleitwerk, nach vorne verschoben - LERX viel länger (1/3 Rumpflänge); breiterer Rumpf - ovale Lufteinläufe je unterhalb der LERX - langes, blasenförmiges Canopy; Radom ohne Sonde
MIRAGE F1	54	- Pfeilflügel mit Sägezahn, ohne Knicke oder LERX - Schulterdecker, V-negativ - pfeilförmiges Höhenleitwerk mit runden Enden, tiefer als der Flügel - Höhenleitwerk V-neutral - »MIRAGE«-Seitenleitwerk - halbrunde Lufteinläufe mit Konus - einstrahlig; zwei Kielflossen unter dem Heck - große Jetpipe; kein zusammenlaufender Rumpf
F-16	76	- Mitteldecker, ohne Knick in der Flügelvorderkante - Flügelhinterkante gerade; größere LERX - deltaförmiges Höhenleitwerk mit gekappten Enden - gepfeiltes, eckiges Seitenleitwerk mit Knick an der Wurzel - bananenförmiger Lufteinlauf unter dem Rumpf - einstrahlig; große Jetpipe; zwei Kielflossen - blasenförmiges, aufgesetztes Canopy
F-5A	110	- kleinere LERX (nur einen Knick) - kleinere Lufteinläufe - AAM-Pylonen oder Tanks an den Flügelenden - Rückenwulsthinterteil etwas weniger voluminös - etwas weniger aerodynamische Rumpfform

Man vergleiche die F-5E/F auch mit CHING KUO (S. 18), AMX (S. 20), HAWK 200 (S. 42), F-104 (S. 78), F-2 (S. 100) etc.

Northrop Grumman EA-6B PROWLER

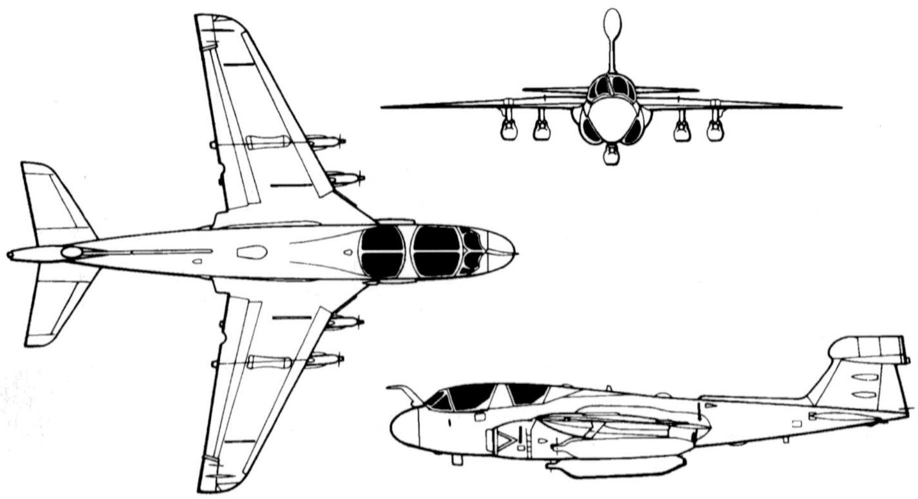

Hersteller:	Northrop Grumman Corp. (früher Grumman)
Ursprungsland:	USA
Einsatzrolle:	viersitziges ECM/EW-Flugzeug mit sekundärer Radarbekämpfungsfähigkeit
Erstflug:	19. April 1960 (A-6)
Triebwerk:	zwei Turbojets Pratt&Whitney J52-PW-408B mit je 49.8 kN Schub ohne Nachbrenner
Massen:	leer 14320 kg normal take-off 24700 kg (Katapultstart); 27500 kg (Pistenstart) max. take-off 29480 kg
Abmessungen:	Spannweite: 16.15 m Länge: 18.24 m Höhe: 4.95 m
Flugleistungen:	V_{max} mit Lasten auf Seehöhe: 980 km/h V_{marsch} auf optimaler Höhe: 770 km/h Steigrate auf Seehöhe: 51 m/s Dienstgipfelhöhe: 11580 m Einsatzradius auf opt. Höhe: 1000 km
Bewaffnung:	max. Tragfähigkeit: 8000 kg AGM-88 HARMs (max. vier; nur aufdatierte Block 86- und Block 91-Prowlers), bis zu fünf ALQ-99-ECM- oder andere EW-Behälter, Zusatztanks
Betreiberland:	USA (US Navy, Marines; USAF Mitbenützer)

Die EA-6B PROWLER ist die für die elektronische Kriegführung spezialisierte Variante der A-6 INTRUDER, wobei sie sich von dieser neben der geänderten Avionik auch durch diverse Antennenverkleidungen und den verlängerten Vorderrumpf unterscheidet, welcher Platz für die vierköpfige Besatzung bietet.

Das USMC und die US Navy betrieben zuerst eine Handvoll EA-6A, die sich nur in der speziellen Avionik und den dazugehörenden auffälligen Aufbauten von der Bomber-Version der INTRUDER unterschieden, doch die Anforderungen an den einzelnen EW-Offizier an Bord stiegen in einem derartigen Maße an, daß Grumman angewiesen wurde, eine modifizierte Version mit verbesserter ECM- und ESM-Ausrüstung sowie drei EW-Offizieren zu entwickeln. Das Flugzeug, mit EA-6B bezeichnet, ging dann 1971 in Dienst und wurde laufend auf den neuesten Stand der Technik gebracht.

Herzstück der speziellen Störavionik ist das AN/ALQ-99-Gerät, das für Abstand- und Begleitstöreinsätze konzipiert wurde. Es wird sowohl intern als auch an Pylonen mitgeführt, wobei man die Außenbehälter an den Generatorpropellern (zur zusätzlichen Stromerzeugung) erkennen kann. Von den speziellen Aufbauten am Flugzeug selbst fällt besonders die große Antenne auf dem Seitenleitwerk ins Auge. In einem einzigen Störbehälter, wovon meist drei mitgeführt werden, sind zwei Sender mit je 2,5 kW Leistung untergebracht. Damit kann das Flugzeug Frühwarn-, Jägerleit- und SAM-Radars nach dem Schmalband-, Doppelschmalband-, Breitband-, Wobbel- und Impulsstörprinzip auf weite Distanzen außer Gefecht setzen: das sogenannte »Soft-Kill«-Verfahren. Diejenigen Prowler, die bereits auf den Block 86-Standard gebracht worden sind, haben die Möglichkeit, mit Hilfe der AGM-88 HARM-Anti-Radar-Lenkwaffen auch Radars zu zerstören: »Hard Kill«.

Neben den Radarstörmissionen kann man die PROWLER aber auch gegen Übermittlungszentralen einsetzen. Für diese Aufgabe sind die Flugzeuge mit dem ALQ-92- bzw. dem AN/ALQ-149-Störer ausgerüstet.

Die EA-6Bs haben sich bisher in diversen Krisengebieten sehr gut bewährt und sind aus dem Navy-Inventar kaum mehr wegzudenken. Im Golfkrieg trugen diese Maschinen zusammen mit den EF-111A und den F-4G den Löwenanteil bei den Radarunterdrückungs-Missionen. Da sie die radargesteuerten SAMs ausschalteten, waren die alliierten Bomber in der Lage, in mittlerer Höhe und damit außerhalb der Reichweite der AAA zu operieren.

Nachdem die EF-111A außer Dienst gestellt wurde, ist nun auch die USAF auf die PROWLER als Radarstörflugzeug angewiesen. Gemischte Staffeln sind bereits aufgestellt worden.

Erkennungsmerkmale:

- Flügel in Pfeilform, Mitteldecker, V-neutral
- nach oben bzw. unten klappbare Bremsklappen an den Flügelenden
- V-neutrales, gepfeiltes Höhenleitwerk, wenig höher als der Flügel montiert
- trapezfömiges Seitenleitwerk mit großer Antenne am oberen Ende
- breiter Rumpf; stumpfes Radom
- viersitziges Cockpit mit je zwei nebeneinanderliegenden Sitzen
- integriertes, zweiteiliges Canopy
- auffälliger Luftbetankungsstutzen vor dem Cockpit (Mitte)
- zwei länglich halbrunde Lufteinläufe schräg unterhalb des Cockpits
- zweistrahlig; Jetpipes weit vor das Rumpfende gesetzt, neben dem Rumpf
- meist mit großen Außenflügelbehältern
- langer Heckausleger mit Höhen- und Seitenleitwerk

Ähnliche Flugzeuge	Seite	Unterschiede zur EA-6B PROWLER
A-7 CORSAIR II	106	- Schulterdecker, V-negativ, Flügel mit Sägezahn - keine Flügel-Bremsklappen - Höhenleitwerk kleiner, tiefer als der Flügel befestigt, V-positiv, eckig - höheres Seitenleitwerk ohne Antenne - schmalerer Rumpf mit einsitzigem Cockpit - einen Kinnlufteinlauf - ohne Luftbetankungsstutzen vor dem Cockpit - einstrahlig; Jetpipe am Rumpfheck - hohe Rumpfform; integriertes Canopy
SAAB 105	126	- fast gerader Flügel, Schulterdecker, V-negativ - trapezförmiges T-Höhenleitwerk - keine auffällige Antenne am Seitenleitwerk - Lufteinläufe unter den Flügeln/hinter dem Cockpit - Jetpipes weiter über die Flügelhinterkante hinaus gezogen - kürzerer Heckausleger - Bug spitziger; keine Luftbetankungssonde - Flugzeug insgesamt viel kleiner, gedrungener - keine großen Unterflügelbehälter

Northrop Grumman F-14 TOMCAT

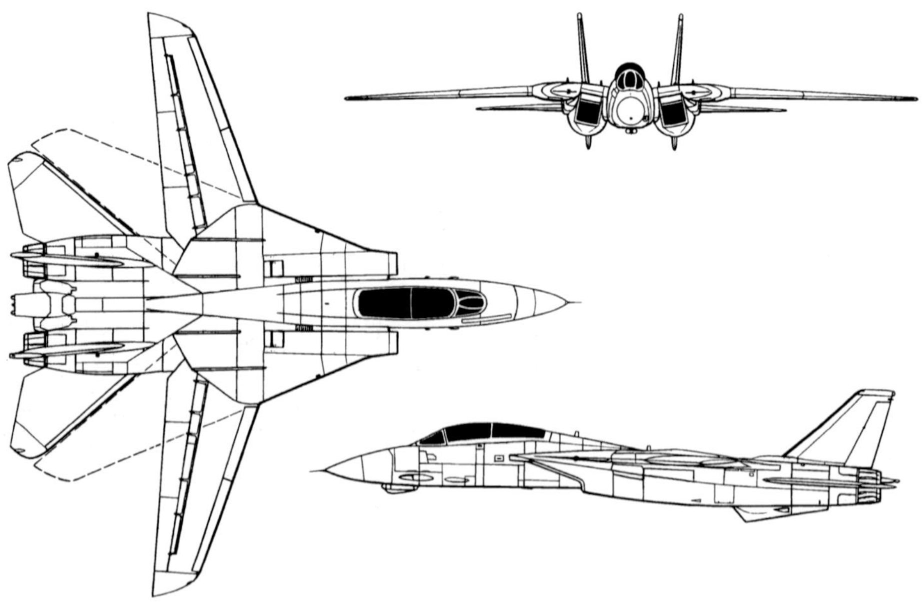

Hersteller:	Northrop Grumman Corp. (früher Grumman)
Ursprungsland:	USA
Einsatzrolle:	zweisitziger Langstreckenallwetter-/Flottenverteidigungs-Jäger mit sekundärer A/G-Einsatzfähigkeit und Aufklärer (TARPS-bestückte F-14A)
Erstflug:	21. Dezember 1970
Triebwerk:	zwei Turbofans Pratt&Whitney TF30-PW-414A mit je 93 kN Schub mit Nachbrenner (F-14A) oder zwei Turbofans General Electric F110-GE-400 mit je 102.8 kN Schub mit Nachbrenner (F-14B/D)
Massen:	leer 18590 kg
	normal take-off 29070 kg
	max. take-off 33730 kg
Abmessungen:	Spannweite: 19.54 m/11.65 m Länge: 19.10 m Höhe: 4.88 m
Flugleistungen:	V_{max} ohne Lasten hoch: 2490 km/h / Mach 2.34
	tief: 1470 km/h
	Steigrate auf Seehöhe: 152.4 m/s
	Dienstgipfelhöhe: 15240 m
	Einsatzradius: 1230 km (CAP)
Bewaffnung:	max. Tragfähigkeit: 6580 kg
	plus eine 20 mm M61A1-BK
	AIM-9 Sidewinder SRAAMs, AIM-7 Sparrow MRAAMs, AIM-120 AMRAAMs, AIM-54 Phoenix AAMs, GPBs, LGBs oder JDAMs (»Bombcat«), TARPS-Behälter, LANTIRN-Behälter, Zusatztanks
Betreiberländer:	Iran, USA (US Navy)

Die US Navy war Mitte der 60er Jahre auf der Suche nach einem Nachfolger für die F-4 PHANTOM. Zuerst entwickelte man zusammen mit der Air Force den TFX, aus dem die GD F-111A für die USAF und die Grumman F-111B für die USN entstanden. Letztere wurde aufgrund von Gewichtsproblemen gestrichen. Grumman, das aus den gemachten Fehlern gelernt hatte, entwarf einen neuen Schwenkflügeljäger, bei welchem die für die F-111B entwickelte Avionik zum Einbau kommen sollte. Das Resultat war die F-14 TOMCAT. Trotz ihres doch schon stolzen Alters von 30 Jahren ist die TURKEY, wie die TOMCAT von ihren Piloten genannt wird, immer noch der Jäger mit dem längsten Schlagarm. Eine zweckmässige Avionik, eine gute Agilität und die AIM-54 Phoenix-A/A-Lenkwaffen machen dieses Flugzeug zu einer Maschine mit beeindruckender Feuerkraft. Das AWG-9/APG-71-Radar gehört mit ca. 210 km Erfassungsreichweite zu den besten Geräten seiner Klasse. Die entdeckten Ziele können mit den Phoenix-Lenkwaffen ab einer Distanz von 150 km bekämpft werden; AAMs mit kürzerer Reichweite, wie z.B. die AMRAAM oder die Sparrow, gehören ebenfalls zum Inventar der TOMCAT. Ein Großteil der F-14-Flotte verfügt über ein IRST und ein TV-Kamerasystem großer Reichweite zur passiven Verfolgung bzw. Identifizierung von Flugzeugen. Zur Avionik gehören daneben auch ein RWR und diverse passive und aktive Schutzsysteme, welche bei den neusten F-14D SUPER TOMCAT stark aufdatiert oder durch modernere Geräte ersetzt worden sind. Die F-14D soll auch das AN/APQ-165 Selbstschutzstörsystem enthalten.

Momentan stehen drei verschiedene TURKEY-Versionen im USN-Dienst: die F-14A-Grundversion, die triebwerksseitig verbesserte F-14B (vormals F-14A+) und die F-14D mit verbesserten Triebwerken und neuer Avionik. Der ursprüngliche Plan, alle A zu D umzubauen, fiel aus Kostengründen dem Rotstift zum Opfer. Gemäß neuesten Erkenntnissen beträgt die Restlebensdauer der A-Version nur noch wenige Flugstunden, weshalb die Navy gezwungen ist, die Maschinen in den nächsten Jahren aus dem Dienst zu nehmen. Derzeit werden einige TOMCATS mit Bombenracks und LANTIRN-Behälter ausgerüstet, um dem Flugzeug eine sekundäre Angriffsfähigkeit zu verleihen. Der Laserzielbeleuchter garantiert zusammen mit dem GPS-Empfänger für eine präzise Zielbekämpfung mit LGBs.

Auf jedem der großen Flugzeugträger hat die US Navy einen bis zwei Tomcat-Squadrons stationiert, wobei jeweils einige Flugzeuge als Aufklärer eingesetzt werden können. Für diese Aufgabe sind sie mit dem TARPS-Pod versehen.

Erkennungsmerkmale:

- Schwenkflügel, Schulterdecker; Flügel V-neutral; abgerundete Enden
- gestreckte Flügel: fast gerade; geschwenkte Flügel: am Höhenleitwerk anliegend
- Höhenleitwerk mit runden Enden; tiefere Befestigungshöhe als der Flügel
- Höhenleitwerk V-negativ; kleine ausfahrbare Flächen am festen Flügelteil
- relativ kleines, gepfeiltes V-Doppelseitenleitwerk, auf den Triebwerken
- große Distanz zwischen den Flügeldrehpunkten
- langes Tamdem-Cockpit, aufgesetztes Canopy
- zweistrahlig; Triebwerke weit auseinanderliegend
- Lufteinläufe rechteckig, kastenförmig und abgeschrägt
- Übergang Rumpf/Flügel eckig mit 90°-Winkel
- zwei schmale Kielflossen; auffallend breites Rumpfheck; Radom mit Sonde

Ähnliche Flugzeuge	Seite	Unterschiede zur F-14 TOMCAT
F-15	30/32	- deltaförmiger Flügel - V-neutrale Höhenleitwerke mit Sägezahn - parallele Seitenleitwerke, trapezförmig, mit senkrechter Hinterkante - geschoßförmige Antennen an den Seitenleitwerkenden, keine V-Stellung - Seitenleitwerkwurzel je neben den Triebwerken (außen) - Abstand zwischen den Triebwerken kleiner; keine Kielflossen - schmaleres Rumpfheck; Radom ohne Sonde
MiG-29	92	- Mitteldecker, Pfeilflügel mit LERX, wenig V-negativ - Höhenleitwerk stärker gepfeilt, auf Flügelhöhe - Seitenleitwerk in »MiG«-Form, neben den Triebwerken (außen) - Triebwerke/Lufteinläufe tieferhängend, weniger weit auseinanderliegend - keine Kielflossen - kleineres, integrierteres Cockpit; Bug mehr nach unten gezogen - kleineres Erscheinungsbild
TORNADO	118ff.	- Flügel und Höhenleitwerk V-negativ; Höhenleitwerk eckiger - einzelnes, auffällig großes Seitenleitwerk - Abstand zwischen den Flügeldrehzapfen kleiner - Lufteinläufe quadratisch; Triebwerke kleiner, nahe beieinander - integrierteres Cockpit; keine Kielflossen - Rückgrat hinter dem Cockpit; schmalerer Rumpf
Su-24	146	- schmalere Flügel; Höhenleitwerk auf Flügelhöhe - Höhenleitwerk eckiger, V-neutral; Triebwerke näher zusammen - nur ein Seitenleitwerk, stark gepfeilt - große Grenzschichtzäune am festen Flügelteil (nicht alle Versionen) - schmalere Lufteinläufe, nicht abgeschrägt; - kurzes »side-by-side«-Cockpit - breiterer Bug, schmaleres Heck

Beachte auch F-111 (S. 70), MiG-23 (S. 86), MiG-31 (S. 94), Su-27/30/35 (S. 150/154) etc.

Panavia TORNADO ADV F.MK 3

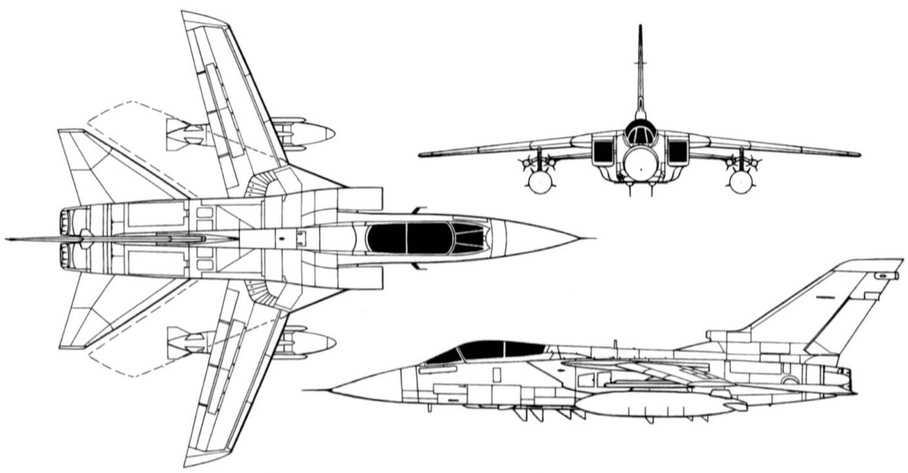

Hersteller:	Panavia (BAe, DASA, Alenia)
Ursprungsländer:	Großbritannien, Deutschland, Italien
Einsatzrolle:	zweisitziger Langstreckenallwetterabfangjäger
Erstflug:	27. Oktober 1979
Triebwerk:	zwei Turbofans Turbo-Union RB.199 Mk104 mit je 80.5 kN Schub mit Nachbrenner (maximal, mit »combat-boost«)
Massen:	leer 14500 kg normal take-off 23000 kg max. take-off 27990 kg
Abmessungen:	Spannweite: 13.90 m/8.60 m Länge: 18.06 m Höhe: 5.95 m
Flugleistungen:	V_{max} ohne Lasten auf 10975 m: 2330 km/h / Mach 2.2 auf Seehöhe: 1480 km/h / Mach 1.2 Steigzeit auf 9150 m: 100 s Dienstgipfelhöhe: 15240 m (zoom climb: über 20000 m) Einsatzradius: 560 km (Überschall) 1850 km (Unterschall) 740 km (CAP mit 2 h Aufenthalt im Zielgebiet)
Bewaffnung:	max. Tragfähigkeit: 9000 kg plus eine 27 mm Mauser-BK AIM-9 Sidewinder AAMs, AIM-132 ASRAAMs, SkyFlash, SkyFlash 90 MRAAMs oder AIM-120 AMRAAMs, Chaff-Pods, Zusatztanks
Betreiberländer:	Großbritannien, Italien, Saudi Arabien

Die TORNADO F.3 wurde speziell für die Bedürfnisse der Royal Air Force in den 70er Jahren aus dem Jagdbomber TORNADO IDS entwickelt. Das Flugzeug war als Abfangjäger gedacht, der die russischen Bomber »BEAR«, »BADGER«, »BACKFIRE«, »BLACKJACK« und »FENCER« schon weit vor der britischen Küste angreifen und damit deren Waffeneinsatz wirkungsvoll verhindern konnte. Deshalb mußte die TORNADO eine große Flugdauer aufweisen, mit Abstandswaffen bestückt sein und ein Radar großer Reichweite/hoher Störungsresistenz besitzen. Die Agilität, welche bei anderen NATO-Jägern Priorität genoß, spielte hier eine untergeordnete Rolle.

Gemäß dem Anforderungskatalog bekam die »Air Defence Variant« des TORNADO im Vergleich zum Jagdbomber eine verbesserte Navigationsausrüstung, einen verlängerten Rumpf (wurde wegen der Tamdem-Anordnung der SkyFlash-AAMs erforderlich) und damit verbunden eine größere Treibstoffkapazität, neue Radarwarnsysteme (Hermes RHAWS) und das GEC-Marconi Foxhunter-Radar, welches eine Reichweite von über 185 km aufweist. Langwierige Radarprobleme wurden inzwischen behoben, so daß die TORNADO-Besatzungen über ein Gerät verfügen, das 12-20 Ziele gleichzeitig erfassen und verfolgen kann und auch im Nahkampf gute Resultate liefert.

Mit der Einführung der Su-27-Begleitschutzjäger bei den russischen Luftstreitkräften mußte die RAF gefaßt sein, auch diese Jäger mit TORNADOS abfangen zu müssen. Man erhöhte deshalb den Schub der Triebwerke durch verlängerte Nachbrennerrohre, so daß der Langstreckenabfangjäger nun zumindest in niedrigen Höhen ein flinker Kurvenkämpfer geworden ist; in großen Höhen wird die TORNADO aufgrund ihrer Flügelkonfiguration immer unterlegen sein im Vergleich mit der amerikanischen F-15 oder der russischen Su-27. Im Tiefflug gilt die TORNADO F.3 hingegen als das schnellste Flugzeug der Welt.

Kurz vor dem Golfkrieg erhielten die TORNADO F.3 weitere Modifikationen, die dem Flugzeug eine bessere Überlebensfähigkeit im Kampf gegen wendigere Gegner sichern sollten: ein HOTAS-Cockpit, zwei Flare-Dispenser, Chaff-Dispenser, RAM-Flügel-, Pylon-, Seitenleitwerk- und Lufteinlauf-Vorderkanten, Verbesserungen am RHAWS und einen »combat-boost«-Knopf für höhere Schubleistungen der Triebwerke. Weitere Verbesserungen, wie z.B. die Integration der AMRAAM, der ASRAAM sowie eines Helmvisiers, sind geplant.

Neben der RAF setzt auch die RSAF und die AMI die TORNADO F.3 ein; letztere hat 24 Stück von der RAF geleast, um die alternden F-104S zu entlasten, bis um 2005 herum die ersten EF2000 einsatzbereit sind.

Erkennungsmerkmale:

- Schwenkflügel mit abgerundeten Enden, Schulterdecker, wenig V-negativ
- Höhenleitwerke gepfeilt, V-negativ, tiefer angebracht als der Flügel
- auffällig großes Seitenleitwerk mit einer Rückwärtsantenne
- Lufteinlauf an der Seitenleitwerkwurzel
- quadratische, abgeschrägte Lufteinläufe
- Distanz zwischen den Flügeldrehzapfen klein
- zweistrahlig; kleine Triebwerke nahe nebeneinander
- langes Tandemcockpit, integriertes Canopy; langes Radom mit Sonde
- vier in den Rumpfboden integrierte AAM-Werfer

Ähnliche Flugzeuge	Seite	Unterschiede zum TORNADO F.3
F-111	70	- V-neutrale Schwenkflügel mit paddelförmigen Enden - Höhenleitwerk mit gekappten Enden, auf Flügelhöhe - tieferes Seitenleitwerk ohne integrierten Lufteinlauf an der Wurzel - kurzes, zweisitziges Cockpit, Sitze nebeneinander - längerer Rumpf ohne Rückgrat; zwei Kielflossen - Lufteinläufe unter dem Flügel, 1/4-rund mit Konus
MiG-23	86	- paddelförmige Flügelenden; Höhenleitwerk auf Flügelhöhe - gekappte Höhenleitwerkenden; Sägezahn am Flügel - Seitenleitwerk in »MiG«-Form, mit rückwärtigem Konus - Seitenleitwerkwurzel ohne Lufteinlauf - einsitziges Cockpit mit kurzem Canopy - einstrahlig; rechteckige, hochgestellte Lufteinläufe, nicht abgeschrägt - eine große, klappbare Kielflosse unter dem Heck
TORNADO IDS	122	- kürzerer Rumpf; kurzes Radom - zusätzliche, nach vorne gerichtete Antenne am Seitenleitwerk - keine integrierten AAM-Werfer am Unterrumpf
JAGUAR	134	- Pfeilflügel mit Knick in der Hinterkante - Höhenleitwerkhinterkante mehr gepfeilt - Höhenleitwerk auf Flügelhöhe befestigt, mehr V-negativ als der Flügel - kleineres, eckigeres Seitenleitwerk mit Vor-/Rückwärtsantenne - zwei Kielflossen unter dem Heck - Lufteinläufe nicht abgeschrägt; einsitziges Cockpit mit kürzerem Canopy - nach vorne versetzte Jetpipes; andere Bugform (div. Möglichkeiten)
Su-24	146	- schmalere Flügelenden, Flügel V-neutral - Höhenleitwerk mit gekappten Enden, auf Flügelhöhe und V-neutral - kleineres Seitenleitwerk mit stärkerer Pfeilung - kurzes Cockpit, Sitze nebeneineander; zwei Kielflossen - rechteckige, seitlich abgeschrägte Lufteinläufe - Grenzschichtzäune und Pylone am festen Flügelteil

Beachte auch AMX (S. 20), MiG-27 (S. 90), F-14 (S. 116) etc.

Panavia TORNADO ECR

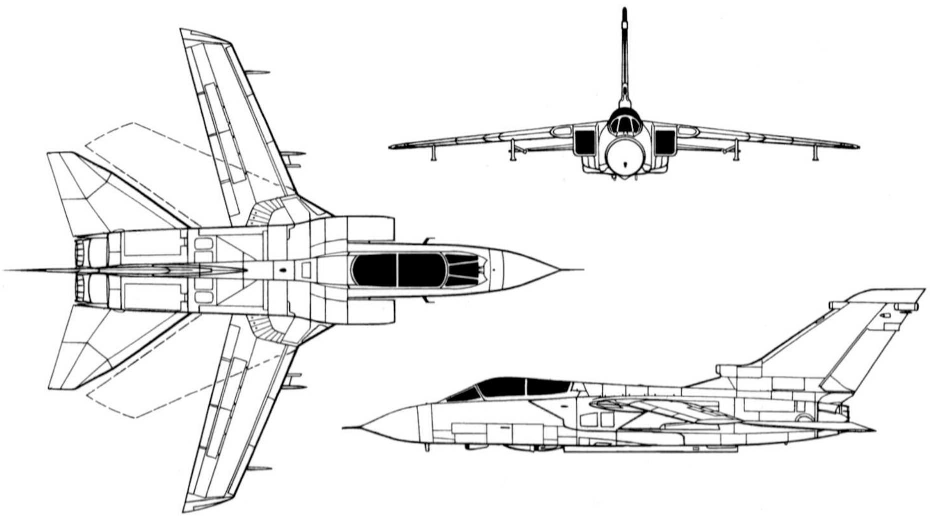

Hersteller:	Panavia (BAe, DASA, Alenia)
Ursprungsländer:	Großbritannien, Deutschland, Italien
Einsatzrolle:	zweisitziges Aufklärungs- und SEAD-Flugzeug
Erstflug:	14. August 1974 (IDS-Basisversion) 26. Oktober 1989 (deutsche ECR-Version)
Triebwerk:	zwei Turbofans Turbo-Union RB.199 Mk105 mit je 75 kN Schub mit Nachbrenner
Massen:	leer 14090 kg normal take-off 20410 kg max. take-off 27950 kg
Abmessungen:	Spannweite: 13.90 m/8.60 m Länge: 16.72 m Höhe: 5.95 m
Flugleistungen:	V_{max} ohne Lasten auf 10975 m: 2330 km/h / Mach 2.2 auf Seehöhe: 1480 km/h / Mach 1.2 Steigzeit auf 9150 m: 110 s Dienstgipfelhöhe: 15240 m Einsatzradius hi-lo-hi: 1650 km (SEAD-Mission) hi-lo-hi: 1300 km (Aufklärungs-Mission)
Bewaffnung:	max. Tragfähigkeit: 9000 kg AIM-9 AAMs, AGM-88 ARMs als Hauptbewaffnung; später ARMIGER; Taurus/Apache/Storm Shadow CMs, Kormoran AShMs, MW-1 Mehrzweck-Waffencontainer, AFDS-Gleitdispenser, LGBs, GPBs, CBUs, Litening- oder PDLCT-Laserzielbeleuchter-Pod, ECM-Behälter, Chaff/Flare-Pods, Zusatztanks
Betreiberländer:	Deutschland, Italien

Der TORNADO ECR ist die für SEAD-Einsätze spezialisierte Version des Mehrzweckkampfflugzeuges TORNADO und bei weitem das leistungsfähigste Radarbekämpfungsflugzeug der Welt. Äußerlich ist die Maschine mit der IDS-Basisversion praktisch identisch, lediglich an den fehlenden Bordkanonen, am kleinen FLIR-Behälter unter dem Bug sowie an der Ausbuchtung unter dem Rumpf für den IR-Linescanner lassen sich die Electronic Combat and Reconnaissance-Flugzeuge vom Jagdbomber unterscheiden.

Im Innern des Flugzeuges befinden sich neben der gewöhnlichen IDS-Standard-Ausrüstung aber zahlreiche neue Systeme. So wurden zum Beispiel zur Flugleistungsverbesserung stärkere RB.199-Triebwerke (Typ Mk 105) eingebaut. Herzstück ist aber das neue elektronische Element zur Detektion von bodengestützten Radars, das ELS. Damit kann praktisch jedes aktive Radargerät aufgespürt und dank der softwaregestützten Bibliothek einem Waffensystemtyp zugeordnet werden. Es zeichnet sich durch eine besonders große Frequenzendetektionsbandbreite aus. Die ermittelten Infos können dazu verwendet werden, um direkt eine HARM-Antiradar-Lenkwaffe auf das Radar abzufeuern, um das Radar mit Störern zu beeinträchtigen oder um über den ebenfalls integrierten Datalink anderen Flugzeugen das Radar als Ziel zuzuweisen.

Neben dieser speziellen SEAD-Ausrüstung besitzt das Flugzeug einen IR-Linescanner zur Aufklärung. Die Bilder des Gerätes können in near-real-time vom Navigator eingesehen und über Datalink an eine Bodenstation oder andere Kampfflugzeuge weitergeleitet werden. Wahrscheinlich werden die Geräte bei den deutschen ECR aber entfernt, um sie in Pods von gewöhnlichen Tornados einzubauen, da die ECR mit der SEAD-Rolle vollauf ausgelastet sind.

Für den Tiefflug bei Nacht hat der Pilot die Möglichkeit, dank dem Terrainfolge-Radar einen automatischen Geländefolgeflug zu wählen oder aber dank dem FLIR-Sensor, dessen thermische schwarz/weiß-Bilder sich auf das HUD projizieren lassen, einen abstrahlungsarmen Manuellflug auszuführen.

Das Flugzeug wird sowohl von der deutschen (35) als auch von der italienischen Luftwaffe (16) eingesetzt und spielte im Balkankonflikt eine Schlüsselrolle.

Erkennungsmerkmale:

- Schwenkflügel mit gepfeilten Enden, Schulterdecker, wenig V-negativ
- Höhenleitwerke gepfeilt, V-negativ, tiefer angebracht als der Flügel
- auffällig großes Seitenleitwerk mit je einer Rück- und Vorwärtsantenne
- Lufteinlauf an der Seitenleitwerkwurzel
- quadratische, abgeschrägte Lufteinläufe
- Distanz zwischen den Flügeldrehzapfen klein
- zweistrahlig; kleine Triebwerke nahe nebeneinander
- langes Tamdemcockpit, integriertes Canopy; kurzes Radom mit Sonde

Ähnliche Flugzeuge	Seite	Unterschiede zum TORNADO ECR
F-111	70	- V-neutrale Schwenkflügel mit paddelförmigen Enden - Höhenleitwerk mit gekappten Enden, auf Flügelhöhe - tieferes Seitenleitwerk ohne integrierten Lufteinlauf an der Wurzel - kurzes, zweisitziges Cockpit, Sitze nebeneinander - längerer Rumpf ohne Rückgrat; zwei Kielflossen - Lufteinläufe unter dem Flügel, 1/4-rund mit Konus - längeres Radom
MiG-23	86	- paddelförmige Flügelenden; Höhenleitwerk auf Flügelhöhe - gekappte Höhenleitwerkenden; Sägezahn am Flügel - Seitenleitwerk in „MiG"-Form, mit rückwärtigem Konus Seitenleitwerkwurzel ohne Lufteinlauf; einsitziges Cockpit - rechteckige, Lufteinläufe, nicht abgeschrägt - einstrahlig; eine große, klappbare Kielflosse unter dem Heck
TORNADO F.3	118	- längerer Rumpf und langes Radom - ohne nach vorne gerichtete Antenne am Seitenleitwerk - mit integrierten AAM-Werfern unter dem Rumpf
JAGUAR	134	- Pfeilflügel mit Knick in der Hinterkante - Höhenleitwerkhinterkante mehr gepfeilt - Höhenleitwerk auf Flügelhöhe befestigt, mehr V-negativ als der Flügel - eckigeres, kleineres Seitenleitwerk - zwei Kielflossen unter dem Heck - Lufteinläufe nicht abgeschrägt; einsitziges Cockpit - Rumpf weniger voluminös - nach vorne versetzte Jetpipes; andere Bugform
Su-24	146	- schmalere Flügelenden, Flügel V-neutral - Höhenleitwerk mit gekappten Enden, auf Flügelhöhe und V-neutral - kleineres Seitenleitwerk mit stärkerer Pfeilung - kurzes Cockpit, Sitze nebeneinander; zwei Kielflossen - rechteckige, seitlich abgeschrägte Lufteinläufe - Grenzschichtzäune und Pylone am festen Flügelteil; Bug voluminöser

Beachte auch AMX (S. 14), MiG-27 (S. 84), F-14 (S. 110) etc.

Panavia TORNADO IDS

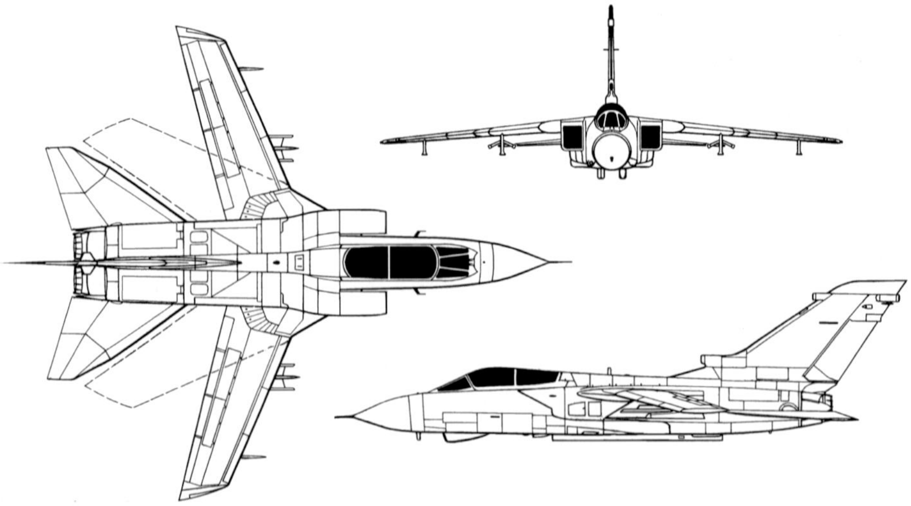

Hersteller:	Panavia (BAe, DASA, Alenia)
Ursprungsländer:	Großbritannien, Deutschland, Italien
Einsatzrolle:	zweisitziges Allwettertiefflugangriffsflugzeug (IDS; GR.1/4) zweisitziges Allwetteraufklärungsflugzeug (GR.1A/4A)
Erstflug:	14. August 1974
Triebwerk:	zwei Turbofans Turbo-Union RB.199 Mk103 mit je 73.5 kN Schub mit Nachbrenner
Massen:	leer 14090 kg normal take-off 20410 kg max. take-off 27950 kg
Abmessungen:	Spannweite: 13.90 m/8.60 m Länge: 16.72 m Höhe: 5.95 m
Flugleistungen:	V_{max} ohne Lasten auf 10975 m: 2330 km/h / Mach 2.2 auf Seehöhe: 1480 km/h / Mach 1.2 Steigzeit auf 9150 m: 110 s Dienstgipfelhöhe: 15240 m Einsatzradius hi-lo-hi: 1390 km (Strike-Mission)
Bewaffnung:	max. Tragfähigkeit: 9000 kg plus eine/zwei 27 mm Mauser-BKs AIM-9 AAMs, ALARM, AGM-88 ARMs, AGM-65, Brimstone ASMs, Taurus/Apache/Strom Shadow CMs, Kormoran/Sea Eagle AShMs, MW-1 Mehrzweck-Waffencontainer, JP-233 Anti-Pisten-Waffe, LGBs, GPBs, CBUs, Aufklärungs-, TIALD- und ECM-Behälter, Chaff/Flare-Pods, Zusatztanks
Betreiberländer:	Deutschland, Großbritannien, Italien, Saudi Arabien

Der TORNADO IDS wurde als Nachfolger für die F-104 der Luftwaffen Deutschlands und Italiens sowie als Ersatz für die CANBERRAS und VULCANS der RAF entwickelt und gebaut. Der Tatsache bewußt, daß ein modernes Angriffsflugzeug bei den gewaltigen Überwachungs- und Flugabwehrsystemen nur noch im Tiefflug überleben kann, konstruierte das europäische Konsortium ein Schwenkflügelflugzeug, welches in niedrigen Höhen bisher keine vergleichbaren Gegner hat.

Neben der überragenden Tiefflugleistung besitzt die Maschine eine umfangreiche Angriffsavionik. Das TFR erlaubt einen automatischen Geländefolgeflug bei Geschwindigkeiten von Mach 0.9 und einer Höhe von 30 m über Grund, mit dem GMR läßt sich eine genaue manuelle Navigation durchführen. RWR, ECM-Systeme und Chaff/Flare-Behälter sorgen zusammen mit der defensiven AIM-9-Bewaffnung für einen umfangreichen Schutz gegen SAMs und gegnerische Kampfflugzeuge, sollten diese den TORNADO trotz der geringen Flughöhe aufspüren. Der Angriffswaffeneinsatzcomputer arbeitet derart genau, daß sogar Freifall-Bomben präzise in einem »Single-pass« im Blindflug abgeworfen werden können. Das Bewaffnungsspektrum des TORNADO ist äußerst umfangreich. Vom Seezielbekämpfungsflugkörper über Anti-Radar-Lenkwaffen bis zur Sprengbombe setzen die Betreiberluftstreitkräfte praktisch alles ein. Es existieren sogar Waffen, die speziell für dieses Flugzeug entwickelt wurden: die MW-1 (BRD) und die JP233 (GB). Es handelt sich dabei um Streuwaffen zur Startbahnzerstörung.

Neben seiner Hauptaufgabe als Allwetterjagdbomber wird der TORNADO auch als Aufklärer eingesetzt. Die deutsche Luftwaffe hat hierfür einen neuen Recce-Pod eingeführt, der einen IRLS, zwei optische Kameras und ein digitales Aufzeichnungsgerät enthält. Die RAF besitzt in der GR.1A eine Allwetteraufklärungsversion, welche mit einem IRLS- und einem SLIR-System ausgerüstet ist. Diese Version war äußerst erfolgreich bei der Suche nach SCUDs im Golfkrieg 1991.

Derzeit stehen große Modernisierungsprojekte an. Allein die Briten wollen über 800 Mio. £ ausgeben, um 142 TORNADOS auf den GR.4/4A-Standard (neues HUD, moderner Waffenrechner, HDDs, verbesserte ECM-Systeme, TIALD-Integration, FLIR etc.) zu bringen. Das ursprünglich vorgesehene TRN-Gerät fiel aus finanziellen Gründen dem Rotstift zum Opfer. Eine Bordkanone mußte den neuen Systemen weichen.

Erkennungsmerkmale:

- Schwenkflügel mit gepfeilten Enden, Schulterdecker, wenig V-negativ
- Höhenleitwerke gepfeilt, V-negativ, tiefer angebracht als der Flügel
- auffällig großes Seitenleitwerk mit je einer Rückwärts- und Vorwärtsantenne
- Lufteinlauf an der Seitenleitwerkwurzel
- quadratische, abgeschrägte Lufteinläufe
- Distanz zwischen den Flügeldrehzapfen klein
- zweistrahlig; kleine Triebwerke nahe nebeneinander
- langes Tandemcockpit, integriertes Canopy; kurzes Radom mit Sonde

Ähnliche Flugzeuge	Seite	Unterschiede zum TORNADO IDS
F-111	70	- V-neutrale Schwenkflügel mit paddelförmigen Enden - Höhenleitwerk mit gekappten Enden, auf Flügelhöhe - tieferes Seitenleitwerk ohne integrierten Lufteinlauf an der Wurzel - kurzes, zweisitziges Cockpit, Sitze nebeneinander - längerer Rumpf ohne Rückgrat; zwei Kielflossen - Lufteinläufe unter dem Flügel, 1/4-rund mit Konus - längeres Radom
MiG-23	86	- paddelförmige Flügelenden; Höhenleitwerk auf Flügelhöhe - gekappte Höhenleitwerkenden; Sägezahn am Flügel - Seitenleitwerk in »MiG«-Form, mit rückwärtigem Konus - Seitenleitwerkwurzel ohne Lufteinlauf; einsitziges Cockpit - rechteckige Lufteinläufe, nicht abgeschrägt - einstrahlig; eine große, klappbare Kielflosse unter dem Heck
TORNADO F.3	118	- längerer Rumpf und langes Radom - ohne nach vorne gerichtete Antenne am Seitenleitwerk - mit integrierten AAM-Werfern unter dem Rumpf
Jaguar	134	- Pfeilflügel mit Knick in der Hinterkante - Höhenleitwerkhinterkante mehr gepfeilt - Höhenleitwerk auf Flügelhöhe befestigt, mehr V-negativ als der Flügel - eckigeres, kleineres Seitenleitwerk - zwei Kielflossen unter dem Heck - Lufteinläufe nicht abgeschrägt; einsitziges Cockpit - Rumpf weniger voluminös - nach vorne versetzte Jetpipes; andere Bugform
Su-24	146	- schmalere Flügelenden, Flügel V-neutal - Höhenleitwerk mit gekappten Enden, auf Flügelhöhe und V-neutral - kleineres Seitenleitwerk mit stärkerer Pfeilung - kurzes Cockpit, Sitze nebeneinander; zwei Kielflossen - rechteckige, seitlich abgeschrägte Lufteinläufe; - Grenzschichtzäune und Pylone am festen Flügelteil; Bug voluminöser

Beachte auch AMX (S. 20), MiG-27 (S. 90), F-14 (S. 116) etc.

PZL I-22 IRYDA

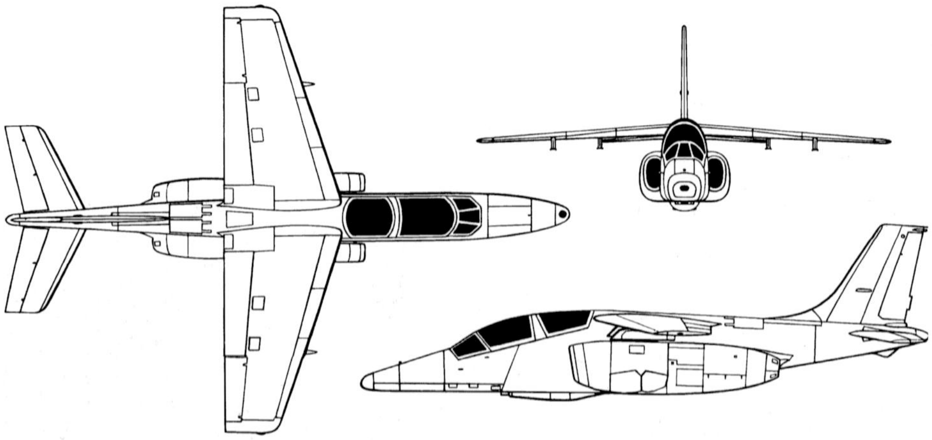

Hersteller:	WSK-PZL
Ursprungsland:	Polen
Einsatzrolle:	zweisitziger Fortgeschrittenentrainer und leichtes Erdkampfflugzeug
Erstflug:	3. März 1985
Triebwerk:	zwei Turbojets PZL Rzeszow SO-3W22 mit je 10.8 kN Schub oder zwei Turbojets PZL K-15 mit je 14.7 kN Schub (M-93) oder zwei Turbojets Rolls-Royce Viper 545 mit je 14.9 kN Schub (M-93V), jeweils ohne Nachbrenner
Massen:	leer 3960 kg normal take-off ca. 5200 kg max. take-off 7490 kg
Abmessungen:	Spannweite: 9.60 m Länge: 13.22 m Höhe: 4.30 m
Flugleistungen:	V_{max} ohne Lasten auf 10000 m: 925 km/h; auf Seehöhe: 915 km/h; 980 km/h (mit K-15 oder Viper) Steigrate auf Seehöhe: 37 m/s; 50 m/s (mit K-15 oder Viper) Dienstgipfelhöhe: 12600 m Einsatzradius: ca. 600 km
Bewaffnung:	max. Tragfähigkeit: 2000 kg plus eine doppelläufige 23 mm BK Spreng- und Streubomben, BK-Pods, Behälter für ungelenkte A/G-Raketen, Zusatztanks, etc.
Betreiberland:	Polen

PZL ist ein Flugzeughersteller mit einer alten Tradition, die lange vor dem Zweiten Weltkrieg begann. Polen war gewillt, diese Tradition weiterzuführen, und somit das Land im Warschauer Pakt, das seine Basis- und Fortgeschrittenentrainer selbst konstruierte und baute, obwohl die anderen Ostblocknationen die tschechoslowakischen Maschinen (z.B. L-29 DELFIN oder L-39 ALBATROS) übernahmen. Exporte konnten selten vorgenommen werden, da die UdSSR-orientierten Länder automatisch die von der Sowjetunion verwendeten Maschinen beschafften und im Westen WAPA-Produkte tabu waren.

Trotzdem beschloß die polnische Regierung zu Beginn der 80er Jahre, wieder einmal ein neues Trainerprojekt in Angriff zu nehmen. Resultat der Bemühungen war die I-22, welche 1985 ihren Erstflug absolvierte. Seitdem stockte das Programm immer wieder aus finanziellen Gründen, so daß die Einsatzerprobung erst 1992 aufgenommen werden konnte. Die polnische Luftwaffe hat einen Bedarf für bis zu 80 IRYDAS, wobei bisher 40 Stück bestellt sind und PZL die ersten Maschinen 1994 ablieferte. Dabei handelt es sich um die Version I-22M-93, die im Vergleich mit dem Prototyp mit stärkeren PZL K-15-Triebwerken und mit westlicher Avionik ausgestattet ist. Für den Export bietet man eine IRYDA an, welche mit Rolls-Royce Viper 545-Turbojets ausgerüstet ist (I-22M-93V). Sie wurde an der internationalen Luftfahrtausstellung von Farnborough '94 vorgestellt. Zudem sind einsitzige leichte Erdkampf-/Jagdbomberversionen geplant, deren Hauptbewaffnung ungelenkte A/G-Raketen und Spreng-/Streubomben sein dürften. Der Einsatz der ersteren Waffe wurde im Testprogramm bereits ausgiebig überprüft.

Von der Auslegung des Flugzeuges her erinnert die I-22 stark an den Dassault/Dornier ALPHA JET, sie ist diesem aber von den Flugleistungen her etwas unterlegen. Trotzdem dürfte der V-negative Flügel der Maschine zu ausgezeichneten Flugeigenschaften verhelfen, wodurch die IRYDA ein ideales Fortgeschrittenen-Trainingsflugzeug darstellt. Die Exportchancen sind aber dadurch getrübt, daß das Flugzeug mit seiner zweistrahligen Auslegung teurer im Betrieb sein wird als einstrahlige Maschinen. Außerdem muß PZL die Konkurrenz aus dem Nachbarland Tschechien aus dem Feld schlagen, was sich aufgrund der Erfahrung von Aero als Exporteur von Jettrainern als schwierig erweisen könnte, zumal der ALBATROS einen ausgezeichneten Ruf besitzt.

Erkennungsmerkmale:

- trapezförmiger Flügel mit gerader Hinterkante, Schulterdecker, V-negativ
- Höhenleitwerk gepfeilt, wenig tiefer angesetzt als die Flügel, V-negativ wie der Flügel
- Seitenleitwerk hoch aufragend, wenig gepfeilt, mit flachem Ende
- Übergang Seitenleitwerk-Rumpfwulst fließend, ohne Ecke
- abgestuftes Tamdem-Cockpit, Canopys integriert und klar voneinander abgetrennt
- stumpfer Bug ohne Sonde
- zweistrahlig; Lufteinläufe oval hochgestellt
- Jetpipes weit nach vorne gesetzt, neben dem Rumpf
- Abstand zwischen Triebwerken und Flügeln markant (Frontansicht)
- Rumpf gegen hinten zusammenlaufend
- Ausbuchtung unter dem Rumpf für BK

Ähnliche Flugzeuge	Seite	Unterschiede zur I-22 IRYDA
HAWK	40	- Pfeilflügel, Tiefdecker, fast V-neutral - Flügel mit kleinen Grenzschichtzäunen - Höhenleitwerk höher angesetzt als Flügel, V-negativ - rundes »Hawker«-Seitenleitwerk - runder Bug in Delphin-Form mit aufgesetzter Sonde - halbrunde Lufteinläufe über dem Flügel - einstrahlig; Jetpipe am Rumpfende - zwei Kielflossen am Rumpfheck - Canopy nicht getrennt
ALPHA JET	64	- Pfeilflügel mit Sägezahn und runden Enden - Seitenleitwerk in »MIRAGE«-Form - halbrunde Lufteinläufe - Canopy aufgesetzt, vielstrebig, nicht getrennt - Vorderrumpf in Delphin-Form
PAMPA	68	- gerader Flügel - trapezförmiges Höhenwerk, stärker V-negativ - Seitenleitwerk runder und proportionell weniger hoch - halbrunde Lufteinläufe - Canopy nicht unterteilt; kürzerer Bug in Delphin-Form - einstrahlig; Jetpipe unter dem Rumpf, auffälliger nach vorne verlagert - stärker unter den Flügeln hervorragende Lufteinläufe
T-4	74	- Pfeilflügel mit Sägezahn; abgerundetes Höhenleitwerk - ohne Abstand zwischen Flügel und Lufteinlauf - Seitenleitwerk schmaler, mit abgerundetem Ende - Übergang Seitenleitwerk/Rumpf mit zwei Ecken - Canopy nicht getrennt, aufgesetzt; Bug stumpfer, mit aufgesetzter Sonde

Man vergleiche auch: M.B.339 (S. 12), IAR-99 (S. 24), SEA HARRIER (S. 44), AVIOJET (S. 46), MiG-AT (S. 96), K-8 (S. 102), SUPER GALEB (S. 140) usw.

SAAB 105 / Sk 60

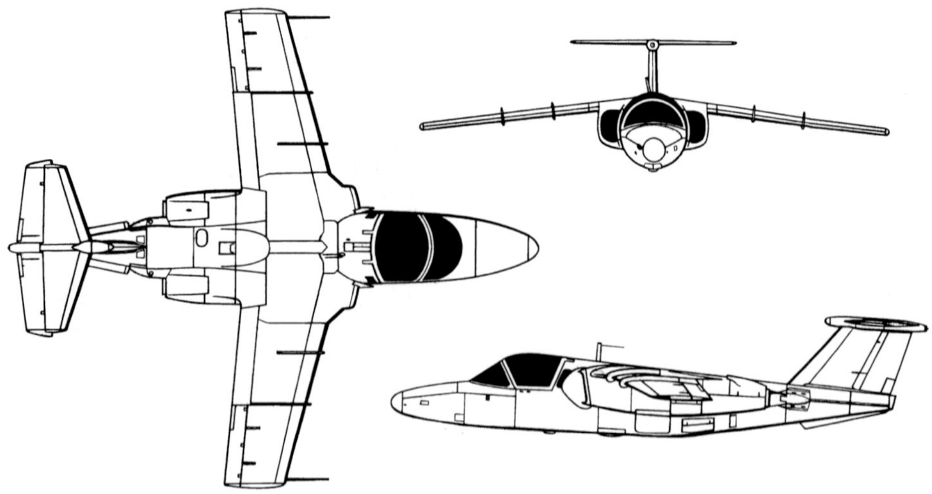

Hersteller:	SAAB-Aerospace	
Ursprungsland:	Schweden	
Einsatzrolle:	zweisitziger Trainer, leichter Jagdbomber und Aufklärungsflugzeug	
Erstflug:	29. Juni 1963	
Triebwerk:	zwei Turbofans Turboméca-Aubisque mit je 7.3 kN Schub (Sk 60)	
	zwei Turbojets General Electric J85-GE-17B mit je 12.7 kN Schub (105)	
	zwei Turbofans Williams-Rolls FJ 44 (Sk 60W), jeweils ohne Nachbrenner	
Massen:	leer	2510 kg (Sk 60); 3065 kg (105)
	normal take-off	3800 kg (Sk 60); 4050 kg (105)
	max. take-off	4050 kg (Sk 60); 6500 kg (105)
Abmessungen:	Spannweite:	9.50 m Länge: 10.50 m (Sk 60); 10.80 m (105)
	Höhe:	4.30 m
Flugleistungen:	V_{max} ohne Lasten auf Seehöhe:	770 km/h (Sk 60); 970 km/h (105)
	V_{marsch}	640 km/h (Sk 60); 800 km/h (105)
	Steigrate auf Seehöhe:	17.5 m/s (Sk 60); 56.7 m/s (105)
	Dienstgipfelhöhe:	13500 m (Sk 60); 13700 m (105)
	Einsatzradius:	ca. 700 km
Bewaffnung:	max. Tragfähigkeit:	2000 kg
	AIM-9 Sidewinder AAMs, Rb 05 ASMs, Spreng- und Streubomben, BK-Pods, Behälter für ungelenkte A/G-Raketen, Aufklärungsbehälter, Zusatztanks	
Betreiberländer:	Schweden, Österreich	

Dieses Flugzeug entwickelte SAAB auf eigenes Risiko in der Absicht, den gestreßten Geschäftsleuten in Europa einen schnellen Privatjet zum Kauf anzubieten. Aus dem zivilen Geschäft wurde allerdings nichts – nicht eine einzige 105 konnte so abgesetzt werden – dafür interessierte sich die schwedische Luftwaffe für die Maschine als Pilotenjettrainer, leichten Jagdbomber, Aufklärer und Verbindungsflugzeug. Ende der 60er bzw. anfangs der 70er Jahre kaufte auch Österreich 40 SAAB 105 für Neutralitätsschutzaufgaben.

Die Maschine eignet sich mit ihrer Cockpitauslegung (die Piloten sitzen nebeneinander, so daß der Fluglehrer den Schüler besser überwachen kann) hervorragend zur Pilotenausbildung, auch wenn der Betrieb aufgrund der zwei Triebwerke relativ teuer ist. Für Verbindungszwecke können die beiden Schleudersitze entfernt und durch vier normale Sitze ersetzt werden.

Die Aufklärer-Version der schwedischen Luftwaffe erkennt man am Kamera-Radom; alle anderen Modelle weisen einen runden, ziemlich plump wirkenden Bug auf.

Die schwedischen Bezeichnungen für die Flygvapnet-Flugzeuge lauten: Jettrainer: Sk 60A; Waffentrainer/Erdkämpfer: Sk 60B; Aufklärer: Sk 60C. Neuere Maschinen, welche nach 1967 produziert worden sind, erhielten stärkere General Electric-Triebwerke, wodurch sich die Flugleistungen erheblich verbesserten. Ihre Bezeichnung lautet 105G bzw., bei den österreichischen Luftstreitkräften, 105Oe.

Vor kurzem hat Schweden beschlossen, 115 seiner Sk 60 einem Modernisierungsprogramm zu unterziehen, um die Flugzeuge ökonomischer und fit für weitere knapp 15 Jahre zu machen. Der wichtigste Unterschied der nun Sk 60W genannten Maschine liegt in den wartungsfreundlichen und verbrauchsarmen Williams-Rolls FJ44-Triebwerken.

Die wenig bekannte, dafür aber exzellent fliegende schwedische Kunstflugstaffel Team 60 benutzt die SAAB Sk 60 als Vorführmaschine. Die bescheidenen Flugleistungen der SK 60 tun der Leistung der sechs Piloten keinen Abbruch, führen sie doch ihre Figuren mit äußerster Präzision vor.

Erkennungsmerkmale:

- wenig gepfeilter Flügel, Schulterdecker, V-negativ
- auf jedem Flügel jeweils zwei Grenzschichtzäune und eine Sonde am Ende
- T-Höhenleitwerk in Trapezform, V-neutral
- niedriges, wenig gepfeiltes Seitenleitwerk, Höhenleitwerk zu oberst befestigt
- bulliger, breiter Rumpf mit Cockpit für nebeneinander sitzende Piloten
- Bug stumpf und ohne Sonde (siehe Foto), Aufklärer mit Kamera-Bug
- abgrundete Lufteinläufe unter den Flügeln, unmittelbar hinter dem Cockpit
- zweistrahlig; Jetpipes neben dem Rumpf, nach vorne verlegt
- schmale Kielflosse unter dem Rumpfheck

Ähnliche Flugzeuge	Seite	Unterschiede zur SAAB 105
S.211	16	- etwas schlankerer, stärker gepfeilter Flügel ohne Sonden; Mitteldecker - nur ein Grenzschichtzaun pro Flügel - gepfeiltes Höhenleitwerk, an der Seitenleitwerkwurzel befestigt - schmaleres, gepfeiltes Seitenleitwerk - schmalerer Rumpf mit langem Tamdem-Cockpit, Delphin-Bug - einstrahlig, Jetpipe am Rumpfende; keine Kielflosse - tiefer angesetzte, halbrunde Lufteinläufe
AMX	20	- Flügel mit etwas stärkerer Pfeilung und AAM-Pylonen an den Enden - keine Grenzschichtzäune oder Sonden an den Flügeln - gepfeiltes Höhenleitwerk, tiefer als der Flügel - gepfeiltes Seitenleitwerk mit Antennen - hervorstehende Lufteinläufe - schmaler Rumpf mit einsitzigem Cockpit - eine Jetpipe am Rumpfende
I-22 IRYDA	124	- trapezförmiger Flügel mit gerader Hinterkante - keine Grenzschichtzäune oder Sonden am Flügel - gepfeiltes Höhenleitwerk, tiefer als der Flügel angesetzt, V-negativ - Seitenleitwerk schmal und höher - langes Tamdem-Cockpit mit getrenntem Canopy - ovale Lufteinläufe; Triebwerksschächte vom Flügel getrennt - schlankerer Rumpf, weniger bullig; keine Kielflossen
Su-25	148	- schmaler Flügel mit großer Spannweite und Behältern an den Enden - keine Grenzschichtzäune oder Sonden an den Flügeln - Höhenleitwerk auf Flügelhöhe - trapezförmiges Seitenleitwerk - schlanker Rumpf mit einsitzigem Cockpit und Sonden am Radom - ovale, hervorstehende Lufteinläufe - keine Kielflosse

SAAB 35 DRAKEN

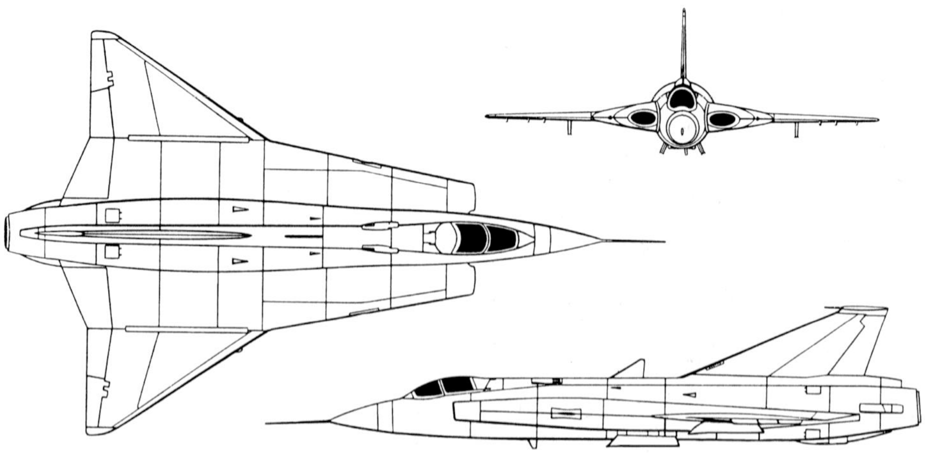

Hersteller:	SAAB-Aerospace
Ursprungsland:	Schweden
Einsatzrolle:	einsitziges Jagdflugzeug (J 35D/F/J/Oe) einsitziges Aufklärungsflugzeug (S 35E) zweisitziger Kampftrainer (Sk 35C) ohne Einsatzfähigkeit
Erstflug:	25. Oktober 1955
Triebwerk:	ein Turbojet Volvo Flygmotor RM6C mit 78.5 kN Schub mit Nachbrenner (Lizenzbau des Rolls-Royce Avon Series 300)
Massen:	leer 8250 kg normal take-off 11400 kg max. take-off 12270 kg
Abmessungen:	Spannweite: 9.40 m Länge: 15.35 m Höhe: 3.89 m
Flugleistungen:	V_{max} ohne Lasten auf 10975 m: 2130 km/h / Mach 2 Steigrate auf Seehöhe: 175 m/s Dienstgipfelhöhe: 20000 m Einsatzradius hi-lo-hi: 560 km (mit internem Treibstoff)
Bewaffnung:	max. Tragfähigkeit: 4090 kg plus eine/zwei 30 mm ADEN-BKs AIM-9 Sidewinder AAMs, AIM-4D Falcon IR-AAMs, AIM-4B Falcon SRAH-AAMs, Spreng- und Streubomben, Behälter für ungelenkte A/G-Raketen, Zusatztanks, etc.
Betreiberländer:	Finnland, Österreich, Schweden (aD)

Die schwedische Flugzeugindustrie zeigte einmal mehr ihre Fähigkeiten, als sie Mitte der 50er Jahre die DRAKEN vorstellte. Es handelt sich dabei um ein Flugzeug mit Doppeldeltaflügel, einem Nachbrennertriebwerk und Raketenbewaffnung. Als einer der ersten europäischen Jäger erreichte sie Mach 2. Die Flygvapnet betrieb in den 60er Jahren mit der DRAKEN und ihrer übrigen Infrastruktur das effektivste Luftverteidigungssystem Europas.

Den Prototypen der SAAB 35 ging eine verkleinerte MINI-DRAKEN voraus, mit der man wertvolle Daten sammelte und die Flugtauglichkeit des Doppeldeltas prüfte. Die Serien-Maschinen werden mit einem Volvo Flygmotor-Turbojet angetrieben, welchen man in Lizenz von Rolls-Royce selbst herstellte. Das Ericsson-Radar stellt zusammen mit dem SAAB-Feuerleitsystem das Herzstück der Avionik dar, bei den neueren Versionen jeweils ergänzt durch einen IR-Sensor und ein IFF-Gerät. Die Bewaffnung besteht aus den eingebauten 30 mm-ADEN-Bordkanonen (F/J nur eine), AIM-9 Sidewinder AAMs und zwei AIM-4 Falcon-Varianten, einer radar- und einer infrarotgelenkten. Alle drei Lenkwaffen haben ungefähr dieselbe Reichweite, wobei von der Sidewinder die moderne P-Version zur Verfügung steht, wodurch sie gegenüber den anderen beiden Waffen meistens den Vorzug erhält.

Neben dem Jagdflugzeug existierten auch ein zweisitziger Tamdem-Trainer, welcher aber keine Kampffähigkeit aufweist, und ein Aufklärer mit geändertem Bug für fünf Kameras.

Die Leistungen der DRAKEN lassen sich auch heute noch sehen, obwohl die Avionik inzwischen als veraltet und die Wendigkeit als mangelhaft gelten muß. Die Maschine ist etwa vergleichbar mit der MIRAGE III, welche auch vom Alter her als Pendant gelten darf. Grundsätzlich verfügt die DRAKEN im Luft/Luft-Betrieb aber über eine größere Feuerkraft.

Derzeit sind bei der schwedischen Luftwaffe keine DRAKEN mehr im Dienst; sie wurden vor kurzem vom modernen JAS-39 GRIPEN abgelöst. Dänemark hat seine 46 Flugzeuge schon 1993 außer Betrieb gesetzt und Finnlands 36 Stück werden noch im Jahr 2000 durch die F/A-18C/D ersetzt. Lediglich Österreich, das seine 24 modernisierten Occasions-DRAKEN (Version J 35Oe, ehemals J 35D) erst 1988 erhalten hat, wird diese noch lange im Einsatz behalten; die Maschinen erhielten 1993 die AIM-9-Bewaffnungsmöglichkeit, da es Österreich aufgrund von post-WWII-Auflagen bis dahin verboten war, Raketenbewaffnung an seinen Flugzeugen zu führen. Angesichts des Balkankonfliktes bedeutete die Aufhebung dieser Auflage für Österreich eine willkommene Verstärkung des Luftraumschutzes.

Erkennungsmerkmale:

- Doppeldeltaflügel mit integrierten, ovalen Lufteinläufen, Mitteldecker,
- Flügel V-neutral, Knick in der Flügelhinterkante
- niedriges, gepfeiltes Seitenleitwerk
- stark gepfeilte Seitenleitwerkvorderkante, Sonde am oberen Ende
- einstrahlig; Triebwerk/Jetpipe nach hinten versetzt
- spitziges Radom mit Sonde; neuere Versionen: mit IR-Sensor unter dem Bug
- integriertes Canopy; eine flügelartige Antenne vor dem Seitenleitwerk
- Ausbuchtung unter dem Rumpfheck (für Hilfsfahrwerk)

Ähnliche Flugzeuge	Seite	Unterschiede zur SAAB 35 DRAKEN
MIRAGE IIIS	50	- einfacher Deltaflügel, Tiefdecker, wenig V-negativ - ohne Knick in der Flügelhinterkante - halbrunde Lufteinläufe am Rumpf, mit Konus - Canards an den Lufteinläufen; keine zurückgesetzte Jetpipe - scharfkantiges Seitenwerk ohne Sonde, weniger gepfeilte Vorderkante - längerer Behälter unter dem Heck; keine Antenne auf dem Rumpf - Bug weniger spitzig
MIRAGE 2000	56	- einfacher Deltaflügel, Tiefdecker, wenig V-negativ - Flügel ohne Knick in der Hinterkante, mit ausfahrbaren Vorflügeln - halbrunde Lufteinläufe am Rumpf, mit Konus - kleine Steuerflächen an den Lufteinläufen - Seitenwerk in »MIRAGE«-Form mit zwei Antennen, ohne Sonde - keine Ausbuchtung unter dem Heck; keine zurückgesetzte Jetpipe - meistens mit Luftbetankungssonde; keine Antenne auf dem Rumpf
VIGGEN	130	- einfacher Deltaflügel mit Knick und Sägezahn in der Vorderkante - Tiefdecker; Canards an den Lufteinläufen - bananenförmige Lufteinläufe neben dem Rumpf - Seitenleitwerk kürzer und höher, weiter hinten befestigt - Schubumkehrer und rückwärtsgerichtete Antenne am Heck - bulligerer Rumpf mit »Höcker«; keine Antenne auf dem Rumpf - eine Kielflosse unter dem Rumpfheck
GRIPEN	132	- einfacher Delta mit Sägezahn, AAM-Pylonen-Enden - Mitteldecker; V-positive Canards an den Lufteinläufen - rechteckige Lufteinläufe neben dem Rumpf - kürzeres, trapezförmiges Seitenleitwerk mit vorwärtsgerichteten Antennen - aufgesetztes, längeres Canopy; nur eine kleine Antenne auf dem Rumpf - längere Jetpipe, weniger weit zurückgesetzt - keine Ausbuchtung unter dem Heck

Bemerkung: Vergleiche auch CHEETAH (S. 22), MIRAGE 5/50 (S. 52), RAFALE (S. 60), EF2000 (S. 66), KFIR (S. 72) etc.

SAAB 37 VIGGEN

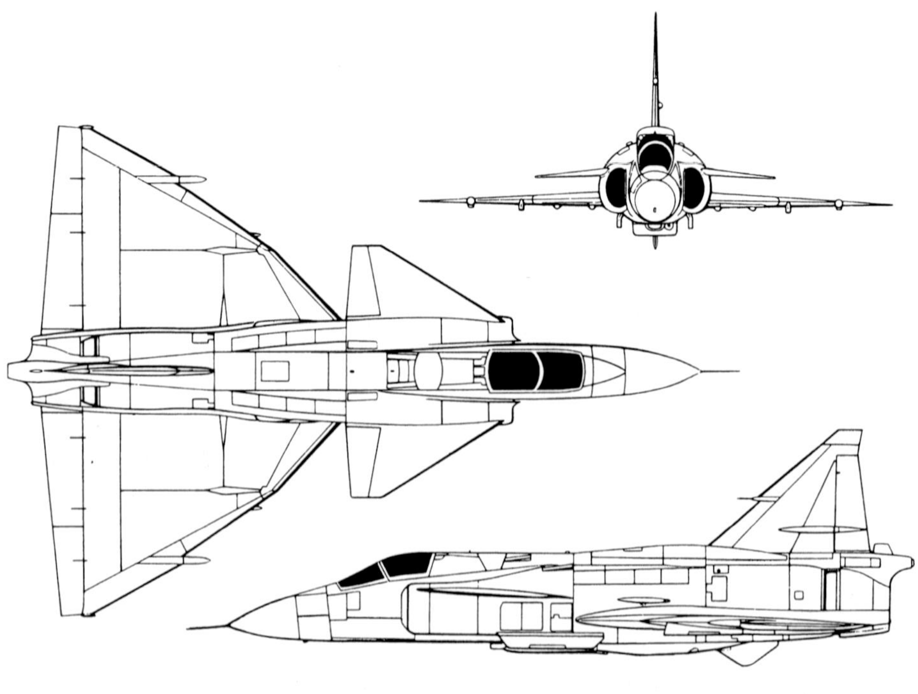

Hersteller:	SAAB-Aerospace
Ursprungsland:	Schweden
Einsatzrolle:	einsitziger Allwetterabfangjäger (JA 37)
	einsitziger Jagdbomber/See- und Fotoaufklärer (AJS/AJSH/AJSF 37)
	zweisitziger Kampftrainer (Sk 37) und ECM-Trainer (Sk 37E)
Erstflug:	8. Februar 1967 (AJ 37)
Triebwerk:	ein Turbofan Volvo Flygmotor RM8A mit 115.8 kN Schub (AJS) oder
	ein Turbofan Volvo Flygmotor RM8B mit 125.1 kN Schub (JA)
	(jeweils P&W JT8D-22-Lizenzen mit schwedischem Nachbrenner)
Massen:	leer 7200 kg
	normal take-off 15000 kg
	max. take-off 17000 kg (Abfangmission); 20500 kg (Angriffsmission)
Abmessungen:	Spannweite: 10.60 m Länge: 16.40 m Höhe: 5.90 m
Flugleistungen:	V_{max} ohne Lasten auf 10975 m: 2135 km/h / Mach 2
	Steigrate auf Seehöhe: 203 m/s
	Dienstgipfelhöhe: 18300 m
	Einsatzradius hi-lo-hi: 1000 km (Angriffsmission)
Bewaffnung:	max. Tragfähigkeit: 6000 kg
	plus eine 30 mm Oerlikon KCA-BK (nur JA)
	Rb24 Sidewinder AAMs, Rb71 SkyFlash AAMs, Rb04E AShMs, RBS15 AShMs, Rb75 (AGM-65) Maverick ASMs, GPBs, CBUs, Behälter für ungelenkte A/G-Raketen, Aufklärungs-, Chaff/Flare- und ECM-Behälter, Zusatztanks
Betreiberland:	Schweden

Bereits in den 50er Jahren begannen bei SAAB die Vorprojektierungen für den DRAKEN-Nachfolger der schwedischen Luftwaffe. Die Anforderungen, denen das neue Flugzeug entsprechen sollte, hätten auch für die amerikanische Industrie eine große Herausforderung bedeutet: Die als Typ 37 bezeichnete VIGGEN sollte als Abfangjäger, Aufklärer und Jagdbomber bei jedem Wetter einsatzfähig sein, die DRAKEN in fast allen Bereichen übertreffen und STOL-Fähigkeiten aufweisen, so daß die Maschine von 500 m-Startbahnen aus operieren konnte. 1961 startete die schwedische Regierung das Projekt.

Die SAAB-Ingenieure orientierten sich an der F-105 und der F-106 der Amerikaner, doch die schließlich gewählte Auslegung unterscheidet sich beträchtlich von diesen beiden Maschinen. Als erstes Kampfflugzeug der Welt bekam die VIGGEN die Flügelkombination Canard/Delta, wodurch sowohl die STOL-Fähigkeit als auch eine beachtliche Agilität erreicht wurden. Als Antrieb wählte man den zivilen P&W JT8D-22-Turbofan, der, mit schwedischem Nachbrenner versehen, in Lizenz bei Volvo gebaut wurde. Auffälliges Merkmal des mit RM8 bezeichneten Triebwerkes ist der Schubumkehrer.

Beeindruckend wirkt auch die Avionikausrüstung, allem voran das bei der JA 37 eingebaute Ericsson PS-46/A-Radargerät, mit welchem der VIGGEN-Pilot dank der Puls-Doppler-Technik auch tiefer fliegende Objekte ausmachen kann. Die Reichweite des Gerätes liegt bei über 50 km, weshalb die Flygvapnet ihre JA 37 mit der BVR-fähigen, halbaktiv-radargelenkten BAe SkyFlash A/A-Lenkwaffe ausrüsten ließ. Die Cockpit-Instrumentierung (HUD und zwei MFDs) der Jakt-VIGGEN würde jeden F-15C- oder MiG-29-Piloten vor Neid erblassen lassen.

Neben der bereits erwähnten JA 37 für Allwetterabfangaufgaben existieren noch weitere VIGGEN-Versionen: der Sk 37-Doppelsitzer fürs Pilotentraining, der ebenfalls doppelsitzige ECM-Trainer Sk 37E, der Jagdbomber AJS 37 sowie die beiden Aufklärer AJSF 37 (Foto) und AJSH 37 (See). Die drei letztgenannten Versionen wurden in den letzten Jahren kampfwertgesteigert. So werden sie im Stande sein, die Verspätung der Indienststellung des JAS-39 ohne Kampfkraftverlust zu überbrücken.

Im Export hatte die VIGGEN trotz hervorragender Leistungen wenig Glück. Dies ist vor allem auf die restriktive schwedische Kriegsmaterialausfuhrpolitik und, zumindest in einem Fall, auf das amerikanische Embargo in bezug auf das P&W-Triebwerk zurückzuführen. Schweden selbst kaufte insgesamt 330 aller VIGGEN-Versionen.

Erkennungsmerkmale:

- Deltaflügel mit Vorderkanten-Knick und Sägezahn/Antenne, Tiefdecker
- Flügel V-neutral, mit vorwärtsgepfeilten Hinterkanten
- hoch angesetzte, wenig V-negative, trapezförmige Canards an den Lufteinläufen
- trapezförmiges Seitenleitwerk
- JA 37: Seitenleitwerk mit Antenne/Sägezahn, Knick in der Hinterkante
- Höcker vor dem Seitenleitwerk; eine Kielflosse
- kurzes, integriertes Cockpit; spitziges Radom mit Sonde; voluminöser Rumpf
- bananenförmige Lufteinläufe neben dem Rumpf
- einstrahlig; Triebwerk mit großem Durchmesser, Ende mit Flügel bündig
- Schlitze für den Schubumkehrer ca.1 m vor Rumpfende; nicht sichtbare Jetpipe
- rückwärts gerichtete Antenne über dem Triebwerk

Ähnliche Flugzeuge	Seite	Unterschiede zur SAAB 37 VIGGEN
MIRAGE IIIS	50	- Deltaflügel ohne Knick und ohne Sägezahn/Antenne - kleinere, gepfeilte Canards - gepfeiltes,scharfkantiges Seitenleitwerk ohne Sonde - halbrunde Lufteinläufe mit Konus; keine Kielflosse - schlanker Rumpf mit Tank unter dem Heck - ohne Rumpfhöcker; ohne Schubumkehrer; schlankerer Rumpf - Triebwerk/Rumpfheck ragt über die Flügelhinterkante hinaus
RAFALE	60	- Delta ohne Knick oder Sägezahn, mit AAM-Pylonen-Enden - Mitteldecker, V-negativ; kleine, gepfeilte Canards - Seitenleitwerk in »MIRAGE«-Form, mit Antennen, ohne Sonde - ohne Rumpfhöcker; aufgesetztes, langes Canopy - Lufteinläufe 1/3-rund, seitlich neben/unter dem Rumpf und Flügel - keine Kielflosse; spitzigerer Bug - zweistrahlig; Triebwerke ragen über die Flügelhinterkante hinaus - ohne Schubumkehrer; keine Heckantenne über dem Triebwerk
DRAKEN	128	- Doppeldelta mit integrierten, ovalen Lufteinläufen - Mitteldecker mit Knick in der Hinterkante; keine Canards - längeres, gepfeiltes Seitenleitwerk; ohne Rumpfhöcker - keine Kielflosse; gepfeilte Antenne vor dem Seitenleitwerk - weiter nach hinten verschobene Jetpipe; keinen Schubumkehrer - keine rückwärtsgerichtete Antenne über dem Triebwerk
GRIPEN	132	- Deltaflügel mit Sägezahn, AAM-Pylonen an den Enden - stärker gepfeilte, kleinere Canards ,V-positiv - Mitteldecker; rechteckige Lufteinläufe - Seitenleitwerk mit einigen Antennen, senkrechte Hinterkante - schmalerer Rumpf; keine Kielflossen oder Schubumkehrer - längere Jetpipe, kleinerer Triebwerkdurchmesser - Triebwerk ragt weit über die Flügelhinterkante hinaus

Bemerkung: Vergleiche auch CHEETAH (S. 22), MIRAGE 5/50 (S. 52), MIRAGE 2000 (S. 56/58), EF2000 (S. 66), KFIR (S. 72) etc.

SAAB JAS-39 GRIPEN

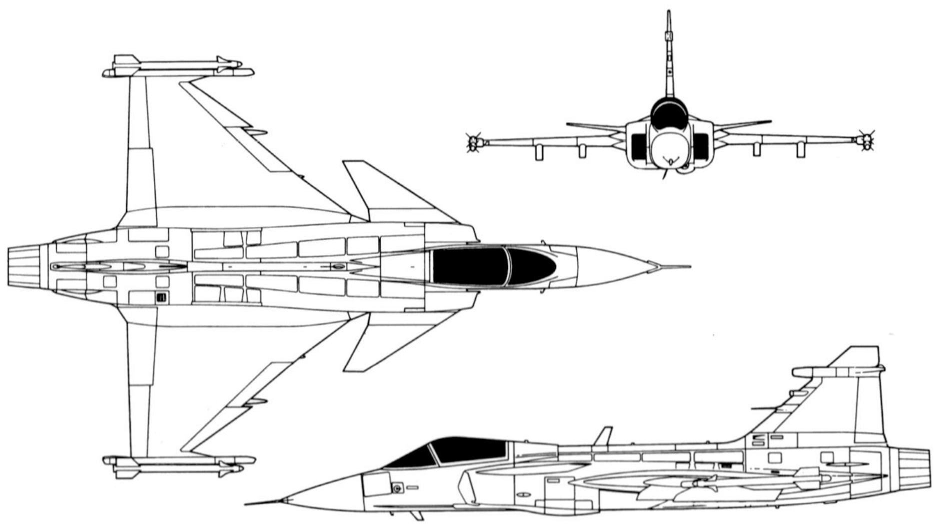

Hersteller:	SAAB-Aerospace und British Aerospace
Ursprungsland:	Schweden (Großbritannien)
Einsatzrolle:	einsitziges Mehrzweckkampfflugzeug (Jagd (J), Angriff (A), Aufklärung (S)) zweisitziger Kampftrainer
Erstflug:	9. Dezember 1988
Triebwerk:	ein Turbofan Volvo Flygmotor RM12 mit 80.5 kN Schub mit Nachbrenner (in Lizenz gebautes General Electric F404-GE-400)
Massen:	leer 6620 kg normal take-off 8000 kg max. take-off 14000 kg
Abmessungen:	Spannweite: 8.40 m Länge: 14.10 m Höhe: 4.50 m
Flugleistungen:	V_{max} ohne Lasten auf 11000 m: 2350 km/h / Mach 2.2 auf Seehöhe: 1470 km/h Steigrate auf Seehöhe: nicht bekannt Dienstgipfelhöhe: nicht bekannt Einsatzradius: ca. 600 km
Bewaffnung:	max. Tragfähigkeit: 4400 kg plus eine 27 mm Mauser-BK Rb24 (AIM-9P) Sidewinder AAMs, Rb71 SkyFlash AAMs, AIM-120 AMRAAMs, später evtl. Meteor S225X FMRAAM, Rb04E AShMs, RBS15 AShMs, Rb75 (AGM-65) Maverick ASMs, DWS-39 Abstandswaffe, Spreng- und Streubomben, Behälter für ungelenkte A/G-Raketen, FLIR-, Aufklärungs-, Chaff/Flare- und ECM-Behälter, Zusatztanks, etc.
Betreiberland:	Schweden, Südafrika

Die GRIPEN ist ein äußerst interessantes Kampfflugzeug. Wie schon mit der DRAKEN und der VIGGEN, so haben die Schweden auch mit diesem Flugzeug die Nase vorn im Kampfflugzeugbau. Zwar sind die Flugleistungen der JAS-39 denjenigen der VIGGEN auf den ersten Blick nicht überlegen, doch mißversteht man bei einem rein datenmäßigen Vergleich die eigentlichen Absichten der Flygvapnet (schwedische Luftwaffe), wollte man mit der GRIPEN doch in erster Linie ein Flugzeug in Dienst stellen, das klein, leicht zu warten und zu fliegen, agil und vor allem günstig in der Anschaffung und im Betrieb (ein Flugzeug für alle Aufgaben!) sein sollte. Deshalb investierte man einiges in die günstig zu produzierende Flugzelle, welche vorwiegend aus Verbundwerkstoffen hergestellt ist, und in die Avionik. Letztere mußte sehr umfangreich sein, wenn man bedenkt, daß jede GRIPEN die gesamte erforderliche Software für alle Aufträge (Jagd, Angriff, Aufklärung) permanent mitführt. Außerdem handelt es sich bei der GRIPEN um den ersten in Serie gebauten, aerodynamisch instabil ausgelegten Canard-Jäger der Welt, der folglich nur durch einen Flugrechner und durch das FBW-System in der Luft gehalten wird. Des weiteren verfügt die JAS-39 über die übliche Kampf-Ausrüstung, bestehend aus einem fortschrittlichen Puls-Doppler-Radar (Detektionsreichweite: über 120 km), mit dem BVR-Lenkwaffen eingesetzt und auch tiefer fliegende Ziele bekämpft werden können, drei MFDs, einem Weitwinkel-HUD und einer HOTAS-fähigen Systembedienung, etc.

Bei der GRIPEN-Konstruktion wurde viel Wert auf die Einsatzfähigkeit von 800-m-Startbahnen gelegt, wodurch das Flugzeug von Autostraßen aus autonom operieren kann. Zwar fehlt im Vergleich zur VIGGEN der nützliche Schubumkehrer, doch erfüllte SAAB diese Anforderungen mit niedrigen Anfluggeschwindigkeiten/hohen Anstellwinkeln.

Aufgrund von zwei Unfällen (1. Prototyp und 1. Serienflugzeug stürzten ab) verspätete sich die Einführung der GRIPEN bei der Flygvapnet; die erste Staffel war noch 1995 einsatzbereit. Bisher wurden 140 Maschinen fest bestellt. Ein weiteres Baulos soll den Gesamtbedarf von über 200 JAS-39 decken, wobei es sich um verbesserte GRIPEN handeln wird, die entweder das GE F414- oder das EJ200-Triebwerk erhalten sollen.

Für den Export vermarktet SAAB die GRIPEN zusammen mit BAe; in England werden auch einige Teile produziert.

Erkennungsmerkmale:

- Deltaflügel mit Sägezahn und AAM-Pylonen an den Enden, Mitteldecker, V-neutral
- stark gepfeilte Canards, an den Lufteinläufen befestigt, V-positiv
- trapezförmiges Seitenleitwerk mit senkrechter Hinterkante und Antennen/Sonde
- rechteckige Lufteinläufe, leicht abgeschrägt; etwas herausstehendes Canopy
- einstrahlig; auffällig weit nach hinten versetzte Jetpipe in Bezug auf den Flügel
- spitziger Bug mit Sonde; kleine Antenne hinter dem Cockpit
- auffällig kleines Flugzeug mit schlankem Rumpf
- lange Jetpipe; Canards voll beweglich; allgemein kleines Erscheinungsbild

Ähnliche Flugzeuge	Seite	Unterschiede zur JAS-39 GRIPEN
MIRAGE IIIS	50	- Deltaflügel ohne Sägezahn oder AAM-Pylonen-Enden, Tiefdecker - Flügel wenig V-negativ - kleinere, unbewegliche Canards, V-neutral - scharfkantiges, gepfeiltes Seitenleitwerk ohne Sonde - eine Rückwärtsantenne am Seitenleitwerk - halbrunde Lufteinläufe mit Konus - kürzere Jetpipe; kürzeres, integrierteres Canopy - keine Antenne hinter dem Cockpit - Tank unter dem Heck
RAFALE	60	- Deltaflügel ohne Sägezahn, V-negativ - Canards V-neutral und kleiner - Seitenleitwerk in »MIRAGE«-Form, mit Vorwärts-/Rückwärts-Antennen - keine Antenne hinter dem Cockpit; keine Sonde am Seitenleitwerk - Lufteinläufe 1/3-rund, seitlich unter den Flügeln/dem Rumpf - zweistrahlig; kürzere Jetpipes; Abstand Flügel/Jetpipes kleiner - aufgesetztes, längeres Canopy; spitzigeres Radom
DRAKEN	128	- Doppeldelta mit integrierten ovalen Lufteinläufen - Knick in der Flügelhinterkante, ohne Sägezahn - keine Canards, längeres, gepfeiltes Seitenleitwerk - integrierteres, kürzeres Canopy - größere Antenne hinter dem Cockpit - Jetpipe nicht sichtbar
VIGGEN	130	- Deltaflügel mit Vorderkanten-Knick und Antenne, Tiefdecker - Canards trapezförmig, V-negativ und größer - Seitenleitwerk mit weniger Antennen; Rumpfhöcker vor dem Seitenleitwerk - kürzeres, integrierteres Canopy; bulligerer Rumpf; eine Kielflosse - bananenförmige Lufteinläufe; Schubumkehrer am Heck - Heck (Triebwerk/Flügel) bündig; herausstehende Heckantenne

Bemerkung: Vergleiche auch CHEETAH (S. 22), MIRAGE 5/50 (S. 52), MIRAGE 2000 (S. 56/58), EF2000 (S. 66), KFIR (S. 72), etc.

Sepecat JAGUAR

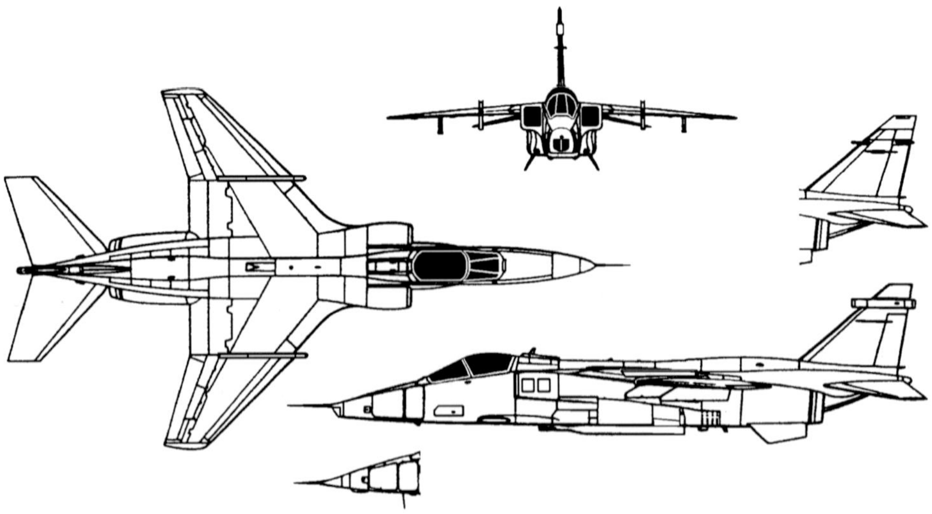

Hersteller:	Sepecat (früher Bréguet/BAC; heute Dassault/BAe)	
Ursprungsländer:	Frankreich, Großbritannien	
Einsatzrolle:	einsitziger Allwetterjagdbomber und Aufklärer (A; GR.1A/GR.3) zweisitziger Kampftrainer (E; T.2)	
Erstflug:	8. September 1968	
Triebwerk:	zwei Turbofans Rolls-Royce / Turboméca Adour Mk 102 mit 32.5 kN (JAG A) oder Mk 104 mit je 37.4 kN (JAG GR.1A) Schub, jeweils mit Nachbrenner	
Massen:	leer	7000 kg
	normal take-off	10955 kg
	max. take-off	15700 kg
Abmessungen:	Spannweite: 8.69 m Länge: 15.52 m Höhe: 4.89 m	
Flugleistungen:	V_{max} ohne Lasten auf 10975 m:	1699 km/h / Mach 1.6
	auf Seehöhe:	1350 km/h
	Steigrate auf Seehöhe:	180 m/s
	Dienstgipfelhöhe:	ca. 14000 m
	Einsatzradius hi-lo-hi:	850 km (Angriffs-Mission)
Bewaffnung:	max. Tragfähigkeit:	4760 kg
	plus zwei 30 mm DEFA/ADEN-BKs AIM-9 Sidewinder oder Magic 2 AAMs, Sea Eagle AShMs, AS30L Laser ASMs, AS37 Martel oder ALARM ARMs, LGBs, BAP-100 oder Durandal Anti-Pisten-Waffen, Spreng- und Streubomben, Behälter für ungelenkte A/G-Raketen, TIALD- und Aufklärungsbehälter, ECM-Behälter, Chaff-/Flare-Pods, Zusatztanks, etc..	
Betreiberländer:	Ecuador, Frankreich, Großbritannien, Indien, Nigeria, Oman	

Ursprünglich als Fortgeschrittenentrainer und Nahunterstützungsflugzeug von einem britisch-französischen Konsortium geplant, resultierte schließlich aus dem SEPECAT-Projekt ein schlagkräftiges Angriffsflugzeug mit einer komplexen Allwetter-Avionik, was vor allem die RAF (ihr TSR.2-Angriffsflugzeug war törichterweise gestrichen worden) dringendst benötigte. Sowohl Frankreich wie Großbritannien bestellten den Jagdbomber in beachtlichen Stückzahlen, und beide Länder haben im Golfkrieg und an anderen Kriegsschauplätzen der Welt ausgiebig Gebrauch von den Fähigkeiten des JAGUAR gemacht und dessen Potential bewiesen.

Der JAGUAR ist im Stande, eine schwere Waffenlast punktgenau ins Ziel zu bringen, ohne daß der Pilot dieses je gesehen hat. Das Waffenspektrum ist äußerst breit und verhilft der Maschine zu einer großen Flexibilität. Sofern sie nicht allzu schwer beladen ist, lassen sich sogar die Leistungen im Luftkampf sehen: Bei »Red Flag«-Übungen haben schon viele RAF-JAGS die F-5E-Aggressoren ausgekurvt und danach den Jäger zum Gejagten gemacht. Um dem Flugzeug in dieser Hinsicht mehr Durchsetzungsvermögen zu verleihen, verfügen die RAF-JAGUAR über AAM-Pylonen über den Flügeln.

Die Angriffsavionik der britischen JAGUAR (GR.1A) ist komplexer als diejenige der französischen (A), da sie für den Einsatz bei schlechtem europäischen Wetter ausgelegt wurde während die Franzosen ihre Maschinen vorwiegend in Afrika im Verbund mit der Fremdenlegion einsetzen und ihre Avionik deshalb mehr auf Zuverlässigkeit bei schlechten Wartungsbedingungen ausgelegt ist. Trotzdem können die JAGUAR A die schlagkräftige AS30L Laser A/G-Lenkwaffe verwenden. Außerdem ist der JAGUAR das einzige adla-Flugzeug, das mit der AS37 Martel ARM die SEAD-Rolle übernehmen kann.

Zur Standardausrüstung des JAGUAR der RAF und der Exportkunden gehören RWR, INS, LRMTS, Chaff/Flare-Dispenser und ECM-Pods. Eine wichtige Aufgabe im Einsatzspektrum des JAG ist die Aufklärung, wofür er verschiedene Aufklärungsbehälter mitführen kann.

Die RAF und Oman modifizieren das Flugzeug mit ansehnlichem Aufwand. Zum Programm gehören ein GPS-Empfänger, HOTAS, neue Displays, Helmvisier, TIALD-Laserzielbeleuchter, ASRAAM- und PGM-Kompatibilität. Damit kann das Flugzeug präzis Ziele bekämpfen und ist auch gegen gegnerische Jäger gewappnet.

Einige der indischen JAGS besitzen ein Agave-Radar und Sea Eagle AShMs zur Seezielbekämpfung.

Erkennungsmerkmale:

- Pfeilflügel mit Sägezahn und Grenzschichtzaun
- Flügelhinterkante mit Übergang (Knick) gerade/gepfeilt
- Schulterdecker, V-negativ; evtl. mit AAM-Pylonen auf den Genzschichtzäunen
- Höhenleitwerke gepfeilt, kantig, auf Flügelhöhe, aber stärker V-negativ
- kantiges, gepfeiltes Seitenleitwerk, evtl. mit Antennen
- zweistrahlig; Jetpipes nach vorne verschoben; quadratische Lufteinläufe
- integriertes, kurzes Canopy; Kielflossen unter dem Rumpf, vor den Jetpipes
- Bug mit Laser-Radom (GR.1) oder spitzig (A, E, T.2); mit Sonde

Ähnliche Flugzeuge	Seite	Unterschiede zum JAGUAR
AMX	18	- schmalerer Flügel mit AAM-Pylonen-Enden, ohne Grenzschichtzäune - Höhenleitwerk abgerundet, V-neutral, tiefer als der Flügel - Seitenleitwerk weniger kantig, mit Antennen (immer) - abgerundetere Lufteinläufe, keine Kielflossen - einstrahlig; Jetpipe am Rumpfende - Bug ohne Sonde, kürzer, Canopy aufgesetzt
F-4 PHANTOM	28	- Tiefdecker, fast deltaförmiger Pfeilflügel, keinen Flügelhinterkantenknick - Flügel mit Übergang V-neutral/V-positiv (innen/außen) - Höhenleitwerk weiter oben befestigt - niedriges, langes, trapezförmiges Seitenleitwerk - längerer Rumpf; zweisitziges Cockpit; keine Kielflossen - rechteckig/abgerundete Lufteinläufe - Jetpipes weiter nach vorne verlagert
MIRAGE F1	54	- Flügel ohne Knick in der Hinterkante, ohne Grenzschichtzaun - meist mit AAM-Pylonen an den Flügelenden - runderes Höhenleitwerk, V-neutral, tiefer als die Flügel befestigt - »MIRAGE«-förmiges Seitenleitwerk - halbrunde Lufteinläufe mit Konus - spitziger, kegelförmiger Bug - einstrahlig; Jetpipe am Rumpfende - Kielflossen weiter zurückversetzt - meist mit fest installierter Luftbetankungssonde
TORNADO IDS	122	- Schwenkflügel; Höhenleitwerk tiefer als Flügel - großes Seitenleitwerk mit Lufteinlauf an der Wurzel - Tamdem-Cockpit; keine Kielflossen - abgeschrägte Lufteinläufe; Jetpipes am Rumpfheck - Radarradom relativ kurz und voluminös - voluminöserer Rumpf

Siehe auch MiG-27 (S. 90), F-1/T-2 (S. 98), TORNADO ADV (S. 118), ORAO (S. 142) etc.

Shenyang (SAC) J-/F-8 »FINBACK«

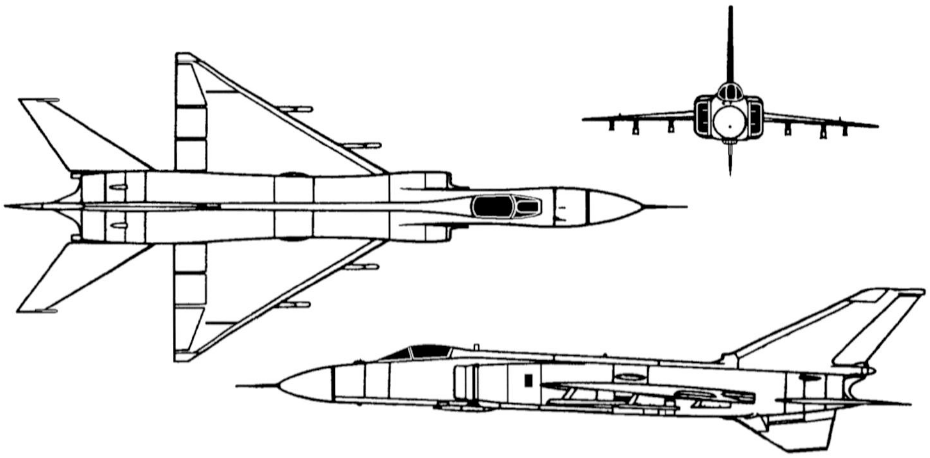

Hersteller:	staatliches Flugzeugwerk Shenyang/SAC
Ursprungsland:	VR China
Einsatzrolle:	einsitziger Abfangjäger mit sekundärer Jagdbombertauglichkeit
Erstflug:	5. Juli 1969 (J-8) 12. Juni 1984 (J-8II/F-8B)
Triebwerk:	zwei Turbojets Liyang (LMC) Wopen-13A mit je 65.9 kN Schub mit Nachbrenner (alle verfügbaren Daten für J-8II)
Massen:	leer 9820 kg normal take-off 14300 kg max. take-off 17800 kg
Abmessungen:	Spannweite: 9.34 m Länge: 21.59 m Höhe: 5.41 m
Flugleistungen:	V_{max} ohne Lasten auf 10975 m: 2340 km/h / Mach 2.2 Steigrate auf Seehöhe: 200 m/s Dienstgipfelhöhe: 20200 m Einsatzradius: 800 km
Bewaffnung:	max. Tragfähigkeit: 4000 kg plus zwei Zweirohr-23 mm BKs PL-2B, PL-5, PL-7 oder R-73 »Archer« SRAAMs, PL-10, R-27 »Alamo« oder R-77 »Adder« MRAAMs, HF-16B-Pod mit ungelenkten 57 mm-A/A-Raketen, diverse Spreng- und Streubomben, Behälter für ungelenkte A/G-Raketen, Zusatztanks, etc.
Betreiberland:	VR China

Dieses Flugzeug wurde von den Chinesen in Anlehnung an den russischen Kampfflugzeug-Prototypen Mikoyan Je-152 konstruiert und gebaut. Genau wie die Maschine des Nachbarlandes, so hatte auch der J-8-Prototyp einen Deltaflügel und einen zentralen Lufteinlauf mit Konus, wodurch er stark an die MiG-21 erinnerte. Nach dem Erstflug wurde die Produktion aus politischen Gründen lange hinausgezögert. Die schließlich zu Beginn der 80er Jahre in Produktion gegangene J-8I wies gegenüber dem Prototypen verschiedene Verbesserungen in den Bereichen Avionik (vergrößerter Konus für ein modifiziertes Radar, allwettertaugliche Navigations- und Feuerleiteinrichtung etc.), Aerodynamik und Cockpit (bessere Sicht für den Piloten) auf. Für chinesische Maßstäbe wurden aber nur wenige Flugzeuge dieses Typs produziert, denn er erreichte nicht die geforderten Leistungen. Eine weiter verbesserte Variante der J-8 wurde 1981 in Angriff genommen mit dem Ziel, die Erwartungen doch noch zu erfüllen. Die J-8II weist gegenüber der -I folgende Veränderungen auf: zwei seitliche Lufteinläufe für den Luftkonsum der stärkeren Triebwerke; eine beiklappbare, einzelne Kielflosse unter dem Rumpfheck; ein großes Radarradom für das Puls-Doppler-Radar; eine verstärkte AAM-Bewaffnung; eine aufdatierte Avionik mit HUD und HDDs. Von der Ähnlichkeit mit der MiG-21 blieb nicht mehr viel übrig, und das Flugzeug gleicht eher der Su-15 »FLAGON« der ersten Generation. Ob sie die Staffeln der chinesischen Luftwaffe je erreicht hat, ist nicht ganz klar, denn verschiedene Quellen widersprechen sich in dieser Hinsicht. Es existieren aber Fotos, die eindeutig J-8II der chinesischen Luftwaffe zeigen. Dabei könnte es sich aber auch um Experimentalflugzeuge oder Prototypen handeln.

1987 tat sich SAC mit Grumman zusammen, um den J-8II mit amerikanischer Avionik auszurüsten. Das vorgesehene Flugzeug hätte unter anderem das APG-66-Radar der F-16A und zahlreiche andere westliche Avionik- und Ausrüstungsbestandteile erhalten, wäre es fertiggestellt worden. Das Massaker auf dem »Platz des himmlischen Friedens« 1989 beendete die Kooperation, und als die Amerikaner nach dem Golfkrieg wieder ins Projekt einsteigen wollten, zeigte sich die chinesische Regierung an der Kooperation nur noch wenig interessiert. Sie hatte inzwischen ihre Beziehungen zu Rußland verbessert und Su-27 »FLANKER« bestellt – zweifellos ein Flugzeug, das trotz der amerikanischen Avionik bei weitem leistungsfähiger als die J-8II ist. Das Projekt wurde schließlich als eingestellt gemeldet.

Durch die Indienststellung und vor allem durch die Lizenzfertigung der FLANKER hat aber auch das FINBACK-Programm positive Impulse erhalten. Die Maschine soll nun mit russischer Avionik (u.a. dem Radar der MiG-29M) und Bewaffnung auf Vordermann gebracht werden (Bezeichnung: F-8IIM). Der Grund dafür ist der, daß neben den FLANKERN auch noch ein einheimisches Kampfflugzeug zur Verfügung stehen soll. Das Foto zeigt eine derart aufdatierte F-8IIM.

Erkennungsmerkmale:

- Deltaflügel mit kleinem Grenzschichtzaun, Mitteldecker, wenig V-negativ
- stark gepfeiltes, schmales Höhenleitwerk auf Flügelhöhe befestigt
- geschoßförmige Anti-Flatter-Gewichte an den Höhenleitwerkenden
- großes, gepfeiltes Seitenleitwerk mit kleinem Lufteinlauf an der Wurzel
- rechteckige, gerade Lufteinläufe
- kurzes, integriertes Canopy
- Bug mit Radarradom und Sonde
- zweistrahlig; beiklappbare, einzelne Kielflosse unter dem Heck
- langer Rumpf bei kleiner relativer Spannweite; kantige Gesamterscheinung
- Verhältnis Spannweite/ Rumpflänge ca. 0.44

Ähnliche Flugzeuge	Seite	Unterschiede zur J-8II »FINBACK«
J-/F-7	48	- Höhenleitwerk breiter, kleinere Spannweite - kleineres Seitenleitwerk ohne Lufteinlauf an der Wurzel - eine kleinere, abgerundete, nicht klappbare Kielflosse - einstrahlig - ein zentraler Lufteinlauf mit kurzem Konus - Sonde oberhalb/unterhalb des Lufteinlaufes - Verhältnis Spannweite/Rumpflänge größer (ca. 0.5)
MiG-21	84	- Höhenleitwerk breiter, kleinere Spannweite - breiteres Seitenleitwerk ohne Lufteinlauf an der Wurzel - eine kleinere, abgerundete, nicht klappbare Kielflosse - einstrahlig - zentraler Lufteinlauf mit großem Konus - Sonde über dem Lufteinlauf (versetzt) - Verhältnis Spannweite/Rumpflänge größer (ca. 0.5) - Canopy integrierter, mit aufgesetztem Rückspiegel
A-/Q-5	104	- Pfeilflügel mit großen Grenzschichtzäunen - Höhenleitwerk höher angesetzt als der Flügel - kleineres Seitenleitwerk ohne Lufteinlauf an der Wurzel - halbrunde, längliche Lufteinläufe - zwei kleinere, nicht klappbare Kielflossen - kürzerer, spitzigerer Bug - Verhältnis Spannweite/Rumpflänge größer (ca. 0.6)

SOKO G-2 GALEB & J-21 JASTREB

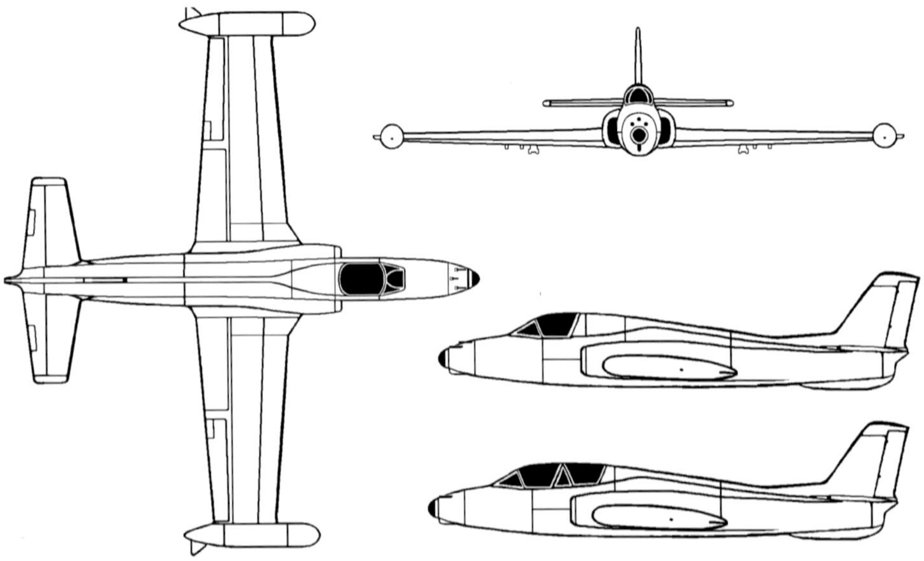

Hersteller:	SOKO Metalopreradivacka Industrija
Ursprungsland:	ehem. Jugoslawien
Einsatzrolle:	G-2: zweisitziger Fortgeschrittenentrainer mit Bewaffnungsmöglichkeit J-21: einsitziges leichtes Erdkampf- und Aufklärungsflugzeug
Erstflug:	Mai 1961 (G-2)
Triebwerk:	ein Turbojet Rolls-Royce Viper Mk.22-6 mit 11.1 kN Schub ohne Nachbrenner (G-2) ein Turbojet Rolls-Royce Viper Mk.531 mit 13.4 kN Schub ohne Nachbrenner (J-21)
Massen:	leer 2620 kg (G); 2820 kg (J) normal take-off 3400 kg max. take-off 4180 kg (G); 4460 kg (J)
Abmessungen:	Spannweite: 10.47 m Länge: 10.34 m Höhe: 3.28 m
Flugleistungen:	V_{max} ohne Lasten hoch: 820 km/h Steigrate auf Seehöhe: 22.8 m/s Dienstgipfelhöhe: 12000 m Einsatzradius hi-hi-hi: ca.500 km
Bewaffnung:	max. Tragfähigkeit: 300–800 kg plus zwei bzw. drei 12.7 mm MGs leichte Spreng-, Streu- und Brandbomben, Behälter für Bordkanonen oder für ungelenkte A/G-Raketen, einzelne ungelenkte 127 mm-A/G-Raketen, Aufklärungsausrüstung
Betreiberländer:	Bosnien (bosnische Serben), Ex-Jugoslawien (Serbien), Kroatien, Libyen, Sambia

Die G-2 GALEB war das erste Flugzeug mit Strahlantrieb des Vielvölkerstaates Jugoslawien. SOKO konstruierte die Maschine um das Rolls-Royce Viper-Triebwerk herum, welches in Lizenz gebaut wurde. Ausgerüstet ist die GALEB nur mit dem Nötigsten an Avionik. Die jugoslawische Luftwaffe setzte das Flugzeug vorwiegend zur Pilotenausbildung ein, wobei auch der Waffeneinsatz erlernt wurde. Die Maschinen bewährten sich im Einsatz besonders durch ihre Unkompliziertheit und Robustheit.

Die J-21 JASTREB ist eine für den Erdkampf optimierte, einsitzige Version der G-2. Ihre Avionik ist mit der schlichten Ausstattung der GALEB identisch, weshalb auch bei dieser Version ein Allwettereinsatz unmöglich bleibt. Neben dem Einbau eines stärkeren Triebwerks erhielt das Flugzeug auch Verstärkungen an der Zelle, um größere Waffenlasten mitführen zu können. Trotzdem sind die Lasten beschränkt auf weniger als eine Tonne. Die Hauptbewaffnung des Flugzeuges besteht deshalb vorwiegend aus ungelenkten A/G-Raketen sowie leichten Spreng- und Streubomben. Außerdem dürfte der gerade Flügel bei einem Angriff nicht gerade die ideale Plattform bieten.

Mit dem Zerfall des jugoslawischen Staates zu Beginn der 90er Jahre sind die übriggebliebenen Flugzeuge der Typen G-2 und J-21 zu einem großen Teil an die serbische Luftwaffe übergegangen. Einige befinden sich aber auch im Besitz der kroatischen und der bosnisch-serbischen Luftwaffe. Exportaufträge ließen sich nur sehr spärlich finden; lediglich Libyen (G-2) und Sambia (G-2 und J-21) kauften einige dieser leistungsmäßig eher bescheidenen Maschinen; über deren derzeitige Einsatzfähigkeit ist nichts bekannt.

Das im Westen wenig beachtete Dasein der JASTREB im Dienst der jugoslawischen Luftwaffe änderte sich schlagartig mit deren Einsatz gegen bosnische (-muslimische) Stellungen. Durch das Eingreifen von NATO-Kampfflugzeugen wurden einige Maschinen sowohl in der Luft als auch auf dem Boden zerstört.

Das beschränkte Budget und die auferlegte Begrenzung von Kampfflugzeugen durch die UNO zwingt die jugoslawischen Betreiber derzeit, einige G-2/J-21 stillzulegen, sie einzumotten oder gar zu verschrotten.

Erkennungsmerkmale:

- gerader Flügel mit Tanks an den Enden, Tiefdecker, wenig V-positiv
- über dem Triebwerk angesetztes, gerades Höhenleitwerk
- Verhältnis Spannweite/Rumpflänge ca. 1; Tanks mit Endenflügeln
- kleines, nur wenig gepfeiltes Seitenleitwerk mit Knick in der Wurzel
- Tamdem-Cockpit (nur G-2); eine runde Kielflosse
- einstrahlig
- länglich-halbrunde seitliche Lufteinläufe, vor dem Flügel angesetzt
- stumpfer Bug mit zwei/drei herausstehenden MG-Laufmündungen

Ähnliche Flugzeuge	Seite	Unterschiede zur G-2/J-21
M.B.339	12	- Flügelvorderkante gepfeilt; mit Grenzschichtzaun - keine Endenflügel an den Tanks - Seitenleitwerk meist mit Antennen, ohne Wurzelknick - Lufteinläufe oval, in den Flügel integriert, wenig vorstehend - abgestuftes, aufgesetztes Cockpit - schlankerer Bug ohne Läufe; zwei kantige Kielflossen - Jetpipe und Höhenleitwerk nach hinten verschoben
L-39 ALBATROS	14	- Flügel breiter, Tanks ohne Endenflügel - Verhältnis Spannweite/Rumpf kleiner (ca. 0.75) - Lufteinläufe über dem Flügel, hinter dem Cockpit - abgerundetes Seitenleitwerk ohne Knick in der Wurzel - schlankerer Rumpf mit spitzigem Bug - keine Kielflossen; keine Bugläufe - Kanonenbehälter unter dem Rumpf
IAR-99 SOIM	24	- keine Flügelendentanks - Verhältnis Spannweite/Rumpf kleiner (ca. 0.75) - höheres und schmaleres Seitenleitwerk - rechteckige Lufteinläufe; keine Kielflosse - voluminöser Vorderrumpf mit abgestuftem Cockpit - keine MG-Läufe im spitzigeren Bug - Kanonenbehälter unter dem Rumpf
SUPER GALEB	140	- gepfeilte Flügel mit Knick in der Vorderkante - V-negatives, gepfeiltes Höhenleitwerk - höheres, stärker gepfeiltes Seitenleitwerk - Grenzschichtzaun auf der Flügeloberseite - Verhältnis Spannweite/Länge kleiner; eckige Kielflosse - halbrunde Lufteinläufe - Sonde an der Bugspitze; weniger stumpfer Bug ohne MG-Läufe

Siehe auch z.B. AMX (S. 20), HAWK (S. 40), HAWK 200 (S. 42), C.101 AVIOJET (S. 46), T-4 (S. 74), MiG-AT (S. 96), K-8 (S. 102) etc.

SOKO G-4 SUPER GALEB

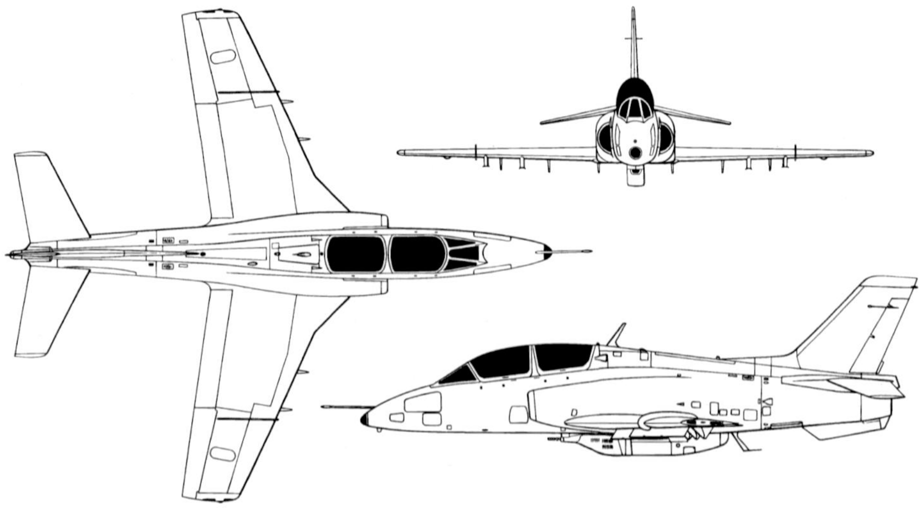

Hersteller:	SOKO Metalopreradivacka Industrija
Ursprungsland:	ehemaliges Jugoslawien
Einsatzrolle:	zweisitziger Fortgeschrittenentrainer und leichtes Erdkampfflugzeug
Erstflug:	17. Dezember 1978
Triebwerk:	ein Turbojet Rolls-Royce Viper Mk.632 mit 17.8 kN Schub ohne Nachbrenner
Massen:	leer 3200 kg normal take-off 4400 kg max. take-off 6300 kg
Abmessungen:	Spannweite: 9.88 m Länge: 11.86 m Höhe: 4.30 m
Flugleistungen:	V_{max} ohne Lasten auf 6000 m: 910 km/h Steigrate auf Seehöhe: 33 m/s Dienstgipfelhöhe: 13000 m Einsatzradius hi-hi-hi: 500 km
Bewaffnung:	max. Tragfähigkeit: 2000 kg eine zweiläufige 23 mm-Kanone im Unterrumpfbehälter, diverse Spreng-, Streu- und Brandbomben (z.B. BL-755 CBU), Behälter für ungelenkte A/G-Raketen, einzelne ungelenkte 127 mm-A/G-Raketen, Aufklärungsbehälter, Zusatztanks, AGM-65
Betreiberländer:	Bosnien (bosnische Serben), Ex-Jugoslawien (Serbien), Kroatien, Myanmar

Genau wie bei ihrer Vorgängerin G-2, so handelt es sich auch bei der G-4 SUPER GALEB um ein relativ unbekanntes Kampfflugzeug, dessen Primäraufgabe die Pilotenschulung ist. Dem möglichen Waffeneinsatz scheint aber mehr Gewicht beigemessen worden zu sein als bei der G-2. Die Vermutung, daß es sich nur um eine Verbesserung der älteren GALEB handle, erweist sich schon bei der Betrachtung als falsch: der Rumpf und die Flügel sind von Grund auf neu konstruiert worden. Lediglich das Rolls-Royce-Viper-Triebwerk ist gleich geblieben, es findet aber eine stärkere Variante Verwendung. Der Grund für die erneute Wahl des für heutige Maßstäbe ziemlich unwirtschaftlichen Viper scheint dessen Zuverlässigkeit, seine starke Verbreitung und die Tatsache zu sein, daß die Jugoslawen diese Strahlturbinen selber in Lizenz produzieren und auch leistungsmäßig verbessern können. Von der Auslegung her ähnelt die SUPER GALEB dem britischen HAWK stark. Die Konstrukteure haben sich wahrscheinlich an diesem erfolgreichen Jettrainer orientiert: Die Maschine ist ebenfalls ein pfeilflügeliger Tiefdecker; aber auch das hoch angesetzte, V-negative Höhenleitwerk und die Position der Luftbremse scheinen diese Hypothese zu stützen.

Bis Ende der 80er Jahre war SOKO nicht in der Lage, neben Myanmar (20 Stück) einen weiteren Exportkunden für die G-4 zu gewinnen, obwohl einige Quellen auf starkes Interesse aus Dritte-Welt-Ländern verweisen. In der Tat ist die SUPER GALEB erstaunlich leistungsfähig, in den Händen von Pilotenschülern gutmütig und durchaus mit westlichen Mustern wie der MB.339 zu vergleichen. Derzeit sind aber sowohl die Produktions- wie auch die Exportmöglichkeiten wegen des Balkankonfliktes stark eingeschränkt. Die Produktionsanlagen beispielsweise befanden sich in Mostar, einer ziemlich geschundenen, ja geteilten Stadt; inzwischen sind sie aber nach Serbien verlegt worden.

Als Waffenplattform scheint die SUPER GALEB vor allem in der Nahunterstützung ein ansehnliches Potential zu haben. Dank dem guten Handling soll die Maschine in dieser Rolle der MiG-21 überlegen sein. Sie ist zudem fähig, die amerikanische AGM-65 ASM und die britische BL-755 CBU einzusetzen.

In Westen wurde die G-4 SUPER GALEB erst richtig bekannt durch den Abschuß von vier Exemplaren durch zwei amerikanische F-16C FIGHTING FALCON am 28. Februar 1994. Die NATO-Jets stießen bei einem »Deny-Flight«-Kontrollflug auf fünf G-4, die gerade Bodenstellungen der bosnischen Regierungstruppen beschossen. Darauf eröffneten die FALCONS das Feuer. Nur eine einzige G-4 entkam.

Erkennungsmerkmale:

- Pfeilflügel mit Knick in der Vorderkante, Tiefdecker, wenig V-positiv
- Grenzschichtzaun auf den Flügeln
- Höhenleitwerk gepfeilt, höher als der Flügel angesetzt, V-negativ
- gepfeiltes Seitenleitwerk mit Wurzelknick, oberes Ende abgeschrägt
- zweisitziges Tandemcockpit, wenig abgestuft; halbrunde Lufteinläufe
- einstrahlig; einzelne Kielflosse unter dem Rumpfheck
- voluminöser Rumpf, stumpfer Bug mit aufgesetzter Sonde
- schmales Rumpfheck; meistens BK-Unterrumpfbehälter
- Canopy eindeutig getrennt

Ähnliche Flugzeuge	Seite	Unterschiede zur G-4 SUPER-GALEB
M.B.339	12	- Flügelhinterkante gerade, -vorderkante nur wenig gepfeilt - oft mit Flügelendentanks; ovale, in den Flügeln integrierte Lufteinläufe - große Spannweite; Höhenleitwerk gerade, V-neutral - Seitenleitwerk ohne Wurzelknick - schlankerer Rumpf, Bug spitziger und ohne Sonde - Cockpit stärker abgestuft; Canopy nicht getrennt - Jetpipe weit nach hinten gezogen; zwei Kielflossen
AMX-T	20	- Schulterdecker, V-negativ, Flügelenden mit AAM-Pylonen - Flügelvorderkante ohne Knick; Höhenleitwerk tiefer als die Flügel - Lufteinläufe rechteckig/abgerundet - Seitenleitwerk mit je einer Antenne hinten/vorne - aufgesetztes, nicht getrenntes Canopy - keine Kielflosse; weniger schmales Rumpfheck - Bug spitziger, ohne Sonde
IAR-99 SOIM	24	- gerader Flügel, ohne Knick in der Vorderkante, ohne Grenzschichtzäune - Höhenleitwerk gerade, V-neutral - Seitenleitwerk mit ausgeprägterer Wurzel - Sonde auf der Spitze; keine Kielflosse - rechteckige Lufteinläufe
HAWK	40	- Flügelvorderkante ohne Knick; Flügelenden abgerundet - abgerundete Höhenleitwerkenden - »Hawker«-Seitenleitwerk - zwei kleine Kielflossen; Bug spitziger - schmalerer, aber kompakterer Rumpf - Canopy nicht getrennt; Cockpit stärker abgestuft
K-8 KARAKORUM	102	- gerader Flügel, ohne Knick in der Vorderkante, ohne Grenzschutzzäune - gerades Höhenleitwerk, V-neutral - Seitenleitwerk weniger gepfeilt, oberes Ende horizontal - rechteckig/abgerundete Lufteinläufe; keine Kielflosse - Rumpf weniger voluminös - Canopy nicht getrennt

Siehe auch z.B. ALBATROS (S. 14), A-4 SKYHAWK (S. 26), C.101 AVIOJET (S. 46), T-4 (S. 74), MiG-AT (S. 96) etc.

SOKO/Avioane J-22/ IAR-93 ORAO

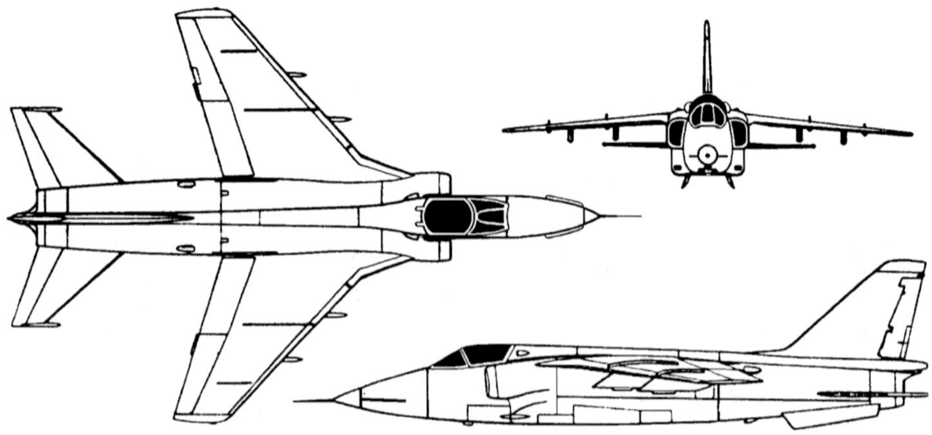

Hersteller:	SOKO Metalopreradivacka Industrija und Avioane
Ursprungsländer:	ehem. Jugoslawien und Rumänien
Einsatzrolle:	J-22/IAR-93B: einsitziger, leichter Jagdbomber und Nahunterstützungsflugzeug IJ-22/IAR-93A: einsitziger Photoaufklärer NJ-22/IAR-93A/B: zweisitziger Kampftrainer
Erstflug:	Einsitzer: 31. Oktober 1974 Zweisitzer: 29. Januar 1977
Triebwerk:	zwei Turbojets Rolls-Royce Viper Mk 632-41 mit je 17.8 kN Schub ohne Nachbrenner oder zwei Turbojets Rolls-Royce Viper Mk 633-47 mit je 22.3 kN Schub mit Nachbrenner
Massen:	leer 5500 kg normal take-off 8300 kg max. take-off 11100 kg
Abmessungen:	Spannweite: 9.30 m Länge: 14.90 m Höhe: 4.52 m
Flugleistungen:	V_{max} ohne Lasten auf 6000 m: 1160 km/h Steigrate auf Seehöhe: 66 m/s Dienstgipfelhöhe: 13600 m Einsatzradius hi-lo-hi: 450 km
Bewaffnung:	max. Tragfähigkeit: 2800 kg plus zwei 23 mm GSh-23-BKs AGM-65A Maverick ASMs, Grom (AS-7 Kerry) ASMs, Durandal-Antipisten-Waffe, Sprengbomben und Streubomben diversen Kalibers, Behälter für ungelenkte A/G-Raketen, einzelne ungelenkte 127 mm-A/G-Raketen, Aufklärungsausrüstung, Zusatztanks, etc.
Betreiberländer:	Bosnien (bosnische Serben), Ex-Jugoslawien (Serbien), Rumänien

Um von der damaligen UdSSR unabhängiger zu werden, beschlossen die Rumänen und die Jugoslawen, das von ihren beiden Luftwaffen geforderte Nahunterstützungsflugzeug ORAO gemeinsam zu entwickeln und zu bauen. Selbstverständlich konnten die beiden Länder, welche nicht gerade als technologische Spitzenreiter gelten, nicht alle Komponenten neu konstruieren. So übernahm man das schon lange in Jugoslawien verwendete Rolls-Royce Viper-Triebwerk. In der ersten Produktionsphase verwendete man eine reine Trockenschubversion, während die verbesserte J-22/IAR-93B, welche an den nach vorne gezogenen Flügelwurzeln erkennbar ist, zusätzlich mit Nachbrennern ausgerüstet wurde. Daraus resultierte zwar eine deutliche Erhöhung der Steigleistung, doch die Höchstgeschwindigkeit konnte nicht über die Schallgrenze hinaus gehoben werden. Außerdem erhöhte sich der Treibstoffverbrauch, welcher aufgrund der Turbojet-Konstruktion des Viper sowieso schon ziemlich hoch ist.

Äußerlich ähnelt die ORAO dem JAGUAR und der Mitsubishi F-1, was darauf zurückzuführen ist, daß sich die Konstrukteure stark am anglo-französischen Jagdbomber orientierten. Diverse Spezifikationen stimmen auch mit denjenigen des JAG überein, so zum Beispiel auch die geforderte Fähigkeit, von unbefestigten Pisten aus operieren zu können.

Im Gegensatz zum JAGUAR steht dem ORAO-Piloten jedoch nur eine ziemlich dürftige Avionik zur Verfügung, was die Treffsicherheit des Flugzeuges deutlich vermindert und vor allem die Allwetterfähigkeit negativ beeinträchtigt. Das wahrscheinlich komplizierteste vorhandene Gerät scheint die Kamera-Zielvorrichtung für den Einsatz der amerikanischen TV-gelenkten AGM-65A Maverick Luft/Boden-Lenkwaffen zu sein.

Neben dieser präzisen fire-and-forget-Waffe für den Einsatz gegen Bunker oder Panzer kann die ORAO auch die russische Kh-23 verwenden, bei der es sich um eine funkgesteuerte ASM handelt. Außerdem stehen ungelenkte Raketen, GPBs und CBUs zur Verfügung, wobei hier die britische BL.755 erwähnenswert ist. Sie ist effektiv gegen Oberflächenziele.

Neben der Jabo-Haupteinsatzrolle werden ORAOs auch zur Aufklärung eingesetzt.

Erkennungsmerkmale:

- Pfeilflügel mit rumpfnahem Knick in der Vorderkante und Grenzschichtzaun
- Schulterdecker, V-negativ;
- tiefer als der Flügel angesetztes, V-neutrales Höhenleitwerk in Pfeilform
- geschoßförmige Anti-Flatter-Gewichte an den Höhenleitwerkenden
- gepfeiltes Seitenleitwerk
- seitliche Lufteinläufe mit abgerundeten äußeren Ecken, weit nach vorne gezogen
- kurzes, integriertes Canopy; spitziger Bug mit Sonde
- zwei lange Kielflossen unter dem Rumpfheck
- zweistrahlig, auffallend kleiner Rumpfquerschnitt am Rumpfende
- spitziger Konus für den Bremsschirm über den Triebwerken
- auffällige Unterrumpfverbreiterung unterhalb der Lufteinläufe

Ähnliche Flugzeuge	Seite	Unterschiede zur ORAO
AMX	20	- schlankere Flügel ohne Knick in der Vorderkante - Flügel mit AAM-Pylonen an den Enden, ohne Grenzschichtzaun - Höhenleitwerk ohne geschoßförmige Anti-Flatter-Gewichte, abgerundet - Seitenleitwerk mit Antennen nach vorne und hinten - Lufteinläufe größer, hinter dem Cockpit - Canopy aufgesetzt; Bug stumpfer, ohne Sonde - einstrahlig; keine Kielflossen; ohne Heckkonus - keine auffällige Unterrumpfverbreiterung
MIRAGE F1	54	- Flügel ohne Knick, mit Sägezahn und - Flügel meistens mit AAM-Pylonen an den Enden, ohne Grenzschichtzaun - rundere Höhenleitwerkenden ohne geschoßförmige Anti-Flatter-Gewichte - Seitenleitwerk in »MIRAGE«-Form - halbrunde Lufteinläufe mit Konus, deutlich hinter dem Cockpit - einstrahlig; langer Bug - meist mit aufgesetztem Luftbetankungsstutzen
F-1	98	- Verhältnis Spannweite/Rumpflänge viel kleiner - Flügel mit einem Sägezahn - Höhenleitwerk kantiger, V-negativ, auf Flügelhöhe befestigt - Höhenleitwerk ohne geschoßförmige Anti-Flatter-Gewichte - Seitenleitwerk trapezförmig, mit Antenne am Ende - Cockpit tiefer gezogen; kleinere Kielflossen - Lufteinläufe schlanker, weit hinter dem Cockpit - Jetpipes nach vorne verschoben
JAGUAR	134	- Flügel mit Knick nur in der Hinterkante - Höhenleitwerk kantiger, V-negativ, auf Flügelhöhe befestigt - keine geschoßförmigen Anti-Flatter-Gewichte an den Höhenleitwerkenden - Seitenleitwerk kantiger, machmal mit Antennen - Lufteinläufe quadratisch; Bug weniger spitzig; Kielflossen kürzer - Jetpipes nach vorne verschoben

Sukhoi Su-17/20/22 »FITTER«

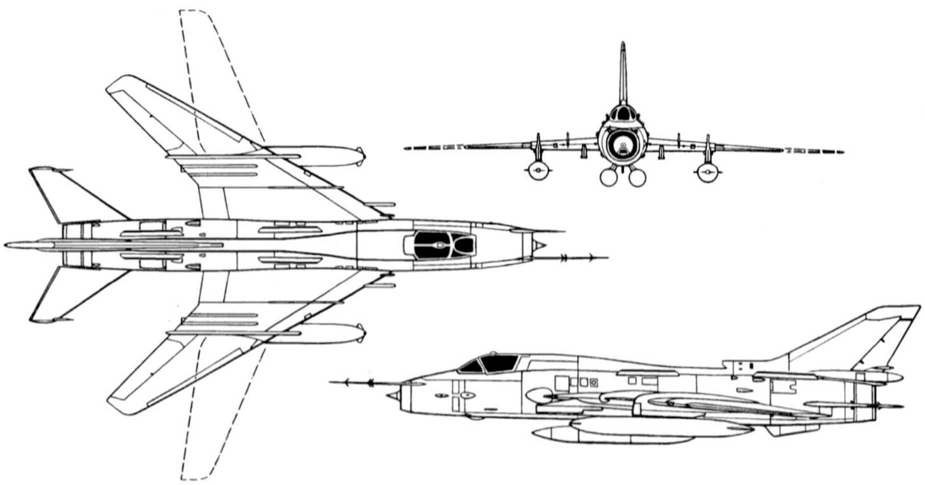

Konstrukteur:	Sukhoi OKB
Ursprungsland:	ehem. UdSSR/GUS, Rußland
Einsatzrolle:	einsitziger Jagdbomber, Nahunterstützungsflugzeug und Aufklärer zweisitziger Kampftrainer
Erstflug:	ursprüngliches Modell ohne Schwenkflügel (Su-7): 1955 Su-17: 2. August 1966
Triebwerk:	ein Turbojet NPO Saturn/Lyulka AL-21F-3 mit 110.3 kN Schub mit Nachbrenner (neuste Version Su-17/22M-4) oder ein Turbojet MNPK »Soyuz« R-29BS-300 mit 122.6 kN Schub mit Nachbrenner (Exportversion Su-20)
Massen:	leer 10500 kg normal take-off 16400 kg max. take-off 19500 kg
Abmessungen:	Spannweite: 13.70/10.00 m Länge: 18.75 m Höhe: 4.86 m
Flugleistungen:	V_{max} ohne Lasten auf 10000 m: 2200 km/h / Mach 2.1 V_{max} ohne Lasten auf Seehöhe: 1400 km/h / Mach 1.14 Steigrate auf Seehöhe: 230 m/s Dienstgipfelhöhe: 15200 m Einsatzradius hi-lo-hi: 850 km (Angriffsmission)
Bewaffnung:	max. Tragfähigkeit: 4000 kg plus zwei 30 mm NR-30 BKs R-13 Atoll- oder R-60 Aphid-AAMs, AS-7 Kerry-ASMs, weitere russische ASM-Modelle möglich, diverse Spreng- und Streubomben, Behälter für ungelenkte A/G-Raketen, Aufklärungsausrüstung, Zusatztanks, etc.
Betreiberländer:	Afghanistan, Algerien, Angola, Aserbaijan, Bulgarien, Georgien, Irak, Iran, Jemen, Libyen, Peru, Polen, Slowakei, Syrien, Tschechien, Turkmenistan, Ukraine, Usbekistan, Vietnam

Die Su-17-Familie wurde aus der pfeilflügligen Su-7 entwickelt, welche ebenfalls den NATO-Codenamen »FITTER« trug, da sich die äußerlichen Unterschiede, abgesehen von den Schwenkflügeln, auf Kleinigkeiten beschränken. Das ältere Modell ist aber inzwischen fast bei allen Betreiberländern außer Dienst gestellt worden.

Die Verbesserungen, welche die Sukhoi-Konstrukteure mit dem Wechsel zu den Schwenkflügeln und anderen Veränderungen erreichten, sind im Westen lange nicht ernst genommen und belächelt worden. Erst die Oeffnung des Ostens und die Auflösung des WAPAs förderte zu Tage, daß die Su-17 und deren Untervarianten leistungsfähige Erdkämpfer mit hoher Zuverlässigkeit, Unempfindlichkeit gegen leichtes Maschinengewehrfeuer und ansehnlicher Reichweite darstellen und in einem allfälligen Kampf mit NATO-Maschinen den West-Piloten eine böse Überraschung bereitet hätten. Zwar hatten die beiden F-14, welche 1981 über dem Golf von Syrte zwei libysche FITTER vom Himmel holten, leichtes Spiel, doch ist es auch nicht geschickt, die Su-17 als Abfangjäger einsetzen zu wollen.

Von der Avionik her gesehen ist die Su-17 ein typisches Erdkampfflugzeug. Neben einem RWR stehen dem Piloten entweder ein einfaches Entfernungsmeßradar oder ein Laserentfernungsmeßgerät zur Verfügung. Diverse zusätzliche Geräte (z.B. ECM) können in Behältern mitgeführt werden. Die Bewaffnung der FITTER besteht häufig aus ungelenkten Raketen für Nahunterstützungsaufgaben. In dieser Konfiguration flogen sie zahlreiche Missionen im Afghanistan-Konflikt. Durch die Reichweitenerhöhung im Vergleich mit der Su-7 treten zunehmend aber auch Jagdbombereinsätze in den Vordergrund. Deshalb sind oft ASMs (vor allem AS-7 Kerry) und Sprengbomben an den Su-17/22 zu finden. AAMs dienen nur zur Selbstverteidigung.

Die Bezeichungen Su-20/22 sind jene der Exportversionen der Su-17. Die neuste FITTER-Version ist die Su-17/22M-4.

Rußland hat seine Su-17 alle außer Dienst gestellt, während andere Betreiberländer ihre Fitter modernisieren. Tschechien z.B. bringt die Su-22 auf einen NATO-kompatiblen Standard.

Erkennungsmerkmale:

- Schwenkflügel, nur äußere 2/3 schwenkbar, Mitteldecker, V-neutral
- zwei große, auffällige Grenzschichtzäune an jedem Flügel (feststehender Teil)
- Höhenleitwerk pfeilförmig, V-neutral, auf Flügelhöhe
- kleine geschoßförmige Anti-Flatter-Gewichte an den Höhenleitwerkenden
- stark gepfeiltes Seitenleitwerk mit Bremsschirmbehälter an der Wurzel
- Übergang Rückenwulst-Seitenleitwerk kontinuierlich oder mit kleinem Lufteinlauf
- zentraler Lufteinlauf mit mittelgroßem, vorstehenden Konus
- Lufteinlaufdurchmesser gegen vorne stark abnehmend
- »Rohr-Rumpf« mit einem Triebwerk; eine kleine eckige Kielflosse (neuere Versionen)
- integriertes, kurzes Canopy mit aufgesetztem Rückspiegel; großer Rückenwulst
- zwei Sonden oberhalb des Lufteinlaufs

Ähnliche Flugzeuge	Seite	Unterschiede zur Su-17 »FITTER«
J-/F-7	48	- Deltaflügel, wenig V-negativ, nur kleine Grenzschichtzäune - Höhenleitwerke stärker gepfeilt - Höhenleitwerke wenig V-negativ - Seitenleitwerk weniger eckig - schmaler Rumpf - Canopy aufgesetzt; kleiner Rückenwulst - große, abgerundete Kielflosse - kontinuierlicher Übergang Rückenwulst/Seitenleitwerk - Lufteinlauf mit kleinem Konus; Bug länger - nur eine Sonde
MiG-21	84	- Deltaflügel, wenig V-negativ, nur kleine Grenzschichtzäune - Höhenleitwerke stärker gepfeilt - Höhenleitwerke wenig V-negativ - breiteres Seitenleitwerk - schmaler Rumpf - große, abgerundete Kielflosse - Übergang Rumpf/Seitenleitwerk mit Knick - Lufteinlauf mit größerem Konus - eine Sonde rechts über dem Lufteinlauf - Rumpfdurchmesser gegen vorne wenig abnehmend

Vergleiche auch: MiG-23 (S. 86), MiG-27 (S. 90), Q-5 (S. 104) usw.

Sukhoi Su-24 »FENCER«

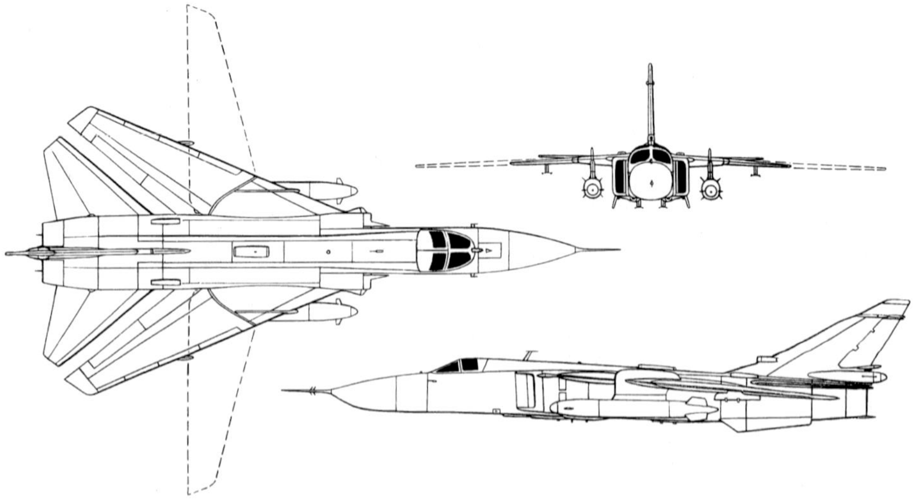

Konstrukteur:	Sukhoi OKB
Ursprungsland:	ehem. UdSSR/GUS, Rußland
Einsatzrolle:	zweisitziger Allwetter-Jagdbomber, -Bomber, -Aufklärer und EW-Flugzeug
Erstflug:	1970
Triebwerk:	zwei Turbojets NPO Saturn/Lyulka AL-21F-3A mit je 110.3 kN Schub mit Nachbrenner
Massen:	leer 19000 kg normal take-off 32000 kg max. take-off 39700 kg
Abmessungen:	Spannweite: 17.63/10.36 m Länge: 24.53 m Höhe: 4.97 m
Flugleistungen:	V_{max} ohne Lasten auf 11000 m: 2320 km/h /Mach 2.2 Steigrate auf Seehöhe: nicht bekannt Dienstgipfelhöhe: 17500 m Einsatzradius hi-lo-hi: 1100 km (Angriffsmission)
Bewaffnung:	max. Tragfähigkeit: 8000 kg plus eine 23 mm GSh-6-23M BK R-60 Aphid-AAMs, ASMs (z.B. Kh-23M, Kh-25MR/ML, Kh-29L/T, Kh-31P, Kh-58, Kh-59), LGBs und EOGBs (GBU-1500L, GBU-500), Spreng- und Streubomben mit diversen Massen, taktische Atomwaffen, Behälter mit ungelenkten A/G-Raketen, Aufklärungsbehälter, EW-Behälter, Zusatztanks
Betreiberländer:	Algerien, Aserbaijan, Iran, Irak (vermutlich alle 24 während des Golfkriegs 1991 in den Iran geflüchtet), Kasachstan, Libyen, Rußland, Syrien, Ukraine, Usbekistan, Weißrußland

Das Auftauchen der Su-24 stiftete 1974 im Westen einige Unruhe. Man hatte erkannt, daß dieses Flugzeug, beschrieben als das erste moderne sowjetische Kampfflugzeug, welches speziell für den Bodenangriff gebaut worden ist, eine echte Bedrohung bei jedem Wetter rund um die Uhr darstellte und immer noch darstellt.

Von der Auslegung her erinnert die FENCER stark an die F-111, von der Waffenlast und der Reichweite her gesehen ist sie jedoch eher das Gegenstück zur TORNADO IDS. Genau wie diese westlichen Maschinen verfügt auch sie über eine moderne Avionik, bestehend u.a. aus einem Angriffs- und einem Terrainfolgeradar, dazu ein RWR und diverse Hilfsmittel für den Einsatz der modernsten ASMs und LGBs/EOGBs russischer Herkunft. Die Avionik ist dafür ausgelegt, daß die Su-24 im Tiefflug bei Nacht und jedem Wetter gewöhnliche Sprengbomben punktgenau ins Ziel bringen kann. Angesichts der Tatsache, daß in Rußland Präzisionswaffen auch heute noch Mangelware sind, kann sich die russische Luftwaffe glücklich schätzen, mit der FENCER ein Angriffsflugzeug zu besitzen, das über solche Fähigkeiten verfügt.

Wie bei anderen Kampfflugzeugen aus der ehemaligen Sowjetunion wurden in den letzten zwanzig Jahren immer wieder neue Versionen der FENCER bei den Streitkräften eingeführt. Die ersten vier Typen (FENCER-A, -B, -C, -D) waren jeweils Bomber mit sekundärem Photoaufklärerauftrag. Die D-Version erreichte die Streitkräfte im Jahr 1983 und bedeutete eine deutliche Verstärkung, dank dem Luftbetankungsstutzen vor allem auch eine deutliche Steigerung der Flexibilität.

Die beiden neuesten Versionen sind einerseits die FENCER-E, welche für die Aufklärung mit einem SLAR bestückt ist und die Informationen über einen Data-Link »in real time« an eine Bodenstation weiterleiten kann, und andererseits die FENCER-F, eine Maschine zur elektronischen Kriegsführung. Von diesem Flugzeug existieren nur wenige Maschinen, sind sie doch aufgrund der komplexen Avionik sowohl in der Anschaffung als auch im Unterhalt sehr kostenintensiv. Beide Typen basieren auf der -D.

Nach dem Zusammenbruch des WAPA und der Reduktion der Rüstungsgelder werden die GUS-Luftstreitkräfte noch lange auf die Su-24 angewiesen sein, obwohl mit der Su-32FN/-34 bereits ein Nachfolger gefunden und entwickelt worden ist; das fehlende Geld wird die »STRIKE-FLANKER«-Einführung mit Sicherheit verzögern.

Der Export des FENCER-Waffensystems bringt immer wieder Probleme mit sich, da sich die Su-24 als schlagkräftiger Träger für Atom- oder Chemiewaffen erwiesen hat. Zumindest drei der Betreiberländer sind als gefährlich einzustufen und verfügen nachweislich zumindest über C-Waffen.

Erkennungsmerkmale:

- Schwenkflügel mit schmalen Enden, Schulterdecker, V-neutral
- große Grenzschichtzäune am festen Flügelteil (nur D, E und F)
- fester Waffenpylon am festen Flügelteil; geschwenkte Flügel nahe am Höhenleitwerk
- Höhenleitwerke gepfeilt, mit gekappten Enden, V-neutral, auf Flügelhöhe
- Seitenleitwerk mit starker Pfeilung, kleinem Wurzellufteinlauf
- großer Konus für den Bremsschirm am hinteren Seitenleitwerkwurzelende
- rechteckige, seitlich abgeschrägte Lufteinläufe neben dem Rumpf
- auffallend großes Radarradom mit Sonde
- Distanz zwischen den Flügeldrehzapfen klein
- zweistrahlig; Triebwerke nahe nebeneinander, Jetpipes nicht sichtbar
- zwei lange Kielflossen
- kurzes »side-by-side«-Cockpit, integriertes Canopy

Ähnliche Flugzeuge	Seite	Unterschiede zur Su-24 »FENCER«
F-111	70	- Schwenkflügel mit breiteren, paddelförmigen Enden - keine Grenzschichtzäune oder Pylonen am festehenden Flügelteil - geschwenkte Flügel noch näher am Höhenleitwerk, Flügel kürzer - größerflächiges Seitenleitwerk ohne integrierten Wurzellufteinlauf - ohne Bremsschirmkonus am Heck - Lufteinläufe unter dem Flügel, 1/4-rund, mit Konus - Jetpipes sichtbar, wenn auch teilweise verdeckt
MiG-23/27	86/90	- breitere, paddelförmige Flügelenden; keine Grenzschichtzäune - geschwenkte Flügel: großer Abstand zum Höhenleitwerk - Sägezahn am Flügel (am Übergang zum festen Flügelteil) - Seitenleitwerk in »MiG«-Form, ohne Wurzellufteinlauf - Lufteinläufe nicht seitlich abgeschrägt - eine große, klappbare Kielflosse unter dem Heck - einstrahlig, Jetpipe sichtbar; einsitziges Cockpit - kleineres Erscheinungsbild, Rumpf schmaler - speziell MiG-27: heruntergezogener Bug mit seitlich aufgesetzter Sonde
TORNADO	120/122	- Flügel breiter an den Enden, leicht V-negativ - keine Grenzschichtzäune oder Pylonen am festen Flügelteil - Höhenleitwerk gepfeilt, tiefer als der Flügel, keine gekappten Enden - großes Seitenleitwerk mit Antennen, ohne Bremsschirmkonus - keine Kielflossen unter dem Rumpfheck - schmalerer Rumpf - Lufteinläufe quadratisch, gegen unten abgeschrägt - langes Tandemcockpit - kleine Triebwerke, Jetpipes sichtbar

Beachte auch F-14 (S. 116), EF-111A RAVEN (S. 118), J-/F-8 FINBACK (S. 136), Su-17 (S. 144) etc.

Sukhoi Su-25 »FROGFOOT«

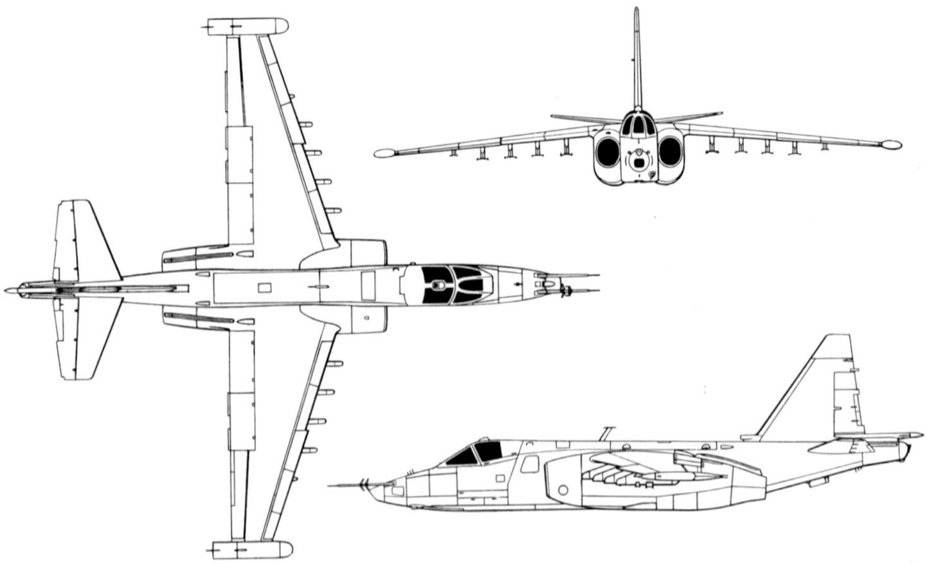

Konstrukteur:	Sukhoi OKB		
Ursprungsland:	ehem. UdSSR/GUS, Rußland		
Einsatzrolle:	einsitziges Erdkampf- und Nahunterstützungsflugzeug zweisitziger Kampftrainer		
Erstflug:	22. Februar 1975		
Triebwerk:	zwei Turbojets MNPK Soyuz R-195 mit je 44.1 kN Schub ohne Nachbrenner		
Massen:	leer	9500 kg;	10000 kg (Su-25T)
	normal take-off	14600 kg;	15000 kg
	max. take-off	17600 kg	19500 kg
Abmessungen:	Spannweite: 14.36 m Länge: 15.53 m Höhe: 4.80 m		
Flugleistungen:	V_{max} ohne Lasten auf Seehöhe:		975 km/h / Mach 0.8
	Steigrate auf Seehöhe:		nicht bekannt (unwesentlich)
	Dienstgipfelhöhe:		7000 m; 11000 m (Su-25T)
	Einsatzradius hi-lo-hi:		550 km (Erdkampfmission)
Bewaffnung:	max. Tragfähigkeit:		4400 kg
	plus eine Zweirohr-30 mm BK		
	R-60 Aphid-AAMs, diverse ASMs russischer Bauart (z.B Kh-23 Kerry, Kh-25ML Karen, Kh-29ML/MR Kedge), ARMs (Kh-24 Kerry, Kh-58 Kitler), Spreng- und Streubomben, LGBs und EOGBs (GBU-500L/T), Behälter mit ungelenkten A/G-Raketen, ECM-Behälter, Flare/Chaff-Dispenser, Zusatztanks		
Betreiberländer:	Algerien, Angola, Armenien, Aserbaijan, Bulgarien, Georgien, Irak, Nordkorea, Peru, Rußland, Slowakei, Tschechien, Turkmenistan, Ukraine, Usbekistan, Weißrußland		

Die Su-25 ist das russische Gegenstück zur amerikanischen A-10 THUNDERBOLT II. Wie die Amerikaner im Vietnamkrieg hatten auch die Russen in Afghanistan die Erfahrung gemacht, daß an das Nahunterstützungsflugzeug von heute große Anforderungen gestellt werden, so daß ein ausgedientes Jagdflugzeug diesen Aufgaben nicht mehr gewachsen ist. Die Maschine sollte über eine große Feuerkraft, lange Verweilzeit über dem Kampfgebiet, ausreichende Panzerung der lebenswichtigen Stellen sowie Wartungsfreundlichkeit verfügen, was sozusagen auf keines der vorhandenen Flugzeuge zutraf. Herausragende Flugleistungen, wie sie die vorhandenen MiG-21 oder die Su-17 besaßen, waren völlig bedeutungslos. Aus Weitsicht hatte das Sukhoi-Konstruktionsbüro mit der Su-25 bereits eine derartige Maschine aus Eigeninitiative entworfen, so daß die Maschine schnell gebaut werden konnte.

Das OKB wählte bei der FROGFOOT fast den gleichen Ansatzpunkt wie Northrop bei der Konstruktion der A-9: fast gerade Flügel mit großer Spannweite, zwei Triebwerke neben dem Rumpf (gute Zugänglichkeit bei Reparaturen), Panzerung der lebenswichtigen Systeme, nur einfache Konstruktionen, ausreichende Avionik zur Bodenzielbekämpfung, usw. Die Flugzeuge sehen sich dementsprechend ähnlich.

Die FROGFOOT verfügt zwar nicht über eine solch eindrucksvolle Bordkanone und eine derart hohe Waffenlast wie die THUNDERBOLT, doch wird heute die Überlebensfähigkeit der russischen Maschine dank der größeren Geschwindigkeit, den kleineren Abmessungen und der höheren Beweglichkeit als besser eingeschätzt als diejenige der A-10.

Im Kampf gegen die Mutschaheddin in Afghanistan setzte die sowjetische Luftwaffe die Su-25 ein. Die Ueberlegenheit eines solchen Flugzeuges in der Nahunterstützungsrolle gegenüber Maschinen wie der MiG-27, welche dort ebenfalls zum Einsatz kam, zeigte sich deutlich. Erfahrungen aus diesem Krieg flossen in die Produktion ein, wie die Ausrüstung mit Flare/Chaff-Behältern zeigt.

Inzwischen ist die Produktion eingestellt worden; es befindet sich allerdings eine neue, allwetterfähige Version, die Su-25T (auch Su-39 genannt), in Erprobung. Sie verfügt über zusätzliche Avionik (FLIR, Radar, Laser-EM) und wurde Abu Dhabi, Bulgarien und der Slowakei zum Kauf angeboten. Erkennbar ist diese Maschine durch den stark vergrößerten Rückenwulst mit entsprechend geändertem Canopy. Einige doppelsitzige Su-25 werden von der russischen Marine auf ihrem Flugzeugträger ADMIRAL KUZNETSOV neben den Su-27K »SEA FLANKER« eingesetzt. Sie dienen in erster Linie als Trainer, könnten aber in beschränktem Maße auch Kampfeinsätze durchführen.

Erkennungsmerkmale:

- schmaler, trapezförmiger Flügel mit gerader Hinterkante, große Spannweite
- Behälter/Luftbremsen an den Flügelenden, mit Sägezahn in Flügelmitte
- Schulterdecker, V-negativ; meist mit fünf Pylonen pro Flügel
- Höhenleitwerk trapezförmig, auf Flügelhöhe, V-positiv
- trapezförmiges Seitenleitwerk; Verhältnis Spannweite/ Rumpflänge ca. 1.1
- zweistrahlig; Triebwerkschächte und ovale Lufteinläufe neben dem Rumpf
- Jetpipes vor dem Höhenleitwerk
- kurzes, integriertes Canopy mit aufgesetztem Spiegel
- abgeschrägtes Radom mit zwei seitlich aufgesetzten Sonden; stumpfes Rumpfheck mit spitzigem Konus darüber

Ähnliche Flugzeuge	Seite	Unterschiede zur Su-25 »FROGFOOT«
AMX	20	- gepfeilter Flügel mit AAM-Pylonen statt Behälter an den Enden - Spannweite kleiner; ohne Sägezähne; höchstens 3 Pylone pro Flügel - Höhenleitwerk pfeilförmig, tiefer als der Flügel befestigt, V-neutral - gepfeiltes Seitenleitwerk mit vor- und rückwärtsgerichteten Antennen - einstrahlig; Jetpipe am Rumpfende - Lufteinläufe rechteckig/abgerundet - aufgesetztes Canopy ohne Spiegel - längerer, spitzigerer Bug ohne Sonden; keinen Heckkonus - Verhältnis Spannweite/Rumpflänge 0.66
ALPHA JET	64	- Pfeilflügel mit runden Enden, ohne Behälter - Spannweite bedeutend kleiner; höchstens 2 Pylone pro Flügel - gepfeiltes Höhenleitwerk, tiefer als Flügel befestigt, V-negativ - »MIRAGE«-förmiges Seitenleitwerk - halbrunde Lufteinläufe; Triebwerksschächte tiefer am Rumpf angebracht - kleinere Jetpipes; Verhältnis Spannweite/Rumpflänge 0.75 - langes Tamdem-Cockpit in Delphin-Form - spitziges Radom mit Sonde / rundes Radom ohne Sonde (je nach Ausführung) - Heck ohne spitzigen Konus darüber
I-22 IRYDA	124	- Flügel ohne Außenbehälter und kleinerer Spannweite und ohne Sägezahn - höchstens 2 Pylone pro Flügel - Höhenleitwerk gepfeilt, V-negativ - leicht gepfeiltes Seitenleitwerk - großer Abstand zwischen Triebwerkschächten und Flügeln - langes Tamdem-Cockpit - abgerundetes Radom ohne Sonden - ohne spitzigen Heckkonus

Siehe auch: HARRIER II (S. 40), T-4 (S. 74).

Sukhoi Su-27, Su-30 »FLANKER«

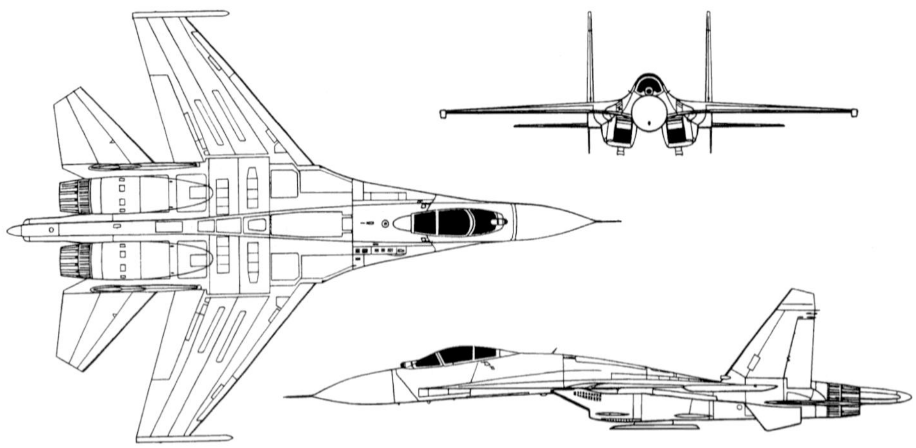

Konstrukteur:	Sukhoi OKB
Ursprungsland:	ehem. UdSSR/GUS, Rußland
Einsatzrolle:	einsitziger Langstrecken-Luftüberlegenheits- und Begleitschutzjäger (Flanker-B)
	zweisitziger Trainer mit voller Kampftauglichkeit (Flanker-C)
	zweisitzges Mehrzweckkampfflugzeug (Su-30)
Erstflug:	20. Mai 1977 (Prototyp T.10)
	20. April 1981 (definitiver Prototyp T-10S-1)
Triebwerk:	zwei Turbofans NPO Saturn/Lyulka AL-31F mit je 122.6 kN Schub mit Nachbrenner
Massen:	leer 17700 kg
	normal take-off 24500 kg
	max. take-off 33000 kg
Abmessungen:	Spannweite: 14.70 m Länge: 21.90 m Höhe: 5.93 m
Flugleistungen:	V_{max} ohne Lasten auf 11000 m: 2500 km/h / Mach 2.35
	auf Seehöhe: 1350 km/h / Mach 1.1
	Steigrate auf Seehöhe: 330 m/s
	Dienstgipfelhöhe: 18000 m
	Einsatzradius: 1500 km (CAP)
Bewaffnung:	max. Tragfähigkeit: 6000 kg
	plus eine 30 mm GSh-30-1 BK
	R-60 Aphid oder R-73 Archer SRAAMs, R-27 R/T/ER/ET Alamo-A/B/C/D oder R-77 Adder MRAAMs; speziell für Su-30: Kh-25MT/ML Karen, Kh-25MP Kegler oder Kh-29L/T Kedge ASMs, Kh-58 Kitler oder Kh-31P Krypton ARMs sowie diverse LGBs, EOGBs, Bomben und ungelenkte Raketen aus GUS-Produktion, ECM-Behälter
Betreiberländer:	Äthiopien, China, Indien (Su-30), Kasachstan, Rußland, Syrien, Ukraine, Usbekistan, Vietnam, Weißrußland

Was zu Beginn des Projekts wie ein einziger Alptraum aussah, entwickelte sich zu einem der leistungsfähigsten Kampfflugzeuge der Welt: Die Sukhoi-Konstrukteure hatten am Anfang größte Schwierigkeiten, die geforderten Leistungen zu erzielen, so daß schließlich nach dem Erstflug des T.10-Prototypen beschlossen wurde, einige drastische Veränderungen vorzunehmen. Das schließlich entstandene Flugzeug, die T.10S oder Su-27, zeigt jedoch überragende Leistungen in fast jeder Hinsicht. Einerseits verfügt sie über eine enorme Flugdauer und eine starke A/A-Bewaffnung von bis zu zehn AAMs, andererseits ist sie äußerst wendig und kann Flugmanöver (z.B. »Pugatschev-Cobra«, »Glocke«, etc.) ausführen, welche sämtliche westlichen Einsatzmuster alt aussehen lassen.

Zweifellos ist das Flugzeug selbst die beste derzeit im Einsatz stehende Konstruktion; die Avionik ist jedoch immer noch ein Schwachpunkt, auch wenn die FLANKER über ein »fly-by-wire«-Flugkontrollsystem, einen IR-Sensoren und über ein Radar verfügt, dessen Reichweite mit 240 km angegeben wird. Gerade das Radar zeigt den Rückstand der Ost-Technologie auf: es kann lediglich ein Ziel auf einmal angreifen oder nur zehn Ziele verfolgen, was im Vergleich zu den Radars westlicher Muster (F-14, F-15, TORNADO F.3) bescheiden ist.

Für den Nahkampf besitzt die Su-27 aber nicht nur eine überragende Wendigkeit, sondern auch die schlagkräftige Kurzstrecken-AAM R-73. Der FLANKER-Pilot kann der Lenkwaffe das Ziel über sein Helmvisier zuweisen. Zur Bekämpfung von Flugzeugen aus mittlerer Entfernung können sowohl SARH- als auch IRH-Versionen der R-27 eingesetzt werden. Die aktiv-radargelenkte R-77 steht auch zur Verfügung.

Gegen Bodenziele ist die Standard-Su-27 nur bedingt einsetzbar, da die Avionik für die Abfangjagd und die Luftüberlegenheitserringung konzipiert ist.

Sukhoi arbeitet jedoch dauernd an Verbesserungen. Resultate dieser Bemühungen sind die Su-27P und die zweisitzige Su-30. Beide verfügen über eine Betankungssonde und Avionik-Verbesserungen sowie Bodenangriffsfähigkeit. Dank dem zweiten Mann an Bord und der verbesserten Computertechnik kann die Su-30 eine »Mini-AWACS«-Rolle übernehmen.

Erkennungsmerkmale:

- gepfeilte, V-neutrale Flügel mit AAM-Pylonen an den Enden
- Schulter-/Mitteldecker, weit nach vorne gezogene LERX
- fast deltaförmiges Pfeil-Höhenleitwerk mit gekappter hinterer Ecke, eckig
- Höhenleitwerk V-neutral, tiefer als der Flügel angesetzt
- paralleles Doppelseitenleitwerk in »MiG«-Form, hoch aufragend
- zweistrahlig, weit auseinander liegende, tiefhängende Triebwerke und Lufteinläufe
- Lufteinläufe abgeschrägt, auffallend weit hinten
- auffällig langer, weit über die Jetpipes hinausragender Heckkonus
- nach unten gezogener, langer Bug; Sonde auf dem großen Radom
- aufgesetztes Canopy; IR-Sensor vor dem Windschutz
- zwei Kielflossen unterhalb der Seitenleitwerke

Ähnliche Flugzeuge	Seite	Unterschiede zur Su-27 »FLANKER«
F-15 EAGLE	30/32	- deltaförmiger Flügel mit Knick in der Hinterkante - runde Flügelenden ohne AAM-Pylone, keine LERX - Höhenleitwerk mit runden Enden und Sägezahn - trapezförmige Seitenleitwerke mit geschoßförmigen Antennen - Triebwerke dicht nebeneinander liegend - Lufteinläufe neben dem Rumpf; keine Kielflossen - Bug weniger nach unten gezogen; ohne Sonde oder IR-Sensor - ohne Heckkonus; Triebwerke in den Rumpf verschoben
F/A-18 HORNET	34	- trapezförmige, wenig V-negative Flügel; Mitteldecker - gepfeiltes Höhenleitwerk mit abgerundeten Enden - nach vorne versetztes V-Doppelseitenleitwerk - fast ovale Lufteinläufe unter den LERX, neben dem Rumpf - Triebwerke dicht nebeneinander liegend, klein - Bug nicht nach unten gezogen, keine Sonde - ohne Heckkonus, keine Kielflossen; ohne IR-Sensor
MiG-29	92	- Flügelenden ohne AAM-Pylone - gepfeiltes Höhenleitwerk auf Flügelhöhe, V-negativ - Seitenleitwerk mit minimaler V-Stellung, Wurzel nach vorne gezogen - ohne Heckkonus, keine Kielflossen - Lufteinläufe weniger nach hinten verschoben - Flugzeugerscheinung kompakter
F-14 TOMCAT	116	- Schwenkflügel, keine LERX - Höhenleitwerk mit runden Enden - Seitenleitwerke kleiner, gepfeilt und in V-Stellung - schmale Kielflossen unter und Seitenleitwerk über den Triebwerken - Lufteinläufe neben dem Rumpf; Heckkonus kleiner - langes Tamdem-Canopy ohne IR-Sensor vor der Windschutzscheibe - Bug weniger nach unten gezogen, mit TV-Kamera unter dem Bug

Beachte: F/A-18E/F (S. 36), F-22 (S. 82), MiG-25 (S. 88), MiG-31 (S. 94); die Unterschiede zu Su-32FN und Su-35 siehe nächste Seiten

Sukhoi Su-32FN/34 »STRIKE-FLANKER«

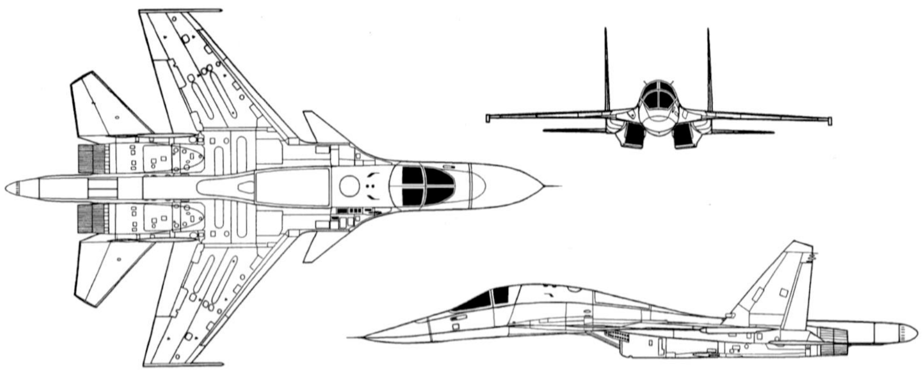

Konstrukteur:	Sukhoi OKB	
Ursprungsland:	ehem. UdSSR/GUS, Rußland	
Einsatzrolle:	zweisitziges Allwetter-Angriffs- und Marinekampfflugzeug	
Erstflug:	20. Mai 1977 (Prototyp T.10)	
	13. April 1990 (Prototyp Su-27IB)	
Triebwerk:	zwei Turbofans NPO Saturn/Lyulka AL-35F mit je 130.5 kN Schub mit Nachbrenner	
Massen:	leer	ca. 19000 kg
	normal take-off	ca. 35000 kg
	max. take-off	ca. 44000 kg
Abmessungen:	Spannweite: 14.70 m Länge: 21.93 m Höhe: 5.93 m	
Flugleistungen:	V_{max} ohne Lasten auf11000 m:	1900 km/h / Mach 1.8
	auf Seehöhe:	1350 km/h / Mach 1.1
	Steigrate auf Seehöhe:	nicht bekannt
	Dienstgipfelhöhe:	18000 m
	Einsatzradius hi-lo-hi:	1800 km (Angriffsmission)
Bewaffnung:	max. Tragfähigkeit:	8000 kg
	plus eine 30 mm GSh-30-1 BK	
	R-73 Archer SRAAMs, R-77 Adder MRAAMs; Kh-25MD/ML Karen, Kh-25MP Kegler, Kh-29L/T Kedge oder Kh-59M Kingpost ASMs ASMs, Kh-58 Kitler oder Kh-31P Krypton ARMs; Kh-35 oder Kh-41 AShMs; diverse LGBs, EOGBs, GPBs, CBUs und Behälter für ungelenkte Raketen, ECM-Behälter	
Betreiberland:	ursprünglich als Ersatz für Su-24 »FENCER« der russischen Luftwaffe geplant	

Die Su-32FN ist ein für Angriffsaufgaben optimiertes Derivat der Su-27. Zuerst wurde das Flugzeug als Su-27KU bezeichnet und vom Sukhoi OKB als Trainerversion für Su-33-Piloten gemeldet, doch der fehlende Fanghaken ließ doch einige Zweifel an der Richtigkeit dieser Meldung entstehen, bis dann schießlich im Juni 1993 die neue Bezeichnung Su-27IB (d.h. Jagdbomber) veröffentlicht wurde. Inzwischen hat sich die Bezeichnung noch zweimal geändert: zunächst Su-34 (unlogisch, da zuvor schon für die Su-25T verwendet), und jetzt Su-32FN (ebenfalls unlogisch, da »S-32« schon die Bezeichnung eines vollkommen neuen Kampfflugzeuges war).

Von der Su-27-Basisversion unterscheidet sich die Su-32FN äußerlich durch das verstärkte, für höhere Abflugmassen ausgelegte Fahrwerk, die Canards vor dem Hauptflügel, den vergrößerten Heckkonus und, am offensichtlichsten, den veränderten Vorderrumpf mit dem gegen 17 mm Projektile gepanzerten »side-by-side«-Cockpit und dem »Haifisch«-Radom; letzteres hat dem Flugzeug den Übernamen »Platypus« eingetragen. Interne Veränderungen betreffen die Avionik (Einbau einer Allwetter-Angriffs-Avionik, bestehend aus Angriffsradar, TFR, Laser-Designator, GLONASS, umfangreicher ECM-Ausrüstung und dem im Heckkonus installierten, rückwärtsgerichteten A/A-Radar), die Triebwerke (Einbau der schubstärkeren AL-35F-Turbofans) und die Treibstoffkapazität (drastisch erhöht). Auch die zulässige maximale Waffenlast konnte deutlich gesteigert werden; den angegebenen Wert muß man als Minimum betrachten; die effektiv mögliche Waffenlast könnte durchaus um 10 t liegen.

Von den Flugeigenschaften her hat die STRIKE-FLANKER gegenüber dem Luftüberlegenheitsjäger nur wenig eingebüßt, was zweifellos auf das »fly-by-wire«-System zurückzuführen ist. Manöver mit 9 g sind immer noch möglich. Im voll beladenen Zustand wird aber auch dieses Flugzeug ziemlich träge. Die Mittelstrecken-A/A-Bewaffnung verleiht ihm aber auch unter diesen Umständen eine große Durchschlagskraft; mit dem rückwärtsgerichteten Radar sollen verfolgende Jagdflugzeuge auf über 20 Kilometer Entfernung erfaßt und mit AAMs bekämpft werden können.

Die russische Luftwaffe hatte ursprünglich gehofft, daß sie um die Jahrtausendwende die finanziellen Mittel für die Beschaffung dieser kampfstarken Maschine bereitstellen könnte, da zu diesem Zeitpunkt die Su-24 abgelöst werden muß. Die schlechte wirtschaftliche Situation in Rußland scheint dieses Vorhaben jedoch bereits in weite Ferne gerückt zu haben. Sukhoi ist jedenfalls krampfhaft bemüht, einen Exportkunden für das zweifellos hervorragende Angriffsflugzeug zu finden.

Erkennungsmerkmale:

- gepfeilte, V-neutrale Flügel mit AAM-Pylonen oder ECM-Pods an den Enden
- Schulter-/Mitteldecker; LERX bis zur Radomspitze, darin integrierte Canards
- fast deltaförmiges Höhenleitwerk mit gekapptem hinterem Ende
- V-neutrales Höhenleitwerk tiefer als der Flügel angesetzt
- paralleles Doppelseitenleitwerk in »MiG«-Form, hoch aufragend
- zweistrahlig, weit auseinander liegende, tiefhängende Triebwerke und Lufteinläufe
- Lufteinläufe abgeschrägt und auffallend weit hinten
- extrem langer, weit über die Jetpipes hinausragender Heckkonus
- breites, flaches Haifisch-Radom mit Sonde (»Platypus«)
- zweisitziges »side-by-side«-Cockpit ohne Sicht nach hinten
- auffallend plumper Vorderrumpf mit voluminösem Rückgrat

Ähnliche Flugzeuge	Seite	Unterschiede zur Su-32FN »STRIKE-FLANKER«
F-15 EAGLE	30/32	- deltaförmiger Flügel mit Knick in der Hinterkante - runde Flügelenden ohne AAM-Pylone, keine LERX oder Canards - Höhenleitwerk mit runden Enden und Sägezahn - trapezförmige Seitenleitwerke mit geschoßförmigen Antennen - ohne Zwischenraum zwischen den Triebwerken - Luftkanäle neben dem Rumpf - Bug mit rundem Querschnitt, Radom ohne Sonde - ohne Heckkonus; Triebwerke in den Rumpf verschoben - aufgesetztes, blasenförmiges Canopy - kein Rückgrat; Rumpfvorderteil weniger voluminös
MiG-29	92	- Flügel ohne AAM-Pylonen/ECM-Pods; keine Canards - pfeilförmiges Höhenleitwerk auf Flügelhöhe, etwas V-negativ - Seitenleitwerk mit minimaler V-Stellung, Wurzel nach vorne gezogen - ohne großen Heckkonus - Lufteinläufe weniger nach hinten verschoben - aufgesetztes, einsitziges Cockpit; mit IRST
Su-27/30	150	- ohne Canards; Kielflossen unterhalb den Seitenleitwerken - Vorderrumpf konventionell (kein Platypus); schlankerer Bug - Heckkonus kleiner; mit IRST - einsitzig oder Tandemcockpit, Canopy aufgesetzt - kein derart ausgeprägtes voluminöses Rückgrat
Su-35/37	156	- höhere, trapezförmige Seitenleitwerke (waagerechte Enden) - schlankerer Bug mit aufgesetztem einsitzigem Cockpit - mit Kielflossen; kleinerer Heckkonus - Vorderrumpf konventionell (kein Platypus) - weniger ausgeprägtes Rückgrat; keine Sonde am Radom

Beachte auch F/A-18A/C, B/D (S. 34), F/A-18E/F (S. 36), F-22 (S. 82), MiG-25 (S. 88), MiG-31 (S. 94), F-14 (S. 116)

Sukhoi Su-33 »SEA FLANKER« u. Su-30MK

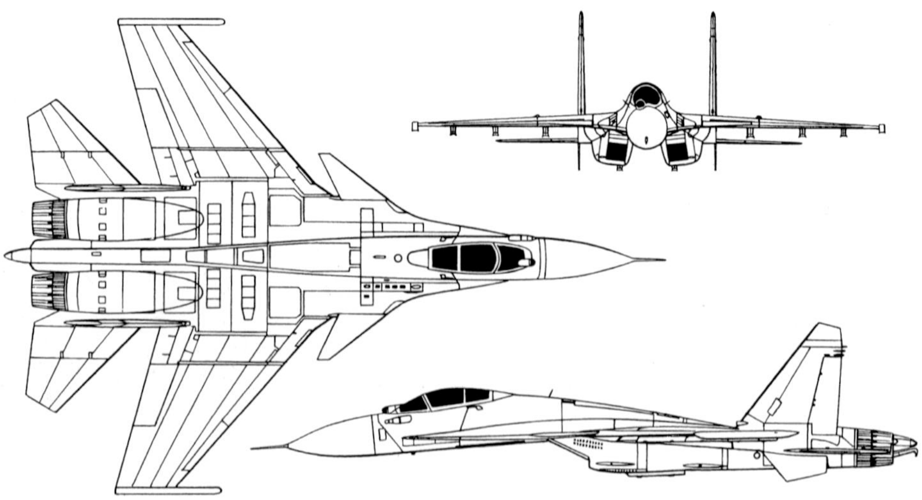

Konstrukteur:	Sukhoi OKB
Ursprungsland:	Rußland
Einsatzrolle:	einsitziger bordgestützter Luftüberlegenheitsjäger mit A/G- und Aufklärungs-Zweitrolle (Su-33 „SEA FLANKER“) zweisitziges Mehrzweckkampfflugzeug mit Hyperagilität (Su-30MK)
Erstflug:	20. Mai 1977 (Prototyp T.10) 20. April 1981 (definitiver Prototyp T-10S-1)
Triebwerk:	zwei Turbofans NPO Saturn / Lyulka AL-31F mit je 122.6 kN Schub mit Nachbrenner und (nur Su-30MK) 3D-Schubvektorsteuerung
Massen:	leer 18000 kg normal take-off 25000 kg max. take-off 33500 kg (Su-33: 33000 kg)
Abmessungen:	Spannweite: 14.70 m Länge: 21.90 m (Su-33: 21.20 m) Höhe: 5.93 m (5.70 m)
Flugleistungen:	V_{max} ohne Lasten auf 11000 m: 2500 km/h / Mach 2.35 auf Seehöhe: 1350 km/h / Mach 1.1 Steigrate auf Seehöhe: 330 m/s Dienstgipfelhöhe: 18000 m Einsatzradius: 1500 km (CAP)
Bewaffnung:	max. Tragfähigkeit: 6000 kg plus eine 30 mm GSh-30-1 BK R-73 Archer SRAAMs, R-27 R/T/ER/ET Alamo-A/B/C/D oder R-77 Adder MRAAMs, ECM-Behälter, Kh-25MT/ML Karen, Kh-25MP Kegler oder Kh-29L/T Kedge ASMs, Kh-31P Krypton ARMs sowie diverse LGBs, EOGBs, Bomben und ungelenkte Raketen aus GUS-Produktion Speziell für Su-33: Kh-31A, Kh-35 oder Kh-41 AShMs, Aufklärungsbehälter, Seeminen
Betreiberländer:	Su-30MK: China (geplant), Indien (Su-30MKI) Su-33: Rußland; China evtl. geplant

Die Su-30MK (siehe Foto) ist eine verbesserte Version der Su-30, also eine zweisitzige Weiterentwicklung der Su-27 »FLANKER«-Familie von Sukhoi. Das Flugzeug wurde sowohl Avionik-seitig als auch bezüglich der Flugeigenschaften merklich verbessert. Es verfügt über eine aufdatierte Radarausrüstung, die im Luft/Luft- und im Luft/Boden-Betrieb Vorteile bringt. Die erhöhte Leistungsfähigkeit in der Datenverarbeitung erlaubt es der Su-30MK-Besatzung, zahlreiche Ziele zu verfolgen und diese mit der geeigneten Bewaffnung (z.B. R-77) zu bekämpfen. Im Gegensatz zur Standard-Su-27 ist die Su-30MK auch in der Lage, Luft/Boden-Lenkwaffen einzusetzen und Bodenziele präzis zu bekämpfen. Dank dem eingebauten Luftbetankungsstutzen konnte die sowieso schon große Reichweite noch entscheidend ausgedehnt werden.

Einige der genannten Verbesserungen sind bereits in die Su-30 eingebaut worden, welche in wenigen Exemplaren bei der russischen Luftwaffe im Einsatz steht. Ganz neu sind hingegen die Maßnahmen zur Erhöhung der Agilität. So ist die Maschine in der Lage, bisher für unmöglich gehaltene Flugmanöver durchzuführen, wie zum Beispiel Saltos und seitliche Kippbewegungen. Erreicht wird dies durch den Einbau von zusätzlichen Canard-Flügeln und dreidimensional steuerbaren Schubdüsen. Kampfwertgesteigerte Flanker wurden bereits von Indien und China bestellt. Ob China wirklich mit Schubvektordüsen und Canards ausgerüstete Maschinen erhält oder ob diese im Prinzip mit jenen der russischen Luftwaffe identisch sein werden, ist nicht sicher. Indien läßt seine bereits erhaltenen Su-30M auf den MKI-Standard bringen, d.h. mit Canards und Schubvektordüsen ausrüsten.

Eine spezielle Version der Su-27, welche bei der russischen Marine im Einsatz steht, stellt die Su-33 »SEA FLANKER« dar. Zur Zeit werden eine Handvoll dieser Maschinen vom einzigen russischen Flugzeugträger ADMIRAL KUSNETSOV aus eingesetzt. Die einsitzigen Flugzeuge lassen sich durch die Canards und den kurzen Heckkonus identifizieren (siehe Dreiseitenriß). Ihre Hauptaufgaben sind die Flottenverteidigung, Aufklärung und Seezielbekämpfung. Für letzteres steht die neue Kh-41 zur Verfügung.

Erkennungsmerkmale:

- gepfeilte, V-neutrale Flügel mit AAM-Pylonen an den Enden
- Schulter-/Mitteldecker, weit nach vorne gezogene LERX
- Canards an den LERX befestigt
- fast deltaförmiges, eckiges Pfeil-Höhenleitwerk mit gekappter hinterer Ecke
- Höhenleitwerk V-neutral, tiefer als der Flügel angesetzt
- paralleles Doppelseitenleitwerk in »MiG«-Form, hoch aufragend
- zweistrahlig, weit auseinander liegende, tiefhängende Triebwerke und Lufteinläufe
- Lufteinläufe abgeschrägt, auffallend weit hinten
- auffällig langer Heckkonus (nicht bei Su-33)
- nach unten gezogener, langer Bug; Sonde auf dem großen Radom
- aufgesetztes Canopy; IR-Sensor seitlich vor dem Windschutz
- zwei Kielflossen unterhalb der Seitenleitwerke

Ähnliche Flugzeuge	Seite	Unterschiede zur SU-30/33 »(SEA) FLANKER«
F-15 EAGLE	30/32	- deltaförmiger Flügel mit Knick in der Hinterkante - runde Flügelenden ohne AAM-Pylone, keine LERX - keine Canards - Höhenleitwerk mit runden Enden und Sägezahn - trapezförmige Seitenleitwerke mit geschoßförmigen Antennen - Triebwerke dicht nebeneinander liegend - Lufteinläufe neben dem Rumpf; keine Kielflossen - Bug weniger nach unten gezogen; ohne Sonde oder IR-Sensor - ohne Heckkonus; Triebwerke in den Rumpf verschoben
F/A-18 HORNET	34	- trapezförmige, wenig V-negative Flügel; Mitteldecker - keine Canards - gepfeiltes Höhenleitwerk mit abgerundeten Enden - nach vorne versetztes V-Doppelseitenleitwerk - fast ovale Lufteinläufe unter den LERX, neben dem Rumpf - Triebwerke dicht nebeneinander liegend, klein - Bug nicht nach unten gezogen, keine Sonde - ohne Heckkonus, keine Kielflossen; ohne IR-Sensor
MiG-29	92	- Flügelenden ohne AAM-Pylone; keine Canards - gepfeiltes Höhenleitwerk auf Flügelhöhe, V-negativ - Seitenleitwerk mit minimaler V-Stellung, Wurzel nach vorne gezogen - ohne Heckkonus, keine Kielflossen - Lufteinläufe weniger nach hinten verschoben - Flugzeugerscheinung kompakter
F-14 TOMCAT	116	- Schwenkflügel, keine LERX, keine Canards - Höhenleitwerk mit runden Enden - Seitenleitwerke kleiner, gepfeilt und in V-Stellung - schmale Kielflossen unter und Seitenleitwerk über den Triebwerken - Lufteinläufe neben dem Rumpf; Heckkonus kleiner - langes Tamdem-Canopy ohne IR-Sensor vor der Windschutzscheibe - Bug weniger nach unten gezogen, mit TV-Kamera unter dem Bug

Sukhoi Su-35/37 »SUPER FLANKER«

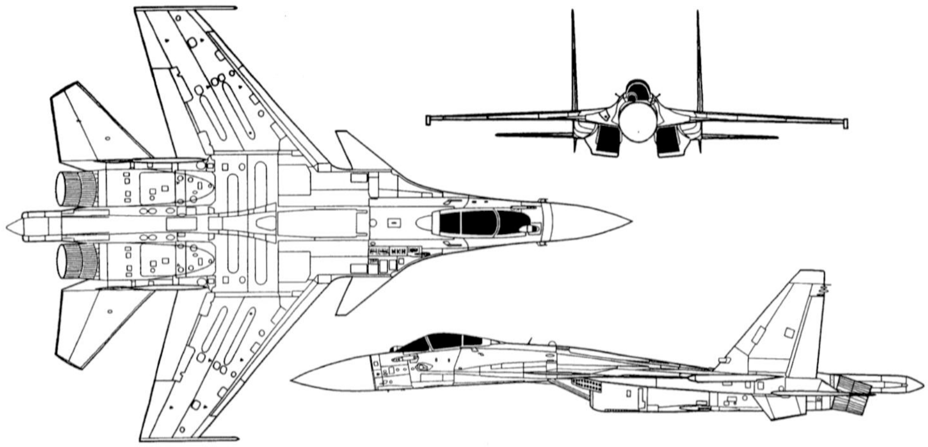

Konstrukteur:	Sukhoi OKB
Ursprungsland:	ehem. UdSSR/GUS, Rußland
Einsatzrolle:	einsitziger Langstrecken-Luftüberlegenheitsjäger mit Jabo-Zweitrolle
Erstflug:	20. Mai 1977 (Prototyp T.10) 20. April 1981 (definitiver Prototyp T-10S-1) 28. Juni 1988 (Prototyp Su-27M/-35)
Triebwerk:	zwei Turbofans NPO Saturn/Lyulka AL-35F mit je 130.5 kN Schub mit Nachbrenner und 2D-Schubvektorsteuerung ±15° (nur Su-37)
Massen:	leer 18400 kg normal take-off ca. 28000 kg max. take-off 34000 kg
Abmessungen:	Spannweite: 14.70 m Länge: 21.80 m Höhe: 6.20 m
Flugleistungen:	V_{max} ohne Lasten auf 11000 m: 2500 km/h / Mach 2.35 auf Seehöhe: 1400 km/h / Mach 1.15 Steigrate auf Seehöhe: nicht bekannt Dienstgipfelhöhe: 18000 m Einsatzradius: 1500 km (CAP)
Bewaffnung:	max. Tragfähigkeit: 8000 kg plus eine 30 mm GSh-30-1 BK R-73 Archer SRAAMs, R-27 R/T/ER/ET Alamo-A/B/C/D oder R-77 Adder MRAAMs, KS-172 (AAM-L) ULRAAMs; sekundär als Jagdbomber: gleiche A/G-Bewaffnung wie Su-32FN/34; zusätzliche ECM-Behälter
Betreiberland:	für Rußland geplant

Um die noch vorhandenen Schwächen der Su-27 auszumerzen, entwickelte das Sukhoi OKB die Su-35 bzw. -37, das derzeit wohl kampfstärkste Jagdflugzeug der Welt. Lediglich die modernsten westlichen Muster, welche noch weit von der Diensteinführung entfernt sind, die F-22 RAPTOR, EF2000 und RAFALE, werden diesem Muster ebenbürtig sein.

Zu den wichtigsten Veränderungen im Vergleich zur Basis-Su-27 gehören ein digitales »fly-by-wire«-Flugkontrollsystem, Canard-Vorflügel zur Agilitätsverbesserung, stärkere AL-35F-Triebwerke (manchmal auch mit AL-31FM bezeichnet), ein eingebauter Luftbetankungsstutzen, ein modernisiertes Cockpit mit CRTs und ein stark leistungsgesteigertes Radar, welches über diverse A/A- und A/G-Modi verfügt. Mit dem Radar sollen im A/A-Betrieb Luftziele in 400 km Entfernung erfaßt, bis zu 15 Ziele gleichzeitig verfolgt und sechs davon gleichzeitig angegriffen werden können. Auch Bodenziele sollen bis auf 200 km Distanz detektierbar sein. Des weiteren verfügt die Su-37 über ±15° im Zweidimensionalen verstellbare Jetpipes, die dem Flugzeug noch zusätzliche Vorteile im »Dogfight« bringen und beinahe unglaubliche Manöver (z.B. Frolovs Somersault) erlauben. Eine interessante Änderung stellt auch das rückwärtsgerichtete Radar im vergrößerten Heckkonus dar, welches »Über-die-Schulter-A/A-Abschüsse« ermöglichen soll, so daß der SUPER FLANKER-Pilot 360° um sein Flugzeug herum seine Lenkwaffen einsetzen kann.

Die A/A-Bewaffnung der SUPER FLANKER soll neben den schon von der Su-27 eingesetzten Waffen noch zusätzlich aus der KS-172 AAM-L bestehen, einer A/A-Lenkwaffe mit enorm großer Reichweite zur primären Bekämpfung von Bombern, Frühwarn- und Schlachtfeldüberwachungsflugzeugen wie AWACS und J-STARS.

Dank der Verbesserung der A/G-Fähigkeiten im Vergleich zur Standard-Su-27 wurde bei der Su-35/37 die Einsatzflexibilität stark verbessert, so daß die Maschine auch für den Export interessanter sein dürfte; allerdings werden wohl nicht viele Länder imstande sein, die Kosten für ein solches Flugzeug zu tragen; eine gewöhnliche FLANKER kostet bereits doppelt so viel wie eine MiG-29 FULCRUM.

Die Ausrüstung der russischen Jagd-Staffeln mit Su-35/37 ist aus finanziellen Gründen ungewiß.

Erkennungsmerkmale:

- gepfeilte, V-neutrale Flügel mit AAM-Pylonen oder ECM-Pods an den Enden
- Schulter-/Mitteldecker, LERX bis unters Cockpit und integrierte Canards
- fast deltaförmiges Höhenleitwerk mit gekapptem hinterem Ende
- Höhenleitwerk V-neutral, tiefer als der Flügel angesetzt
- paralleles Doppelseitenleitwerk in Trapez-Form, hoch aufragend
- zweistrahlig, weit auseinander liegende, tiefhängende Triebwerke und Lufteinläufe
- Lufteinläufe abgeschrägt, auffallend weit hinten
- extrem langer, weit über die Jetpipes hinausragender Heckkonus
- äußerst aerodynamisches Radom ohne Sonde
- einsitziges Cockpit mit aufgesetztem Canopy
- IRST vor der Windschutzscheibe, etwas nach rechts versetzt
- Kielflossen unterhalb der Seitenleitwerke

Ähnliche Flugzeuge	Seite	Unterschiede zur Su-35/37 »SUPER FLANKER«
F-15 EAGLE	30/32	- deltaförmiger Flügel mit Knick in der Hinterkante - runde Flügelenden ohne AAM-Pylone oder ECM-Pods, keine LERX - Höhenleitwerk mit runden Enden und Sägezahn - Seitenleitwerke mit vorwärtsgerichteten geschoßförmigen Antennen - Triebwerke dicht nebeneinanderliegend - Luftkanäle neben dem Rumpf; keine Canards; keine Kielflossen - ohne Heckkonus; Triebwerke in den Rumpf verschoben - Cockpit mit längerem Canopy
MiG-29	92	- V-negativer Flügel ohne AAM-Pylonen/ECM-Pods; keine Canards - pfeilförmiges Höhenleitwerk auf Flügelhöhe, etwas V-negativ - Seitenleitwerk in »MiG«-Form, kleiner, minimale V-Stellung - Seitenleitwerkwurzel nach vorne gezogen, mit zwei Knicken - ohne Heckkonus; keine Kielflossen; Radom mit Sonde - Lufteinläufe weniger nach hinten verschoben - Flugzeugerscheinung kompakter, kleiner
Su-27	150	- kleinere Seitenleitwerke in »MiG«-Form - keine Canards; Heckkonus kleiner - Radom länger und mit Sonde - IRST in der Mitte der Windschutzscheibe
Su-33	154	- kleinere Seitenleitwerke in »MiG«-Form - Heckkonus klein, mit Fanghaken darunter - Radom länger und mit Sonde - faltbare Flügel und Höhenleitwerke

Beachte: F/A-18 (S. 34), F/A-18E/F (S. 36), F-22 (S. 68), MiG-25 (S. 88), MiG-31 (S. 94), F-14 (S. 116)

XIAN (XAC) JH-7/FBC-1 »FLYING LEOPARD«

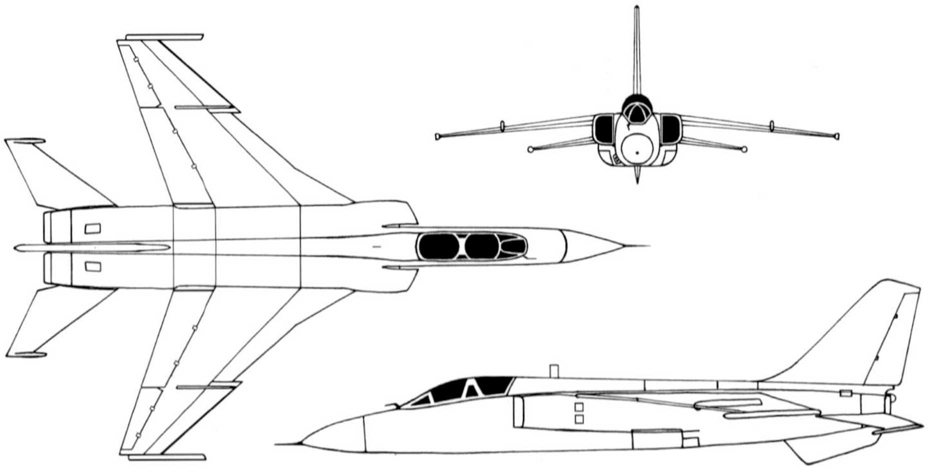

Hersteller:	XIAN Aircraft Corporation (XAC)	
Ursprungsland:	VR China	
Einsatzrolle:	zweisitziger Allwetterjagdbomber und Marinekampfflugzeug	
Erstflug:	1989	
Triebwerk:	zwei Turbofans Xian Aero Engines (XAE) WP-9 mit 91 kN Schub mit Nachbrenner (Lizenzbau des Rolls-Royce Spey Mk 202)	
Massen:	leer	ca. 13500 kg
	normal take-off	23000 kg
	max. take-off	28475 kg
Abmessungen:	Spannweite: 12.70 m Länge: 22.30 m Höhe: 6.50 m	
Flugleistungen:	V_{max} ohne Lasten auf 10975 m:	1800 km/h / Mach 1.7
	auf Seehöhe:	1200 km/h
	Steigzeit:	nicht bekannt
	Dienstgipfelhöhe:	18000 m
	Einsatzradius:	900 km (Seeziele, mit AShMs) 1000 km (Jabo, kleine Waffenlast)
Bewaffnung:	max. Tragfähigkeit:	6500 kg plus eine 23 mm Doppellauf-BK
	PL-2, PL-5 und PL-7 SRAAMs, C-801 AShMs, ASMs chinesischen Ursprungs, LGBs (?), GPBs, CBUs, ungelenkte A/G-Raketen, Zusatztanks, ECM-Behälter (möglich), Laser-Zielbeleuchter-Pod	
Betreiberland:	VR China (bisher nur sehr kleine Stückzahl)	

Der XIAN JH-7 war trotz der Präsentation von Modellen an den Luftfahrtausstellungen Farnborough und Paris Ende der 80er Jahre im Westen weitgehend unbekannt. Die ersten Fotos des reellen Flugzeuges tauchten erst 1997 auf, als die chinesischen Streitkräfte Manöver in unmittelbarer Nähe zu Taiwan durchführten. Offenbar waren einige wenige Maschinen dieses Typs für Tests in die Übungen integriert, denn bisher sind nur wenige JH-7 produziert worden, welche noch kaum operationellen Status erlangt haben dürften. Richtig bekannt wurde das Flugzeug erst im November 1998, als es überraschenderweise an der Zhuhai-Airshow im Flug vorgeführt wurde.

Der JH-7 stellt den ersten Allwetterjagdbomber dar, der in der Volksrepublik China konstruiert wurde. Bisher beschränkten sich die Chinesen darauf, jeweils einen russischen Entwurf in Lizenz zu bauen bzw. zu kopieren und diesen anschließend zu verbessern.

Die Pläne für den Bau des JH-7 reichen in die 70er Jahre zurück. Die Maschine erinnert an den JAGUAR und den MIRAGE F1, sie ist aber merklich größer als die beiden europäischen Kampfflugzeuge. Der Erstflug erfolgte angeblich erst 1989. Die Konstruktion des Flugzeuges als pfeilflügliger Schulterdecker ist konventionell und für Lastvielfache von 7 g ausgelegt. Materialseitig besteht die Maschine vorwiegend aus Aluminium-Legierungen.

Über die elektronische Ausrüstung und deren Leistungsfähigkeit ist bisher wenig bekannt geworden, sie soll aber als Herzstück ein Multi-Mode-Radar mit Terrainfolge-Funktion beinhalten. Modi für die Bekämpfung von Bodenzielen und den Einsatz von Antischiffslenkwaffen sind ebenfalls vorhanden. Die Triebwerke sind Lizenzbauten des Rolls-Royce Spey Mk 202, einem zuverlässigen, aber nicht gerade modernen Triebwerk, welches bei der RAF bis 1992 die F-4 PHANTOM-Jäger antrieb. Leistungsmäßig ist das Flugzeug mit dem JAGUAR vergleichbar, wenngleich die Reichweite und die mögliche Waffenlast etwas größer sind.

Da China inzwischen beschlossen hat, über 200 Su-27 zu bauen und dazu auch noch die mehrzweckfähige Su-30 in Dienst zu stellen, ist eine Beschaffung des JH-7 nicht sicher, wenn auch wahrscheinlich. Als Hauptbewaffnung dürften vor allem AShMs vom Typ C-801 für den Einsatz gegen Schiffe dienen. Für den Export wird das Flugzeug unter der Bezeichnung FBC-1 „FLYING LEOPARD" mit wählbaren Avionikbestandteilen angeboten.

Erkennungsmerkmale:

- schmaler Pfeilflügel mit Sägezahn, Schulterdecker, V-negativ
- Flügel mit Grenzschichtzaun, AAM-Pylonen an den Enden
- Höhenleitwerke gepfeilt, V-negativ, tiefer angebracht als der Flügel
- geschoßförmige Antiflattergewichte an Höhenleitwerkenden
- einzelnes gepfeiltes Seitenleitwerk in Mirage-ähnlicher Form
- schlanker Rumpf mit großem Verhältnis Rumpflänge/Spannweite
- Lufteinläufe rechteckig/abgerundet, seitlich abgeschrägt
- eine große Kielflosse unter dem Rumpfheck
- zweistrahlig; Triebwerke nahe nebeneinander
- langes Tamdemcockpit, integriertes Canopy

Ähnliche Flugzeuge	Seite	Unterschiede zum JH-7/FBC-1
MIRAGE F1	54	- Pfeilflügel breiter, ohne Grenzschichtzaun - Höhenleitwerk V-neutral, ohne Antiflattergewichte, abgerundete Enden - Seitenleitwerk stärker gepfeilt, mit nach vorne/hinten gerichteten Antennen - halbrunde Lufteinläufe mit Konus; zwei kleinere Kielflossen - Verhältnis Rumpflänge/Spannweite kleiner - einstrahlig; oft mit aufgesetztem Betankungsstutzen vor dem Bug - meistens einsitzig (Kampfversion), d.h. kurzes Canopy
Mitsubishi F-1/ T-2	98	- Flügel weniger stark gepfeilt, ohne Grenzschichtzaun - Höhenleitwerk weniger stark gepfeilt, ohne Antiflattergewichte - Höhenleitwerk auf Flügelhöhe angesetzt, stärker V-negativ - Seitenleitwerk trapezförmig, mit aufgesetzter Antenne - Lufteinläufe seitlich nicht abgeschrägt; zwei kleine Kielflossen - Verhältnis Rumpflänge/Spannweite noch größer - Jetpipes im Rumpf nach vorne verschoben
JAGUAR	134	- Flügelhinterkante mit Übergang gerade/gepfeilt - Flügel ohne AAM-Pylonen an den Enden - Höhenleitwerk kantiger, ohne Antiflattergewichte an den Enden - Höhenleitwerk auf Flügelhöhe, stärker V-negativ - kantiges, kleineres Seitenleitwerk, oft mit Antennen - Bug mit anderer Form; zwei Kielflossen unter dem Rumpfheck - Lufteinläufe quadratisch, gerade - Jetpipes im Rumpf nach vorne verschoben - einsitziges Cockpit mit kurzem Canopy
ORAO	142	- Flügel ohne AAM-Pylonen an den Enden - Flügel weiter vorne am Rumpf angebracht - Höhenleitwerk V-neutral - Seitenleitwerk ohne abgeschrägtes oberes Ende - stärker nach vorne gezogene, gerade Lufteinläufe - zwei Kielflossen - kürzerer Rumpf mit kleinerem Verhältnis Rumpflänge/Spannweite - einsitziges Cockpit (Kampfversion) mit kurzem Canopy

Yakovlev/Aermacchi YAK-130

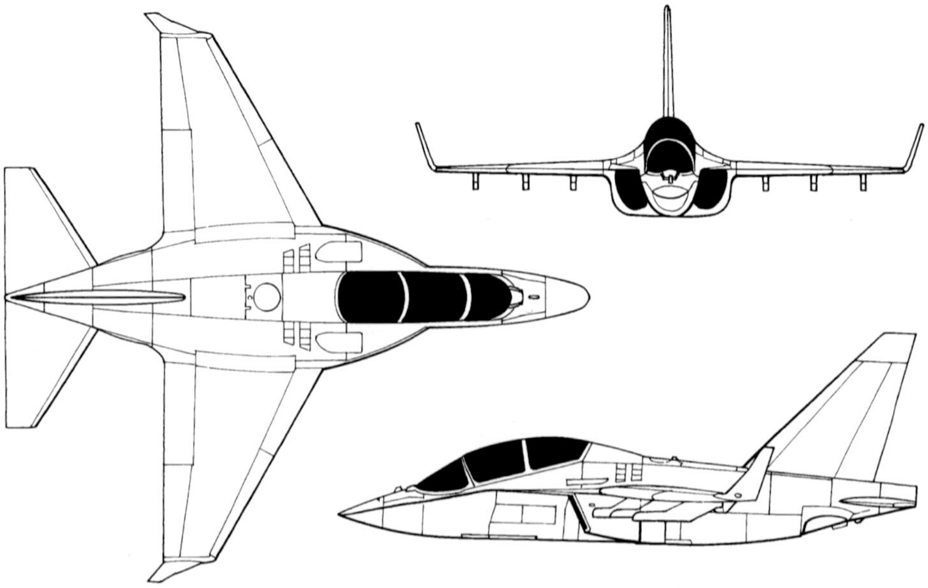

Konstrukteur:	Yakovlev Aircraft Corporation
Ursprungsländer:	ehem. UdSSR/GUS, Rußland und Italien
Einsatzrolle:	zweisitziger Basis- und Fortgeschrittenentrainer
Erstflug:	21. April 1996
Triebwerk:	zwei Turbofans Klimov/Povazhke Stojarne RD-35 mit je 21.6 kN Schub ohne Nachbrenner
Massen:	leer 4400 kg normal take-off 6200 kg max. take-off 9000 kg
Abmessungen:	Spannweite: 10.4 m Länge: 11.25 m Höhe: 4.75 m
Flugleistungen:	V_{max} ohne Lasten auf Seehöhe: 1000 km/h / Mach 0.85 Steigzeit auf 10670 m: 264 s Dienstgipfelhöhe: nicht bekannt Einsatzradius: 700 km (Trainingsmission)
Bewaffnung:	max. Tragfähigkeit: 2800 kg Wahrscheinlich ist eine Trainingswaffenausrüstung vorgesehen, wobei auch Kanonen-Behälter und leichte GPBs, CBUs, Behälter für ungelenkte Raketen ebenso wie Zusatztanks mitgeführt werden können
Betreiberländer:	vorgeschlagen für Rußland; potentielle Käufer wären Staaten auf der ganzen Welt, inklusive Westeuropa

Die YAK-130 bewirbt sich im Wettbewerb gegen die MiG-AT um die Nachfolge der in die Jahre gekommenen L-29 DELFIN und L-39 ALBATROS der russischen Luftwaffe. Langezeit sah die von Yakovlev entworfene Maschine wie der Sieger unter den »Papierfliegern« (Reißbrettzeichnungen) aus, doch der Einfluß des MiG-OKB brachte die Luftwaffenführung dazu, ein Vergleichsfliegen der Prototypen der MiG-AT und YAK-130 zu veranstalten. Während Mikoyan französische Partner wählte, entschied sich Yakovlev für die italienische Firma Aermacchi, welche auf dem Gebiet der Jettrainer viel Erfahrung mitbringt (siehe M.B.339).

Der Anforderungskatalog für den neuen Jettrainer besitzt im allgemeinen drei Hauptpunkte: Erstens soll die Maschine in der Lage sein, Piloten ohne großen Qualitätssprung auf den Einsatz in Kampfflugzeugen der vierten Generation, wie Su-27 oder MiG-29, vorzubereiten. Dies fordert vom Jettrainer eine hohe Manövrierfähigkeit und die Möglichkeit, bei niedrigen Geschwindigkeiten und großem AoA noch kontrollierbar zu sein. Zweitens soll das Flugzeug eine Lebenserwartung von 15000 Flugstunden aufweisen, was für russische Verhältnisse absolutes Neuland bedeutet, und drittens – beinahe schon selbstverständlich – muß der Trainer günstig im Anschaffungspreis und im Unterhalt sein. Die YAK-130-Konstruktion scheint diese Punkte erfüllen zu können. Die Ingenieure vereinigten eine ungewöhnliche Auslegung und eine moderne Ausrüstung – ein »fly-by-wire«-Flugkontrollsystem, ein »Glas«-Cockpit, LERX, moderne Triebwerke und Winglets – in einem äußerst kleinen Flugzeug. Die Lufteinläufe für die Triebwerke befinden sich, ähnlich wie bei der F/A-18, unter den LERX, können aber wie bei der MiG-29 geschlossen werden, wenn das Flugzeug am Boden rollt. Die Luftzufuhr wird dann durch die über den LERX angeordenten Öffnungen gewährleistet. Das abgestufte Cockpit erlaubt auch dem Fluglehrer eine hervorragende Sicht nach vorne. Um die Entwicklungskosten so niedrig wie nur möglich zu halten, werden häufig modifizierte Komponenten bestehender Flugzeuge verwendet. So stammten das FBW ursprünglich von der YAK-141 FREESTYLE und die Triebwerke vom L-59 ALBATROS. Die gesamte Avionik stammt aus russischer Produktion; für Exportkunden stehen westliche Ausrüstungen zur Verfügung. Gemäß Herstellerangaben soll die YAK-130 fähig sein, mit einem Anstellwinkel (AoA) von 35° zu fliegen, was für einen Jettrainer eine außerordentliche Leistung bedeutet. Auch als Waffentrainer ist die Maschine geeignet, verfügt sie doch über sieben Pylone.

Da das Flugzeug über ein gutes Weiterentwicklungspotential verfügt, wäre es möglich, daß es von der russischen Luftwaffe auch als Nachfolger des Su-25 in der Nahunterstützungsrolle beschafft wird.

Erkennungsmerkmale:

- trapezförmiger Flügel mit großen LERX an den Wurzeln, V-neutral
- Mitteldecker, Winglets in V-Stellung an den Flügelenden
- trapezförmiges Höhenleitwerk auf Flügelhöhe, wenig V-negativ
- hoch aufragendes, gepfeiltes, scharfkantiges Seitenleitwerk
- stark abgestuftes Tamdem-Cockpit mit aufgesetztem Canopy
- LERX in die Längskante des Bugs übergehend
- zweistrahlig; Jetpipes vor dem Höhenleitwerk im untern Rumpfbereich
- Lufteinläufe in »umgekehrter Tunnel-Form«, unter den LERX
- auffallend gedrungener Rumpf mit kurzem Bug ohne Sonde
- breiter Rumpf

Ähnliche Flugzeuge	Seite	Unterschiede zur YAK-130
M.B.339	12	- Tiefdecker, V-positiv, meistens mit Flügelendentanks, ohne Winglets - Flügel gerade, mit großer Spannweite; keine LERX - Grenzschichtzäune an den Flügeln - gerades Höhenleitwerk, V-neutral, höher als der Flügel befestigt - Seitenleitwerk (oft mit Antennen), kleiner und weniger gepfeilt - in den Flügel integrierte, kleine ovale Lufteinläufe - zwei Kielflossen unter dem Heck; Rumpf schlanker - einstrahlig, Jetpipe am Rumpfende - Bugquerschnitt rund, keine Längskante
HAWK	40	- Tiefdecker, Pfeilflügel, wenig V-positiv, mit kleinen Grenzschichtzäunen - Flügel ohne Winglets oder LERX - gepfeiltes Höhenleitwerk, V-negativ, höher angesetzt als der Flügel - kleineres »Hawker«-Seitenleitwerk - halbrunde Lufteinläufe neben dem Rumpf - delphinförmiger Bug, aufgesetzte Sonde - einstrahlig, Jetpipe am Rumpfende - zwei kleine Kielflossen unter dem Rumpfheck - schlankeres Erscheinungsbild; keine Längskante am delphinförmigen Bug
ALPHA JET	64	- Schulterdecker, Pfeilflügel mit Sägezahn, aber ohne Winglets oder LERX - Flügel V-negativ - gepfeiltes, V-negatives Höhenleitwerk, tiefer angesetzt als der Flügel - Seitenleitwerk in schmaler »Mirage«-Form - halbrunde Lufteinläufe; Jetpipes sichtbar - Triebwerkkanäle vom Flügel getrennt - schlankerer, längerer Rumpf; keine Längskante am delphinförmigen Bug

Bewaffnung und Einsatz moderner Kampfflugzeuge

Die Einsatzrollen und folglich die Bewaffnungen von verschiedenen Kampfflugzeugen sind unterschiedlich. Einige Jets sind derart spezialisiert, daß sie lediglich eine einzige Aufgabe erfüllen können, andere wiederum lassen sich vielseitig verwenden, was die Durchsicht des ersten Kapitels beweist. Grundsätzlich unterteilt man die von Kampfflugzeugen erfüllten Aufgaben in vier Bereiche:

- Aufklärung
- Luft/Luft-Einsatz
- Luft/Boden-Einsatz
- Elektronische Kriegführung

Dabei kann eine Mission eines Kampfflugzeuges mehrere dieser Bereiche beinhalten. Oft besteht sie aus einer Primär- und einer Sekundäraufgabe, wobei letztere meistens zur Erfüllung der ersteren beiträgt beziehungsweise diese erst ermöglicht.

Ob sich eine Maschine für eine Aufgabe eignet oder nicht, hängt von zwei Hauptfaktoren ab. Einerseits ist da die Konstruktion selber inklusive Antrieb, durch welche verschiedene Leistungsparameter wie Wendigkeit, Waffenlast, Reichweite etc. vorgegeben werden und die den möglichen Einsatzbereich bereits grob bestimmt. Andererseits entscheidet die Avionik über die Leistungsfähigkeit in einer speziellen Disziplin innerhalb des von der Konstruktion her vorgegebenen Bereiches. Das beste Beispiel für eine solche Avionik-bedingte Spezialisierung eines Flugzeuges stellt der europäische TORNADO dar: Während das Modell IDS für Bodenangriffe ausgelegt ist, eignet sich die ADV-Version, ein

Abb.2a: Die MIRAGE 2000C, hier bei einem spektakulären Wendemanöver, gehört zu jenen Maschinen, die eigentlich als Mehrzweckkampfflugzeuge einsetzbar sind. Bei der Grundversion müssen jedoch einige Abstriche gemacht werden, will man sie als Jagdbomber einsetzen, denn sie ist von der Avionikauslegung her in erster Linie ein Jagdflugzeug. Der armée de l'air *reichten die Fähigkeiten als Jabo nicht aus, weshalb Dassault die spezialisierten Versionen -N (Träger der Nuklear bestückten ASMP-Lenkwaffe) und -D (Präzisions-Tiefflug-Jabo) entwickelte.*

strukturell beinahe identisches Derivat, lediglich zur Luftverteidigung. Ähnliches Verhalten findet man, wenn auch etwas weniger ausgeprägt, bei der F-15 (Modelle C und E) oder bei der MIRAGE 2000 (C/D).

Mehrzweckkampfflugzeuge ihrerseits müssen folglich in der Lage sein, viele Aufgaben zu erfüllen und sind aus diesem Grund sowohl von der Konstruktionsauslegung als auch von der Avionikausrüstung her breit abgestützt. Durch die sich teilweise widersprechenden Parameter der einzelnen Einsatzbereiche laufen solche »multi-role«-Jets zwangsläufig Gefahr, in einem allseitigen Kompromiß zu enden oder zumindest eine Aufgabe stärker zu gewichten. Dadurch werden sie in jedem Bereich von einem spezialisierten Flugzeug übertroffen. Trotzdem tendieren heute fast alle Luftwaffen dazu, vielseitig verwendbare Kampfflugzeuge (F-16, F/A-18, RAFALE, GRIPEN) zu entwickeln, zu kaufen und einzusetzen. Hauptgrund dafür sind die horrenden Kosten der komplexen Fluggeräte.

In den folgenden drei Unterkapiteln werden die ersten drei Einsatzbereiche der vier oben genannten erläutert; der vierte wird – zusammen mit dem SEAD-Teil aus Luft/Boden-Einsatz – im dritten Kapitel des Buches separat behandelt.

Aufklärung

Die Aufklärung stellt die älteste Aufgabe dar, die durch Militärflugzeuge erfüllt wird. Ihre Geschichte beginnt bereits mit dem Anfang des Ersten Weltkrieges, als man die noch zerbrechlich wirkenden Doppeldecker mit einem Beobachter und/oder einer Fotokamera bestückte, um Truppenbewegungen, Stellungen und Positionen des Gegners auszumachen. Mit der Weiterentwicklung der Flugzeuge verbesserte sich auch laufend die Leistungsfähigkeit der Kameras, während weitere Sensoren entwickelt wurden, so daß die Auftragsspannweite für Aufklärer immer breiter wurde. Missionen bis weit ins feindliche oder potentiell feindliche Hinterland waren bald keine Seltenheit mehr.

Seit dem Zweiten Weltkrieg unterscheidet man grundsätzlich zwei verschiedene Arten von Aufklärung: einerseits die strategische, andererseits die taktische Aufklärung. Seeaufklärer, Frühwarn- und Gefechtsfeldüberwachungsflugzeuge bilden ihrerseits im Prinzip eine eigene Gattung, weshalb sie in diesem Buch kurz separat behandelt werden. Von der Bedeutung ihrer Aufträge her kann man sie aber ebenfalls zu den strategischen Aufklärern zählen, denn ihre Aufgaben unterscheiden sich lediglich in dem Sinn von den klassischen strategischen Aufklärern, daß sie zur permanenten Überwachung eines speziellen Bereiches (See, Luftraum, Gefechtsfeld) aus großer Distanz zum feindlichen Luftraum ausgelegt sind. Die »echten« strategischen Aufklärer müssen jedoch oft die gegnerische Lufthoheit verletzen, um an ihre Informationen zu kommen; ihre Einsätze sind deshalb zeitlich stark eingegrenzt.

Manchmal ist die Unterscheidung zwischen den verschiedenen Aufklärungsarten nicht einfach, da diverse Zwischenstufen existieren; die folgenden Erläuterungen sollen u.a. die grundsätzlichen Unterschiede aufzeigen.

Strategische Aufklärung

Strategische Aufklärungsflüge werden speziell auf essentielle Schlüsselstellen des Gegners angesetzt. Ziel ist es, die Tätigkeiten des Gegners zu überwachen, ihn zu kontrollieren, seine Stärke und Absichten einzuschätzen und potentielle Angriffsobjekte höchster Priorität auszumachen. Dies kann durchaus auch in Zeiten unterhalb der Kriegsschwelle der Fall sein, da man auch dann jederzeit die neuesten Informationen zur Verfügung haben möchte, um sich nicht überraschen zu lassen. Amerikanische U-2R/S- und SR-71-Einsätze über Libyen und dem Irak während der letzten Jahre belegen diese Aufklärungstätigkeiten.

Abb.2.1.1: Daß die russische M-55 MYSTIC am Aérosalon Paris-Le Bourget '95 als Atmosphärenforschungs-Flugzeug vorgestellt wurde, täuscht nicht darüber hinweg, daß die Maschine ursprünglich vom sowjetischen Regime als strategischer Höhenaufklärer geplant war. Das Gegenstück zur U-2R/S sollte fähig sein, in Höhen vorzustoßen, wo es selbst über feindlichem Gebiet vor Abfangjägern sicher sein sollte. Die veränderte politische Lage ließ das Interesse an der MYSTIC zusammenschrumpfen, und es ist unwahrscheinlich, daß sie jemals die Einsatzverbände erreichen wird.

Früher verwendete man für diese Aufgabe für das Fliegen in großer Höhe ausgerüstete Bomber, die anstelle der Bombenlast mit Kameras und Objektiven großer Brennweite im Rumpf ausgestattet waren. Als bestes Beispiel für derartige Aufklärungsflugzeuge sei hier die deutsche JU-88 genannt, deren Einsätze über Scapa Flow (britischer Marinestützpunkt in Nordschottland) Berühmtheit erlangten. Heute existieren nicht mehr viele strategische Foto-Aufklärertypen, da durch die Einführung leistungsfähiger Frühwarn- und SAM-Systeme großer Reichweite eine Mission in großer Höhe äußerst riskant geworden ist: Der Aufklärer kann schon aus großer Distanz erfaßt werden und muß sein oft stark geschütztes Ziel zumeist nahezu direkt überfliegen, um die gewünschte Information in den Aufnahmen festhalten zu können. Die Amerikaner verloren in den 60er Jahren einige ihrer U-2-Höhenaufklärer, als diese illegalerweise sowjetisches bzw. kubanisches Gebiet überquerten. Ein Tiefflug, der einen gewissen Schutz vor der Entdeckung bieten würde, ist seinerseits in den meisten Fällen bei strategisch wichtigen Zielobjekten wegen der beschränkten Reichweite nicht möglich.

An die Stelle der Kamera-bestückten Flugzeuge sind größtenteils Spionagesatelliten und elektronische Aufklärer (SIGINT) getreten. Die Satelliten sind in der Lage, Aufnahmen mit verschiedenen Geräten aus der sicheren Entfernung der Erdumlaufbahn zu schießen. Die Bilder, deren Qualität meist hervorragend ist, werden anschließend zur Erde übermittelt. SIGINT-Flugzeuge können ihrerseits mit passiven Sensoren aus großer Distanz gegnerische Emissionen von elektromagnetischen Wellen empfangen und daraus Informationen für die eigene elektronische Kriegführung sowie für entsprechende Gegenmaßnahmen erarbeiten. Eine weitere Möglichkeit ist der Einsatz von seitwärts gerichteten Radargeräten (SLAR), mit denen Bilder generiert und so wichtige gegnerische Aktivitäten erkannt werden können. Diese Informationen sind über einen Data-Link »in-real-time« direkt oder über Satellit an die eigene Bodenstation weiterleitbar.

Beispiele für operationelle strategische Aufklärungsflugzeuge sind die U-2S, eine mit SLAR und Kameras ausgerüstete, moderne Version des Höhenaufklärers U-2; die RC-135V RIVET JOINT, eine für SIGINT-Aufgaben spezialisierte Ableitung des Boeing 707-Airliners; die verschiedenen Versionen der MiG-25R; der Tu-95 Langsteckenaufklärer, das russische Pendant zur RC-135; das SIGINT-Derivat des Seeaufklärers NIMROD, die R.1; oder die alten, aber immer noch zuverlässigen Fotoaufklärer CANBERRA PR.9 und MIRAGE IVP. Drohnen (z.B. RQ-4A GLOBAL HAWK) werden in Zukunft ebenfalls eine Rolle spielen.

Ein ganz neues Kapitel in der strategischen Aufklärung haben die Amerikaner angeblich mit dem unter dem Decknamen »AURORA« bekannten Flugzeug aufgeschlagen. Diese Maschine, deren Existenz bis heute geleugnet wird, soll einerseits über nahezu perfekte Stealth-Eigenschaften (siehe später) verfügen, also für Radar unsichtbar sein, andererseits Geschwindigkeiten im Hyperschallbereich erreichen können. Beide Parameter zusammen würden dem Flugzeug Unverwundbarkeit verleihen, eine Eigenschaft, die nicht einmal Satelliten besitzen. Der Aufklärer wird dadurch seine Information nicht nur erhalten, ohne abgefangen, sondern auch ohne bemerkt zu werden.

Da die strategischen Aufklärer mit Ausnahme der MiG-25 keine echten Kampfflugzeuge sind, werden sie in diesem Buch nicht weiter behandelt; auch auf deren Fähigkeiten soll nicht weiter eingegangen werden.

AWACS, Joint STARS und Seeaufklärer

Zwar werden in diesem Buch im ersten Kapitel weder AWACS- noch J-STARS-Flugzeuge oder Seeaufklärer vorgestellt – Hauptthema des Buches sind Kampfflugzeuge – doch rechtfertigt die Tatsache, daß alle drei Typen

Abb.2.1.2a: Eine Boeing E-3A SENTRY der NATO. Durch die hohe Leistungsfähigkeit der E-3-Avionik war es den Alliierten im Golfkrieg möglich, eine große Anzahl Kampfflugzeuge zu ihren Zielen zu dirigieren und dabei auch noch den Jägern die gegnerischen Maschinen zuzuweisen. Der »Teller« über dem Rumpf enthält die Radarantenne; im Rumpf sind 12 Radaroperateure untergebracht.

eng mit Kampfjets zusammenarbeiten, eine kurze Darlegung dieser Aufklärungssysteme.

Das AWACS (airborne early-warning and control system) basiert grundsätzlich auf dem Rumpf eines Airliners. Es ist mit diversen elektronischen Hilfsmitteln für die Luftraumüberwachung ausgerüstet und kann vereinfacht als »fliegende Radarstation, welche sich um Luftbewegungen kümmert«, umschrieben werden. Seine primäre Aufgabe in einem

Verteidigungsszenario in einer ersten Phase liegt in der Frühwarnung vor angreifenden gegnerischen Maschinen, während es gleichzeitig oder in einer zweiten Phase zur Koordination und zur Leitung von eigenen Jagd- und Angriffsflugzeugen dient. Dank einem weitreichenden Radargerät (Erfassungsreichweite des AN/APY-2-Überwachungsradars der E-3 SENTRY: über 500 km) und den leistungsfähigen Datenverarbeitungscomputern an Bord, die zum Beispiel im Falle der E-3 (Abb.2.1.2a) bis zu 600 Flugzeuge gleichzeitig zu verfolgen imstande sind, kann sich der Kommandant der Luftstreitkräfte eine lückenlose Übersicht über die Luftlage erstellen lassen und mit deren Hilfe die richtigen Entscheide schnell treffen sowie die erforderlichen Befehle erteilen (C^3I). Um den erforderlichen Informationsfluß zu gewährleisten, stehen ihm im Falle der NATO fortschrittliche Kommunikationsmittel zur Verfügung, wie zum Beispiel das JTIDS, ein System, welches den direkten Datenaustausch zwischen den Jagdflugzeugen, dem AWACS und Bodenstationen erlaubt, ohne daß über Funk gesprochen werden muß.

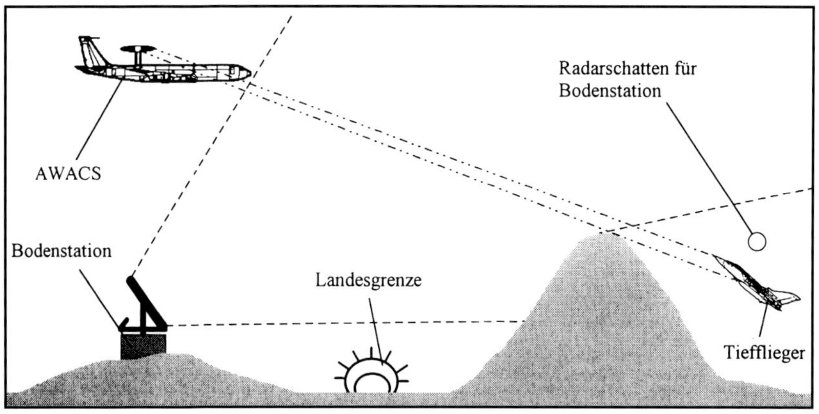

Abb.2.1.2b: Vergleich der Erfassungsfähigkeit von Tieffliegern zwischen einem Frühwarn-Flugzeug (AWACS) und einer Radarbodenstation: Das Jagdflugzeug befindet sich für das bodengestützte System noch im Schatten des Hügels, während es vom AWACS bereits erfaßt wird. Dieser Zeitgewinn hilft der Abwehr, sich feuerbereit zu halten und kann über eine erfolgreiche Bekämpfung entscheiden.

Die Vorteile eines derartigen luftgestützten Radarsystems gegenüber bodengestützten Geräten liegen auf der Hand: Erstens kann das AWACS auf längere Strecken auch Maschinen entdecken, die in Baumwipfelhöhe und deshalb oft in einem toten Winkel, sprich Radarschatten, eines bodengestützten Radars fliegen (Abb.2.1.2b). Somit verlängert sich durch den AWACS-Einsatz eindeutig jene Zeitspanne, die den Abwehrkräften (Jagdflugzeuge, Flab) zur Verfügung steht, um sich zur Verteidigung bereitzuhalten.

Zweitens ist es in der Lage, falls nötig jenseits der eigenen Landesgrenze zu operieren und dort als vorgezogener Aussichtsposten zu dienen, sobald in jenem Luftraum die Luftüberlegenheit durch die eigenen Jagdflugzeuge sichergestellt ist.

Drittens können Frühwarnflugzeuge in einem Krisenfall, der in einem Gebiet entstanden ist, das etwas abseits des eigentlichen Einflußbereichs einer Luftwaffe liegt und trotzdem den Einsatz von dieser nötig macht, wie dies im Golfkrieg oder im Balkankonflikt der Fall war bzw. ist, rasch und problemlos in diese Regionen entsandt werden. Dies ist bei ähnlich leistungsfähigen Bodenradars nicht möglich. Von großer Bedeutung ist diese Tatsache für Länder wie die USA oder Verteidigungsallianzen wie die NATO.

Viertens sind fliegende Radarsysteme aufgrund ihrer Mobilität schwieriger aufzuspüren als stationäre Stationen und deshalb auch weniger gute Angriffsziele. Dies trifft auch darum zu, weil derzeit noch keine Luft/Luft-Antiradar-Lenkwaffen existieren, die direkt auf das Suchradar lossteuern könnten. Zwar wären normale AAMs in der Lage, ein AWACS abzuschießen, doch verfügen diese teueren Flugzeuge über eine umfangreiche EW-Ausrüstung zur Störung feindlicher Lenkwaffen.

Typische AWACS-Flugzeuge, die heute im Einsatz stehen, sind die E-3 SENTRY (im Einsatz bei: USAF, NATO, Saudi Arabien, Frankreich, Großbritannien), die E-2 HAWKEYE (USN, Ägypten, Israel, Japan, Singapur, Taiwan, Thailand und Frankreich), die A-50 »MAINSTAY« (Rußland); IAI PHALCON (Israel, Chile); Ilyushin Il-76 ADNAN (Irak); die E767 AWACS (Japan); die ARGUS (Schweden) und die ebenfalls mit Erieye-Radar ausgerüstete EMB-145SA (Brasilien, Griechenland). Australien beschafft die neue 737 AEW&C mit MESA-Radar, während sich China eine Il-76 mit israelischem Radar bestücken läßt.

Abb.2.1.2c: Eine SENTRY AEW.1 der Royal Air Force auf Patrouille. Sie arbeitet gewöhnlich mit den TORNADO F.3-Abfangjägern des »Strike Command« zusammen, wobei die Maschinen neuerdings über JTIDS miteinander verbunden sind. Der Navigator des TORNADO kann sich dank der direkt über Data-Link übermittelten Information eine Gesamtübersicht über die Luftlage verschaffen, ohne daß der Jäger sein Radar aufzuschalten braucht. Dadurch verraten dem Gegner keine elektromagnetischen Wellen die Anwesenheit des TORNADO.

Was für die Luftraumüberwachung das AWACS, ist für die Bodenaktivitätenüberwachung das Joint STARS (Joint Surveillance Target Attack Radar System). Es handelt sich dabei um eine äußerst moderne Errungenschaft der amerikanischen Wehrtechnik, die ihre Nützlichkeit, obwohl noch weit von der Truppeneinführung entfernt und in Form eines Prototyps, bereits im Golfkrieg und über dem ehemaligen Jugoslawien unter Beweis stellte.

Herzstück des Systems ist ein hochauflösendes Seitensichtradar mit synthetischer Apertur, welches diverse Modi aufweist, um zum Beispiel bewegte Ziele, seien sie auch nur von der Größe eines Jeeps, ausfindig zu machen oder fast fotografische Bilder eines Geländeausschnittes zu generieren. Die Erfassungsreichweite beträgt über 200 km, wodurch die Beobachtung eines Gebietes von rund 50.000 km^2 ermöglicht wird.

Abb.2.1.2d: Die Boeing/Northrop Grumman E-8 J-STARS verwendet wie die SENTRY den Rumpf des 707-Airliners. Eigenartigerweise hat man versäumt, sie mit den neuen, treibstoffsparenden CFM-Triebwerken auszustatten.

Zusammen mit den erforderlichen Computern und Konsolen zur Datenverarbeitung und den Geräten zur Datenübermittlung ist das Radar in den Rumpf einer Boeing 707 eingebaut. Die Informationen können direkt sowohl an Landstreitkräfte als auch an die fliegenden Angriffsverbände weitergeleitet werden. Dadurch vermindert sich einerseits die Möglichkeit eines überraschenden Angriffes des Gegners, andererseits ist dessen Position, sei es Tag oder Nacht, immer bekannt und die Jagdbomber können ihr Ziel auf direktestem Weg anfliegen.

Die USAF will von der E-8, wie man das Flugzeug auch nennt, 17 Exemplare beschaffen. Northrop Grumman hat das System außerdem der NATO angeboten, bei der es eine willkommene Ergänzung der AWACS-Flotte darstellen würde. In der gegenwärtigen Situation scheint aber das Geld dafür zu fehlen.

Die Briten und die Franzosen gehen ihren eigenen Weg auf dem Gebiet der Gefechtsfeldüberwachung, da ihrer Meinung nach das System E-8 im Einsatz zu unflexibel und sein Unterhalt zu kostspielig sei. Die RAF beschafft einen mit SLAR ausgerüsteten Business-Jet (GLOBAL EXPRESS; Systemname: ASTOR), während die armée de l'air auf einen mit Radar ausgestatteten COUGAR-Helikopter setzt.

Abb.2.1.2.e: Das SLAR der E-8 ist in einem großen Radom unter dem Rumpf des 707-Airliners untergebracht. Das Radargerät soll derart genau arbeiten, daß sogar kleine Fahrzeuge wie Jeeps ausgemacht werden können.

Eine nicht derart neue Entwicklung wie das J-STARS, aber trotzdem ein wichtiges Element in der Verteidigung von Staaten, welche Küsten und Häfen aufweisen oder gar Ölplattformen besitzen, stellen die Seeaufklärer dar. Es sind dies Flugzeuge, die auf Patrouillenflügen über dem Meer lange im Einsatz verbleiben und ein großes Gebiet überwachen bzw. nach Über- und Unterwasserobjekten absuchen können. Gemäß diesem Anforderungskatalog verwendet man für diese Aufgabe oftmals modifizierte Airliner; meistens sind es mit Propellerturbinen angetriebene Maschinen. Zu den wichtigsten zusätzlichen Ausrüstungsbestandteilen gehören ein leistungsfähiges Radar zur Überwasserzielsuche und zur Seeüberwachung, abwerfbare Sonarbojen und eine MAD-

Abb.2.1.2.f: Einer von zwölf Lockheed P-3C ORION-Seeaufklärern der niederländischen Marine. Die Orion ist der am weitesten verbreitete Seeaufklärer. Obwohl die ursprüngliche Konstruktion des Flugzeuges schon 40 Jahre alt ist, wird die Maschine noch immer produziert. Ihre Vorteile gegenüber Jet-angetriebenen Typen wie dem britischen NIMROD MR.2P besteht vor allem im günstigen Betrieb und im niedrigen Treibstoffverbrauch. Die kleinen schwarzen Punkte am Rumpf sind die Ausschußöffnungen für die Sonarbojen; im Boden des Vorderrumpfes befindet sich der Waffenschacht für Torpedos und AShMs.

Antenne zur Ortung von U-Booten. Im Gegensatz zu den meisten anderen Aufklärern ist der Seeaufklärer bewaffnet, das heißt, er kann selbständig gegen Schiffe und U-Boote vorgehen. Hierfür besteht seine Bewaffnung aus Anti-Schiffs-Lenkwaffen, wie sie im später beschrieben werden, und aus Torpedos. Primär arbeitet er aber im Verbund mit Marinekampfflugzeugen zusammen, wobei er das Ziel aus sicherer Entfernung beobachtet und dem angreifenden Jet via Data-Link die erforderlichen Daten für den Einsatz der AShMs übermittelt.

Taktische Aufklärung

Taktische Aufklärungsflüge unterscheiden sich dadurch von strategischen, daß sie in einem kleineren Rahmen stattfinden und man sie auf ein taktisch wichtiges Ziel ansetzt. Folglich werden sie nur im Kriegsfall oder bei erhöhter kriegerischer Gefahr durchgeführt, es sei denn, es handelt sich um Übungseinsätze. Dies impliziert jedoch nicht unbedingt, daß sie von geringer Wichtigkeit sind.

Meistens finden Aufklärungsflüge kurz vor bzw. nach einem boden- oder luftgestützten Angriff auf ein Ziel statt. Im ersteren Fall muß es die Absicht der Missionsplaner sein, eine aktuelle Übersicht über die Situation im Zielgebiet zu erhalten. Primär geht es darum, die genauen Standorte der verschiedenen Objekte zu ermitteln und festzustellen, welche dieser Objekte von großer Bedeutung sind, um eine Prioritätenliste für die

Angriffsverbände zusammenstellen zu können. Auch die Beurteilung des Zustandes und der Beschaffenheit der Ziele (Verbunkerung, Panzerung, etc.) ist wichtig, denn dies hat Auswirkungen auf die Waffenwahl der Kampfflugzeuge. Daneben wird der exakten Aufklärung der Abwehrkräfte im Zielgebiet große Bedeutung zugeordnet, zumal Angriffsflugzeuge und Bodentruppen ihre Taktik und Bewaffnung für eine Mission auch nach diesen Informationen ausrichten müssen, soll die Aufgabe erfolgreich erfüllt werden. Eine unerwartete Präsenz gegnerischer Verteidigungskräfte könnte böse Folgen für die Mission, das Flugzeug und dessen Besatzung bzw. die Fahrzeuge und Soldaten nach sich ziehen.

Wird ein Aufklärungsflug kurz nach einem Angriff durchgeführt (BDA), so beabsichtigt man damit, die Auswirkungen des Angriffes festzustellen. Die so erhaltenen Informationen können Aufschluß darüber geben, ob ein weiterer Einsatz der Jagdbomber nötig ist oder nicht.

Taktische Aufklärungsflugzeuge fliegen viele ihrer Missionen in niedriger Höhe. Der Grund dafür muß bei den feindlichen Luftverteidigungssystemen gesucht werden: Wenn sich ein Flugzeug in mittlerer Höhe in den gegnerischen Luftraum begibt, so wird es von einem Langstreckenradarsystem bereits vor der Lufthoheitsverletzung erfaßt (Abb.2.1.3a). Es verbleibt noch genügend Zeit, Jagdflugzeuge oder Langstrecken-SAM-Batterien zu alarmieren, die den Aufklärer abfangen können. Da Aufklärer meistens einzeln und ohne Jagdschutz fliegen und dabei noch viel Treibstoff für die Flugstrecke mitführen müssen, wären sie in diesem Höhenbereich eine leichte Beute für die beweglichen Luftüberlegenheitsjäger. Fliegt die Maschine jedoch tief, so wird die Reichweite des Frühwarnradars deutlich

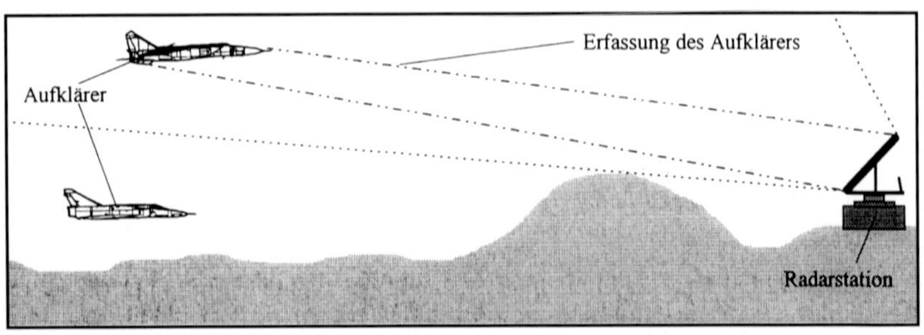

Abb.2.1.3a: Im Gegensatz zum hoch fliegenden Aufklärer verbleibt der Tiefflieger länger unbemerkt im Radarschatten des Geländes, sodaß der gegnerischen Fliegerabwehr nur eine kurze Reaktionszeit bleibt.

eingeschränkt und damit die Reaktionszeit für die Verteidigungsverbände verkürzt, was sich positiv auf die Überlebenschancen des Flugzeuges und die Erfolgsaussichten der Mission auswirkt.

Die jüngsten Luftabwehr-Entwicklungen lassen aber in letzter Zeit wieder die Diskussion entfachen, ob auch das Abschuß-Risiko eines Solotiefffluges zu Aufklärungszwecken noch tragbar sei. In der Tat sind tieffliegende Einzel-Flugzeuge durch IR-gesteuerte, schultergestützte SAMs, wie Mistral, Stinger oder SA-16, vor allem bei Tageslicht stark gefährdet. Deshalb fliegen taktische Aufklärer seit dem Golfkrieg wieder öfter in mitt-

Abb.2.1.3b: Zu den für tieffliegende taktische Aufklärer und Angriffsflugzeuge bedrohlichsten Gegnern gehören mobile Fliegerabwehrverbände. Sie sind besonders dann gefährlich, wenn sie Tag und Nacht sowie bei jedem Wetter einsatzfähig sind und zudem ein passives Sensorsystem aufweisen. Auf diesem Hummer befindet sich das System Avenger, ein Lenkwaffenwerfer mit acht RIM-92 Stinger und einer 12.7 mm Bordkanone. Ein Luftziel kann mit dem FLIR verfolgt werden. Das System ist nur bei schlechtem Wetter eingeschränkt.

leren Höhen. Allerdings reduziert sich dadurch der Informationsgehalt der Aufnahmen. Außerdem benötigen die Flugzeuge bei einem derartigen Einsatzprofil die Unterstützung von Begleitschutzjägern und SEAD-Flugzeugen, die den Aufwand der Mission vervielfachen. Tiefflüge werden bei Nacht noch durchgeführt.

Nun zu den Aufklärern. Die Maschinen, welche heute als taktische Aufklärer eingesetzt werden, sind selten speziell für diesen Zweck entwickelt, sondern jeweils für die Aufgabe mehr oder weniger modifizierte Jagd- oder Angriffsflugzeuge (Abb.2.1.3c). Die Modifikation besteht in den meisten Fällen lediglich aus einem Aufklärungs-Behälter, der unter das damit kompatible Flugzeug gehängt wird. Ein solcher Recce-Pod kann diverse Geräte und Sensoren beinhalten, wie später ausgeführt wird.

Ein gutes Beispiel für einen Aufklärungs-Behälter ist der in Abb.2.1.3d abgebildete Pod eines RAF-JAGUARS. Darin befinden sich eine Schrägsicht- und vier Seitensichtkameras. Ferner verfügt der Pod über einen sogenannten IR-Linescanner.

Abb.2.1.3c: Viele Mehrzweckkampfflugzeuge werden auch als taktische Aufklärer verwendet. Als Beispiel hier eine niederländische F-16A FIGHTING FALCON. Die Maschine ist dazu eingerichtet, den Orpheus-Behälter am Rumpfpylon mitführen zu können. Holland war der erste F-16-Betreiber, der die FALCON in dieser Rolle einsetzte. Durch die vollständige Ausmusterung der RF-4C bei der USAF stützen sich nun auch die Amerikaner auf diesen äußerst vielseitigen Jet in der »Recce«-Rolle.

Der erste RAPTOR. 339 Exemplare dieser Maschine werden im nächsten Jahrzehnt bei der USAF eingeführt. Die F-22 zeichnet sich einerseits durch ihre hervorragende Manövrierfähigkeit, andererseits aber vor allem durch ihre Stealth-Technologie-Zelle und -Avionik aus. Zum ersten Mal wurden diese Parameter in einer derart perfektionierten Form in einem Flugzeug vereinigt (Foto: Lockheed Martin via Air International).

Seite 170/171:
Eine MIRAGE 5F der armée de l'air. Obwohl sie in ihrem Ursprungsland nicht mehr im Einsatz steht, wird die MIRAGE 5 immer noch von zahlreichen Luftwaffen geflogen. Dank einiger Modifikationsprogramme ist sie auch heute noch für Jagdbombereinsätze schlagkräftig genug, sofern der Gegner nicht über ultra-moderne Abwehrwaffen verfügt (Foto: E. Moreau via Dassault Aviation).

13-PL

56

Die Zukunft in Sicht: Die RAFALE B wird ab 2005 das Rückgrat der armée de l'air bilden. Die Maschine ist äußerst schlagkräftig als Jagdbomber und benötigt keinen Jagdschutz. Hier ist sie mit einer Waffenlast bestehend aus Apache-CMs und Mica-AAMs zu sehen (Foto: François Robineau/Dassault Aviation).

Seite 173 oben:
Eine MiG-29 FULCRUM des russischen Testpilotenzentrums Zhukovski. Der eigenartige gelb/blau/schwarze Anstrich brachte der Maschine und ihrem identisch bemalten Schwesterflugzeug kein Glück: Sie stießen bei einer Vorführung zusammen und stürzten ab. Die Piloten kamen – wie durch ein Wunder – unverletzt davon (Foto: Thomas Bättig).

Seite 173 unten:
Die französische Luftwaffe betreibt mehrere Versionen der MIRAGE F1. Dieses Exemplar hier ist ein F1CR-Aufklärer. Die Tarnfarbe verrät, wo das Einsatzgebiet dieses Flugzeuges liegt: in Nordafrika (Tschad) und im Nahen Osten (Golfregion) (Foto: armée de l'air via Dassault Aviation).

MIRAGE
59

5-OB

Seite 174/175:
Die französischen MIRAGE 2000C RDI gehörten während des Golfkrieges zu jenen Maschinen, die die Lufthoheit sicherstellten. Sie kamen aber nie dazu, ein irakisches Flugzeug abzuschießen. Diese Maschine hier ist mit Magic- und Super 530D-AAMs bewaffnet (Foto: armée de l'air via Dassault Aviation).

Die PAMPA 2000 kämpfte im amerikanischen JPATS-Wettbewerb erfolglos, obwohl ihre Leistungen als reiner Trainer hervorragend sind. Aufgrund angeblicher Handling-Probleme eliminierte das Pentagon das argentinisch-amerikanische Flugzeug vorzeitig aus der Evaluation für einen neuen Basistrainer der US-Streitkräfte. Das IA-63-Basismodell steht bisher nur in Argentinien im Einsatz (Foto: Vought via Air International).

Oben: Die SUPER ETENDARD gehört zwar nicht zu den absoluten Top-Kampfflugzeugen, sie ist aber dank ihrer Bewaffnung (u.a. ASMP, EXOCET-AShM) trotzdem kampfstark und nicht zu unterschätzen. Diese Maschine hier ist eine »SEM«, eine modernisierte SUPER ETENDARD, welche auch Präzisionswaffen einsetzen kann (Foto: François Robineau via Dassault Aviation).

Unten: Schwedens Luftfahrtindustrie brachte immer wieder hervorragende Kampfflugzeuge hervor. Jüngstes Beispiel: der JAS-39 GRIPEN. Dank Software-gestützter Avionik ist er vielseitig einsetzbar und zudem klein, leicht und vergleichsweise günstig im Preis. Leistungsmäßig kann er problemlos mit der F-16 mithalten. (Foto: Anders Nylén via SAAB).

Oben: Die F-14 TOMCAT gehört drei Jahrzehnte nach ihrem Erstflug immer noch zu den besten Jagdflugzeugen der Welt. Die hier abgebildete Maschine ist der Prototyp der SUPER-TOMCAT, einer stark leistungsgesteigerten Version der ursprünglichen F-14A (Foto: Northrop Grumman via K. Alder).

Unten: Die EA-6B PROWLER sind keine Kampfflugzeuge im herkömmlichen Sinne. Meistens besteht ihre »Waffenlast« aus Störbehältern des gegen feindliche Radargeräte äußerst wirksamen Systems ALQ-99, wie sie hier zu sehen sind. Die Propeller vorne am Behälter erzeugen den erforderlichen elektrischen Strom für die zweimal 2.5 kW Ausgangsleistung (Foto: Northrop Grumman).

Seite 178/179:
»Fly fast, fly low« – oder eine MIRAGE 2000D im Einsatz. Dank dem TRN-ähnlichen Radargerät kann die armée de l'air-Maschine äußerst tief und schnell fliegen, ohne daß dabei die Besatzung frühzeitig ermüdet. Ausgerüstet ist diese 2000D für den Präzisionsangriff und die Selbstverteidigung: ein PDLCT-Laserdesignator-Pod, zwei AS.30 Laser-ASMs und zwei Magic-AAMs hängen unter den Tragflächen (Foto: François Robineau via Dassault Aviation).

Seite 181:
Einer von zwei YF-22-Prototypen, die für den Wettbewerb mit der YF-23 gebaut wurden. Deutlich sichtbar sind die 2D-Schubvektordüsen, welche unglaubliche Manöver erlauben sollen. Gleichzeitig wurde die Maschine nach Stealth-Kriterien konstruiert. Gerade in diesem Aspekt sollen die YF-22-Prototypen nicht überzeugt haben, weshalb zahlreiche Nachbesserungen beim Bau des Serienflugzeuges F-22 RAPTOR notwendig wurden (Foto: Lockheed Martin via Air International).

02

Seite 182/183: Ein spektakulärer Feuerschweif erhellt den Rumpf eines HARRIER GR.7 beim Abfeuern einer Salve ungelenkter SNEB-Raketen. Diese Waffe wird häufig zur Nahunterstützung eingesetzt. Obwohl die ursprüngliche Konstruktion des HARRIER bis in die frühen 60er Jahre zurückgeht, ist die hier abgebildete Maschine eines der modernsten Kampfflugzeuge der Welt (Foto: British Aerospace via Air International).

Oben: Das zukünftige Standard-Kampfflugzeug der USN, die F/A-18E SUPER HORNET. Von vorne gut sichtbar sind die neuen Stealth-Lufteinläufe und die größeren LERX. Abgebildet ist hier die erste SUPER HORNET (F/A-18E1), bewaffnet mit zwei Sprengbomben und zwei AGM-88 HARM-Antiradar-Lenkwaffen (Foto: Verron Pugh/USN via Air International).

Unten: Die SAAB DRAKEN wird derzeit gerade aus den Diensten der Flygvapnet, der schwedischen Luftwaffe, entlassen. In Österreich sind die 24 J-35Oe aber immer noch die einzigen echten Jagdflugzeuge, und dies wird auch noch einige Jahre so bleiben. Die abgebildete schwedische J-35J ist mit AIM-4 Falcon Luft-Luft-Lenkwaffen bewaffnet. Man beachte auch den IR-Sensoren unter dem Bug (Foto: Anders Nylén/SAAB).

Abb.2.1.3e: Ein TORNADO GR.1A. Dieser RAF-Aufklärer unterscheidet sich von der GR.1 lediglich durch seinen IRLS und die beiden seitlichen SLIR im Vorderrumpf, durch deren Einbau die beiden BKs entfielen. Die Aufklärungsgeräte decken unter dem Flugzeug senkrecht zur Flugrichtung einen 180°-Winkel ab. Der GR.1A kann trotzdem jede GR.1-Waffe einsetzen.

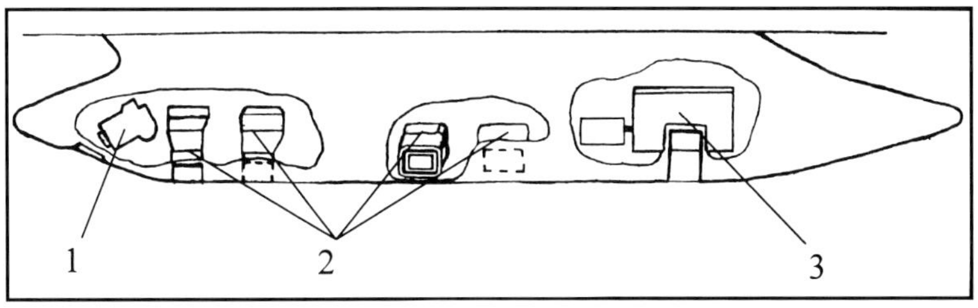

Abb.2.1.3d: RAF-Jaguar-Recce-Pod: 1) Schrägbildkamera F95, Sichtwinkel 21°; 2) 4 Seitwärtskameras F95, Sichtwinkel 180°; 3) IR-Linescanner (120°).

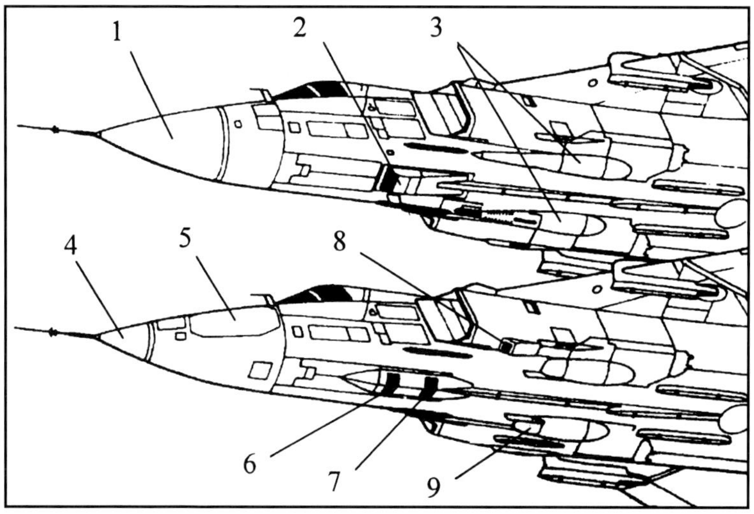

Abb.2.1.3f: Su-24 »FENCER«. Oben: Angriffsflugzeug »Fencer-D«: 1) langes Radom für Angriffsradar; 2) LRMTS; 3) lange Behälter für BK/Munition. Unten: Aufklärungsflugzeug »FENCER-E«: 4) kurzes Radom für Navigationsradar; 5) SLAR; 6) Weitwinkelkamera; 7) IR-Kamera; 8) Schrägbildkamera; 9) BK enfernt, Behälter kürzer (vermutlich für Data-Link).

Die Verwendung eines Recce-Pods stellt eine praktische Möglichkeit dar, wie man kostengünstig zu einem taktischen Aufklärer kommen kann. Das Flugzeug läßt sich zudem mit wenigen Handgriffen wieder in seiner Primär-Einsatzrolle verwenden. Zahlreiche Flugzeuge werden deshalb in Verbindung mit einem derartigen Behälter als Aufklärer eingesetzt. An dieser Stelle seien einige Beispiele benannt: MIRAGE F1, MIRAGE 2000, F-16 FIGHTING FALCON, L-159, HARRIER II, MiG-21, F-14 TOMCAT, TORNADO IDS, AMX, JAS-39 GRIPEN, JAGUAR, Su-17, Su-33, etc.

Trotzdem gibt diese Modifikationsart auch Probleme auf. Kleine Maschinen, wie beispielsweise die F-5E, verfügen nur über eine kleine Leistungsreserve und würden durch die Last eines derartigen Behälters bezüglich Reichweite und Beweglichkeit stark eingeschränkt. Auch besetzt der Pod einen Pylon, an den vorteilhafterweise ein Zusatztank zur Reichweitenvergrößerung (für einen Aufklärungseinsatz meistens wichtig) oder ein ECM-Behälter für die Verbesserung der Überlebensfähigkeit gehängt werden sollte. Einige Luftwaffen bevorzugen deshalb größere Modifikationen. Die Aufklärer entstehen dadurch, daß die Konstrukteure bei einem bestehenden Jagd- oder Angriffsflugzeug einen Teil der ursprünglichen, für die neue Aufgabe überflüssigen Ausrüstungs-

Abb.2.1.3g: Der RQ-1A PREDATOR der USAF gehört zu den zwei offiziell geplanten amerikanischen Aufklärungs-UAVs. Ausgerüstet mit einem TV/FLIR-Gerät und einem SLAR, hat die Maschine bereits erfolgreiche Einsätze auf dem Balkan hinter sich. Der zweite UAV ist der RQ-4A GLOBAL HAWK, die bisher größte gebaute Drohne. Ihre Verwendung wird eher strategisch sein.

bestandteile entfernen, um im Rumpf Platz für die erforderlichen Aufklärungssensoren zu schaffen. In der Abildung 2.1.3f erkennt man die Veränderungen am Rumpfvorderteil der Aufklärerversion in Bezug auf die Basisversion am Beispiel des russischen Flugzeuges Sukhoi Su-24 »FENCER«.

Solche Aufklärungsflugzeuge weisen aber meistens den Nachteil auf, daß sie aufgrund der erwähnten Entfernung von Ausrüstungsbestandteilen entweder auf die Aufklärung beschränkt bleiben oder zumindest nur begrenzte Fähigkeiten für andere Missionen (Abfangjagd, Angriff) besitzen. Die bei der Schweizer Luftwaffe eingesetzten MIRAGE IIIRS (Abb.2.1.4b), die im Vergleich zur Abfangjägerversion MIRAGE IIIS anstelle des Taran-Abfangradars über vier Reihenbild- und eine Infrarotkamera verfügen (mit dem »Red Baron«-IRLS-Pod unter dem Rumpf), können zwar ebenfalls AIM-9 Sidewinder A/A-Lenkwaffen mitführen, doch stellen sie ohne Bordradar niemals einen ernstzunehmenden Jäger dar. Es gibt aber auch Maschinen, welche durch den Einbau der Aufklärungsausrüstung nur unwesentlich an Schlagkraft in ihrer ursprünglichen Rolle verloren haben. Beispiele hierfür sind die französische MIRAGE F1CR und der britische TORNADO GR.1A (Abb.2.1.3e); bei dem letzteren ersetzte man lediglich die beiden 27 mm-Bordkanonen durch den IRLS und die beiden SLIR-Geräte. Das so entstandene Flugzeug ist der erste taktische Aufklärer, welcher keine Naßfilm-Aufnahmegeräte mehr aufweist und sich damit komplett auf Videoaufzeichnung stützt.

Genau wie bei den mit Recce-Pod ausgerüsteten Flugzeugen existieren auch zahlreiche spezialisierte taktische Aufklärer. Neben den oben bereits genannten sind noch folgende Beispiele erwähnenswert: MIRAGE 5R, ETENDARD IVP, RF-4 PHANTOM, MiG-25R »FOXBAT«, RF-5E TIGEREYE, AJSH/AJSF-37 VIGGEN.

Zunehmende Wichtigkeit in der Aufklärung erfahren seit einiger Zeit mit entsprechender Ausrüstung ausgestattete Drohnen (UAVs), also unbemannte Flugzeuge. Einerseits können sie für gewisse Aufgaben die taktischen Aufklärer ersetzen, beispielsweise dort, wo es zu gefährlich wäre, bemannte Maschinen zu verwenden, andererseits übernehmen sie eher überwachende Aufgaben, da sie meist mehrere Stunden aneinander in der Luft zu verbleiben vermögen. Erfolgreiche Missionen mit dem PREDATOR (Abb.2.1.3g) über Bosnien haben die Möglichkeiten der UAVs aufgezeigt. Mit der Langstreckendrohne GLOBAL HAWK geht die USAF noch einen Schritt weiter. Die RQ-4A ist in die Lage, in den USA zu starten, über Europa zehn Stunden ein Gebiet zu überwachen und nonstop in die Vereinigten Staaten zurückzukehren – unabhängig von irgendwelcher Infrastruktur, das heißt auch ohne Tankerunterstützung.

Aufklärungsausrüstung taktischer Aufklärer

Die Ausrüstung von taktischen Aufklärern kann unterschiedlich sein, je nach der zur Verfügung stehenden Technologie oder den Prioritäten, die eine Luftwaffe setzt.

Die Reihenbildkamera stellt bei den meisten Luftwaffen nach wie vor den wichtigsten Aufklärungssensoren dar. Sie schießt mehrere Bilder pro Sekunde und legt so nach dem Drücken des Auslöseknopfes durch den Piloten einen kompletten Bilderstreifen vom Zielgebiet an. Man kann sie mit Objektiven unterschiedlicher Brennweite ausrüsten; normal ist eine Bestückung für tief geflogene Tag-Einsätze oder für Missionen in mittlerer Höhe. Die Kameras sind so angeordnet, daß der Aufklärer nicht nur jene Objekte, die er überfliegt, sondern auch solche, die sich neben der Flugbahn befinden, fotografieren kann. Nach Möglichkeit decken die Kameras die gesamten 180° unter dem Flugzeug quer zur Flugrichtung ab. Für Nachteinsätze können einige Aufklärer mit starken Blitzlichtern ausgerüstet werden.

Abb.2.1.4b: Eine MIRAGE IIIRS der Schweizer Luftwaffe während eines JATO-Zusatzraketenstartes. Diese spektakuläre Methode dient dazu, das Flugzeug von einer beschädigten Piste wegzubringen. Die Startrollstrecke verkürzt sich dank der Raketen auf einen Fünftel der normalerweise nötigen Länge. Sichtbar auf dieser Aufnahme sind drei der vier Fenster am Bug, hinter denen sich die Aufklärungskameras verbergen. Der »Red Baron«-Behälter mit dem IRLS fehlt.

Damit die Bilder beim Auswerten wieder den korrekten Positionen zugeordnet werden können, sind die Kameras mit dem Trägheitsnavigationssystem des Aufklärers verbunden, wodurch die Koordinaten direkt auf dem Foto vermerkt werden. Zusätzlich zu den Bildern spricht der Pilot seine visuell gemachten Beobachtungen auf ein Kassettenband, welches dann zusammen mit den Fotos ausgewertet wird. Bevor dies jedoch geschehen kann, entwickelt man die Fotos in einem Labor.

Die IR-Kamera (auch IRLS: InfraRed Line-Scanner) ermöglicht Aufklärungsflüge bei Nacht ohne Blitzlichter und enttarnt warme Objekte in ihren Verstecken, z.B. einen Panzer im Wald. Außerdem kann man

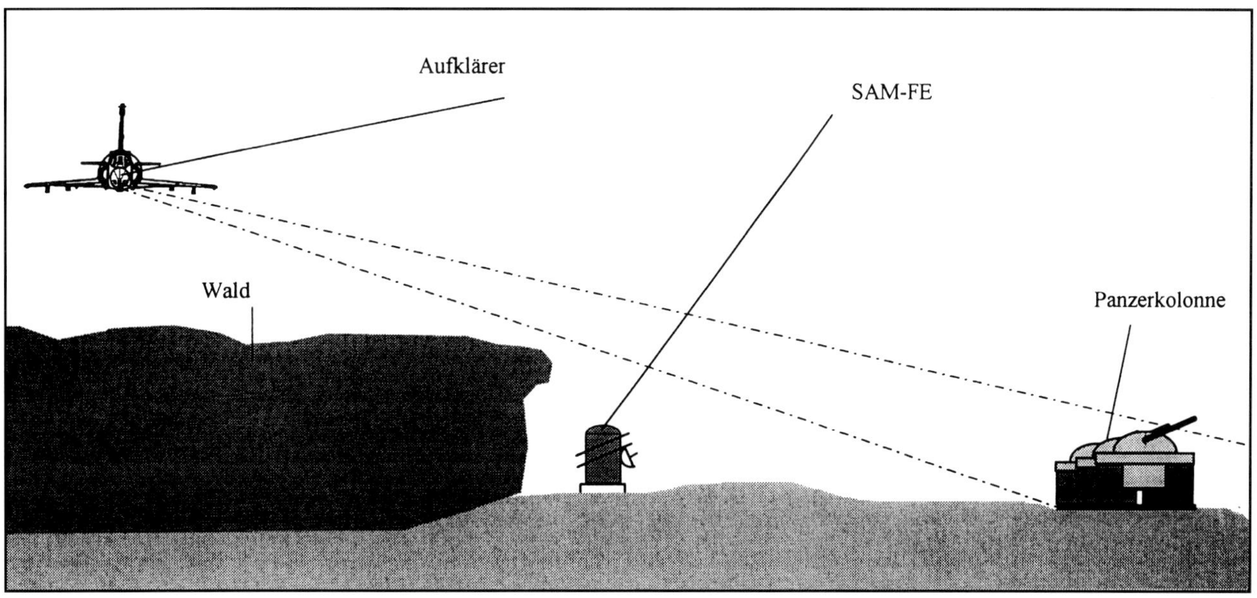

Abb.2.1.4a: Eine MIRAGE IIIRS bei einem Tiefflug-Aufklärungseinsatz. Dank der seitwärts gerichteten Kameras muß die Maschine das Ziel, hier als Panzerkolonne dargestellt, nicht überfliegen. Dabei kann die normale Flugposition beibehalten werden. Somit ist der MIRAGE-Pilot in der Lage, einen Sicherheitsabstand einzuhalten und tief über ungefährlicherem Gebiet (hier durch den Wald dargestellt) zu fliegen, wo die AAA/SAM-Gefahr kleiner ist.

Abb.2.1.4c: Ein klassischer Aufklärer ist die russische MiG-25R »FOXBAT«. Von ihr existieren zahlreiche Unterversionen, die sich durch ihre Ausrüstungen unterscheiden. Die abgebildete FOXBAT stützt sich in ihren Aufklärungsmissionen einerseits auf ihr SLAR, das sich hinter der dunkeln Abdeckung aus dielektrischem Material seitlich am Rumpf befindet, andererseits aber auch auf optische Sensoren. Als Jäger bald einmal ausgemustert, wird die MiG-25 noch lange als Aufklärer eingesetzt werden, und dies auf strategischer wie taktischer Ebene.

damit feststellen, ob ein Motor, ein Kraftwerk usw. in Betrieb ist oder ob ein Tanklager Öl enthält und bekommt dadurch zusätzliche, oft sehr nützliche Informationen. Der IRLS tastet ein Gebiet von ca. 120° unterhalb des Flugzeuges quer zur Flugrichtung ab und zeichnet dieses charakterisiert nach thermischen Emissionen auf. Der entstandene kontinuierliche Bildstreifen wird wie ein Film von einer gewöhnlichen Reihenbildkamera in einem Labor verarbeitet.

Neben diesen beiden traditionellen Aufklärungsgeräten stehen einigen Luftwaffen noch drei Sensoren höherer Technologie zur Verfügung: IIS (Infrared Imaging System; oft auch einfach IRLS genannt), SLIR (Sideways-Looking InfraRed) und SLAR (Sideways-Looking Airborne Radar).

Das IIS stellt einen IRLS modernerer Konzeption dar und ist folglich vor allem in der Nacht vorteilhaft. Die Daten werden hier nicht auf einen Fotofilm aufgenommen, der im Labor entwickelt werden muss, sondern auf einem Videoband aufgezeichnet oder direkt als Film verarbeitet. Dies hat den Vorteil, daß der Verarbeitungsprozeß verkürzt wird. Die Bilder können außerdem im Flug vom Navigator betrachtet und grob ausgewertet werden.

Der SLIR unterscheidet sich dadurch vom IIS, daß er seitwärts gerichtet ist. Im Verbund ermöglichen IIS/SLIR eine Horizont-zu-Horizont-Sicht. Sie eignen sich deshalb auch gut zur Suche von bisher unbekannten oder beweglichen Objekten in einem relativ großen Gebiet.

Neben den genannten Vorteilen haben IRLS/IIS/SLIR aber auch einen gravierenden Nachteil: Ein damit ausgerüsteter Aufklärer muß tief fliegen, will er die Geräte einsetzen. Aus mittlerer Höhe sind nur die wenigsten IIS verwendbar. Folglich ist ein mit einem Scanner-System ausgerüsteter Aufklärer stark eingeschränkt, falls er nicht noch über andere Sensoren verfügt.

Das SLAR (Sideways-Looking Airborne Radar) unterscheidet sich in erster Linie dadurch von allen anderen Aufklärungsgeräten, daß es sich um ein aktives System handelt, das heißt, es strahlt selbst Strahlen (Radarwellen) aus und empfängt deren Reflexionen. Wie der Name bereits sagt, ist das Radar nicht, wie bei Jagd- oder Angriffsflugzeugen, nach vorne, sondern zur Seite gerichtet (Abb.2.1.4c), weshalb der Aufklärer-Pilot mit seiner Maschine das zu observierende Ziel aus sicherer Entfernung beobachten kann und nicht nahe herangehen oder es gar überfliegen muß, wie das bei anderen Geräten der Fall ist. Aufgezeichnet werden die Informationen wie beim SLIR auf einem Band.

Die Eigenschaft des SLAR, elektromagnetische Wellen abzustrahlen, weist aber ebenfalls seine Nachteile auf: Das Radargerät läßt sich einerseits mit Störern (siehe später) in seiner Arbeitsweise beeinträchtigen, andererseits kann der Gegner das Aufklärungsflugzeug mit Hilfe von ELS lokalisieren und verfolgen.

Bei der taktischen Aufklärung kommt dem Faktor Zeit große Bedeutung zu. Genau in bezug auf dieses Kriterium ist die Aufklärungs-Fotografie äußerst problematisch: Von dem Zeitpunkt an, an dem der Aufklärer-Pilot über dem Ziel seine Reihenbildkamera auslöst, bis zu dem Zeitpunkt, an dem der Auftraggeber (z.B. Luftwaffen-Einsatzplaner, Kommandant der Panzertruppe etc.) die Luftbilder in seiner Hand hält, vergehen meist mehrere Stunden. Erst dann kann der Verantwortliche über einen Einsatz entscheiden – eine unakzeptable Zeitspanne, vor allem dann, wenn es sich beim Ziel um ein mobiles handelt. Dies wurde im Golfkrieg offensichtlich, als die alliierten Angriffsflugzeuge krampfhaft in der Nacht nach den von den Aufklärern zuvor fotografierten mobilen SCUD-Boden/Boden-Raketen-Abschußrampen suchten und diese nicht finden konnten. Kein Wunder, denn diese hatten sich, da sie mobil waren, bereits aus dem Staub gemacht!

Gute Erfolge verbuchten die Alliierten schließlich, als sie nachts die bereits erwähnten RAF-TORNADO GR.1A-Aufklärer (Abb. 2.1.3d) einsetzten, da diese Maschinen über eine Art Echtzeit-Kurzanalyse verfügen. Das bedeutet, daß der Navigator auf dem hinteren Sitz des TORNADO auf seinen zwei Bildschirmen die Daten seiner IRLS- und SLIR-Sensoren im Flug grob auswerten und die Angriffsflugzeuge direkt zu ihren Zielen dirigieren kann. Diese britischen Maschinen waren damals die einzigen zur Verfügung stehenden Aufklärer mit dieser Fähigkeit.

Einen anderen, ebenfalls sehr effizienten Weg, um die lästige Laborarbeit zu umgehen, wählten die Russen für ihren Sukhoi Su-24 »FENCER-E«-Aufklärer (Abb.2.1.3f): Das Flugzeug ist mit einem Data-Link ausgestattet, welcher der Besatzung erlaubt, die aufgenommenen Daten von den Kameras und dem SLAR direkt oder über Satellit an eine Bodenstation weiterzuleiten.

Über ähnliche Fähigkeiten verfügt der TORNADO ECR, solange die Aufklärung noch ins Einsatzspektrum der Maschine gehört. Die Methode garantiert eine Fast-Echtzeitbetrachtung durch ausgebildete Spezialisten und damit top-aktuelle Informationen für den Auftraggeber. Außerdem sichert dies auch den Erhalt der Aufnahmen, selbst wenn der Aufklärer auf dem Rückweg abgeschossen werden sollte. Es ist anzunehmen, daß künftige Aufklärungsflugzeuge standardmäßig mit einem Data-Link ausgestattet werden.

Abb.2.1.4d: Die deutsche Luftwaffe erhält für ihre TORNADO IDS 37 neue Zeiss/Honeywell-Aufklärungsbehälter, welche zwei Kameras, ein IIS und ein digitales Aufzeichnungsgerät enthalten. Damit können sie sowohl Aufklärungsmissionen im Tiefflug als auch im mittleren Höhenbereich durchführen. Eine Data-Link-Übertragung der Informationen wird vielleicht später möglich sein.

In Zukunft wird den elektro-optischen Digitalkamerasystemen eine große Bedeutung zukommen. Für einige F-16C der USAF steht eine entsprechende Pod-gestützte Ausrüstung in Einführung. Gleiches gilt für die MIRAGES F1CR der armée de l'air, deren digitales Kamerasystem auch erstmals über ein Zoomobjektiv verfügen soll, und für einige F/A-18D (RC) der US Navy, die im Bug das ATARS (Advanced Tactical Reconnaissance System) anstelle der BK besitzen.

Luft/Luft-Einsatz

Heutzutage verfügen praktisch alle Kampfflugzeuge über Waffen, welche sie im Luftkampf einsetzen können. Man unterscheidet jedoch Maschinen, die diese als Primärbewaffnung mitführen, von solchen, bei denen sie nur sekundären Charakter (d.h. zum Selbstschutz dient) hat. Die ersteren Flugzeuge nennt man Jagdflugzeuge, letztere können Aufklärer, Jagdbomber, Erdkampfflugzeuge oder gar Bomber sein.

Einsatzrollen von Jagdflugzeugen

Jagdflugzeuge sind wohl die im Volksmund populärsten Kampfflugzeuge, was zweifellos damit zusammenhängt, daß mit dem »Jäger« immer die »Verteidigung eines Landes vor den angreifenden Bombern« assoziiert wird. Doch haben Fighter, wie diese Gattung von Militärflugzeugen im englischen Fachjargon heißt, nicht nur diese Aufgabe.

Allgemein geht es bei einem Luft/Luft-Einsatz darum, gegnerische Flugzeuge abzuschießen. Die Situationen, in welchen ein Abschuß realisiert wird, können vielfältig sein, was von den Jägern unterschiedliche, teilweise sogar sich widersprechende Fähigkeiten abverlangt. Man muß deshalb die Kategorie »Jagdflugzeuge« in die drei Unterkategorien Luftüberlegenheitsjäger, Begleitschutzjäger und Abfangjäger einteilen. Welcher dieser Unterkategorien ein Jagdflugzeug angehört, hängt von den Leistungsmöglichkeiten der Maschine in bezug auf die verschiedenen Aufgabenbereiche ab. Die entscheidenden Parameter werden bei der Spezifikation eines Jägers festgelegt. Dieser kann zum Beispiel kompromißlos auf eine Mission zugeschnitten sein; er wird dann aber in einer anderen kaum eine gute Figur machen können. Mehrzweckjäger, sozusagen die Schnittmenge der Unterkategorien, sind ihrerseits in der Regel in keiner Aufgabe »unschlagbar«. Es existieren aber durchaus Ausnahme-Maschinen, welche aufgrund ihrer ausgefeilten Konstruktion nicht eindeutig zuzuordnen und trotzdem Spitzenklasse sind. Bei diesen Flugzeugen handelt es sich dann um jene berühmten bahnbrechenden Konstruktionen, die einen Quantensprung in der Entwicklung hinter sich haben. Ein hervorragendes Beispiel hierfür ist die russische Kampfflugzeugfamilie der Sukhoi Su-27 »FLANKER« (Abb.2.2.1b).

Doch welche Eigenschaften zeichnen nun eigentlich ein Jagdflugzeug für eine bestimmte Einsatzrolle aus und weshalb? Folgende Erläuterungen sollen etwas Klarheit schaffen:

Luftüberlegenheitsjäger: Ein Luftüberlegenheitsjäger hat die primäre Aufgabe, feindliche Jagdflugzeuge und Jagdbomber über eigenem Territorium oder dem Gefechtsfeld zu bekämpfen, die Luftüberlegenheit zu erringen und zu halten. Folglich steht neben einer zweckmäßigen Avionik und einer Bewaffnung, die aus Bordkanonen, Kurzstrecken- und, wenn möglich, Mittelstrecken-Luft/Luft-Lenkwaffen bestehen sollte (genauere Erklärungen über Avionik und Bewaffnung findet man ab Seite 195), besonders die Agilität der Maschine im Vordergrund. Trotz der standardmäßigen Ausrüstung mit Radar, IFF-Geräten und BVR-Lenkwaffen muß der Pilot eines Luftüberlegenheitsjägers jederzeit damit rechnen, in einen Kurvenkampf verwickelt zu werden beziehungsweise diesen selbst suchen zu müssen, wenn keine Alternative offensteht, seine Aufgabe zu erfüllen.

Abb.2.2.1a: Obwohl die FIGHTING FALCON, hier eine norwegische F-16A, im Prinzip ein Mehrzweckkampfflugzeug ist, stellt sie für Luftüberlegenheitsjäger den Maßstab dar, an dem sich neue Konstruktionen orientieren müssen. Hervorragende Manövrierfähigkeit, eine gute Steigleistung und die Möglichkeit, Lastvielfache von 9 g zu ertragen, zeichnen die Maschine im Luftkampf aus. Auf dem Gebiet der Avionik sind ihr allerdings viele Jäger überlegen.

Mit »Agilität« meint man in erster Linie die Manövrierfähigkeit und die Wendigkeit, aber auch die Steigfähigkeit, die Beschleunigung und die ertragbare g-Belastung.

Eine gute Manövrierfähigkeit, das heißt die Möglichkeit, enge Kurven zu fliegen, ohne dabei viel kinetische Energie zu verlieren, besitzt ein Flugzeug dann, wenn es über eine aerodynamisch optimierte Konstruktion mit einer kleinen Flächenbelastung verfügt. Deshalb muß

Abb.2.2.1b: Die russische Sukhoi Su-30 »FLANKER« gehört zu jenen Jagdflugzeugen, die sich vielseitig einsetzen lassen. Mit ihren enorm starken Triebwerken, der hervorragenden Aerodynamik, der modernen Avionik und der großen Tankkapazität ist sie ein ebenso guter Luftüberlegenheits- wie Abfang- und Begleitschutzjäger. Im Gegensatz zur 27er ist die 30er standardmäßig doppelsitzig. Dies entlastet auf langen Patrouillenflügen den Piloten.

ein relativ großes Tragwerk in einer vorteilhaften Konfiguration vorhanden sein. Im Verbund mit Vorflügeln werden dadurch auch hohe Anstellwinkel bei niedrigen Fluggeschwindigkeiten ermöglicht (AoA; Winkel zwischen Lufteinströmungs- und Flügelrichtung).

Hohe AoA werden bei modernen Kampfflugzeugen auch dadurch realisiert, daß die Steuereingaben des Piloten nicht mehr direkt an die Steuerflächen weitergegeben, sondern zuerst von einem Computer aufbereitet, kontrolliert und anschließend in Steuerbefehle umgewandelt werden. Mit diesem sogenannten »Fly-by-wire«-System wird der Pilot zum Fluglagenmanager. Der Computer gleicht auch Turbulenzen automatisch aus, weshalb sich die Lage der Leitwerke manchmal ändert, ohne daß der Pilot eine Eingabenveränderung vornimmt. Die Möglichkeit, in unkontrollierbare Flugzustände (Spins oder Stalls) zu geraten, wird ebenfalls größtenteils eliminiert, wodurch sich der Pilot ganz dem Kampfgeschehen widmen kann.

Abb.2.2.1c: Eine ungarische MiG-29UB FULCRUM während einer Demonstration ihrer Beweglichkeit. Mit ihrem Leistungsvermögen gehört die MiG-29 zu den besten Luftüberlegenheitsjägern der Welt. Flugmanöver wie die »Pugatschev-Cobra«, welche nur von diesem Jäger und der aerodynamisch ähnlichen Su-27 ausgeführt werden können, schockierten die westliche Fachwelt. Trotzdem ist der Wert solcher Manöver im Luftkampf noch nicht ganz geklärt. Die irakischen FULCRUM-Piloten schlugen daraus jedenfalls keinen Profit.

Um die Beweglichkeit im Luftkampf weiter zu erhöhen, werden immer wieder neue Techniken ausprobiert und angewendet. Zu erwähnen wären an dieser Stelle beispielsweise die Delta/Canard-Auslegung, wie sie bei der VIGGEN und der neuen Generation europäischer Jäger zur Anwendung kommt (Abb.2.2.1d), oder die Schubvektorsteuerung. Letztere scheint mit der Einführung der Su-37 (Abb.2.2.1e) und der F-22 einen weiteren Quantensprung in der Luftkampftechnik anzukündigen. Da diese Maschinen jedoch erst zweidimensional verstellbare Schubdüsen aufweisen, sind Steigerungen auch in Zukunft noch möglich.

Abb.2.2.1d: Die SAAB VIGGEN war das erste Kampfflugzeug der Welt, das mit der Delta/Canard-Konfiguration versehen wurde. Obwohl hier nur die hinteren Teile der Canards beweglich sind, verhelfen sie der Maschine zu phänomenalen Flugeigenschaften im Langsam- und Hochgeschwindigkeitsflug, wie dieses Bild zeigt: Die Canards erzeugen zusätzliche Luftwirbel, erhöhen damit den Auftrieb und verhindern ein Abreißen der Luftströmung über dem Hauptflügel selbst bei hohen Anstellwinkeln.

Abb.2.2.1e: Die Su-37, ein weiteres Mitglied der »FLANKER«-Familie, verfügt neben Canards auch noch über Schubvektorsteuerung. Die Schubdüsen lassen sich in der Vertikalen um +/- 15° schwenken, wodurch die »SUPER FLANKER« unglaubliche Flugmanöver realisieren kann: »Frolovs somersault«, eine Art Salto, kann von keinem anderen Flugzeug nachvollzogen werden und ließ die Kiefer westlicher Jagdpiloten weit nach unten fallen. Im Luftkampf dürften aber andere Manöver nützlicher sein.

Die geforderte Steigleistung, Kurvenfluggeschwindigkeit und Beschleunigung wird sowohl durch ein hohes Schub/Gewichtsverhältnis, welches heute standardmäßig größer als eins ist, als auch durch die Reduktion des Luftwiderstandes erzeugt. Die ertragbare g-Belastung, hervorgerufen durch die Zellenkonstruktion, wirkt sich ihrerseits direkt auf die mögliche Geschwindigkeit aus, mit welcher eine Kurve mit bestimmtem Radius geflogen werden kann. Ein Flugzeug, das ein höheres g-Limit als sein Gegner aufweist, hat in einem Luftkampf-Poker gute Karten (Abb.2.2.1f). Der derzeit übliche maximale Wert für moderne Luftüberlegenheitsjäger liegt bei 9 g, was einer Beschleunigung von 88.3 m/s^2 entspricht. Bei einem derartigen 9 g-Manöver wiegt ein normalerweise 75 kg schwerer Pilot also 675 kg!

Die weithin viel beachtete Höchstgeschwindigkeit spielt bei Luftüberlegenheitsjägern eine unbedeutende Rolle. Luftkämpfe finden immer im Unterschallbereich statt. So erreichten die amerikanischen Kampfflugzeuge beispielsweise während des ganzen Vietnamkrieges niemals Mach 2, während sie Mach 1 nur in seltenen Fällen überschritten.

Neben den genannten Leistungsfaktoren sollte der Luftüberlegenheitsjäger möglichst leicht und klein sein, weil dies einerseits zur Leistungsverbesserung beiträgt, andererseits aber auch die Entdeckbarkeit für den gegnerischen Piloten erschwert. Gewöhnlich gehen diese Eigenschaften aber zu Lasten der Reichweite und der Einsatzdauer, denn eine Maschine ist umso beweglicher, je leichter sie ist, und Reichweite bedeutet Treibstoff und damit Masse.

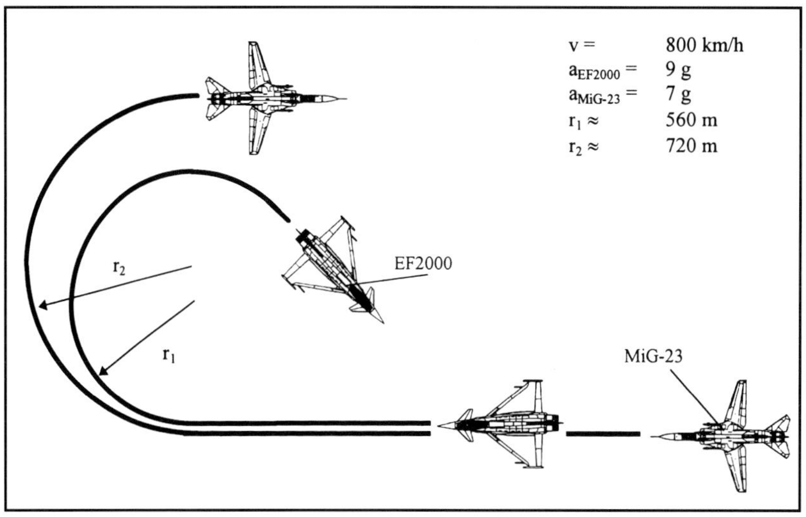

Abb.2.2.1f: Der Vorteil eines Kampfflugzeuges, welches mit höheren g-Einwirkungen als sein Gegner fliegen kann, wird in dieser vereinfachten Darstellung deutlich: Beide Maschinen fliegen mit derselben Geschwindigkeit (800 km/h). Zieht nun der gejagte EF2000 eine Kurve mit maximal möglicher Belastung (9 g), hat die verfolgende MiG-23 aufgrund ihrer Lastbeschränkung bei 7 g keine Möglichkeit, dem EUROFIGHTER zu folgen. Ihr Kurvendurchmesser wird über 300 m größer, und da sie wegen der schlechtern Aerodynamik noch zusätzlich mehr an Geschwindigkeit verliert, wird der EF2000 in kürzester Zeit hinter der »FLOGGER« in Schußposition sein.

Abb.2.2.1g: Ein russischer Schwenkflügelbomber vom Typ Tupolev Tu-22M3 »BACKFIRE-C«. Diese riesigen Maschinen würden für Operationen über Europa oder anderswo auf der Welt Begleitschutz benötigen. Die russische Luftwaffe verfügt für diese Aufgabe über das ideale Flugzeug, die Su-27. Die »FLANKER« besitzt die hierfür nötige Flugdauer, Reichweite, Avionik und Bewaffnung.

Für die Luftüberlegenheitsrolle eignen sich folglich Jagdflugzeuge wie die MIRAGE 2000, die F-16 FIGHTING FALCON, die F/A-18 HORNET und die MiG-29 »FULCRUM« besonders, da für diese Jets fast alle oben genannten Punkte zutreffen. Trotz ihrer Größe werden aber auch die F-15 EAGLE und die Su-27 »FLANKER« dafür verwendet; erstere war darin im Golfkrieg besonders erfolgreich: Die EAGLES der USAF und RSAF erzielten 30 Abschüsse irakischer Flugzeuge bei keinem einzigen A/A-Verlust.

Begleitschutzjäger: Die Aufgabe eines Begleitschutzjägers kann man folgendermaßen beschreiben: er beschützt die eigenen Jagdbomber- und Bomberverbände vor feindlichen Abfang- und Luftüberlegenheitsjägern im gegnerischen Luftraum. Dies erfordert ähnliche Eigenschaften wie diejenigen eines Luftüberlegenheitsjägers, doch kommt in diesem Fall der Reichweite besondere Beachtung zu, wodurch zwangsläufig Kompromisse, das heißt Leistungseinbußen in Sachen Wendigkeit und Luftkampftauglichkeit, unumgänglich werden. Trotzdem bleiben diese beiden Eigenschaften wichtig, denn schließlich sollen die äußerst beweglichen Luftüberlegenheitsjäger bekämpft werden können.

Die Primärwaffe eines Begleitschutzjägers ist die Mittelstrecken-Luft/Luft-Lenkwaffe, mit der man den Verlust an Wendigkeit auszugleichen versucht; trotzdem werden aber sowohl Bordkanonen als auch Kurzstrecken-Lenkwaffen für den Notfall noch mitgeführt.

Diejenigen Flugzeuge, welche in der Begleitschutzrolle eingesetzt werden, sind die bereits genannten F-15 EAGLE und die Su-27 »FLANKER«, große Maschinen mit einer enormen Flugdauer und einer trotzdem respektablen Agilität. Auch könnte man sich die F-14 TOMCAT oder den TORNADO F.3 (Abb.2.2.1i) in dieser Rolle durchaus vorstellen, obwohl sie von ihrer Schwenkflügel-Auslegung her bezüglich der Wendigkeit im Nachteil sind.

Gegen Ende des Kalten Krieges verfügten nur noch die USA und die UdSSR über ausreichend viele geeignete Jagdflugzeuge, die als Begleitschutzjäger verwendet wurden. Die europäischen NATO-Länder setzten ihre beschränkte Anzahl Jäger über dem eigenen Territorium oder dem Gefechtsfeld ein, während die Angriffsflugzeuge ohne Jagdschutz auskommen und deshalb im Tiefflug operieren mußten. Die Jagdflugzeuge wurden dementsprechend ausgelegt. Mit der veränderten politischen Lage der 90er Jahre änderte sich die Luftkriegstaktik grundlegend. Der Einsatz von Luftstreitkräften in begrenzten Konflikten (Golf, Balkan) mit der Vorgabe »keine eigenen Verluste« machen den Einsatz von STRIKE PACKAGES und damit von Begleitschutzjägern der beteiligten Staaten notwendig. Es besteht deshalb ein gewisser Mangel an hierfür geeigneten Flugzeugen.

Abfangjäger: Im Gegensatz zu den beiden oben behandelten Jägerkategorien spielt bei den Abfangjägern die Agilität nur eine untergeordnete Rolle, denn sie sollen angreifende Bomber und Jagdbomber bereits aus großer Entfernung abwehren und sich möglichst nicht in Nahkämpfe einlassen. Großes Gewicht wird aus diesem Grund auf eine störresistente Avionik und auf Langstrecken-Luft/Luft-Lenkwaffen gelegt. Da eine derartige Ausrüstung extrem anspruchsvoll ist, besteht die Besatzung meistens neben dem Piloten auch noch aus einem Waffensystemoffizier (WSO), der vorwiegend für den Betrieb des Langstreckenradars und der Ausrüstung für die elektronische Kriegführung verantwortlich zeichnet.

Bomber und in zunehmendem Maße auch Jagdbomber verfügen heutzutage über Cruise-Missiles, welche bereits mehrere hundert Kilometer vom Ziel entfernt abgefeuert werden können. Deshalb müssen Abfangjäger in der Lage sein, den Bomber vor dem »Absetzen« eines solchen Marschflugkörpers zu stellen und bereits gestartete CMs abzuschießen. Dies erfordert sowohl eine große Reichweite und Flugdauer als auch die Möglichkeit, mit voller Bewaffnung die Schallgrenze zu überschreiten, um zur rechten Zeit am richtigen Ort einzutreffen. Triebwerke mit geringem Treibstoffverbrauch und dennoch ausreichen-

Abb.2.2.1h: Ein B-2 mit Begleitschutz? Für diesen Bomber wäre dies eher eine Behinderung denn eine Hilfe. Er stützt sich vollkommen auf seine Radarunsichtbarkeit, welche die begleitenden Eagles zunichtemachen würden. Der Grund für diese Eskortierung scheint die Tatsache zu sein, daß die USAF niemandem die Möglichkeit geben will, die Radarrückstrahlfläche des SPIRIT auszumessen.

der Leistung, eine große Treibstoffkapazität und eine gute Aerodynamik für den Überschallflug sind demnach Eigenschaften, die ein guter Abfangjäger erfüllen sollte. Zusätzlich fordern die großen Flugdistanzen eine äußerst genaue Navigationsausrüstung; sie wird ebenfalls vom WSO betrieben.

Derart ausgerüstet ist er in der Lage, selbständig lange Kampfpatrouillenflüge, sogenannte Combat Air Patrols, durchzuführen, ohne auf große Unterstützung von Bodenstationen oder AWACS zählen zu müssen. Natürlich sollte die Möglichkeit zur Luftbetankung gegeben sein. CAPs können nämlich durchaus vier Stunden oder gar länger dauern.

Jagdflugzeuge, auf welche die obige Beschreibung zutrifft, sind klassische Abfangjäger: die F-14 TOMCAT, die MiG-31 »FOXHOUND« (Abb.2.2.1j) und der TORNADO F.3. Nicht von ungefähr besitzen genau jene Luftwaffen, die lange Küstenabschnitte und größere Gebiete überwachen und vor Bombern schützen müssen, diese Maschinen. Nirgendwo sonst wären Flugzeuge erforderlich, die derart gute Über-

Abb.2.2.1i: Der TORNADO F.3 ist aufgrund seiner großen Flächenbelastung und den in großen Höhen eher schubschwachen Triebwerken nicht gerade ein glänzender Kurvenkämpfer. Trotzdem sollte er nicht unterschätzt werden, vor allem nicht in niedriger Höhe. Seine Stärken liegen in der Abfangjagd: Er ist dazu in der Lage, in 1800 km Entfernung von der Basis gegnerische Maschinen abzufangen, wobei diese bereits ab einer Distanz von 200 km mit dem Foxhunter-Radar erfaßt werden können. Die beiden abgebildeten Maschinen fliegen mit der typischen Patrouillen-Formationstaktik – allerdings viel zu nahe beieinander. Der übliche Abstand beträgt zwei bis drei Kilometer.

Abb.2.2.1j: Eine russische Mikoyan MiG-31 »FOXHOUND«. Diese Maschine wurde aus der MiG-25 weiterentwickelt und kompromißlos auf die Langstreckenabfangjägerrolle ausgelegt. Mit ihrem »phased array«-Radar erfaßt sie Ziele in zirka 300 km Entfernung und kann diese mit R-33 »Amos« LRAAMs ab 100 km bekämpfen.

wachungsfähigkeiten aufweisen und Jagdmissionen unabhängig von Bodenstationen oder AWACS durchführen können.

Manchmal werden Jagdflugzeuge als Abfangjäger bezeichnet, die mit den oben beschriebenen Eigenschaften nicht allzu viel gemeinsam haben. Dies hat damit zu tun, daß jede Luftwaffe mit einer bestimmten Art von gegnerischen Flugzeugen rechnet und deshalb die Anforderungen an den Jäger unterschiedlich sind. Die Schweizer Luftwaffe will zum Beispiel ihre neuen F/A-18Cs als Abfangjäger einsetzen, um ihre Aufträge »Lufthoheit gewährleisten« und »Luftverteidigung sicherstellen« zu erfüllen. Aufgrund des kleinen Luftraumes und der Tatsache, daß ein angreifender Gegner wohl eher mit Jagdbombern denn mit Bombern die Schweiz bedrohen würde, ist hier eine Abfangjagd kaum mit der klassischen, oben beschriebenen Verwendungsart identisch. Es wird damit ein Auftrag gemeint, der besser mit Punkt-Abfangjagd umschrieben wird und der Luftüberlegenheitsrolle gleicht: Die F/A-18 sollen die in den Luftraum eindringenden fremden Flugzeuge stellen, identifizieren und – im äußersten Notfall – mit allen zur Verfügung stehenden Mitteln bekämpfen. Die HORNET-Piloten müßten im Ernstfall schon aus politischen Gründen zwangsmäßig mit einem Kurvenkampf rechnen, was bei einem klassischen Abfangauftrag nicht der Fall wäre.

Abb.2.2.1k: Die F-14 TOMCAT ist trotz ihres fortgeschrittenen Alters einer der besten Abfangjäger der Welt. Dies gilt vor allem für die hier abgebildete Version F-14D. Eine hervorragende Aerodynamik, die hochwertige und dementsprechend leistungsfähige Avionik sowie die weitreichendste A/A-Lenkwaffe (AIM-54) stellen den Kampfwert der »Turkey« weit ins nächste Jahrtausend hinein sicher.

Ausrüstung für den Luft/Luft-Einsatz: Detektions-Avionik

Die Avionik für den Luftkampf besteht beim modernen Kampfflugzeug aus diversen komplexen Geräten., die dem Piloten seinen Auftrag erleichtern sollen. Die zentrale Komponente stellt dabei das Radar dar, womit Flugzeuge auf große Distanzen, das heißt weit außerhalb der eigentlichen Sichtweite, mit Hilfe von elektromagnetischen Wellen ausgemacht werden können.

Zu den wichtigsten Parametern eines Radars im A/A-Betrieb zählt man nebst der Auflösungsempfindlichkeit und der Zuverlässigkeit die Erfassungs-Reichweite, die TWS-Kapazität, die »look-down/shoot-down«-Fähigkeit (Abb.2.2.2a) und die Resistenz gegen elektronische Gegenmaßnahmen. Darüber hinaus ist auch das problemlose Umschalten von langen auf kurze Distanzen äußerst wichtig. Um all diesen und noch weiteren Faktoren zu genügen, verfügen die neusten Radargeräte über diverse Software-gesteuerte A/A-Modi.

Abb.2.2.2b: Eine F/A-18C der kuwaitischen Luftwaffe. Die HORNET verfügt mit dem APG-65/73 über eines der modernsten Puls-Doppler-Radargeräte. Es ist für A/G- und A/A-Einsätze verwendbar, hat eine maximale Erfassungsreichweite von ca. 160 km, kann mehrere Luftziele gleichzeitig verfolgen und mit aktiv gelenkten Raketen (AIM-120) auch bekämpfen. Als weiterer Vorteil gegenüber älteren Geräten gilt die Modulbauweise, welche eine rasche Ausführung von Reparaturarbeiten garantiert. Alle Swiss-HORNETS werden über das noch modernere APG-73 verfügen.

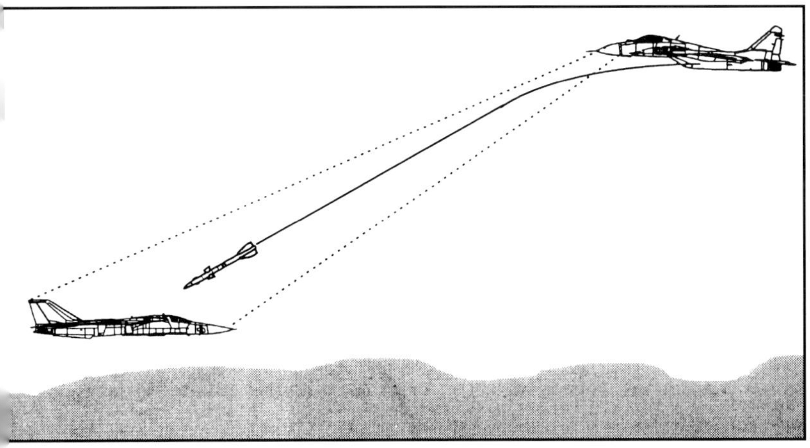

Abb.2.2.2a: »Look-down/shoot-down«: Ein Puls-Doppler-Radar filtert die sich nicht bewegenden Objekte heraus und kann deshalb auch tiefer fliegende Flugzeuge erfassen. Das Jagdflugzeug mit Puls-Doppler-Radar ist deshalb imstande, aus überhöhter Position einen Abschuß zu erzielen. Mit gewöhnlichem Radar müßte es auf gleiche Höhe heruntergehen.

Die Leistungsfähigkeiten der heute verwendeten Radargeräte sind äußerst unterschiedlich. So weist das kleine, einfache APG-159 der F-5E eine Erfassungsreichweite von 37 km auf. Es kann auch nur wenige Ziele gleichzeitig verfolgen und ist gegen tiefer fliegene Maschinen aufgrund der Bodenreflexionen blind, was das Flugzeug in seiner Einsatzrolle stark beeinträchtigt. Der TIGER-Pilot ist aus diesem Grund auf die Unterstützung einer Bodenleitstelle angewiesen, will er den Gegner im Luftraum ausfindig machen. Demgegenüber ist das APG-71 des Abfangjägers F-14 TOMCAT, ein Puls-Doppler-Gerät, dazu befähigt, über 20 Ziele mit Entfernungen bis zu 210 km zu verfolgen und gleichzeitig noch nach weiteren zu suchen (TWS: Track-While-Scan). Dabei spielt es keine Rolle, in welcher Flughöhe sich die F-14 und die Ziele befinden. Das Radar wird von einem Waffensystemoffizier (RIO) bedient, der den Piloten an sein Ziel heranführt. Der Einsatz kann also autonom erfolgen; Leitstellen sind im Prinzip nicht notwendig.

Andere Radargeräte können in bezug auf gewisse Parameter aber noch leistungsfähiger sein als dasjenige der F-14. Von der Reichweite her gesehen hat das russische N-011-Radar der Su-35/37 SUPER FLANKER zur Zeit die Nase vorn: es soll Einzelziele in 400 km Entfernung erfassen können; es befindet sich aber noch im Versuchsstadium. Aber selbst kleinere Maschinen, wie zum Beispiel die MiG-29, die F-16 oder die MIRAGE 2000, machen mit ihrer Ausrüstung schon Ziele in 100 km Entfernung aus.

Über die Resistenz gegen elektronische Gegenmaßnahmen (ECCM) gibt es bei allen Radargeräten nur spärliche Informationen, da die Testergebnisse geheim bleiben. Dem potentiellen Gegner soll nicht unnötiges Wissen zur Verfügung gestellt werden, das er in einem Kampf verwenden könnte. Die Leistungen dürften sich jedoch parallel zu den übrigen verhalten.

Das Radar dient nicht nur zur Entdeckung und Verfolgung eines entfernten Luftzieles, sondern auch zur Zielzuweisung und, bei SARH-Lenkwaffen, zur Zielbeleuchtung für die AAMs; diese werden im nächsten Abschnitt behandelt.

Ein großer Nachteil des Radargerätes ist seine aktive Arbeitsweise. Die Wellen, die es aussendet, sind von Radarwarngeräten (RWR) detektierbar, der Empfang der Reflexionen durch ECM störbar. Durch die Benutzung des Radars kann eine Maschine deshalb nicht nur gegnerische

Abb.2.2.2c: Viele Kampfflugzeuge aus den 60er und 70er Jahren leiden unter Avionikproblemen. Die McDonnell Douglas F-4F der deutschen Luftwaffe stellt keine Ausnahme dar, weshalb die Hardthöhe (deutsches Verteidigungsministerium) beschlossen hat, 110 der altgedienten Jäger mit dem modernen APG-65 auszurüsten. Damit werden die Maschinen in der Lage sein, die AMRAAM einzusetzen – in Anbetracht dessen, daß der EF2000 erst nach dem Jahr 2002 eingeführt wird, eine dringend benötigte Kapazität.

Abb.2.2.2d: Das PS-46/A-Radar des JA-37 VIGGEN war bei seiner Indienststellung das erste europäische Puls-Doppler-Radar. Es bescherte der schwedischen Luftwaffe die Fähigkeit, auch tiefer fliegende Gegner abschießen zu können. Zwar ist die Reichweite des Gerätes nach heutigen Maßstäben mit gut 50 km eher bescheiden, doch braucht der VIGGEN dank der Zuverlässigkeit und Störresistenz des Radars trotzdem mit der F-16 keinen Vergleich zu scheuen.

Flugzeuge ausmachen, sondern verrät gleichzeitig auch ihre eigene Anwesenheit oder gar ihre Position. Außerdem existieren heute Kampfflugzeuge, die derart raffiniert konstruiert wurden, daß sie fast keine Radarechos in die Ursprungsrichtung zurückwerfen und folglich kaum entdeckt werden können (siehe Erschwerte Entdeckbarkeit: die »Stealth«-Technologie).

Im Verbund mit dem Radar im Luft/Luft-Betrieb arbeitet das IFF (Identification Friend/Foe). Dieses Gerät besteht aus einem Sender und einem Empfänger, wobei der Sender einen ganz bestimmten Antwortcode ausstrahlt, sobald der Empfänger den entsprechenden Anfragecode empfängt. Letzterer emittiert das IFF über das Radar. Der Antwortcode wird nun seinerseits von dem Empfänger des anfragenden Gerätes detektiert. Ist er mit jenem identisch, welcher im IFF-Gerät als aktueller Identifikationscode gespeichert ist, so wird das Flugzeug als Freund, sonst als Feind identifiziert.

Das IFF-System kann sowohl für den Luft/Luft-Betrieb von Flugzeugen als auch für den Boden/Luft-Betrieb von bodengestützten Radars genutzt werden. Es hat im Luftkampf deshalb eine große Bedeutung erhalten, weil beim BVR-Verfahren keine Möglichkeit besteht, einen Jet visuell zu identifizieren, es sei denn, man verfüge über ein TCS beziehungsweise ein »Sniperscope«. Letzteres ist jedoch bei den wenigsten Kampfflugzeugen der Fall.

Die Bedeutung des IFF wird oft unterschätzt und die Zuverlässigkeit der Geräte überschätzt. Wenn man ihnen aber nicht genügend Aufmerksamkeit schenkt, sei es bei der Wartung, der Eingabe des Codes oder der Benutzung, so kann das in Konfliktsituationen leicht zu Katastrophen führen: Am 14. April 1994 schossen zwei EAGLES der USAF irrtümlicherweise zwei US Army-BLACK HAWK-Helikopter ab, weil die F-15-Piloten keine IFF-Signale empfingen und deshalb die UH-60s für Mi-25 der Iraker hielten.

Beim bereits kurz erwähnten TCS (Television Camera System; Abb.2.2.2e) handelt es sich um einen Sensoren mittlerer Reichweite, der an das Langstreckenradar des Jägers gekoppelt ist und die optische Identifikation fliegender Objekte auf mehrere Dutzend Kilometer ermöglicht. Gerade für die eher unbeweglichen Abfangjäger ist es eine willkommene Einrichtung, da der Jägerpilot damit auf Distanz zum Ziel bleiben und es trotzdem visuell identifizieren kann. Einziger Träger eines TCS: die F-14.

Das »Sniperscope«, eine Art Teleskop, ist sozusagen der billigere Bruder des TCS. Es besitzt bei gutem Wetter eine Erkennungsreichweite von ca. 35 km und wird neben dem HUD im Cockpit plaziert. Da die Modifikationen dafür bei einem Einbau minimal sind, sollte es eigentlich zur Standardausrüstung gehören. Trotzdem waren die im Golfkrieg eingesetzten USAF-F-15 bisher die einzigen Jagdflugzeuge, die dieses Gerät verwenden.

Bei schlechtem Wetter in niedrigen bis mittleren Flughöhen (Wolken!) oder bei Nacht sind aber weder TCS noch »Sniperscope« zu gebrauchen. Zumindest im letzteren Fall wären Nachtsichtgeräte (NVGs; siehe weiter unten) hilfreicher.

Ein weiteres Gerät, welches zum Aufspüren und Verfolgen von Luftzielen dient, ist das IRST (Infra-Red Search and Track), ein Infrarot-Sensor. Gegenüber dem Radar hat es den Vorteil, daß es passiv arbeitet und man es folglich durch keine Methode lokalisieren kann. Außerdem peilt ein modernes IRST im Kurvenkampf genauer, vor allem dann, wenn es mit einem Laser-Entfernungsmesser gekoppelt wird. Seine maximale Reichweite beschränkt sich derzeit jedoch auf 50 km, und bei schlech-

Abb.2.2.2e: Unterhalb des Radomes der F-14 befindet sich das TCS (Sensor links) von Northrop, mit dem Ziele in großer Distanz visuell identifiziert werden können. Für den Einsatz von AIM-120s oder AIM-54s ist dies eine äußerst nützliche Einrichtung. Neben dem TCS verfügt die Tomcat als derzeit einziges (solange Rafale, EF2000 und F-22 noch nicht eingeführt sind) sich im Einsatz befindendes westliches Jagdflugzeug auch über ein IRST zur passiven Zielsuche und -verfolgung.

tem Wetter oder durch Wolken wird diese noch drastisch verkürzt. Letzteres ist beim Radar nur bedingt der Fall.

Im Einsatz stehen nur wenige westliche Kampfflugzeuge mit einem IRST; alle russischen Jäger der neusten Generation (z.B. MiG-29 oder Su-27) besitzen jedoch ein solches Gerät, und zwar ist es vor der Windschutzscheibe fest (Abb.2.2.2g) oder, wie bei der MiG-31, einziehbar unter dem Rumpf installiert. Das Versäumnis des Westens in dieser Hinsicht soll mit der Indienststellung der nächsten Generation von Jagdflugzeugen wettgemacht werden. RAFALE und EF2000 verfügen voraussichtlich über ein IRST.

Abb.2.2.2f: Eine amerikanische F-16C. Trotz aller technischen Hilfsmittel bleibt die gute Sicht des Piloten wichtig. Mit ihrem Blasencanopy setzt die FIGHTING FALCON den Maßstab für künftige Jagdflugzeuge. So hat der F-22 RAPTOR das Canopy von der FALCON »geerbt«.

Abb.2.2.2g: Die Su-27 ist, wie alle neueren russischen Jäger, mit einem IRST ausgerüstet. Der Sensor eignet sich zur Zielzuweisung für die IR-AAMs R-73 und R-23. Der Vorteil des IRST liegt vor allem in seiner passiven Arbeitsweise, weil dadurch das detektierte Flugzeug nicht gewarnt wird. Lediglich bei schlechtem Wetter und in Wolken muß im Kurvenkampf auf das Radar zurückgegriffen werden.

Abb.2.2.2h: Der HARRIER GR.7 der Royal Air Force wurde als erstes Flugzeug der Welt mit einem Raketenwarnsystem ausgerüstet. Es benutzt ein energiearmes Radargerät, dessen Antennen, kombiniert mit jenen der RHWR/ECM-Ausrüstung, im Vorderrumpf, an den Flügeln sowie am Rumpfheck positioniert sind.

Ein eher defensiv orientierter, jedoch äußerst wichtiger Avionik-Bestandteil stellt der RWR (Radar Warning Receiver) dar, ein Radarwellenempfänger, welcher den Piloten akustisch und optisch warnt, wenn sein Flugzeug von einem luft- oder bodengestützten Radar erfaßt wird. Die moderne Variante des RWR, der RHWR (Radar Homing and Warning Receiver), gibt nicht nur die Richtung an, aus der das Flugzeug angepeilt wird, sondern kann auch dank einer automatischen Computer-Analyse der empfangenen elektromagnetischen Wellen die Art des Radars (EWR, SAM-Folgeradar, Jäger, etc.) erkennen und damit die Art der Bedrohung ermitteln. Das Gerät liefert dem Piloten auf einem Display eine einfach abzulesende Bestandesaufnahme an Gefahrenherden, also wichtige, manchmal sogar lebensnotwendige Informationen (siehe auch S. 252ff.)

Eine Stufe weiter in der Entwicklung ist das mit einem RHWR und ECM kombinierte Raketenwarnsystem. Sein Vorteil gegenüber dem RHWR besteht darin, daß der Pilot auch vor passiv gelenkten Raketen (IR-SAMs oder -AAMs) gewarnt wird. Der HARRIER GR.7 [Abb.2.2.2h] der RAF ist das erste Kampfflugzeug, welches serienmäßig über ein solches System verfügt, und zwar in Form eines sich auf Radar abstützenden Gerätes. Doch gibt die Effizienz derzeit immer noch Probleme auf; andere, bessere Möglichkeiten wären vielleicht ein Rundum-IR-Abtaster, ein neuentwickeltes Mikrowellen- oder gar ein Laser-Radar. Eine erfolgreiche Problemlösung scheint möglich, doch ist noch nicht abzuschätzen, wann das erste ernstzunehmende Gerät sich im Einsatz befinden wird. Angesichts der Steigerung der Überlebensfähigkeit eines damit ausgerüsteten Flugzeuges müßte sich die zugegebenermaßen erhebliche Entwicklungsinvestition lohnen.

Eine weitere Möglichkeit zur Warnung vor und Bekämpfung von verfolgenden Flugzeugen ist das rückwärtsgerichtete Radar. Es ermöglicht »over-the-shoulder«-AAM-Abschüsse, befindet sich aber noch im Versuchsstadium. Su-35/37 und -32FN (Abb.2.2.2i) könnten damit ausgerüstet werden. Die Finanzierung scheint jedoch noch nicht gesichert, eine Realisierung daher in naher Zukunft fraglich.

Abb.2.2.2i: Der übergroße Heckkonus der Su-32FN beinhaltet das rückwärts gerichtete Radar, dank dem der Jagdbomber auch verfolgende Jagdflugzeuge bekämpfen kann, ohne daß sich diese im eigentlichen Blickfeld des Piloten befinden.

Im Hornet-Cockpit liefern drei Monitore (HDD) dem Piloten notwendige Flugdaten, die er dank HOTAS (Hands on throttle and stick = Hände an Gashebel und Knüppel) bequem mittels dortiger Knöpfe und Schalter abrufen kann. Selbstverständlich optimiert auch ein Head-up display (HUD = Einspiegelung zusätzlicher Daten in Kopfhöhe auf der Cockpit-Frontscheibe) die Ausstattung.

Die Idee für ein derartiges Gerät ist nicht neu und auch im Westen schon lange bekannt. Trotzdem hat bisher noch kein amerikanischer oder europäischer Flugzeughersteller Absichten geäußert, sie umzusetzen und in eine Maschine einzubauen. Eigentlich wäre aber der Vorteil, den man im Luftkampf hätte, wenn man auch nach hinten oder gar 360° rund ums Flugzeug feuern könnte, offensichtlich.

Neben den eigenen Detektionsinstrumenten stehen dem Piloten eines modernen Jagdflugzeuges auch externe Einrichtungen zur Verfügung, deren Daten über Data-Link und sicher auch bald über Satellit übernommen werden können. Das bereits zuvor im Zusammenhang mit dem AWACS erwähnte JTIDS der NATO ist eine Informationsquelle, die in erster Linie Jagdflugzeuge, aber auch Jagdbomber und Bodenstationen benutzen können, um ihre Radardaten gegenseitig auszutauschen, damit ein aktuelles Luftlagebild erstellt werden kann.

Alle ermittelten Informationen der oben erwähnten Detektionsgeräte laufen im Nervenzentrum des Kampfflugzeuges, dem Cockpit (Abb.2.2.2j), zusammen. In modernen Jagdflugzeugen werden fast alle Infos auf dem HUD (Head Up Display) und den HDD (Head Down Display) symbolisch dargestellt. Sie stehen dem Piloten auf Kopfdruck zur Verfügung und bieten ihm eine beinahe komplette Übersicht über das Kampfgeschehen, so daß er sich verstärkt dem Ausdenken einer geschickten offensiven oder defensiven Taktik widmen kann. Daneben muß er aber nach wie vor das Flugzeug fliegen, seine Instrumente beobachten und – einen aufmerksamen Blick nach draußen werfen (Abb.2.2.2f). Die technischen Hilfsmittel sind nicht unfehlbar und haben ihre Grenzen.

Ausrüstung für den Luft/Luft-Einsatz: Bewaffnung

Die Bewaffnung für den Luftkampf kann aus Bordkanonen, Kurz-, Mittel- und Langstrecken-Luft/Luft-Lenkwaffen bestehen. Diese Waffenarten werden im Folgenden beschrieben.

Bordkanonen

Die Bordkanonen gehören trotz des hohen Entwicklungsstandes der gelenkten Raketen immer noch zur Standard-Ausrüstung von Jagdflugzeugen für den Nahkampf. Ende der 50er/anfangs der 60er Jahre glaubten zwar viele Luftwaffen in Ost und West, daß die BKs nicht mehr notwendig seien. Doch verschiedene Kriegsschauplätze, vor allem aber der Vietnam-Krieg, führten speziell den Amerikanern vor Augen, welchen Fehler sie mit der Entscheidung, die F-4 PHANTOM II alleine auf die AAM-Bewaffnung auszurichten, begangen hatten. Berichte über die enttäuschenden Trefferquoten der halbaktiv-radargesteuerten AIM-7 Sparrow trugen dann dazu bei, daß die letzte Jägerversion der F-4, die -E, und fast sämtliche später entwickelten Konstruktionen wieder eine Rohrwaffe erhielten. Auch die Russen bauten einen Teil ihrer MiG-19 sowie alle Su-9/11, MiG-25 und Su-15/21 ohne Kanonen, doch erkannten auch sie das Risiko; heute ist sogar die schwere MiG-31 wieder damit ausgerüstet.

Abb.2.2.3a: Die General Electric M61A-1 ist die bei westlichen Kampfflugzeugen am häufigsten verwendete Rohrwaffe. Sie verschießt 20 mm-Geschosse durch die sechs rotierenden Läufe und ist sowohl gegen Luft- wie auch gegen Bodenziele sehr effektiv. Das hier abgebildete Vorderrumpfsegment mit Kanonenmündung gehört zu einem italienischen AMX-T.

Die modernsten Bordkanonen haben ein Kaliber zwischen 20 und 30 mm. Die Projektile sind meist hochexplosiv, so daß ein Mehrfachtreffer ein Flugzeug ziemlich zerfetzen kann. Die Feuerkadenz liegt normalerweise bei 20 bis 30 Schuß pro Sekunde, kann bei einer Gatling-BK aber auch 100 Schuß pro Sekunde erreichen. Die Mündungsgeschwindigkeit (v_0) beträgt ca. 1000 m/s. Die Luft/Luft-Einsatzdistanz der meisten BKs liegt im Bereich zwischen 200 und 1000 m.

Bordkanonen sind fest im Rumpf eingebaut. Trotzdem werden Hilfsmittel benutzt, um einen Abschuß erzielen zu können. Das Radar (oder auch nur ein »Pointer«) ermittelt die Entfernung zum Ziel, während der Waffenrechner dem Piloten die für einen Abschuß erforderliche Position auf dem HUD anzeigt. Das Flugzeug muß schließlich so manöviert werden, bis die HUD-Anzeige mit dem Ziel übereinstimmt.

Bordkanonen-Beispiele sind: die General Electric M61A-1, US-Standard-BK, Kaliber 20 mm; die GSh-30-1, russische BK, Kaliber 30 mm; die DEFA 553/4, französische BK, Kaliber 30 mm; die ADEN, britische BK, Kaliber 25 oder 30 mm; und schließlich die Mauser Mk27, deutsche BK, Kaliber 27 mm.

Natürlich können Bordkanonen auch gegen Bodenziele eingesetzt werden. Davon mehr – auch im Zusammenhang mit der GAU-8/A-Kanone – im Abschnitt Luft/Boden-Einsatz.

Kurzstrecken-A/A-Lenkwaffen

Kurzstrecken-Luft/Luft-Lenkwaffen, oder SRAAMs (Short-Range Air-to-Air Missiles), wie sie kurz bezeichnet werden, sind die wichtigsten und am weitesten verbreiteten gelenkten Raketen für den Luftkampf. Sowohl Jäger als auch potentielle Gejagte (z.B. Jabos) führen diese AAMs mit. Sie besitzen meist einen Infrarot-Suchkopf; die radargelenkten Varianten sind seltener und haben sich in der Praxis wenig bewährt.

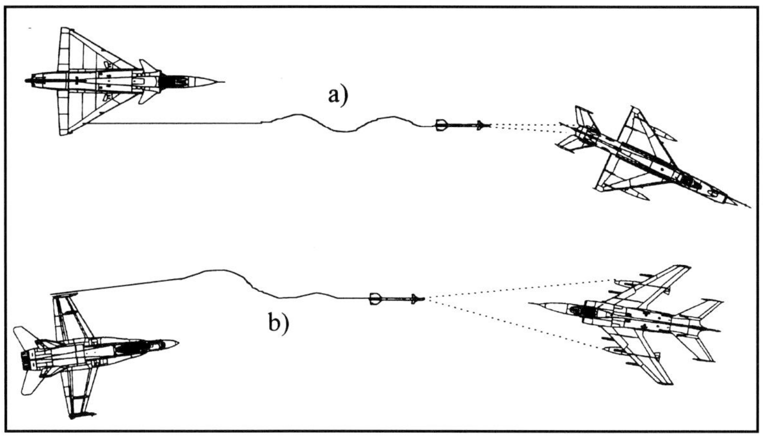

Abb.2.2.3b: Einsatz von IRSAAMs.
a) Eine MIRAGE IIIS bekämpft eine MiG-21 von hinten. Der AAM-Suchkopf hat dabei direkte Sicht auf das Triebwerk und damit auf die heißen Abgase. Bereits die AIM-9 der ersten Generation konnten auf diese Weise Abschüsse erzielen.
b) Eine F/A-18 attackiert eine A-5 frontal. Um bei einem solchen Abschuss erfolgreich zu sein, benötigt die Lenkwaffe einen »all-aspect«-Suchkopf, dem die emittierte Wärme des Zieles von vorne genügt.

Infrarot-Lenkung bedeutet, daß der Suchkopf auf Hitze anspricht und die AAM in die Richtung des erfaßten »Hotspots« steuert. Es handelt sich also um eine passive Lenkmethode, die lediglich elektromagnetische Wellen im Infrarotbereich ($\lambda > 700$ nm) empfängt und selber nicht, wie zum Beispiel Radar, detektiert werden kann, was für das angepeilte Kampflugzeug außerordentlich gefährlich ist. Dessen Pilot muß nämlich die anfliegende Lenkwaffe oder zumindest deren Rauchspur von Auge sehen, damit er ihr auszuweichen vermag; das RWR meldet keine anfliegenden IR-Lenkwaffen, und ein ausgereiftes »Missile approach warning system«, wie es von einigen Luftwaffen gefordert wird, ist derzeit noch nicht serienreif. Die einzige Methode, einer IR-SRAAM zu entkommen, scheint für Kampfflugzeuge derzeit darin zu bestehen, laufend die Flugrichtung zu wechseln und dabei jedesmal »Flares« abzuwerfen (Abb.2.2.3d). Dabei sollte möglichst auf den Nachbrenner verzichtet werden. »Flares« sind brennende Magnesium-Kugeln, welche eine große Hitze abgeben, den IR-Flugkörper auf sich ziehen und somit täuschen sollen. Hubschrauber können auch IR-Störer einsetzen, da die Abgastemperaturen ihrer Triebwerke tiefer sind.

Ein Nachteil aller Infrarot-gelenkten Waffen ist die Tatsache, daß sich schlechtes Wetter, Wolken und Dunst negativ auf die Detektionsreichweite des Suchkopfes auswirken. Man erachtet sie deshalb nicht als Allwetter-Lenkwaffen. Radargelenkte Versionen wären hier im Vorteil, doch sind sie weniger zuverlässig und ungenauer. Die üblichen halbaktiven Versionen müßten zudem während des ganzen Fluges mit dem Jägerradar »beleuchtet« werden (siehe MRAAMs).

Die Einsatzweise einer IR-AAM ist sehr einfach. Im Luftkampf entsichert der Pilot die Waffe. Sobald der IR-Suchkopf ein Ziel erfaßt hat, macht er sich dem Piloten des Trägerflugzeuges bemerkbar, indem in dessen Kopfhörer ein tiefer Brummton ertönt und das entsprechende Symbol auf dem HUD erscheint. Sobald die Lenkwaffe abgefeuert ist, folgt sie ihrem Ziel unabhängig vom »Launch«-Flugzeug, welches abdrehen und sich auf einen anderen Gegner konzentrieren kann (»fire-and-forget«-Prinzip).

Die Entwicklungsgeschichte der SRAAMs geht in die frühen 50er Jahre zurück, als die Amerikaner mit der AIM-9B Sidewinder erstmals eine Lenkwaffe auf den Markt brachten, die man im Luftkampf erfolgreich einsetzen konnte. Da der damalige -9B-IR-Suchkopf, von der Komplexität her gesehen einem Heimradio ähnlich, nicht sehr empfindlich war, mußte der Pilot die Sidewinder genau in den Nachbrennerabgasstrahl des feindlichen Kampfflugzeuges abschießen (Abb.2.2.3b). Auch die Reichweite ließ viel zu wünschen übrig; doch im Vergleich zur einfachen Bordkanonenbewaffnung stellte die »Nine Bravo« trotzdem einen großen Schritt nach vorne dar.

Dies stellten auch die Russen fest, und als im chinesischen Sezessionskrieg (Abspaltung Taiwans 1956) an einem Tag vierzehn MiG-17s durch Sidewinders abgeschossen wurden, setzten sie alles daran, eine nicht explodierte AAM zu bergen, um einen Einblick in die amerikanische Technologie zu erhalten. Das Ergebnis war die R-13 (AA-2 »Atoll«), eine nicht-lizenzierte Kopie der AIM-9B.

Abb.2.2.3c: Damit ein Kampfflugzeug im Kurvenkampf (»Dogfight«) die durch Luftwiderstand verlorene kinetische Energie ausgleichen kann, verwendet es den Nachbrenner. Dadurch wird es aber auch zu einem guten Ziel für IR-AAMs, denn die Hitzeentwicklung steigt gewaltig an. Wie diese tschechische MiG-23 »FLOGGER« zeigt, können die Nachbrenner-Feuerschweife manchmal mehrere Meter aus dem Heck ragen.

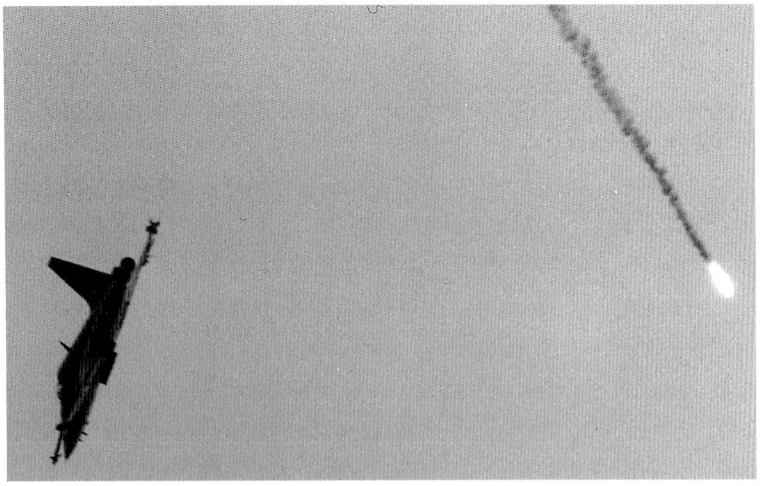

Abb.2.2.3d: Eine Northrop F-5E TIGER II der Schweizer Luftwaffe wirft ein »Flare« zur Fehlleitung von Infrarot-gesteuerten Lenkwaffen ab. Ein Flare besteht lediglich aus einer Magnesium-Kugel, welche brennend abgesetzt wird. Infrarot-Lenkwaffen können sowohl luft- als auch bodengestützt sein. Besonders gefährlich sind die vektorschubgesteuerten russischen R-73 (AA-11 »Archer«), da diese mit unglaublichen g-Werten kurven können und dazu noch über einen Suchkopf verfügen, der sich nicht leicht durch Flares täuschen läßt. Dasselbe trifft auch für Schulter-SAMs wie Stinger und Mistral zu; deren kleine Abmessungen erschweren noch zusätzlich die Entdeckbarkeit.

sind der russischen AAM in fast jeder Hinsicht unterlegen. Trotzdem erzielten sie, vor allem die »Nine Lima«, gute Resultate im Falkland- und im Golfkrieg. Neue Entwicklungen, wie z.B. die AIM-9X, die Python IV oder AIM-132 ASRAAM (Abb.2.2.3f), sollen die entstandene Lücke schließen, doch gerade bei der letzteren Lenkwaffe dauert die Entwicklung nun schon über 16 Jahre. Projektiert ist aber ein Suchkopf mit einer seitwärts-Zielerfassungsfähigkeit von 90°, was alles, was derzeit im Einsatz steht, in den Schatten stellen wird. Des weiteren soll der Sensor über bilderzeugende Fähigkeiten verfügen. Dies wird eine Täuschung stark erschweren und die Abschußwahrscheinlichkeit erhöhen. In Verbindung mit dem projektierten Helmvisier bekommt der Auftraggeber, die RAF, eine Nahkampfwaffe in die Hand, mit der sogar der TORNADO F.3 keinen Luftkampf mehr zu fürchten braucht. Über ähnliche Möglichkeiten wie die ASRAAM wird auch die nächste Sidewinder-Generation verfügen können (AIM-9X).

Neben der in Abb. 2.2.3e abgebildeten Shafrir 2 werden die folgenden Kurzstrecken-A/A-Lenkwaffen derzeit oder in naher Zukunft bei Luftwaffen auf der ganzen Welt eingesetzt:

In der Zwischenzeit hat sich auf dem SRAAM-Sektor einiges getan. Heute produzieren zahlreiche Länder Kurzstrecken-Luft/Luft-Lenkwaffen. Die IR-Suchköpfe sind meistens derart empfindlich, daß die AAMs sogar auf Gegenkurs (sogenannte »all-aspect«-AAMs) abgefeuert werden können (Abb.2.2.3b(a)); die Reichweite hat sich für gewisse Modelle auf 20 km ausgedehnt.

Im Moment konzentriert man sich besonders auf die Weiterentwicklung der Beweglichkeit der Lenkwaffen sowie die Störfestigkeit und den Zielerfassungswinkel des Suchkopfes. Dabei scheint derjenige Weg, den die Russen mit ihrer R-73 (AA-11 »Archer«) eingeschlagen haben, erfolgversprechend zu sein. Die Lenkwaffe setzte bei ihrer Einführung Ende der 80er Jahre den neuen Standard für SRAAMs. Sie weist einen Suchkopf auf, welcher »off-axis«-Ziele in einem Winkel von 45° zu erfassen vermag, und manövriert mit Hilfe von herkömmlichen Canard-Steuerflächen und der Vektorsteuerung des Schubes, so daß das gegnerische Flugzeug direkt nach dem Start der AAM angesteuert werden kann. Da ein Pilot einer mit R-73s ausgerüsteten »FULCRUM« oder »FLANKER« die AAMs den Zielen mit einem Helmvisier zuweist, kann die Kapazität der »Archer« voll ausgenützt werden.

In dieser Technologie hinkt der Westen etwas hinterher. Die derzeit eingesetzten AIM-9L/M Sidewinder (Abb.2.2.3g), R.550 Magic 2 und Python III

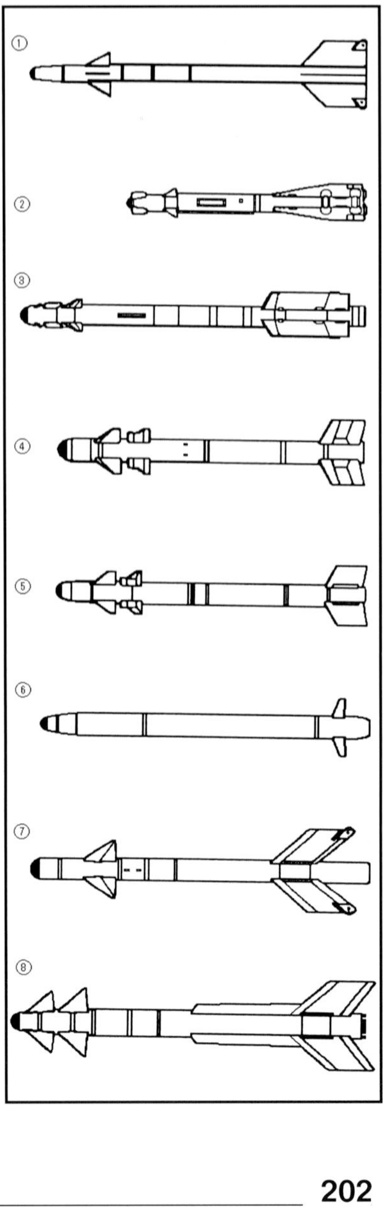

① R-13 (AA-2 »Atoll«; Rußland) und PL-2 (chinesische Kopie): Einfacher IR-Suchkopf; Reichweite max. 17 km; Gefechtskopf mit 11.3 kg hochexplosivem Sprengstoff; Näherungszünder; Gesamtgewicht: 89 kg.

② R-60 (AA-8 »Aphid«; Rußland)Verbesserter IR-Suchkopf; Reichweite max. 8 km; Gefechtskopf mit 3.5 kg hochexplosivem Sprengstoff; Näherungszünder; Gesamtgewicht: 45 kg; Einsatz über Helmvisier möglich.

③ R-73 (AA-11 »Archer«; Rußland) »All-aspect«-IR-Suchkopf; Reichweite max. 15–30 km; Gefechtskopf mit 7.4 kg hochexplosivem Sprengstoff; Näherungszünder; Gesamtgewicht: 110 kg; Einsatz über Helmvisier möglich; maximaler »off-axis«-Suchwinkel 40-60°; Schubvektorsteuerung.

④ R.550 Magic 1 (Frankreich) und PL-7 (China) Verbesserter IR-Suchkopf; Reichweite max. 15 km; Gefechtskopf mit 12.5 kg hochexplosivem Sprengstoff; Näherungszünder; Gesamtgewicht: 89 kg.

⑤ R.550 Magic 2 (Frankreich) »All-aspect«-IR-Suchkopf; Reichweite max. 15 km; Gefechtskopf mit 12.5 kg hochexplosivem Sprengstoff; Näherungszünder; Gesamtgewicht: 90 kg.

⑥ AIM-132 ASRAAM (Großbritannien) »All-aspect«-IIR-Suchkopf; Reichweite max. ca. 18 km; Gefechtskopf mit 10 kg hochexplosivem Sprengstoff; Näherungszünder; Gesamtgewicht: 87 kg; Einsatz über Helmvisier möglich; max. »off-axis«-Suchwinkel 90°.

⑦ Python III (Israel) und PL-8 (China) »All-aspect«-IR-Suchkopf; Reichweite max. 15 km; Gefechtskopf mit 11 kg hochexplosivem Sprengstoff; Näherungszünder; Gesamtgewicht: 120 kg; max. »off-axis«-Suchwinkel 30°.

⑧ Python IV (Israel) »All-aspect«-IR-Suchkopf; Reichweite ca. 20 km; Gefechtskopf mit 11 kg hochexplosivem Sprengstoff (?); Näherungszünder; Gesamtgewicht: ca. 140 kg; Einsatz über Helmvisier möglich; max. »off-axis«-Suchwinkel 60°.

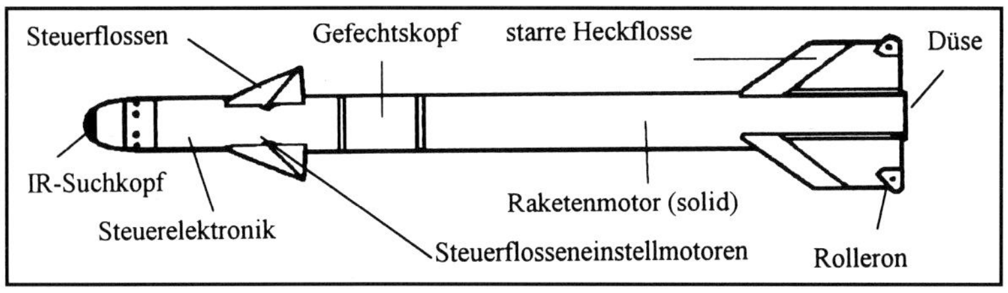

Abb.2.2.3e: Rafael Shafrir 2. Diese Lenkwaffe ist ein israelisches Produkt und wurde von der IAF mit großem Erfolg gegen arabische Luftwaffen im Jom-Kippur-Krieg eingesetzt. Die Zeichnung zeigt die Bestandteile einer IR-SRAAM. Bei anderen AAMs sind die Bestandteile, abgesehen vom Suchkopf, ähnlich, jedoch unterscheidet sich die Anordnung.

Abb.2.2.3g: Wie alle amerikanischen Jagdflugzeuge trägt auch diese F-16D FIGHTING FALCON AIM-9Ms. Obwohl ihre Konstruktion auf die -9B der 50er Jahre zurückgeht, sind diese Sidewinder »Nine-Mike« noch heute äußerst leitstungsfähige A/A-Lenkwaffen. In Golfkrieg stellten sie dies einmal mehr unter Beweis.

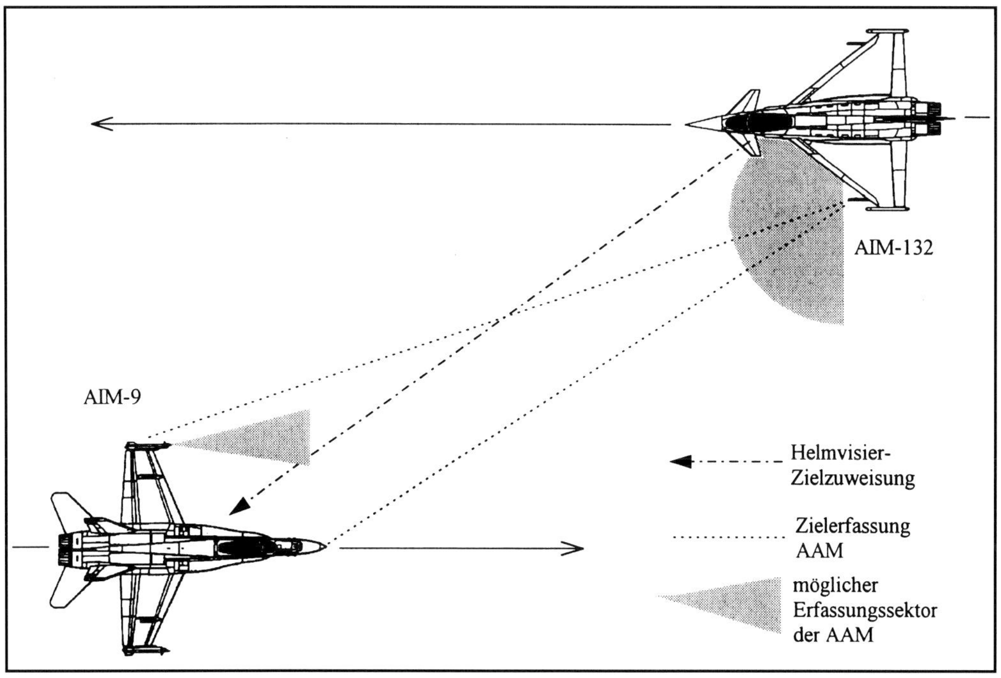

Abb.2.2.3f: Die neue Generation der agilen Kampfflugzeuge verlangt nach einer neuen Generation agiler »Dogfight«-Lenkwaffen. Die britische AIM-132 ASRAAM wird über einen Suchkopf verfügen, der einen 90°-»off boresight«-Suchwinkel hat. Damit ist sie in der Lage, die über Helmvisier zugewiesenen Ziele in der ganzen vorderen Hemisphäre zu bekämpfen. Die AIM-9P Sidewinder, die hier zum Vergleich gezeigt wird, hat keine besonderen »off-boresight«-Fähigkeiten und ist damit zwangsmäßig im Nachteil.

Eine weitere SRAAM wird unter deutscher Führung entwickelt: die IRIS-T. Die Lenkwaffe ist mit einem IIR-Suchkopf und mit Schubvektorsteuerung ausgerüstet. Sie soll der ASRAAM zumindest ebenbürtig sein. Südafrika will mit der neuen, äußerlich der AIM-132 gleichenden A-Darter ähnliche Leistungen erzielen.

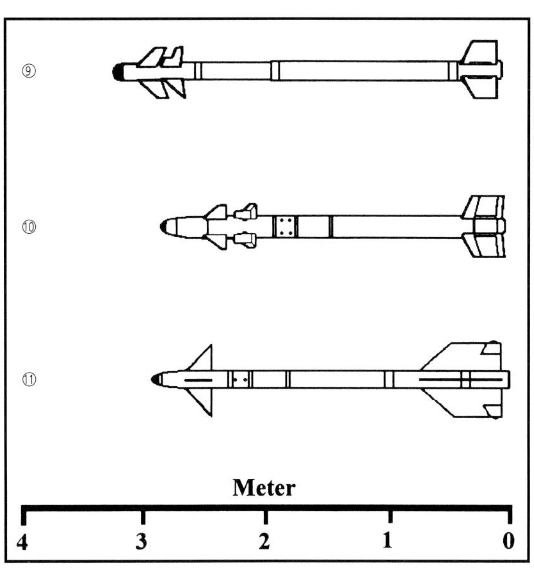

⑨ Kukri V3 (Südafrika)
Verbesserter IR-Suchkopf; Reichweite max. 6 km; Gefechtskopf mit 16 kg hochexplosivem Sprengstoff; Näherungszünder; Gesamtgewicht: 74 kg; Einsatz mit Helmvisier möglich.

⑩ Darter (Südafrika)
»All-aspect«-IR-Suchkopf; Reichweite max. 10 km; Gefechtskopf mit 16 kg hochexplosivem Sprengstoff; Näherungszünder; Gesamtgewicht: 89 kg; Einsatz mit Helmvisier möglich; größerer »off-axis«-Suchwinkel als Kukri.

⑪ Tien Chien I (»Sky Sword I«; Taiwan)
»All-aspect«-IR-Suchkopf; Reichweite max. 15 km; Gefechtskopf mit ca. 9 kg hochexplosivem Sprengstoff; Näherungszünder; Gesamtgewicht: 90 kg.

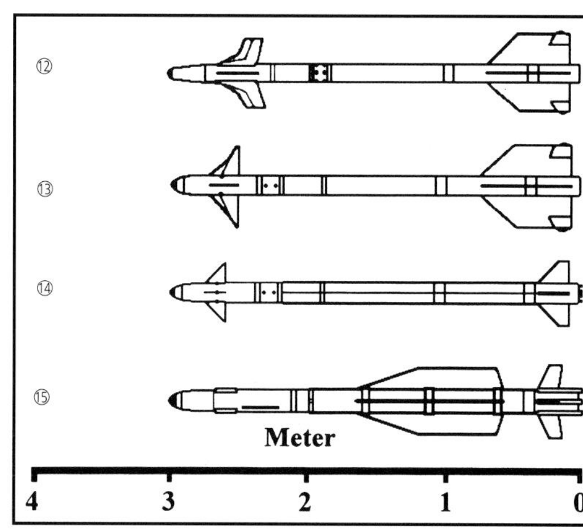

⑫ AIM-9P Sidewinder (USA) und PL-9 (China). Verbesserter oder »all-aspect«-IR-Suchkopf; Reichweite max. 12 km; Gefechtskopf mit 12 kg hochexplosivem Sprengstoff; Näherungszünder; Gesamtgewicht: 82 kg.
⑬ AIM-9L/M Sidewinder (USA). »All-aspect«-IR-Suchkopf; Reichweite max. 18.5 km; Gefechtskopf mit 9.5 kg hochexplosivem Sprengstoff; Näherungszünder; Gesamtgewicht: 87 kg.
⑭ AIM-9X Sidewinder (USA). »All-aspect«-IIR-Suchkopf; Reichweite max. 18.5 km; Gefechtskopf mit ca. 9.5 kg hochexplosivem Sprengstoff; Näherungszünder; Gesamtgewicht: 84 kg, Einsatz über Helmvisier möglich; max. »off-axis«-Suchwinkel 90°; Schubvektorsteuerung.
⑮ IRIS-T (BRD, CAN, GR, I, NOR, S). »All-aspect«-IIR-Suchkopf; Reichweite max. 18.5 km; Gefechtskopf mit ca. 9.5 kg hochexplosivem Sprengstoff; Näherungszünder; Gesamtgewicht: 84 kg, Einsatz über Helmvisier möglich; max. »off-axis«-Suchwinkel 90°; Schubvektorsteuerung.

Abb.2.2.3h: Obwohl die Russen und Amerikaner den größten Anteil am Weltmarkt besitzen, verfügen auch die Europäer über eine ansehnliche AAM-Produktion. Vor allem in den letzten Jahren entwickelte man eine Reihe moderner Lenkwaffen, und zwar in allen Reichweitenbereichen (von oben nach unten): Magic 2 IR-SRAAM; MICA ARH-MRAAM; MICA-IR-MRAAM; Meteor-ARH-LRAAM; AIM-132 ASRAAM IR-SRAAM.

Viele westliche Luftwaffen überlegen sich die Anschaffung eines modernen SRAAM-Typs inklusive Helmvisier. Zahlreiche ihrer Jagdflugzeuge (F-16, F/A-18, usw.) sind heute noch mit Sidewinder bestückt, die von der Technologie her nicht einmal dem AIM-9L/M-Standard entsprechen. Im Angesicht dessen, daß eine große Anzahl Länder in Krisengebieten mit MiG-29/Su-27 und R-73-AAMs beliefert worden sind, sollte einer Beschaffung von Kurzstrecken-A/A-Lenkwaffen der neuesten Generation eine erhöhte Priorität beigemessen werden.

BVR-A/A-Lenkwaffen und defensive Gegenmaßnahmen

Luft/Luft-Lenkwaffen, mit denen man Ziele außerhalb der Sichtweite (BVR) bekämpfen kann, sind in den letzten Jahren immer wichtiger geworden, und es ist anzunehmen, daß sich dieser Trend auch in Zukunft fortsetzen wird. Man teilt diese Waffen grob in zwei Kategorien ein: einerseits in Lenkwaffen mittlerer Reichweite (20–100 km; MRAAMs), andererseits in solche großer Reichweite (100 km+; LRAAMs). Erstere Kategorie ist derzeit bei weitem bedeutsamer als letztere, denn es existieren, im Gegensatz zu LRAAM-Vertretern, zahlreiche MRAAM-Beispiele.

Drei Lenkungsarten sind bei den BVR-A/A-Lenkwaffen grundsätzlich unterscheidbar:

- Infrarot-Lenkung (IRH)
- halbaktive Radar-Lenkung (SARH; Semi-Active Radar Homing)
- aktive Radar-Lenkung (ARH)

Je nach Typ der Lenkwaffe ergänzt noch eine integrierte Trägheitsnavigationsanlage und/oder ein Autopilot sowie ein Data-Link zur Trägermaschine die oben aufgeführten Lenkungsmethoden.

Die Infrarot-Lenkung einer BVR-Lenkwaffe funktioniert auf dieselbe Art und Weise wie diejenige der bereits zuvor behandelten Kurzstrecken-AAMs, jedoch benötigen die Raketen mit längeren Reichweiten einen komplexeren Suchkopf mit variabler Empfindlichkeitseinstellung oder einen Autopiloten/Data-Link bzw. INS, um das Ziel auf größere Distanzen ansteuern zu können. Wie bereits erwähnt, arbeiten IR-Sensoren passiv und sind demnach mit keinem Gerät detektierbar; eine IR-Lenkwaffe kann

Abb.2.2.3i: Ein TORNADO F.3 der RAF. Die Primär-Bewaffnung dieser Maschinen besteht aus vier SkyFlash MRAAMs. Diese sind SAR-gelenkt und haben eine hohe Abschußwahrscheinlichkeit nachgewiesen. Die übliche Schußdistanz zum Ziel beträgt 20 Meilen, obwohl die Reichweite im Prinzip 30 Meilen beträgt. Der hier abgebildete TORNADO F.3 ist nur mit zwei SkyFlash bewaffnet; an einem AIM-9-Pylon befindet sich ein Phimat-Chaff-Dispenser.

nach dem »fire-and-forget«-Prinzip eingesetzt werden, was der Trägermaschine ermöglicht, nach dem Feuern abzudrehen. Wolken und schlechtes Wetter vermindern jedoch die Schußweiten deutlich, weshalb auch diese IR-AAMs nicht als Allwetter-Waffen gelten. Fehlleiten und täuschen kann man sie nur durch sogenannte »Flares« (siehe auch Abb.2.2.3c).

Im Westen sind die Infrarot-gelenkten Waffen mittlerer Reichweite trotz ihrer zahlreichen Vorteile derzeit bei keiner einzigen Luftwaffe im Dienst. Der Versuch, eine AIM-7 Sparrow mit einem IR-Suchkopf auszurüsten, blieb bisher erfolglos, und auch von der neuen AMRAAM scheint man wohl aus finanziellen Gründen niemals eine Infrarot-Version zu produzieren. Lediglich Frankreich entwickelt mit der MICA (Abb.2.2.3h) eine MRAAM, von der es auch eine wärmeansteuernde Ausführung geben wird.

Die Sowjetunion hat schon zu Beginn der Produktion von gelenkten Mittelstrecken-Luft/Luft-Raketen fast jedes Modell sowohl mit IR- als auch mit SARH-Suchkopf ausgestattet (siehe Liste), wodurch die Betreiber dieser Lenkwaffen in dieser Hinsicht einen nicht zu unterschätzenden Vorteil genießen.

Die halbaktive Radar-Lenkung ist die am weitesten verbreitete Methode der Lenkung von A/A-Waffen mittlerer und großer Reichweite. Der Suchkopf strahlt nicht selber Radarwellen aus, sondern empfängt lediglich diejenigen Wellen, die das Trägerflugzeug aussendet und die dann von der Zielmaschine reflektiert werden. Diesen Vorgang nennt man »Zielbeleuchtung« (Abb.2.2.3j). Dabei muß ein Pilot nach dem Auslösen einer SARH-AAM den Kurs beibehalten, bis die Rakete getroffen hat; eine kurze Sende- oder Zielerfassungs-Unterbrechung genügt, und die Lenkwaffe verfehlt ihr Ziel, es sei denn, sie sei zusätzlich mit anderen Hilfssteuerungsgeräten (z.B. Autopilot) ausgerüstet. Ein Trägerflugzeug muß für den Einsatz einer derartigen AAM mit einem Zielbeleuchtungsradar ausgestattet sein.

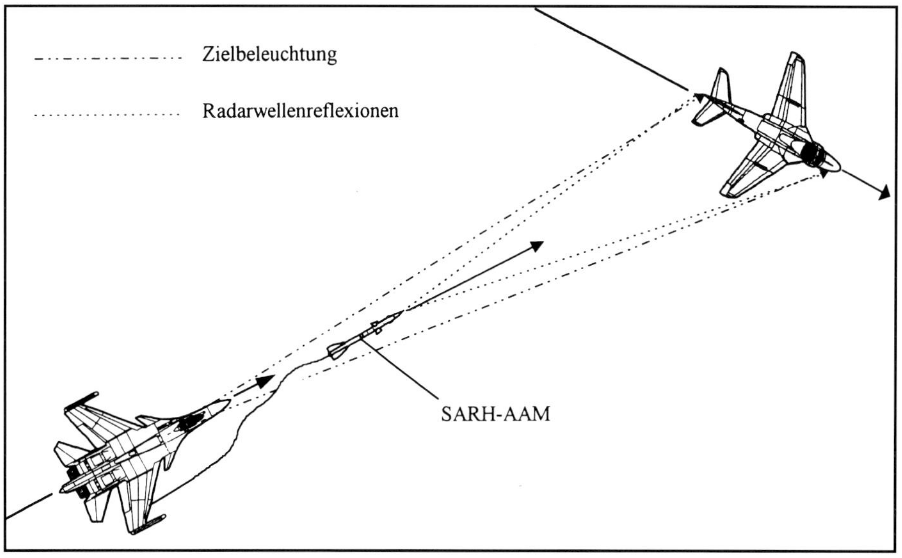

Abb.2.2.3j: Eine Su-37 bekämpft eine A-6 mit einer R-27-AAM. Da diese Lenkwaffe halbaktiv-radargelenkt arbeitet, ist der SUPER FLANKER-Pilot dazu gezwungen, das Ziel mit dem Bordradar so lange zu »beleuchten«, bis die AAM getroffen hat. Der Kurs muß daher beibehalten werden, und der Jäger befindet sich dadurch in einer unbeweglichen und deshalb gefährlichen Situation. Außerdem bemerkt das Ziel den »Beleuchtungsvorgang« mit Hilfe seines RWRs.

Abb.2.2.3k: Eine schwedische JA-37 VIGGEN voll bewaffnet auf Patrouille. Auch bei ihr besteht die Bewaffnung aus einer BK (Oerlikon KCA 30 mm), SRAAMs (AIM-9L Sidewinder) und SARH-MRAAMs (Sky Flash).

Die Vorteile der halbaktiv-radargelenkten Raketen stellen ihre Reichweiten und ihre Allwetterfähigkeit dar. Dies bedeutet, daß sie auch bei schlechtem Wetter und in Wolken auf allen Flughöhen verwendbar sind, ohne daß sich deren Leistung markant verschlechtert. Des weiteren wird ein mit Puls-Doppler-Radar bestücktes Jagdflugzeug durch die Verwendung von SARH-AAMs mittlerer oder langer Reichweite dazu befähigt, ein Luftziel aus überhöhter Position abschießen zu können (Abb.2.2.2a).

Die SARH-Methode hat aber auch zahlreiche gravierende Nachteile. So verkürzt sich beispielsweise bei Frontalangriffen die Distanz zwischen dem Schützen und dem Ziel während der Beleuchtungsphase durch die Kursbeibehaltung, was der Zielmaschine vielleicht noch ermöglicht, eine eigene Lenkwaffe (z.B. eine IR-AAM) auf das angreifende Flugzeug abzuschießen, bevor dessen Rakete getroffen hat. Aufgrund der dauernden Zielbeleuchtung wird der Pilot der beschossenen Maschine nämlich dank dem RWR vor dem Angriff gewarnt, obwohl er vielleicht den Gegner weder visuell noch mit seinem Radar sehen kann. Zudem bindet sich das Trägerflugzeug durch den AAM-Einsatz an ein einziges Ziel, wodurch es sich in eine äußerst exponierte und damit gefährliche Lage begibt, die von einem gegnerischen Jäger ausgenützt werden könnte. Ein weiterer Negativpunkt stellt die Treffsicherheit dar. Die USAF mußte im Vietnam-Krieg die schmerzhafte Erfahrung machen, daß ihre AIM-7 Sparrow eine Abschußquote aufwies, die weit unter 40% lag. Daraufhin modifizierte man die Lenkwaffe gründlich; die derzeit eingesetzten AIM-7M erzielten im Golf-Krieg 28 Treffer. Leider ist die Zahl der abgefeuerten Sparrows nicht veröffentlicht worden; die Abschußquote dürfte jedoch über akzeptablen 60% liegen. Trotzdem ist die Abschußwahrscheinlichkeit der AIM-9 Sidewinder noch nicht erreicht.

Die aktive Radarlenkung ist, vom technischen Standpunkt her gesehen, die anspruchsvollste Möglichkeit, Lenkwaffen ins Ziel zu steuern. Aus diesem Grund kostet die Entwicklung eines derartigen Suchkopfes im Vergleich mit den beiden oben genannten relativ viel, und das technische Know-how steht auch nur den wenigsten Nationen zur Verfügung.

»Aktiv-radargelenkt« bedeutet, daß der Suchkopf selber Radarwellen emittiert und die Waffe deren Reflexionen vom zugewiesenen Ziel folgt. Natürlich passiert dies nur in der letzten Anflugphase, da die Reichweite des in der Spitze der Lenkwaffe eingebauten, kleinen Radargerätes und die vorhandenen Energiereserven begrenzt sind. Außerdem möchte man so wenig wie möglich auf das Radar zurückgreifen, da feindliche RWRs die Strahlen erfassen könnten. Während der restlichen Zeit fliegt die Lenkwaffe mit Hilfe des eingebauten Trägheitsnavigationssystems. Zusätzlich steht die Möglichkeit zur Übernahme von Informationen vom Trägerflugzeug über einen Data-Link offen.

Der Hauptvorteil der ARH- im Vergleich mit einer SARH-AAM besteht darin, daß die Lenkwaffe nach dem »fire-and-forget«-Prinzip eingesetzt wird. Dadurch muß sich die Trägermaschine nicht mehr durch die Zielbeleuchtung einer äußerst verwundbaren Situation aussetzen und kann entweder zurückfliegen oder die volle Kapazität ihrer Avionik ausnützen, um unmittelbar nach dem Abfeuern einer A/A-Lenkwaffe der nächsten ein weiteres Ziel zuzuweisen (Abb.2.2.3n).

Abb.2.2.3l: Die derzeit modernste Mittelstrecken-Luft/Luft-Lenkwaffe im Dienst ist die Raytheon AIM-120 AMRAAM. Dank ihrem aktiven Radarsuchkopf und dem INS kann der Pilot nach dem Abfeuern der AAM abdrehen oder sich auf ein anderes Ziel konzentrieren. Neben der AIM-120 ist eine AIM-9M und eine AGM-88 HARM zu erkennen.

Abb.2.2.3m: Die russische R-77 RVV-AE (AA-12 »Adder« AMRAAMski) wird als erste russische aktiv-radargelenkte AAM eingeführt. Man beachte die eigenartigen Steuerflächen am hinteren Teil der Lenkwaffe. Sie sollen ihr zu guter Agilität verhelfen.

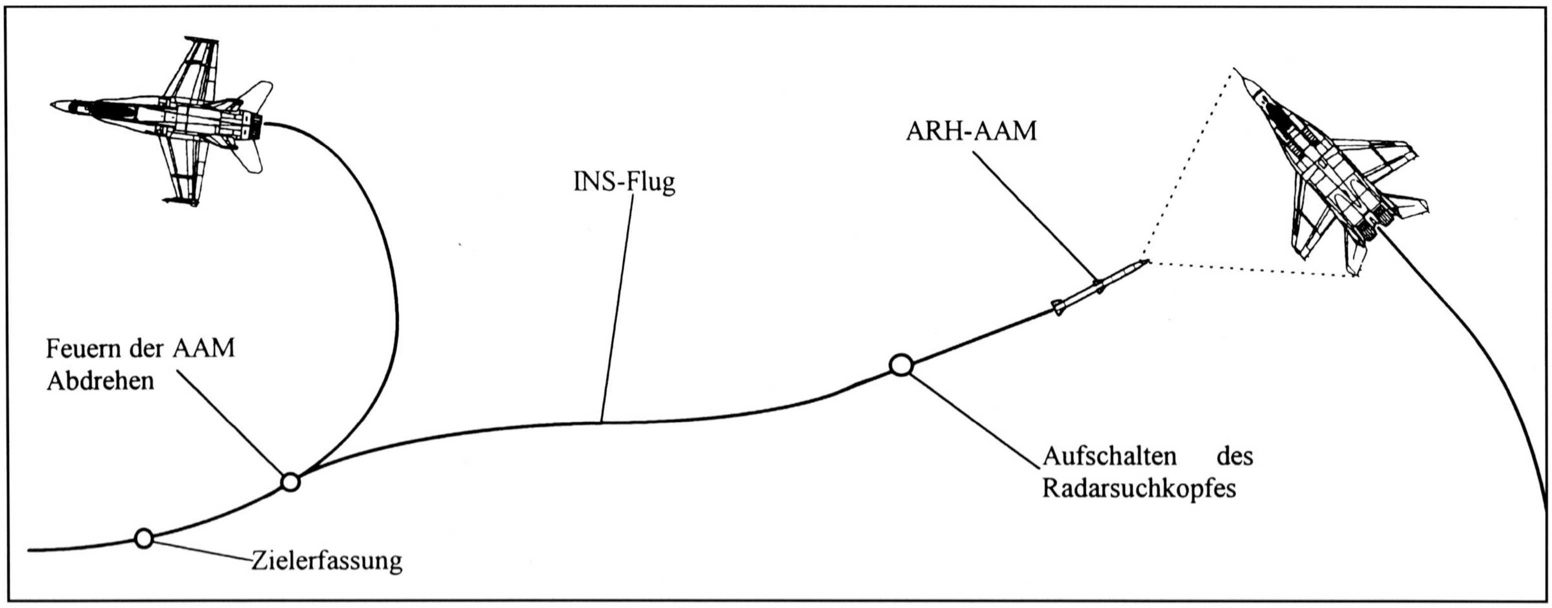

Abb.2.2.3n: Eine F/A-18 greift eine MiG-29 mit einer AIM-120 an. Da die Lenkwaffe nach dem »fire-and-forget«-Prinzip funktioniert, dreht die HORNET unmittelbar nach dem Feuern der AAM ab, um das nächste Ziel zu bekämpfen oder um sich in Sicherheit vor den Infrarot-gelenkten R-27 (auch »fire-and-forget«!) der FULCRUM zu bringen. Die AMRAAM erfaßt ihr Ziel erst im letzten Augenblick; der MiG-Pilot kann nur durch die RWR-Signale der Zielzuweisung gewarnt werden.

Abb.2.2.3o: Eine Sukhoi Su-35 fliegt ihr Spezialmanöver, die »Pugatchev-Cobra«. Diese Flugfigur könnte sowohl im »Dogfight« (zum Aufzwingen der »Gejagtenposition«) als auch auf längere Distanzen (Täuschung von Puls-Doppler-Radargeräten) eine Rolle spielen. Da das Manöver allerdings nur wenige Sekunden dauert, muß letzteres als unwahrscheinlich angenommen werden.

Abb.2.2.3p: Eine Ausrüstung zur Täuschung von Lenkwaffen ist heute ein Muß für moderne Kampfflugzeuge. Chaff ist eines der üblichen Mittel für die Fehlleitung von radargelenkten AAMs und SAMs. Die dafür benötigten Dispenser werden extern oder intern mitgeführt. Hier ein gleichzeitig als AIM-9-Pylon dienender Bol-Dispenser eines TORNADO F.3.

Radar ausgerüstete Fliegerabwehr äußerst wirksam sind (siehe auch Abbildungen). Trotzdem folgt hier eine kurze Erklärung der Begriffe.

Chaff heißen kleine Stanniolstreifen oder Metall-bedampfte Glasfasern, die etwa auf die halbe Wellenlänge der Frequenz des zu störenden Radars zugeschnitten und bei Gefahr ausgestoßen werden. Sie wirken auf dem Radarschirm wie Wolken, hinter welchen sich das gejagte Flugzeug verstecken kann.

ECM steht für »elektronische Gegenmaßnahmen«, also elektromagnetische Störstrahlungen. Sie werden durch sogenannte »Jammer« (= Störsender) erzeugt, und zwar in der Form von eigentlichen Stör- (Überdecken des Radarechos) oder Täuschsignalen (Aussenden von fehlleitenden Emissionen).

Größter Nachteil dieser AAMs ist der enorme Preis, den sie kosten. Dieser beträgt beispielsweise bei der ersten in Dienst gestellten aktiv-radargelenkten A/A-Rakete, der AIM-54 Phoenix, über eine Million Dollar. Zugegeben – die Phoenix ist mit ihrer bisher unübertroffenen Reichweite von knapp 200 km ein ungünstiges Beispiel, um Vergleiche anzustellen. Trotzdem beeindruckt die Summe. Aber auch die AIM-120 AMRAAM, welche von der Reichweite her mit der Sparrow und der SkyFlash identisch ist, schlägt mit 500'000 sFr. zu Buche – also eineinhalb mal soviel wie die beiden SARH-AAMs.

Natürlich lassen sich radargelenkte Mittelstrecken-Luft/Luft-Lenkwaffen, seien sie nun halbaktiv- oder aktiv-radargelenkt, durch defensive Maßnahmen stören. Aber nicht alle Typen zeigen sich gleich störanfällig. Zweifellos sind jene schwieriger zu täuschen, welche so wenig wie möglich auf Radarstrahlung zurückgreifen und dafür zum Beispiel über INS verfügen.

Im Gegensatz zu den IRH- gibt es bei den SARH- bzw. ARH-Lenkwaffen für gejagte Flugzeuge mehrere Abwehr- bzw. Täuschungsmöglichkeiten, wie zum Beispiel Chaff, ECM, Decoys oder Stealth. Alle diese Maßnahmen werden im letzten Kapitel näher unter die Lupe genommen, da sie ebenfalls gegen die bodengestützte, mit

Decoys (d.h. Köder) sind Flugkörper mit großen Radarrückstrahlflächen oder einem Störsender, die entweder ferngesteuert, vom Kampfflugzeug gezogen (Towed Decoy) oder abgeworfen werden. Sie sollen die AAMs/SAMs auf sich ziehen.

Stealth ist das Schlagwort zur Beschreibung einer modernen, aber nicht neuen Technologie im Waffensystembau. Dahinter verstecken sich in erster Linie sämtliche möglichen Maßnahmen zur Reduzierung des Radarquerschnittes, um die Entdeckbarkeit eines Flugzeuges, eines Schiffes, etc. mit Radar zu vermindern. In zweiter Linie will man damit aber auch die IR-Emissionen reduzieren. Bis zu einem gewissen Grad betrifft es auch die optische Tarnung.

Ein weiteres, mögliches Täuschungsmanöver zur Lenkwaffenfehlleitung könnten Flugfiguren wie die »Pugatchev-Cobra« (Abb.2.2.3o) darstellen, bei denen die Maschine die Fluggeschwindigkeit auf ein absolutes Minimum reduziert und damit eventuell von einem Doppler-Radar für kurze Zeit nicht mehr »herausgefiltert« wird. Dadurch könnte eine SARH-AAM den Beleuchtungskontakt mit dem Ziel verlieren und dieses schließlich verfehlen. Es bleibt jedoch zweifelhaft, ob die Flugmanöverdauer und die Geschwindigkeitsverminderung für einen derartigen Effekt ausreichen.

Zurück zu den BVR-Luft/Luft-Lenkwaffen. Derzeit und in naher Zukunft sind auf der ganzen Welt folgende Typen im Einsatz:

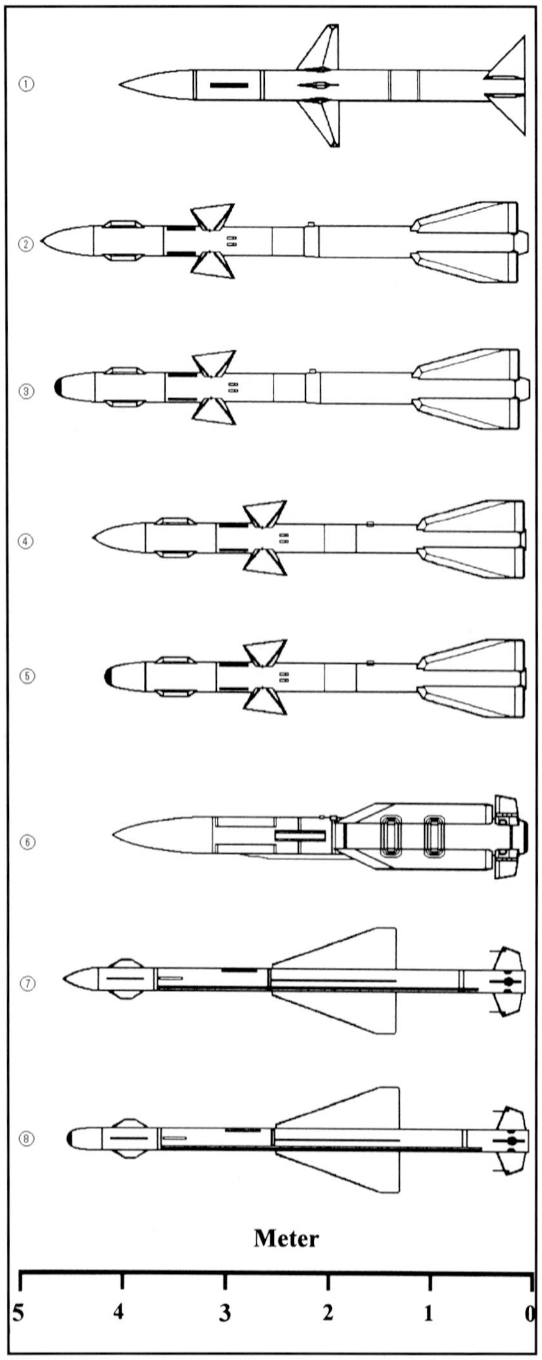

① PL-10 (China): MRAAM
Lenkung: SAR; Reichweite max. ca.20 km; Gefechtskopf mit einer unbekannter Menge hochexplosiven Sprengstoffs; Näherungszünder; Gesamtmasse: 300 kg.

② R-27ER (AA-10 »Alamo-C«; Rußland): MRAAM
Lenkung: SAR + INS; Reichweite max. 130 km (?); Gefechtskopf mit 39 kg hochexplosivem Sprengstoff; Näherungszünder; Gesamtmasse: 350 kg.

③ R-27ET (AA-10 »Alamo-D«; Rußland): MRAAM
Lenkung: IR + INS; Reichweite max. 120 km (?); Gefechtskopf mit 39 kg hochexplosivem Sprengstoff; Näherungszünder; Gesamtmasse: 350 kg.

④ R-27R (AA-10 »Alamo-A«; Rußland): MRAAM
Lenkung: SAR + INS; Reichweite max. 80 km; Gefechtskopf mit 39 kg hochexplosivem Sprengstoff; Näherungszünder; Gesamtmasse: 235 kg.

⑤ R-27T (AA-10 »Alamo-B«; Rußland): MRAAM
Lenkung: IR; Reichweite max. ca. 72 km; Gefechtskopf mit 39 kg hochexplosivem Sprengstoff; Näherungszünder; Gesamtmasse: 235 kg.

⑥ R-33 (AA-9 »Amos«; Rußland): LRAAM
Lenkung: SAR + Autopilot; Reichweite max. ca. 120 km; Gefechtskopf mit 47 kg hochexplosivem Sprengstoff; Näherungszünder; Gesamtmasse: 490 kg.

⑦ R-23/24R (AA-7 »Apex«; Rußland); MRAAM
Lenkung: SAR; Reichweite max. 35/50 km; Gefechtskopf mit 25/35 kg hochexplosivem Sprengstoff; Näherungszünder; Gesamtmasse: ca. 222/243 kg.

⑧ R-23/24T (AA-7 »Apex«; Rußland); MRAAM
Lenkung: IR; Reichweite max. 25/35 km; Gefechtskopf mit 25/35 kg hochexplosivem Sprengstoff; Näherungszünder; Gesamtmasse: ca. 215/235 kg.

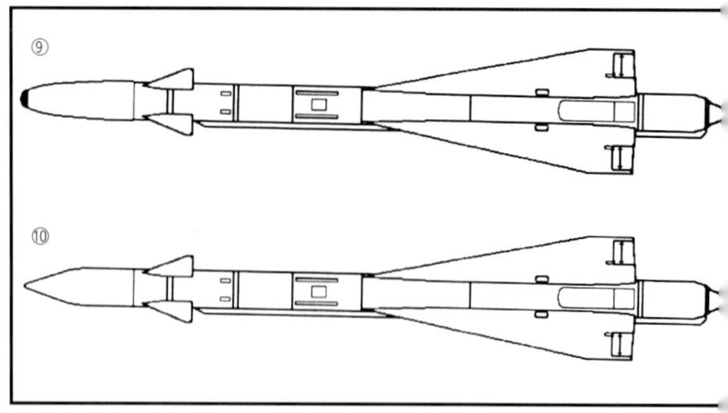

⑨ R-40TD (AA-6 »Acrid«; Rußland); MRAAM
Lenkung: IR; Reichweite max. ca. 30 km; Gefechtskopf mit 38 kg hochexplosivem Sprengstoff; Näherungszünder; Gesamtmasse: 460 kg.

⑩ R-40RD (AA-6 »Acrid«; Rußland); MRAAM
Lenkung: SAR; Reichweite max. ca. 30 km; Gefechtskopf mit 38 kg hochexplosivem Sprengstoff; Näherungszünder; Gesamtmasse: 460 kg.

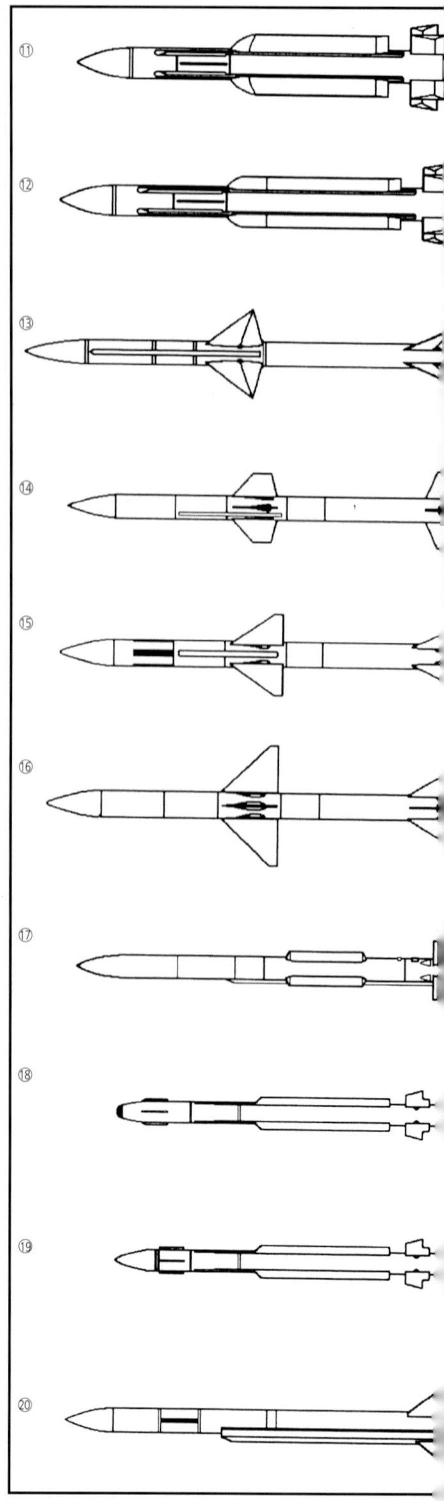

⑪ Super 530F (Frankreich); MRAAM
Lenkung: SAR; Reichweite max. 35 km; Gefechtskopf mit 30 kg hochexplosivem Sprengstoff; Näherungszünder; Gesamtmasse: 245 kg.

⑫ Super 530D (Frankreich); MRAAM
Lenkung: SAR; Reichweite max. 45 km; Gefechtskopf mit 30 kg hochexplosivem Sprengstoff; Näherungszünder; Gesamtmasse: 270 kg.

⑬ Aspide Mk1 (Italien); MRAAM
Lenkung: SAR; Reichweite 50–100 km; Gefechtskopf mit 35 kg hochexplosivem Sprengstoff; Näherungszünder; Gesamtmasse: 220 kg.

⑭ Tien Chien II (Sky Sword II; Taiwan); MRAAM
Lenkung: SAR; Reichweite 30–40 km; Gefechtskopf mit einer unbekannten Menge hochexplosiven Sprengstoffs; Näherungszünder; Gesamtmasse: ca. 200 kg.

⑮ SkyFlash und SkyFlash 90 (GB); MRAAM
Lenkung: SAR; Reichweite 50 km/ ca. 75 km; Gefechtskopf mit 30 kg hochexplosivem Sprengstoff; Näherungszünder; Gesamtmasse: 195 kg/220 kg.

⑯ AIM-7M Sparrow (USA); MRAAM
Lenkung: SAR; Reichweite max. 50–100 km; Gefechtskopf mit 39kg hochexplosivem Sprengstoff; Näherungszünder; Gesamtmasse: 230kg.

⑰ R-77 AAM-AE (AA-12 »Adder« AMRAAMski; Rußland); MRAAM
Lenkung: ARH + INS + Data-Link; Reichweite max. 100 km (?); Gefechtskopf mit 21 kg hochexplosivem Sprengstoff; Näherungszünder; Gesamtmasse: 175 kg.

⑱ MICA (IR) (Frankreich); MRAAM
Lenkung: IR; Reichweite max. 55 km; Gefechtskopf mit einer unbekannten Menge hochexplosiven Sprengstoffs; Näherungszünder; Gesamtmasse: 110 kg.

⑲ MICA (AR) (Frankreich); MRAAM
Lenkung: ARH + INS + Data-Link; Reichweite max. 55 km; Gefechtskopf mit einer unbekannten Menge hochexplosiven Sprengstoffs; Näherungszünder; Gesamtmasse: 110 kg.

⑳ Meteor (BRD, ESP, F, GB, I, S, USA); LRAAM
Lenkung: ARH + INS + Data-Link; Reichweite max. ca. 120 km; Gefechtskopf mit einer unbekannten Menge hochexplosiven Sprengstoffs; Näherungszünder; Gesamtmasse: unbekannt.

Abb.2.2.3q: Der Hauptauftrag der hier abgebildeten F-16C der USAFE ist die Bekämpfung von Radar- und SAM-Stellungen. Dank der niedrigen Masse der AIM-120 AMRAAM können aber auch zusätzlich noch diese Mittelstrecken-A/A-Lenkwaffen mitgeführt werden. Die F-16 ist deshalb in der Lage, gegnerische Maschinen zu bekämpfen und benötigt keinen Jagdschutz.

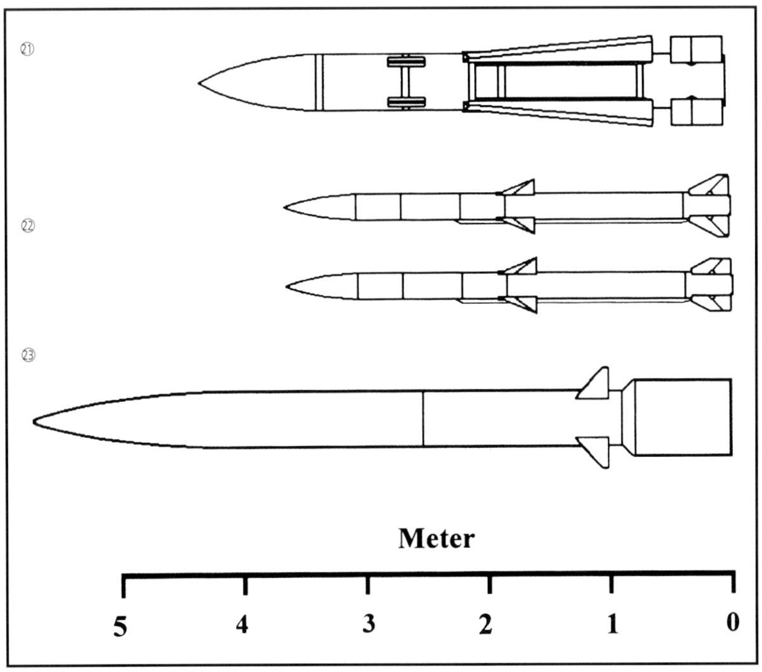

Beim Vergleich der Reichweiten der aufgeführten Luft/Luft-Lenkwaffen, seien es nun SRAAMs oder L/MRAAMs, sollte man vorsichtig sein. Die veröffentlichten Leistungsangaben variieren je nach Quelle bis zu 100%, besonders jene von russischen Typen. Die hier genannten Werte dürfen aber als Richtwerte betrachtet werden. Es sei jedoch darauf hingewiesen, daß sie sich je nach Kampfsituation mehr oder weniger verkleinern. Beispiel: Ein auf Gegenkurs fliegendes Ziel kann man auf maximale AAM-Distanz angreifen, während bei einem Abschuß von hinten eine Lenkwaffen-Reichweiteneinbuße von 50% in Kauf genommen werden muß. Auch die Flughöhe spielt eine Rolle: Je tiefer die Lenkwaffe fliegt, desto größer ist ihr Luftwiderstand (vergrößerte Luftdichte!), was zu einer verkürzten Einsatzdistanz führt.

Ein Leistungswert, der praktisch für keine Lenkwaffe veröffentlicht wurde, ist die Mindestreichweite. Auf den ersten Blick vielleicht unwesentlich, kann dieser Wert plötzlich außerordentlich wichtig werden, wenn es darum geht, ein Stealth-Luftziel zu bekämpfen.

㉑ AIM-54 Phoenix (USA); LRAAM
Lenkung: ARH + INS/SARH; Reichweite max. 200 km; Gefechtskopf mit 60 kg hochexplosivem Sprengstoff; Näherungszünder; Gesamtmasse: 465 kg.

㉒ AIM-120B & C AMRAAM (USA); MRAAM
Lenkung: ARH + INS + Data-Link; Reichweite max. 55–75 km; Gefechtskopf mit 22 kg hochexplosivem Sprengstoff; Näherungszünder; Gesamtmasse: 160 kg.

㉓ KS-172 AAM-L (Rußland); LRAAM
Lenkung: ARH + INS + Data-Link; Reichweite max. 400 km (?); Gefechtskopf mit einer unbekannten Menge hochexplosiven Sprengstoffs; Näherungszünder; Gesamtmasse: ca. 750 kg.

Abb.2.3.1a: Die russische Tu-95 »BEAR-H« ist, wie ihr amerikanisches Gegenstück, die B-52, recht betagt, doch darf sie aufgrund der dauernd durchgeführten KWS-Programme nicht unterschätzt werden.; vor allem deshalb nicht, weil sie mit weitreichenden Abstandswaffen ausgerüstet werden kann. Aus Kostengründen reduzieren die russische Luftwaffe und die Marinestreitkräfte die Anzahl ihrer »BEAR«.

Luft/Boden-Einsatz

Seit der Verwendung deutscher Flugzeuge als Bomber durch die »Legion Condor« im spanischen Bürgerkrieg von 1937 gehört die Bekämpfung von Bodenzielen endgültig zu den Primär-Einsatzbereichen von Kampfflugzeugen. Damals wurden Bombenangriffe teilweise sogar noch mit Transportmaschinen geflogen, doch schon im darauffolgenden Weltkrieg hatte sich die Lage, z.B. in bezug auf die Abwehr der Angreifer, derart verändert, daß speziell entwickelte Bomber zum Einsatz kommen mußten. Heute sind Luft/Boden-Einsatz-Flugzeuge technisch hochkomplexe Fluggeräte mit zahlreichen elektronischen Ausrüstungsbestandteilen zur Flugsteuerung, Navigation, Zielerfassung und -bekämpfung.

Einsatzrollen von Luft/Boden-Einsatz-Flugzeugen

Ähnlich wie dies bei den Jagdflugzeugen der Fall ist, so gibt es auch bei den Luft/Boden-Einsatz-Flugzeugen nicht das ultimative Modell, sondern jeweils für verschiedene Aufgaben ausgelegte, teilweise stark spezialisierte Typen und andere, welche sich für mehrere »Tasks« eignen. Unter dem zugegebenermaßen etwas fremd erscheinenden Begriff Luft/Boden-Einsatz-Flugzeug sammeln sich die folgenden, eher gewohnten Begriffe:

- Bomber
- Angriffsflugzeug
- Jagdbomber
- Marinekampfflugzeug
- Erdkampfflugzeug
- Nahunterstützungsflugzeug

Es stellt eine äußerst anspruchsvolle Arbeit dar, alle diese Bezeichnungen einzeln für sich zu definieren und voneinander abzugrenzen, da sie bereichsweise ineinander übergehen. Für zahlreiche Flugzeuge lassen sich denn auch mehrere der aufgeführten Begriffe zur Bestimmung der Einsatzrolle verwenden. Nichts desto trotz wird an dieser Stelle eine Beschreibung der einzelnen Begriffe gegeben und darüber hinaus aufgezeigt, wie die jeweilige Einsatztaktik und Ausrüstung aussieht.

Bomber:

Diesen Namen »verdienen« heute nur noch wenige Maschinen. Sie sollen in diesem Buch nur am Rande behandelt werden, da ihre Wichtigkeit mit der Beendigung des Kalten Krieges immer mehr schwindet. Derzeit sind nur noch die USA, Rußland, China und die Ukraine in der Lage, eine erwähnenswerte Anzahl solcher Flugzeuge zu unterhalten, wobei die beiden Nachfolgestaaten der Sowjetunion aus finanziellen Gründen größte Schwierigkeiten haben, ihre Maschinen einsatzbereit zu halten. Andere Länder, wie zum Beispiel der Iran oder Libyen, verfügen nur über eine Handvoll; trotzdem sollte man den Besitz solcher Länder nicht aus den Augenwinkeln verschwinden lassen und über deren Existenz und Potential Bescheid wissen.

»Moderne« Bomber sind große Angriffsflugzeuge mit einer enormen Reichweite und Waffenlast, die fast nur im strategischen Rahmen global zum Einsatz kommen, also in einem begrenzten Konflikt, wie es der Golfkrieg darstellte, nur bedingt verwendet werden können. Dementsprechend ist auch ihre Taktik und ihre Bewaffnung ausgelegt: Sie sollen mit Atombomben, seien diese nun in der Form von Freifallbomben oder von luftgestützten Cruise-Missiles, strategisch wichtige Industriezentren, Waffenarsenale, Militärstützpunkte, Flugzeugträger, Häfen oder Städte des Gegners ausradieren.

Da ein Szenario, welches einen derartigen Hammerschlag erfordern würde, derzeit unbestrittenerweise sehr an der Haaren herbeigezogen wirkt, sind die Luftwaffen einiger der oben genannten Länder dabei, die

Abb.2.3.1b: Ein amerikanischer B-1B LANCER. Diese modernen Bomber sind erst Mitte der 80er Jahre als Träger der neuen AGM-129 ACM von der USAF eingeführt worden. Aufgrund der veränderten weltpolitischen Situation wurden alle B-52G außer Dienst gestellt, und die verbliebenen B-52H und die LANCER-Flotte rüstet man auf konventionelle Waffen um, so daß sie auch in einem begrenzten Konflikt eingesetzt werden könnten. Das aus dem Kalten Krieg stammende SAC wurde bereits aufgelöst und die Bomber anderen Verbänden zugeführt.

Abb.2.3.1c: Der strategische Bomber B-2A ähnelt eher einem UFO denn einem Flugzeug von diesem Planeten. Seine Hauptbewaffnung besteht aus Freifall-Atombomben und SRAMs, aber auch JDAMs für taktische Zwecke können mitgeführt werden.

Bomberflotten einerseits stark zu reduzieren, andererseits aber auf konventionelle Bewaffnung (siehe Seite 228ff.) umzurüsten, damit sie eben auch in begrenzte Kriege einzugreifen in der Lage wären. So will beispielsweise die USAF ihre B-1B LANCER (Abb.2.3.1b) und B-52H STRATOFORTRESS mit schweren, konventionellen Präzisionswaffen ausstatten.

Diese Bemühungen können aber nicht darüber hinwegtäuschen, daß Flugzeuge wie die Tu-160 oder die B-2 SPIRIT, seien sie technisch noch so revolutionär, heute nicht mehr ins Bild passen oder, um es einmal anders auszudrücken, »Dinosaurier der Aviatik« darstellen. Allein schon aus finanziellen Gründen kann das »Aussterben« dieser Spezies nicht mehr fern sein. Die drastische Stückzahlreduzierung selbst bei der großen USAF ist ein eindeutiges Anzeichen dafür.

Angriffsflugzeug/Jagdbomber: Dieser Typ von Kampfflugzeug ist bescheidener dimensioniert, seine Reichweite ist kürzer und die Waffenlast kleiner als diejenige der Bomber. Aufgrund der größeren Flexibilität und geringeren Kosten kommt ihm bei fast allen Luftwaffen eine immer größer werdende Bedeutung zu. Diese Tendenz zu dieser Art Flugzeug begann sich bereits im Zweiten Weltkrieges abzuzeichnen, als die RAF mit ihren MOSQUITOS erstmals richtige Jagdbomber einsetzte und sich der Versuch, zuerst von vielen Luftwaffenexperten belächelt, als voller Erfolg erwies. Dieser Prozeß entwickelte sich weiter und fand im Golfkrieg von 1991 seinen vorläufigen Höhepunkt.

Die Aufgabe von Jagdbombern bzw. Angriffsflugzeugen ist das Bekämpfen von Bodenzielen unterschiedlicher Ausmaße im taktischen Rahmen auf mittlere Distanzen, meist weit hinter den feindlichen Linien. Zum Anforderungskatalog eines solchen Flugzeuges gehören deshalb eine präzise, von Bodenstationen unabhängige Navigation und ein punktgenauer Abwurf einer ansehnlichen Waffenlast ebenso dazu wie die Nacht-/Allwetterflugtauglichkeit und die Fähigkeit, verschiedene Waffen

Abb.2.3.1e: Auch die F-15E wurde aus einem Jäger entwickelt. Die »STRIKE EAGLE« gilt heute als der Maßstab für moderne Angriffsflugzeuge, ist doch ihre Avionik außerordentlich leistungsfähig, ihre Reichweite groß und ihre Waffenlast schwer.

gegen unterschiedliche Ziele einsetzen zu können. Zusätzlich kommt einer guten Überlebensfähigkeit über feindlichem Gebiet eine zentrale Bedeutung zu, weshalb auf die defensive Ausrüstung viel Wert gelegt wird: Die meisten Luftwaffen haben nicht genügend Jagd- und SEAD-Flugzeuge, um die Angriffseinsätze vollständig zu decken, und Angriffsziele sind häufig mit technologisch weit entwickelten Verteidigungssystemen (SAMs, AAA, Jagdflugzeuge) geschützt. Der Jagdbomber muß sich auf irgend eine Weise durchsetzen können, weshalb man auch für verschiedene Einsätze unterschiedliche Taktiken ausarbeitet.

Abb.2.3.1d: Die RAFALE B ist ein gutes Beispiel für ein modernes Angriffsflugzeug. Eigentlich als Jäger konzipiert, veränderte Dassault die ursprüngliche Konstruktion nach einer armée de l'air-Forderung dermaßen, daß sie Mittelsteckeneinsätze und Präzisionsangriffe gegen Bodenziele unternehmen kann. Grund für diese Maßnahmen war die Analyse des Golfkrieges durch die französische Regierung, die offenbarte, daß der adla nach der Außerdienststellung der JAGUAR nicht mehr genügend Jagdbomber zur Verfügung stehen würden.

Die meisten Jabos sehen äußerlich einem Jagdflugzeug ähnlich, und in der Tat können einige davon sogar für diese Aufgabe verwendet werden. Typische Beispiele sind die russische Su-24 »FENCER«, die amerikanischen F-111, F-15E, F-16, F/A-18, die französische RAFALE B oder die europäische TORNADO IDS.

Angriffsprofil und -taktik eines Jagdbombers

Vor der Wahl einer Angriffstaktik und des -profiles für einen Jabo-Einsatz müssen immer dieselben Parameter berücksichtigt werden:

1. Angriffsziel (Ort, Größe, Sichtbarkeit, Anflugsmöglichkeiten etc.)
2. feindliche Abwehrkräfte (Jäger/AAA/SAM)
3. eigener Flugzeugtyp und deren Anzahl und Leistungsfähigkeit
4. zur Verfügung stehende Angriffswaffen (Bombenart/ASM)
5. eigene Unterstützungskräfte (Begleitschutz/SEAD)
6. Entfernung Basis–Ziel/Tankerverfügbarkeit
7. Angriffszeit/Witterung (Tag/Nacht, Wolken, Regen etc.)
8. Luftüberwachung durch den Feind (AEW)

Je nach Beurteilung der Lage anhand dieser Parameter entscheidet man sich für einen kompletten Tiefflugangriff, einen Tiefflugangriff mit Überführungsflug in Marschflughöhe, einen Angriff in mittlerer oder gar in großer Höhe. Jedes der genannten Profile hat seine Vor- und Nachteile (siehe Abb.2.3.1g(a-c)). Es gehört zur Aufgabe des Einsatzplaners, die vorgegebenen der obigen Parameter richtig zu gewichten und die variierbaren vorteilhaft zu wählen, damit die fliegenden Besatzungen durch das zugewiesene Angriffsprofil und die gewählte Taktik möglichst ideale Verhältnisse für die Mission vorfinden. Eine falsche Einschätzung der Situation, zum Beispiel das Übersehen eines Parameters, könnte für die angreifenden Kräfte gravierende Folgen haben.

Eine Hypothese, die auf den in den 60er und 70er Jahren gemachten Erfahrungen beruht, lehrt, daß bei einer aus Jagdflugzeugen und Flab-Verbänden bestehenden, starken gegnerischen Luftverteidigung die Überlebenschance eines Angriffsflugzeuges steigt, je tiefer und schneller es im gegnerischen Gebiet fliegt. Trotz der Entwicklung von luftgestützten Puls-Doppler-Radargeräten ist es nämlich immer noch schwierig, einen Extremtiefflieger aus den Bodenechos (ground clutter) herauszufiltern, und die Chance für einen Abschuß durch die bodengestützte Luftabwehr sinkt durch die topographiebedingte spätere Entdeckung per bodengestütztem Radar. Dieser Ansicht liegt die Einsatzdoktrin der meisten NATO-Staaten zugrunde. So haben z.B. Deutschland, Frankreich, Großbritannien und Italien mit dem TORNADO IDS bzw. dem MIRAGE 2000N/D spezielle Tiefflug-Jabos in Dienst gestellt, welche genau auf die solche Einsatzprofile zugeschnitten sind. Auch die Su-24 »FENCER« Rußlands und die F-15E der Amerikaner sind Avionik-seitig so ausgelegt, daß sie bei Bedarf tief fliegen könnten. Der Golfkrieg, so meinen einige Experten, habe nun aber die Tiefflughypothese in der Praxis widerlegt, denn die Briten, die ihre Angriffsflugzeuge in äußerst niedriger Höhe (bis 20 m über Grund) operieren ließen, mußten erheblich mehr Verluste in Kauf nehmen als die USAF, welche ihre Flugzeuge in mittlerer Höhe einsetzte. Ein Blick auf die relativen Zahlen scheint diese Argumentation also zu belegen. Zieht man jedoch in Betracht, welche Mengen an SEAD-Flugzeugen und Jägern von den Amerikanern eingesetzt wurden, um den Jabo-Einsatz zu ermöglichen, merkt man, daß die Betrachtungweise oberflächlich und deshalb kaum haltbar ist.

Abb.2.3.1f: Die Verfügbarkeit von Tanker-Flugzeugen spielt heute eine große Rolle bei der Durchführung von Einsätzen. Die Operation »Desert Storm« wäre ohne die Unterstützung durch die USAF- und RAF-Tanker nicht möglich gewesen. Auch im Balkankonflikt kommen wieder zahlreiche »fliegende Zapfsäulen« zum Einsatz, wie diese amerikanische Boeing KC-135.

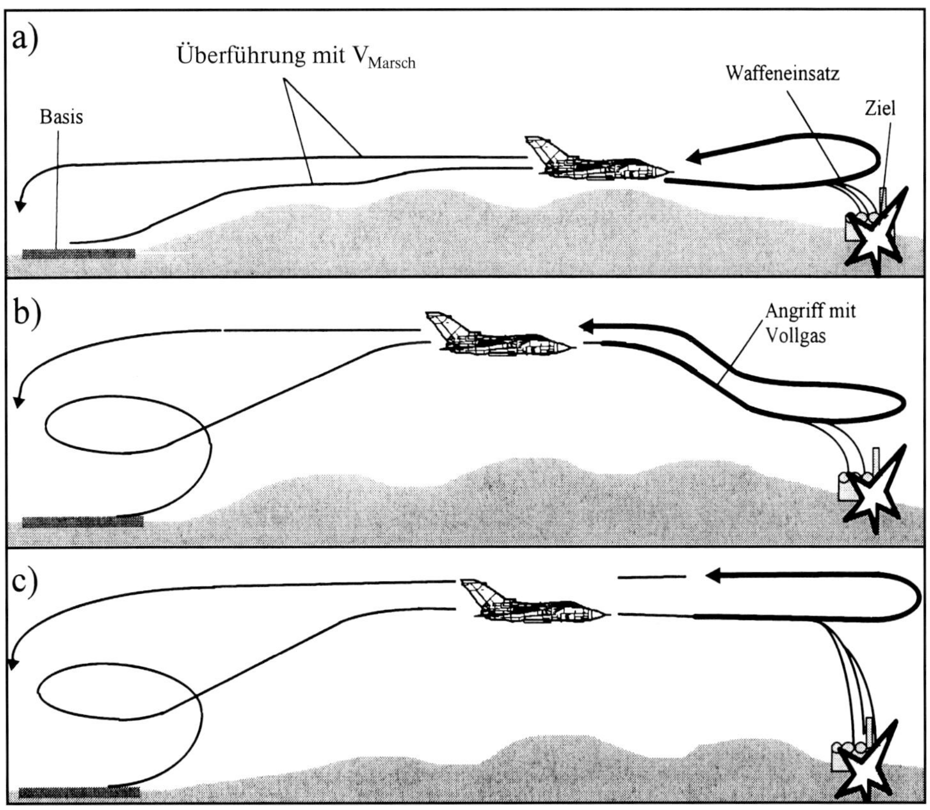

Abb.2.3.1g:
a) lo-lo-lo/Überführung und Angriff im Tiefflug:
+ geringe Entdeckbarkeit für Radar
+ großer Überraschungseffekt
+ kurze Abwehrmöglichkeit
+ schwieriges Jägerziel
- verkürzte Reichweite
- Bekämpfung mit nur schwer zu unterdrückenden Mitteln möglich.
b) hi-lo-hi / Überführung hoch, Angriff im Tiefflug:
+ ausreichender Überraschungseffekt
+ kurze Abwehrmöglichkeit
+ große Reichweite
- durch Radar entdeckbar
- Bekämpfung mit nur schwer zu unterdrückenden Mitteln möglich
c) hi-hi-hi/Überführung und Angriff in mittlerer/großer Höhe:
+ große Reichweite
+ Bekämpfung mit nur schwer zu unterdrückenden Mitteln unmöglich
- durch Radar gut entdeckbar
- gutes Jägerziel
- geringer Überraschungseffekt.

Abb.2.3.1h: Der Hochgeschwindigkeits-Tiefflug dient nicht nur als Action auf Airshows! Dieser deutsche TORNADO IDS würde auch im Kriegseinsatz tief fliegen. Dank dem TFR ist es dieser Maschine aus europäischer Produktion möglich, bei Nacht und jedem Wetter mit einer Geschwindigkeit von Mach 0.9 und einer ansehnlichen Waffenlast 60 m über Grund zu fliegen. Damit ist sie für alle Jäger ein schwieriges Abfangziel.

Mit einer großen Anzahl an Begleitschutzjägern sowie zahlreichen SEAD- und EW-Maßnahmen versetzt man sich in die Lage, die feindlichen Jagdflugzeuge und die sich auf Radar stützenden SAM-Batterien, welche beide vorwiegend zur Bekämpfung von Flugzeugen in mittlerer bis großer Höhe ausgerichtet sind, neutralisieren zu können. Nicht so aber jene Waffen, die der Feind gegen Tiefflieger verwendet: Schulter-SAMs (SA-16, Mistral oder Stinger) und optisch gesteuerte AAA oder SAMs (z.B. Rapier); diese bleiben weiterhin aktiv und stellen eine gegenüber dem Zustand der 100%igen Flab-Verfügbarkeit nur unwesentlich verkleinerte Gefahr dar.

Wie hätte die Golfkrieg-Bilanz ausgesehen, wenn den Amerikanern nicht ein halbes Jahr, sondern nur wenige Tage oder Wochen zur Verfügung gestanden hätten, um »Desert Storm« zu planen und das nötige Material nach Saudi-Arabien zu transportieren? Dieser Fall wäre dann eingetroffen, wenn Saddam Hussein nach der Einnahme von Kuwait sofort in Richtung Süden vorgestoßen wäre und damit die wichtigen Hauptstützpunkte Dhahran und Bahrain unmittelbar bedroht hätte. Mit hoher Wahrscheinlichkeit wären in einem derartigen Szenario die Unterstützungskräfte weder rechtzeitig noch genügend zahlreich zur Verfügung gestanden, wodurch sich die Überlebenschancen eines Angriffsflugzeuges in mittlerer/großer Höhe erheblich verringert, jene des Tieffliegers sich nur unwesentlich verschlechtert hätten.

Zugegebenermaßen stellte die Tiefflugtaktik im Golfkrieg, wie er sich abgespielt hat, kaum das richtige Mittel dar; man muß jedoch bedenken, daß einige der verwendeten A/G-Waffen, zu denen es nur unzureichende Alternativen gibt, lediglich aus dem Tiefflug heraus wirksam eingesetzt werden können.

Ein weiteres Argument für den Tiefflug resultiert aus der Tatsache, daß Länder wie Großbritannien oder Frankreich fähig sein müssen, alleine, d.h. ohne US-Unterstützung, ihre Interessen zu vertreten und, wenn nötig, diese auch militärisch durchzusetzen. Angriffe mit dem beschränkten eigenen Material wären dann unumgänglich, und hierfür ist der Tiefflug die einzige realistische Möglichkeit, was Einsätze im Südatlantik und in Nordafrika belegen.

Der Golfkrieg muß als Anschauungsbeispiel dafür gelten, welche Flexibilität in der heutigen Kriegführung von Streitkräften abverlangt wird, wollen diese reüssieren. Ihn als Muster für zukünftige Luftkriege hervorzuheben, wäre jedoch problematisch.

Die genannten acht Einsatzprofil-bestimmenden Faktoren des Angriffs-Luftkrieges müssen immer vollständig berücksichtigt werden. Bei der Durchführung einer derartigen Analyse stößt man bereits vor Beginn der kämpferischen Auseinandersetzungen auf die Problematik in Sachen Angriffstaktik. Zum Beispiel wird eine enorm hohe Konzentration an IR-gelenkten Schulter-SAMs im gegnerischen Gebiet die Tiefflugtaktik vollständig in Frage stellen, ebenso die Hochangriffstaktik durch eine hohe gegnerische Jägerkonzentration.

Ein Faktor, der von gewissen Übungs- und Einsatzplanern immer wieder glatt übergangen wird, ist jener der naturgegebenen Außenbedingungen. Oft hat er aber im Kampf gravierende Auswirkungen; er ist trotz moderner Technik noch immer nicht zu vernachlässigen. Die nächtliche Dunkelheit oder schlechtes Wetter bieten zum Beispiel ungeachtet moderner radargestützter und Infrarot-gesteuerter Fliegerabwehr einen gewissen Schutz für Angriffsflugzeuge. Besonders für Tiefflieger haben Nachteinsätze beträchtliche Vorteile, weil sich die schwer zu unterdrückende manuelle Kanonen-Flab und die neue Generation der Schulter-SAMs größtenteils noch immer auf eine optische Zielzuweisung stützen. Durch die Dunkelheit wird eine extensive Verwendung dieser Verteidigungswaffen stark eingeschränkt, was gleichzeitig die zumindest teilweise Ausschaltung des Hauptgegners der Tiefflieger bedeutet. Doch auch vor Jagdflugzeugen, besonders jenen Mustern älterer Bauart, schützt die Nacht und schlechtes Wetter, denn der Jäger ist hier vermehrt auf ein leistungsfähiges Radargerät angewiesen. Dies bedeutet bezüglich der meisten Luftwaffen eine starke Reduzierung der effektiven Jagdflotte, denn die älteren Baumuster sind, da sie kein solches Radar besitzen, unter schlechten Bedingungen nutzlos. Von diesen Lücken im Luftraum profitieren auch Angriffsflugzeuge in mittlerer und großer Höhe, wenn auch in beschränkterem Maße.

Abb.2.3.1i: Eine italienische TORNADO IDS in »Desert Pink«-Farben, wie sie die Flugzeuge während des Golfkrieges trugen. Eine solche Maschine ging beim ersten Angriff gegen den Irak verloren, weil sieben der acht TORNADOS der Doppelviererformation nicht in der Luft nachtanken konnten und die einzig verbleibende einen Soloangriff wagte – ein verheerender Fehler!

Auch die richtige Wahl der Formationstaktik trägt viel dazu bei, ob ein Angriff ein Erfolg oder ein Mißerfolg wird. Moderne Jagdbomberangriffe werden nicht einzeln, sondern in losen Vierer-Formationen geflogen, wobei das Wort »Formation« fast nichts mit dem, was man traditionell unter dieser Bezeichnung versteht, gemeinsam hat. Die Angriffsflugzeuge fliegen mehrere Kilometer voneinander entfernt, und die Zielanflüge können durchaus auch von verschiedenen Himmelsrichtungen her ausgeführt werden. Dies trägt einerseits zur Verwirrung, andererseits zur Auftrennung der Abwehrkräfte bei, erfordert aber eine perfekte Koordination unter den einzelnen Flugzeugen. Einzelattacken haben sich, vor allem bei Tageslicht, als sehr riskant herausgestellt und sind deshalb möglichst zu unterlassen, es sei denn, das Flugzeug sei praktisch unbeladen und deshalb beweglich und schnell (Abb.2.3.1i). Die traditionellen, engen Formationen taugen ihrerseits im besten Fall noch für Präsentationsflüge. Ein Angriff in dieser Form wäre Selbstmord angesichts der Tatsache, daß zahlreiche Luftabwehrwaffen Splittergefechtsköpfe aufweisen: Eine Lenkwaffe könnte in einer engen Formation gleich mehrere Flugzeuge auf einen Schlag beschädigen.

Avionik und Ausrüstung eines modernen Jagdbombers

Moderne Angriffsflugzeuge verfügen über eine hochkomplexe Avionik zur Navigation, Flugsteuerung, Zielsuche, -erfassung, -verfolgung und -bekämpfung, wodurch nicht nur die geforderte Fähigkeit, autonome Angriffe bei Nacht und jedem Wetter durchführen zu können, erfüllt wird, sondern auch vorausgeplante Ziele im Blindflug mit normalen »dummen« Sprengbomben (A/G-Bewaffnung: siehe Seiten 228ff.) punktgenau getroffen werden können. Auch das defensive Equipment, sei es die A/A-Bewaffnung oder die EW-Ausrüstung, sowie die Luftbetankungsausrüstung, darf nicht vernachlässigt werden (siehe Seiten 252ff.).

Zu den Hauptbestandteilen der Avionik für die Navigation gehören bei modernen Jagdbombern eine Trägheitsnavigationsplattform (INS), ein Doppler-Radar, ein sekundäres Flughöhen- und -richtungsreferenzgerät sowie ein Air Data Computer (ADC). Je nach Flugweise sammeln

Abb.2.3.1j: Viele Jagdbomber sind heute neben dem üblichen Radargerät/ GMR (obere, große Antenne) zusätzlich noch mit einem TFR (kleinere Antenne) ausgerüstet, welches, gekoppelt mit dem Autopiloten, einen automatischen Tiefflug in einer vorprogrammierten Höhe erlaubt. Bei Flugzeugen wie der TORNADO IDS (Bild) oder der Su-24 ist das Gerät gleich im Rumpf eingebaut, während bei der F-15E oder F-16 ein Pod mitgeführt werden muß.

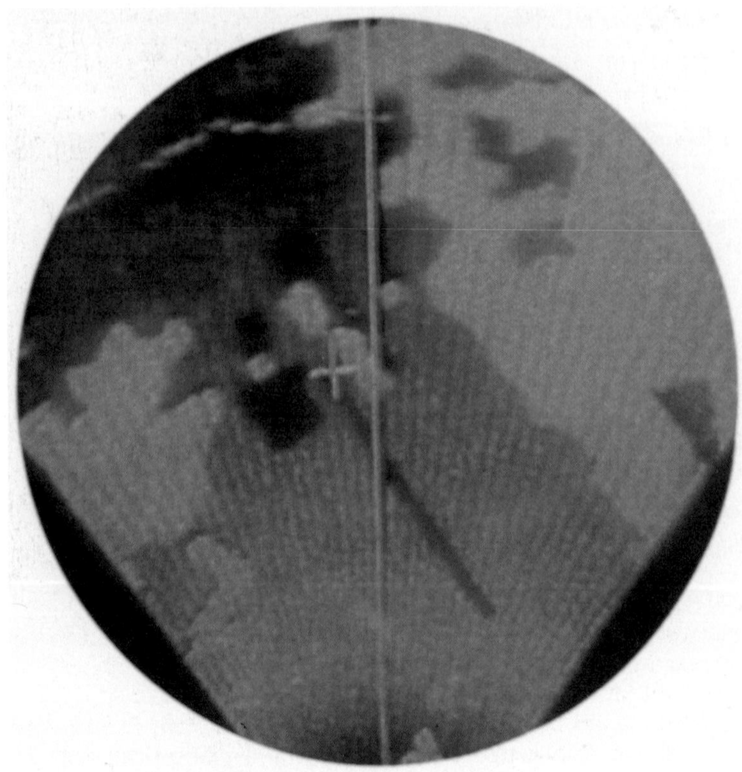

Abb.2.3.1k: Radarbild des in Abb.2.3.1j abgebildeten GMR. Das Ziel ist mit einem Kreuz markiert.

alle vier oder eine Auswahl dieser Geräte permanent Daten zur Positionsbestimmung, um sie anschließend via Hauptcomputer (MC) auf einem Display der Besatzung darzustellen. Dies geschieht oft dadurch, daß die Position des Flugzeuges auf eine digitale oder analoge bewegliche Landkarte projiziert wird (Abb.2.3.1m).

Der Hauptcomputer, an den sämtliche Peripheriesysteme angeschossen sind, ist auch mit dem Autopiloten verbunden, wodurch eine bereits vor dem Start des Flugzeuges eingegebene Flugroute automatisch abgeflogen werden kann, ohne daß der Pilot eingreifen muß. Veränderungen während des Fluges sind aber trotzdem möglich, wenn dies erforderlich ist.

Sowohl das INS, als auch das Doppler-Radar und das sekundäre Flughöhen- und -richtungsreferenzgerät funktionieren völlig autark von der bodengestützten Infrastruktur, da eine Abhängigkeit von einer solchen möglichst gemieden werden soll. Trotzdem kann die Besatzung bodengestützte Sender (z.B. das Tacan-System) ebenfalls zur Positionsbestimmung heranziehen; unter Kampfbedingungen wäre dies aber problematisch, da der Gegner auf diese Sender Einfluß nehmen könnte.

Eine zusätzliche Möglichkeit, die Genauigkeit der Positionsbestimmung zu verbessern, bietet sich radarbestückten Maschinen an, die einen »Mapping«-Modus benutzen. Hier kann der Navigator die unvermeidliche Driftrate, ein kleiner Fehler des Trägheitsnavigationssystems, durch den Einsatz des Radars als Kartenradar (GMR) deutlich verkleinern, indem er die Radardaten mit gespeicherten Kartendaten vergleicht und die

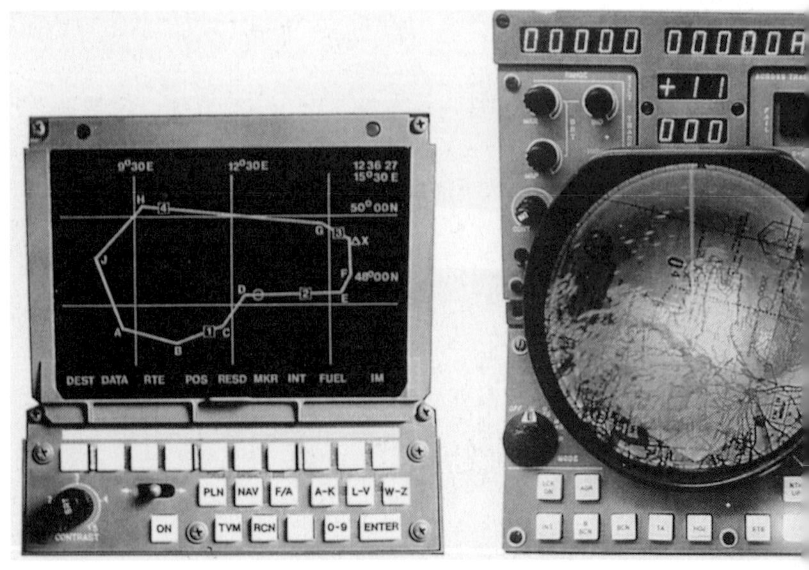

Abb.2.3.1m: Mit dem Radar/Moving Map Display (rechts) kann der Navigator eines TORNADO IDS das vom Radar erzeugte Bild über die gespeicherte Karte legen und vergleichen. Auch geringe Abweichungen, wie sie trotz des Trägheitsnavigationssystems nicht zu vermeiden sind, lassen sich so erkennen und beseitigen. Das Multi-Funktions-Display (links) läßt sich z.B. zur Darstellung der Flugroute nutzen. Fixpunkte werden jeweils mit Buchstaben (A, B, C, ...) dargestellt, ebenso wie Ziele (X,Y,Z). Der Kreis zeigt die derzeitige Position. Jeder TORNADO-Navigator hat zwei solche MFDs zur Verfügung.

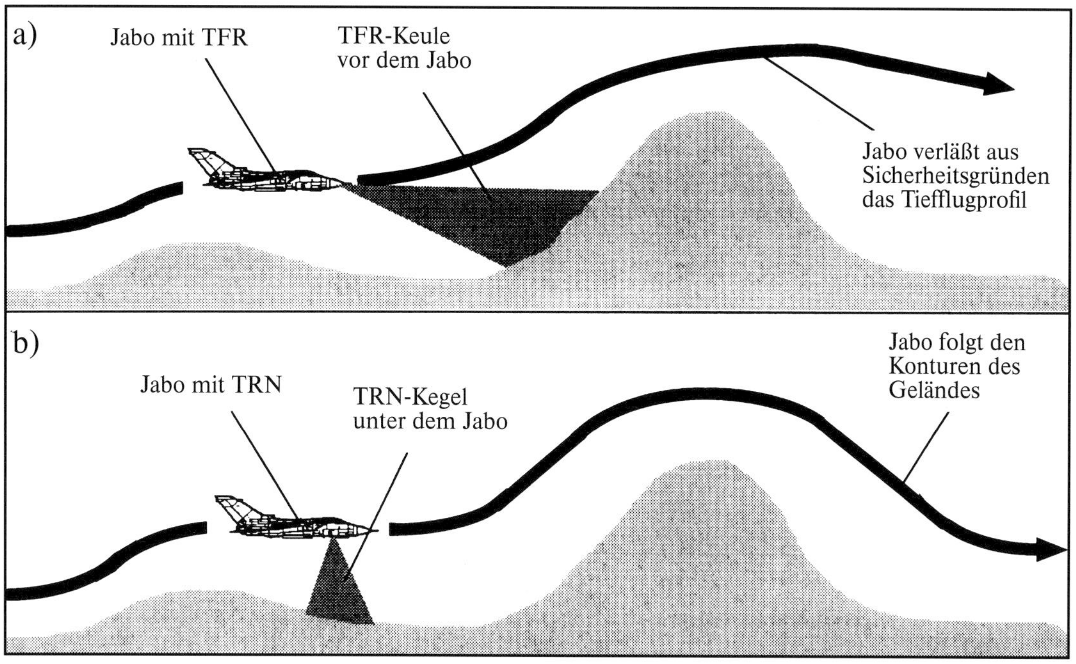

Abb.2.3.1l: TFR und TRN im Vergleich: Das TFR (a) tastet das vor dem Flugzeug liegende Gelände ab und führt die Maschine darüber hinweg. Da es aber nicht erkennt, was hinter dem nächsten Hügel liegt, muß das Flugzeug die Deckung verlassen. Dank den gespeicherten digitalen Karten bleibt das TRN-ausgerüstete Flugzeug (b) in Deckung und warnt außerdem keine feindlichen RWR durch eine vorwärtsgerichtete Radarkeule. Das nach unten gerichtete Radar dient zur Navigation bzw. zur Positionsbestimmung auf den gespeicherten Karten.

INS-Daten dementsprechend korrigiert (siehe Abb.2.3.1m). Da die Route meistens bereits vor dem Start in den Computer eingegeben wird und einige Fixpunkte genau bekannt sind, eignen sich diese besonders gut zur Positionskontrolle.

Zwei Navigationshilfen, die zukünftig an Bedeutung stark gewinnen werden, stellen das bereits vom Zivilleben her bekannte GPS (global positioning system), ein auf Satelliten abgestütztes System, und das FLIR, ein Infrarot-Sensor (Abb.2.3.1o), dar.

Die GPS-Navigation basiert auf dem von den Amerikanern betriebenen Satellitenverbundsystem Navstar und gewährleistet, solange genügend Satelliten und damit ausreichend viele Datenquellen zur Verfügung stehen, eine für Flugzeuge genügende Positionbestimmungsgenauigkeit. Ähnliches gilt für das etwas weniger bekannte russische GLONASS.

Abb.2.3.1n: Nachtsichtgeräte (NVGs) helfen dem Piloten bei der Orientierung in der Nacht, ohne daß weitere aktive Emissionen abgestrahlt werden müssen. Die durch Photomultiplier (Restlichtverstärker) erzeugten Bilder werden dem Piloten direkt vor die Augen auf durchsichtige Scheiben projiziert, wodurch dieser die Cockpitinstrumentierung im Auge behalten kann. Es sind kleine Anpassungen im Cockpit bezüglich Beleuchtung der Instrumentierung erforderlich. Hier ein mit NVGs ausgerüsteter RAF-HARRIER-Pilot.

Abb.2.3.1o: Die RAFALE ist mit FLIR-, IRST- und Laser-EM-Geräten (vor der Windschutzscheibe) ausgerüstet. FLIR ist bei der Orientierung im Gelände und der Zielsuche bei Nacht hilfreich, während IRST bei der Detektion von feindlichen Flugzeugen sehr nützlich ist. Besonders zu beachten gilt hier, daß die RAFALE mit der IR-gelenkten MICA über eine A/A-Lenkwaffe verfügt, mit der sie auch Ziele auf mittlere Distanzen bekämpfen kann. Dank dem IRST läuft der ganze Prozeß bis zum Auftreffen der MICA auf das gegnerische Flugzeug ohne aktive Emissionen ab, was die RAFALE außerordentlich gefährlich macht.

Abb.2.3.1p: Das seit 1991 wohl bekannteste Kampfflugzeug der Welt, die F-117A NIGHTHAWK. Zur Navigation und zur Zielsuche verwendet sie nur passive Mittel, in erster Linie das GPS und FLIR/DLIR. Das FLIR wird vorwiegend dazu benutzt, sich im Gelände zu orientieren. Die F-117 kann sich damit auch im Tiefflug bei Nacht zurechtfinden. Jene faszinierenden Bilder, welche die Treffer von LGBs in der irakischen Hauptstadt zeigten, stammten aus den Videoaufnahmen des DLIR.

Beim FLIR handelt es sich um einen nach vorne gerichteten, passiven Infrarotsensoren, dessen Bilder sich der Pilot während eines Tieffluges auf einem Bildschirm darstellen oder direkt ins HUD einspiegeln lassen kann. Die Nacht wird damit fast »taghell«. Markante Punkte auf der Flugroute, z.B. Brücken, sind in der Landschaft leicht auszumachen. Kennt der Pilot bereits im voraus solche Punkte, kann er die Möglichkeiten des FLIR zur Navigation, aber auch zur Zielsuche, bei Nacht voll ausnutzen.

Beide Geräte wurden bereits mit großem Erfolg im Ernstfall (Golfkrieg) getestet: Der F-117A NIGHTHAWK (Abb.2.3.1p) stützt sich vorwiegend auf diese beiden Geräte, da nur ein Radar zur Höhenmessung zur Verfügung steht.

Auch Nachtsichtgeräte (Abb.2.3.1n) gehören zu den Navigationshilfsmitteln eines Jabo-Piloten. Sie funktionieren nach dem Prinzip eines Restlichtverstärkers, sind folglich passiv und ermöglichen ähnliche Fähigkeiten wie ein FLIR mit einem Minimum an technischem und finanziellem Aufwand.

Die zur Flugsteuerung verwendeten Features sind bei der Mehrheit aller modernen Kampfflugzeuge dieselben (Autopilot, Fly-by-wire, SPILS, etc.), doch verfügen einige Angriffsflugzeuge über zusätzliche, äußerst interessante Eigenheiten, die es der Maschine ermöglichen, unter widrigsten Bedingungen anzugreifen. Zwei solcher Geräte sollen an dieser Stelle genannt werden. Es sind dies das TFR und das TRN.

Ersteres besteht aus einem nach vorne gerichteten Radar (Abb.2.3.1k/l), welches das Gelände abtastet und die Daten an den Autopiloten weiterleitet. Gibt man nun dem Bordcomputer ein, daß man auf einer bestimmten Höhe über Grund fliegen will, steuert der Autopilot das Flugzeug anhand der Radarinformationen genau auf der geforderten Höhe über das Gelände. Da Radarstrahlen wenig wetterabhängig sind, resultiert daraus, daß ein mit TFR ausgerüsteter Jabo bei Tag, Nacht und jedem Wetter im Tiefflug sein Ziel angreifen kann, was den Abwehrkräften doch einiges Kopfzerbrechen bereiten und der sich auf optische Sicht oder IR-Suchköpfe stützenden Luftabwehr einen Strich durch die Rechnung machen dürfte. Die Nachteile des TFR sind seine in Flugrichtung zeigende Radarkeule, wodurch das Flugzeug den feindlichen RWR/ELINT verraten wird, und die Tatsache, daß das Radar nicht durch Hügel »hindurchsehen« kann und das Flugzeug damit unter Umständen die schützende Deckung des Tieffluges für einige Augenblicke verlassen muß.

Mit der Entwicklung des TRN wurde diesen Schwachpunkten Rechnung getragen: Das Radargerät tastet einen Landflächenausschnitt unterhalb des Flugzeuges ab und wirft damit keine verräterischen Signale vor die Maschine. Der Bordcomputer vergleicht die Radar-Daten mit jenen von digitalen Satellitenkarten, wodurch er die Position exakt bestimmen kann. Dem Autopiloten kann dadurch im voraus gesagt werden, wie das Gelände vor der Maschine aussieht. Das TRN-bestückte Flugzeug ist deshalb im Stande, einen genauen, vollautomatischen Konturenflug durchzuführen. Außerdem trägt das TRN zur Verbesserung der Navigationspräzision bei.

Zur Zeit weist nur die MIRAGE 2000D der französischen Luftwaffe mit dem Antilope 5 ein TRN-ähnliches System auf. Da es seine EM-Wellen immer noch nach vorne abstrahlt, handelt es sich dabei um eine Art TRN/TFR-Mischung. Die F-117 besitzt zwar bereits einen nach unten gerichteten Radarhöhenmesser, aber die restliche TRN-Ausrüstung fehlt. Vielleicht wird diese in einem KWS-Programm nachgerüstet.

TFRs sind hingegen weit verbreitet (z.B. Su-24, F-15, TORNADO IDS, MIRAGE 2000N).

Die Zielsuche, -erfassung, -verfolgung und -bekämpfung ist eng vernetzt mit der Navigation. Folglich kann ein Teil der für das Navigieren verwendeten Geräte doppelt genutzt werden. Die zentralen Komponenten der Angriffsavionik stellen ebenfalls das Bordradar und der Hauptcomputer (MC) dar. Ersterer ist besonders für die Allwetterzielsuche, -erfassung, -verfolgung und -zuweisung (z.B. für radargelenkte ASMs) nützlich. Dem Piloten beziehungsweise dem Navigator stehen bei einem modernen Angriffsradar diverse A/G-Modi zur Verfügung. Er sucht sich denjenigen aus, der sich für die jeweilige Aufgabe am besten eignet, sei es nun zur automatischen Zielerfassung eines vorprogrammierten oder zur manuellen Suche eines vermuteten Zieles. Herkömmliche Radargeräte erzeugen ein Abbild des bestrahlten Gebietes auf einem CRT. Ein geübtes Besatzungsmitglied ist in der Lage, die Reflexionen eines Objektes aus den Darstellungen des Radardisplays zu erkennen. Diese werden dann mit einem Cursor markiert und damit in den Computer als Zielpunkt eingegeben. Modernere Systeme arbeiten ihrerseits mit bestimmten Standard-Symbolen für Objekte auf dem Bildschirm. Die Interpretation der Angaben ist dementsprechend einfacher und schneller durchzuführen, ebenso wie die Wahl des Zieles.

Abb.2.3.1q: Ein LRMTS im Bug eines britischen JAGUAR GR.1A. Das Gerät enthält einen Laser-Entfernungsmesser und einen Sucher für mit Laser markierte Ziele. Damit wird bei der Zielbekämpfung eine höhere Genauigkeit erreicht und die von Bodentruppen (SAS) markierten Ziele schneller gefunden. Sowohl im Golf als auch über Bosnien wurde dieses System erfolgreich angewandt.

Bei Angriffsflugzeugen, die nicht über ein Radargerät verfügen, übernimmt zum Beispiel ein elektroopischer Sensor die Zieldetektion (siehe auch weiter unten). Allerdings wird dadurch die Nacht- und Allwetterfähigkeit eingeschränkt.

Während des Zielanfluges, sei dieser nun manuell oder mit dem Autopilot durchgeführt, berechnet dann der Waffenrechner im Verbund mit dem Air Data Computer den für die gewählten Waffen richtigen Abwurfzeitpunkt in Abhängigkeit von Flughöhe, -geschwindigkeit, -lage etc., wobei der Abwurf selbst wahlweise vollkommen automatisch oder manuell vor sich geht. Dem Piloten werden die Daten vom Computer und vom Radar direkt aufs HUD projiziert, so daß er immer den Überblick über die Situation behalten kann.

Zur Präzisionsverbesserung koppelt man den Waffenrechner oft mit einem Laser-Entfernungsmesser (Abb.2.3.1q), der genauer arbeitet als das Radar und deshalb die Trefferwahrscheinlichkeit, selbst mit normalen GPBs, deutlich verbessert. Der Sensor kann, sollte er mit einem Sucher für Laserstrahlen kombiniert sein, auch dazu benutzt werden, die von Bodentruppen oder Helikoptern mit Laser markierten Ziele zu finden.

Eine geschickte Kombination von Radar, Waffenrechner, Air Data Computer und LRMTS ermöglicht dem Jabo-Piloten, ein Ziel mit einem einzigen Anflug zu zerstören, ohne es selbst je visuell gesehen zu haben.

Aus politischen und finanziellen Gründen wurden in den letzten Jahren große Anstrengungen unternommen, um die Fähigkeiten der Angriffsflugzeuge für Präzisionsangriffe und die Zielsuche bzw -erfassung mit passiven oder zumindest schwierig zu detektierenden Mitteln zu verbessern. Bei vielen Luftwaffen gehören deshalb TV- und IR-Sensoren sowie Laser-Designatoren zur Standardausrüstung der Jagdbomber.

Zur Zeit benutzt man für Angriffe bei Nacht zwei verschiedene IR-Geräte: Der eine Sensor ist, wie bereits zuvor erwähnt, vorwiegend nach vorne gerichtet und dient zur Navigation und Zielsuche bei niedriger Flughöhe (Abb.2.3.1o): das FLIR.

Abb.2.3.1r: Ein Thomson-CSF/TRT PDLCT IR/Laser-Designator-Pod an einer MIRAGE 2000D. Wie der Golfkrieg und die »Deny Flight«-Einsätze über Bosnien zeigten, sind Laserbomben äußerst effizient gegen harte Punktziele. Sind keine Bodentruppen vorhanden, die mit Laser die zu zerstörenden Objekte markieren können, müssen luftgestützte Designatoren wie der hier abgebildete verwendet werden. Der PDLCT ist dank des Infrarot-Sensors Tag und Nacht einsatzfähig.

Abb.2.3.1s: Moderne Angriffsflugzeuge besitzen eine umfangreiche Ausrüstung, die nicht ganz billig im Preis ist. Ein gutes Beispiel dafür stellt das LANTIRN-System dar: Es besteht aus zwei Behältern, die ein TFR, ein FLIR (Pod unter dem linken Lufteinlauf) und ein DLIR/Laser-Zielbeleucher (Pod unter dem rechten Lufteinlauf) beinhalten. Ursprünglich wollte die USAF sowohl F-15E und F-16, als auch die A-10 damit ausrüsten. Der Preis verhinderte die Einführung beim »WARTHOG« und ließ jene bei der FALCON zahlenmäßig zusammenschrumpfen. Abgebildet ist das LANTIRN an einer STRIKE EAGLE.

Abb.2.3.1t: Neben der S-3 VIKING, welche vor allem zur U-Boot-Bekämpfung verwendet wird, setzt die US Navy vorwiegend auf die F/A-18 in der Seezielbekämpfung. Ausgerüstet sind die HORNETS für diese Aufgabe mit der AGM-84 Harpoon. Da das Flugzeug derart vielseitig ist, benötigt es keine weiteren Modifikationen. Diese F/A-18C, stationiert auf der USS CONSTELLATION, überprüft gerade die Funktionstätigkeit des Fanghakens und des Fahrwerkes.

Der andere, mit DLIR bezeichnet, ist nach unten gerichtet und ermöglicht der Besatzung eines Angriffsflugzeuges, einen Ausschnitt des überflogenen Gebietes auf einem Bildschirm darzustellen und darauf Ziele aus mittlerer oder großer Höhe zu suchen und zu finden. Der Einsatz von Teleobjektiven erlaubt es, kleine Geländeausschnitte groß abzubilden. Die generierten Bilder sind daher von guter, hochauflösender Qualität. Stattet man das Gerät zusätzlich mit einem Laser-Designator (= Laser-Zielbeleuchter) aus, so lassen sich damit die ausgemachten Ziele bei jeder Tageszeit mit dem Laser genau markieren, wodurch lasergelenkte Bomben präzise in deren Richtung dirigiert werden können. Neben der Zielsuche/-markierung eignet sich das DLIR aber auch zur Überwachung und Aufklärung.

DLIR/Laser-Zielbeleuchter-Systeme bringt man meistens unter den Flugzeugen in Pods unter. Beispiele: LANTIRN (Abb.2.3.1s) an F-15E und F-16C/D; PDLCT (Abb.2.3.1r) an MIRAGE 2000D/N; TIALD an TORNADO GR.1 und JAGUAR GR.1B. Aber auch interne Systeme exisieren, wie das Gerät des F-117 beweist.

Der Waffeneinsatz eines Angriffsflugzeuges und die dabei verwendeten Waffen werden im späteren Abschnitt besprochen.

Marinekampfflugzeuge:
Diese Kampfflugzeuge sind darauf ausgelegt, gegnerische Schiffe und Hafenanlagen, welche oft eine große Bedrohung oder strategisch wichtige Objekte darstellen, anzugreifen und zu zerstören.

Bereits im Zweiten Weltkrieg führten die Luftwaffen der Länder in Küstennähe derartige Maschinen im Inventar, denn die von Schlachtschiffen und Flugzeugträgern ausgehende Gefahr in bezug auf die Versorgung mit Rohstoffen und die Industrie war damals schon gewaltig. Man denke beispielsweise an die japanische Angriffsflotte.

Abb.2.3.1u: Zwar ist der TORNADO das Haupt-Seezielbekämpfungsflugzeug bei der italienischen Luftwaffe, doch dank der Einführung des doppelsitzigen AMX-T steht nun eine Alternative offen, die doch beschränkte Anzahl des teueren und komplexen Schwenkflüglers zu schonen. Der AMX-T kann die französische AShM AM.39 Exocet einsetzen.

Die Flugzeuge, die man zur Seezielbekämpfung einsetzte, waren entweder normale Bomber wie die JU-88, die gewöhnliche Sprengbomben verwendeten, oder aber spezielle Torpedoträger wie die SWORDFISH oder die KATE, die ihre Waffen im Tiefflug bereits einige hundert Meter vor dem anvisierten Schiff auslösen konnten.

Heute finden immer seltener speziell für diese Aufgabe konstruierte Maschinen Verwendung. Eine der Ausnahmen stellt die amerikanische S-3 VIKING dar. Sie ist jedoch kein Kampfflugzeug im eigentlichen Sinn, sondern eher eine Art Marinebomber. Die Mehrheit der Marinekampfflugzeuge sind modifizierte oder auch für diese Aufgabe verwendbare Angriffsflugzeuge. Die Bandbreite ist außerordentlich groß, sie reicht vom großen und schweren russischen Schwenkflügelbomber Tu-22M »BACKFIRE« bis zu den »Leichtgewichten« A-4 SKYHAWK und AMX (Abb.2.3.1u). Einige Berichte deuten darauf hin, daß auch die Amerikaner ihre Bomber B-1B und B-2 für diese Aufgabe verwenden könnten.

Abb.2.3.1v: Die NIMROD, wohl der leistungsfähigste Seeaufklärer der Welt, bekämpft gegnerische Schiffe nur im Notfall selber. Seine Hauptaufgabe besteht darin, die Meere rund um das Vereinigte Königreich zu überwachen und bei Gefahr die Ziele den Marinekampfflugzeugen der RAF oder der RN zuzuweisen. Die Maschinen waren sowohl im Südatlantik als auch im Golf im Einsatz.

Ausrüstung, Angriffsprofil und -taktik eines Marinekampfflugzeuges

Flottenverbände sind Konzentrationspunkte von Schlagkraft, die sehr beweglich agieren und rasch verschoben werden können. Dies macht sie besonders gefährlich. Mit ihren weitreichenden Waffen können sie ihre Gegner auf große Distanzen bedrohen. Aus diesem Grund müssen Kriegsschiffe bekämpft werden, noch bevor sie in den Einsatzbereich ihrer Waffen gelangen, was natürlich eine schwierige Aufgabe für die Marineluftstreitkräfte bedeutet.

Zunächst muß ein Flottenverband ausgemacht werden. Die Verantwortung dafür fällt, wie zuvor erwähnt, den Seeaufklärern zu. Die Marinekampfflugzeuge übernehmen anschließend, geleitet von den Aufklärern, die eigentliche Bekämpfung.

Aktionen, bei denen ein Bomber seine Waffenlast im Überflug auf ein Kriegsschiff abwirft, gehören heute weitgehend der Vergangenheit an, weil eine derartige Mission Selbstmord für die fliegende Besatzung bedeuten würde: Kriegsschiffe werden durch Jagdflugzeuge und seegestützte Fliegerabwehr genauso stark vor Luftangriffen geschützt wie ein Flugplatz. Aufgrund der »fehlenden Hügel« in der Umgebung fällt es aber bedeutend leichter, den Luftraum mit Radar lückenlos zu überwachen. Ein Bombenangriff mit Überraschungseffekt kann deshalb grundsätzlich ausgeschlossen werden. Dies mußten die Argentinier im Falklandkrieg erfahren, als ihre Luftwaffe mit A-4 Skyhawks, welche lediglich mit 227 kg-Bomben beladen waren, die britische Flotte attackierte: Trotz zahlreicher Verteidigungsmängel der Royal Navy verlor die argentinische Grupo 5 in rund 150 Einsätzen zehn Maschinen und neun Piloten. Zerstören konnten sie neben der HMS Coventry nur noch einige kleinere RN-Schiffe.

Anti-Schiffs-Einsätze sind nur dann mit einem einigermaßen erträglichen Risiko erfolgreich durchführbar, wenn das Marinekampfflugzeug Abstandswaffen (Typen siehe nächsten Abschnitt) einsetzen kann. Falls die Flotte über AWACS oder Jäger verfügt, wird die Aufgabe auch dann noch genügend risikoreich.

Das angreifende Flugzeug muß sich unbemerkt, das heißt emissionsfrei und im Tiefflug, der Flotte nähern, die Lenkwaffe abfeuern und sofort wieder abdrehen (Abb.2.3.1x). Der Pilot will damit verhindern, daß er von einem Überwachungsradar erfaßt wird. Der Punkt, an dem er die Lenkwaffe abfeuert, sollte sich daher immer noch hinter dem für das Ziel sichtbaren Horizont befinden. Dieses Kriterium kann aber nur dann erfüllt werden, wenn die Position des zu bekämpfenden Schiffes bereits genau bekannt ist, denn das eigene Bordradar ist denselben physikalischen Gesetzen unterworfen wie das gegnerische, weshalb es von dieser Feuerposition das Schiff nicht detektieren kann.

Damit nun das richtige Objekt wirklich getroffen wird, ist eine sehr genaue Aufklärung erforderlich. Selbst wenn man in den Erfassungsbereich des eigenen Radargerätes einfliegen würde, reicht es für eine genaue Positionsbestimmung oft nicht aus, ein bestimmtes feindliches Schiff damit zu erfassen. Aus niedriger Höhe ist eine Identifizierung eines Objektes aus mehreren ähnlichen immer schwierig, ein Fehlschuß möglich. Folglich arbeitet ein Marineangriffsflugzeug auch während des Angriffes am besten mit einem Seeaufklärer zusammen. Letzterer kann dem Angreifer das Ziel aus sicherer Entfernung und größerer Flughöhe via Data-Link zuweisen. Die Koordinaten werden in das INS der Lenkwaffe eingespeist, danach kann diese abgefeuert werden. Dank der »fire-and-forget«-Kapazität, über welche die meisten AShMs verfügen, kann das Flugzeug nach dem Abwurf abdrehen.

Abb.2.3.1w: Eine SUPER-ETENDARD der Aéronavale wird von einer ETENDARD IVPM in der Luft betankt. Bei trägergestützten Marinekampfflugzeugen ist dies die übliche Methode zur Reichweitenverlängerung oder zum Auffüllen der Tanks nach dem Katapultstart. Die Hauptbewaffnung der SUPER-ETENDARD besteht aus einer AM.39 Exocet AShM, die ihre tödliche Wirkung im Falkland- und Golfkrieg Iran-Irak unter Beweis stellte.

Die Möglichkeiten, mit AShMs ausgerüstet zu werden und Daten von Seeaufklärern zu übernehmen, dürfen aber bei weitem nicht als die einzigen Kriterien für ein Marinekampfflugzeug betrachtet werden. Vor allem an die Avionik werden hohe Anforderungen gestellt. Zentral ist dabei die Navigationsausrüstung, denn auf dem Meer gibt es nur selten Anhaltspunkte, an denen man sich orientieren kann, und ein Einsatz über der See kann mithilfe von Luftbetankungen durchaus mehrere Stunden dauern, weshalb auch nur geringe Navigationsfehler merkbar negative Auswirkungen hätten. Wie beim Angriffsflugzeug ist eine Abhängigkeit von Bodenstationen aufgrund feindlicher ECM unerwünscht. Eine hochpräzise Trägheitsnavigationsplattform muß daher vorhanden sein. Ein GPS-Empfänger stellt eine willkommene Ergänzung und Referenz für das INS dar.

Obwohl ein Marinekampfflugzeug, wie eben beschrieben, normalerweise nicht auf ein Bordradar zur Zielerfassung zurückgreift, ist es ein Vorteil, wenn die Angriffsavionik der Maschine über ein solches Gerät verfügen kann. Fällt nämlich aus irgendwelchen Gründen der Seeaufklärer aus, so muß das MKF einen Anti-Schiffs-Einsatz auch autonom durchzuführen in der Lage sein. Dies ist aber nur möglich, wenn es die Position des Zieles selber ermitteln kann.

Wie bei den Angriffsflugzeugen darf auch hier die defensive Ausrüstung, die sowohl gegen Jagdflugzeuge als auch gegen die Flab gerichtet ist, nicht fehlen; eine genauere Beschreibung findet sich im letzten Kapitel.

Als weiteres, äußerst wichtiges Kriterium muß die Reichweite der Maschine betrachtet werden. Heute stellen nämlich nicht nur Flugzeugträger eine weitreichende Bedrohung dar, sondern auch kleinere Kriegsschiffe. Sie können mit Marschflugkörpern (Cruise-Missiles) Ziele in mehreren hundert Kilometern Entfernung angreifen. CMs sind außerdem in der Luft prakisch nicht abzufangen, weshalb ein Marinekampfflugzeug das Einsatzschiff ausschalten muß , bevor dieses die Cruise-Missiles starten kann. Die heute eingesetzten Marschflugkörper der Tomahawk-Klasse haben eine geschätzte Reichweite von zirka 1500 km. Dies hat der USN im Golfkrieg ermöglicht, Ziele in Bagdad vom Roten Meer bzw. Persischen Golf aus zu bekämpfen. Angesichts dieser Tatsachen sind für Marinekampfflugzeuge geforderte Einsatzradien von 1200 km nicht übertrieben, während die Möglichkeit zur Betankung in der Luft ebenfalls ein Grundkriterium ist (Abb.2.3.1w). Die Russen gehen in ihren Annahmen sogar noch etwas weiter, was vor allem darauf zurückzuführen ist, daß sie während des Kalten Krieges damit rechnen mußten, von amerikanischen Flugzeugträgern angegriffen zu werden. Sie setzen deshalb u.a. Tu-22M-Bomber in Verbindung mit den AShMs Kh-22 »Kitchen« und KSR-5 »Kingfish« ein; die beiden Lenkwaffen weisen ihrerseits eine geschätzte Reichweite von 400 km auf und versetzen damit den Bomber in die Lage, Seeziele in 3000 km Entfernung von der Basis bekämpfen zu können.

Erdkampf- und Nahunterstützungsflugzeug:

Die Hauptaufgabe der Erdkampf- und Nahunterstützungsflugzeuge liegt in der Zerstörung von Bodenzielen an der Front oder in deren unmittelbaren Nähe, um das Vorrücken der eigenen Bodentruppen zu ermöglichen beziehungsweise zu erleichtern und jenes des Gegners zu verhindern. Sie stellen damit einen wichtigen Bestandteil in einer erfolgreichen, gesamtheitlichen Kriegführung dar.

In vielen Luftwaffen werden für diese Aufgabe auch heute noch ausgediente Jagdflugzeuge oder Jagdbomber verwendet, obwohl eine Analyse der kriegerischen Auseinandersetzungen der letzten 50 Jahre eindeutig zei-

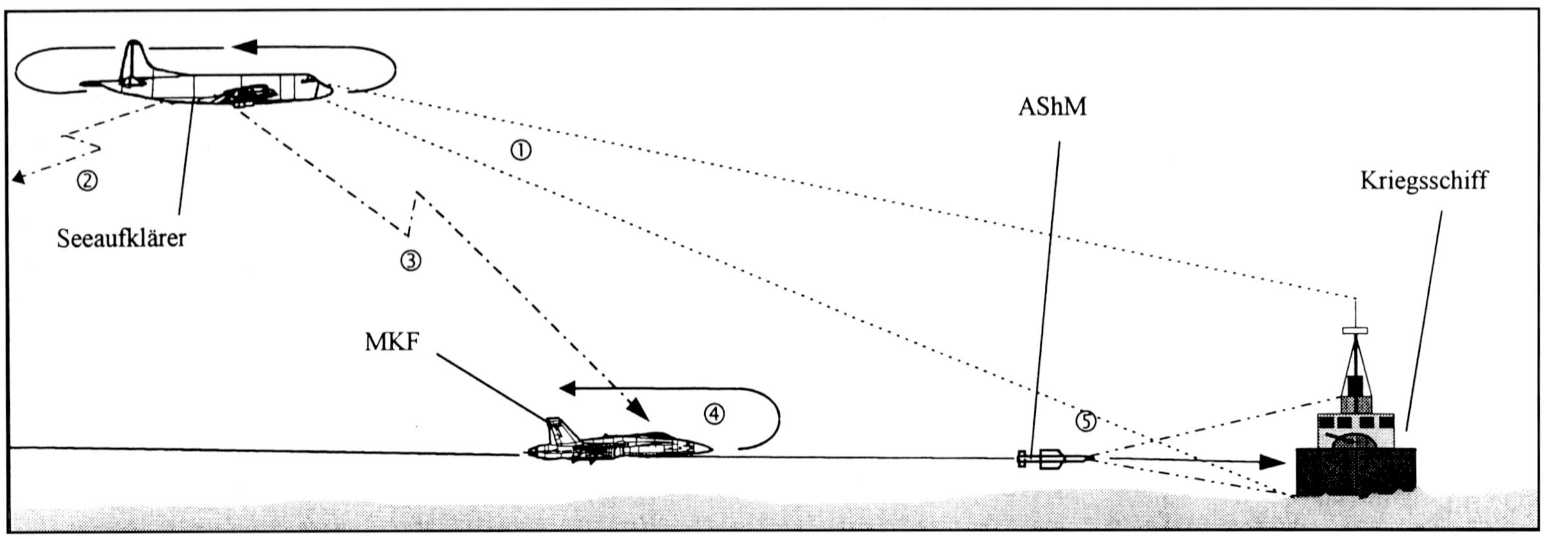

Abb.2.3.1x: Szenario eines Anti-Schiffeinsatzes: 1) Der Seeaufklärer entdeckt ein feindliches Kriegsschiff und 2) alarmiert die Einsatzbasis, wodurch ein Marinekampfflugzeug startet. 3) Der Seeaufklärer übermittelt via Data-Link dem MKF die Zieldaten, welche sofort ins INS der AShM eingegeben werden. 4) In »Stand-off«-Schußentfernung wird die Lenkwaffe abgefeuert, ohne daß das MKF das Bordradar einzuschalten braucht. 5) Kurz vor dem Auftreffen schaltet die AShM mit ihrem Radar auf ihr zugewiesenes Ziel auf und trifft dieses. Normalerweise wird die AShM noch hinter dem sichtbaren Horizont abgefeuert.

Abb.2.3.1y: Die A-10A THUNDERBOLT II ist eine äußerst robuste Maschine mit enormer Feuerkraft. Hauptbewaffnung sind die 30 mm GAU-8/A-BK und AGM-65 Maverick ASMs. Das große Doppelseitenleitwerk und das Höhenleitwerk sind so angelegt, daß sie die Triebwerksdüsen verdecken und damit vor IR-Lenkwaffen abschirmen. Die Rumpfwanne in der Cockpitgegend besteht aus Titan und schützt vor 23-mm-Geschossen. Am hintern Ende des Fahrwerkskastens ist der Chaff/Flare-Dispenser erkennbar.

gen würde, daß sich die meisten dieser Flugzeuge kaum dafür eignen. Trotzdem verfallen viele Luftwaffenführungen immer wieder dem Irrglauben, der Erdkampf und damit der Besitz von dafür geeigneten Fluggeräten sei von sekundärer Priorität. Der Grund für dieses Verhalten

Abb.2.3.1z: Ein HARRIER GR.7 der RAF. Im Vergleich zur A-10 oder Su-25 ist diese Maschine zwar nicht gepanzert und weist weniger schlagkräftige Bordkanonen auf, doch besitzt sie die einmalige Fähigkeit, von äußerst kurzen Startbahnen, z.B. in unmittelbarer Frontnähe, starten zu können (STOVL). Außerdem sind die HARRIER dieser Serie voll Nachtkampf-tauglich und darum, im Gegensatz zu den oben genannten Flugzeugen, rund um die Uhr einsatzfähig.

scheinen die wenig beeindruckenden Flugleistungen zu sein, welche speziell entwickelte Erdkämpfer aufweisen. Erst wenn große Verluste an Mensch und Material sowohl bei den luftgestützten als auch bei den Bodentruppen im Kampf auftreten, wie dies die Amerikaner in Vietnam bitter erfahren mußten, scheint man zu begreifen, welch wichtige Sache die Verfügbarkeit schlagkräftiger Nahunterstützungsmaschinen ist.

Ausrüstung, Avionik und Taktik von Nahunterstützungsflugzeugen

Im Vergleich zu den Jagdbombern ist die Geschwindigkeit und die Steigleistung bei Erdkämpfern völlig belanglos. Ihre Einsatzfluggeschwindigkeit über dem Gefechtsfeld wird kaum je über 800 km/h ansteigen, da die erforderlichen Wenderadien, das Manövrieren und die Waffenlast solche Werte gar nicht zulassen würden. Außerdem geht man davon aus, daß eigene Jagdflugzeuge die Luftüberlegenheit gesichert haben, denn schwer beladene Erdkämpfer hätten gegen agile Jäger nie eine Chance.

Ein weiterer Hauptunterschied zum Jabo besteht darin, daß Erdkämpfer meist nicht starten, um ein punktgenau vorgeplantes Ziel auszuschalten, sondern lediglich ein Zielgebiet zugewiesen bekommen, in dem sie von den Bodentruppen angefordert werden können. Die Flugzeuge müssen deshalb eng mit der Infanterie zusammenarbeiten, um dieser zur erforderlichen Zeit die nötige Unterstützung zu geben. Das bedeutet, daß die Maschinen während eines Angriffs- oder Vertei-

Abb.2.3.1α: Eine Su-25 »FROGFOOT« der tschechischen Luftwaffe während der Landung. Man beachte die Bremsklappen an den Flügelenden und die fünf Pylonen pro Flügel. Genau wie die amerikanische A-10 wurde auch die FROGFOOT speziell für die Nahunterstützung entwickelt. Man setzte sie bereits im Afghanistan-Konflikt ein, und zwar mit viel größerem Erfolg als die MiG-27 und Su-17.

digungskampfes permanent zur Verfügung stehen sollten, was bereits eine ganze Reihe von Anforderungen an die Maschine stellt. Als erstes ist da einmal die nötige lange Flugdauer, welche eine hohe Präsenz pro Einsatz der Maschine im Kampfgebiet sicherstellt. Sparsame Triebwerke und ausreichend große Treibstoffreserven sind folglich ein Muß für Erdkämpfer. Weitgehende Wartungsfreundlichkeit und die Unabhängigkeit von kompliziertem, schwerem Wartungsgerät gewährleisten ihrerseits kurze Standzeiten zwischen zwei Einsätzen, tiefe Mann-pro-Flugstunden-Quotienten und einen Einsatz von nur mit dem Nötigsten versorgten Basen. Dies wird einerseits dadurch erreicht, daß

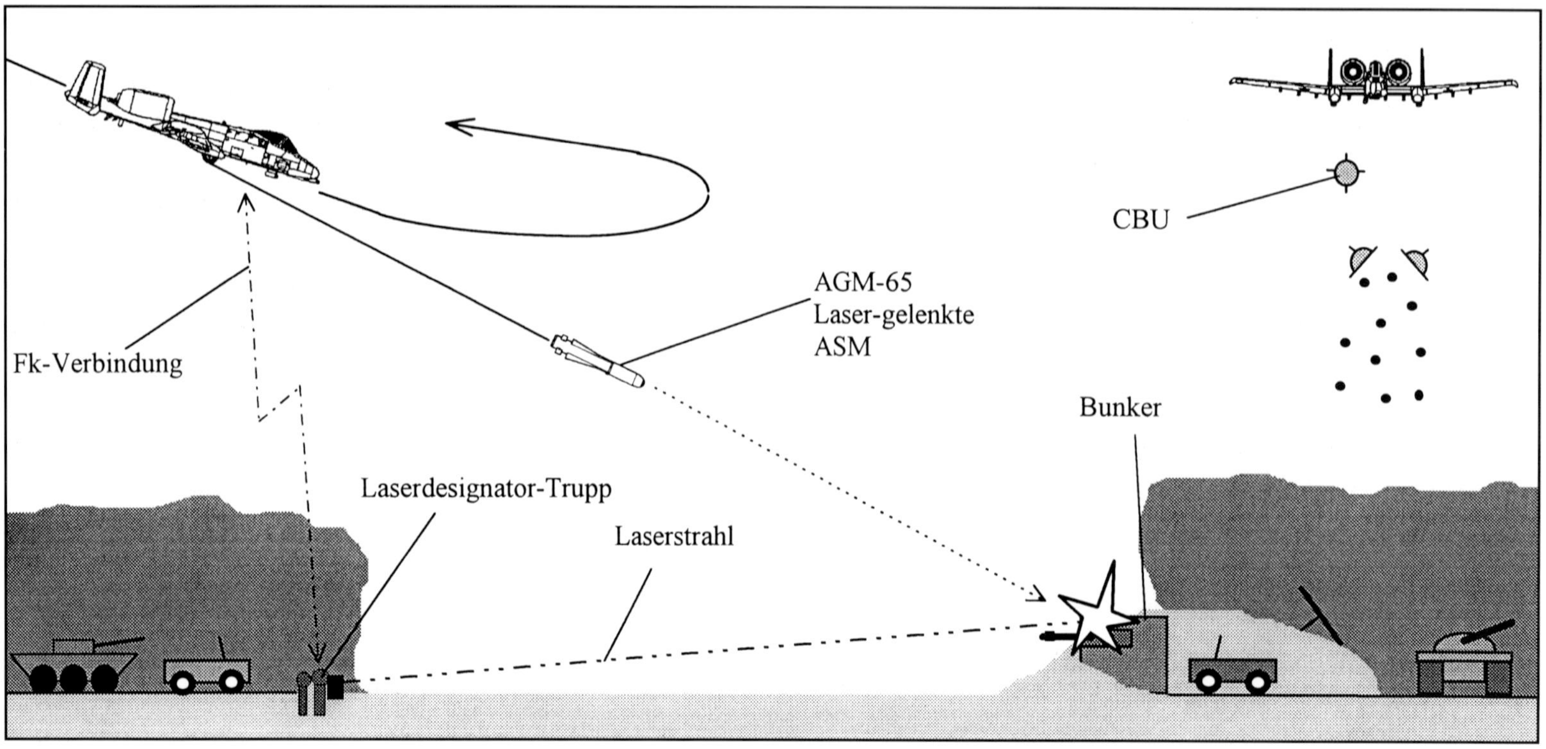

Abb.2.3.1β: Einsatzszenario einer Rotte A-10A THUNDERBOLT II für einen Nahunterstützungsauftrag. Im Angriff oder in der Verteidigung sehen sich Bodentruppen immer wieder einem Gegner gegenüber, der mit den zur Verfügung stehenden Bodenkampfmitteln nur schwer zu besiegen ist. Bunker und andere Befestigungen, aber auch starke Panzerverbände gehören zu diesen Gegnern. In einem solchen Fall ist es äußerst nützlich, auf ein Nahunterstützungsflugzeug zurückgreifen zu können, welches aber rasch, das heißt innert weniger Minuten, verfügbar sein muß. Die Flugzeuge können über Funk zum Einsatzort dirigiert werden, wo ihnen ihre Ziele mit herkömmlichen optischen Methoden (z.B. farbigem Rauch) oder Präzisionsmitteln (Laser) zugewiesen werden. Im ersteren Fall kommen ungelenkte Raketen, CBUs oder GPBs, im letzteren LGBs und ASMs zum Einsatz. Hier bekämpft eine A-10 einen von Bodentruppen mit Laser markierten Bunker mit einer Maverick-ASM, während ihr Rottenflieger den Stellungsraum mit Streubomben eindeckt.

man die vorhandenen Avionikgeräte modular aufbaut, was ein rasches Austauschen ermöglicht, sie mehrfach redundant anlegt und die Testeinrichtungen integriert. Andererseits wird aber auch soweit als möglich auf komplexe Avionikgeräte verzichtet, nach dem Motto, daß das beste System dasjenige ist, welches nicht vorhanden ist. Trotzdem muß eine ansehnliche Avionikausrüstung vorhanden sein, so zum Beispiel für den Nacht-/Allwettereinsatz: Kriege werden bekanntlicherweise bei widerlichem Wetter oder bei Nacht nicht einfach unterbrochen. Jedem Soldaten ist schließlich das Wort »Infanteriewetter« ein Begriff. Die Flugzeuge sollten vorteilhafterweise mit Radar, IR-Sensoren und Nachtsichtgeräten versehen sein. Natürlich darf auch eine ausreichende Navigationsausrüstung nicht fehlen, denn die Orientierung über feindlichem Gebiet im Tiefflug ist nicht immer ganz einfach.

Eine lange Flugdauer kann nur dann wirklich voll ausgenutzt werden, wenn die Transferstrecken von der Einsatzbasis zum -ort kurz sind. Da die frontnahen Startbahnen aber oft durch gegnerische Jagdbomber in Mitleidenschaft gezogen worden und deshalb verkürzt sind, sollte das Nahunterstützungsflugzeug fähig sein, auf behelfsmäßigen Pisten starten und landen zu können. Ideal wäre natürlich eine STOVL-Fähigkeit, wie sie der HARRIER (Abb.2.3.1z) aufweist; aber schon ein robustes Fahrwerk mit Niederdruckreifen und ein Tragwerk mit einem großen Auftriebskoeffizienten für den Start bringt gewaltige Vorteile gegenüber einer konventionellen Auslegung.

Auf dem modernen Gefechtsfeld werden die Kampfeinrichtungen und Fahrzeuge des Gegners immer durch entsprechende Fliegerabwehr geschützt. Durch die Entwicklung von den bereits an einigen Stellen in diesem Buch erwähnten Schulter-SAMs und mobilen Flab-Feuereinheiten ist der Schutz der Bodentruppen vor angreifenden Flugzeugen deutlich verbessert worden. Für die langsam fliegenden Erdkämpfer bedeutet dies konkret, daß sie einer zunehmenden Gefahr ausgesetzt sind und etwas gegen diese unternehmen müssen, wollen sie auch zukünftig noch eine gewichtige Rolle auf dem Gefechtsfeld spielen. Die ergriffenen Maßnahmen sind einerseits Selbstschutzeinrichtungen wie starke Panzerungen gegen Projektile, andererseits aber auch Täuschungs- beziehungsweise Unterdrückungsmethoden, wie zum Beispiel Chaff- und Flare-Rüstsätze, elektronische Gegenmaßnahmen oder die Tarnung der heißen Abgasfahnen. Außerdem wird die Konstruktion derart robust ausgelegt, daß die Maschine selbst dann noch flugtüchtig bleibt, wenn wichtige Teile des Flugzeuges stark beschädigt sind oder ganz fehlen.

Die Präsenz eines Flugzeuges allein über dem Gefechtsfeld bringt natürlich noch nichts. Es muß entsprechend bewaffnet sein, damit es die zugewiesenen Ziele auch bekämpfen kann. Da diese Ziele möglicherweise unterschiedlich sind, ist ein Erdkämpfer fähig, viele verschiedene Waffen mitzuführen. So weist er zur Zerstörung eines gepanzerten Zieles hochexplosive, präzis absetzbare Mittel oder Munition mit

Abb.2.3.1ϰ: Zwei A-10A THUNDERBOLT II in ihrer üblichen Formation, der Rotte. Im Kampf würden sie aber nicht derart eng zusammen fliegen, sondern eher in einer lockeren Formation, damit Bodenziele von verschiedenen Seiten gleichzeitig mit verschiedenen Waffen angegriffen werden können, wie dies in Abb.2.3.2a gezeigt ist.

hoher Durchschlagskraft auf, während er zur Vernichtung von Fahrzeugkolonnen oder überirdischen Artilleriestellungen eher Waffen verwendet, die flächenartig wirken.

Es ist charakteristisch für Nahunterstützungsflugzeuge, daß sie einen Waffenmix aus Bordkanonen, Luft/Boden-Lenkwaffen, Spreng-, Brand- und Streubomben tragen, um jeweils gegen alle möglichen Ziele gewappnet zu sein. Dies erfordert zahlreiche Aufhängungspunkte, an denen eine große Waffenlast mitgeführen werden kann. (Abb.2.3.1α). Auch Luft/Luft-Lenkwaffen zum Selbstschutz gehören dazu.

Für den Einsatz von Nahunterstützungsflugzeugen hat man eine spezielle Taktik entwickelt, die von jener der Jagdflugzeugen abgeleitet wurde. Die Maschinen operieren zumeist im äußersten Tiefflug, um die Ziele im Gelände ausmachen zu können, und fliegen dabei nie alleine [Abb.2.3.1β/ϰ], sondern immer in Rotten, damit beim Angriff ein Pilot dem anderen den Rücken freihalten kann. Der Rottenführer muß sich vollständig auf das Ziel konzentrieren können, während dem Rottenflieger genügend Zeit bleibt, sich umzuschauen. Für den Waffeneinsatz lösen die Maschinen ihre Formation dann allerdings auf, da sich bei einem Angriff auf einen Gegner von zwei verschiedenen Seiten mit unterschiedlichen Waffen der Überraschungseffekt vergrößert.

Das ideale Nahunterstützungsflugzeug, welches die oben genannten Anforderungen exakt erfüllt, existiert nicht. Die beiden Maschinen, welche den Forderungen am nächsten kommen, sind die amerikanische A-10 THUNDERBOLT II und die russische Su-25 »FROGFOOT«. Sie können beide lange über dem Gefechtsfeld verbleiben, eine schwere, gemischte Waffenlast mitführen und sind stark gepanzert gegen Projektilbeschuß. Wie Einsätze auf Kriegsschauplätzen gezeigt haben, sind sie auch sehr überlebensfähig und in der Erdkämpferrolle konvertierten Jagdbombern bei weitem überlegen.

Der Nachteil dieser Flugzeuge liegt in der fehlenden Nacht-/Allwettereinsatzfähigkeit. Beide Maschinen weisen nur eine sehr einfache Avionik auf; Radar oder IR-Sensoren fehlen. Sie sind deshalb unter widrigen Bedingungen nicht oder nur beschränkt einsetzbar. Andere Maschinen, wie zum Beispiel der HARRIER oder die A-7 CORSAIR II, haben bezüglich der Allwetterfähigkeit eindeutige Vorteile, doch sind sie nicht derart robust ausgelegt und deshalb über dem Gefechtsfeld stärker abschußgefährdet, was durch die Zahlen aus dem Golfkrieg belegt wird.

Die kurzsichtige Entscheidung der USAF, die THUNDERBOLT nicht mit dem LANTIRN-Tiefflug-Allwetternavigationssystem auszurüsten, hat dem Flugzeug einiges an potentieller Schagkraft gekostet. Hätten sich die A-10 im nahen Osten bei schönem Wetter nicht hervorragend bewährt, wären sie bereits – aufgrund fraglicher Argumentation – außer Dienst gestellt worden.

Die Russen entwickelten zwar in den letzten Jahren mit der Su-25T eine allwetterfähige FROGFOOT, sie verfügen aber nicht über das Geld, die Maschine auch noch einzuführen.

Luft/Boden-Bewaffnung und deren Einsatzweise

Die Bewaffnung der zuvor behandelten Luft/Boden-Einsatz-Flugzeuge besteht aus einem weiten Spektrum, welches von der einfachen Bordkanone bis zur High-Tech-Cruise-Missile reicht.

In diesem Abschnitt geht es nicht darum, wie etwa bei jenem über die Luft/Luft-Kampfmittel, alle existierenden Waffen aufzuführen, da sonst dieses Buch vom Umfang her einer Sammlung chemischer Formeln in nichts nachstehen würde. Vielmehr sollen die verschiedenen Arten von Mitteln aufgezeigt und deren Einsatzweise erklärt werden; trotzdem sind an einigen Orten Beispiele aufgelistet.

Bordkanonen

Wie bereits zuvor in bezug auf die Jagdflugzeuge erwähnt wurde, gehören Rohrwaffen heute immer noch zur Standardausrüstung eines Kampfflugzeuges. Dies trifft also auch auf Luft/Boden-Einsatz-Flugzeuge zu. Daß der Bordkanone eine nicht zu vernachlässigende Rolle zugedacht ist, läßt sich daran erkennen, wieviele Kampfflugzeug-Neukonstruktionen seit 1970 über eine BK verfügen: Mit Ausnahme einiger Aufklärer sowie des Stealth-Jabos F-117A, der MIRAGE 2000D und des AJS-37 VIGGEN weisen alle Maschinen mindestens eine auf, sogar die brandneue, schwere Su-32FN »STRIKE-FLANKER« (Abb.2.3.2b).

Die Primärziele moderner Angriffs- und Marinekampfflugzeuge sind meist entweder eingebunkert oder von einer hochentwickelten Fliegerabwehr geschützt, was diese Maschinen dazu zwingt, Waffen mit großer Durchschlagskraft zu verwenden und diese bereits möglichst weit vom zu bekämpfenden Objekt entfernt auszulösen. Die Bordkanonen sind deshalb bei den meisten Angriffsflugzeugen lediglich noch für die Zerstörung von plötzlich auftauchenden, das heißt nicht eingeplanten, Gegnern (Targets of opportunity) vorgesehen. Darunter versteht man sowohl feindliche Jagdflugzeuge als auch Bodenziele wie Fahrzeugkolonnen oder AAA-Batterien. Trotzdem darf deren Rolle nicht unterschätzt werden, denn die Zerstörung solcher Gelegenheitsziele könnte durchaus großen taktischen Wert besitzen. Ein Verteidiger würde jedenfalls einen großen Fehler begehen, wenn er der möglichen Wirkung der BK keine Beachtung schenken würde.

Etwas anders sieht es bei den Nahunterstützungsflugzeugen aus. Obwohl auch hier ASMs eine zunehmende Wichtigkeit erfahren, sind die Bordkanonen fest in den Einsatz eingeplant, da die Primärziele von Erdkämpfern zu einem großen Teil aus weniger gut geschützten, beweglichen Objekten wie Fahrzeugen oder Panzern bestehen – also genau jene Objekte, die bei Jagdbombern als »Gelegenheitsziele« bezeichnet werden. Die Rohrwaffen von Maschinen wie A-10 oder Su-25 weisen deshalb einen beträchtlich größeren Munitionsvorrat als jene von Jagdbombern auf; er liegt weit über 500 Schuß – über das Doppelte der BK eines Jabo.

Das Kaliber der gegen Bodenziele eingesetzten Bordkanonen bewegt sich – wie bei den gegen Flugzeuge eingesetzten – zwischen 20 und 30 mm, wobei nicht nur dies, sondern auch die Art der Munition für die

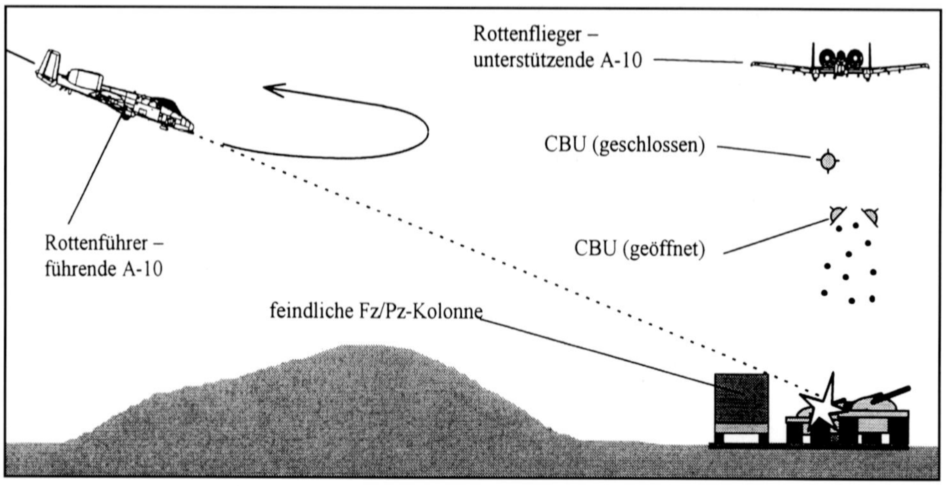

Abb.2.3.2a: Angriff einer Rotte »WARTHOGS« auf eine feindliche Panzerkolonne. Die im Tiefflug und 90° zur Kolonne anfliegende A-10 beschießt diese mit der BK. Pro Kampfpanzer genügt ein 1-Sekunden-Feuerstoß. Zusammen mit den Cluster-Bomben (eine hat sich bereits geöffnet) der zweiten A-10, welche auch auf weiche Ziel wirken, hat dies verheerende Auswirkungen auf den Feind, sollte kein Flab-Schutz vorhanden sein.

Abb.2.3.2b: Auch moderne Lenk- und Abstandswaffen machen die Bordkanone nicht überflüssig. Selbst modernste Angriffsflugzeuge wie die Sukhoi Su-32FN »STRIKE FLANKER« führen deshalb eine BK mit; in diesem Fall ist es eine GSh-30-1, Kaliber 30 mm, die über rund 150 Schuß verfügt und in die Flügelwurzel eingebaut wurde.

Ausmaße der Zerstörungen an den beschossenen Objekten verantwortlich ist. Man kann auswählen zwischen hochexplosiven oder panzerbrechenden Projektilen, die je nach erwarteter Bedrohung rein oder gemischt in den Magazinen mitgeführt werden. Die erstgenannten haben sich gegen Fahrzeuge als besonders tödlich erwiesen, während gegen Panzer und Bunker die letzteren verwendet werden. Im Vergleich zum A/A-Einsatz ist die maximale Schußdistanz einer Bordkanone bei der Bodenzielbekämpfung deutlich größer. Sie beträgt 1000 bis 2000 m.

Abb.2.3.2c: Eindrucksvoll ist die siebenläufige 30 mm-GAU-8/A-BK schon beim Anblick. Aufgrund der Länge von 6.4 m (ohne Magazin!) wird die THUNDERBOLT auch gelegentlich als »Holster« der Avenger-Kanone bezeichnet. Mit einem Ein-Sekunden-Feuerstoß durchschlagen die Geschosse, welche eine Mündungsgeschwindigkeit von 1067 m/s besitzen und über einen Urankern verfügen, glatt jede bekannte, für Kampfpanzer verwendete Panzerung. Kein Wunder also, daß sich die Fluggeschwindigkeit der »WARTHOG« bei jedem Feuerstoß um mehr als neun Kilometer pro Stunde verringert.

An der Spitze aller BKs steht die GAU-8/A Avenger (Abb.2.3.2c) der THUNDERBOLT II. Ihre Feuerrate beträgt beachtliche 70 Schuß pro Sekunde. Dank den 30 mm-Urankern-Geschossen können damit sogar Kampfpanzer aus bis zu 3 km Entfernung in einem Einsekunden-Feuerstoß vernichtet werden. Daß dies nicht nur einer Wunschvorstellung des Herstellers der GAU-8/A, sondern wirklich der Tatsache entspricht, zeigten die »WARTHOGS« während des Golfkrieges. Hunderte von T-62/72-Panzern und anderen Fahrzeugen sowie Artilleriestellungen wurden von den A-10-Rotten zerstört, viele davon mit der BK. Die Straße zwischen Kuwait City und Bagdad war eine einzige Fahrzeugschrottstraße und zeugte von der »WARTHOG«-Feuerkraft. Ihr Spitzname »Highway to Hell« beschreibt ziemlich treffend, was auf dieser Straße während der Beschießungsphase los war.

Ungelenkte Luft/Boden-Raketen

Ungelenkte Luft/Boden-Raketen werden vorwiegend von Erdkampfflugzeugen eingesetzt. Man führt sie in wiederverwendbaren Abschußbehältern oder seltener als Raketenbündel mit, wobei sie jeweils in Salven aus dem Tief- oder Stechflug heraus gefeuert werden. Dies veranschaulicht der HARRIER GR.7 in der Abbildung 2.3.2e.

Ihre Zerstörungskraft ist, je nach Schußentfernung, Munitionsart und Kaliber der Waffe, um einiges größer als jene der Bordkanonen. Die

Waffen lassen sich deshalb besser zur Bekämpfung massierter Ziele und befestigter Stellungen oder Panzer des Gegners verwenden. Dank dem Raketenantrieb beträgt die Einsatzreichweite der Waffe rund 3 km und ist damit größer als jene der meisten BKs. Sollte ein Ziel allerdings durch moderne Flab-Mittel geschützt sein, muß sich das angreifende Flugzeug trotzdem in den Gefahrenbereich begeben.

Je nach Verwendungszweck sind ungelenkte Raketen mit unterschiedlichen Gefechtsköpfen bestückt. Hochexplosive Ladungen, welche beim Auftreffen auf das Ziel detonieren, und Kanistergeschosse sind vor allem effizient gegen Fahrzeuge und wenig gepanzerte Objekte, während mit einer Wolframspitze bestückte Raketen für die Bekämpfung von Panzern oder Bunkern verwendet werden können. Letztere stützen sich beim Durchschlagen der Panzerung auf die hohe Fluggeschwindigkeit der Waffe sowie die hohe Härte und die große Masse des Materials. Für die Markierung von Zielen werden von sogenannten »Forward Air Controller«-Flugzeugen raucherzeugende Phosphorraketen eingesetzt.

Die Kaliber der Raketen können ebenfalls unterschiedlich sein. Die schwedischen M70X, welche vom VIGGEN und vom GRIPEN eingesetzt werden können, besitzen ein Kaliber von 135 mm, während die französischen SNEB 68 mm-Waffen sind. Die russischen B-8W/S-8KO weisen ein Kaliber von 80 mm auf.

In Konflikten, in denen Luftkriegsmittel zum Einsatz kommen, werden ungelenkte Raketen oft in großer Zahl verwendet. Dies gilt allerdings nicht für einen »High-Tech«-Krieg, wie ihn die NATO bei der Operation ALLIED FORCE führte. Dort wurden aber auch keine eigentlichen Nahunterstützungseinsätze geflogen. Ganz anders sieht es im »Low-Tech«-Krieg in Tschetschenien aus. Dort sind ungelenkte Raketen die Hauptbewaffnung von russischen Kampfhelikoptern (Mi-24 »HIND«) und Nahunterstützungsflugzeugen (Su-25). Die Maschinen bekämpfen damit Stellungen und Befestigungen der Rebellen an der Front und unterstützen damit direkt die vorrückenden Bodentruppen. Auch bei anderen Kämpfen gegen Guerilla-Armeen ist die ungelenkte Rakete das bevorzugte Kampfmittel von Luftstreitkräften. In Südamerika kommt sie deshalb auch sehr oft zum Einsatz. Als Einsatzträger dienen bei diesen sogenannten COIN-Missionen aber nicht in erster Linie Kampfjets, sondern Propellermaschinen wie die PUCARA oder leichte Turboprop-Trainer wie die PC-7 oder der TUCANO.

Abb.2.3.2d: Ungelenkte Raketen können je nach Aufgabe unterschiedliche Kaliber besitzen. Links sind kanadische CRV-7-Raketen (70 mm) mit ihrem Behälter LAU-5002 B/A abgebildet, während rechts französische TDA-Raketen (100 mm) gezeigt werden.

Abb.2.3.2e: Ungelenkte Raketen werden immer in Salven abgefeuert, wie dies ein HARRIER GR.7 der RAF demonstriert. Er beschießt ein Bodenziel mit CRV-7-Raketen aus dem Stechflug heraus.

Abb.2.3.2f: Jettrainer werden oft zur Nahunterstützung eingesetzt. Diese tschechische L-139 ist ein gutes Beispiel hierfür. Die ungelenkten Raketen ermöglichen dem Flugzeug, bei guten Sichtbedingungen auch Panzer zu bekämpfen.

Sprengbomben

Sprengbomben oder kurz GPBs (general purpose bomb; Abb.2.3.2g/h) sind altherkömmliche Waffen, welche bereits vor dem Zweiten Weltkrieg in Massen produziert und eingesetzt wurden. Ihr Aufbau ist denkbar einfach. Sie bestehen aus einer Metallhülle, die den darin enthaltenen Sprengstoff umgibt, den Stabilisatoren am Heck und dem Zünder an der Spitze. Die Form der Bombe ist ein Kompromiß zwischen perfekter Stromlinienform sowie großer Durchschlags- und Sprengwirkung. Die Waffe soll einerseits weit fliegen und dabei so stabil in ihrem Flugverhalten bleiben, daß sie mit der Spitze auf dem Ziel auftrifft. Außerdem wird eine von der Form her gegebene, möglichst große Eindringtiefe im

Ziel verlangt. Andererseits muß der Sprengkörper so angelegt sein, daß seine Zerstörungswirkung maximal ausfällt.

Abb.2.3.2g: Diese Waffenlast von vier 227 kg-Sprengbomben wird von einem HAWK 200 unter einer Tragfläche getragen. Es handelt sich bei diesen GPBs um den verzögerten Typ (RET), was sich an den eigenartig geformten Stabilisatoren am hinteren Ende der Bombe erkennen läßt. Sie wurden speziell für Tiefflugoperationen entwickelt.

Neben der Bombenform und der Sprengstoffmasse kommt dem Zünder eine äußerst wichtige Aufgabe zu. Er ist dafür verantwortlich, wann und wie die Bombe explodiert. Es können verschiedene Zünder verwendet werden, die sich alle beim Auftreffen auf das Ziel unterschiedlich verhalten. Da ist zunächst der einfache Aufschlagszünder, welcher die Bombe bei Bodenberührung sofort auslöst. Er wird vor allem bei Angriffen auf wenig harte Ziele eingesetzt, wie zum Beispiel Treibstoffdepots, wenig geschützte feindliche Stellungen oder Gebäude. Daneben existieren auch Zünder, welche die Bombe vor der Bodenberührung auslösen (Radarannäherungszünder) oder aber die Bombe erst nach weitem Eindringen ins Zielobjekt detonieren lassen (Penetrationszünder). Letztere sind bei harten Zielen (z.B. HAS, Bunker) vorteilhaft.

Bei den Sprengbomben selbst unterscheidet man grundsätzlich vier verschiedene Versionen. Während die einfachste Version (Abb.2.3.2h) lediglich aus den oben genannten Bestandteilen aufgebaut ist, verfügt die »verzögerte« Variante (Abb. 2.3.2g) über einen Bremsschirm oder einen metallenen »Bremsanker« – vier Bleche, die sich nach dem Abwurf der Bombe ausklappen und die Geschwindigkeit der Bombe verlangsamen. Die dritte und die vierte Sprengbombenart sind sogenannte PGMs, also gelenkte Präzisionsbomben: Die aus dem Golfkrieg bekannte TV-/Laser-gelenkte (laser-guided bomb; LGB) und die brandneue INS/GPS-gesteuerte Bombe (Joint Direct Attack Munition; JDAM). Auf diese beiden Varianten soll zu einem späteren Zeitpunkt separat eingegangen werden.

Abb.2.3.2h: Eine F-16B der USAF wirft neun 227 kg-GPBs aus grosser Höhe ab. Trotz der modernen Avionik der F-16 ist ein Treffer eines gehärteten Punktzieles mit dieser Einsatzart auch heute noch reine Glücksache und deshalb ineffizient.

Trägerflugzeuge von Sprengbomben sind in erster Linie Bomber, Angriffsflugzeuge und Jagdbomber, da die Waffe gegen die Infrastruktur im feindlichen Hinterland sehr wirkungsvoll ist, aber auch Nahunterstützungsflugzeuge. Vor allem Hartziele erfordern aber einen Volltreffer, damit man ihnen überhaupt etwas anhaben kann. Der Pilot benötigt deshalb für ein zeitlich richtiges Absetzen der Waffe entweder große Einsatzerfahrung oder ein Flugzeug mit einer hochentwickelten Avionik, die den richtigen Abwurfpunkt vorausberechnet.

Es existieren diverse Methoden, wie man die GPB abwerfen kann. Welche davon gewählt wird, hängt einerseits vom Gelände, andererseits von der taktischen Situation ab. Die drei wichtigsten Möglichkeiten sollen an dieser Stelle besprochen werden.

Die erste und einfachste Einsatzmethode ist diejenige, bei der das Flugzeug im Horizontalflug direkt über das Ziel fliegt. Die Bomben werden nach der Zielerfassung anhand der Angaben des Waffenrechners automatisch oder manuell vom Piloten ausgelöst, worauf diese dann mit einer parabelförmigen Flugbahn ins Ziel fallen. Die Fluggeschwindigkeit und die -höhe des Flugzeuges und die Luftturbulenzen sind die entscheidenden Faktoren dafür, wie weit vom zu treffenden Objekt entfernt die Bomben ausgelöst werden müssen. Obwohl eine Reduzierung der Flughöhe eigentlich positive Auswirkungen auf die Treffgenauigkeit der Bombe hätte, muß der Pilot darauf achten, daß er nicht zu tief fliegt, denn er könnte von Splittern seiner eigenen Bomben getroffen werden. Er ist also dazu gezwungen, eine Mindesthöhe einzuhalten, die ihrerseits die Genauigkeit der Waffe limitiert. Außerdem wird dadurch die Abschußgefahr erhöht, denn in dem Höhenbereich ist die gegnerische Flab besonders aktiv. Um diesem Problem aus dem Weg zu gehen, setzt man verzögerte Bomben ein; Bremsschirme verlangsamen die Bomben, wodurch sie erst weit hinter dem Flugzeug detonieren. Damit ermöglicht man zwar eine Senkung der Mindestflughöhe, gleichzeitig verringert sich aber die Treffgenauigkeit, da selbst mit dem besten Waffenrechner das Bremsverhalten der verwendeten Methoden nur schwer vorauszuberechnen ist. Allgemein kann man davon ausgehen, daß mit dem unter der Bezeichnung »Laydown« bekannten Überflugverfahren (tief) eine 50%-Abweichung vom Ziel (CEP) von 20–30 m erzielt werden kann. Unter Idealbedingungen erreicht ein erfahrener Pilot einen CEP von 10 m, was aber in einem reellen Einsatz kaum reproduzierbar ist.

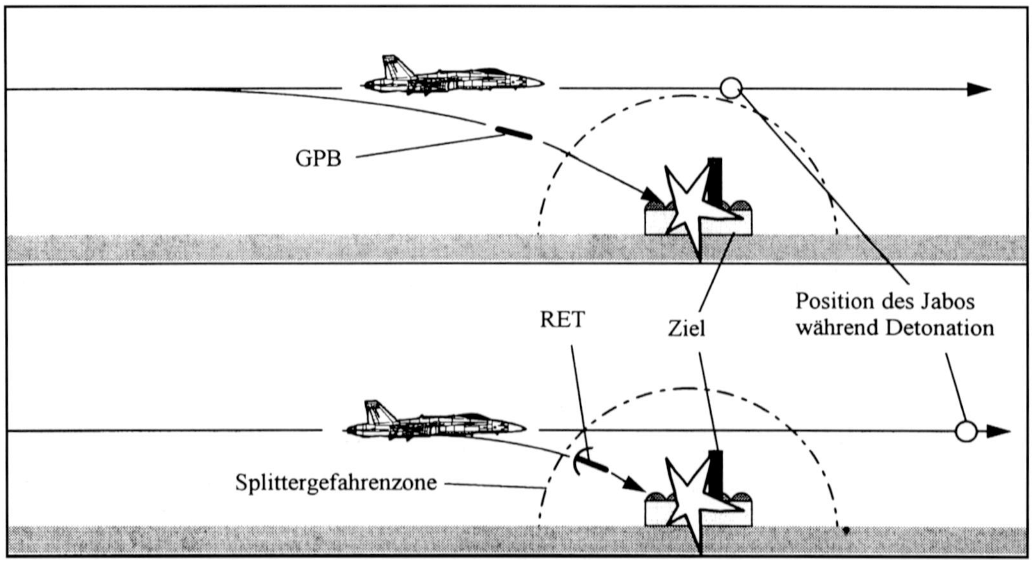

Abb.2.3.2i: Vergleich des Einsatzes von GPBs und gebremsten Sprengbomben (RET): Während oben der mit GPBs bewaffnete Jabo eine Mindesthöhe einhalten muß, um nicht von den Splittern der eigenen Bombe getroffen zu werden, kann unten das mit der RET-Version ausgerüstete Flugzeug im Tiefstflug verbleiben, da die Waffen weit hinter der Maschine detonieren. Dies ist in Hinsicht auf die gegnerische Flab von Vorteil, da diese in extrem niedrigen Höhen Probleme hat.

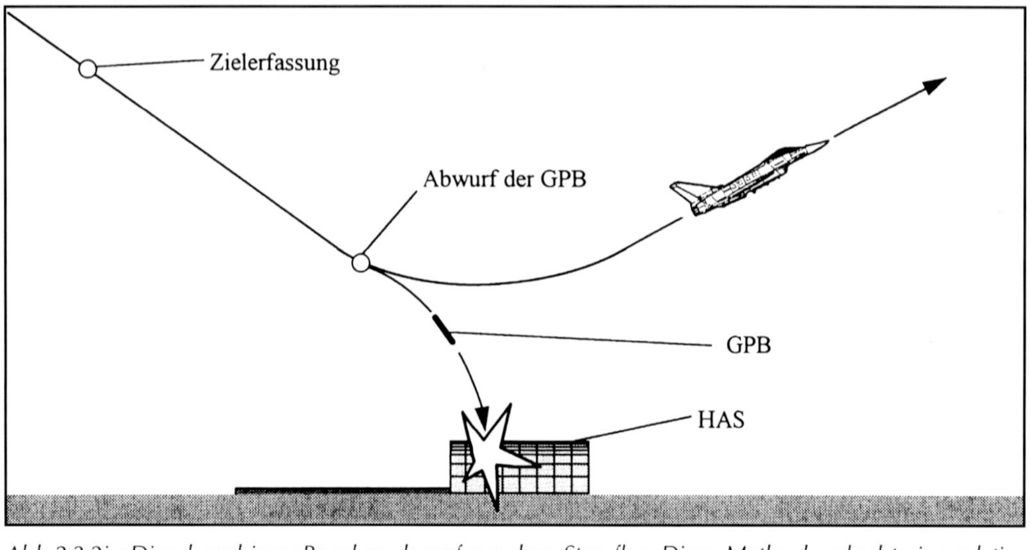

Abb.2.3.2j: »Dive-bombing«: Bombenabwurf aus dem Sturzflug. Diese Methode erlaubt eine relativ hohe Treffgenauigkeit, ohne daß man dafür eine komplexe Avionik benötigt. Gefährlich ist dabei aber der Anflug auf das Ziel: Er erfolgt in einer Höhe, in welcher SAMs und AAA sehr wirksam sind. Sofern eine Alternative offensteht, sollte der Jabo-Pilot diese wählen, um das Flugzeug nicht unnötig zu gefährden.

Eine zweite Möglichkeit für den Einsatz von normalen Sprengbomben ist der Abwurf aus dem klassischen Stech- bzw. Sturzflug (»Dive-bombing«): Der angreifende Pilot fliegt steil auf das Ziel zu und fängt sein Flugzeug im sicheren Abstand vom Boden ab; im selben Augenblick löst er die Waffe aus (Abb.2.3.2j), welche dann praktisch senkrecht mit einer nur gering gebogenen Flugbahn aufs Ziel fällt. Ein derartiger Angriff läßt deshalb sogar manuell erstaunlich genaue Abwürfe zu, aber wegen des erforderlichen Anfluges, der mit Radar gut überwachbar ist und im idealen Höhenbereich für den Einsatz mancher Fliegerabwehrfeuereinheiten liegt, setzt sich das Flugzeug einer gefährlichen Situation aus.

Das letzte an dieser Stelle erklärte Einsatzverfahren nennt man Schleuderwurf oder »Lofting« beziehungsweise auch »Toss-bombing« (Abb.2.3.2k): Der Pilot zieht sein Flugzeug aus dem Hochgeschwindigkeits-Tiefflug in einem Winkel zwischen 15 und 45° nach oben, löst die Bomben an einer vorausberechneten Stelle aus, dreht ab und geht sofort wieder in den Tiefflug über.

Da die GPBs im Steigflug bei zirka 1000 km/h ausgeklinkt werden, steigen sie wie ein in die Luft geworfener Stein noch weiter, bis die Erdanziehungskraft und der Luftwiderstand die Steiggeschwindigkeit auf Null ver-

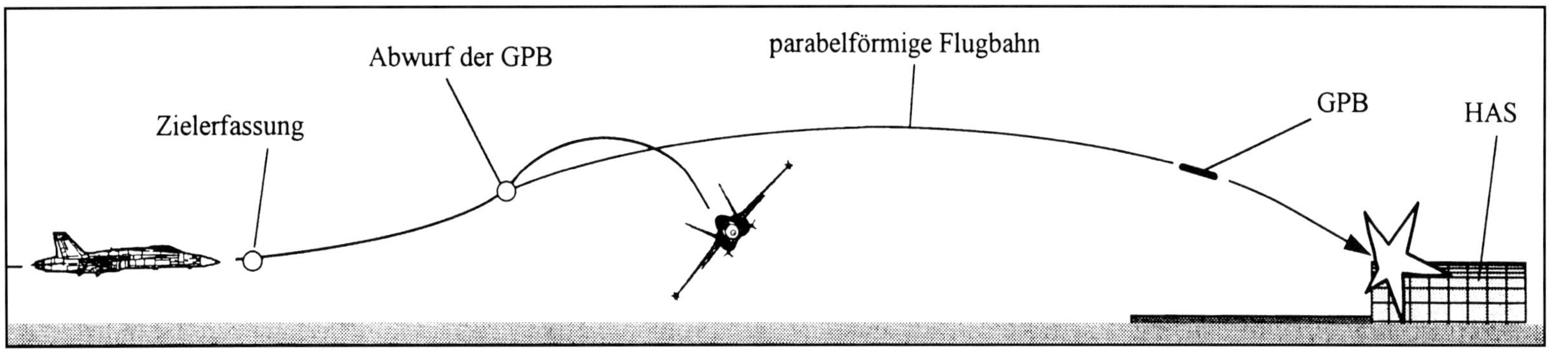

Abb.2.3.2k: »Toss-bombing«: Bei dieser Bombenabwurfmethode zieht das Trägerflugzeug einige Kilometer vor dem Ziel aus dem Tiefflug in die Höhe, wirft die Bombe an dem vom Waffenrechner bestimmten Punkt ab, dreht ab und geht wieder in den Tiefflug über. Die GPB fliegt auf einer parabelförmigen Flugbahn dem Ziel entgegen; der Jabo muß dieses nicht überfliegen.

ringert haben. Danach beginnen sie mit dem Sinkflug in Richtung Ziel; dieses kann sich bis zu 10 km vom Abwurfpunkt der Bomben entfernt befinden. Der Vorteil dieser Methode liegt auf der Hand: Die angreifende Maschine muß nicht mehr das zu treffende Objekt überfliegen und sich deshalb auch nicht der dort aufgestellten Flab aussetzen. Ein Nachteil besteht allerdings darin, daß die Bombenflugbahn nur ungenügend vorausberechnet werden kann, sollte die Bombe ein hartes Ziel mit einem Volltreffer zerstören. Der CEP beträgt bis zu 70 m.

In allen drei genannten Einsatzverfahren werden die Bomben im Normalfall nicht einzeln, sondern in Paketen von acht Stück abgeworfen, um die Wahrscheinlichkeit für einen Treffer zu erhöhen.

Gewöhnliche Sprengbomben spielen trotz der Entwicklung von »intelligenten« Luft/Boden-Waffen auch bei jedem heutigen Luftkrieg eine große Rolle. »Desert Storm« war hier keine Ausnahme. Obwohl man durch die in den Nachrichten erschienenen Fernsehbilder den Eindruck bekommen konnte, daß vor allem Präzisionswaffen zum Einsatz gekommen seien, war die Menge an normalen »dummen« Bomben um ein Vielfaches größer.

Streubomben (CBUs)

Den Nachteil der GPBs, jeweils einen Volltreffer auf dem Zielobjekt landen zu müssen, um diesem überhaupt etwas anhaben zu können, weisen Streubomben oder kurz CBUs (cluster bomb units) nicht auf. Äußerlich gesehen erscheinen sie den normalen Sprengbomben zum Verwechseln ähnlich, sie sind allenfalls etwas weniger aerodynamisch. Ihr innerer Aufbau unterscheidet sich jedoch grundlegend. Anstelle des hochexplosiven Kerns enthält der Hauptkörper zahlreiche kleine Bömbchen, die sogenannte Submunition. Der ebenfalls vorhandene Hauptzünder ist nicht mehr für die Auslösung der Detonation und damit für die Sprengwirkung verantwortlich, sondern lediglich noch für das Öffnen der äußeren Hülle gedacht, damit die Submunition rechtzeitig freigesetzt wird. Dieser Vorgang erfolgt noch in der Luft, nachdem die CBU vom Trägerflugzeug abgeworfen worden ist und eine gewisse Mindesthöhe unterschritten hat. Die Bömbchen verteilen sich anschließend über eine verhältnismäßig große Fläche und explodieren beim Auftreffen.

Bei einigen CBU-Typen stehen verschiedene Munitionsarten zur Verfügung. Die Waffe kann deshalb auch gegen unterschiedliche Ziele wirksam sein. Am verbreitetsten ist die Splittermunition, welche in erster Linie gegen sogenannte »weiche Ziele«, das heißt Fahrzeuge, Artillerie- und Fliegerabwehrstellungen, aber auch gegen die feindliche Infanterie, gerichtet ist. Daneben existieren aber auch panzerbrechende Munitionsarten. Diese nutzen aus, daß alle Panzerfahrzeuge auf der Oberseite nur dünne Panzerungen aufweisen, welche mit einer nur geringen Menge an

Abb.2.3.2l: Ein weiterer HARRIER! Die hier gezeigte Maschine von der Serie GR.5 trägt die geballte Waffenlast von sieben BL.755-cluster bomb units für den Angriff und zwei AIM-9 Sidewinder zum Selbstschutz. Jede der CBUs beinhaltet 147 kleine Splittergeschosse. Von den britischen Luftstreitkräften wurden die CBUs im Falklandkrieg in großen Mengen eingesetzt, so zum Beispiel beim Angriff auf den von den Argentiniern besetzten Flughafen von Port Stanley. Sie zerstörten dabei eine Reihe von PUCARÁ-COIN-Flugzeugen, welche für die britischen Landungstruppen eine ansehnliche Gefahr dargestellt hätten.

Sprengstoff durchschlagen werden können. Die Submunition ist hierfür mit einer Hohlladung versehen.

Gepanzerte Fahrzeuge können auch mit der neuen Sensor Fuzed Weapon (SFW) außer Gefecht gesetzt werden. Jedes Bomblet weist einen IR-Sensor auf, der Panzer detektieren kann. Das Bomblet schießt nach der Detektion eine hochenergetische Schlacke auf das Fahrzeug und neutralisiert es.

Eine weitere Bestückungsmöglichkeit sind Minen diversen Typs, mit denen ein Gebiet für den Gegner unpassierbar gemacht werden kann.

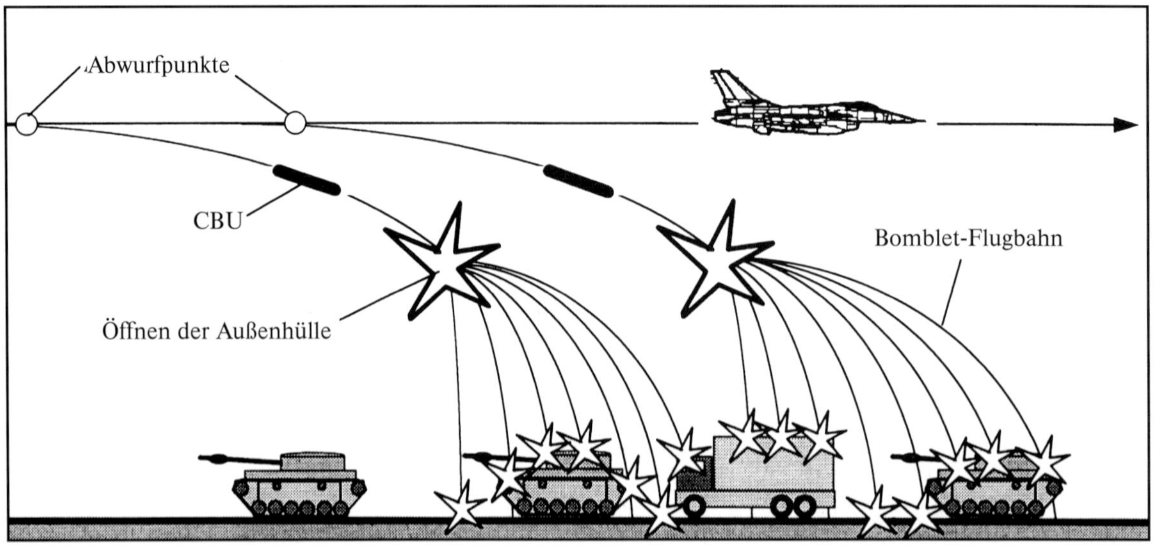

Abb.2.3.2n:
Angriff eines Jabos auf eine Fahrzeug-Kolonne. Durch den Einsatz von CBUs muß nicht jedes einzelne Fz beschossen werden. Die Submunition verteilt sich entlang der Flugrichtung und beschädigt mit großer Sicherheit den größeren Teil der Fahrzeuge.

Neben diesen pyrotechnischen Ladungen können CBUs aber auch sogenannte »non-lethal munitions« enthalten. Ein Beispiel hierfür sind Kohlefaserbomblets für den Einsatz gegen Elektrizitätswerke. Mit ihren spinnenfadenartigen Fasern verursachen sie Kurzschlüsse in den Verteilern der Kraftstation.

Der Zielanflug bei einem CBU-Einsatz sieht demjenigen der GPBs sehr ähnlich. Die Flächenwirkung kann vor allem im Überflug-Verfahren voll ausgenutzt werden. »Toss-« oder »Dive-bombing«-Verfahren sind weniger üblich, da die Submunition hierbei auf eine zu kleine Fläche konzentriert würde. Um einen noch größeren Effekt zu erzielen, werden Streubomben immer in Mehrfachwürfen mit jeweils leichten Verzögerungen eingesetzt.

Abb.2.3.2m: Ein ALPHA JET 2 bestückt für den Einsatz gegen Flächenziele: Unter den Tragflächen hängen zwei Zusatztanks und vier Belouga-CBUs. In jedem dieser Dispenser befinden sich 151 Bomblets, die auch gegen gepanzerte Ziele wirksam sind.

Eine Streubombe unterschiedet sich von den anderen CBUs durch den Einbau eines Bremsschirmes und der aerodynamischeren Form: die Belouga (Abb.2.3.2m). Sie wird ebenfalls in Verbindung mit der Überflugeinsatzmethode verwendet. Nach dem Abwurf verlangsamt der Schirm die Waffe bis zu einem idealen Geschwindigkeitswert, danach wird er abgeworfen. Die Bombe, die sich immer noch im Horizontalflug befindet, stößt anschließend die Submunition nicht auf einen Schlag, sondern kontinuierlich aus. Dadurch entsteht ein langer Wirkungskegel – ideal für die Bekämpfung von Fahrzeugkolonnen oder abgestellten Flugzeugen.

Neuere Streubombenarten sind darauf ausgelegt, daß sie auch aus mittleren Höhen auf Flächenziele mit großer Wirkung eingesetzt werden können. Hierfür verwenden diese Waffen zum Beispiel spezielle, sich auf Radar abstützende Zünder oder Rüstsätze, welche den Einfluß von Wind automatisch korrigieren (WCMD).

Aufgrund der Verwendungsmöglichkeiten sowohl über dem Gefechtsfeld als auch im feindlichen Hinterland tragen sowohl Nahunterstützungs- wie auch Angriffsflugzeuge Streubomben.

Im Golfkrieg benutzten die alliierten Luftstreitkräfte CBUs in großen Mengen. Allein die Amerikaner setzten weit über 20000 »Rockeyes« ein. Nicht nur Flugplätze, Panzer- und Transportkolonnen der irakischen Streitkräfte waren die Ziele, sondern auch zahlreiche Radar-, SAM- und AAA-Stellungen.

Es existieren durchaus noch weitere Arten von Behälterwaffen. Einige davon werden im nächsten Abschnitt behandelt, während andere – Napalm-Behälter und Fuel Air Explosives (Aerosolbomben) – in diesem Buch nicht berücksichtigt werden.

Abb.2.3.2o: Die Aufnahme zeigt ein Modell einer CBU-97 SFW. Die Waffe enthält 10 Submunitionselemente (abgebildet unterhalb der Bombe), wovon jedes wiederum 4 Gefechtsköpfe trägt. Die Elemente gleiten nach dem Öffnen der Bombenhülle an Fallschirmen bis auf eine bestimmte Höhe, wo sie die mit IR-Sensoren bestückten Gefechtsköpfe verteilen. Die Sensoren suchen sich ein Ziel, worauf die Gefechtsköpfe anschließend ihre hochenergetische Schlacke abschießen.

Anti-Pisten-Waffen

In einem Kriegsfall gehören Luftangriffe und Abfangeinsätze zu den am meisten gefürchteten Aktionen des Gegners. Aus diesem Grund ist man daran interessiert, die feindlichen Luftstreitkräfte so schnell, so komplett und so lange wie möglich zu neutralisieren. Da dies am Boden einfacher zu realisieren ist als in der Luft, stehen Flugplätze auf der obersten Liste der Primärziele. Mit Ausnahme des HARRIER und der STOVL-Version des projektierten JSF sind nämlich alle Kampfflugzeuge von Start- und Landebahnen abhängig, die mehr oder weniger befestigt sein müssen.

Doch wie bekämpft man Pisten effizient? Eine, zwei Bomben darauf abwerfen kann bei 3 km langen Startbahnen wohl nicht die Lösung darstellen, denn moderne Kampfjets wie MiG-29 oder F-16 kommen selbst bei voller Kampflast mit 600 m Rollstrecke aus. Dazu ist noch zu bemerken, daß einfache Bombenkrater für ein eingespieltes Reparaturteam »Kleinigkeiten« darstellen, die innerhalb einer Stunde beseitigt sind. Selbstverständlich könnte man alle paar Stunden ein Dutzend Jagdbomber gegen einen Flugplatz losschicken, doch ist dies nun wirklich nicht sinnvoll.

Die Franzosen entwickelten eine Lösungsvariante für das Problem: die Anti-Pisten-Waffen BAP-100 (bombe anti-piste) und Durandal. Beide bestehen aus realtiv kleinen, schlanken Raketen, die vom Trägerflugzeug in ganzen Reihen während des Startbahnüberfluges wegfallen und anschließend von einem Bremsschirm soweit verlangsamt werden, bis sie senkrecht am Schirm hängen. Dann wird dieser abgeworfen, der Raketenmotor zündet und beschleunigt die Waffe im Sturzflug, damit die Sprengladung die Rollbahn durchschlagen kann, bevor sie detoniert

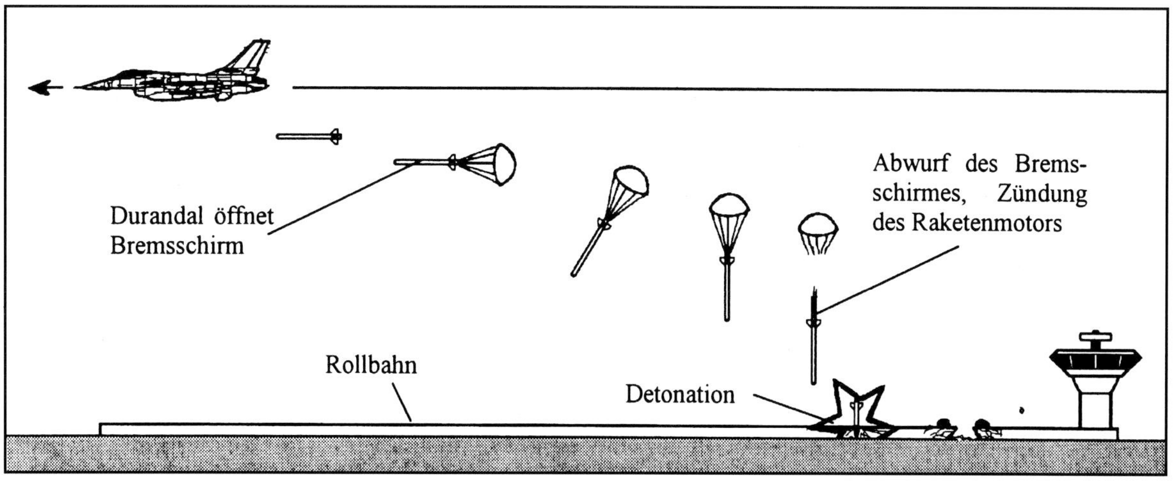

Abb.2.3.2p: Durandal-Reihenwurf. Der Jabo fliegt direkt über die Piste und löst die Waffe aus. Diese wird abgebremst, bis sie sich in der Senkrechten befindet, beschleunigt anschließend im Sturzflug und durchschlägt den Betonbelag, bevor sie explodiert. Es entstehen Krater, die einen großen Reparaturaufwand erfordern.

Abb.2.3.2q: Ein deutscher TORNADO IDS setzt eine MW-1 ein. Die Waffe ist sehr wirkungsvoll sowohl bei der Zerstörung von Flugplätzen als auch bei der Vernichtung von feindlichen Panzerverbänden. Mit einem einzigen Überflug kann ein Sachschaden angerichtet werden, für den man früher Dutzende von Jagdbombern hätte losschicken müssen.

(Abb.2.3.2p). Dadurch wird der Belag weit aufgerissen und ist schwieriger zu reparieren.

Die Waffe ist klein und leicht, weshalb auch Jagdbomber wie der AMX oder die A-4 SKYHAWK als Träger dafür in Frage kommen. Lediglich die Anzahl der mitgeführten Durandals/BAPs muß bei diesen Maschinen

Abb.2.3.2r: Ähnliches Bild wie oben, jedoch lädt hier ein britischer TORNADO GR.1 die Ladung von zwei JP-233-Anti-Pisten-Waffen ab. Während die deutsche MW-1 seitlich feuert, verläßt die Munition den JP-233-Behälter vertikal. Dies bedingt einen genaueren Pistenüberflug, was nicht ganz ungefährlich ist, wenn man an die gegnerische Flab denkt. Durch die Minen verhindert ein JP-233-Einsatz auch die Reparatur der durch die Bomben entstandenen Schäden.

im Vergleich zu schwereren Typen reduziert werden. Den Bedarf für eine effiziente Anti-Pisten-Waffe können darum auch Länder decken, die keine schweren Jagdbomber im Inventar führen.

Vor allem die Durandal hat sich auf dem Markt als besonders erfolgreich erwiesen: Sogar die amerikanische Luftwaffe gehört zu den Betreibern. Bezeichnenderweise wurden die Waffen aber im Golfkrieg nicht eingesetzt, was in erster Linie mit dem gewählten Einsatzprofil der US-Angriffsflugzeuge zu tun hat, denn die Durandal benötigt einen direkten Überflug des Flugplatzes in wenigen hundert Metern Höhe; dies vermied die USAF über dem Irak jedoch strikt und flog vorwiegend im mittleren Höhenbereich.

Einen ganz anders aussehenden, jedoch noch ausgefeilteren Lösungsansatz wählten die Deutschen und die Briten bei der Konstruktion ihrer Anti-Pisten- und Flächen-Waffen. Beides sind Dispenser, die aufgrund ihres Gewichtes nur von schweren Angriffsflugzeugen getragen werden können.

Die deutsche MW-1 (Abb.2.3.2q), ein über vier Tonnen schweres Ungetüm, ist nicht nur gegen Flugplätze, sondern zum Beispiel auch gegen feindliche Panzerverbände einsetzbar. Ihre 112 seitlich feuernden Rohre beinhalten maximal 4500 Geschosse verschiedener Submunitionsarten, zum Beispiel panzerbrechende »Bomblets«, aber auch Anti-Panzer- und Splitter-Minen. Üblich ist eine Mischung aus allen dreien.

Die MW-1 wird von einem TORNADO IDS im Tiefflug direkt über dem Ziel zum Einsatz gebracht, und zwar können verschiedene Parameter

vor dem Angriff programmiert werden, so die Angriffshöhe, die Fluggeschwindigkeit sowie die Länge und die Breite des vorgesehenen Zielgebietes, um eine optimale Waffenwirkung zu erreichen. Mit einem »single-pass« werden einerseits sowohl sämtliche sich im Waffenwirkungsbereich aufhaltenden Panzer vernichtet, andererseits aber auch dem Gegner der Durchgang durch das Gelände für mehrere Stunden verwehrt – für diese Aufgabe hätte man früher zahllose Bombenangriffe benötigt.

Bei der britischen JP-233 handelt es sich um eine spezialisiertere Anti-Pisten-Waffe. Sie wird zwar wie die MW-1 direkt über dem Ziel ausgelöst, aber die Munition verläßt den Behälter vertikal (Abb.2.3.2r), so daß die Waffenwirkung nicht derart breitflächig, dafür aber konzentrierter ist.

Die Ladung eines Dispensers besteht aus 30 pistenzerstörenden Bomben à 26 kg und 215 Minen. Der Abwurf der Submunition erfolgt gemäß der vor dem Einsatz erfolgten Programmierung, jeweils koordiniert mit der Flughöhe und der -geschwindigkeit. Die Bomben werden nach dem Austreten aus dem Dispenser durch einen kleinen Bremsschirm in die Senkrechte gebracht und gleiten anschließend an diesem langsam bis auf die Piste hinunter. Dort sprengen die Hilfsladungen zuerst Löcher in die Bahn, in welche dann die Hauptladungen eindringen und den Beton oder Asphalt von innen her zerreißen. Kein Wunder, daß eine Piste nach einem JP-233-Angriff eher einem frisch gepflügten Rübenfeld gleicht als einer Startbahn, denn ein TORNADO GR.1 trägt zwei JP-233-Behälter – 60 Bomben! Auch die Wirkung der Minen ist nicht zu vernachlässigen. Sie fallen gleichzeitig ebenfalls an Schirmen zu Boden, wo sie sich mit Hilfe ihrer Spreizfüße aufrichten. Da die Detonationsauslösung zeitgesteuert gemäß dem Zufallsprinzip über den ganzen programmierten Zeitraum oder auf Berührung vor sich gehen kann, dürften die Reparaturtrupps doch einige Schwierigkeiten haben, die Piste innert nützlicher Frist wieder brauchbar zu machen.

Im Gegensatz zur MW-1 ist die JP-233 bereits im Kriegseinsatz verwendet worden. Rund 50 Angriffe flog die RAF damit in den ersten Tagen des Golfkrieges und erntete dabei große Anerkennung bei seinen Mitalliierten, denn die Missionen fanden alle bei Nacht und im Extremtiefflug, das heißt 20 m über Boden, statt, gehörten also zu den gefährlichsten des Krieges. Sie waren zu einem großen Teil dafür verantwortlich, daß die irakische Luftwaffe zu Beginn des Waffenganges praktisch keine Kampfflugzeuge in die Luft brachte. Da aber in dieser Zeit einige Tornados von der Flab abgeschossen wurden, änderte die RAF die Taktik und flog – wie die USAF – nur noch über 3200 m. Sie mußte dadurch aber auf die wirkungvolle Anti-Pisten-Waffe verzichten, denn diese ist nur wirksam bei einer Einsatzhöhe zwischen 15 und 50 m über Boden. Erst nach dem Krieg wurde bekannt, daß der Irak keine einzige TORNADO abgeschossen hatte, die JP-233s schleppte. Lediglich eine, die ihren Angriff aber bereits ausgeführt hatte, wurde getroffen.

Trotz der hervorragenden Resultate aus dem Golfkrieg wird vor allem der für Dispenserwaffen erforderliche unmittelbare Überflug des Zieles als Schwachstelle kritisiert. Die USAF erkannte dies schon früh und zog sich aus der gemeinsamen JP-233-Entwicklung mit den Briten zurück: »It's

Abb.2.3.2s: Unter dieser linken Tragfläche einer MIRAGE F1 hängen zwei Durandal-Antipistenwaffen. Insgesamt kann das Flugzeug bis zu 8 dieser Waffen tragen und beim Pistenüberflug im Reihenwurf einsetzen.

a suicide-weapon«, war man überzeugt. Jedenfalls versuchen heute viele Luftwaffen Abstandswaffen für solche Aufgaben zu entwickeln. Mehr darüber im Abschnitt PGMs: JSOW und Cruise-Missiles.

PGMs: Laser- und elektrooptisch gelenkte Bomben (LGBs und EOGBs)

Während des Zweiten Weltkrieges führten beide Seiten ihre Angriffe mit Dutzenden, ja Hunderten von Bombern durch, manchmal nur, um eine Fabrik zu vernichten. Heute verhindert solche Schläge vor allem

Abb.2.3.2t: Die Knappheit an Laser-gesteuerten Bomben und der Bosnienkonflikt zwangen Frankreich dazu, amerikanische Paveway II-Kits zu kaufen, um damit gewöhnliche GPBs nachzurüsten, die man von Deutschland übernommen hatte. Das abgebildete Exemplar hängt unter der Tragfläche des ersten RAFALE M-Prototyps.

das zur Verfügung stehende Budget, welches die Anzahl der im Dienst stehenden Kampfflugzeuge doch arg dezimiert hat, aber auch die feindliche Luftabwehr. Die leistungsfähigste Luftwaffe der Welt, die USAF, besitzt beispielsweise noch knapp 200 Bomber, während außer Rußland kein einziges europäisches Land mehr in der Lage ist, die nötigen Gelder auch nur für eine einzige Staffel bereitzustellen. Man ist also dazu gezwungen, die Effizienz der limitierten Anzahl der Angriffskräfte zu erhöhen. Dies wird dadurch erreicht, indem man die Präzision der Bewaffnung moderner Kampfflugzeuge stark verbessert. Damit kann sichergestellt werden, daß nach wie vor die Kapazität zur Zerstörung von Zielen mit konventionellen Mitteln vorhanden ist.

Schon während des Vietnamkrieges forschten die Amerikaner an einer schlagkräftigen, gleichzeitig aber relativ günstigen Waffe, die von Jets der PHANTOM-Klasse einsetzbar sein sollte, und das selbst in der Nähe von eigenen Truppen in der Nahunterstützungsrolle. PGM – precision-guided munition – hieß das Zauberkürzel. Der geforderte tiefe Preis und das vorgegebene Verhältnis von Masse zu Sprengwirkung der Waffe machten den Einbau eines Antriebs unmöglich, so daß als Alternative nur die gelenkte Bombe übrigblieb. Das Problem der Lenkung löste man mit einem halbaktiven Laser-Zielsucher, der einen reflektierten Laserstrahl entdecken kann. Dieser Sensor wird, zusammen mit der erforderlichen Steuereinrichtung, an eine gewöhnliche Sprengbombe beliebigen Kalibers gebaut, wodurch man die Kosten niedrig hält. Zur Reichweitenverlängerung werden zusätzlich ausfahrbare Flügel in die Heckstabilisatoren integriert.

Das Resultat der gesamten Entwicklung dürfte spätestens nach den während des Golfkrieges gezeigten TV-Aufnahmen jedermann hinreichend bekannt sein: Sogar die Zerstörung harter Ziele wie Flugzeugbunker (HAS) oder Kommandozentralen ist mit einer einzigen Bombe möglich. Eine F-117A demonstrierte einmal die enorme Präzision eines solchen Waffensystems: Die Bombe traf einen Luftschacht von knapp einem Meter Durchmesser.

Die LGB (Abb.2.3.2t/u), wie die Laser-gelenkte Bombe kurz genannt wird, wurde aber noch in Vietnam, und zwar in der Form der Paveway I, und später im Falklandkrieg eingesetzt, wenn auch in einem kleineren Maßstab und mit einer weniger großen Publicity als im Golfkrieg von 1991.

Ein Angriff mit einer LGB läßt sich folgendermaßen beschreiben: Der Anflug erfolgt gewöhnlich in einer mittleren Höhe, das heißt im Bereich zwischen 3000 und 7000 Metern. Das Ziel wird, nachdem es mit FLIR/DLIR, Radar oder visuell entdeckt worden ist, mit einen Laserstrahl markiert, wobei die Laserquelle, der sogenannte Designator, sowohl boden- wie auch luftgestützt sein kann. Geeignet sind beispielsweise mit dem entsprechenden Gerät ausgerüstete »Pathfinder«, also Fallschirmspezialeinheiten wie die britische SAS, die hinter den feindlichen Linien abspringen und sich in eine geeignete Position bringen, von woher sie den Laserpointer auf das zu bekämpfende Objekt richten können. Bei frontnahen Einsätzen übernehmen die Aufgabe andere Spezialtrupps. Aber auch Helikopter (z.B. OH-58D) oder Flugzeuge eignen sich als Zielbeleuchter. Maschinen wie die F-117A oder mit dem LANTIRN-Behälter ausgerüstete F-15E EAGLE (Abb.2.3.2x) sind auch fähig, Ziele für ihre eigenen LGBs zu markieren. Reflektiert das »Target« einmal den Laserstrahl, muß das mit den LGBs ausgerüstete Angriffsflugzeug dieses nur noch finden, was zum Beispiel mit einem LRMTS vor sich

Abb.2.3.2u: Im Vergleich zur Paveway II weist die hier abgebildete Paveway III diverse Verbesserungen auf, die die Reichweite vergrößern und die Treffgenauigkeit verbessern sollen. Aber auch sie benötigt eine Zieldesignation. Alle Paveway-Ausrüstungen sind amerikanischen Ursprungs und werden den jeweiligen Ländern als Kits für deren Bomben geliefert.

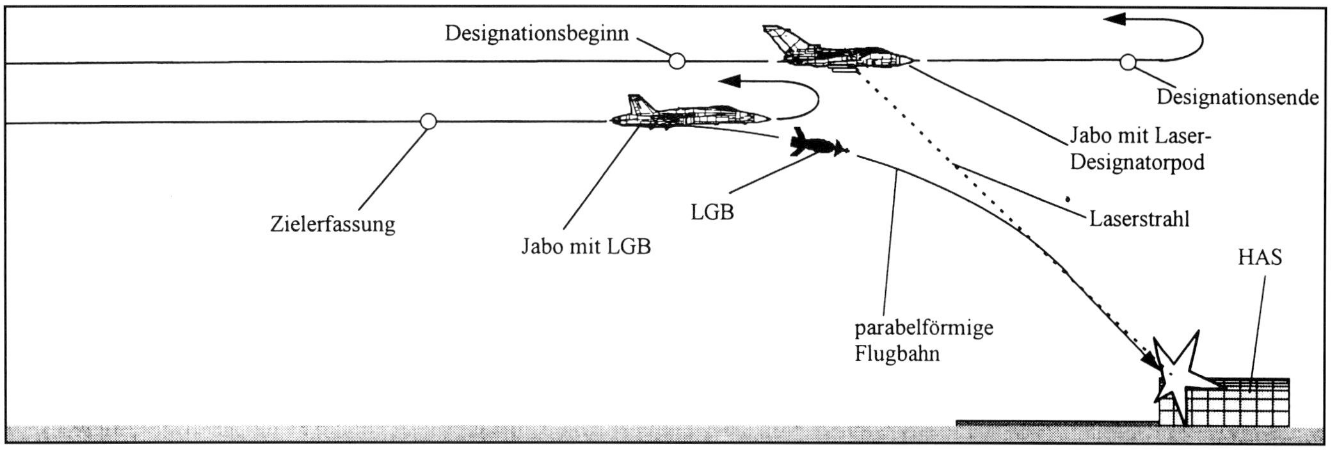

Abb.2.3.2v: Angriff mit LGBs auf ein Ziel. Ein mit einem TIALD-Pod ausgerüsteter TORNADO GR.1 markiert das Ziel mit dem Laser, damit eine F/A-18 ihre LGBs auf das Ziel abwerfen kann. Dabei fliegen beide Maschinen in mittlerer Höhe. Der TORNADO sucht das Ziel mit seinem DLIR und richtet seinen Laser darauf. Die HORNET entdeckt die Laserreflexion des Zieles, wirft die Bombe und dreht ab, um sich aus dem Gefahrenbereich zu bringen. Währenddessen muß der TORNADO seine Zielbeleuchtung fortsetzen, bis die LGB im Ziel aufschlägt. Er könnte aber auch selber eigene Laserbomben darauf abwerfen.

Abb.2.3.2w: Neben den auf der Seite 238 abgebildeten Paveways existieren noch zahlreiche andere LGBs/EOGBs. Beispiele hierfür sind die GBU-15 (links oben), von der es TV- und IIR-Versionen mit unterschiedlichen Gefechtsköpfen und Zündern gibt, die israelische Hartzielbombe PB-500A1 (links unten) oder die französische BGL-500 und -1000 (rechts).

gehen kann, die Bomben zuweisen und ausklinken. Die Lenkwaffe steuert sich automatisch ins Ziel, aber die Laser-Designation muß zwingend so lange aufrechterhalten werden, bis die Bombe eingeschlagen hat. Die Abweichung des Treffers vom markierten Punkt beträgt normalerweise weniger als drei Meter, während ein Penetrationszünder ein tiefes Eindringen der Sprengladung auch bei stark verbunkerten Gebäuden sicherstellt.

Ganz so einfach, wie es hier tönt, ist die ganze Sache jedoch nicht. Zahlreiche Tücken gilt es zu beachten. So muß beispielsweise die Flughöhe und -geschwindigkeit genau zusammenstimmen, die Entfernung darf nicht zu groß sein und das Trägerflugzeug sollte sich ungefähr in Richtung Ziel bewegen, denn die LGB gleitet nur und ist deshalb nicht imstande, grobe Richtungswechsel vorzunehmen. Außerdem darf keine Wolke zwischen dem zu treffenden Objekt und dem Jagdbomber oder dem Laserdesignator sein, denn mit Laser kann man ebensowenig durch Nebel leuchten wie mit einer normalen Taschenlampe. Wird die Laserdesignation nur für einen kurzen Augenblick unterbrochen, verfehlt die Bombe ihren Bestimmungsort mit großer Wahrscheinlichkeit.

Für den Einsatz aus dem Tiefflug heraus sind LGBs wenig geeignet, es sei denn, man »tosse« die Bombe, wodurch auch eine ansehnliche Reichweite erzielt wird. Neuere Versionen, zum Beispiel die Paveway III LLLGB (Low-Level Laser-Guided Bomb), eignen sich besser dafür als ältere, da sie im Vergleich mit diesen vergrößerte Steuer- und Gleitflächen aufweisen.

Etwas weiter entwickelt als die Laser-gelenkten Bomben sind die Gleitbomben mit TV- oder IIR-Suchkopf. Beispiele hierfür stellen die russische GBU-500T (TV) und die amerikanische GBU-15 (Abb.2.3.2w) dar. Von letzterer existiert eine ganze Waffenfamilie, die sich bezüglich der Suchköpfe, Steuerflächenformen, Zünder und Sprengladungen unterscheiden.

Der entscheidende Vorteil der TV- und IIR-gelenkten Bomben gegenüber der oben besprochenen LGB liegt in der Tatsache, daß keine Zieldesignation erforderlich ist. Man weist der Bombe über einen Bildschirm im Cockpit, der mit dem Lenkwaffensuchkopf gekoppelt ist, das Ziel zu und wirft sie ab. Da das Zielbild während des ganzen Fluges via Data-Link zum Flugzeug übertragen wird, sind auch

Abb.2.3.2x: Die F-15E ist spezialisiert für den Einsatz von LGBs. Sie kann über sechs Stück tragen. Wie hier zu sehen ist, werden diverse Bomben-Kaliber mit Paveway-Kits ausgestattet, so die 227 kg-GPB (unter dem »FAST-Pack«) oder die 908 kg-BLU-109 Penetratorwaffe (am Unterflügelpylon). Ihre Bezeichnungen lauten GBU-12 respektive GBU-24.

Steuerkorrekturen durch die Besatzung bis zum Auftreffen auf das Ziel jederzeit möglich.

Der IIR-Suchkopf ist wohl der am weitesten entwickelte von allen. Mit ihm lassen sich nicht nur, wie dies bei einem gewöhnlichen IR-Suchkopf der Fall wäre, stark wärmeabstrahlende Ziele ansteuern und zerstören, sondern auch Objekte, die sich durch einen geringen Wärmeunterschied von der Umgebung abheben und eventuell gar nicht auf der Geländeoberfläche sichtbar sind, und dies erst noch bei Tag und Nacht. Der Pilot erhält vom IIR-Suchkopf ein Bild mit einer hohen Auflösung wie von einem FLIR, so daß das zu treffende Ziel genau auszumachen ist.

Üblicherweise sind Angriffsflugzeuge die typischen Träger von Präzisionsbomben, doch gerade die Treffsicherheit macht die Waffe ideal für den Einsatz an der Front in der Nähe der eigenen Truppen. Nahunterstützungsflugzeuge wie der HARRIER oder die A-10 verwenden deshalb häufig LGBs.

Der Erfolg, den die PGMs im Golfkrieg und auch bei den »Deny-Flight«-Einsätzen über Bosnien erzielten, hat dazu geführt, daß immer mehr Länder sich für diese Waffen interessieren. Die Entwicklungsarbeiten werden jedenfalls an vielen Orten mit großer Intensität fortgesetzt, vor allem in den USA, wo man bereits an Modellen arbeitet, die weniger wetterabhängig sind und sich im Verbund mit Stealth-Flugzeugen problemloser einsetzen lassen (siehe nächsten Abschnitt).

PGMs: Joint Direct Attack Munitions (JDAM)

Ein großer Nachteil der Laser- und elektrooptisch-gelenkten Bomben besteht darin, daß ihre Einsatzmöglichkeit stark vom Wetter beeinträchtigt wird. Eine Wolke oder Nebel über dem Zielgebiet verhindert die Designation mit Laser im Falle von LGBs oder die Zielerfassung mit TV/IIR-Suchkopf bei EOGBs. Zahlreiche »Desert Storm«-Missionen mußten aus solchen Gründen kurzfristig abgesagt werden, nachdem die Bomber bereits gestartet waren. Da das Wetter über Europa durchschnittlich wolkenreicher ist als in der Golfregion, fiel die Bilanz bei »Deny Flight«-Einsätzen über Bosnien noch bedeutend schlechter aus. Immer wieder schob sich kurzfristig eine Wolke zwischen den Designator und das Ziel, was in einem Fehlwurf oder einem Angriffsabbruch resultierte.

Die Amerikaner zogen aus den gemachten Erfahrungen ihre Lehren und stellten einen Anforderungskatalog für eine neue PGM zusammen: Sie sollte alle positiven Eigenschaften einer LGB haben (billig im Preis, einfach herzustellen, großes Verhältnis Sprengladung zu Waffengewicht sowie extreme Treffgenauigkeit), dazu aber auch noch allwettertauglich sein.

Die Lösung stellt die JDAM (Abb.2.3.2y) dar, eine Waffe, welche von den US-Luftstreitkräften in den nächsten Jahren im großen Stil eingeführt werden wird: eine gewöhnliche GPB mit verschiedenen Zündervarianten, ausgerüstet mit einer internen Navigationsplattform (INS), welche von einem Satellitenpositionierungssystem (GPS) unterstützt wird, und den erforderlichen Steuer-/Gleitflächen.

Abb.2.3.2y: Die BLU-109-JDAM sieht einer gewöhnlichen Sprengbombe verblüffend ähnlich. Lediglich die steuerbaren Flossen und die Staken am Rumpf der Waffe weisen sie als PGM aus. Als Trägermaschinen für die JDAM kommen in erster Linie Stealth-Flugzeuge, aber auch F-15E, F-16 und F/A-18 in Betracht. JDAMS wurden im Kosovo-Konflikt erfolgreich von B-2-Bombern eingesetzt.

Im Einsatz unterscheidet sich die JDAM grundlegend von einer LGB. Die Zielkoordinaten werden im Normalfall bereits vor dem Start der Trägermaschine ins INS eingegeben, können im Flug aber auch noch verändert werden, sollte zum Beispiel ein Aufklärer in der Zwischenzeit ein Ziel von höherer Priorität aufspüren. Im Zielgebiet, das heißt in einer maximalen Entfernung von 15 km, wird die Waffe aus zirka 8000 m Höhe ausgeklinkt. Hat sie sich einmal vom Flugzeug gelöst, steuert sie autonom ins Ziel, der Bomber wird also »frei« für weitere Ziele oder Flugmanöver. Der Bomben-Flugweg kann ebenfalls vorprogrammiert, der Anflugwinkel und der Detonationsmoment ausgewählt werden. Für die Präzision der Waffe ist das interne Navigationssystem verantwortlich, welches ständig durch die Positions-Signale der GPS-Satelliten aufdatiert wird. Tests haben eine Zielabweichung von unter 13 m nachgewiesen; damit kommt sie noch nicht an die Zielgenauigkeit der LGB heran. Angesichts der Steuerungsmethoden ist die Waffe dennoch sehr treffsicher.

Geht man davon aus, daß im richtigen Augenblick eine genügende Anzahl an GPS-Satelliten zur Verfügung steht, um die aus den Tests resultierte Treffsicherheit zu garantieren, scheint die JDAM für USAF und USN die ideale Allwetter-Waffe zu sein für Präzisionsangriffe auf Punktziele bei begrenzten Konflikten. Voraussetzung für den erfolgreichen Einsatz der JDAM ist jedoch die Luftüberlegenheit im Zielgebiet, denn das Angriffsprofil, welches der Jagdbomber fliegen muß, bringt ihn gegenüber Jagdflugzeugen in eine äußerst verwundbare Situation.

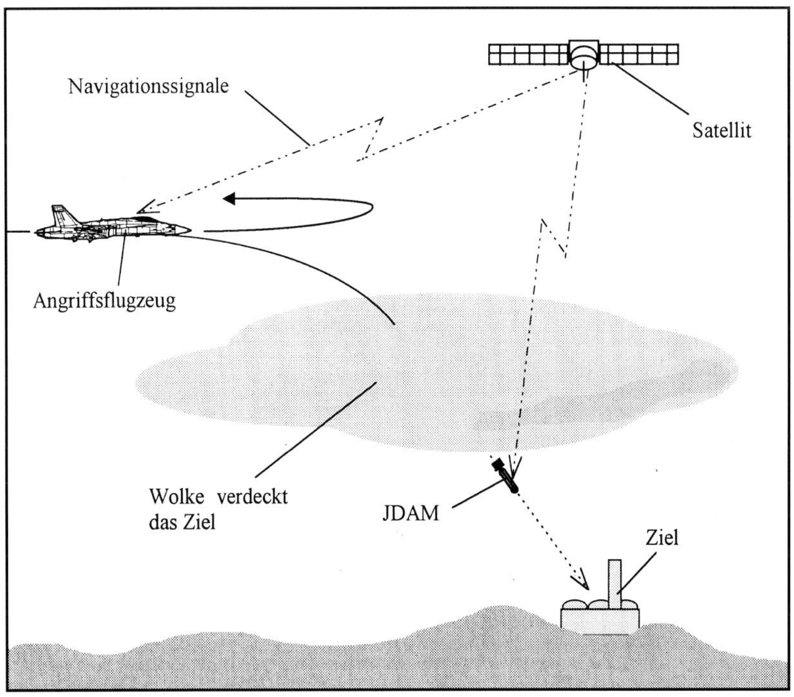

Abb.2.3.2z: Satelliten spielen in der heutigen Kriegführung eine zentrale Rolle, einerseits zur Aufklärung, andererseits zur Navigation. Die PGMs der nächsten Generation, wie hier die amerikanische JDAM, werden sich zunehmend auf GPS stützen. Gegenüber der Laserzielbeleuchtung der LGB hat dieses System vor allem den Vorteil, daß es allwetterfähig ist, also auch durch Wolken oder Rauch hindurch Ziele bekämpft werden können. Von der Genauigkeit her scheint es noch etwas benachteiligt zu sein. Deshalb wird derzeit eine Hybrid-LGB/JDAM entwickelt, die sämtliche Vorteile beider Waffen vereinigt.

Abb.2.3.2α: Modell einer JSOW. Dieser Abstandsdispenser wird parallel zur JDAM entwickelt, verfügt dank den ausklappbaren Flügeln über eine bedeutend größere Reichweite als letztere. Die Rumpfform erinnert stark an den fortschrittlichen Marschflugkörper AGM-129. Potentielle Plattformen für die JSOW (AGM-154) sind vor allem die F-16 und die F/A-18.

Für Exportländer kommt ein weiterer Nachteil hinzu: Da sich die Präzision auf amerikanische Satelliten stützt, würde ein Betreiberland automatisch vom Goodwill der Amerikaner abhängig.

Die US-Streitkräfte planen nicht, die Bomben vollständig neu herzustellen, sondern vorhandene GPBs zu Joint Direct Attack Munitions umzubauen, wobei vorwiegend 908 kg Sprengbomben, aber auch solche vom Kaliber 454 kg vorgesehen sind. Trägerflugzeug für die letzteren ist in erster Linie die F-22, welche nun auch in der Rolle des Jagdbombers verwendet werden soll und in deren Waffenschacht keine größeren Bomben passen.

Abb.2.3.2β: Eine AS.30L ASM an einer MIRAGE 2000D. Diese halbaktiv Laser-gelenkte Rakete wurde mit großem Erfolg im Golfkrieg von der armée de l'air eingesetzt. Ihre Reichweite liegt bei 10 km, der Gefechtskopf wiegt mit 240 kg ungefähr die Hälfte des Lenkwaffengewichtes. Die Lenkungmethode benötigt einen Laserdesignator wie den PDLCT-Pod. Links kann man eine Matra Magic II erkennen.

PGMs: Joint Stand-Off Weapon (JSOW) und AFDS

Eine Waffe, welche im Golfkrieg häufig zum Einsatz gekommen war, ist die »Rockeye«-Streubombe, mit der Fahrzeuge, Raffinerien, Tanklager und Flugabwehrstellungen angegriffen wurden. Dies bedingte jedoch immer eine Annäherung des Trägerflugzeuges an das Ziel bis auf wenige hundert Meter oder sogar einen direkten Überflug, was bei den heutigen Fliegerabwehrmitteln ein äußerst riskantes Unterfangen darstellt. Trotzdem: Die CBUs, aber auch die Dispenserwaffen (z.B. JP-233), zeigten sich im Kampf gegen den Irak als sehr erfolgreich, weshalb man allgemein zur Kenntnis gelangte, daß auch in Zukunft nicht auf sie verzichtet werden könne.

Die britische Luftwaffe hatte bereits aufgrund von Vorkommnissen im Südatlantik in den 80er Jahren eine abstandsfähige Version der BL.755 gefordert. Die Entwicklung einer solchen Waffe kochte jedoch nur auf kleinem Feuer, bis zu Beginn der 90er Jahre die Gelder dafür zur Verfügung standen. Schließlich entschloß man sich aber, der Panzerabwehr mehr Gewicht zu geben und bestellte die Brimstone, ein verbessertes Derivat der Hubschrauber-gestützten Hellfire-ASM, sowie eine für den Abwurf aus mittleren Höhen modifizierte BL.755 für die Verwendung im Verbund mit dem HARRIER GR.7. Somit blieb das fortschrittliche, Mehrzweck-orientierte Abstands-Dispenser-Projekt SWARM auf der Strecke.

Die USAF und die USN erkannten ihrerseits nach dem Golfkrieg, daß sie ihre teueren und immer weniger werdenden Angriffsflugzeuge einer nicht mehr zu rechtfertigenden Gefahr aussetzen müssen, wollten sie in einem zukünftigen Konflikt weiterhin auf die altgediente »Rockeye« setzen. Sie forderten deshalb eine neue Dispenser-Waffe, welche die unterschiedlichen Munitionsarten einer CBU mitführen kann, die aber abstandsfähig sein sollte. Ähnliche Forderungen hatte die schwedische Flygvapnet gestellt. Das Hauptproblem der Entwicklung war dabei die Präzision der Waffe.

Ähnlich wie bei der JDAM eröffnet auch hier die satellitengestützte Navigation (GPS) neue Möglichkeiten, eine verhältnismäßig billige und treffsichere Waffe zu entwickeln: die JSOW. Sie stellt eine Art antriebslose Cruise-Missile dar, verfügt sie doch neben dem GPS-unterstützten INS zur Lenkung auch über ausklappbare Flügel, welche die Gleitflugstrecke gegenüber der JDAM erheblich verlängern. Je nach Abwurfhöhe besitzt die JSOW Einsatzreichweiten von 24 km (tief) bis 64 km (hoch). Die Versionen AGM-154A bzw. –B sind Träger von unterschiedlichen Bomblets (siehe CBU), die eine Flächenwirkung erzeugen. Die mit GPS/INS erreichbare Zielgenauigkeit reicht deshalb für diese Waffen aus. Die AGM-154C wird einen Penetrator-Gefechtskopf gegen Hartziele und einen IIR-Sensor für den Präzisionsendanflug erhalten. Von der Formgebung her ist die JSOW nach Stealth-Kriterien konstruiert worden, wodurch sie mit Radar praktisch nicht zu detektieren ist. Die Waffe wurde im Kosovo-Konflikt und im Irak bereits erfolgreich eingesetzt.

Die deutsch-schwedische AFDS/DWS-39 ist von der Konzeption her ähnlich, verfügt aber nur über Stummelflügel. Ihre Reichweite fällt deshalb mit rund 25 km geringer aus.

PGMs: Luft/Boden-Lenkwaffen (ASMs)

Neben den oben beschriebenen gelenkten Bomben begann vor allem in den USA und der Sowjetunion in den 60er Jahren die Entwicklung von gelenkten Luft/Boden-Raketen. Damit wollte man in erster Linie die Präzision der Angriffe und die Überlebensfähigkeit des angreifenden Flugzeuges verbessern. Dies führte dazu, daß heute ein einzelnes, verhältnismäßig kleines Angriffs- oder Nahunterstützungsflugzeug ein Ziel von der Größe eines Bunkers mit einer einzigen Waffe erfolgreich bekämpfen kann und dabei nicht mehr in den Wirkungsradius der Flab einfliegen muß, da es die Lenkwaffe bereits von außerhalb auf das zu treffende Objekt abfeuert (Abb.2.3.2ϰ).

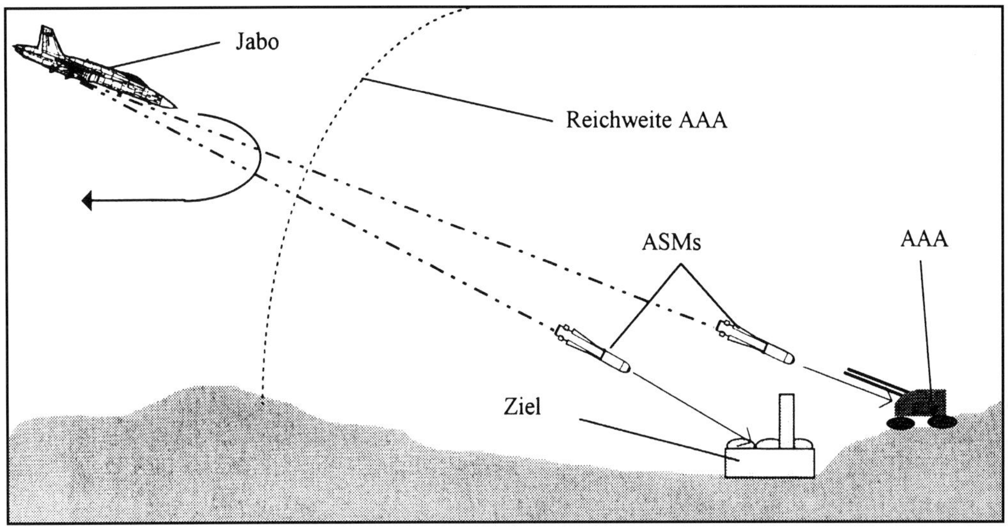

Abb.2.3.2ϰ: Die durch den Raketenantrieb erreichte Reichweite der ASMs macht es dem Piloten des Angriffsflugzeuges möglich, sein Ziel zu bekämpfen, ohne in den Bereich der AAA (oft 4 km) einfliegen zu müssen. Bei TV- oder IIR-gelenkten Versionen können Mehrfachschüsse innerhalb kurzer Zeitabstände realisiert werden, wodurch zum Beispiel nicht nur das Primärziel, sondern auch Sekundärziele (hier: AAA) im selben Anflug zerstört werden können.

Die stetig steigende Bedrohung der Angriffsflugzeuge durch die feindliche Luftabwehr im Zielgebiet erklärt die zunehmende Wichtigkeit von ASMs: Weitreichende High-Tech-SAMs und dichte Flab-Netze zwingen die angreifenden Jagdbomber dazu, immer mehr auf Distanz zu bleiben. Aus diesem Grund weisen viele moderne Langstrecken-ASMs eine Reichweite von bis zu 100 km auf. Die Lenkwaffen werden in einigen Fällen nicht nur dazu benutzt, Primärziele zu bekämpfen, sondern auch direkt zur Niederhaltung der Verteidigung des Gegners. Sie ermöglichen damit einen Angriff mit schlagkräftigeren, aber nicht-abstandsfähigen Waffen (großkalibrige Sprengbomben, Dispenser). Nur für diese Aufgabe ist zum Beispiel der Einsatz einer stark spezialisierten ASM gedacht: die ARM. Sie wird aber separat im letzten Kapitel behandelt.

Die Möglichkeit, einen größeren Abstand zum Ziel einhalten zu können, ist einer der Hauptvorteile der ASMs gegenüber den LGBs. Dies wird durch den Raketenmotor oder, bei wenigen Modellen, den Strahlantrieb erreicht. Daneben verbessert sich die Einsatzflexibilität dadurch, daß ein Angriffsflugzeug beim Feuern gelenkter Raketen in bezug auf die Flughöhe, -lage und -geschwindigkeit nicht derart eingeschränkt ist wie bei einem LGB/EOGB-Abwurf. Die Lenkwaffen können aus vielen Positionen eingesetzt werden, sogar aus dem Tiefflug heraus; lediglich die Zielerfassung muß gewährleistet sein. Dadurch reduziert sich die Verwundbarkeit des Trägerflugzeuges gegenüber der Flab und feindlichen Jägern noch weiter.

Natürlich sind ASMs keine Wundermittel und haben demnach auch Nachteile gegenüber anderen Waffen und speziell gegenüber LGBs: Ihr Preis liegt oft um Größenordnungen höher als jener von Alternativwaffen, und der von den gelenkten Raketen getragene Gefechtskopf fällt außerdem oft entscheidend leichter aus als der einer gelenkten Bombe, obwohl ihre Masse dieselbe ist, was sich in der Wirkung im Ziel niederschlägt. Die zerstörenden Auswirkungen können trotz der dank des Raketenmotors erzielten, höheren kinetischen Energie der ASM meistens nicht aufgewogen werden. Mit zunehmender Reichweite muß natürlich auch das Verhältnis von Gefechtskopfmasse zu Gesamtmasse sinken, da mehr Treibstoff zur Verfügung stehen muß, um den Flug zu gewährleisten. Allgemein üblich scheint ein Verhältnis von weniger als 0.5 zu sein. Aufgrund der hervorragenden, ja manchmal phänomenalen Präzision sind diese Nachteile aber bezüglich vieler Ziele im Vergleich mit konventionellen Sprengbomben oder ungelenkten Raketen in Kauf zu nehmen; auch die Erfolgsquote ist viel höher.

Abb.2.3.2δ: Ein TORNADO GR.1 trägt 12 Stück der modernsten Kurzstrecken-ASM, der Brimstone. Die Lenkwaffe ist primär zur Panzerbekämpfung ausgelegt und weist einen Millimeterradarsuchkopf auf. Sie kann entweder nach erfolgter Zielerfassung oder blind in ein Zielgebiet abgeschossen werden. Im letzteren Fall sucht sie sich ihr programmiertes Ziel selbständig.

ten; ganz im Gegensatz zu den AShMs, die im übernächsten Abschnitt besprochen werden. Die Reichweiten von gelenkten Raketen decken ein breites Spektrum ab. Sie reichen je nach Aufgabe von nur fünf bis über 100 Kilometer hinaus. Es ist deshalb kaum verwunderlich, daß bei jenen Lenkwaffen, welche große Distanzen zurücklegen können, die oben genannten Lenkungssysteme nicht ausreichen. Zusätzliche Lenkungshilfen müssen der ASM einen Marschflug bis in den Zielerfassungsbereich des Suchkopfes sicherstellen. Die Raketen enthalten deshalb oft einen Autopiloten, eine Trägheitsnavigationsplattform oder einen Data-Link zum Trägerflugzeug. Neuere Versionen könnten auch GPS-Satellitensignale zur Navigation nutzen. Ab einer gewissen Schußdistanz müssen für diese Lenksysteme aber die genauen Koordinaten des noch nicht sichtbaren Zieles bekannt sein.

Abb.2.3.2ε: Die wohl verbreitetste westliche ASM ist die AGM-65 Maverick, hier an einem AV-8B HARRIER II des USMC neben gebremsten 227 kg-GPBs. Von der AGM-65 existieren TV-, IIR- und halbaktiv Laser-gelenkte Versionen. Vor allem Nahunterstützungsflugzeuge verwenden diese leichte Lenkwaffe bei der Bekämpfung von Panzern, kleinen Brücken oder Bunkern. Dieser HARRIER ist die erste Nachtkampf-taugliche Version dieses Typs. Erkennbar ist sie an der Ausbuchtung für den FLIR auf dem Radom.

Abb.2.3.2ϕ: Die neusten Versionen der MiG-29 »FULCRUM« sind Mehrzweckkampfflugzeuge, die neben den Luft/Luft-Lenkwaffen auch Präzisions-Luft/Boden-Kampfmittel mitführen können. Die vier äußeren Pylonen dieser Maschine sind durch R-73 »Archer« SRAAMs bzw. R-77 »Adder« MRAAMs belegt, während die beiden inneren eine Kh-31 »Krypton« ARM (links) und eine TV-gelenkte Kh-29T »Kedge« (rechts) tragen. Letztere gehört zur neuen PGM-Generation aus russischer Produktion.

Ähnlich wie bei den gelenkten Bomben existieren auch bei den gesteuerten Raketen verschiedene Lenkungssysteme. Die ersten Typen, z.B. die amerikanische AGM-12 Bullpup oder die russische Kh-23 »Kerry«, wiesen funkgesteuerte Lenkung auf. Dieses relativ einfache, in seiner Genauigkeit aber limitierte Verfahren wird heute nur noch vereinzelt benutzt.

Am weitesten verbreitet sind die TV- und die halbaktiv Laser-gelenkten ASMs (Abb.2.3.2ε/ϕ). Erstere bestechen vor allem durch ihre einfache und effektive »fire-and-forget«-Einsatzweise sowie die Eigenschaft, daß eine wenig aufwendige Zusatzausrüstung (Zielsystem mit Bildschirm im Cockpit plus ein Data-Link) erforderlich ist; sie bleiben aber auf Tageinsätze beschränkt. Letztere benötigen hingegen eine dauernde Laserzielbeleuchtung, die allerdings nicht unbedingt vom Trägerflugzeug selber vorgenommen werden muß, wie dies bereits bei den LGBs beschrieben wurde. Auch Bodentruppen können die Aufgabe übernehmen, was bei Nahunterstützungseinsätzen in Frontnähe vorteilhaft sein kann.

Weniger verbreitet, dafür aber moderner, sind Lenkwaffen mit einem IIR-Suchkopf, wie er bereits bei den EOGBs besprochen wurde. Der Vorteil der IIR-Methode liegt vor allem in der »fire-and-forget«-Einsatzfähigkeit, der Nacht-Tauglichkeit und der Möglichkeit der Bekämpfung von gut getarnten Zielen: Der technisch aufwendige Sensor ist in der Lage, selbst geringste Temperaturunterschiede festzustellen.

ASMs, die auf große Ziele (z.B. Hafenanlagen) spezialisiert sind, können auch aktiv-radargelenkt sein, doch ist hier ein derartiges System sel-

Der hohe Preis rechtfertigt natürlich nicht, daß nun jedes erdenkliche feindliche Objekt mit einer ASM bekämpft wird. Bevorzugte Lenkwaffen-Ziele sind von ihren Abmessungen her begrenzte, für den Gegner aber taktisch oder gar strategisch wertvolle Einrichtungen oder Fahrzeuge, von welchen eine große Gefahr für die eigenen Truppen ausgeht. Je nach ASM kann der angelegte Maßstab unterschiedlich sein. Ein typisches Ziel für eine AGM-65 Maverick (Abb.2.3.2ε) ist zum Beispiel ein Kampfpanzer oder eine kleine Brücke; für dasselbe eine AGM-130 einzusetzen, würde ungefähr einer mit einem Vorschlaghammer zerdrückten Fliege gleichkommen.

Um dem Leser einen Überblick über die wichtigsten ASMs zu verschaffen, sind an dieser Stelle die am weitesten verbreiteten Typen angegeben:

*① AS.30L (Frankreich)
Lenkung: halbaktiv-Laser;
Masse: 520 kg;
Gefechtskopf: 240 kg;
Reichweite: 10 km*

*② AGM-142 Have Nap /
Popeye (Israel)
Lenkung: INS, TV bzw. IIR;
Masse: 1360 kg;
Gefechtskopf: 340 kg;
Reichweite: 92 km*

*③ Kh-23 (AS-7 »Kerry«;
Rußland)
Lenkung: Funk; Masse:
287 kg; Gefechtskopf: 70 kg;
Reichweite: 10 km*

*④ Kh-25MR (AS-10RC
»Karen«; Rußland)
Lenkung: Funk; Masse:
300 kg; Gefechtskopf: 90 kg;
Reichweite: 10 km*

*⑤ Kh-25ML (AS-10SAL
»Karen«; Rußland)
Lenkung: halbaktiv-Laser;
Masse: 300 kg;
Gefechtskopf: 90 kg;
Reichweite: 10 km*

*⑥ Kh-29L (AS-14SAL
»Kedge«; Rußland)
Lenkung: halbaktiv-Laser;
Masse: 660 kg;
Gefechtskopf: 320 kg;
Reichweite: 28 km*

*⑦ Kh-29T (AS-14TV
»Kedge«; Rußland)
Lenkung: TV; Masse: 690 kg;
Gefechtskopf: 320 kg;
Reichweite: 28 km*

*⑧ Kh-59 (AS-13 »Kingpost«;
Rußland)
Lenkung: TV und Data-Link;
Masse: 920 kg; Gefechtskopf:
320 kg; Reichweite: 50 km*

*⑨ RB 04E (Schweden)
Lenkung: aktiv-Radar;
Masse: 620 kg;
Gefechtskopf: 300 kg;
Reichweite: 32 km*

*⑩ RB 05A (Schweden)
Lenkung: Funk; Masse: 305 kg;
Gefechtskopf: 110 kg (?);
Reichweite: 9 km*

*⑪ AGM-65 Maverick (USA)
Lenkung: TV oder halbak-
tiv-Laser oder IIR; Masse:
220 kg; Gefechtskopf: 57 kg;
Reichweite: 20 km*

*⑫ AGM-84E SLAM (USA)
Lenkung: INS und GPS, IIR
und Data-Link; Masse:
620 kg; Gefechtskopf:
220 kg; Reichweite: 100 km*

*⑬ AGM-123 Skipper II
(USA) Lenkung: halbaktiv-
Laser; Masse: 582 kg;
Gefechtskopf: 454 kg;
Reichweite: ca. 15 km*

*⑭ AGM-130 (USA)
Lenkung: TV/IIR, GPS/INS,
Data-Link; Masse: 1323 kg;
Gefechtskopf: 907 kg;
Reichweite: 65 km*

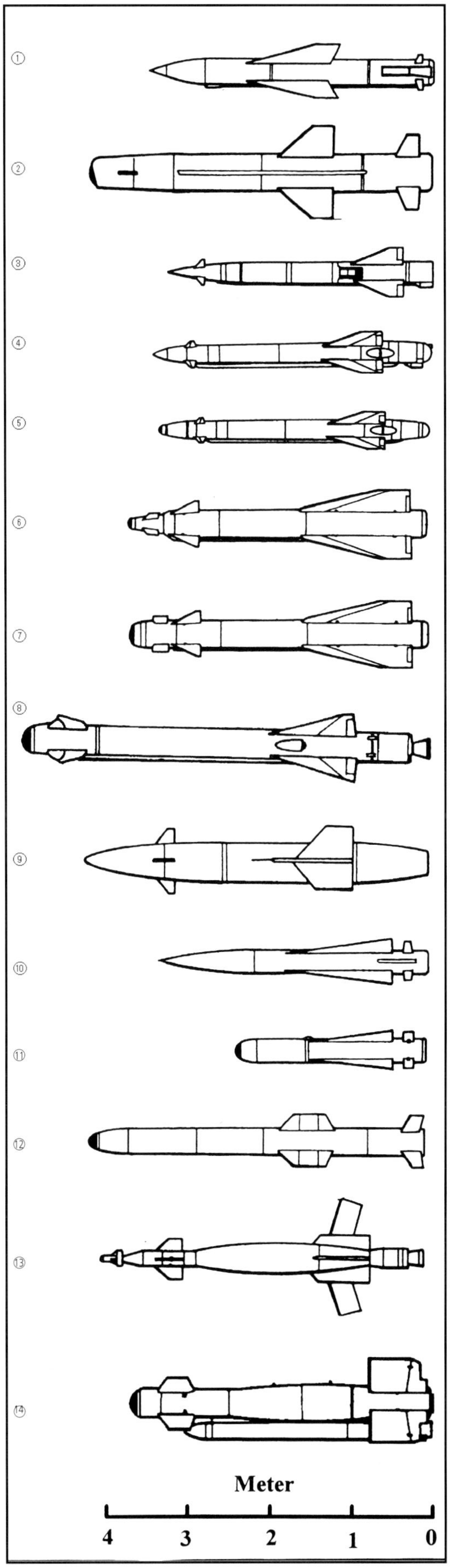

In der Zukunft wird den ASMs eine noch größere Bedeutung zukommen. Sowohl im Kurz- wie im Mittel- und Langstreckenbereich forschen die Rüstungsindustrien vieler Länder an neuen Präzisions-Luft/Boden-Lenkwaffen. Beispiele hierfür sind einerseits die zur Panzerabwehr gedachte, Mikrowellenradar-gesteuerte Brimstone, ein britisches Derivat der amerikanischen Hellfire mit größerer Reichweite für Nahunterstützungsflugzeuge, andererseits die amerikanische AGM-84H SLAM ER, eine aus der SLAM (Abb.2.3.2γ) abgeleitete Cruise-Missile mit Faltflügeln für den Einsatz ab Jagdbombern der F/A-18-Klasse. Die Lenkwaffen großer Reichweite werden bevorzugt für die Bewaffnung von Angriffsflugzeugen eingesetzt; sie sind Thema des nächsten Abschnittes.

Abb.2.3.2γ: Die AGM-84E SLAM wurde ursprünglich von der Anti-Schiffs-Lenkwaffe Harpoon abgeleitet und sollte als Seeziellenkwaffe dienen. Tatsächlich ist sie jedoch viel leistungsfähiger und kann auch Ziele über Land angreifen. Ihr Nachfolger, die SLAM-ER, verfügt dank der Faltflügeln und leicht verlängerter Zelle über eine größere Reichweite. Die SLAMs können aber zur SLAM-ER kampfwertgesteigert werden.

CMs: Marschflugkörper für Kampfflugzeuge

Der Trend zu immer leistungsfähigeren und untereinander kommunikativ vernetzten Luftverteidigungssystemen wird es in Zukunft den Angriffsflugzeugen immer schwieriger machen, in den gegnerischen Luftraum vorzudringen. Auf lange Sicht werden auch die derzeit noch modernen ASMs mittlerer Reichweite den gestellten Ansprüchen nicht mehr genügen, wenn es darum geht, taktisch oder gar strategisch wichtige Ziele wie Flugplätze oder Kommandozentralen im feindlichen Hinterland zu zerstören. Die meisten dieser Lenkwaffen erfordern nämlich eine Zielerfassung vom Flugzeug aus, um einen Treffer realisieren zu können. Auf lange Distanzen würde das bedeuten, daß sich je nach Gelände das Trägerflugzeug in den vielleicht von gegnerischen Jagdflugzeugen beherrschten mittleren Höhenbereich begeben müßte, um diese Zielzuweisung sicherzustellen – ein großes Risiko für ein schwer beladenes Angriffsflugzeug. Die aus Kostengründen reduzierten und damit zur Unterstützung nur spärlich vorhandenen Jagd- und SEAD-Kräfte können die Situation auch nicht zum Vorteil der Jagdbomber wenden.

Abb.2.3.2η: Die AGM-158 JASSM ist eine Stealth-Cruise-Missile, welche von Kampfflugzeugen wie der F-16 Fighting Falcon eingesetzt werden kann. Sie wird primär dazu verwendet werden, stark verteidigte Schlüsselobjekte des Gegners zu zerstören. Hierfür ist sie mit einem Penetrator-Gefechtskopf bestückt. Die Reichweite der Lenkwaffe beträgt über 300 km. Gelenkt wird sie von einem GPS-unterstützten INS im Marschflug und einem IIR-Sensor beim Zielanflug.

Abb.2.3.2z: Der Apache ist in dieser Form der ursprüngliche Submunitions-Träger mit 140 km Reichweite. Er wird zusammen mit der RAFALE B eingeführt und ist in erster Linie als Anti-Pisten-Waffe vorgesehen. Hierfür führt er die geballte Ladung von 10 Kriss-Antipisten-Raketen oder andere Submunition mit.

Zur Beseitigung dieses Problems stehen nur zwei luftgestützte Möglichkeiten offen: Entweder verwendet man nurmehr Stealth-Flugzeuge oder aber man konstruiert Langstrecken-Marschflugkörper mit konventionellem Gefechtskopf für den Einsatz ab Angriffsflugzeugen.

Während des Golfkrieges war es aus Sicherheitsgründen vorwiegend den »unsichtbaren« NIGHTHAWKS vorbehalten, in den stark geschützten Luftraum über Bagdad einzudringen. Dies muß für jede nicht-Stealth-fähige Luftwaffe alarmierend sein. Bei den wenigsten ist die Einführung eines vergleichbaren Musters in Sicht; sie sind also dazu gezwungen, den zweiten Lösungsansatz voranzutreiben.

Daß Bomber wie die B-1B LANCER oder die Tu-160 »BLACKJACK« mit Cruise-Missiles ausgerüstet werden können, dürfte weithin bekannt sein. Da sie die zukünftigen Anforderungen schon vorausgeahnt hatten, wollten die US Air Force und die US Navy anfangs der 80er Jahre auch ihre damaligen Allwetterangriffswaffensysteme, die F-111 AARDVARK und die A-6 INTRUDER, mit der luftgestützten Version AGM-109 des konventionell bestückten Marschflugkörpers Tomahawk BGM-109 nachrüsten. Die Lenkwaffe sollte es den inzwischen außer Dienst gestellten Maschinen ermöglichen, wichtige, stark verteidigte Ziele im Warschauer Pakt auf große Distanzen, das heißt bis auf etwa 500 km, präzis bekämpfen zu können, ohne daß sie sich in Gefahr bringen mußten. Außerdem hätte die Waffe ihre Einsatzreichweite nicht unwesentlich verlängert. Das Projekt wurde aber gestoppt; schließlich beschaffte die USN schiffs- und U-Boot-gestützte Tomahawks und setzte sie später im Golfkrieg erfolgreich ein. Die US-Generäle waren voll Lob für die CMs; man darf aber nicht vergessen, daß die korrigierte Trefferbilanz unter 50% lag und damit bei weitem nicht so hervorragend war, wie man zunächst annehmen konnte. Viele Tomahawks verfehlten ihr Ziel, wenn auch nur knapp. Da ihr Gefechtskopf von der Sprengwirkung her sehr limitiert ist, resultierten daraus trotzdem Mißerfolge.

Die Herausforderung in der Konstruktion einer Cruise-Missile liegt auf der Hand: eine Waffe zu bauen, deren Navigation derart genau ist, daß sie nach mehreren hundert Kilometern Marschflug mit weniger als drei Metern Abweichung einen bestimmten Punkt eines Gebäudes treffen kann – auch nach dem heutigen Stand der Technik keine triviale Problemstellung! Ein weiteres Problem besteht außerdem darin, woher man so präzise Zieldaten bekommen kann, um die Lenkwaffe damit zu »füttern«. Trotz dieser Schwierigkeiten ist man in vielen Ländern daran, eine derartige Waffe zu entwickeln.

Etwas vereinfacht äußert sich das ganze, wenn nicht mehr ein Punktziel getroffen werden muß, sondern lediglich eine Fläche und obendrein noch Submunition als Waffenladung zur Verfügung steht. Angesichts der Tatsache, daß mit der V-1 bereits im Zweiten Weltkrieg eine luftgestützte CM existierte, hätten solche Waffen bereits früher entwickelt werden können, denn ihre Ziele sind Flugplätze; diese gehören bekanntlicherweise zu den Zielen der ersten Stunde und den am besten geschützten Objekten.

Der Navigation und damit der Lenkung kommt also bei einem Marschflugkörper größte Bedeutung zu. Es ist nicht denkbar, daß man eine einzige Lenkungsmethode verwendet, denn dafür sind die Ansprüche zu vielseitig. Der gesamte Flug wird in zwei Teile eingeteilt, nämlich in den Marsch- und den Zielanflug, da diese beiden Teilstrecken sich in den Bedürfnissen grundlegend unterscheiden. Beim ersteren steht die Orientierung im Gelände und ein für gegnerische Abwehrsysteme »unsichtbarer« Tiefflug im Vordergrund, während der zweitere vor allem die Zielerfassung und die punktgenaue Steuerung der Lenkwaffe auf das zugewiesene Objekt zum Ziel hat.

Die für den Marschflug zur Verfügung stehenden Systeme sind der Bordcomputer für die Speicherung des genauen Flugweges und diverse unterschiedliche Navigationsmittel, zum Beispiel ein Trägheitsnavigationssystem (INS), Satellitennavigation (GPS), Terrainreferenznavigation (TRN) mit Hilfe digitaler Satellitenkarten, ein Autopilot, ein Flughöhenmeßgerät und ein Data-Link. Meistens kombiniert man zwei oder drei dieser Methoden, um die erforderliche Navigationsgenauigkeit zu erzielen. Nach Möglichkeit wird aber auf eine Unterstützung von außen verzichtet, um dem Gegner die Möglichkeit zu nehmen, die Lenkwaffe zu stören.

Beim Zielanflug stützt sich eine CM entweder auf ein Radargerät (z.B. Mikrowellenradar), einen TV-, IR- oder einen IIR-Suchkopf. Der Sensor schaltet sich entweder automatisch nach den zuvor eingegebenen Koordinaten oder manuell über Data-Link-Eingaben vom Navigator beziehungsweise Piloten des Angriffsflugzeuges auf das Ziel auf (Abb.2.3.2κ). Vorteil des Radars gegenüber den anderen drei Suchköpfen ist seine Allwetterfähigkeit; die dafür verantwortliche aktive Arbeitsweise ist aber für den Gegner einfacher aufzuspüren.

Abb.2.3.2ζ: Der KEPD 350 Taurus wird von den Deutschen zusammen mit den Schweden entwickelt, um die Aufgabe zu erfüllen, für die man ursprünglich den Apache entwickelt hatte. Die Luftwaffe war aber schon zu Beginn nicht ganz mit dem deutsch-französischen Projekt zufrieden, wollte sie doch eine Präzisions-Abstands-Waffe und nicht einen Dispenser. Ob der Taurus aber wirklich eingeführt werden wird, ist angesichts leerer Kassen unsicher.

Die Sprengeinheit setzt sich je nach Aufgabe der CM ebenfalls unterschiedlich zusammen. Die derzeit am eifrigsten entwickelten Typen sind jene mit einem einzelnen Gefechtskopf und einem Penetrationszünder für die Zerstörung von harten Punktzielen. Andere wiederum enthalten Bomblets für die Bekämpfung von feindlichen Panzerverbänden oder Flugplätzen.

Als Antrieb der Cruise-Missiles finden nicht, wie etwa bei der Mehrheit der gelenkten Raketen, Feststoffraketentriebwerke Verwendung, sondern lediglich sehr kleine Turbojets. Ihre Fluggeschwindigkeit liegt dementsprechend niedriger, das heißt im Unterschallbereich. Dafür fällt die Reichweite trotz bescheidener Abmessungen bedeutend größer aus.

Beispiele für Marschflugkörper-Entwicklungen gibt es aus jüngster Zeit eine ganze Reihe. Die Amerikaner setzen derzeit die im Abschnitt ASMs bereits erwähnte AGM-84E SLAM ein, die in den nächsten Jahren auf den SLAM-ER-Stand mit vergrößerter Reichweite (über 270 km), Faltflügeln und neuem Suchkopf gebracht werden soll. Daneben arbeiten sie an der JASSM, einem neuen Flugkörper mit Stealth-Eigenschaften für »high-value-targets« in äußerst stark verteidigten Lufträumen. Trägerflugzeuge werden die F/A-18 und F-15E, aber auch die F-22 sein. Weitere, teilweise noch geheim gehaltene Projekte stehen ebenfalls in der Entwicklungsphase.

Frankreich arbeitet seit Ende der 80er Jahre am Apache, einem CM für den Angriff auf Flugplätze. Er ist mit einer Durandal-ähnlichen Dispensermunition ausgerüstet und kann Ziele in rund 140 km Entfernung bekämpfen. Einsatzflugzeuge dafür sind die MIRAGE 2000D/N und die RAFALE B. Bei der zusammen mit Großbritannien entwickelten Scalp EG beziehungsweise Storm Shadow (Abb.2.3.2κ) handelt es sich um eine für Punktziele optimierte, vergrößerte Apache mit einem einzelnen Gefechtskopf und Penetrationszünder sowie geändertem Steuerungssystem (INS mit TRN plus Data-Link sowie IIR-Suchkopf). Außerdem wird

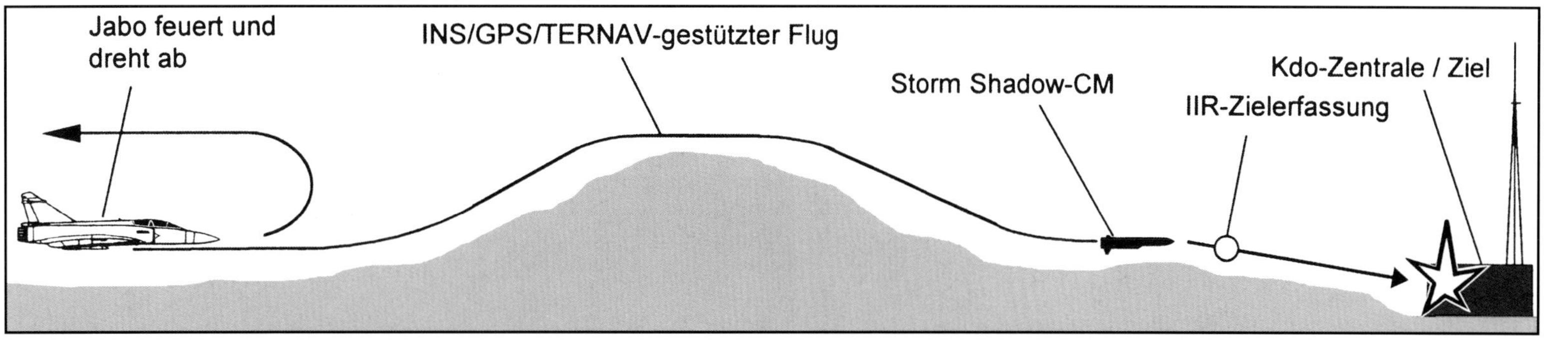

Abb.2.3.2κ: Der für Kampfflugzeuge der MIRAGE 2000-Klasse konstruierte Scalp-EG/Storm Shadow kann im Tiefflug auf ein vorprogrammiertes Ziel abgefeuert werden, ohne daß der Pilot der Trägermaschine dieses je auch nur annähernd gesehen hat. Der Marschflug wird im INS- und Terrain-Vergleichsverfahren durchgeführt; im Endanflug schaltet die CM ihren passiven IIR-Sensor auf, um das Ziel genau ausmachen und treffen zu können. Der Gefechtskopf ist mit 450 kg eher begrenzt. Dafür wird die Einsatzreichweite der MIRAGE 2000D um rund 30% gesteigert und die Verwundbarkeit der Maschine im Vergleich zum Einsatz einer AS.30 Laser ASM rapide gesenkt.

Abb.2.3.2λ: Für die russische Luftwaffe scheint die Einführung des neuen Waffensystems Su-32FN als Angriffsflugzeug wenig Sinn zu machen, solange kein Geld für entsprechend moderne Abstandswaffen vorhanden ist. Zwar sind derartige Waffen geplant oder bereits entwickelt, bis zu deren Einführung in genügender Anzahl ist aber noch ein weiter Weg. Derzeit besteht die Hauptbewaffnung der Su-24 noch aus CBUs, GPBs oder gar ungelenkten Raketen. Damit ist die Maschine bei Einsätzen tief im feindlichen Luftraum sehr gefährdet.

die Reichweite auf rund 480 km gesteigert werden, was allerdings negative Auswirkungen auf die mitgeführte Sprengstoffmenge hat. Das Projekt wurde 1996 gestartet, die ersten Lenkwaffen sollen um die Jahrtausendwende eingeführt werden und bei der adla von den oben bereits genannten Typen, bei der RAF von TORNADO, EF2000 und HARRIER eingesetzt werden können.

Deutschland will mit Schweden zusammen den KEPD 350 Taurus realisieren, nachdem man das Interesse am Apache verloren hat. Seine Spezifikationen sind jenen des Storm Shadow ähnlich, auch er verfügt über einen bilderzeugenden Infrarotsuchkopf für den Endanflug. Unter dem Strich sollen seine Leistungen aber über jenen des anglo-französischen Musters liegen. Trägerflugzeuge sind hier der TORNADO und der GRIPEN.

Rußland hat zwar mit der Kh-59M »Kazoo« (Turbojet-Derivat der »Kingbolt«) eine bemerkenswerte, TV und Data-Link gesteuerte Waffe entwickelt, die der amerikanischen SLAM leistungsmäßig ähnlich ist; ihre Einführung ist indes fraglich, da in der Staatskasse derzeit gähnende Leere herrscht. Daneben verfügen die russischen Luftstreitkräfte wahrscheinlich jedoch über keine Lenkwaffen großer Reichweite, die sie von Angriffsflugzeugen der »FENCER«-Klasse (Abb.2.3.2λ) einsetzen könnten. Dafür stehen eine große Anzahl Kh-15 »Kickback« mit konventionellem Gefechtskopf zur Verfügung. Sie benötigen aber mit größter Wahrscheinlichkeit einen Bomber wie die Tu-22M3 »BACKFIRE-C« als Trägerflugzeug.

Wenig bekannt sind die Projekte, die in anderen Ländern laufen. Sicher ist jedoch, daß Israel an einem Reichweiten-seitig verbesserten Popeye mit Turbojet-Antrieb arbeitet, während Indien ein Projekt betreibt, das eine Hochgeschwindigkeits-CM zum Ziel haben soll. Es ist anzunehmen, daß auch China einen Flugkörper großer Reichweite entwickelt.

AShMs: Anti-Schiffs-Abstands-Lenkwaffen

Kriegsschiffe sind stark verteidigte, von mehreren Verteidigungssystemen (Flab, Jagdflugzeuge) geschützte Ziele. In deren Umgebung ist der Luftraum lückenlos überwacht, ein unbemerktes Eindringen in diesen Bereich mit herkömmlichen Mitteln daher fast ausgeschlossen.

Die Aufgabe eines Marinekampfflugzeuges besteht nun darin, diese gegnerischen Schiffe zu zerstören und entsprechende Einrichtungen in Hafenanlagen und anderen Küstenbereichen außer Gefecht zu setzen, um damit die Verwendung der dort dem Gegner zur Verfügung stehenden Offensivwaffen zu verhindern. Die Hauptbewaffnung der Flugzeuge besteht aus speziell für diese Aufgabe entwickelten Anti-

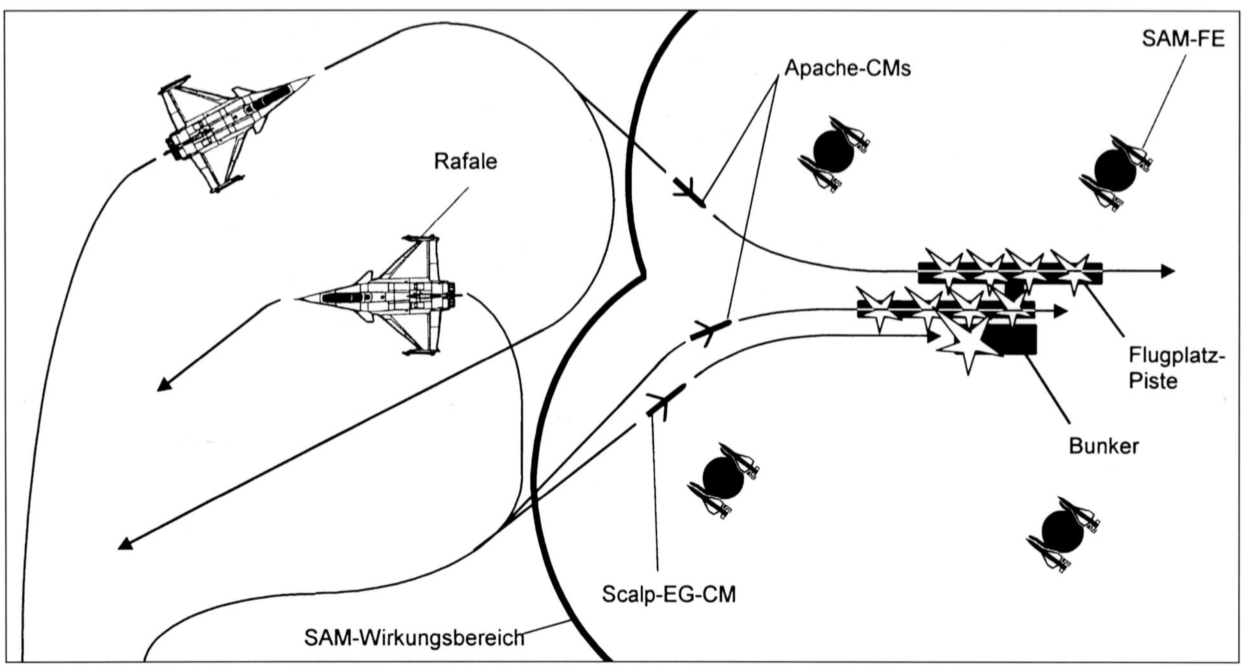

Abb.2.3.2μ: In Zukunft werden wohl keine Überflüge über feindliche Flugplätze mehr möglich sein. Deshalb werden moderne Kampfflugzeuge Cruise-Missiles zur Zerstörung der Rollbahn und Bunker/HAS einsetzen, wie dies hier durch zwei RAFALES, ausgerüstet mit Apaches bzw. Scalp-EG, gezeigt wird. Der extreme Tiefflug sowie die geringe Größe und nach Stealth- Kriterien konstruierte Zelle der CM machen es den Überwachungsradars schwierig, den Flugkörper zu erfassen, geschweige denn ihn mit Lenkwaffen oder AAA zu bekämpfen.

Abb.2.3.2v: Die französische AM.39 Exocet ist zweifellos die berühmteste luftgestützte Anti-Schiffs-Lenkwaffe. Sie versenkte im Falkland-Krieg die britischen Schiffe HMS SHEFFIELD und ATLANTIC CONVEYOR. Die AShM wurde in viele Länder exportiert.

Schiffs-Abstands-Lenkwaffen. Aufgrund der Erfahrung, daß heutzutage Bombenangriffe auf Seeziele nicht mehr erfolgreich sein können, nehmen sie im Inventar von Küstenländern eine wichtige Stellung ein.

Die Leistungsfähigkeit der AShMs wird durch eine Reihe Parameter bestimmt. Ein wichtiger ist dabei die Schußreichweite. Sie gibt vor, welcher Gefahr sich ein Marinekampfflugzeug bei der Schiffsbekämpfung aussetzen muß, denn je mehr es sich dem Ziel nähert, desto größer ist die Chance, daß es geortet und anschließend bekämpft wird.

Der Mindestabstand, welcher ein MKF einhalten muß, damit es nicht entdeckt wird, variiert einerseits je nach der gegnerischen Überwachungstechnologie, ist andererseits aber auch vom Einsatzprofil des Marinekampfflugzeuges abhängig. Fliegt es tief, so darf es sich leisten, näher ans potentielle Opfer heranzufliegen, als wenn es sich hoch nähern würde: Die Erdkrümmung, die einzige »Deckung« für ein Flugzeug über der See, ist für den Angreifer von Vorteil, weil sie die Erfassungsreichweite von schiffsgestützten Überwachungsradars in niedrigen Höhen verringert. Auch die Entdeckungswahrscheinlichkeit einer Lenkwaffe ist in niedrigeren Höhen geringer. Für einen maximalen Überraschungseffekt ist es demnach günstig, wenn das Marinekampfflugzeug die Anti-Schiffs-Lenkwaffen bereits hinter dem Horizont »blind« abfeuern und sofort abdrehen könnte, um gar nie in den überwachten Bereich vordringen zu müssen. Die Distanz zwischen dem mit Radar bestückten Schiff (Radarantenne 40 m über der Wasserlinie) und dem MKF (Flughöhe: 30 m) und damit auch die Mindestreichweite der AShM müßte aber dafür mindestens 42 km betragen.

Das blinde Feuern einer Lenkwaffe gegen ein Ziel hinter dem Horizont bedingt aber, daß die Position des zu treffenden Schiffes bekannt ist und verlangt folglich das Vorhandensein von Navigationshilfen an Bord der Lenkwaffe, weil der Pilot des Trägerflugzeuges das Ziel mit den eigenen Sensoren ja auch nicht detektieren kann. Um einen von äußeren Informationsquellen unabhängigen Marschflug zu gewährleisten, bestehen diese Navigationshilfen entweder aus einer Trägheitsnavigationsplattform oder einem Autopiloten. Mit Hilfe dieser Geräte findet die Lenkwaffe die richtige Zielrichtung auch dann, wenn diese mit der Feuerrichtung nicht übereinstimmt (»Off-boresight«-Fähigkeit). Der Bordcomputer der AShM vergleicht hierfür die aktuellen Koordinaten mit den kurz vor dem Feuern eingegebenen Koordinaten vom Ziel. Von Vorteil wäre auch die Möglichkeit zur Datenübernahme vom Trägerflugzeug oder von Satelliten.

Abb.2.3.2o: Zu den modernsten AShMs gehört die Turbojet-angetriebene russische Kh-35 »Harpoonski«, die über klappbare Leitflächen verfügt. Wie ihr »provisorischer« NATO-Codename verrät, ist sie vom Aussehen und der Leistung her der amerikanischen AGM-84 Harpoon ähnlich. Die abgebildete Kh-35 besitzt ein Booster für das Abfeuern ab Helikopter oder Schiff.

Abb.2.3.2π: *Eine AM.39 Exocet kurz vor dem Auftreffen auf ein Kriegsschiff bei einem Testversuch. Die Lenkwaffe fliegt nur wenige Meter über dem Wasser auf das Ziel zu. Die Lenkung erfolgt zuerst anhand eines INS, das von einem Radarhöhenmesser unterstützt wird, anschließend mit dem aktiven Radarsuchkopf.*

Für den Endanflug muß die AShM fähig sein, selber die Position des Zieles genau auszumachen, damit sie einen Treffer erzielen kann. Als Detektoren für diese Aufgabe bieten sich ein Infrarot- oder ein aktiver Radarsuchkopf an. Ersterer wäre eigentlich vorzuziehen, da er keine verräterischen Signale aussendet; trotzdem stützen sich die meisten AShMs auf einen Radarsuchkopf, in erster Linie der Allwetterfähigkeit wegen.

Da die Lenkwaffe aus Entdeckbarkeitsgründen so lange wie möglich tief fliegen sollte, ergibt sich für den Zielerfassungssensor ein Problem: Er kann auf der Marschflughöhe nur bedingt ein Ziel detektieren, vor allem dann, wenn mehrere Schiffe sich im Zielgebiet aufhalten. Deshalb fliegt die Lenkwaffe nach einem Standardprogramm des Bordcomputers, das die Rakete in einem bestimmten Abstand vom Ziel in einen kurzen Steigflug zwingt, bis der Suchkopf das Ziel erfaßt hat. Anschließend sinkt sie wieder auf die Marschflughöhe ab, um das Schiff nur knapp über der Wasserlinie zu treffen.

Viele Anti-Schiffs-Lenkwaffen folgen während des ganzen Marschfluges einem vorprogrammierten Einsatzprofil. So ist beim Abfeuern der Waffe aus mittlerer Höhe ein abgestuftes Absinken bis fast auf Meereshöhe üblich (Abb.2.3.2θ). Meistens wird eine AShM aber bereits im Tiefflug abgefeuert und fliegt anschließend dicht über den Wellen. Zur Sicherung des Abstandes zur Meeresoberfläche verwendet sie, falls vorhanden, einen senkrecht gerichteten Radarhöhenmesser.

Die Antriebe der AShMs sind unterschiedlich. Üblich sind sowohl Raketen-, Turbojet- oder Staustrahl-Triebwerke. Raketenmotoren sorgen für eine rasche Beschleunigung und hohe Fluggeschwindigkeit (etwa Mach 1), haben aber eine relativ kurze Brenndauer; die Reichweite der damit ausgerüsteten gelenkten Raketen fällt deshalb vergleichsweise kurz aus. Turbojets erlauben ihrerseits eine wenig langsamere Fluggeschwindigkeit, sind aber im allgemeinen ökonomischer im Treibstoffverbrauch, die Reichweite ist typischerweise größer. Staustrahltriebwerke vereinigen im Prinzip die Vorteile der beiden anderen Aggregate und dürften aus diesem Grund in Zukunft eine größere Bedeutung erlangen.

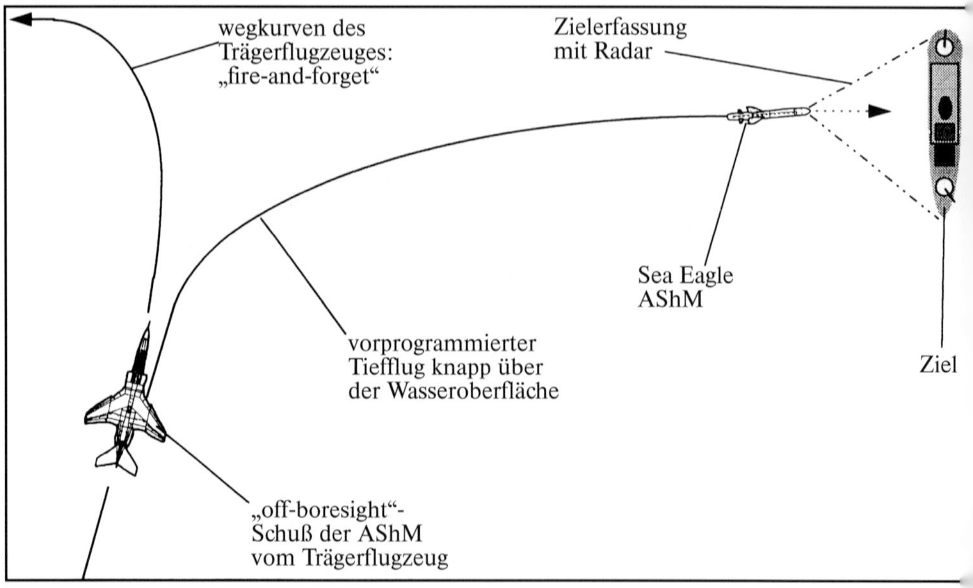

Abb.2.3.2ς: *Die britische Sea Eagle ist eine speziell für Tiefflugoperationen entwickelte AShM. Sie wird vor dem Abfeuern programmiert und fliegt während des ganzen Marschfluges knapp über der Wasseroberfläche, zieht am Schluß kurz zur Zielerfassung hoch und geht anschließend wieder in den Tiefflug über. Eine Besonderheit dieser Lenkwaffe ist die »off-boresight«-Kapazität, d.h., sie kann abgefeuert werden, ohne daß das Trägerflugzeug in Zielrichtung fliegt. Natürlich muß sich der Pilot nach dem Launch auch nicht mehr um die Sea Eagle kümmern.*

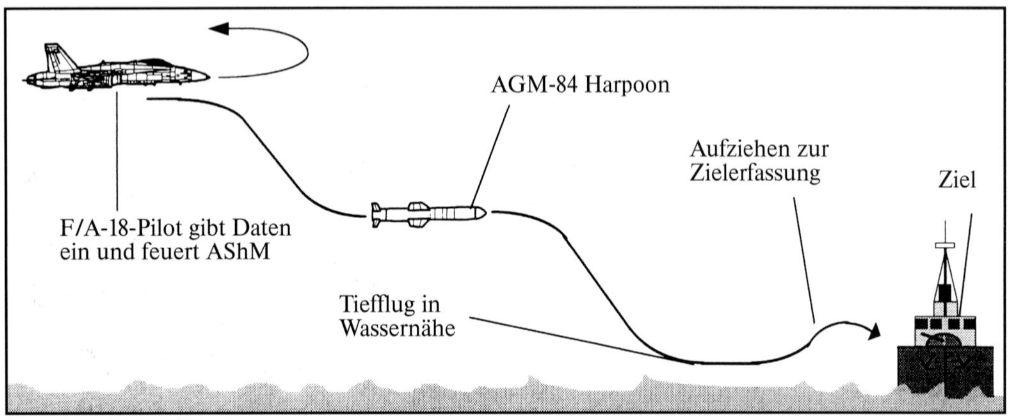

Abb.2.3.2θ: *Die amerikanische AGM-84 Harpoon im Einsatz. In mittlerer Höhe von einer F/A-18 Hornet abgefeuert, begibt sie sich auf den vorprogrammierten, gestuften Sinkflug bis wenige Meter über die Meeresoberfläche. Kurz vor dem Ziel zieht sie auf zur aktiven Radar-Zielerfassung und stürzt sich anschließend auf das Schiff.*

Die Tragfähigkeit von Marinekampfflugzeugen ist in den meisten Fällen limitiert, was einerseits Auswirkungen auf die mögliche Reichweite der AShM, aber auch auf die Masse ihres Gefechtskopfes hat. Obwohl der Zünder die Sprengladung erst nach dem Eindringen der Lenkwaffe in den Schiffsrumpf auslöst, reicht deshalb eine einzige Lenkwaffe nicht aus, um ein Schiff außer Gefecht zu setzen. Aus diesem Grund werden meistens mehrere Angriffe auf ein Ziel zusammengefaßt.

Bekannte Abwehrmaßnahmen gegen Anti-Schiffs-Flugkörper können sowohl zerstörender wie täuschender Natur sein. Rasch reagierende, schiffsgestützte Kanonen (z.B. Seaguard) sind in der Lage, AShMs abzufangen, sofern sie diese genügend früh entdecken. Sogenannte »Anti-Missile-Missiles« werden derzeit entwickelt. Ähnlich wie Kampfflugzeuge (siehe drittes Kapitel) sind auch auf Kriegsschiffen Radarstörer/-täuscher installiert, die in erster Linie Schutz vor feindlichen Lenkwaffen bieten sollen. Die AShMs müssen folglich auch gegen solche Verteidigungsmaßnahmen gewappnet sein. Letzterem begegnen sie zum Beispiel mit eigenen elektronischen Schutzmaßnahmen (ECCM).

Es existieren zahlreiche Anti-Schiffs-Abstands-Lenkwaffen, die von Marinekampfflugzeugen eingesetzt werden können. Rechts sind die wichtigsten Typen gezeigt.

*① Ying Yi-1/C-801 (China)
Antrieb: Feststoffraketenmotor; Lenkung: Autopilot + Radarhöhenmesser, ARH; Masse: 655 kg; Gefechtskopf: 165 kg; Reichweite: 40 km*

*② Yi-2 (China)
Antrieb: Turbojet; Lenkung: INS, ARH; Masse: 715 kg; Gefechtskopf: 165 kg; Reichweite: ca. 100 km*

*③ AM.39 Exocet (Frankreich)
Antrieb: Feststoffraketenmotor; Lenkung: INS + Radarhöhenmesser, ARH; Masse: 670 kg; Gefechtskopf: 165 kg; Reichweite: 50–70 km*

*④ AS.34 Kormoran 1 bzw. 2 (Deutschland)
Antrieb: Feststoffraketenmotor; Lenkung: INS + Radarhöhenmesser, ARH; Masse: 600/630 kg; Gefechtskopf: 200/220 kg; Reichweite: 30/35 km*

*⑤ Gabriel MkIII (Israel)
Antrieb: Feststoffraketenmotor; Lenkung: INS + Radarhöhenmesser, ARH; Masse: 600 kg; Gefechtskopf: 150 kg; Reichweite: >60 km*

*⑥ Marte Mk2a/b (Italien)
Antrieb: Feststoffraketenmotor; Lenkung: INS, ARH; Masse: 260 kg; Gefechtskopf: 70 kg; Reichweite: >20 km*

*⑦ ASM-1 (Japan)
Antrieb: Feststoffraketenmotor; Lenkung: INS + Radarhöhenmesser, ARH; Masse: 610kg; Gefechtskopf: 150kg; Reichweite: >45km*

*⑧ AGM-119A Penguin Mk3 (Norwegen)
Antrieb: Feststoffraketenmotor; Lenkung: INS, IR; Masse: 360 kg; Gefechtskopf: 120 kg; Reichweite: >55 km*

*⑨ RBS15F (Schweden)
Antrieb: Turbojet; Lenkung: ARH; Masse: 600 kg; Gefechtskopf: 200 kg; Reichweite: >150 km*

*⑩ Hsiung Feng 2 (Taiwan)
Antrieb: Turbojet; Lenkung: INS, ARH + IR; Masse: 520 kg; Gefechtskopf: 220 kg; Reichweite: 80 km*

*⑪ Kh-35 »Harpoonski« (Rußland)
Antrieb: Tamdem-Feststoffraketenmotoren, Turbojet; Lenkung: INS, ARH; Masse: 480 kg; Gefechtskopf: 145 kg; Reichweite: 130 km*

*⑫ Kh-31A (AS-17 »Krypton«; Rußland)
Antrieb: Staustrahltriebwerk; Lenkung: INS, ARH; Masse: 650 kg; Gefechtskopf: 90 kg; Reichweite: 70 km*

*⑬ Kh-41 ASM-MSS Moskit (Rußland)
Antrieb: Staustrahltriebwerk; Lenkung: INS, ARH; Masse: 4500 kg; Gefechtskopf: 320 kg; Reichweite: 250 km*

*⑭ Sea Eagle (Großbritannien)
Antrieb: Turbojet; Lenkung: INS, ARH; Masse: 590 kg; Gefechtskopf: 230 kg; Reichweite: 110 km*

*⑮ AGM-84A Harpoon (USA)
Antrieb: Turbojet; Lenkung: INS + Radarhöhenmesser, ARH; Masse: 530 kg; Gefechtskopf: 220 kg; Reichweite: 120 km*

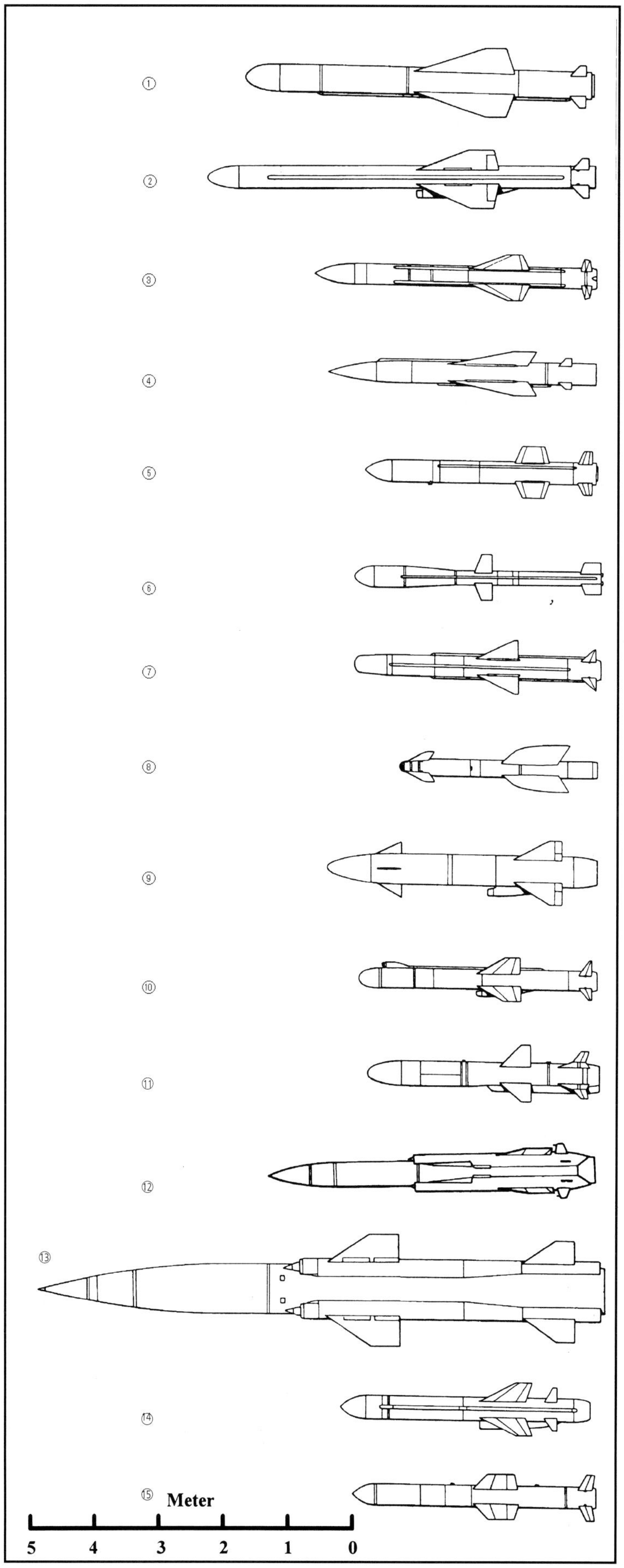

Die Unterdrückung von Luftverteidigungssystemen

Moderne Luftverteidigungssysteme sind äußerst komplexe und dementsprechend leistungsfähige Gebilde. Sie bestehen einerseits aus luft- und bodengestützten Radargeräten, stark automatisierten und breitflächig vernetzten Fernmelde- sowie Führungssystemen (C^3I), so daß der Führung einer Luftwaffe immer die aktuelle Luftlage präsentiert werden kann, andererseits aber auch aus den eigentlichen Verteidigungskräften. Diese setzen sich aus fliegenden Verbänden, also Abfang- und Luftüber-legenheitsjägern, und den Fliegerabwehrverbänden, die ihrerseits sowohl aus Lenkwaffenbatterien großer Reichweite und Einsatzhöhe, als auch aus Raumschutz-Lenkwaffen- und -Kanonenbatterien für den untersten Luftraum und den Objektschutz bestehen, zusammen (Abb.3).

Ein vollständig einsatzfähiges und sich technisch auf einem hohen Stand befindendes Luftverteidigungssystem stellt für moderne Angriffsflugzeuge eine ernstzunehmende, ja tödliche Gefahr dar. Die im Abschnitt zuvor besprochenen Taktiken (Extremtiefflug, Einsatz von Präzisionswaffen usw.) alleine reichen oft nicht aus, um einen Angriff erfolgreich durchführen zu können. Luft/Boden-Einsatzflugzeuge greifen deshalb für ihren Selbstschutz auf ausgeklügelte Techniken aus der elektronischen Kriegführung (EW) zurück, um die bodengestützten Verteidigungskräfte zu orten und auszuschalten. Diese Maßnahmen werden zusammenfassend mit der Abkürzung SEAD/C^3CM (Suppression of Enemy Air Defense/Command Control Communications Counter Measures) umschrieben. Aufgrund der stetig steigenden Bedrohung der

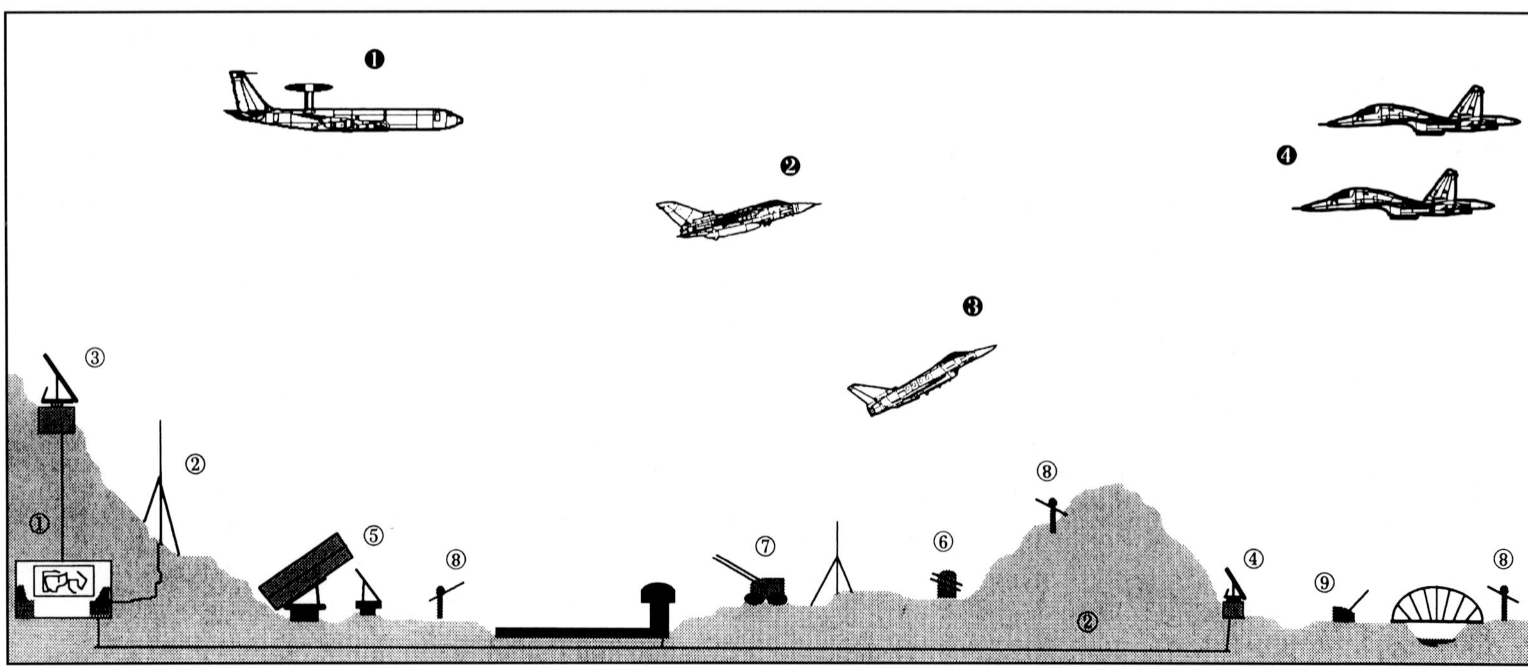

Abb.3: Eine moderne Luftverteidigung besteht aus boden- (weiße Punkte) und luftgestützten Mitteln (schwarz), die sich gegenseitig ergänzen. Gegnerische Angriffskräfte (❹) werden mit Frühwarnradargeräten (③/④/❶) entdeckt und elektronisch identifiziert (IFF). Eine Einsatzzentrale (①/❶) entscheidet darüber, ob der Feind durch Langstrecken-SAMs (⑤) oder Abfang-(❷) bzw. Luftüberlegenheitsjäger (❸) bekämpft werden soll. Im letzteren Fall werden diese zum Ziel dirigiert. Falls doch ein Gegner die erste Abwehrkette durchbricht, stehen Raumschutz-SAM (⑥) und -AAA (⑦) zur Verfügung. Für den Schutz von mobilen und stationären Objekten sind ebenfalls mobile AAAs (⑨) oder gar Schulter-SAMs (⑧) im Einsatz. Die Telekommunikation (②) spielt beim ganzen Ablauf eine zentrale Rolle.

Angriffsverbände durch Flabverbände kommt der elektronischen Kriegführung eine zunehmende Bedeutung zu. Die nächsten vier Abschnitte beschäftigen sich mit diesem Thema; einiges davon ist auch im Luft/Luft-Betrieb einsetzbar.

Detektion von Luftverteidigungssystemen

Die Schwäche von fast allen bodengestützten Frühwarn- und Luftüberwachungs- sowie vielen Übermittlungssystemen liegt in ihrer aktiven Arbeitsweise: Sie strahlen selber elektromagnetische Wellen aus, die ihrerseits vom Gegner empfangen und analysiert werden können. Die Energien, welche von den primären Frühwarn-, Zielerfassungs- und -verfolgungsgeräten emittiert werden, den Radargeräten, sind bereits aus großen Distanzen detektierbar. Dasselbe gilt für jene der auf taktischer Ebene breitflächig verwendeten Funkgeräte.

Zahlreiche Luftwaffen verfügen über speziell für die Aufklärung von Radar- (ELINT) und Telekommunikationssystem-Parametern (COMINT) ausgerüstete Flugzeuge, welche die gegnerischen Emissionen analysieren, deren Ursprungsstandorte ermitteln, sie einem Frühwarn-, Flab- oder Uem-System zuordnen und die Leistungsfähigkeit bewerten können. Beispiele hierfür sind die RC-135 RIVET JOINT, Tu-142 »BEAR-D« oder NIMROD R.1. In großen Mengen werden aber auch bodengestützte Peiler/Empfänger für dieselbe Aufgabe genutzt. Einerseits fließen die Erkenntnisse dann in die Planung eines Einsatzes mit ein, andererseits wird das Analyse-Resultat der Radarparameter in die Bibliothek der Radarwarnempfänger der Angriffsflugzeuge, der Störflugzeuge oder in die Radar-Lokalisierungs- und -Zuordnungsgeräte von sogenannten »Wild Weasel«-Flugzeugen eingegeben.

Abb.3.1a: Ein Luftraumüberwachungsradar »irgendwo in der Schweiz«. Wegen der durch das Radar ausgestrahlten elektromagnetischen Wellen kann ein ELINT-Flugzeug die Position und Arbeitsparameter (Frequenz, Pulsdauer, Sendeleistung etc.) des Gerätes aufklären. Dies ist sogar außerhalb des Erfassungsradius des Radars möglich, da die auf dem Flugzeug einfallende Strahlung weit intensiver ausfällt als die vom Radar empfangene, vom Flugzeug reflektierte. Ein Gegner könnte damit die geeigneten Maßnahmen zur Störung, Täuschung oder Zerstörung des Gerätes vor dem Einsatz vorbereiten

Radarwarnempfänger von Kampfflugzeugen (RWR/RHWR)

Der Radarwarnempfänger gehört heute zum Standard jedes modernen Kampfflugzeuges, sei es nun ein Aufklärer, ein Jäger oder ein Luft/Boden-Einsatzflugzeug. Das System besteht aus mehreren Empfängern (Abb.3.1c), welche den ganzen Bereich rund ums Flugzeug abdecken und auf elektromagnetische Wellen im ganzen Radarbereich abgestimmt sind. Folglich detektiert es sowohl luft- als auch bodengestützte Radars. Wird nun die Maschine von einem Radar erfaßt, ertönt im Kopfhörer des Piloten ein hoher Ton, der auf die Gefahr aufmerksam macht. Gleichzeitig wird diese im Cockpit visuell auf einem Display angezeigt (Abb.3.1b).

Es existieren zwei verschiedene Arten von Radarwarnempfängern. Das ältere, analoge Gerät (meistens mit RWR bezeichnet) wandelt das empfangene Signal direkt in ein akustischen Warnton um und zeigt auf dem Display mit einer Strobe an, aus welcher Richtung das aufgeschaltete Radar das Flugzeug anstrahlt. Die auf den Antennen auftreffende Sendeintensität äußert sich in der Strobenlänge. Weitere Informationen muß der Pilot/Waffensystemoffizier selber ermitteln können; ein geübtes Besatzungsmitglied ist beispielsweise in der Lage, aus der Signalfrequenz des Warntons ein Luft/Luft- von einem Boden/Luft-Radar zu unterscheiden.

Das modernere, digitale Warngerät (mit RHWR bezeichnet) meldet das Empfangen eines Radarsignals ebenfalls akustisch und optisch. Durch einen gekoppelten Bedrohungsanalysecomputer mit aktualisierter Bibliothek wird jedoch das Radargerät identifiziert und einem Waffensystem zugeordnet, sofern dessen Parameter bekannt und in der Library gespeichert sind. Je nach Bedrohung bekommt der Warnton eine höhere oder niedrigere Frequenz, während auf dem Display neben einem für die Waffensystemart charakteristischen Symbol auch ein »Tac« erscheint (Abb.3.1b). Falls mehrere Radars gleichzeitig aktiv sind, bestimmt das System auch noch dasjenige, welches für das Flugzeug am bedrohlichsten ist. Die zur Verfügung stehende Verteidigungsausrüstung (ECM, »Chaff« etc.) kann zusätzlich direkt an das Warnsystem gekoppelt werden, so daß der Bordcomputer diese automatisch auslöst, falls dies erfor-

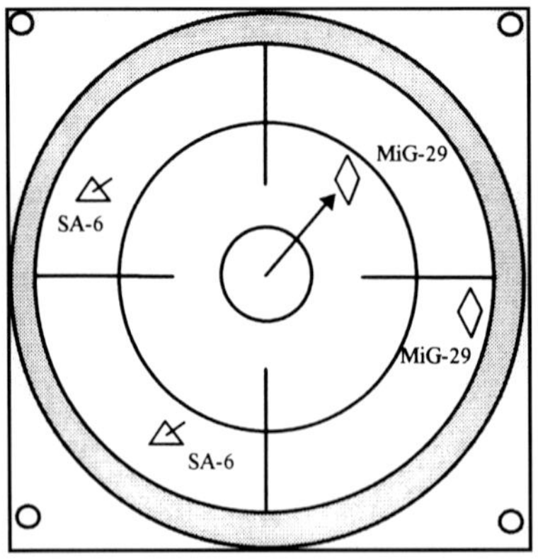

Abb.3.1b: Ein moderner Radarwarnempfänger (RHWR) zeigt der Flugzeugbesatzung nicht nur die Richtung und die Intensität des Radars an, von dem die Maschine erfaßt worden ist, sondern auch den Typ des Radars, wenn möglich sogar den Typ des Waffensystems. Dies wird durch die Library ermöglicht, in der Radarparameter gespeichert werden. Der Computer führt eine automatische Bedrohungsanalyse durch und entscheidet, falls mehrere Radars detektiert sind, welches das gefährlichste ist. Anhand der Pulsfrequenz etc. kann zum Beispiel auf das Feuern einer SARH-AAM geschlossen werden.

derlich ist. Das Gerät nimmt dem Piloten dadurch aber nicht die gesamte defensive Arbeit ab: Er muß nach wie vor den Überblick über die Situation behalten, denn das RHWR ist nicht in der Lage, passive Suchköpfe oder lasergestützte Sensoren auszumachen. Hier wäre ein kombiniertes RHWR/Raketenwarnsystem von Vorteil. Dieses würde einem Kampfflugzeug eine bedeutend größere Überlebenschance über feindlichem Territorium garantieren; bei der technischen Realisierung sieht man sich jedoch einigen Problemen gegenüber. Es verwundert deshalb nicht, daß bisher kein Kampfflugzeug ein perfektes derartiges Gerät besitzt. Der britische HARRIER GR.7 soll zwar über ein auf einem energiearmen Radar basierendes Lenkwaffen-Warngerät verfügen, doch scheint seine wirkliche Effizienz fraglich. Außerdem ist es – wegen der aktiven Arbeitsweise – stör- und detektierbar.

Abb.3.1c: Ein JAGUAR GR.1A der Royal Air Force. Wie jedes moderne Kampfflugzeug verfügt auch der »JAG« über Radarwarnempfänger, im Falle der GR.1B-Version sogar über einen RHWR. Seine Antennen sind am Seitenleitwerk im oberen Bereich angebracht, und zwar nach hinten und nach vorne gerichtet.

Radar-Lokalisierungs- und -Zuordnungsgeräte (Emitter Locator System)

Radargeräte mit unterschiedlichen Aufgaben arbeiten auf unterschiedlichen Frequenzbändern. Systeme von Jagdflugzeugen zur Luftzielsuche zum Beispiel senden Wellen im sogenannten I- und J-Band aus, also Frequenzen zwischen acht und 20 Gigahertz, und verwenden spezifische Pulsrepetitionsfrequenzen. Frühwarnradarsysteme arbeiten in viel tieferen Bändern. Radarwarnempfänger müssen deshalb weite Bereiche abdecken und stellen deshalb zwangsmäßig Kompromisse dar.

Spezialisierter sind die Radar-Lokalisierungs- und -Zuordnungsgeräte (Abb.3.1e), wie sie sogenannte Wild Weasel- oder Electronic Combat Reconnaissance-Maschinen mitführen. Die Mission dieser Kampfflugzeuge besteht aus dem Aufspüren, der Lokalisierung, der Identifikation und der Zerstörung von feindlichen bodengestützten Radar-, SAM- und AAA-Stationen. Deshalb muß mit dem ELS die Position von Bodenstationen genau ausgemacht werden können. Da es, ähnlich wie der RHWR, über einen integrierten Computer mit Parameterbibliothek verfügt, sind die detektierten elektromagnetischen Wellen auch meistens einem bestimmten Waffen- oder Überwachungssystem zuzuordnen. Der Rechner ist in der Lage, in Sekundenbruchteilen eine Gefahrenanalyse zu erstellen, so daß der Waffensystemoffizier eines WW sofort entscheiden kann, welche Maßnahmen zu ergreifen sind, um die Tätigkeiten des gegnerischen Systems zu unterbinden. Möglichkeiten hierfür wären beispielsweise die sofortige Zerstörung mit eigenen ARMs (»Hard-kill«; siehe später), die Störung beziehungsweise Täuschung durch ECM (»Soft-kill«) oder die Weiterleitung der Koordinaten zur Bekämpfung durch ein entsprechend bewaffnetes Angriffsflugzeug. Die Geräte können aber auch derart eingestellt werden, daß sie die eigenen Waffen ab einem bestimmten Bedrohungsgrad selber auslösen.

Beispiele für WW-Flugzeuge sind die spezialisierte, mit dem HTS ausgestattete F-16CJ FIGHTING FALCON der USAF und eine für die Bedürfnisse der israelischen Luftwaffe abgepaßte Version des selben Flugzeuges, die russische MiG-25 »FOXBAT-F« sowie die TORNADO ECR der italienischen und deutschen Luftwaffe (Abb.3.1d).

Elektronische Täuschung und Störung: »Soft-Kill«

Zu den im vorhergehenden Abschnitt erwähnten Mitteln zur Unterdrückung von Luftverteidigungssystemen gehören sogenannte »Soft-kills«, elektronische Gegenmaßnahmen (ECM): Die Täuschung und Störung von Überwachungs-, Zielerfassungs-/-verfolgungs- und -beleuch-

Abb.3.1d: Ein TORNADO ECR der deutschen Luftwaffe mit einem etwas ungewöhnlichen Tiger-Farbschema. Diese „Wild Weasels" waren im Balkankonflikt äußerst erfolgreich und trugen zur fast verlustfreien Bilanz der NATO bei. Während sie bei DENY-FLIGHT-Missionen keine Waffen einsetzen mußten, verschossen die TORNADOS bei der Operation ALLIED FORCE eine große Anzahl HARMs.

Abb.3.1e: Die Antennen des Emitter Locator Systems des TORNADO ECR befinden sich am feststehenden Teil des Flügels (siehe schwarze Fläche). Mit diesem System, welches eine Generation weiter in der Entwicklung ist als jenes des nun ausgemusterten F-4G, gilt der TORNADO ECR als das einzige vollwertige WW-Flugzeug der NATO und gleichzeitig als das leistungsfähigste Muster für diese Aufgabe. Verglichen damit sind die F-16CJ der USAF nur behelfsmäßig umgerüstete Jagdbomber.

tungsradars, AAMs beziehungsweise SAMs sowie Kommunikationsanlagen. Darunter versteht man zahlreiche Mittel, die sich je nach Situation und zu beeinträchtigendem Waffensystem besser oder schlechter für die jeweilige Aufgabe eignen:

- bordgestützte aktive Stör- und Täuschsender
- Drohnen mit aktiven Stör- und Täuschsendern
- Sender-bestückte Köder (Decoys) in gezogener oder abgeworfener Form
- abgeworfene Reflexionskörper und »Chaff«
- Infrarot-Störer
- »Flares«

Diese verschiedenen Methoden werden auf den nächsten Seiten kurz dargelegt und ihr Einsatz sowie deren Auswirkungen besprochen.

Die Bedrohung, die von dieser »unsichtbaren« Art von Kriegführung ausgeht, wird oft unterschätzt. Was wirklich passiert, wenn sie angewendet wird, kann man in verschiedenen Kriegsbeispielen der jüngsten Vergangenheit nachvollziehen. Man wird dabei aber Mühe haben, die wirklich auf diesem Gebiet eingesetzten Mittel ausfindig zu machen, denn die EW ist immer ein sensibler Punkt einer Steitmacht.

Bordgestützte Stör- und Täuschsender (ECM)

Der Gebrauch von elektronischen Gegenmaßnahmen dauert schon fast ein Jahrhundert lang an. Als erstes wurden sie in Form von Störern gegen feindliche Funkgeräte eingesetzt, indem man einfach die vom Gegner benützte Frequenz mit einem starken Signal überlagerte und ihm damit den Kanal »zumachte«.

Bei der Verwendung von gewöhnlichen Funkgeräten, seien es nun Morse- oder Sprechfunkgeräte, ist aber auch die Täuschung des Gegners relativ einfach. Durch die Einspeisung von Falschmeldungen kann dieser zu seinen Ungunsten beeinflußt werden. Voraussetzung dafür ist jedoch das Knacken des feindlichen Codes oder das knallharte Ausnützen von Fehlern des Bedienungspersonals. Obwohl eigentlich einfachste Schutzmaßnahmen das Täuschen verunmöglichen können, gibt es haarsträubende Beispiele für den Erfolg solcher Einwirkungen. Gemäß Berichten soll es einmal gelungen sein, zwei Panzerdivisionen derselben Kriegspartei aufeinander zu hetzen.

Mit der Einführung von digitalen Verschlüsselungs- und analogen Verschleierungsgeräten ist das Täuschen sehr schwierig und technisch aufwendig geworden. Geht man davon aus, daß der Gegner kein identisches Funkgerät besitzt und daß er nicht in den Besitz der Funkunterlagen

Abb.3.2.1a: Die EC-130E RIVET RIDER ist die unter anderem zur Propagandaverbreitung (ESM) verwendete Version der HERCULES. Die zahlreichen Antennen dienen zur Ausstrahlung von Fernseh- und Radiosendungen. Neben der E nimmt die H COMPASS CALL eine wichtige Stellung ein. Die USAF verwendet sie zur Störung des gegnerischen Fernmeldenetzes. Die EC-130E ist auch unter der Bezeichnung COMMANDO SOLO bekannt.

gekommen ist, so darf man die Wahrscheinlichkeit für eine Täuschung als unbedeutend bezeichnen.

Das Stören von Funkgeräten ist jedoch nach wie vor machbar. Allerdings müssen die dafür benutzten Geräte viel leistungsfähiger sein, da Funkgeräte und Richtstrahlanlagen die Frequenz rasch wechseln oder gar permanent in einem bestimmten Frequenzbereich umherspringen können.

Taktisch gesehen am wichtigsten ist der Einsatz von solchen Störern vor allem kurz vor und während eines Angriffes, um der Abwehr die Möglichkeit zu nehmen, sich zu organisieren. Deshalb müssen Störer von Kommunikationseinrichtungen schnell in eine günstige Position gebracht werden können. Flugzeuge eigenen sich für diese Aufgabe besonders gut. Spezialisierte Abstands-ECM/ESM-Flugzeuge und -Helikopter stehen im Einsatz bei zahlreichen Luftwaffen. Beispiele hierfür sind die HERCULES-Derivate EC-130E RIVET RIDER (Abb.3.2.1a) und -H COMPASS CALL (Abb.3.2.1b) der USAF sowie die An-12 »CUB-C« der russischen Luftwaffe.

Große Bedeutung haben elektronische Gegenmaßnahmen auf dem Gebiet der Luftkriegführung aber vor allem in bezug auf die Behinderung von Radargeräten erhalten. Grundsätzlich werden die gegen Radargeräte gerichteten ECM in zwei verschiedene Gruppen eingeteilt: einerseits in Störer (Jammer) und andererseits in Verschleierer/Täuscher (Deception Jammer).

Wie weitgehend bekannt sein sollte, ortet ein Radar ein Flugzeug mit Hilfe der ausgesendeten und vom angestrahlten Objekt zurückgeworfenen elektromagnetischen Wellen. Die Entfernung wird durch die Messung der Zeitspanne ermittelt, die zwischen dem Emittieren und dem Empfangen eines Pulses vergeht. Da die reflektierten Echos oft sehr schwach sind, können spezielle Sender, sogenannte Noise Jammer, welche zum Beispiel an Bord der zu erfassenden Maschine installiert sind und im selben Frequenzbereich arbeiten, das vom Radar ausgesendete und reflektierte, sogenannte Nutzsignal überlagern und damit unkenntlich machen (Abb.3.2.1f,g). Für den Operateur wird die Detektion eines

Abb.3.2.1b: Die EC-130H COMPASS CALL wurde im Golfkrieg häufig zur Störung der Fernmeldeeinrichtungen des Irak verwendet. Ihrer Leistungsfähigkeit verdanken zahllose alliierte Soldaten das Leben, denn sie hatte einen großen Anteil an der Unfähigkeit der irakischen Armee, sich zur Verteidigung zu organisieren.

Abb.3.2.1c: Die Royal Air Force verwendet für ihre TORNADO GR.1 den Sky Shadow-ECM-Pod. Er gehört zu einer modernen Generation von Software-gesteuerten Geräten, die sich schnell an Fortschritte des Gegners anpassen lassen. Im Golfkrieg wurden die Störer fast täglich aktualisiert. Der Sky Shadow kann sowohl als Störer als auch als Täuscher arbeiten. Er ist ein typischer Selbstschutzstörer.

Abb.3.2.1e: Eine F-16CJ der USAF, bewaffnet mit AGM-88 HARM, AIM-9 Sidewinder und AIM-120 AMRAAM. Links unter dem Rumpf kann man den Behälter des HTS erkennen, welches zur Detektion von Radarstationen dient. Die F-16CJ/DJ sind nach der Ausmusterung der F-4G die einzigen SEAD-Maschinen der USAF, weshalb ihnen in den STRIKE PACKAGES der NATO eine Schlüsselrolle zukommt.

Abb.3.2.1d: Anfangs war die Entwicklung des deutsch-israelischen Cerberus-ECM-Pod geprägt von Skandalen. Während er die gewünschte Störleistung gegen SAM-Radars nicht erreichte, beeinträchtigte er umso mehr die Einsatzfähigkeit des TFR des TORNADO-Trägerflugzeuges. Mit der Einführung der Version Cerberus IV sollen nun diese Mängel größtenteils behoben worden sein.

Flugzeuges dadurch unmöglich, denn die zeitlich veränderliche Intensität der Störerwelle bewirkt auf dem Schirm eine Strobe und nicht einen Punkt; letzterer ist aber zur exakten Positions- und Distanzermittlung notwendig.

Radars weisen zudem neben der in der gewünschten Richtung ausgesendeten, zur Ortung notwendigen Energie-Hauptkeule noch zahlreiche kleinere Nebenkeulen auf, die dem Störer ermöglichen, auch aus größeren Winkeln zur eigentlichen Erfassungsrichtung noch auf das Empfangssignal einzuwirken (Abb.3.2.1h). Wegen der Nachleuchtdauer auf dem Radarbildschirm (PPI Display) eines Suchradars gelingt es nur noch einem sehr geübten Operateur, die effektive Störerrichtung auszumachen. Bei einem Beleuchtungs- oder Folgeradar kann ebenfalls wegen den Nebenkeulen ein »Off-axis-Jammer« – ein Störer, der gar nicht in der eigentlichen Strahlachse des Radars liegt – die Zielerfassung und -verfolgung eines Flugzeuges stark beeinträchtigen.

Für Störer sind verschiedene Modi und Kombinationen davon üblich. Im Schmalbandstörbetrieb (Spot Jamming) arbeitet der Sender auf einem eng begrenzten Frequenzbereich und kann somit seine gesamte Ausgangsleistung auf diesem schmalen Band konzentrieren, wodurch selbst die erfolgreiche Störung eines leistungsstarken Radargerätes wahrscheinlich ist, falls dieses nicht sofort auf eine Ausweichfrequenz zu wechseln vermag (Abb.3.2.1f). Die Radar-Parameter müssen aber für eine derartige Verwendung des Jammers weitgehend bekannt sein, was besondere Anforderungen an die ELINT stellt.

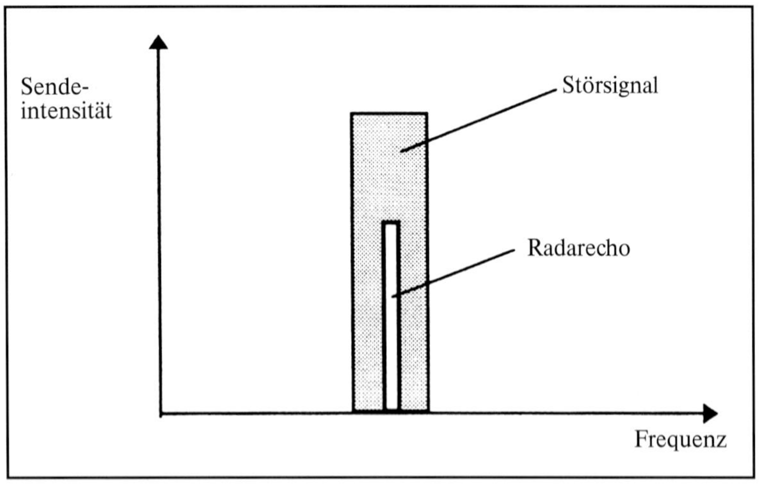

Abb.3.2.1f: Spot Jamming. Überlagerung eines engen Frequenzbereiches – hohe Intensität pro Frequenz.

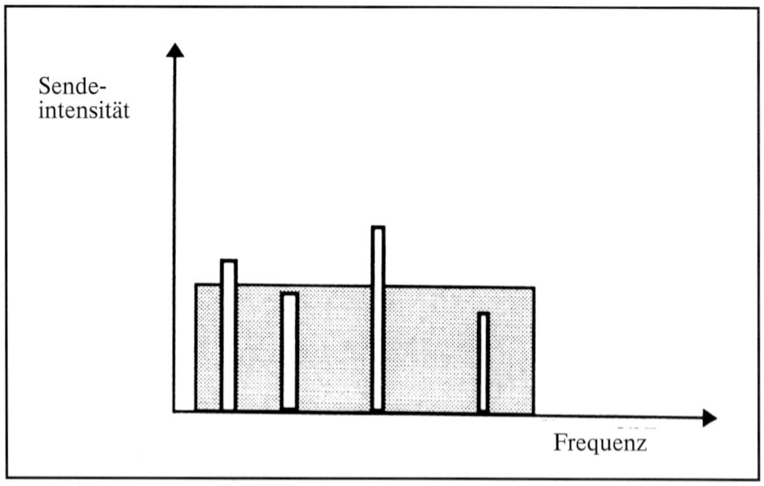

Abb.3.2.1g: Barrage Jamming. Überlagerung eines breiten Frequenzbereiches – tiefe Intensität pro Frequenz.

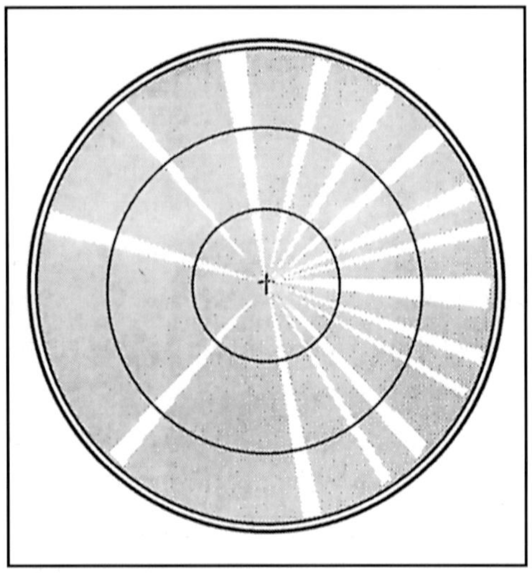

Abb.3.2.1h: Schematische Darstellung eines PPI (plan-position indicator)-Radardisplays, dessen Radar starken Störungen ausgesetzt ist. Die weißen Keile sind Störsignale eines Noise Jammers. Die Störung ist in diesem Fall so stark, daß sogar die kleinen Nebenkeulen des Radars vom Störer für die Einstrahlung von Energie benutzt werden können. Bei schwächeren Signalen reduziert sich das Bild auf eine einzige Strobe, welche gleichzeitig die Richtung des Störers angibt.

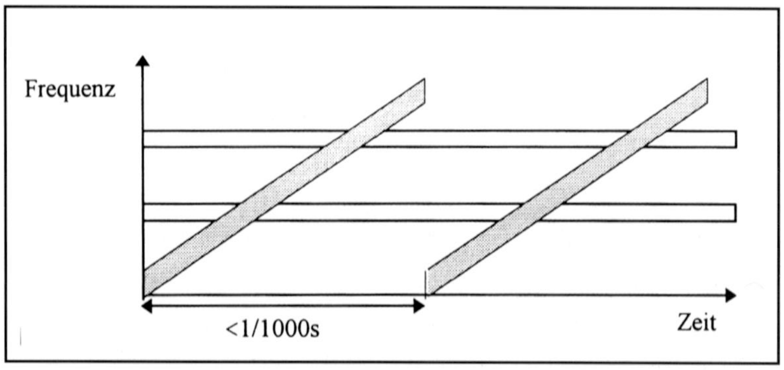

Abb.3.2.1i: Mit der Wobbelstörung wird zeitlich beschränkt eine große Bandbreite von Frequenzen mit einem starken schmalbandigen Signal abgedeckt. Damit wird also der Vorteil der Schmal- mit demjenigen der Breitbandstörung kombiniert. Die zeitliche Beschränkung erlaubt aber einem leistungsstarken Radar das Zielobjekt trotzdem zu verfolgen.

Beim Breitbandstörbetrieb (Barrage Jamming) wird die gesamte Störenergie auf ein breites Frequenzband verteilt (Abb.3.2.1g). Dadurch können zwar einerseits mehrere Radargeräte gleichzeitig gestört werden und die genaue Arbeitsfrequenz des Radars muß nicht bekannt sein. Folglich ist man nicht derart abhängig von einer seriösen und kleinlich genauen Arbeit des Nachrichtendienstes. Andererseits erkauft man sich diese Vorteile aber teuer mit einer deutlich verminderten Intensität, was dem Radaroperateur in den meisten Fällen erlaubt, trotz der Störung das Nutzsignal herauszufiltern und dadurch das Ziel auszumachen.

Als Kompromiß zwischen dem Schmal- und dem Breitbandstörbetrieb können die Wobbel- und die Zeitmultiplexstörung (Swept-Spot Jamming) angesehen werden. Hierbei verschiebt sich eine Schmalband-Störleistung zeitlich rasch über einen bestimmten Frequenzbereich oder springt von Frequenz zu Frequenz (Abb.3.2.1i). Dadurch wird eine große Bandbreite abgedeckt; dies erfolgt aber nicht permanent, was einem modernen Radarsystem erlaubt, das Ziel, wenn auch mit eingeschränkter Genauigkeit, weiterzuverfolgen.

Neben dem Noise Jamming können auch noch andere Modulationsarten verwendet werden, um bestimmte Störeffekte zu erreichen. Bei der CW-Störung (Continuous Wave Jamming) konzentriert sich die Störleistung auf die Trägerfrequenz, also auf die höhere der beiden verwendeten Frequenzen, und stört damit die Zielbeleuchtungssysteme von gegnerischen SARH-AAMs und -SAMs. Auch für diese Störart ist eine sorgfältige elektronische Aufklärung unentbehrlich.

Durch Pulsstörung (Pulse Jamming) können zeitlich begrenzte, starke Störungen mit relativ großer Frequenzbreite und kleinem Energieaufwand erzielt werden. Das dadurch hervorgerufene Radarbild läßt sich nicht mehr vernünftig auswerten.

Störungen sind aktive Gegenmaßnahmen, welche man natürlich genauso gut wie Radarstrahlen anhand von passiven Sensoren detektieren kann. Es existieren zahlreiche Fliegerabwehrlenkwaffensysteme (zum Beispiel Improved Hawk, SA-6), die über die Home-on-Jam-Betriebsart verfügen, welche es den gelenkten Raketen ermöglicht, direkt auf einen Störer loszusteuern, ähnlich einer Anti-Radar-Lenkwaffe (siehe späteren Abschnitt). Vor allem Breitbandstörer sind sehr gefährdet. Die moderneren

Abb.3.2.1j: Eine EA-6B PROWLER der US Navy. Diese Begleitschutz- und Abstandstörflugzeuge sind nach der Außerdienststellung der EF-111A die einzigen Flugzeuge der NATO für diese Aufgabe. Wie der Kosovo-Konflikt bewiesen hat, nehmen sie bei einem Luftkrieg eine Schlüsselposition ein, da der Einsatz eines sogenannten STRIKE PACKAGE und damit die gesamte neue NATO-Taktik ohne SOJ/EJ nicht durchführbar ist.

Störsender verfügen deshalb zusätzlich über einen Empfänger, der die feindlichen Radarsignale auffängt und den Störer nur wenn erforderlich, das heißt bei Anstrahlung, einschaltet. Zusätzlich werden kurze Sendepausen automatisch nach einer bestimmten Zeitspanne eingelegt, um eventuell abgefeuerte HOJ-SAMs »abzuhängen«. Diese Betriebsart wird mit Look-through bezeichnet.

Störer sind relativ einfach im Aufbau. Moderne, mikroprozessorgesteuerte Radargeräte machen aber die Entwicklung von »intelligenteren« ECMs erforderlich, weil gewöhnliche aktive Störungen im Prinzip immer als solche erkannt werden können. Die Elektroingenieure entwickelten deshalb in den letzten Jahren eine neue Generation von Geräten, die einiges komplexer im Aufbau sind und auf die digitale Technologie zurückgreifen. Sie sind in der Lage, anhand von speziellen Sendeimpulsen dem Gegner Scheinziele zu präsentieren oder komplett falsche Luftlagen vorzugaukeln, ihn zu täuschen: die Deception Jammer. Allerdings sind diese Täuschsysteme gegen ältere, analoge Radargeräte weniger wirksam, weil sich zahlreiche der verwendeten Täuschungsmethoden darauf stützen, daß eine gewisse Automatisierung und die dafür erforderliche technische Ausrüstung vorhanden ist. Bei der alten Technologie muß aber ein großer Teil der Arbeit vom Operateur ausgeführt werden, der sich seinerseits nicht von diesen Täuschungsarten irreleiten läßt.

Eine Täuschungsart ist die Winkeltäuschung (Inverse Gain oder Angle Deception Jamming). Dabei wird auf dem Schirm entweder durch die Aussendung eines Signals mit einer zum Nutzsignal phasenverschobenen Amplitudenmodulation eine zum Flugzeug entgegengesetzte Richtung generiert oder durch eine dem Echo ähnliche, aber stärkere

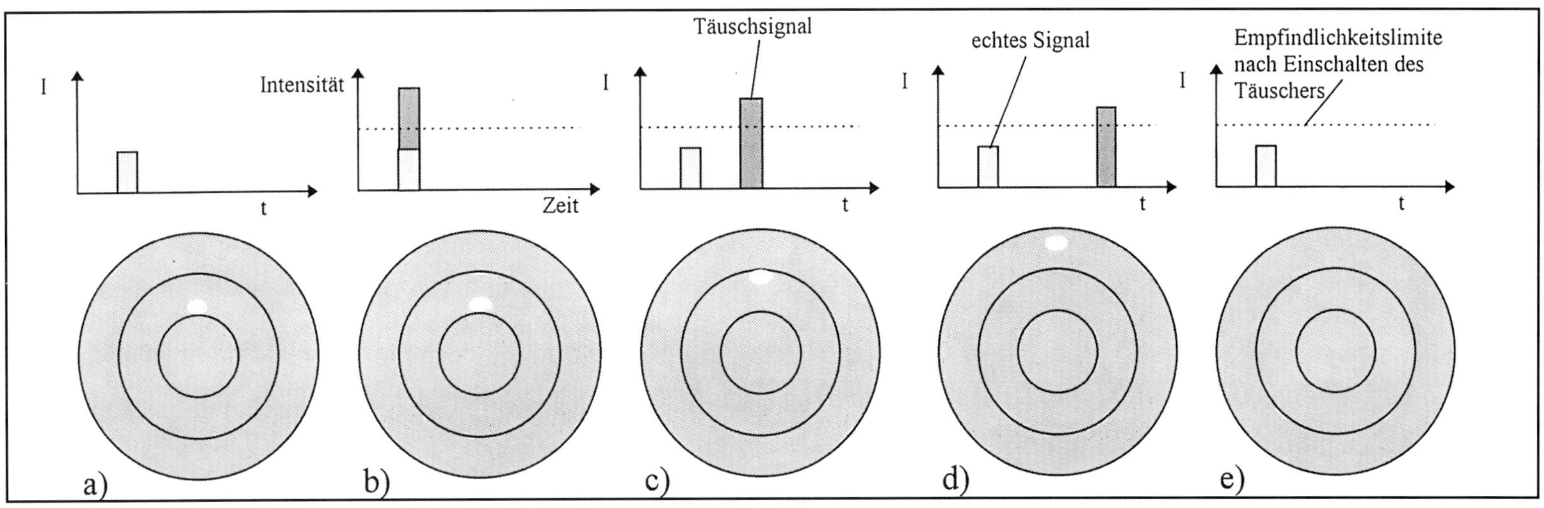

Abb.3.2.1k: Range Gate Pull-off Deception Jamming. Dieses Täuschverfahren stützt sich darauf, daß sich Folge- und Feuerleitradarsysteme ihre Leistung und Empfindlichkeit der Intesität des Echos anpassen. a) Durch das Anstrahlen des Flugzeuges wird ein echtes Signal reflektiert. b) Nach dem Einschalten des Täuschers, der am selben Ort seine intensiveren Wellen unverzögert ausstrahlt, konzentriert sich der Radarempfänger auf dieses Signal und paßt seine Empfindlichkeit an. c+d) Der Täuscher verzögert nun zunehmend sein Signal, wodurch der Radar ein sich entfernendes Ziel verzeichnet. e) Schaltet der Täuscher seine Emissionen aus, so verliert der Radar das Objekt und muß neu mit Scannen beginnen.

Welle, die in die Nebenstroben des feindlichen Radargerätes abgestrahlt wird, ein Ziel im falschen Winkel erzeugt. Die Empfindlichkeit des Empfängers kann durch die Signalverstärkung herabsetzt werden, wodurch das projizierte Ziel als »richtiges« akzeptiert wird. Diese Verfahren eigenen sich besonders gut gegen Feuerleit- bzw. Suchradarsysteme. Ähnliche Effekte können auch in bezug auf das Conical Scan-Zielverfolgungsverfahren erzielt werden, welches oft von Lenkwaffen zur Zielansteuerung benutzt wird.

Bei der Entfernungstäuschung (Range Gate Pull-off Deception Jamming) wird zuerst das auf dem Flugzeug einfallende Radarsignal verstärkt und zurückgestrahlt und damit die Empfängerempfindlichkeit erniedrigt, so daß das echte Ziel nicht mehr genügend Intensität aufweist, um detektiert zu werden. Anschließend verzögert der Täuscher das Echo immer mehr, je weiter die Zeit fortschreitet und erzielt damit, daß das Radar ein Ziel in zunehmend größerer Entfernung vermutet. Natürlich muß parallel dazu auch die Signalintensität verringert werden, wie dies bei einer echten Distanzvergrößerung ebenfalls der Fall wäre. Stellt nun der Täuscher seine Emissionen plötzlich ein, vergeht einige Zeit, bis sich das Radar wieder auf das richtige Ziel eingestellt hat (Abb.3.2.1k). Das Verfahren ist vor allem gegen Feuerleit- und Folgeradarsysteme wirksam.

Zugeschnitten auf die Täuschung von Puls-Doppler- und Continuous-Wave-Radar ist die Velocity Track Breaking (Geschwindigkeitstäuschung). Sowohl PD als auch CW stützen sich auf den Doppler-Effekt, das heißt, sie benützen die Verschiebung (Verkleinerung bzw. Vergrößerung) der Frequenz der Echowelle eines sich bewegenden Objektes zum Herausfiltern eines Flugzeuges gegenüber dem Boden. Der Täuscher erhöht also, nachdem er ein stärkeres Signal erzeugt hat, die Frequenz, wodurch der Zielverfolgungsmodus fehlgeleitet wird. Ähnlich wie beim Entfernungstäuscher vergeht bei einem Aussetzen der Störemission eine gewisse Zeit, bis das Radar das echte Ziel wieder erfaßt hat.

Einer ähnlichen Methode wie ein starkes Noise Jamming liegt dem Vielzielerzeuger (Multiple/False Target Generating) zugrunde. Der Täuscher empfängt das Radarsignal und sendet mehrere Echos zeitlich verschoben zurück. Da die Hauptkeule eines Frühwarn- oder Suchradars sich verschiebt, werden dank der starken Ausgangsleistung beim Pulsverfahren auch die Nebenkeulen miteinbezogen, wodurch auf dem PPI Display zahlreiche vermeintliche Ziele erscheinen (Abb. 3.2.2.1l).

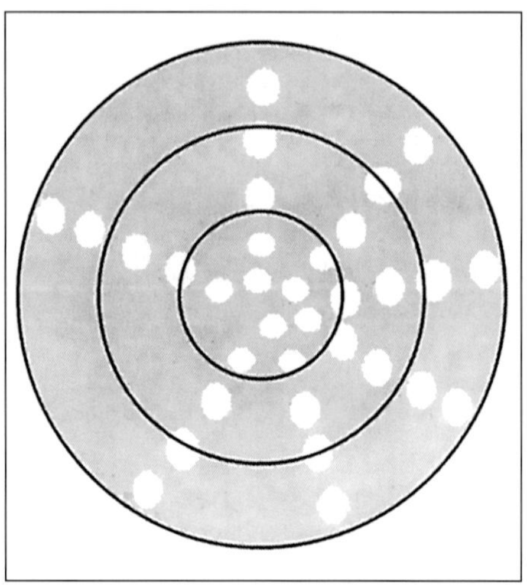

Abb.3.2.1l: Multiple target generating. Das schematische PPI-Radardisplay zeigt zahlreiche Leuchtpunkte, die unter normalen Umständen fliegende Objekte darstellen. Durch die pulsförmigen Emissionen des Täuschers wird derselbe Effekt erzeugt. Die Pulse sind trotz relativ geringer Ausgangsleistung intensiv, wodurch ein Eindringen der Signale in die Nebenkeulen des Radars ermöglicht wird. Somit wird nicht einmal mehr die Störrichtung erkennbar.

Zweifellos existieren noch weitere Störungs- und Täuschungsmethoden, denn die Forschung auf diesem Gebiet wird mit großem Aufwand vorangetrieben. Die genannten Beispiele zeigen aber ein ungefähres Bild der Möglichkeiten.

Im Kampf gibt es grundsätzlich drei verschiedene Einsatztechniken, wie bordgestützte Stör- und Täuschsender verwendet werden können. Es sind dies:

- Abstands-ECM (Stand-off-Jamming; SOJ)
- Begleitschutz-ECM (Escort-Jamming; EJ)
- Selbstschutz-ECM (Self-Protection-Jamming; SPJ)

Beim SOJ-Betrieb werden Radar- oder Telekommunikationsanlagen aus großer, praktisch konstant bleibender Distanz gestört beziehungsweise getäuscht. Ziel dieser Tätigkeit kann es sein, den Gegner zu verwirren, seine Informationsmittel zu sabotieren oder aber ganz gezielt eine eigene Streitmacht vor der Entdeckung oder Bekämpfung durch den Feind elektronisch zu schützen.

EJ wird dann angewandt, wenn ein eigener Angriffsverband in stark überwachte und entsprechend mit Jagdflugzeugen und Fliegerabwehr geschützte Lufträume einfliegen muß. Die eigenen Maschinen können so wirkungsvoll bis zu einem gewissen Grad vor radargestützten Mitteln geschützt werden.

SPJ ist eine Maßnahme, die praktisch jedem modernen Kampfflugzeug zur Verfügung steht, um sich selbst vor radargestützten Mitteln zu schützen. Sie wirkt insbesondere gegen Fliegerabwehrstellungen im Zielgebiet oder gegen feindliche Jäger.

Sowohl für die Abstands- als auch für die Begleitschutz-Gegenmaßnahmen benötigt man äußerst leistungsstarke Mehrfach-Sender, die oft viel Platz an Bord in Anspruch nehmen. Die Masse einer derartigen Ausrüstung liegt nicht selten bei mehreren Tonnen, was bedeutet, daß spezielle Flugzeuge die Aufgabe übernehmen müssen. Besonders dann, wenn im Breitbandstör- oder im Vielzielerzeugungsmodus gearbeitet wird, sind nämlich Ausgangsleistungen gefordert, die im kW-Bereich liegen. Dies kann kaum verwundern, wenn man in Betracht zieht, daß Abstands-ECM-Einsätze, welche meistens in den beiden genannten Betriebsarten verwendet werden, in über 100 km Entfernung vom eigentlichen Störziel stattfinden können. Beim Begleitschutz-ECM wird außerdem eine hohe Anforderung an das Flugzeug selbst gestellt: Es muß flugleistungsmäßig mit den zu schützenden Jagdbombern kompatibel sein.

Das bekannteste Flugzeug für Begleitschutz- und Abstandstöraufgaben ist die EA-6B PROWLER (Abb.3.2.1j) der US Navy und des USMC. Nach der Ausmusterung der EF-111A der USAF ist die EA-6B das einzige SOJ/EJ-Flugzeug der NATO. Ihre elektronische Ausrüstung wird permanent dem neuesten Stand der Technik angepaßt. Das derzeitige Radarstörsystem ist das AN/ALQ-99F, welches in bis zu fünf Pods mitgeführt werden kann. Jeder Pod enthält dabei zwei Sender, die eine Ausgangsleistung von je 2.5 kW haben sollen und damit Radars in über 200 km Entfernung beeinträchtigen können.

Auch Rußland verfügt über Störflugzeuge. Beispiel hierfür ist die Version »FENCER-F« der Su-24. Israel seinerseits setzt für diese Aufgabe vermutlich einige speziell ausgerüstete KFIR TC.7 ein.

Selbstschutzstörsysteme sind weit verbreitet und gehören vor allem bei Angriffsflugzeugen zum Standard der Ausrüstung. Da sie lediglich zum Schutz des Trägerflugzeuges verwendet werden, sind die erforderlichen Ausgangsleistungen und damit die Größe der Geräte begrenzt. Sie können entweder intern (Abb.3.2.1m,n,o) oder extern in sogenannten Pods (Abb.3.2.1c,d) untergebracht werden. Beide Konfigurationen haben ihre Vor- und Nachteile. Heute tendiert man eher zur internen Unterbringung, wodurch der sonst von einem Pod benötigte Pylon für Waffen oder Zusatztanks verwendet werden kann oder zusätzlicher Luftwiderstand vermieden wird. Außerdem kann man die Antennen besser an den gewünschten Stellen plazieren. Dafür geht aber Platz für internen Treibstoff verloren und Hardware-seitige Kampfwertsteigerungen sind schwieriger zu realisieren.

Wie wichtig SPJ-Systeme in der heutigen Kriegführung sind, läßt sich daran erkennen, daß viele verfügbare FIGHTING FALCONS der USAF im Golfkrieg aus Mangel an Störsendern nicht zum Einsatz gelangten und daß die RAF allen ihren Kampfflugzeugen, die einen defekten ECM-Pod besaßen, die Starterlaubnis verweigerte.

Beispiele für interne ECM-Ausrüstungen sind das Zeus-Gerät des HARRIER GR.7 (Abb.3.2.2m) oder der AN/ALQ-165 ASPJ der F/A-18C/D HORNET (Abb.3.2.1o), während der Sky Shadow des TORNADO GR.1 (Abb.3.2.1c) und der AN/ALQ-184 der F-16 bzw. A-10 externe Exemplare darstellen.

Drohnen mit aktiven Stör- und Täuschsendern

Schon im Vietnamkrieg setzte die USAF Drohnen zur Aufklärung ein. Die Ryan 147 erwiesen sich als erstaunlich erfolgreich, konnte ihnen doch aufgrund der kleinen Abmessungen kein SAM-System etwas anhaben. Seither wurden zahlreiche Projekte gestartet; viele sind jedoch wieder eingestellt worden. Zu Beginn der 90er Jahre hat die amerikanische Luftwaffe mit dem Predator wieder ein beeindruckendes UAV in Dienst

Abb.3.2.1m: Ein HARRIER T.10 der RAF. Diese modernen STOVL-Flugzeuge gehören zu jenen Maschinen, die über ein internes Störsystem verfügen. Von außen sind lediglich die Antennen des Zeus-ECM-Gerätes zu erkennen: zwei nach vorne gerichtete Antennen am Radom und eine rückwärts-gerichtete am Heckausleger. Der interne Einbau benötigt zwar Raum, doch wird dadurch ein sonst vom ECM-Pod belegter Pylon für zusätzliche Waffen frei.

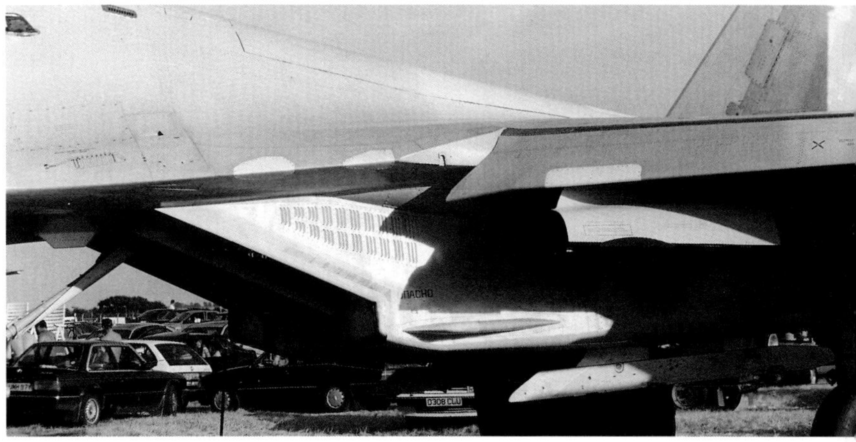

Abb.3.2.1n: Russische Jagdflugzeuge haben sich fast immer auf interne Störsysteme gestützt. Ein Beispiel dafür ist die Su-30. Die weißen Verkleidungen an den LERX, den Klappen und Lufteinlaufaufbauten deuten auf das Vorhandensein eines umfangreichen EW-Systems hin. Nichts ist über dessen Leistungsfähigkeit bekannt.

Abb.3.2.1o: Eine F/A-18D HORNET der Schweizer Luftwaffe im Rückenflug. Die Antennen des RWR und des Störsystems sind an Bug (helle Punkte) und Seitenleitwerk (Antennen im oberen Bereich) auszumachen. Das AN/ALQ-165 ASPJ-Störsystem soll sehr leistungsfähig sein.

Abb. 3.2.2a: Die Teledyne-Ryan MALD ist eine interessante Neuentwicklung, da diese Mini-Stör-Drohne aufgrund ihrer begrenzten Abmessungen auch von Kampfflugzeugen (F-15E, F-16, F/A-18) eingesetzt werden kann. Welche Art Geräte sie enthält, ist nicht bekannt. Das abgebildete Modell ist im Maßstab 1:1.

gestellt: Es kann Bilder »In-real-time« übermitteln. Über ähnliche Fähigkeiten verfügt u.a. das kleinere Schweizer Projekt ADS-95 Ranger oder das französische Sperwer-UAV.

Im Gegensatz zu diesen Aufklärungsdrohnen ist über Stör- und Täuschdrohnen nur wenig bekannt. Dies hat mit der von jeder Nation betriebenen restriktiven Politik in bezug auf die elektronische Kriegführung zu tun. Wenn immer möglich wird jede Information zurückgehalten. Deshalb kann man sich nur ein sehr ungenaues Bild über die tatsächliche Situation verschaffen. Inwieweit zum Beispiel die vielen Aufklärungsdrohnen zu Werkzeugen der elektronischen Kriegführung umgebaut werden könnten, ist ungewiß. In der Tat wäre vor allem die Eigenschaft, lange in der Luft verbleiben zu können, geradezu ideal für ein EW-Fluggerät.

Die Tatsache, daß die US-Luftstreitkräfte mit der von B-52-Bombern aus eingesetzten GAM-72 aber bereits in den 60er und 70er Jahren über ferngelenkte ECM-Plattformen verfügten, dokumentiert eine von UAVs ausgehende, reelle Gefahr für Verteidigungssysteme.

Eine Kategorie kleiner als die GAM-72 sind die Einweg-Miniatur-Drohnen. Neuester Beweis für die Existenz solcher Flugkörper zur Störung von feindlichen Radargeräten auf amerikanischer Seite stellt die Teledyne-Ryan MALD (Miniature Air-Launched Decoy) dar, ein rund zwei Meter langes, Miniatur-Turbojet-angetriebenes Flugobjekt mit ausklappbaren Flügeln. Seine Einsatzaufgabe ist es, dem Gegner einen Angriff vorzutäuschen und die Rechnerkapazität der integrierten Verteidigungssysteme durch Sättigung lahmzulegen. Hierfür ist es mit einem RCS-Vergrößerungssystem ausgerüstet, welches dem kleinen Fluggerät die Radarsignatur einer F-16 verleiht. Außerdem werden die Köderdrohnen in der Regel nicht alleine, sondern gleichzeitig in mehreren Exemplaren eingesetzt.

Die MALD kann von einem Kampfflugzeug der F-16-Klasse im oder in der Nähe des Einsatzgebietes abgeworfen werden und fliegt anschließend auf einem vorprogrammierten, Kampfflugzeug-ähnlichen Kurs mit Steig- und Sinkflugsequenzen in dem vor dem Abschuß bestimmten Luftraum. Ihre Geschwindigkeit liegt dabei im hohen Unterschallbereich. Die Reichweite ist größer als 460 km und die Mission kann länger als 20 Minuten dauern. Am Ende wird das ganze System abgeschrieben.

Ein Flugkörper mit ähnlichen Fähigkeiten wie die MALD ist die israelische ITALD, eine mit einem Turbojet-Antrieb versehene TALD, welche ihrerseits erfolgreich im Golfkrieg von der US Navy verwendet wurde.

Senderbestückte Köder (Decoys) in abgeworfener oder gezogener Form

Der Einsatz von Sender-bestückten Verbrauchsstörern (Expendable Jammer) ist eine weitere Methode, um bodengebundene radargestützte Verteidigungssysteme zu behindern. Sie werden entweder von Flugzeugen, von den oben erwähnten Drohnen oder von Boden/Boden-Raketen aus direkt in der unmittelbaren Nähe der zu störenden Geräte zum Einsatz gebracht. Oft verwendet man gleich mehrere Expendable Jammer gleichzeitig, um für kurze Zeit einen maximalen Schutz für die ein Ziel hoher Priorität angreifenden Jagdbomber zu erzielen.

Einige dieser Einwegjammer verfügen dank ihrer aerodynamischen Form und Faltflügeln über eine beeindruckende Flugdauer, die ihnen im Idealfall Eindringtiefen bis zu 100 km erlauben. Außerdem hat man die Zelle zusätzlich darauf ausgelegt, daß das vom Flugkörper zurückgeworfene Radarecho demjenigen eines Jagdbombers gleicht. Ein Beispiel hierfür sind die TALD (Tactical Air Launched Decoy) der US Navy. Andere wiederum gleiten nach dem Abwurf langsam an Fallschirmen zu Boden. Die Energie für den Sender stammt dabei aus einer Batterie, welche für die relativ kurze Einsatzdauer genügend Leistung bringt.

Spezielle abwerfbare Täuscher werden in erster Linie zum Selbstschutz von Kampfflugzeugen verwendet. Sie locken radargesteuerte SAMs und AAMs, welche bereits auf ein Flugzeug abgeschossen wurden, von diesem weg. Der Decoy enthält einen Sender, der, ähnlich einem Entfernungstäuscher, ein stärkeres »Echo« ausstrahlt als das Flugzeug reflektiert. Wird er nun im richtigen Augenblick vom Trägerflugzeug abgeworfen, folgt die Lenkwaffe dem Täuscher, welcher sich immer weiter vom

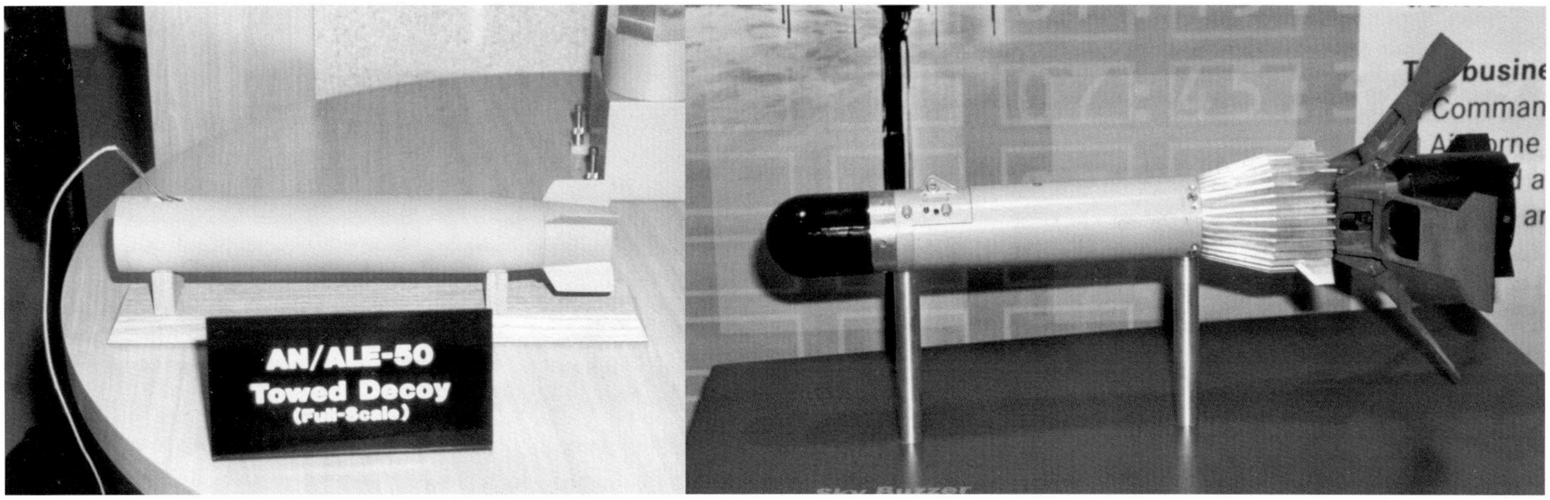

Abb.3.2.3a: Zwei Beispiele für Towed Decoys: Links abgebildet ist der amerikanische AN/ALE-50, ein rund 25 cm grosser Einweg-Decoy, der in der Operation ALLIED FORCE bereits an F-16 und B-1B seine Nützlichkeit nachgewiesen hat. Rechts zeigt das Foto den etwas größeren, aber wiederverwendbaren deutschen Sky Buzzer. Towed Decoys sollen anfliegende AAMs und SAMs fehlleiten.

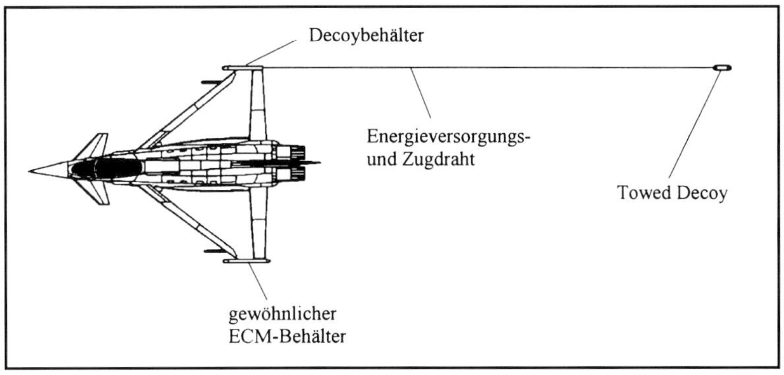

Abb.3.2.3b: Towed Decoy.
Moderne Kampfflugzeuge werden mit gezogenen aktiven Ködern ausgerüstet, welche die Trägermaschinen vor radargestützten Lenkwaffen schützen sollen. Beim EF2000 werden die Flügelenden nicht als Befestigungspunkt für AAMs benutzt, wie dies beispielsweise beim RAFALE oder GRIPEN der Fall ist, sondern als Station für die umfangreiche EW-Ausrüstung. Der rechte Pod enthält dabei einen gezogenen aktiven Köder.

eigentlichen Ziel entfernt, so daß eine Detonation des Raketengefechtskopfes dem Flugzeug nichts mehr anhaben kann.

Den gleichen Zweck wie diese abwerfbaren Täuscher erfüllen auch sogenannte Towed Decoys, also gezogene Köder. Vom Aufbau und der Funktionsweise her sind sie ähnlich, ihre Wirkung dauert aber länger an, weil sie nicht vom Flugzeug wegfallen. Das Trägerflugzeug weist einen Behälter auf, welcher den Decoy und einen daran befestigten Draht auf einer Spule beinhaltet. Fliegt die Maschine in den Gefahrenbereich ein, läßt die Spule den Köder am Draht aus dem Behälter gleiten und zieht ihn hinter dem Flugzeug her. Die Drahtlänge ist ein Kompromiß zwischen der minimal erforderlichen Distanz, bei der eine Gefechtskopfexplosion der getäuschten AAM/SAM keine Schäden am Flugzeug anrichten kann, und der maximalen Entfernung, bei der ein Radar die Decoy- und die Echosignale des angepeilten Jets nicht auflöst. Im Gegensatz zu den Expendables versorgt nicht eine Batterie den eingebauten Täuscher, sondern die Flugzeugelektrik über den Draht, wodurch die effektive Einsatzdauer nicht beschränkt wird. Nach der Verwendung zieht die Spule den Decoy wieder in den Behälter zurück.

Alle aktiven Köder sind Entwicklungen, deren Vorteil es ist, daß sie relativ einfach in bereits bestehende Kampfflugzeugavioniksysteme integriert werden können. Neue Modelle rüstet man bereits von Anfang an mit diesen Geräten aus. Beispiele hierfür sind das DASS-EW-System des EF2000 (Abb.3.2.3b) oder das Spectra-System des RAFALE.

Abgeworfene Reflexionskörper und »Chaff«

Durch eine spezielle Anordnung von Flächen relativ zueinander kann der RCS (Radar Cross-Section; Radarrückstrahlfläche) eines beliebigen Körpers entweder künstlich verkleinert oder vergrößert werden. Ersteres

Abb.3.2.4a: Ein Phimat-Chaff-Dispenser an einem AIM-9-Pylon eines TORNADO F.3. Kurz vor dem Golfkrieg wurden die RAF-Jäger damit ausgerüstet, um den zahlreichen radargelenkten irakischen SAMs russischer Bauart entgegenwirken zu können. Man beachte ebenfalls die RAM-beplankte »Stealth«-Vorderkante des Flügels.

Abb.3.2.4b: Eine französische SAM Roland auf einem Chassis eines AMX-Panzers. Das System besteht aus einem Such- und einem Folgeradar sowie einem Doppelwerfer. Im Falklandkrieg setzten es die Argentinier gegen die britischen SEA HARRIER nur mit mäßigem Erfolg ein. Ein Grund dafür war die Verwendung von Chaff in Verbindung mit einem Radarwarnempfänger. Lediglich ein einziger SEA HARRIER fiel einer Roland zum Opfer.

wird bei der Stealth-Technologie (siehe letzten Abschnitt), letzteres bei Reflexionskörpern ausgenutzt.

Praktisch setzt man kleine, an Fallschirmen abgeworfene, speziell geformte Gebilde ein, welche etwa den RCS eines Kampfflugzeuges aufweisen, um den Feind zu irritieren, ihm eine Vielzahl von imaginären Zielen zu präsentieren, welche die Leistungsfähigkeit des Radarrechners überfordern, und somit ein Abfangen der eigenen Angriffsflugzeuge zu verhindern. Profitiert wird dabei nicht nur von der Sekundärstrahlung, welche entsteht, wenn sich ein Stab aus leitendem Material von der Länge $\lambda/2$ (λ: Radarwellenlänge, $\lambda/2$ ist die Ideallänge) in einem elektromagnetischen Wellenfeld aufhält und dadurch zyklisch polarisiert wird, sondern auch von der Konzentration der Reflexionen durch rechte Winkel (Abb.3.2.4c) sowie von weiteren diesbezüglich wirksamen Effekten.

Reflexionskörper werden aber weit weniger verwendet als das sogenannte »Chaff«, welches man auch als Düppel bezeichnet. Damit meint man metallbedampfte Kunststoff- oder Glasfasern, die aus Dispensern in großen Mengen ausgestoßen werden, wie in Abb.3.2.4e dargestellt. In

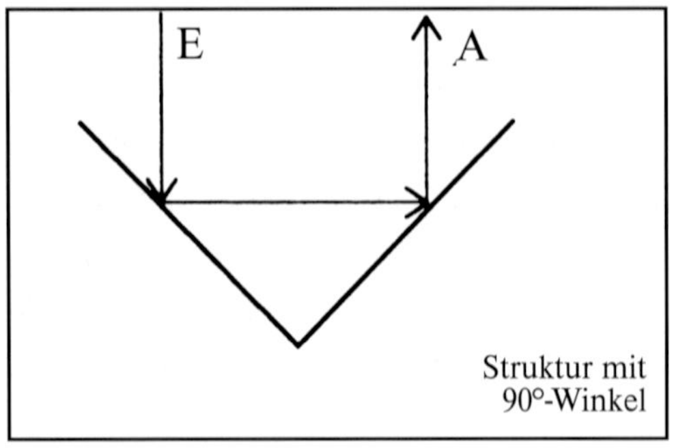

Abb.3.2.4c: Rechte Winkel in der Struktur eines Körpers wirken wie Fackeln auf dem Radarschirm. Dies wird bei Reflexionskörpern ausgenutzt.

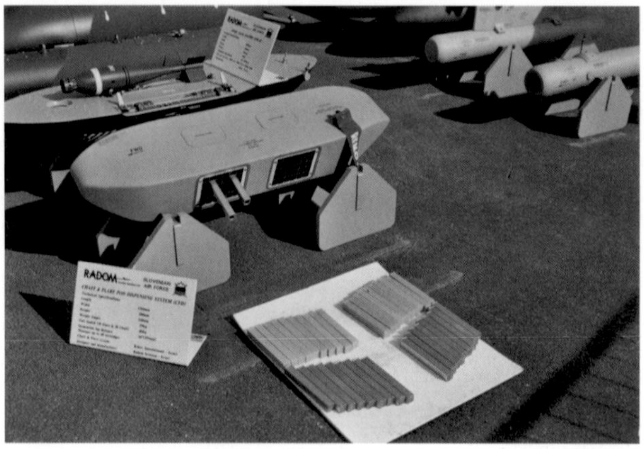

Abb.3.2.4d: Ein Behälter für Täuschkörper, der sich praktisch an jedem Flugzeug anbringen läßt. Er kann eine Mischung aus Chaff und Flare aufnehmen. Beide Täuschkörperarten werden von Kampfflugzeugen meistens, wie hier abgebildet, als Patronen mitgeführt.

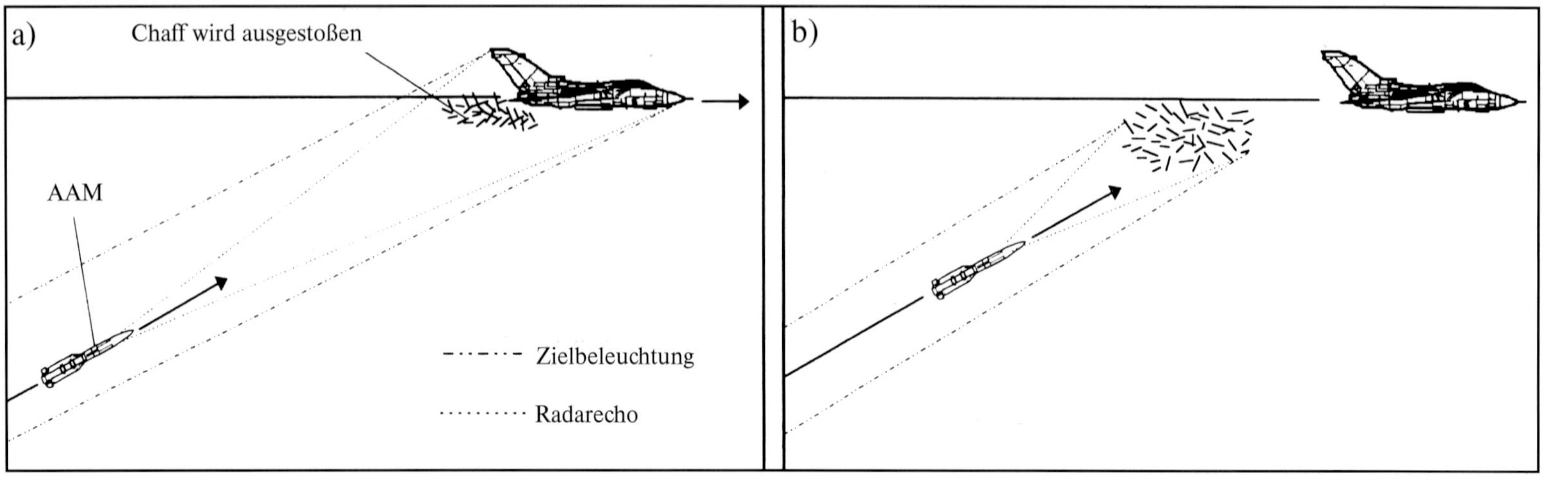

Abb.3.2.4e: Chaff im Einsatz. Wird ein Kampfflugzeug mit moderner Verteidigungsausrüstung von einem Folge- oder Zielbeleuchtungsradar einer SAM-Feuereinheit oder eines Jägers erfaßt, so wird die Gefahr auf dem RHWR-Display dargestellt. Muß aufgrund der Pulsänderung der Radarwellen mit einem Abschuß einer Lenkwaffe gerechnet werden, wirft der ins System integrierte Chaff-Dispenser automatisch Düppel ab, um die anfliegende Waffe zu täuschen. Die Düppel reflektieren die Radarwellen stark, so daß der Suchkopf der Lenkwaffe möglicherweise die Düppelwolke als Ziel identifiziert.

Abb.3.2.4f: Normalerweise tragen die TORNADO GR.1 der RAF ihre BOZ-107 Chaff/Flare-Dispenser auf der rechten Seite. Diese Maschine vom No.9 Squadron scheint eine Ausnahme zu sein. Chaff und Flares gehören heute zur Standardausrüstung jedes modernen Kampfflugzeuges. Ohne dieses Equipment ist es über dem Kampfgebiet äußerst gefährdet, wie die Erfahrungen aus dem Falkland-, Golf- und Balkankonflikt zeigen.

ihrer Wirkung stützen sie sich vollständig auf die Sekundärstrahlung, weshalb sie je nach Radarwelle eine andere Länge aufweisen müssen, um den maximalen Reflexionseffekt erzielen zu können. Darum werden die Fasern erst vor dem Abwurf im Dispenser auf die richtige Länge ($\lambda/2$) zugeschnitten, welche von einem Empfänger automatisch ermittelt wird. Chaff-Patronen beinhalten Fasern mit Kompromißlängen.

Durch den Chaff-Einsatz entstehen auf einem Radarschirm wolkenartige Gebilde, die sich zumindest für eine Zeitlang von einem echten Flugziel nicht unterscheiden lassen. Je nach Radartyp dauert die Wirkung der Düppel mehr oder weniger lang: Auf ein in der CW- oder ein PD-Betriebsart arbeitendes Radarsystem werden schon nach kurzer Zeit keine Störungen mehr einwirken, da die Chaff-Reflexe herausgefiltert werden, sobald ihre Geschwindigkeit unter eine bestimmte Grenze gefallen ist. Diese Geräte sind deshalb weniger anfällig für Düppeleinsätze.

Anwendung findet Chaff auf zwei verschiedene Arten: zur Tarnung eines Angriffs und als Selbstschutzmaßnahme gegen Feuerleit- und Folgeradar sowie AAMs/SAMs. Die erste Methode ist in erster Linie gegen Überwachungsradars gerichtet und kam erstmals im Zweiten Weltkrieg beim Angriff der RAF gegen Hamburg im Jahre 1943 zum Einsatz: Dutzende von schweren Bombern waren nur mit Stanniolstreifen »bewaffnet«, um die deutschen Freya- und Würzburg-Radars sowie die radarbestückten Nachtjäger fehlzuleiten und die echten Angriffswege zu tarnen. Das »Spielchen« wiederholte sich auch bei der Operation Overlord. Auch heute werden derartige Düppelkorridore noch gelegt; Einsatzmittel dafür sind spezielle EW-Flugzeuge oder Drohnen.

Die zweite Methode wurde erst später mit dem Aufkommen von AAA/SAM-Feuerleitgeräten (Abb.3.2.4b) und radargelenkten AAMs entwickelt. Hierbei stößt ein von Radarwellen erfaßter Jet Chaff aus, um ein korrektes Richten der AAA zu verhindern oder um eine anfliegende Lenkwaffe fehlzuleiten. Da sich die Chaff-Wolke vom Flugzeug löst, kann sie in einer ersten Phase vom Lenkwaffenradar nicht von diesem unterschieden werden. Die stärkeren Reflexionen der Wolke ziehen in einer zweiten Phase die Lenkwaffe von der Maschine weg in Richtung Düppel (Abb3.2.4e); als Verteidigungsmaßnahme ist es für Kampfflugzeuge üblich, nach dem Chaff-Abwurf ein hartes Manöver zu fliegen. Chaff-Dispenser werden oft mit Flare-Werfern kombiniert.

Infrarot-Störer

Infrarotgesteuerte Luft/Luft- und Boden/Luft-Lenkwaffen gehören trotz der zunehmenden Qualität von radargesteuerten Waffen zu den gefährlichsten Bedrohungen für Kampfflugzeuge. Dies belegen immer wieder Berichte aus Krisengebieten. So wurden beispielsweise im Golfkrieg nur wenige alliierte Flugzeuge mit einer radargelenkten SAM oder AAM abgeschossen, während über die Hälfte der 41 vom Himmel geholten Maschinen das Opfer von IR-SAMs wurden. Dies hat mit der passiven, also nicht aufspürbaren Detektionsmethode der IR-Suchköpfe zu tun.

Im Gegensatz zu den zahlreichen Gegenmaßnahmen in bezug auf Radaremissionen existieren lediglich zwei, die gegen IR-Waffen wirksam sind: »Flares« und IR-Störer.

Abb.3.2.5: Infrarot-Störsender sind immer noch ungeeignet für Kampfflugzeuge. In Hubschraubern sind sie jedoch bereits im Einsatz, wie dieser LYNX AH.7 des britischen AAC zeigt. Der kupferfarbene Aufbau unterhalb der Turbinendüsen enthält den Störer. Bei IFOR/SFOR-Missionen über Bosnien stellen diese Geräte sicher, daß die Helikopter vor IR-SAMs geschützt sind.

Abb.3.2.6a: »Flares« im Einsatz. Wie alle Kampfflugzeuge der Schweizer Luftwaffe ist auch dieser Aufklärer vom Typ MIRAGE IIIRS mit Flares zur Fehlleitung von IR-Lenkwaffen ausgestattet. Man beachte, daß sogar das AF-System einer modernen Spiegelreflex-Kamera wegen des Flare Probleme bekommt, das Objekt scharf zu stellen. Der Bug ist verschwommen.

IR-Störer verwenden entweder mit Hilfe von Treibstoffverbrennung erhitzte Elemente, Dampf- bzw. Bogenlampen oder Laser. Leider kann damit immer noch nicht die gewünschte Hitze erzielt werden, die notwendig wäre, um einen IR-Suchkopf von einem mit vollem Nachbrenner betriebenem Triebwerk abzulenken, weshalb bisher jeder Versuch, die Geräte in Kampfflugzeuge einzubauen, gescheitert ist. Lediglich Helikopter und Propeller-Transportflugzeuge können von dem bisher Entwickelten profitieren (Abb.3.2.5).

»Flares«

Das derzeit einzige effiziente Mittel für Kampfflugzeuge, um Infrarotgelenkte Raketen zu täuschen, sind sogenannte »Flares«. Dahinter verbirgt sich in seiner einfachen, ursprünglichen Form eine brennend abgeworfene Magnesiumkugel. Die Oxidation dieses Metalls an Sauerstoff bewirkt eine große Hitze, deren Strahlungsintensität jene der Abgase eines Jet-Triebwerks übertrifft und damit den Infrarot-Suchkopf einer Lenkwaffe vom eigentlichen Ziel ablenken kann (Abb.3.2.6b).

Mit einem rechtzeitig abgeworfenen Flare steht die Chance für einen Piloten nicht schlecht, den Suchkopf einer anfliegenden AIM-9 oder R-60 (AA-8 »Aphid«) wirkungsvoll zu ködern. Doch fast immer wird in der Wehrtechnik auf eine Waffe wieder eine Gegenwaffe folgen, und so ist es auch in diesem Fall gewesen: Moderne IR-Lenkwaffen, wie zum Beispiel die ASRAAM, die AIM-9X oder die IRIS-T weisen einen Zweifarben-Suchkopf auf, der es ihnen erlaubt, nach zwei bestimmten, im Abgasstrahl eines Kampfflugzeuges vorkommenden Wellenlängen zu suchen. Konkret sind es meistens je eine Frequenz im IR- und UV-Bereich. Ein gewöhnlicher Flare genügt deshalb nicht mehr; die emit-

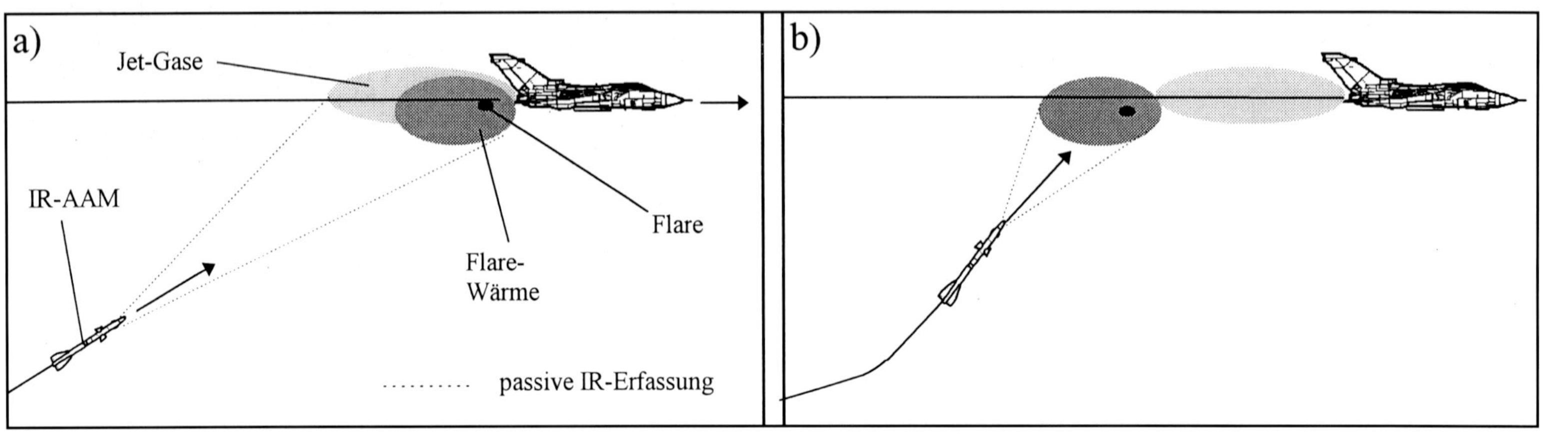

Abb.3.2.6b: Ein Flare ist im Prinzip dasselbe für eine IR-Lenkwaffe wie Chaff für eine Radar-gelenkte Rakete. Der Hauptunterschied besteht lediglich in der Tatsache, daß der IR-Suchkopf passiv arbeitet, weshalb der Flare aktiv sein muß. Die abgebildete IR-AAM ist eine R-27ET »Alamo-D«, die von einer MiG-29 oder Su-27 aus großer Entfernung abgefeuert werden kann. Bemerkt der Pilot die anfliegende Lenkwaffe rechtzeitig, hat er eine gute Chance, seine Maschine zu retten.

tierten Wellen von verbrennendem Magnesium werden gemieden, die Lenkwaffe spricht nicht mehr auf sie an. Resultat der erneuten Gegenentwicklung stellen Advanced Flares dar, über deren Zusammensetzung man sich bisher weitgehend ausgeschwiegen hat. Doch dürften auch sie es schwer haben, sobald die IIR-Suchköpfe der nächsten Generation zur Verfügung stehen.

Flares werden, ähnlich wie Chaff, entweder in Außenbordbehältern (Abb.3.2.4f) oder in integrierten Ausschußdispensern mitgeführt. Ein Pilot hat zwei verschiedene Möglichkeiten, wie er die Köder im Einsatz verwenden kann: Entweder wirft er sie einzeln gegen eine visuell ausgemachte Lenkwaffe ab oder wählt den Dauerauswurf, bei welchem automatisch, nachdem das erste Flare seine Wirksamkeit verloren hat, ein zweites ausgestoßen wird. Die zweite Methode ist zwar materialaufwendiger, schützt die Maschine jedoch meistens auch vor nicht gesehenen IR-Waffen.

Während man sich im Westen schon lange auf diese IR-Fackeln stützte, mußten die Russen erst ein Fiasko erleben: Im Afghanistankonflikt erlitten die Nahunterstützungsflugzeuge vom Typ MiG-27, Su-17 (Abb.3.2.6d) und Su-25 sowie die zahlreich verwendeten Kampfhelikopter trotz starker Panzerungen empfindliche Verluste. Diese waren hauptsächlich auf die von den Amerikanern an die Mutschaheddin gelieferten RIM-92 Stinger zurückzuführen. Die von der Schulter abgeschossenen infrarotgelenken SAMs sind hypermobil und deshalb deren Stellungen aus der Luft nur schwerlich auszumachen oder aufzuklären. Als die Flugzeuge schließlich mit der Flare-Dauerauswurf-Methode über dem Gefechtsfeld operierten, konnten die Verluste, vor allem jene in Bezug auf die robusten Su-25 »FROGFOOT«, wieder eingedämmt werden.

Abb.3.2.6c Unter dem Rumpfheck dieses Tornado F.3 befinden sich zwei nach hinten feuernde Flare-Werfer. Sie waren eine weitere der Maßnahmen, die kurz vor dem Golfkrieg in dieses Flugzeug integriert wurden. Heute gehören sie zum Standard.

Abb.3.2.6e: Das Mistral/ASPIC-Flab-System, montiert auf einem Peugeot-Geländefahrzeug der französischen Streitkräfte. Wie die RIM-92 Stinger eigentlich als sogenannte »Schulter-SAM« konstruiert, ist die Mistral ebensogut für den Einsatz ab einem Dreibein, Fahrzeug oder Helikopter geeignet. Die Methode, die Lenkwaffen samt Werfer auf einem Fahrzeug einsatzbereit unterzubringen, ist sehr vorteilhaft, denn das Fahzeug erfordert keine langwierigen Ausbalancierungen, wie dies bei anderen Fliegerabwehrsystemen erforderlich ist. Somit ist das System hochmobil. Leichte SAMs gehören derzeit zu den für Kampfflugzeuge gefährlichsten Gegnern, da sie ohne jegliche Vorwarnung auftauchen können. Ein Problem dieser Waffenart stellt allerdings die Allwettereinsatzfähigkeit dar, die gerade wegen des IR-Suchkopfes nicht garantiert werden kann.

Physische Bekämpfung von Luftverteidigungssystemen: »Hard-Kill«

Wie bereits zu Beginn dieses Kapitels angesprochen, sind Radarstationen und Fliegerabwehrstellungen äußerst wichtige Bestandteile einer Verteidigung. Zwar werden damit keine Kriege gewonnen, doch wird ein solcher oft daran entschieden, wie schon die »Luftschlacht um England« 1940 bewies. Deren Ausschaltung stellt somit eine Aufgabe der ersten Stunde für Kampfflugzeuge dar.

Störung bzw. Täuschung ist eine Möglichkeit, Luftverteidigungssysteme zu unterdrücken. Dabei darf aber nicht vergessen werden, daß die gegnerischen Geräte einsatzfähig und damit gefährlich bleiben, sobald man die Störung einstellt. Eine kurze Unachtsamkeit seitens des Unterdrückers, und die feindliche Luftabwehr schlägt zu.

Abb.3.2.6d: Auch die exportierten Su-22M4 erhielten Flare-Dispenser, wie dieses tschechische Exemplar zeigt. Die beiden länglichen Behälter im oberen Rumpfbereich neben dem Rückgrat enthalten ausreichend Flares, um einen Dauerauswurf während des Einsatzes über dem Gefechtsfeld sicherzustellen. Der Dauerauswurf wird dann notwendig, wenn die Möglichkeit besteht, daß der Gegner über Schulter-SAMs verfügt – was heute sozusagen in jedem Krisengebiet der Fall ist.

Ein wirkungsvolles Mittel, um Radarstationen und Fliegerabwehrstellungen zu bekämpfen, sind die bereits behandelten Cluster-Bomben. Ein CBU-Treffer kann verheerende Zerstörungen anrichten, weil die meisten Flab-Batterien vollkommen überirdisch positioniert und deshalb vor Splittern kaum geschützt sind. Die Flächenwirkung der Waffe hat zudem zur Folge, daß nicht nur einzelne Geräte, sondern das ganze Material und die Bedienungsmannschaft beeinträchtigt wird.

Das Hauptproblem beim CBU-Einsatz besteht im Abwurfmodus, denn das Angriffsflugzeug muß gefährlicherweise in den Feuerbereich der zu bekämpfenden Stellung einfliegen, um die Bomben abzuwerfen.

Ein weitere Methode besteht darin, Kurzstrecken-ASMs mit TV-Suchkopf zu verwenden. Da man nach Möglichkeit die ganze Reichweite der Lenkwaffe ausnützen möchte, ist ein Angriff auf die ziemlich gut getarnten, kleinen Objekte schwierig, eine gute Aufklärung erforderlich. IR-Suchköpfe könnten aber auch die Bekämpfung in der Nacht sicherstellen.

Eine zunehmend wichtige SEAD-Option ist die Verwendung von Anti-Radar-Lenkwaffen für die physische Zerstörung der aktiven Detektionsgeräte. Erstmals erschienen in den 60er Jahren in einer leistungsmäßig beschränkten Variante (AGM-45 Shrike), haben sich die modernsten, mit einem Breitbandsuchkopf ausgestatteten ARMs zu äußerst leistungsfähigen Waffen gemausert, vor denen – mit Recht – die mit Radar ausgerüsteten Flab-Verbände erzittern. Die meisten ARMs sind zwar teuer (über eine Viertel-Million Dollar pro HARM), doch wäre es heikel anzunehmen, der hohe Preis rechtfertige deren Verwendung gegen kleinere Flab-Feuereinheiten nicht (Abb.3.3g,h).

Abb.3.3a: Eine TORNADO IDS der deutschen Marineflieger. Diese Maschinen sind sowohl für den Einsatz von der Anti-Schiffs-Lenkwaffe Kormoran als auch für den Anti-Radar-Flugkörper AGM-88 HARM (Bild) ausgerüstet. Letzterer hat im Golfkrieg eine hohe Wirksamkeit gegen die irakischen SAM- und Frühwarnradars nachgewiesen. Die Waffe ist aber auch nicht gerade billig im Preis.

Abb.3.3b: Die AGM-88 HARM wird oft als die leistungsfähigste ARM beschrieben. Ihre Hauptmerkmale sind der extrem breitbandige Suchkopf und die hohe Geschwindigkeit (Mach 2+) sowie die große Reichweite. Entwickelt wurde sie eigentlich aus der AGM-45 Shrike, von der sie auch den Gefechtskopf geerbt hat. Hier hängt die HARM zusammen mit einer AIM-9M Sidewinder unter der Tragfläche einer F-16 FIGHTING FALCON der USAF.

Die Verwendung von Hunderten von AGM-88 im Golfkrieg und im Balkankonflikt belegt diese Tatsache eindrücklich.

Der größte Vorteil und dementsprechend gefährlichste Aspekt in bezug auf die feindlichen Radarstellungen, den ARMs besitzen, ist ihre passive Arbeitsweise. Von einem Jagdbomber abgefeuert, steuert die Lenkwaffe die Quelle der feindlichen Detektionsemissionen an, ohne sich selber durch Abstrahlungen (abgesehen von den Raketentriebwerkabgasen) zu verraten. Da unter Umständen die Radarstation das

Normalerweise werden Anti-Radar-Lenkwaffen erst dann abgefeuert, wenn das Trägerflugzeug eine Radarstation lokalisiert hat (Abb.3.3c). Dies kann entweder dadurch geschehen, daß die Maschine selber die Strahlung detektiert oder indem sie die Koordinaten von einem Wild Weasel via Data-Link zugewiesen bekommt. Die verschiedenen Modi der neueren Varianten sind jedoch nicht alle bekannt; es gilt aber als wahrscheinlich, daß einige Muster mit großer Reichweite ein INS verwenden, welches dem Piloten erlaubt, ein bereits aufgeklärtes Radar »blind«

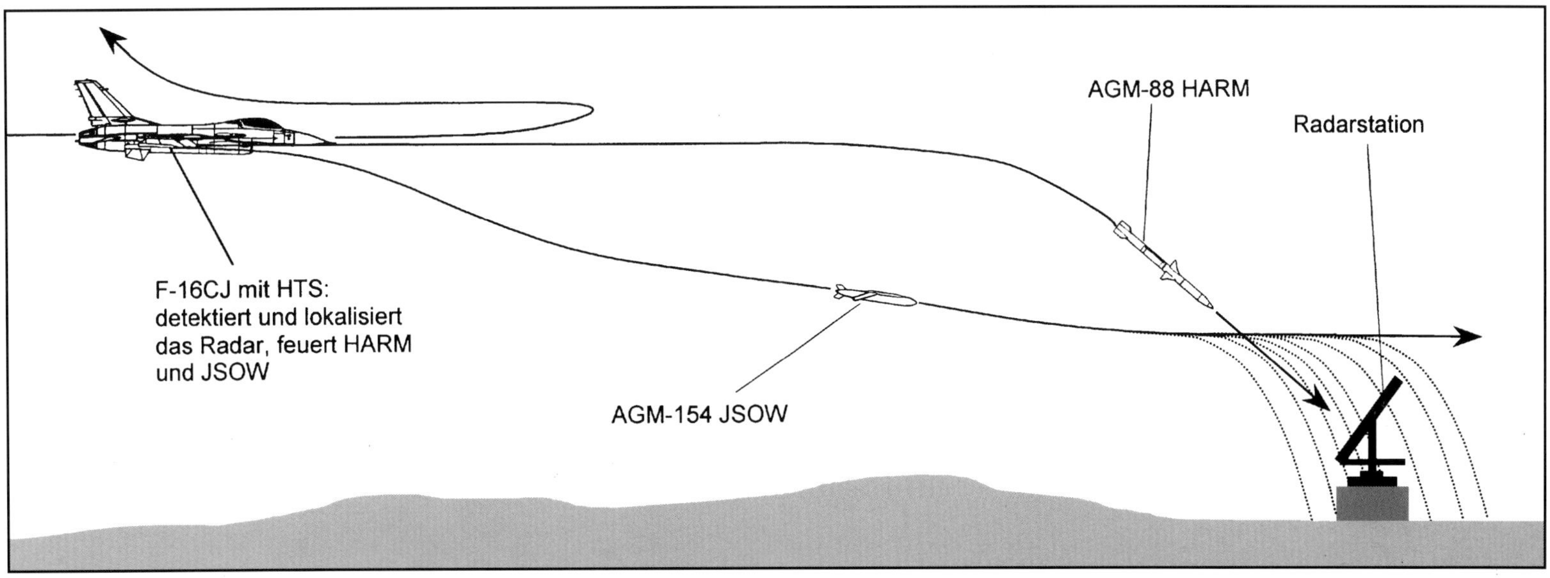

Abb.3.3c: Die F-16CJ der USAF sind mit dem HTS-Gerät ausgerüstet. HTS ermöglicht es, gegnerische Radars aufzuspüren, zu lokalisieren und zu identifizieren. Ist die Position eines Radars ermittelt, können HARM-Lenkwaffen darauf abgefeuert werden (SEAD). Sollte der Radaroperateur sein Gerät aber abschalten und somit einen erfolgreichen Einsatz der HARM vereiteln, kann der F-16-Pilot INS/GPS-gesteuerte JSOW-Gleitdispenser einsetzen (DEAD). 1999 wurde das System gegen den Irak zu ersten Mal verwendet.

Trägerflugzeug gar nicht erfaßt hat, sind die Operateure meist ahnungslos von der nahenden tödlichen Fracht. Die Lenkwaffe kann entweder direkt beim Aufprall auf der Radarantenne oder etwas darüber detonieren und Splitter freisetzen. Das Resultat eines ARM-Treffers ist in jedem Fall eine Neutralisation der Stellung für mehrere Stunden.

Eingesetzt werden können Anti-Radar-Lenkwaffen von jedem Kampfflugzeug, das die erforderlichen Verdrahtungen für den jeweiligen Raketentyp besitzt. Am effizientesten ist natürlich die Verwendung in Verbindung mit einer »Wild Weasel«-Maschine, die speziell zur Ortung von Radarstationen ausgerüstet ist und deshalb die Kapazität der ARM maximal ausschöpfen kann.

In dieser Form wird sie allerdings zur Primärwaffe eines Flugzeuges, was unter Umständen nicht dem Wunsch einer Luftwaffe entspricht. Schließich haben die Budgetkürzungen der letzten Jahre die Anzahl der Einsatzflugzeuge drastisch verkleinert, so daß sich nur noch die wenigsten Luftwaffen spezielle WW-Flugzeuge leisten können. Folglich müssen ARMs zunehmend auch Selbstverteidigungsmittel darstellen, die das Angriffsflugzeug neben der eigentlichen Waffenlast mitführt.

Abb.3.3d: Die AGM-154 JSOW wird in Zukunft vermehrt eine Rolle bei der Zerstörung von bodengestützten Luftverteidigungssystemen (DEAD) spielen. Sie wird meistens auch dann erfolgreich eingesetzt werden können, wenn der Gegner eine geschickte Taktik für den Einsatz seiner Mittel anwendet. Sobald die Koordinaten einer Flab-Stellung bekannt sind, kann diese mit JSOW aus großer Distanz zerstört werden. Hierzu muß das Radar keine EM-Wellen abstrahlen, wie dies bei der HARM der Fall wäre.

Abb.3.3e: Die Russen haben lange Tradition im ARM-Bau. Ihr leistungsfähigstes Muster ist zweifellos die neue Kh-31 »Krypton«, eine von Ramjets angetriebene Lenkwaffe mit großer Reichweite und einer Geschwindigkeit von Mach 3. Sie kann unter anderem von der MiG-29S eingesetzt werden. Neben der Kh-31 trägt die abgebildete FULCRUM eine R-73 »Archer« (links) und eine R-77 »Adder« (Mitte).

zu bekämpfen. Dieses Unterfangen läuft aber nur unter der Bedingung erfolgreich ab, daß das angepeilte Gerät eingeschaltet ist.

Bezüglich der Einsatztaktik ist eine ARM besonders interessant, weil sie sich von den anderen grundlegend unterscheidet: die britische ALARM (Abb.3.3i/j). Einerseits läßt sie sich wie alle anderen Modelle »on the spot« einsetzen, andererseits bietet sie noch die zusätzliche Fähigkeit, über einem Gebiet, in dem gegnerische Radars stehen, in Warteposition zu gehen, bis ein Gerät eingeschaltet wird, um dann zuzuschlagen (Abb.3.3i). Dies erreicht die Lenkwaffe, indem sie auf 12000 m Höhe steigt, dort

Abb.3.3f: Auch auf dem Gebiet der Anti-Radar-Lenkwaffen wird fleißig geforscht und weiterentwickelt. Sowohl die Deutschen als auch die Amerikaner suchen einen Nachfolger für die HARM. Die hier abgebildete und am Aérosalon Paris-Le Bourget'97 ausgestellten AARGM baut grundsätzlich auf der AGM-88 auf, verfügt aber über einen neuen Ramjet-Antrieb, welcher der Lenkwaffe eine noch höhere Fluggeschwindigkeit erlaubt.

einen Fallschirm öffnet und daran langsam kopfüber absinkt. Während dieser Zeit tastet ihr Suchkopf die Umgebung nach Radaremissionen ab; sollte er welche erfassen, wirft die Lenkwaffe den Schirm ab und gleitet, einer LGB ähnlich, ins Ziel. Im Gegensatz zu anderen ARMs trifft sie dank einem INS dieses auch dann noch, wenn es das Senden einstellen sollte. Das Prinzip wurde bereits im Golfkrieg erfolgreich getestet.

Die wohl wirkungsvollste der »herkömmlichen« ARMs ist die amerikanische AGM-88 HARM (Abb.3.3a,b). Daneben existieren aber zahlreiche andere Typen, so zum Beispiel die russische Kh-31 »Krypton« (Abb.3.3e); sie dürfte ebenfalls eine der leistungsfähigsten sein.

Die kleine, von der Sidewinder abstammende Sidearm soll auch von Kampfhelikoptern eingesetzt werden können. Da sie sich von dieser Luft/Luft-Lenkwaffe äußerlich nur gering unterscheidet, ist es schwierig festzustellen, ob eine Maschine eine Sidearm oder eine Sidewinder mitführt; der Status der Einsatzbereitschaft der AGM-122 ist auch etwas unklar.

In den 80er Jahren entwickelten zahlreiche Firmen Drohnen für den Anti-Radar-Einsatz. Die prominenteste und gleichzeitig ehrgeizigste von diesen war die amerikanische AGM-136 Tacit Rainbow, angetrieben von einem Turbojet. Ihr Einsatzkonzept war noch deutlich flexibler als dasjenige der ALARM. Die Drohne hätte sogar einen angesetzten Zielanflug abbrechen können, wenn der Operateur sein Radargerät ausgeschaltet hätte. Aus Kostengründen mußte sie schließlich gestrichen werden.

Gegen Luftziele lassen sich bisher keine ARMs verwenden; in Zukunft ist aber die Entwicklung derartiger – vor allem speziell gegen AWACS gerichteter – Lenkwaffen durchaus denkbar.

Die folgende Liste soll dem Leser einen Überblick über die wichtigsten heute von Kampfflugzeugen eingesetzten Anti-Radar-Lenkwaffen verleihen:

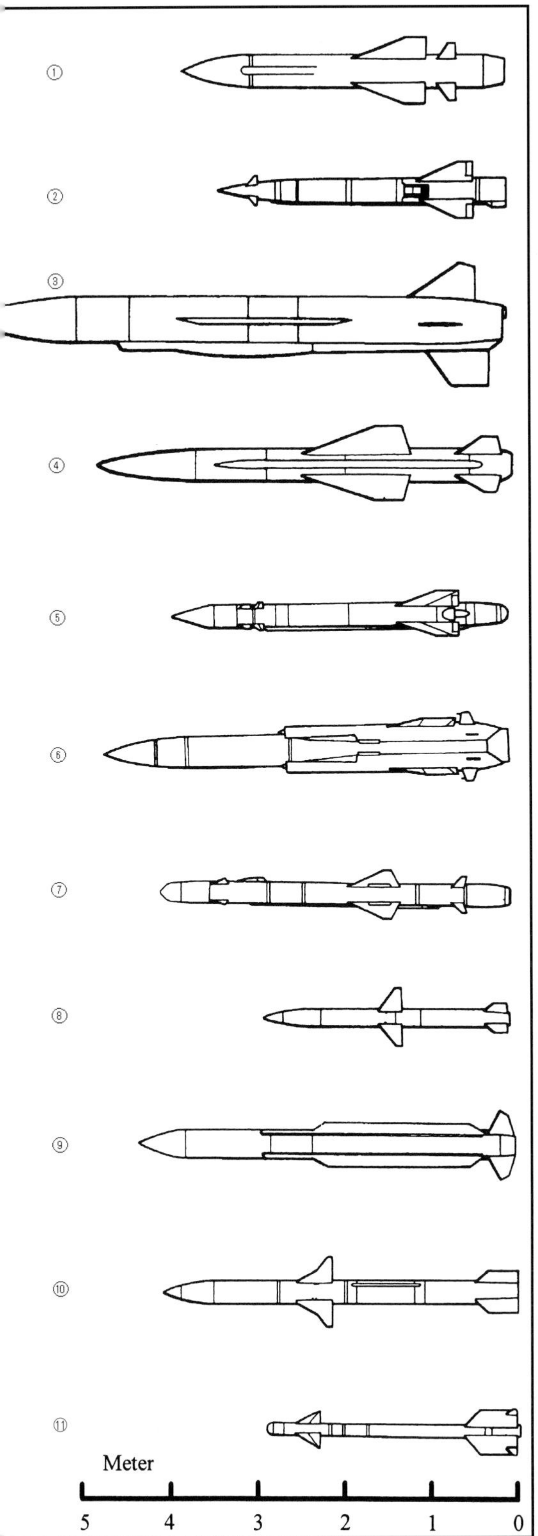

① Armat (Frankreich)
Antrieb: Feststoffraketenmotor; Masse: 550 kg; Gefechtskopf: 150 kg; Reichweite: max. 120 km

② Kh-24 (AS-7 »Kerry«; Rußland)
Antrieb: Feststoffraketenmotor; Masse: ca. 290 kg; Gefechtskopf: 111 kg; Reichweite: 10 km

③ Kh-28 (AS-9 »Kyle«; Rußland)
Antrieb: Flüssigtreibstoffraketenmotor; Masse: ca. 1000 kg; Gefechtskopf: 111 kg; Reichweite: 85 km

④ Kh-58 (AS-11 »Kitler«; Rußland)
Antrieb: Feststoffraketenmotor; Masse: 650 kg; Gefechtskopf: 149 kg; Reichweite: ca. 50 km

⑤ Kh-25MP (AS-12 »Kegler«; Rußland)
Antrieb: Feststoffraketenmotor; Masse: 320 kg; Gefechtskopf: 90 kg; Reichweite: 25+ km

⑥ Kh-31P (AS-17 »Krypton«; Rußland)
Antrieb: integrierter Ramjet; Masse: 600 kg; Gefechtskopf: 90 kg; Reichweite: 150 km

⑦ ALARM (Großbritannien)
Antrieb: Feststoffraketenmotor; Masse: 270 kg; Gefechtskopf: nicht bekannt; Reichweite: 45 km

⑧ AGM-45 Shrike (USA)
Antrieb: Feststoffraketenmotor; Masse: 177 kg; Gefechtskopf: 66 kg; Reichweite: max. 40 km

⑨ AGM-78 Standard / Purple Fist (USA/Israel)
Antrieb: Feststoffraketenmotor; Masse: 635 kg; Gefechtskopf: nicht bekannt; Reichweite: max. 55 km

⑩ AGM-88 HARM (USA)
Antrieb: Feststoffraketenmotor; Masse: 360 kg; Gefechtskopf: 66 kg; Reichweite: max. 100 km

⑪ AGM-122 Sidearm (USA)
Antrieb: Feststoffraketenmotor; Masse: 90 kg; Gefechtskopf: 9.5 kg; Reichweite: max. 17 km

Abb.3.3g: Das Rapier-SAM-System wird vor allem gegen Tiefflieger eingesetzt. Es besteht aus einem Werfer (im Bild) mit integriertem Suchradar und Kommandosender, einem Folgeradar und einem Richtgerät sowie dem Bediengerät. Die Lenkwaffen können also sowohl radar- als auch optisch gesteuert werden, was eine gewisse Flexibilität im Kampf erlaubt, wenn der Feind starke ECM, ARMs oder gar Stealth-Flugzeuge einsetzen sollte. Leider ist die optische Zielbekämpfung nur am Tag möglich.

Antiradar-Lenkwaffen werden auch in künftigen Luftkriegsoperationen eine große Rolle spielen, wie sie dies in »Desert Storm« und »Allied Force« bereits getan haben. Ihre Ziele werden neben Radarstationen auch Sendestationen für TV und Kommunikation sein. Aufgrund einer geschickten Einsatztaktik seitens der gegnerischen Radaroperateure (nur sporadisches Abstrahlen von EM-Wellen) wird es aber in Zukunft nötig sein, ARMs mit GPS/INS-gelenkten Gleitdispensern zu ergänzen, um die Radars nicht nur zeitlich beschränkt zu unterdrücken, sondern langfristig außer Gefecht zu setzen.

Abb.3.3h1: Das gegenüber dem älteren Gerät (siehe oben) stark verbesserte Rapier 2000 zeichnet sich dadurch aus, daß es nun mit acht (statt vier) Lenkwaffen auf dem Werfer ausgerüstet werden kann und diese einen Annäherungszünder aufweisen (früher: Aufschlagzünder). Zudem ist das zur Stromerzeugung notwendige Aggregat im den Komponenten direkt eingebaut und das Richtgerät für die optische Bekämpfung befindet sich neu in der Kugel auf dem Werfer. Das Zielbild wird nicht mehr rein optisch, sondern synthetisch auf einem Bildschirm dargestellt. Die ganze Bedienungsmannschaft sitzt »im Trockenen« im Container, welcher links unter dem Tarnnetz erkennbar ist.

Abb.3.3h2: Das Folgeradar des Rapier 2000. Der zweite Kommandosender (quadratischer Kasten rechts neben der Radarantenne) ermöglicht nun auch die Bekämpfung von zwei voneinander unabhängigen Zielen in kurzer Folge (eines optisch, eines mit Radar). Die große Gefahr, welche von ÂRMs ausgeht, wurde bei dem Verbesserungsprogramm eindeutig berücksichtigt: Das Suchradar, Ziel Nr. 1 für eine ARM, ist nun ein einzelnes Gerät (Kuppel rechts). Dadurch wird verhindert, daß eine ARM die ganze SAM-Feuereinheit ausschalten kann.

Abb.3.3j: Im Vergleich mit anderen ARMs ist die ALARM klein und leicht. Ein TORNADO IDS kann deshalb die Lenkwaffe an den ursprünglich für AIM-9 vorgesehenen Zusatzpylonen an den inneren Flügelpylonen tragen. Gewöhnlich werden zwei ALARMs mitgeführt.

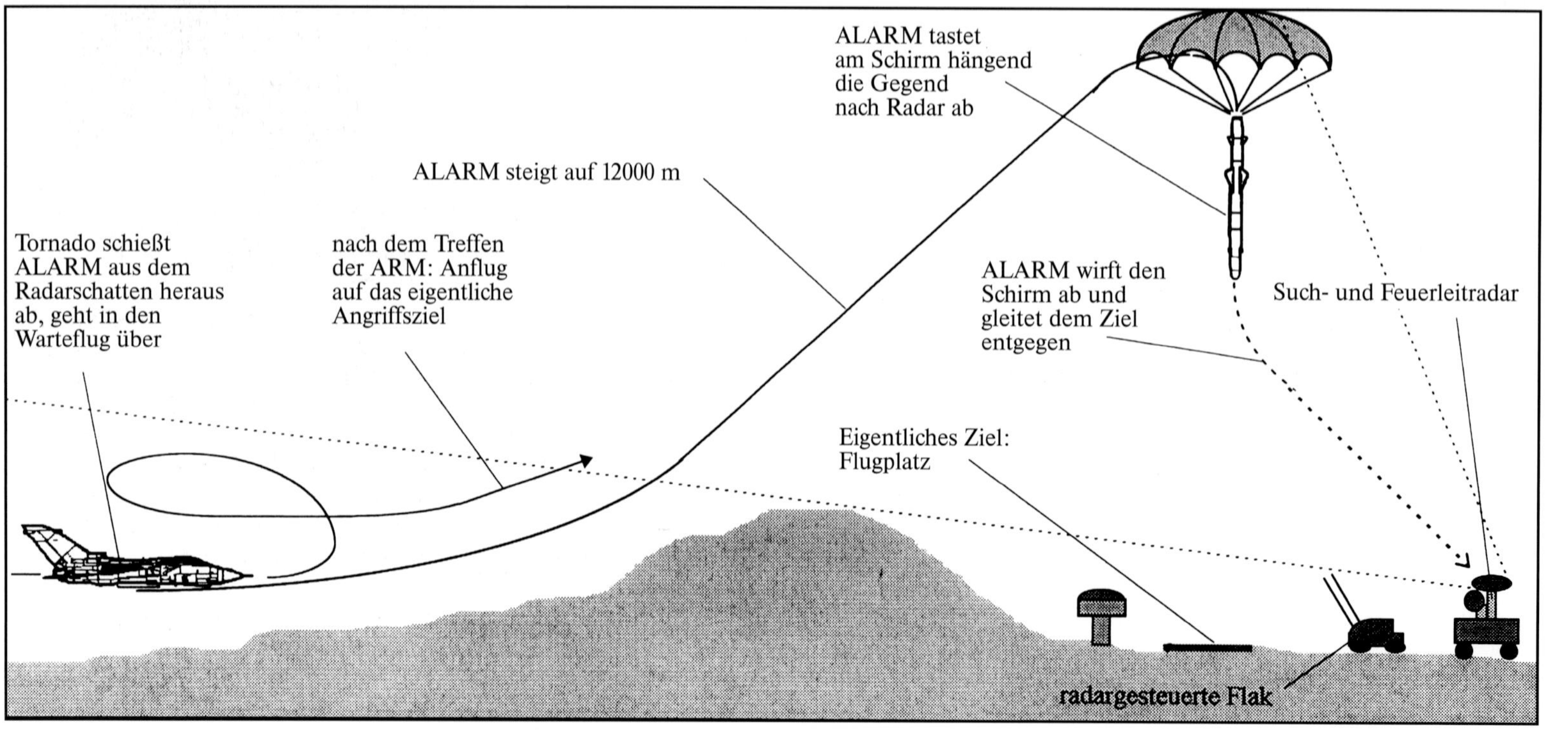

Abb.3.3i: ALARM im Einsatz. Oft wird die ALARM als Selbstverteidigungswaffe gegen die feindliche Flab eingesetzt. Der TORNADO nähert sich dem Ziel im Tiefflug und schießt die Anti-Radar-Lenkwaffe in ein vorprogrammiertes Gebiet ab, während er selbst im Radarschatten der Bodenstation verbleibt. Die ARM steigt auf 12000 m, öffnet dort einen Fallschirm und beginnt nach Radars zu suchen. Hat sie eines entdeckt, wird der Schirm abgeworfen und die Lenkwaffe stürzt sich auf das Opfer. Kurz danach beginnt der TORNADO mit dem Angriff auf das von der Flab geschützte Ziel, hier ein Flugplatz. Da die Lenkwaffe »aus heiterem Himmel« einschlägt, ist anzunehmen, daß die Abwehrbereitschaft der hier noch intakten Flak nicht allzu groß ist, ganz im Gegensatz zur Verwirrung.

Erschwerte Entdeckbarkeit: die »Stealth«-Technologie

In den 70er Jahren sahen sich die Amerikaner einer zunehmend größer werdenen Bedrohung aus den Warschauer Pakt-Staaten gegenüber. Nicht nur die angreifenden WAPA-Kräfte, sondern auch die verteidigenden waren im Begriff, einen Qualitätssprung zu vollziehen, der mit der bisher vom Westen betriebenen Politik, welche eine Qualitätsüberlegenheit auf konventionellen Gebieten der dominierenden Quantität gegenüberstellte, nicht mehr wettzumachen war. Folglich mußte man ein neues Mittel finden, welches vom Gegner praktisch unerforscht war und dessen Abwehr mit bekannten technischen Mitteln oder auch neuen Verteidigungsmaßnahmen derart kostenintensiv sein würde, daß der Gegner auf absehbare Zeit die entstehende Lücke nicht schließen konnte. Um noch mehr Zeit zu gewinnen und dem Osten ein einfaches Nachvollziehen zu verunmöglichen, beschloß man, die neuen Technologien als streng geheim zu deklarieren. Deshalb und wegen der Art, wie diese sich im Kampf äußern, wurden sie mit dem Stichwort STEALTH (engl. für »List« bzw. »heimlich, verstohlen«) umschrieben. Unter diesem Begriff werden alle Technologien zusammengefaßt, welche die Ortungswahrscheinlichkeit eines Flugzeuges (aber auch eines Schiffes, etc.) vermindern.

Die Detektion von Luftzielen erfolgt, wie bereits mehrmals erwähnt, immer mit Hilfe von elektromagnetischen Wellen, seien es nun Radar- (Wellenlängengrößenordnung $\lambda = 10^{-2}$ m), Infrarot- ($\lambda = 10^{-5}$ m), UV- ($\lambda = 10^{-7}$ m) oder gar sichtbare Wellen ($\lambda = 4$ bis $7 ^{*} 10^{-7}$m) und basiere die Ortung auf aktiven oder passiven Sensoren. Deshalb muß man als erstes die physikalischen Eigenschaften der elektromagnetischen Wellen analysieren, will man sich ernsthaft mit dem Thema Stealth befassen. Aber schließlich soll dieser relativ konzentrierte Abschnitt nicht zur Physikvorlesung verkommen, weshalb nur dort auf die physikalischen Aspekte hingewiesen wird, wo sie unvermeidlich sind, um die Technologien wenigstens ansatzweise zu verstehen.

Primär konzentrierte man sich bei der Konstruktion eines Stealth-Kampfflugzeuges darauf, die Gefahr, welche von den militärisch bedeutendsten elektromagentischen Wellen ausgeht, zu eliminieren bzw. zu verringern: die Radar- und IR-Wellen. Jene im sichtbaren Bereich sind natürlich auch von großer Bedeutung, doch ist ein Tarnen auf diesem Frequenzbereich aufgrund der so perfekten Sensoren des Menschen unvergleichbar schwierig, die erforderlichen Forschungsmittel dementsprechend hoch. Um das Problem zu umgehen, beschloß man, daß ein Stealth-Flugzeug nur bei Nacht zum Einsatz kommen sollte, also nur dann, wenn die militärische Wichtigkeit des sichtbaren Lichts auf ein Minimum beschränkt ist. Nichts desto trotz sollen aber Studien im Gange sein, die auf ein unsichtbares Flugzeug abzielen. Ob dies ernsthafte Anstrengungen sind, muß aber stark angezweifelt werden.

Auch in bezug auf Radar war man sich von allem Anfang her klar, daß eine 100%ige Vermeidung von Reflexionen nicht machbar ist. Bei der Flugzeugkonstruktion müssen allzu viele Kompromisse eingegangen werden, als daß man eine perfekte Stealth-Zelle bauen könnte. Aber eine durch die Beachtung zahlreicher Grundsätze erreichbare, drastische Reduktion der Radarrückstrahlfläche (RCS) und damit eine deutli-

Abb.3.4a: Zwei F-117A im Formationsflug. Im Einsatz fliegen diese Maschinen immer alleine und bei Nacht. Dieses Foto zeigt schön die starke Flügelpfeilung, das V-Doppelseitenleitwerk, die Biberschwanz-förmigen Jetpipes sowie das gezackte Hinterteil des Flugzeuges. Selbst bei genauem Suchen wird man am NIGHTHAWK keinen rechten Winkel finden.

Abb.3.4b: Bei der Konstruktion der MiG-29 haben die Ingenieure noch nicht an eine RCS-Reduktion gedacht. Dementsprechend ist die Maschine ein relativ gutes Radarziel mit einer Radarrückstrahlfläche von ca. 3 m². Wenn man den Wert mit jenem der F-4 vergleicht, ist er aber trotzdem nur noch halb so groß, was auf die abgerundete, aerodynamisch ausgeklügelte Formgebung zurückzuführen ist. Die abgebildete FULCRUM, die vom russischen Testpilotenzentrum stammt, hat eine besonders tragische Geschichte: Nur 30 Sekunden nachdem dieses Foto aufgenommen wurde, stieß sie mit ihrem Schwesterflugzeug zusammen.

Abb.3.4c: Beim B-1B wurden zahlreiche Stealth-Kriterien beachtet. Unter anderem wurde RAM breitflächig verwendet und die Lufteinläufe bekamen eine innere S-Form, um die direkte Sicht auf die Triebwerke zu verwehren. Der RCS des LANCER beträgt lediglich 1/10 desjenigen der B-1A und 1/100 desjenigen der B-52, so daß der Bomber »unsichtbarer« ist als ein konventionelles Jagdflugzeug.

che Verringerung der Detektionsdistanz, die von militärischem Wert sein würde, lag durchaus im Bereich des Möglichen.

Es existieren einige Grundsätze, welche man bei der Entwickung eines Stealth-Flugzeuges beachten muß, um das Ziel zu erreichen. Daraus lassen sich dann die Maßnahmen ableiten. Es sind dies:

- die Vermeidung von radarreflektierenden Strukturen
- die reduzierte Verwendung von sich negativ auswirkenden Materialien (Metalle)
- Absorption der Wellen durch spezielle Materialien (RAM)
- Tarnen der Reflexionen

Als radarreflektierende Strukturen sind aus der physikalischen Wellenanalyse zahlreiche, bei konventionellen Flugzeugen häufig vorhandene Bestandteile bekannt, so zum Beispiel rechte Winkel bei Lufteinläufen, Seiten- und Höhenleitwerken, Flügeln oder Waffenpylonen (siehe Abb.3.2.4c); große, ebene Flächen am Rumpf; Ecken, Kanten und Hohlräume beim Cockpit, Flügel, Lufteinlauf und bei den Waffen; konvexe Krümmungen am Radom, den Triebwerksverkleidungen; Unebenheiten und sogar Nähte an den Flügeln (z.B. Flaps); freie Sicht auf die Triebwerksschaufeln, etc. Folglich müßen diese Konstruktionsmerkmale gemieden werden.

Strukturen, die sich negativ auf die Wellen-Reflexion, also positiv auf die RCS-Reduktion, auswirken, sind etwa eine starke Flügelpfeilung (Abb.3.4a), eine facettenartige Struktur ohne 90°-Winkel (Abb.3.4e), weiche, ineinander übergehende Formen und der Verzicht oder der Einbau von nur kleinen, entweder nach außen oder innen gerichteten Seitenleitwerken. Unverzichtbare Teile, welche wie Fackeln auf dem Radarschirm wirken, müssen so umkonstruiert werden, daß ihre Reflexionen auf ein Minimum reduziert werden. Hierfür sind die Lufteinläufe ein gutes Beispiel. Sie werden so angelegt, daß die Strahlung »gefangen« und nicht etwa von den Triebwerksschaufeln zurückgeworfen werden kann. Konkret löst man dort das Problem mit einem engen Gitter (Abb.3.4f) oder auch speziell geformten Kanten.

Abb.3.4d: Die kampfwertgesteigerte Golfkriegsversion des TORNADO F.3, genannt »STAGE 1+«. Eine Verbesserungsmaßnahme war das Anbringen von RAM (schwarze Flächen) an den Flügel-, Seitenleitwerk-, Pylonen- und Lufteinlaufvorderkanten zur RCS-Reduzierung. Wieviel dies effektiv gebracht hat, ist nie veröffentlicht worden. Abb.3.2.4a zeigt das RAM an der Flügelvorderkante etwas näher.

Wie bereits zuvor erwähnt, induziert die Einstrahlung von EM-Wellen auf einen Metallstab eine Sekundärwelle derselben Frequenz, die von einem Empfänger als Echo ausgewertet werden kann (siehe Abb.3.2.4d). Natürlich muß es nicht unbedingt ein Stab sein. Entscheidend ist jedoch, daß es sich um Material handelt, welches den elektrischen Strom leitet. Und die meisten Kampfflugzeuge bestehen aus Metall! Eine Verminderung der Sekundärstrahlung ist durch die Verwendung von Composites möglich, doch ist dabei nicht zu übersehen, daß diese die Radarwellen fast ungedämpft passieren lassen und ihnen einen freien Einblick auf die »Innereien« gewähren, die ihrerseits meistens hervorragende Reflektoren sind.

Damit sind wir bei den Möglichkeiten der Absorption von Radarwellen angelangt. Hier sind besonders neue »Außenhäute«, auch als RAM (Radarabsorbierendes Material) bekannt, gefragt. Möglichkeiten gibt es einige. Die bekannteste stellt der Ferritanstrich bzw. die Ferritbeplankung dar.

Damit wurde bereits die U-2R/S beschichtet, um den gewünschten Effekt zu erzielen: Durch die von der EM-Welle periodisch induzierten magnetischen Dipole wird im ferromagnetischen Material die Energie durch das »Durchlaufen« der Hystereseschleife gedämpft. Die Radarenergie wird in Wärme umgewandelt.

Ebenfalls auf der Grundlage der Dämpfung funktionieren sogenannte dielektrische Absorber. Hier begründet sich diese aber aufgrund der begrenzten Leitfähigkeit des Materials und dessen Struktur.

Einen anderen Lösungsansatz stellt das sogenannte Sandwich, ein aus zwei Schichten bestehender Überzug, dar. Es stützt sich auf dasselbe Prinzip wie die Beschichtung einer entspiegelten Brille, auf die destruktive Interferenz: An der Oberfläche wird ungefähr die Hälfte der Radarenergie reflektiert, während der zweite Teil durch die erste Schicht hindurchgeht und erst beim Auftreffen auf der zweiten Oberfläche zurückgeworfen wird. Da die Konstruktion der ersten Schicht so angelegt werden kann, daß ihre Dicke ein Viertel der einfallenden Wellenlänge mißt, löschen sich die beiden Reflexionen gegenseitig aus. Ein Problem dieser Technologie bei der Anwendung in bezug auf Radarwellen besteht allerdings in der zu kleinen Bandbreite, in der sich eine derartige Schicht effektiv zeigt, und in der hierfür zu langen Wellenlänge.

Wer schon einmal eine SR-71 genauer betrachtet hat, wird auf eine weitere Möglichkeit zur Wellenabsorption stoßen: die RAM-Keile. Sie stützen sich darauf, daß die einfallenden Radarwellen sich in den Keilen mehrmals reflektieren, dabei jedesmal etwas Energie verlieren und sich so »totlaufen«. Die Flügelvorderkante der BLACKBIRD ist mit diesen radarschluckenden RAM-Keilen bestückt.

Einen besonderen Trick müssen die Ingenieure bei der Beseitigung jener Reflexionen anwenden, welche vom Cockpit stammen. Die Verglasung des Canopys läßt nämlich die EM-Wellen ungehindert passieren, wodurch sie an den Instrumenten in starker Form reflektiert werden. Da hier die Verwendung von RAM unmöglich ist, verringert man den Effekt, indem das Canopy mit Gold bedampft wird (Abb.3.4g); damit sinkt die Durchlässigkeit deutlich, die Strahlung wird nur noch in derselben Intensität wie von der normalen Struktur zurückgeworfen.

Abb.3.4e: Die F-117A besitzt eine eigenwillige, äußerst kantige Form, die einem geschliffenen Diamanten nachempfunden worden ist. Die Unterseite der Maschine ist flach, die verschiedenen Flächen auf der Oberseite schneiden sich alle in einem Winkel, der mehr oder weniger als 90° beträgt. Unterhalb der Frontscheibe befindet sich die Schutzscheibe für den passiven FLIR-Sensor.

Das Tarnen der Echos wurde bisher (vermutlich) noch nicht in den Bau miteinbezogen, da die Schwierigkeiten derzeit noch zu groß erscheinen. Eine Möglichkeit wäre es beispielsweise, die reflektierten Wellen durch eine identische, aber phasenverschobene Strahlung zu überlagern, wobei letztere aus einem bordinstallierten Erzeuger stammen würde. Ein derartiges, aktives Löschsystem benötigt aber sehr gute Kenntnisse über die einfallenden EM-Wellen und den RCS der Maschine, denn dieser verändert sich je nach Einstrahlungswinkel. Selbst mit Hochleistungscomputern ist es sehr schwierig, den RCS in einer für diese Aufgabe nützlichen Frist zu ermitteln.

Neben der Verminderung des RCS ist es natürlich auch wichtig, daß sich die Stealth-Flugzeuge nicht durch selbst produzierte Emissionen verraten. Aus diesem Grund setzt beispielsweise die F-117 nur passive Sensoren für sämtliche Zwecke ein, in diesem Fall ein FLIR (Abb.3.4e) und ein DLIR für Navigation, Zielsuche, usw.. Lediglich der Laserdesignator kann als »aktiv« bezeichnet werden. Für den B-2-Bomber und den F-22 sind spezielle Stealth-Radargeräte entwickelt worden, welche unter anderem aufgrund der kleineren Nebenkeulen und anderer Maßnahmen schwieriger zu erkennen sind.

Die Reduktion der Infrarot-Signatur stellt einen weiteren Aspekt der Stealth-Technologie dar. Bei einem Kampfflugzeug wird die größte Wärme von den Triebwerken produziert. Es liegt deshalb nahe, dort anzusetzen. Um die Abgastemperatur so gering wie möglich zu halten, muß als erstes auf ein Nachbrennertriebwerk verzichtet und den heißen Abgasen vor dem Ausstoß kühle Umgebungsluft zugeführt werden. Da dies aber nicht genügt, ist man bestrebt, die Abgase nach dem Austritt so rasch wie möglich weiter abzukühlen. Breite, dafür flache Auslaßdüsen (Abb.3.4h) erzeugen keine tropfenförmige, sondern Biberschwanz-Abgasfahnen, die sich aufgrund der größeren Oberfläche bei gleichem Volumen deutlich schneller der Umgebungstemperatur anpassen.

Da aber das Triebwerk selbst wegen des Treibstoffverbrennungsvorganges heiß wird, muß diese unvermeidliche Wärmequelle abgeschirmt werden. Dies realisiert man durch den Einbau der Triebwerke tief im Rumpf.

Weitere Infrarotquellen sind die exponierten Vorderkanten an Flügel und Rumpf. Erfahrungsgemäß müssen dort bei Hochgeschwindigkeitsflugzeugen hochwarmfeste Legierungen verwendet werden. Lösungsansätze für das Problem können eine niedrige Fluggeschwindigkeit (d.h. unter Mach 1) oder die Kühlung mit flüssigem Stickstoff (LN_2) sein, wobei letzteres als aufwendiges Verfahren betrachtet werden muß.

Wie die Kombination all der genannten Maßnahmen sich im Aufbau eines Flugzeuges selbst äußert, wird anhand von Betrachtungen der bekannten »Stealth«-Maschinen F-117A, B-2A, F-22, F-23 und A-12 ersichtlich. Die NIGHTHAWK, das erste einsatzfähige und vermutlich gleichzeitig RCS-ärmste bekannte Muster, weist die charakteristische Facettenstruktur mit einer RAM-Beschichtung, stark gepfeilte Flügel, kleine Seitenleitwerke in V-Form und breite Abgasdüsen für die sich im Rumpf befindenden Triebwerke auf. Ihre über den Flügeln angeordneten Lufteinläufe verhindern durch ein engmaschiges Gitter die direkte Sicht auf die Triebwerkschaufeln. Alle Aufbauten auf der Struktur, wie z.B. die Canopy-,

Abb.3.4f: Detailaufnahme des vorderen Rumpfbereiches einer F-117A. Die Gitter, welche den Radarstrahlen die Sicht auf die Triebwerke verwehren, sind deutlich zu erkennen. Ebenso klar ersichtlich sind die keilförmigen Einfassungen der Cockpitverglasung, welche wie die facettenartige Rumpfstruktur eine einfallende Strahlung von vorne gebündelt zur Seite reflektieren sollen. Eine Abstrahlung in die Ursprungsrichtung wird so vermieden.

Abb.3.4g: Eine F-16A FIGHTING FALCON der dänischen Luftwaffe. Auf dem Canopy spiegelt sich das Licht goldfarbig. Dies läßt darauf schließen, daß das Cockpit mit einem Goldüberzug versehen worden ist, um die starke Radarwellenreflexion der Instrumententafel, des Schleudersitzes etc. zu vermindern. Die Maßnahme ist bereits aus den 60er Jahren von der TSR.2 her bekannt. Damals sollte aber damit die Besatzung vor dem nuklearen Blitz, welcher bei der Explosion einer A-Waffe entsteht, geschützt werden.

Abb.3.4.h: Diese Heckansicht auf den NIGHTHAWK macht die breiten Abgasaustritte der F404-Turbofans deutlich, welche die heißen Abgase biberschwanzartig verteilen und so schneller kühlen. Für eine Maschine dieser Größe verfügt die F-117 über ein sehr kleines Doppelseitenleitwerk.

Bombenschacht- oder die FLIR-Umrahmung, sind keilförmig, während sämtliche Waffen intern mitgeführt werden, so daß keine Pylone nötig sind. Der damit erreichte Front-RCS der F-117A liegt mit 0.025 m^2 um den Faktor 240 kleiner als jener der ungefähr gleich großen F-4 PHANTOM II.

Die B-2A SPIRIT (Abb.3.4j) wurde aufgrund der geforderten Reichweite mit weichen, ineinander übergehenden Formen konstruiert. Auch hatten eine Computeranalyse und die Erfahrungen der HAVE BLUE- und SENIOR TREND-Programme gezeigt, daß die Facettenbauweise für große Flugzeuge nicht geeignet ist: Ein »Facettenbomber« wäre derart instabil, daß selbst ein modernes FCS diesen nicht vor unkontrollierbaren Flugzuständen bewahren könnte. Als Nurflügler verzichtet die SPIRIT auf Seitenleitwerke, ihre weitgehend aus Composites bestehende Zelle ist aber ebenfalls großzügig mit RAM beplankt. Im Vergleich mit den ungefähr gleich großen Bombern B-52 »Buff« und B-1B konnte ihr RCS mit 0.1 m^2 auf nur einen Tausendstel bzw. einen Achtel verkleinert werden.

Über den RCS der F-22 ist wenig bekannt. Da der Agilität und den Flugleistungen bei diesem Jäger größere Priorität geschenkt worden sind als bei den beiden anderen Maschinen, ist anzunehmen, daß die gemachten Kompromisse sich negativ auf die Radarrückstrahlfäche ausgewirkt haben. Dank der Konstruktion mit leistungsfähigeren Rechnern haben die Flugzeugbauer den RAPTOR aber mit moderneren Mitteln entwickeln

Abb.3.4i: Der Superjäger F-22 RAPTOR von unten gesehen. Wie alle echten Stealth-Flugzeuge führt auch er die Standardbewaffnung intern mit, um Radarreflexionen auf ein Minimum zu reduzieren. Auf dieser Abbildung ist der Hauptwaffenschacht geöffnet und enthält drei A/A-Lenkwaffen vom Typ AIM-120C AMRAAM und eine Testausrüstung. Auf den äußeren Seiten der Lufteinläufe befindet sich jeweils ein weiterer Waffenschacht für AIM-9 Sidewinder-Lenkwaffen. Der Hauptwaffenschacht kann insgesamt sechs AMRAAMs oder zwei AMRAAMs und zwei JDAM-Bomben aufnehmen.
Der RAPTOR wird die F-15 EAGLE der USAF ablösen. Dank Stealth, Supercruise (Marschgeschwindigkeit über Mach 1 ohne Nachbrenner), 2D-Schubvektorsteuerung und modernster Avioniksysteme soll er den Amerikanern die Dominanz in der Luft für die kommenden drei Jahrzehnte garantieren.

Abb.3.4j: Der B-2-Bomber ist in jeder Hinsicht ein eindrucksvolles Fluggerät. Die Maschine weist eine spektakuläre Nurflügelform auf, die ihr zusammen mit der geschwungenen Formgebung und RAM einen extrem kleinen RCS verleiht. Ihre Spannweite ist fast dreimal so groß wie ihre Länge. Auch der Stückpreis ist eindrucksvoll: Bei Berücksichtigung der Entwicklungsinvestitionen kostet jeder der 21 B-2-Bomber 2.6 Milliarden $! Der abgebildete B-2 wirft den GPS/INS-gelenkten GBU-37-»Bunker Buster« ab.

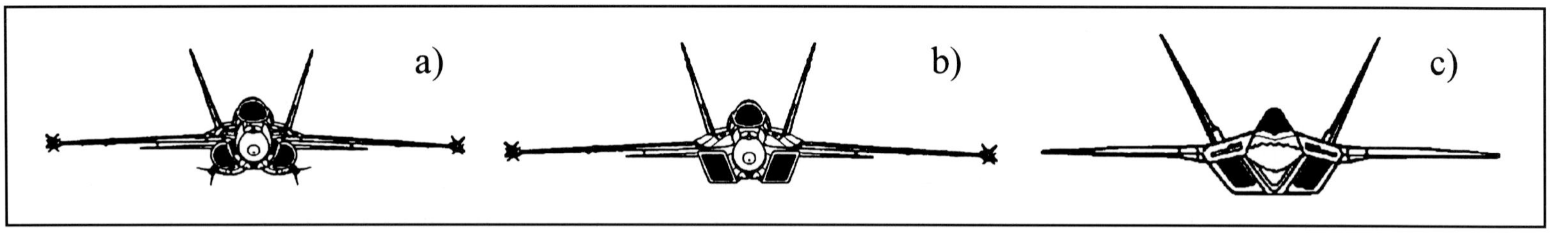

Abb.3.4k: Die Kampfflugzeug-Evolution vom konventionellen zum Stealth-Jäger. Bei der ursprünglichen F/A-18 HORNET (a) dachte noch niemand an eine RCS-Reduktion. Die Maschine besitzt zahlreiche »Reflexionsfackeln«. Bei der SUPER-HORNET (b), die in den nächsten Jahren von der USN im großen Stil eingeführt werden wird, sind im Vergleich dazu einige Hauptreflexionsflächen entfernt/entschärft worden; die Stealth-Lufteinläufe fallen sofort auf, vor allem dann, wenn man das Flugzeug mit der F/A-18C und dem Stealth-Jäger F-22 RAPTOR (c) vergleicht.

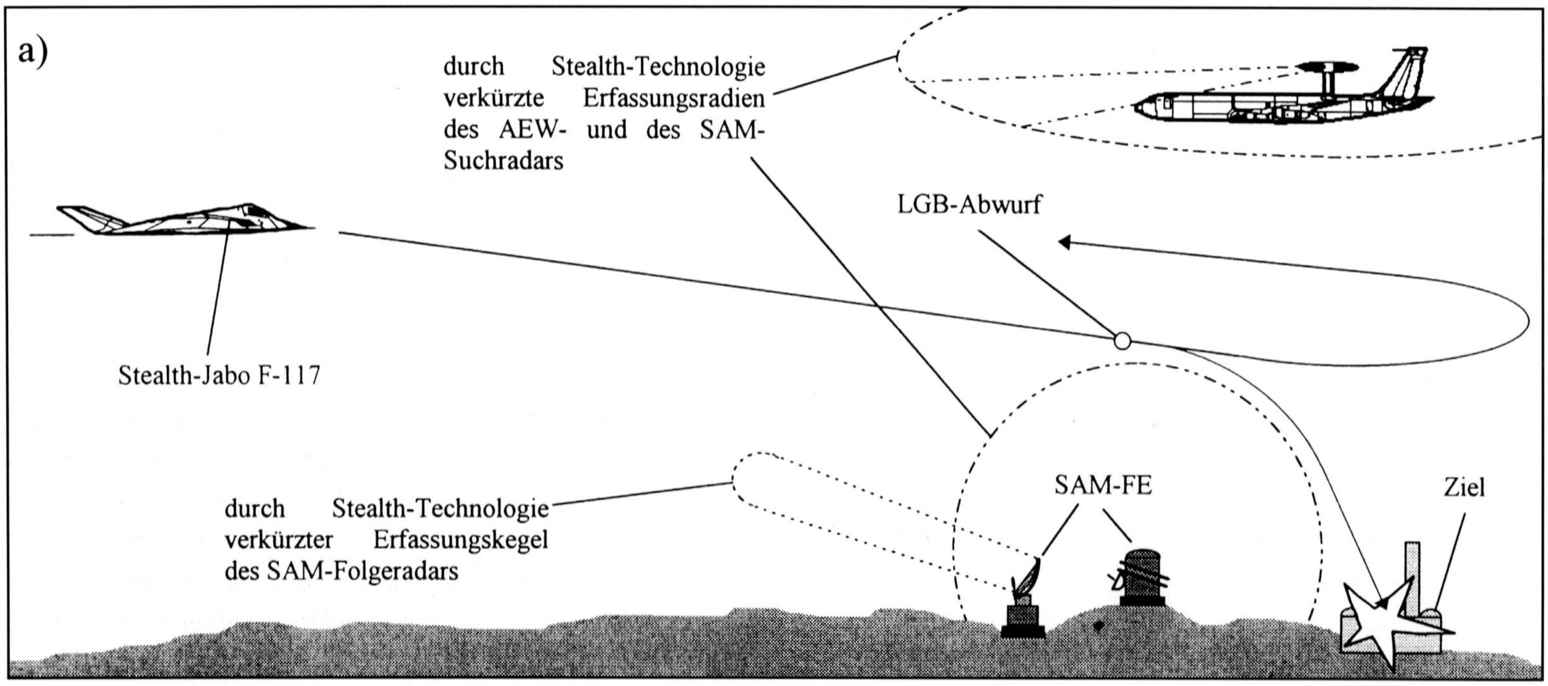

Abb.3.4la/b: Vergleich Stealth-Jabo zu konventionellem Jabo im Einsatz. a) Durch den stark verkleinerten RCS wird die F-117 erst spät bzw. gar nicht entdeckt, weder vom AWACS noch von der SAM-FE. Dadurch kann sie ihr Ziel unbemerkt bekämpfen oder verunmöglicht den SAM-Einsatz durch Verkürzung der Reaktionszeit oder durch das Einfliegen in die Mindestschußdistanz.
b) Der konventionelle Jagdbomber F-4 wird im Gegensatz dazu schon weit weg vom Ziel vom AWACS erfaßt. Dadurch ist auch die SAM-FE alarmiert, die den Jabo ebenfalls frühzeitig mit dem Suchradar aufspüren kann. Fliegt er in die maximale Schußdistanz der SAM ein, was er zur Zielbekämpfung zwangsmäßig muß, ist die Chance für einen Abschuß sehr hoch.

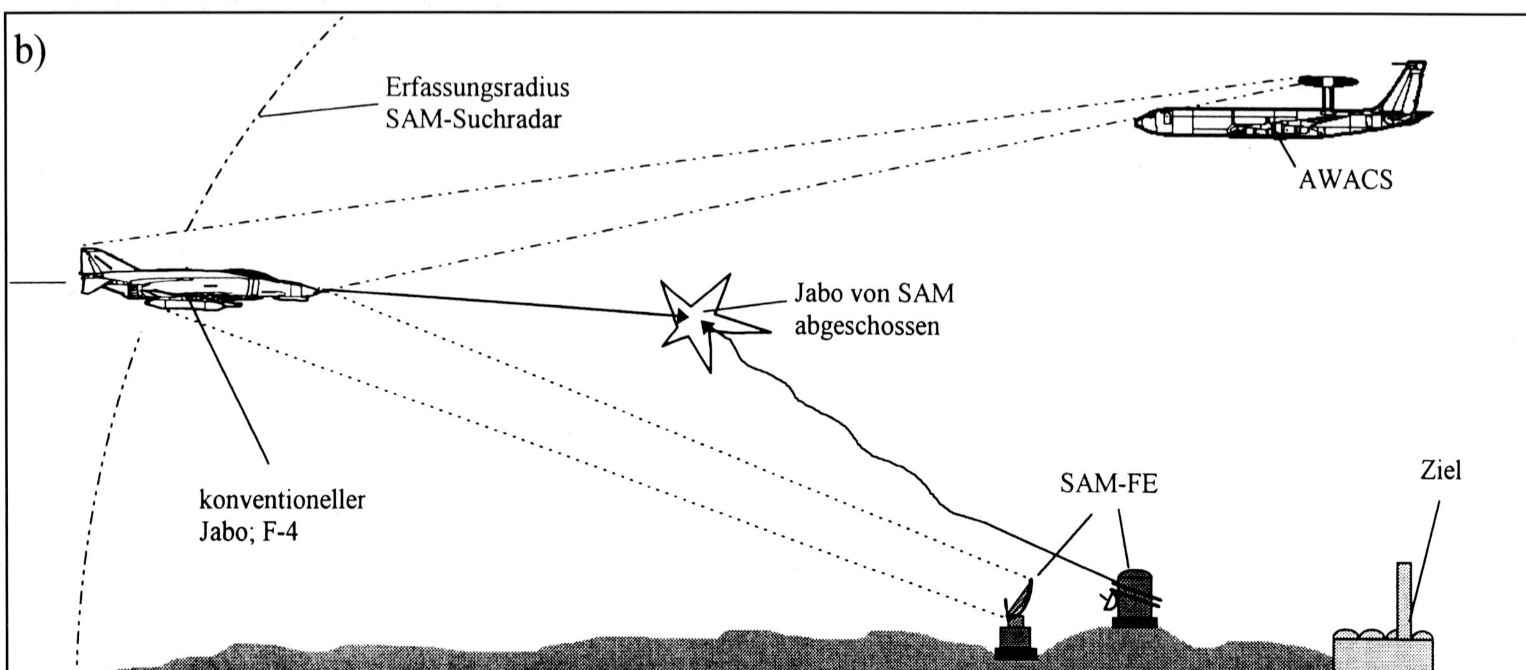

Abb.3.4m: Die Amerikaner wollen um 2008 damit beginnen, ihre Kampfflugzeuge A-10, F-16, F/A-18C/D und HARRIER II durch ein neues Stealth-Flugzeug, bisher JOINT STRIKE FIGHTER genannt, zu ersetzen. Die Maschine wird vor allem als Jabo zum Einsatz kommen. Ihre Stealth-Eigenschaften sind aus Kostengründen nicht ganz so perfekt wie jene des F-22, der RCS soll aber dank neuen Verarbeitungstechniken trotzdem nur so groß wie ein Golfball sein. Abgebildet ist der X-35 von LMTAS, der im Wettbewerb gegen den X-32 von Boeing antritt.

und vor allem zahlreiche Erfahrungen integrieren können, was eventuell die größeren Kompromisse hat ausgleichen können.

Einige Bestandteile der Stealth-Technologie sind auch in konventionelle Flugzeuge eingebaut worden. Beispiele für die punktweise Anwendung sind der B-1B LANCER (Abb.3.4c), die A-10 THUNDERBOLT II, die F/A-18E/F SUPER HORNET oder die TORNADO F.3 (Abb.3.4d).

Wie wirkt sich nun ein verminderter RCS effektiv im Einsatz aus? Bei gleicher Primärradarstrahlungsintensität resultiert daraus eine geringere Reflexionsintensität und damit eine kleinere Erfassungsdistanz. Wie groß diese Verkleinerung ist, kann niemand genau sagen. Geht man von der Radargleichung aus, so würde eine RCS-Reduktion um 90% eine Verkürzung der Detektionsdistanz auf 56% bedeuten. Ein Radargerät, das eine PHANTOM auf eine Entfernung von 100 km erfassen kann, erkennt demnach eine NIGHTHAWK auf 25.4 km. Sollte die Theorie von amerikanischen RCS-Experten, die neben der Radarwellengleichung auch noch die Kampfbedingungen berücksichtigt, stimmen, so würde die Sache für einen Verteidiger noch schlimmer: Bei einem bodengestützten Suchradar sinkt die Erfassungsreichweite der F-117 unter denselben Vergleichsbedingungen auf 6.5 km, bei einem luftgestützten Gerät sogar auf nur 1.6 km!

Die Erfahrungen aus dem Golfkrieg zeigen, daß an dieser Reichweitenreduktions-Theorie etwas dran sein muß. Vermutlich war kein irakisches Radar je in der Lage, eine NIGHTHAWK zu erfassen. In der Nacht vom 16. auf den 17. Januar 1991, als die F-117s ihre ersten Bomben über dem streng überwachten Bagdad abwarfen, begann die Fliegerabwehr erst zu schießen, nachdem die Bomben detoniert waren. Zu dem Zeitpunkt arbeiteten alle Radargeräte noch weitgehend tadellos, denn die Stealth-Jabos waren ohne starke SEAD-Unterstützung unterwegs. Während des ganzen Krieges wurde gemäß USAF keine einzige F-117 durch gegnerische Einwirkung auch nur beschädigt, trotz der fast 1300 Einsätze.

Aus diesen Erläuterungen und weiteren Berechnungen kann man folgern, daß ein Land, welches von einem Gegner, der über Stealth-Flugzeuge verfügt, angegriffen wird, eine Radardichte aufweisen muß, die – im besten Fall, das heißt, wenn die Radargleichungstheorie zutrifft – über ein 15faches größer ist als bei einem »konventionell« ausgerüsteten Feind, wenn sie ebenso effektiv sein soll. Dabei wird erst dieselbe Fläche abgedeckt; der Überwachungsverlust in der Vertikalen wurde noch nicht berücksichtigt. Normalerweise bestehen aber schon im konventionellen Fall Radarlücken oder -schatten, die aus finanziellen Gründen nicht überwacht werden können. Die Kosten der gegen Stealth-Flugzeuge erforderlichen Dichte an herkömmlichen Radargeräten und SAM-Stellungen ist astronomisch und von niemandem finanzierbar.

Für die auf Lenkwaffen basierende Fliegerabwehr bedeutet die Stealth-Technologie ein besonders großes Problem, ganz abgesehen von der erforderlichen Feuereinheitsdichte: Jede Lenkwaffe hat eine Mindestreichweite, einen Nahbereich um die Flab-Stellung, in dem die Lenkwaffe ineffektiv ist. Dieser beträgt bei einigen Langstrecken-Systemen gut und gerne 10 km oder mehr. Da die zur Verfügung stehende Reaktionszeit der FE durch die spätere Erfassung per Radar verkürzt wird oder gar auf Null sinkt, könnte es dem RCS-reduzierten Angriffsflugzeug gelingen, in diesen Bereich vorzudringen, bevor die SAM-Stellung überhaupt eine Lenkwaffe abfeuern kann. Damit sinkt sowohl der Nutzen als auch die Überlebenswahrscheinlichkeit der SAM-Stellung rapide ab.

Für amerikanische Stealth-Befürworter ist damit der Fall klar. Sie weisen zusätzlich darauf hin, daß ein Angriff, für den im Golfkrieg eine konventionelle Streitmacht von 16 Jabos mit PGMs, 16 Jägern als Eskorte, zwölf SEAD-Maschinen und elf Tankern benötigt worden ist, auch mit acht F-117s und zwei Tankflugzeugen oder gar nur mit zwei B-2s hätte erfüllt werden können.

Kritiker melden diesbezüglich ihre Bedenken an, denn ein Flugzeug der B-2-Klasse würde ihrer Meinung nach derart viele Gegner auf sich lenken, daß es diesen schließlich doch nicht mehr gewachsen wäre. Das auch diese Theorie nicht ganz von der Hand zu weisen ist, läßt sich am Beispiel des Unterganges des deutschen Schlachtschiffes TIRPITZ im Zweiten Weltkrieg in den Geschichtsbüchern nachlesen.

Vom Standpunkt des Physikers betrachtet bietet die Stealth-Technologie einige Abwehrmöglichkeiten. So könnte man sich vorstellen, daß ein mit getrennten Sende- und Empfangsantennen ausgerüstetes

Radar die vom Stealth-Flugzeug gestreuten Wellen detektieren und die Position der Maschine berechnen kann. Auch langwellige Radargeräte ermöglichen eine Erfassung von Stealth-Fluggeräten. Die damit ermittelten Daten sind aber ungenau, weshalb mehrere solche Systeme miteinander vernetzt werden müßten.

Die Stealth-Technologie wird nicht nur für Flugzeuge verwendet. Größere Lenkwaffen wie die AGM-129 ACM oder die Apache-Cruise-Missile (Abb.3.4n) baut man heute ebenfalls nach RCS-Kriterien, was es für die Fliegerabwehr noch schwieriger macht, die sowieso schon kleinen Flugkörper zu detektieren und abzufangen. Fliegen die CMs dann auch noch tief, so wird ihre gezielte Bekämpfung mit herkömmlichen Mitteln eine ganz besonders heikle Aufgabe.

Nicht vergessen darf man aber auch die Drohnen: Das DARKSTAR-Programm, welches eine Stealth-Aufklärungsdrohne zum Ziel hatte, wurde zwar vom Pentagon 1999 aufgegeben, doch studiert man derzeit den Bau von Kampfdrohnen. Diese UCAVs werden ebenfalls auf die Stealth-Technologie zurückgreifen. Sie sollen es ermöglichen, daß man Ziele des Gegners ohne den Einsatz von eigenen Menschenleben angreifen kann.

Neben der Militäraviatik profitieren aber auch andere Militärbereiche von Stealth, so zum Beispiel die Marine beim Bau von Kriegsschiffen (einige sind bereits geplant) oder möglicherweise auch das Heer bei der Konstruktion von Panzern.

Abb.3.4n: Die Apache-CM ist eine äußerst gefährliche Abstandswaffe, da sie nicht nur klein, sondern auch noch nach Stealth-Kriterien gebaut worden ist. In rund 140 km Distanz abgefeuert, fliegt sie tief auf ihr Ziel los. Da meist nur eine sehr kurze Reaktionszeit für die verteidigende Fliegerabwehr übrigbleibt, sind die Erfolgsaussichten für eine CM-Mission gut.

Die Entwicklung auf dem Stealth-Gebiet läuft dauernd weiter. Immer wieder tauchten in den letzten zehn Jahren Gerüchte auf, im Inventar der USAF existierten noch weitere geheime Stealth-Projekte. Einige Airline-Piloten meldeten, sie hätten ein unbekanntes fliegendes Objekt mit hoher Geschwindigkeit entweder auf dem Radarschirm oder visuell gesehen. Auch vom Boden aus sollen zahlreiche Leute ein dumpf grollendes Geräusch gehört und pulsierende Kondensstreifen am Himmel ausgemacht haben, welche auf die ebenfalls aus Gerüchten bekannt gewordenen Detonations-Pulswellen-Triebwerke (PDWE) hindeuten.

Ausgangspunkt dieser Gerüchte ist die Entdeckung des Projektes »AURORA« in einem geheimen, versehentlich öffentlich gemachten Pentagonpapier im Jahr 1985. Da es sich um Milliardenbeträge handelte, wimmelte das Pentagon kritische Frager mit dem Hinweis auf den bereits bekannten ATB (B-2) ab. Nicht wenige renommierte Luftfahrtjournalisten meinten in der AURORA den SR-71-Nachfolger entdeckt zu haben und sahen sich 1989 bestätigt, als die legendäre BLACKBIRD außer Dienst gestellt wurde. Man war der Meinung, Satelliten könnten wohl kaum dieselben Aufgaben erfüllen wie ein strategischer Aufklärer, obwohl genau diese Ansicht damals vom Pentagon vertreten wurde.

Die im Golfkrieg entdeckte, sogenannte »Lücke in der strategischen Aufklärung« veranlaßte die USAF angeblich, in der ersten Hälfte der 90er Jahre wieder drei SR-71 auszumotten und in den Dienst zurückzuführen. War diese Aktion reell notwendig oder bloß eine raffinierte Tarnung, um bei auffallenden Ereignissen (z. B. eigenartigem Triebwerklärm) auf den nicht gerade wenig eindrucksvollen Aufklärer verweisen zu können? Der Grund für die Wiederbelebung der BLACKBIRD muß jedenfalls schwerwiegend gewesen sein, denn der Betrieb dieser Riesenvögel verschlingt riesige Summen: spezielle Wartung, Unterhalt, Herstellung des speziellen Treibstoffs, eigene Tankerflotte etc. usw. Dabei muß man sich die Frage stellen, ob die drei SR-71, worunter eine B-Trainerversion, wirklich einen strategisch derart großen Wert in der heutigen Zeit haben.

Am 26. September 1994 stürzte angeblich ein unbekanntes Flugzeug auf dem britischen Flugplatz Boscombe Down ab. Da die Trümmer sofort abgeschirmt, in Rekordzeit eingesammelt, in einer GALAXY in die USA verfrachtet wurden und man noch dazu eine Tarngeschichte erfand, läßt auf den Absturz eines Stealth-Musters schließen: Dieselbe Taktik hatte sich bereits in den 70er und 80er Jahren bei Unfällen von XST und F-117 bewährt. Außerdem hielten sich in dieser Zeit nachweislich verdächtige Flugzeuge in der Gegend auf, die mit dem CIA in Verbindung gebracht wurden. Das von einigen Flugzeugfans entdeckte, größtenteils mit einer Plane verdeckte vermeindliche Flugzeug wurde offiziell vom britischen Verteidigungsministerium als »zusammengeklappte Hubschrauberplattform«

Abb.3.40: Wie aus diesem Foto erkennbar wird, hat der B-2-Bomber aus gewissen Blickwinkeln trotz seiner Größe eine sehr kleine Silhouette – ein nicht unwesentlicher Grund für den kleinen RCS. Des weiteren sind die Lufteinläufe über dem Rumpf angeordnet, so daß ein bodengestütztes Frühwarnsystem Mühe bekunden wird, den kritischsten Punkt des Flugzeugs überhaupt anstrahlen zu können.

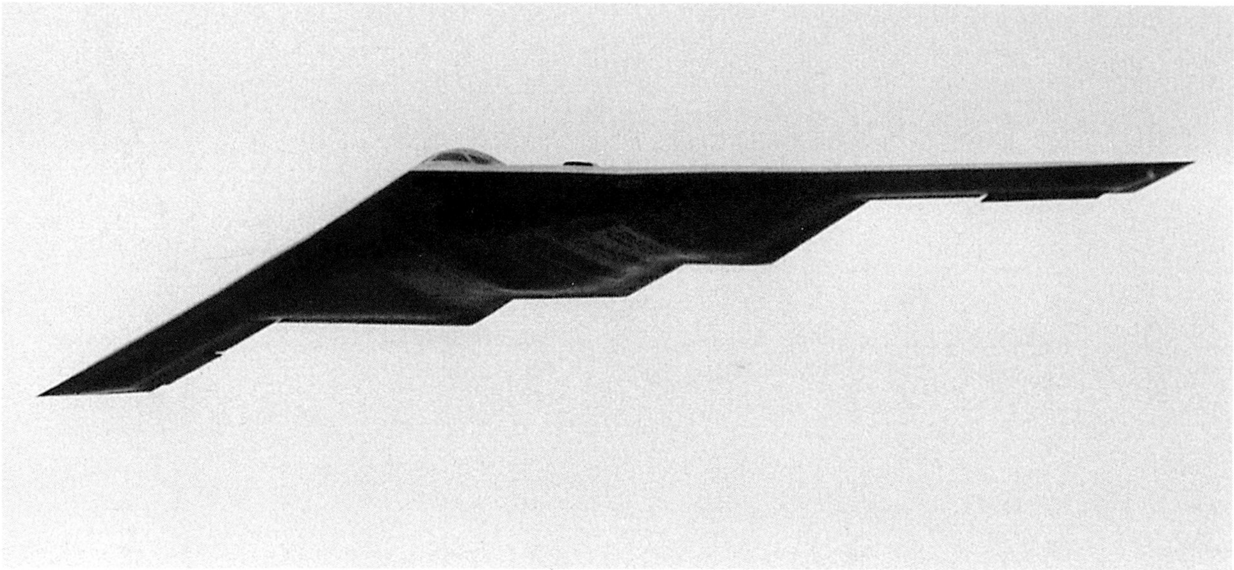

gemeldet, das Ereignis eines Absturzes dementiert sowie die Abriegelung des Geländes mit einer Notlandung eines Test-TORNADOS, der einen Towed Decoy nicht hatte einfahren können, gerechtfertigt. Die Presse vermutete jedoch sofort einen Zusammenhang mit dem taktischen Aufklärer TR-3A MANTA, welcher parallel zur F-117 entwickelt worden sei, oder einem F-23-Derivat. Der Maschine wurde die Bezeichnung ASTRA (Advanced Stealth Technology Reconnaissance Aircraft) verliehen.

Ob diese Flugzeuge tatsächlich existieren, bleibt bisher unbestätigt. Schon mehrmals wurden Gerüchte von der USAF selbst absichtlich in Umlauf gebracht (z.B. F-19 und diverse UFO-Geschichten), um ein Projekt zu vertuschen. Als Mitte der 80er Jahre die Gefahr bestand, daß die F-117 entdeckt werden könnte, organisierte man sogar einen Modellbauhersteller, der einen Bausatz unter der Bezeichnung »F-19 HAVE BLUE« herausbrachte. Der Trick bestand hier nicht mehr im Leugnen der Existenz einer Stealth-Maschine – dafür waren die Gerüchte schon zu konkret – sondern im Vertuschen der verwendeten Methoden. Der F-19 zeigte überall Rundungen, die Flügel waren beinahe Halbkreise; also das pure Gegenteil vom NIGHTHAWK!

Übertreibungen, Verheimlichungen, Irreführungen und Dementis sind demnach auf diesem Gebiet an der Tagesordnung, damit eine reelle Beobachtung ins Unglaubliche oder gar Lächerliche gezogen werden kann – eben Stealth auf allen Gebieten!

Tatsache bleibt aber, daß es gelungen ist, das SENIOR TREND-Projekt (F-117) bis Ende 1988 geheim zu halten, also über sieben Jahre über dessen Erstflug hinaus. Auch das 1978 begonnene Northrop-Projekt TACIT BLUE (B-2-Technologie-Demonstrator) wurde erst 1996 öffentlich gemacht, obwohl das Pentagon nach der »Lüftung des Schleiers« über dem NIGHTHAWK versicherte, es existiere kein weiteres »schwarzes« Flugzeug. Tatsache ist auch, daß die Amerikaner in den 80er und 90er Jahren erstaunlich viel Zeit und Geld in ein Hyperschallflugzeug-Projekt steckten, aus dem eigentlich die Zivilluftfahrt den Nutzen hätte ziehen sollen. Eigenartigerweise lehnten sie internationale Beteiligungsangebote ab, obwohl sie zum Beispiel ähnlich kostenintensive Weltraumprojekte (z.B. die Raumstation ISS) gerne unter Beteiligung anderer Nationen betreiben. Unter dem Strich scheint dabei nichts Wesentliches herausgekommen zu sein; das Projekt wurde eingestellt, und die jetzigen Programme werden nicht halbso ernsthaft betrieben. Weshalb der militärische Nutzen nicht an die große Glocke gehängt worden ist, scheint einzuleuchten, doch: Zeigt die Menge von Indizien nicht in eine eindeutige Richtung? Weshalb soll es nicht ein Projekt eines hyperschallschnellen SR-71-Nachfolgers mit beinahe perfekten Stealth-Eigenschaften geben? Außerdem gäbe es da noch die Möglichkeit eines UAVs, also eines unbemannten Luftfahrzeuges, welches sich mit Hyperschallgeschwindigkeiten fortbewegen kann.

Ob diese Spekulationen nun der Realität entsprechen oder nicht, sicher ist, daß die Stealth-Technologie in der zukünftigen Luftkriegführung einen entscheidenden Faktor spielen wird. Die Einsätze der F-117 im Golfkrieg zeigen, daß selbst eine kleine Anzahl dieser Flugzeuge eine große Wirkung hat, solange es noch keine Gegenmittel gibt. Ihre Hauptaufgabe wird weiterhin daraus bestehen, eine Art Pathfinder-Rolle zu spielen und dabei neuralgische Punkte des Gegners (Kommunikationszentren, Kommandozentralen, Produktionsanlagen, große Fliegerabwehrstellungen und Einsatzbasen von ABC-Waffen) zu zerstören, damit die konventionellen Kräfte verbesserte Bedingungen vorfinden. Neue Kampfflugzeugentwicklungen, wie etwa der JOINT STRIKE FIGHTER, werden ebenfalls auf die Stealth-Technologie zurückgreifen, auch wenn ihre Entwicklung nicht in einem derart geheimen Umfeld vonstatten gehen wird.

Anhang

Bildernachweis

Alle Fotos stammen vom Autor, mit Ausnahme jener, bei denen der Fotograf/die Herkunft *kursiv* angegeben ist.

S. 13: M.B.339A, Frecce Tricolori, italienische Luftwaffe; S. 15: L-59 Albatros, tschechische Luftwaffe; p:17: S.211A JPATS, Grumman-Agusta; S. 19: Ching Kuo, taiwanesische Luftwaffe, *Malcolm English/Air International*; S. 21: AMX, italienische Luftwaffe; S. 23: Cheetah D, südafrikanische Luftwaffe; S. 25: IAR-99 Soim, rumänische Luftwaffe; S. 27: A-4M Skyhawk II, USMC, *USMC*; S. 29: F-4F ICE Phantom II, deutsche Luftwaffe; S. 31: F-15C Eagle, USAF; S. 33: F-15E Eagle, USAF; S. 35: F/A-18D Hornet, Schweizer Luftwaffe; S. 37: F/A-18E Super Hornet, USN, *Verron Pugh/USN via Air International*; S. 39: Harrier GR.7, RAF; S. 41: Hawk Mk.66, Schweizer Luftwaffe; S. 43: Hawk 200, BAe; S. 45: Sea Harrier F/A.2, Royal Navy; S. 47: C.101 Aviojet, Aguilas, spanische Luftwaffe; S. 49: F-7MG, AVIC, *Luftfahrtarchiv Matthias Winkler*; S. 51: Mirage IIIRS, Schweizer Luftwaffe; S. 53: Mirage 5F, adla, *E. Moreau via Dassault Aviation*; S. 55: Mirage F1C, armée de l'air, *armée de l'air via Dassault Aviation*; S. 57: Mirage 2000-5, armée de l'air, *François Robineau via Dassault Aviation*; S. 59: Mirage 2000N, armée de l'air, *François Robineau via Dassault Aviation*; S. 61: Rafale B, armée de l'air; S. 63: Super Etendard, Aéronavale, *F.Robineau/Dassault Aviation;* S. 65: Alpha Jet, Patrouille de France, armée de l'air; S. 67: EF2000, Eurofighter/AMI; S. 69: Pampa 2000, *Vought via Air International*; S. 71: F-111C, RAAF; S. 73: Kfir TC.2, sri-lankische Luftwaffe, *Alan Warnes/Air International*; S. 75: T-4, JSDAF, *H. Seo/Kawasaki;* S. 77: F-16C, USAF, *LMTAS;* S. 79: F-104S ASA Starfighter, AMI italienische Luftwaffe; S. 81: F-117A NightHawk, USAF; S. 83: F-22A Raptor, USAF, *Lockheed Martin via Air International*; p:85: MiG-21MF »Fishbed«, ungarische Luftwaffe; S. 87: MiG-23ML »Flogger«, tschechische Luftwaffe; S. 89: MiG-25RBT »Foxbat«, russische Luftwaffe, *Luftfahrtarchiv Matthias Winkler*; S. 91: MiG-27K »Flogger«, russische Luftwaffe, *René van Woezik / Aviaview*; S. 93: MiG-29 »Fulcrum«, slowakische Luftwaffe; S. 95: MiG-31 »Foxhound«, russische Luftwaffe; S. 97: MiG-AT-Prototyp, MAPO-MiG; S. 99: T-2, JASDF, *Luftfahrtarchiv Matthias Winkler*; S. 101: F-2, JSDAF, *LMTAS;* S. 103: K-8 Karakorum, AVIC, *Luftfahrtarchiv Matthias Winkler*; S. 105: A-5C Fantan, AVIC, *Luftfahrtarchiv Matthias Winkler*; S. 107: A-7E Corsair II, griechische Luftwaffe, *René van Woezik / Aviaview*; S. 109: OA-10A Thunderbolt II, USAF; S. 111: F-5A Freedom Fighter, Turkish Stars, türkische Luftwaffe; S. 113: F-5E Tiger II, Patrouille Suisse, Schweizer Luftwaffe; S. 115: EA-6B Prowler, USN, *Northrop Grumman*; S. 117: F-14D Tomcat Prototyp, US Navy, *Northrop Grumman via K. Alder*; S.119: Tornado F.3, RAF; S.121: Tornado ECR, dt. Luftwaffe, *DASA;* S. 123: Tornado GR.1, RAF; S. 125: I-22M93 Iryda, PZL, *Duncan Cubitt/Air International*; S. 127: Sk60, Team 60 schwedische Luftwaffe; S. 129: J-35J Draken, schwedische Luftwaffe, *Anders Nylén via SAAB*; S. 131: JA-37 Viggen, schwedische Luftwaffe; S. 133: JAS-39 Gripen, schwedische Luftwaffe, *Anders Nylén via SAAB*; S. 135: Jaguar GR.1A, RAF; S. 137: F-8IIM »Finback«, AVIC, *Luftfahrtarchiv Matthias Winkler*; S. 139: G-2 Galeb, ehemalige jugoslawische Luftwaffe, *Soko*; S. 141: G-4 Super Galeb, Letece Zvezde (The Flying Stars), yugoslawische (serbische) Luftwaffe, *David Oliver/Air International*; S. 143: Orao, ehemalige jugoslawische Luftwaffe, *via Flygvapen Nytt*; S. 145: Su-22M4 »Fitter«, tschechische Luftwaffe; S. 147: Su-24MR »Fencer-E«, russische Luftwaffe, *Luftfahrtarchiv Matthias Winkler*; S. 149: Su-25 »Frogfoot«, tschechische Luftwaffe; S. 151: Su-27 »Flanker-B«, ukrainische Luftwaffe; S. 153: Su-32FN »Strike Flanker«, Sukhoi; S. 155: Su-30MK, Sukhoi, *Guido E. Bühlmann;* S. 157: Su-35, Sukhoi; S. 159: FBC-1, AVIC, *Guido E. Bühlmann;* S. 161: YAK-130, YAKOVLEV; S. 162: Mirage 2000C, armée de l'air; S. 163: M-55 Mystic, russisches Testzentrum; S. 164: E-3A Sentry AWACS, NATO; S. 166: Sentry AEW.1, RAF; E-8 J-STARS, USAF; S. 167: E-8-Radom, USAF; P-3C Orion, königlich-niederländische Marine; S. 168: Avenger Flab-System, US Army; F-16A Fighting Falcon, KLU niederländische Luftwaffe; S. 169: F-22A Raptor, USAF, *Lockheed Martin via Air International*; S. 170/171: Mirage 5F, armée de l'air, *E. Moreau via Dassault Aviation*; S. 172: Rafale B, armée de l'air, *François Robineau via Dassault Aviation*; S. 173: MiG-29 »Fulcrum«, russisches Testpilotenzentrum Zhukovski; Mirage F1CR, armée de l'air, *armée de l'air via Dassault Aviation*; S. 174/175: Mirage 2000C RDI, armée de l'air, *armée de l'air via Dassault Aviation*; S. 176: Pampa 2000, *Vought via Air International*; S. 177: Super Etendard (SEM), *François Robineau via Dassault Aviation*; JAS-39 Gripen, schwedische Luftwaffe, *Anders Nylén via SAAB*; S. 178/179: Mirage 2000D, armée de l'air, *François Robineau via Dassault Aviation*; S. 180: F 14D Prototyp, USN, *Northrop Grumman via K. Alder*; EA-6B Prowler, US Navy, *Northrop Grumman*; S. 181: YF-22, USAF, *Lockheed Martin via Air International*; S. 182/183: Harrier GR.7, RAF, *British Aerospace via Air International*; S. 184: F/A-18E Super Hornet, USN, *Verron Pugh/USN via Air International*; J-35J Draken, schwedische Luftwaffe, *Anders Nylén via SAAB*; S. 185: Tornado GR.1A, RAF; S. 186: RQ-1A Predator, USAF; S. 187: Mirage III RS, Schweizer Luftwaffe; S.188: MiG-25RB »Foxbat«, russische Luftwaffe, *René van Woezik / Aviaview*; S. 189: Tornado IDS-Aufklärer, dt. Luftwaffe, *DASA;* S. 190: F-16A, norwegische Luftwaffe; Su-30 »Flanker«, russische Luftwaffe; MiG-29UB »Fulcrum«, ungarische Luftwaffe; S. 191: JA-37 Viggen, schwedische Luftwaffe; Su-37 »Super Flanker«, Sukhoi; S. 192: Tu-22M3 »Backfire-C«, russische Luftwaffe; S. 193: B-2 mit zwei F-15C, USAF; Tornado F.3, RAF; S. 194: MiG-31 »Foxhound«, russische Luftwaffe; F-14D Tomcat, USN; S. 195: F/A-18C Hornet, kuwaitische Luftwaffe; S. 196: F-4F Phantom II, deutsche Luftwaffe; PS-46/A-Radar an JA-37, schwedische Luftwaffe, *Ericsson*; S. 197: F-14D Tomcat-TCS, US Navy; F-16C, USAF; oberer Bug von einer Su-27 »Flanker«, ukrainische Luftwaffe; S. 198: Harrier GR.7, RAF; Su-32FN »Strike Flanker«, Sukhoi; S. 199: F/A-18 Hornet-Cockpit, Fliegerkalender '99; S. 200: GE M61A-1-BK, italienische Luftwaffe; S. 201: MiG-23ML »Flogger«, tschechische Luftwaffe; S. 202: F-5E Tiger II, Schweizer Luftwaffe; S. 203: F-16D Fighting Falcon, USAF; S. 204: AAMs von Matra-BAe Dynamics; S. 205: Tornado F.3, RAF; S. 206: JA-37 Viggen, schwedische Luftwaffe; S. 207: AIM-120B AMRAAM & AIM-9M Sidewinder, USAF; R-77 »Adder«, Vympel; S. 208: Su-35 »Super Flanker«, Sukhoi (3); S. 209: Bol-Chaff-Dispenser an Tornado F.3, RAF; S. 211: F-16C Fighting Falcon, USAF; S. 212: Tu-95 »Bear-H«, russische Luftwaffe; S. 213: B-1B Lancer, USAF; B-2A Spirit, USAF; S. 214: Rafale B, armée de l'air; F-15E Eagle, USAF; S. 215: KC-135 Stratotanker, USAF; S. 216: Tornado IDS, deutsche Luftwaffe; Tornado IDS, AMI; S. 218: GMR/TFR-Antennen eines Tornado IDS, *Panavia*; GMR-Radarbild im Tornado IDS, *Panavia*; Instrumentierung Navigator Tornado IDS, *Panavia*; S. 219: NVG, *via BAe*; Rafale M-Vorderrumpf mit FLIR und IRST, Aéronavale; S. 220: F-117A NightHawk, USAF; S. 221: Jaguar GR.1A mit LRMTS, RAF; PDLCT-Laser-Designator, armée de l'air; S. 222: F-15E mit LANTIRN, USAF; F/A-18C Hornet, USN; AMX-T, AMI; S. 223: Nimrod MR.2, RAF; Etendard IVP & Super Etendard, Aéronavale; S. 225: A-10A Thunderbolt II, USAF; Harrier GR.7, RAF; S. 226: Su-25 »Frogfoot«, tschechische Luftwaffe; S. 227: OA-10A Thunderbolt II, USAF; S. 229: Su-32FN »Strike Flanker«, Sukhoi; GAU-8/A-BK einer A-10A; USAF; S. 230: ungelenkte Raketen CRV-7 und TDA; Harrier GR.7 mit CRV-7, RAF, *Geoffrey H. Lee/BAE;* L-139; *Aero Vodochody;* S. 231: Hawk 200-Flügel mit 4 RET-227 kg GPBs, *BAE;* F-16B mit 9 227 kg-GPBs, *via K. Alder;* S. 233: Harrier GR.5, RAF, *BAe*; S. 234: Alpha Jet 2 mit Belouga-CBUs, *Dassault Aviation;* S. 235: Sensor Fuzed Weapon, USAF; S. 236: Tornado IDS mit MW-1, deutsche Luftwaffe, *Panavia;* Tornado GR.1 mit JP-233, RAF, *BAe*; S. 237: Durandal-Antipistenwaffe, *via K. Alder;* S. 238: LGB Paveway II, Aéronavale; LGB Paveway III, RAF; S. 239: PGMs, *via K. Alder & Autor;* S. 240: F-15E Eagle mit LGBs, USAF; S. 241: 2000lb-JDAM, USAF; S. 242: JSOW, USAF; AS.30L ASM & Magic AAM, armée de l'air; S. 243: Tornado GR.1 mit Brimstone-ASM, *BAE;* S. 244: AV-8B Harrier II mit AGM-65s, USMC, *The Rolls-Royce Magazine*; MiG-29S »Fulcrum«, russische Luftwaffe; S. 245: AGM-84E SLAM, USN; S. 246: AGM-158 JASSM, Lockheed Martin; Apache-CM an einer Rafale B, Matra-BAe; S. 247: KEPD 350 Taurus-CM, DASA/SAAB; S. 248: Su-32FN »Strike Flanker«, Sukhoi-OKB; S. 249: AM.39 Exocet, Aerospatiale; Kh-35, russische Marine; S. 250: AM.39 Exocet, Aéronavale, *Aerospatiale*; S. 253: Schweizer Radar-Bodenstation, Schweizer Luftwaffe; S. 254: Jaguar GR.1A, RAF; S. 255: Tornado ECR (2), deutsche Luftwaffe; S. 256: EC-130E Rivet Rider, USAF; EC-130H Compass Call, USAF; S. 257: F-16CJ, USAFE, *USAF;* Sky Shadow SPJ, RAF; Cerberus IV SPJ, dt. Luftwaffe; S. 259: EA-6B Prowler, USN, *USN;* S. 261: Harrier T.10, RAF; Su-30 »Flanker«, russische Luftwaffe; F/A-18D Hornet, Schweizer Luftwaffe; S. 262: MALD, USAF; S. 263: Towed Decoys AN/ALE-50 (Raytheon), Sky Buzzer (DASA); Phimat Chaff-Dispenser, RAF; S. 264: Roland-SAM auf AMX-Tank, armée de terre, *Aerospatiale;* Chaff/Flare-Dispenser, Radom; S. 265: Tornado GR.1, RAF; S. 266: Lynx AH.7, British AAC, *The Rolls-Royce Magazine*; Mirage IIIRS, Schweizer Luftwaffe; S. 267: Vinten-Flare-Werfer unter Tornado F.3-Heck; Peugeot-Gelände-Fz mit ASPIC-System, ALAT; S. 268: Su-22M4, tschechische Luftwaffe; Tornado IDS, deutsche Marine; AGM-88 HARM & AIM-9M Sidewinder, USAF; S. 269: AGM-154 JSOW, Raytheon; S. 270: Kh-31 »Krypton«-ARM & R-77 »Adder«- & R-73 »Archer«-AAM, russische Luftwaffe; AARGM-ARM; S. 271: Testschuss Rapier, RAF, *BAe*; Rapier 2000-Werfer, RAF; S. 272: Rapier 2000-Folge- und Suchradar, RAF; ALARM-ARM, *Matra-BAe Dynamics*; S. 273: F-117As, USAF; MiG-29 »Fulcrum«, russisches Testpilotenzentrum; S. 274: B-1B Lancer, USAF; Tornado F.3, RAF; S. 275: F-117A, USAF; S. 276: F-117A, USAF; F-16A Fighting Falcon, dänische Luftwaffe; F-117A, USAF; S. 277: F-22 Raptor, *USAF;* B-2A Spirit mit GBU-37, USAF, *NG via K. Alder;* S. 279: X-35 JSF, LMTAS; S. 280: Apache-CM, Matra-BAe; S. 281: B-2A Spirit, USAF.

Quellen:

Neben Herstellerangaben und Recherchen an Luftfahrtausstellungen dienten folgende Journals als Hauptinformationsquellen:

- Panavia: *The Panavia Tornado*, Panavia GmbH
- Allgemeine Schweizerische Militärzeitschrift ASMZ
- Airforces Monthly
- Air International
- Flight International
- The Rolls-Royce Magazine
- Quaterly - British Aerospace
- Aviation Week & Space Technology

Dank:

Der Autor möchte sich für die Hilfe und Unterstützung herzlich bedanken bei:

- dem Verlag E.S. Mittler & Sohn GmbH
- seinen Eltern und Geschwistern
- Konrad Alder (Unterlagen, Fotos, Beratung)
- Prof. Dr. Albert A. Stahel, MFS
- Guido E. Bühlmann (Fotos)
- Luftfahrtarchiv Matthias Winkler (Fotos)
- René van Woezik / Aviaview (Fotos)
- Key Publishing Ltd. (Dreiseitenrisse, Fotos, Zeichnungen)

sowie bei folgenden Luftfahrt-Unternehmen, die freundlicherweise Material zur Verfügung gestellt haben:
Aero Vodochody, BAE Systems, The Boeing Company, DASA, Dassault Aviation, LMTAS, Northrop Grumman, Raytheon, SAAB Aerospace und all jenen Nichtgenannten, die einen Beitrag zum Buch geleistet haben.

Kampfflugzeuge im Vergleich 1

xx = vorhanden x = beschränkt vorhanden s = nur Spezialversion

Leistungsfaktor	Typ	M.B.339	Albatros	S.211	Ching Kuo	AMX	Cheetah	IAR-99	A-4 Skyhawk
Basistrainer				xx				x	
Fortgeschrittenentrainer		xx	xx	xx				xx	s
Waffentrainer		xx	xx	x	s	s	s	xx	s
taktischer Aufklärer			x			x	s	x	
strategischer Aufklärer									
Luftüberlegenheitsjäger		x	x		xx		xx		
Begleitschutzjäger									
Abfangjäger					x		x		
Bomber									
Angriffsflugzeug / Jabo					x	xx	x		x
Marinekampfflugzeug		s			xx	x			x
Erdkampf-/Nahunterstützungsflugzeug		x	x(s)	x	x	xx	x	x	xx
EW-Flugzeug							s?		
WW-Flugzeug									
eingebaute Aufklärungsausrüstung							s		
Pod-gestützte Aufklärungsausrüstung			xx			xx		xx	
optische Kameras			xx			xx	s	xx	
IRLS/SLIR									
SLAR									
Data-Link									
Dogfight-Tauglichkeit		x	x		xx		x		x
Blindangriffsausrüstung (A/G)		s	s		xx	xx	xx		xx
Allwettereinsatzfähigkeit			s		xx	xx	xx		
Stealth-Konstruktion									
Einsatzradius	bis 600 km	xx	xx	xx				xx	
	bis 1200 km				xx	xx	xx		xx
	über 1200 km								
Radar			s		xx	x	xx		s
A/A-Radar			s		xx		xx		s
A/G-Radar			s		xx	x	xx		s
GMR			s		xx		xx		s
TFR									
TRN									
Puls-Doppler-Radar			s		xx		xx		s
Track-while-scan-Radar			?		xx		xx		?
Look-down-Radar			?		xx		xx		?
Radardetektion A/A	unter 100 km		s		xx		xx		s
	100 bis 200 km								
	über 200 km								
IRST									
TCS / optisches ID-Gerät									
FLIR			s						
DLIR			s						
Laserdesignator			s						
NVG-kompatibel			s			xx	x		
Helmvisier							xx		
GPS									
ECM intern									
ECM extern		x	x		x	xx	xx	x?	xx
ECCM			s		xx		xx		s
ELS									
BK eingebaut			xx		xx	xx	xx	xx	xx
BK in Pod		xx	xx	xx				xx	xx
SRAAM		xx	xx		xx	xx	xx	x?	xx
MRAAM					xx		?		
LRAAM									
SAR-AAM					xx				
GPB		xx	xx	xx	xx	xx	xx	xx	xx
CBU		xx	xx	xx	xx	xx	xx	xx	xx
ungelenkte A/G-Raketen		xx	xx	xx	xx	xx	xx	xx	xx
Antipisten-Waffen						x	x		x
TV/IR/Laserbomben		s	s			xx	x?		xx
ASM		s	s		x	xx	x?		xx
CM									
AShM		s			xx	xx			
ARM									

Kampfflugzeuge im Vergleich 2

xx = vorhanden | x = beschränkt vorhanden | s = nur Spezialversion

Leistungsfaktor	Typ	F-4	F-15A/C	F-15E	F/A-18C/D	F/A-18E/F	Harrier II	Hawk Mk 66	Hawk 100	Hawk 200	Sea Harrier
Basistrainer											
Fortgeschrittenentrainer								xx	xx		
Waffentrainer			s		s	s	s	xx	xx		s
taktischer Aufklärer		s			s		x			x	x
strategischer Aufklärer											
Luftüberlegenheitsjäger		xx	xx	xx	xx	xx	s	x	x	x	xx
Begleitschutzjäger		xx	xx	xx	x	xx					
Abfangjäger		xx	xx	xx	x	xx					x
Bomber				x							
Angriffsflugzeug / Jabo		xx	x	xx	xx	xx	xx		x	xx	xx
Marinekampfflugzeug		xx	x	x	xx	xx	xx				xx
Erdkampf-/Nahunterstützungsflugzeug					x		xx	x	xx	xx	xx
EW-Flugzeug											
WW-Flugzeug		s		x	x	x					
eingebaute Aufklärungsausrüstung		s			s						x
Pod-gestützte Aufklärungsausrüstung							xx			xx	
optische Kameras		s			s		xx			xx	x
IRLS/SLIR					s						
SLAR					s						
Data-Link			xx	xx	xx	xx	x				
Dogfight-Tauglichkeit		x	xx	xx	xx	xx	x	x	x	x	x
Blindangriffsausrüstung (A/G)		x	x	xx	xx	xx	xx		x	x	xx
Allwettereinsatzfähigkeit		xx	xx	xx	xx	xx	s		x	x	xx
Stealth-Konstruktion						x					
Einsatzradius	bis 600 km							xx	xx	xx	
	bis 1200 km				xx		xx				xx
	über 1200 km	xx	xx	xx		xx					
Radar		xx	xx	xx	xx	xx	s			xx	xx
A/A-Radar		xx	xx	xx	xx	xx	s			xx	xx
A/G-Radar		xx	xx	xx	xx	xx	s			xx	xx
GMR		s	xx	xx	xx	xx	s			xx	xx
TFR				xx							
TRN											
Puls-Doppler-Radar		s	xx	xx	xx	xx	s			xx	xx
Track-while-scan-Radar		s	xx	xx	xx	xx	s			xx	xx
Look-down-Radar		s	xx	xx	xx	xx	s			xx	xx
Radardetektion A/A	unter 100 km	xx								xx	
	100 bis 200 km	s	xx	xx	xx	xx	s				xx
	über 200 km										
IRST		s									
TCS / optisches ID-Gerät			s								
FLIR				xx	s	xx	s		xx		
DLIR		s		xx	s	xx	s				
Laserdesignator			?	xx	s	xx	s				
NVG-kompatibel				xx	xx	xx	xx		xx	xx	xx
Helmvisier						?			x	x	
GPS			s	xx	s	xx	xx				xx
ECM intern			xx	xx	xx	xx	xx				
ECM extern		xx	xx	xx	xx	xx	x	x	xx	xx	xx
ECCM		s	xx	xx	xx	xx	s			xx	xx
ELS		s									
BK eingebaut		xx	xx	xx	xx	xx					
BK in Pod		xx					xx	xx	xx	xx	xx
SRAAM		xx	xx	xx	xx	xx	xx	xx	xx	xx	xx
MRAAM		xx	xx	xx	xx	xx	s				xx
LRAAM											
SAR-AAM		xx	xx	xx	xx	xx					
GPB		xx	xx	xx	xx	xx	xx	xx	xx	xx	xx
CBU		xx	xx	xx	xx	xx	xx	xx	xx	xx	xx
ungelenkte A/G-Raketen		x			xx	xx	xx	xx	xx	xx	xx
Antipisten-Waffen		x		x	x	x	x			x	
TV/IR/Laserbomben		xx	x	xx	xx	xx	xx	x	xx	xx	xx
ASM		xx	x	xx	xx	xx	xx	x	xx	xx	xx
CM				xx	xx	xx	xx				
AShM		xx	x	xx	xx	xx	xx				xx
ARM		s	x	xx	xx	xx	x				

Kampfflugzeuge im Vergleich 3

xx = vorhanden | x = beschränkt vorhanden | s = nur Spezialversion

Leistungsfaktor	Typ	C.101	J/F-7	Mirage III	Mirage 5/50	Mirage F1	Mirage 2000	Mir. 2000N/D	Rafale	S.-Etendard	Alpha Jet
Basistrainer											
Fortgeschrittenentrainer		xx									xx
Waffentrainer		xx	s	s	s	s	s		s		xx
taktischer Aufklärer		x	x	s	s	x/s	x		xx	s	
strategischer Aufklärer											
Luftüberlegenheitsjäger			xx	xx	x	xx	xx		xx		
Begleitschutzjäger							x		xx		
Abfangjäger			x	x		xx	xx		xx		
Bomber											
Angriffsflugzeug / Jabo		x	x	x	xx	xx	xx	xx	xx	xx	x
Marinekampfflugzeug		x					xx	x	xx	xx	x
Erdkampf-/Nahunterstützungsflugzeug		x	x	x	x	x	x	x	x	x	x
EW-Flugzeug											
WW-Flugzeug											
eingebaute Aufklärungsausrüstung				s	s	s				s	
Pod-gestützte Aufklärungsausrüstung		xx	xx	s	s	x	xx		xx		
optische Kameras		xx	xx	s	s	xx	xx		xx	s	
IRLS/SLIR				s			?		xx		
SLAR						xx	?		xx		
Data-Link								?	xx		
Dogfight-Tauglichkeit			x	x	x	x	xx	x	xx		x
Blindangriffsausrüstung (A/G)		x		x	x	xx	xx	xx	xx	x	s
Allwettereinsatzfähigkeit			s	xx	x	xx	xx	xx	xx	x	s
Stealth-Konstruktion									x		
Einsatzradius	bis 600 km	xx	xx								xx
	bis 1200 km			xx	xx	xx				xx	x
	über 1200 km				x		xx	xx	xx		
Radar			xx	xx	xx	xx	xx	xx	xx	xx	
A/A-Radar			xx	xx	x	xx	xx	x	xx	xx	
A/G-Radar			x	x	x	xx	xx	xx	xx	xx	
GMR							xx	xx	xx		
TFR								xx	?		
TRN								x			
Puls-Doppler-Radar							xx		xx		
Track-while-scan-Radar							xx		xx		
Look-down-Radar							xx		xx		
Radardetektion A/A	unter 100 km		xx	xx	xx	xx		xx		xx	
	100 bis 200 km						xx		xx		
	über 200 km										
IRST									xx		
TCS / optisches ID-Gerät									x		
FLIR						x	x	xx	xx		s
DLIR		s				x	x	xx	xx	x	
Laserdesignator		s				xx	x	xx	xx	x	
NVG-kompatibel							s	xx	xx		
Helmvisier							?		xx		
GPS							xx	xx	xx		
ECM intern								xx	xx		
ECM extern		xx	?			xx	xx	xx		xx	x
ECCM							xx	xx	xx		
ELS											
BK eingebaut			xx	xx	xx	xx	xx		xx	xx	
BK in Pod		xx									xx
SRAAM		xx	xx	xx	xx	xx	xx	xx	xx	xx	xx
MRAAM			xx			xx	xx		xx		
LRAAM									?		
SAR-AAM			xx			xx	xx		xx		
GPB		xx	xx	xx	xx	xx	xx	xx	xx	xx	xx
CBU		xx	xx	xx	xx	xx	xx	xx	xx	xx	xx
ungelenkte A/G-Raketen		xx	xx	xx	xx	xx	xx	xx	xx	xx	xx
Antipisten-Waffen				x	x	x	x	x	x	x	x
TV/IR/Laserbomben		s				xx	xx	xx	xx	xx	
ASM		s	x	x	x	xx	xx	xx	xx	xx	x
CM							x	xx	xx		
AShM						xx	xx	x?	xx	xx	s
ARM								?	x		

Kampfflugzeuge im Vergleich 4

xx = vorhanden | x = beschränkt vorhanden | s = nur Spezialversion

Leistungsfaktor	Typ	EF2000	IA-63 Pampa	F-111	Kfir C7	T-4	F-16	F-104	F-117	F-22	B-2
Basistrainer			x								
Fortgeschrittenentrainer			xx			xx					
Waffentrainer		s	xx		s	xx	s	s			
taktischer Aufklärer		xx		s			xx	x			
strategischer Aufklärer											
Luftüberlegenheitsjäger		xx			x		xx			xx	
Begleitschutzjäger		xx					x			xx	
Abfangjäger		x					x	x		xx	
Bomber				x							xx
Angriffsflugzeug / Jabo		xx		xx	xx	x	xx	xx	xx	xx	
Marinekampfflugzeug		x		xx			xx	xx			x
Erdkampf-/Nahunterstützungsflugzeug		x	x		x	x	xx				
EW-Flugzeug					s?						
WW-Flugzeug		x					xx				
eingebaute Aufklärungsausrüstung				s							
Pod-gestützte Aufklärungsausrüstung		xx		s			xx	xx			
optische Kameras		xx		s			xx	xx			
IRLS/SLIR		xx					xx				
SLAR		?					xx				
Data-Link		xx					xx		xx	xx	xx
Dogfight-Tauglichkeit		xx			x	x	xx	x		xx	
Blindangriffsausrüstung (A/G)		xx		xx	xx		xx	xx	xx	xx	xx
Allwettereinsatzfähigkeit		xx		xx	xx		xx	xx	xx	xx	xx
Stealth-Konstruktion		x							xx	xx	xx
Einsatzradius	bis 600 km		xx			xx					
	bis 1200 km				xx		xx	xx	xx		
	über 1200 km	xx		xx	x			x		xx	xx
Radar		xx		xx	xx		xx	xx		xx	xx
A/A-Radar		xx		x	xx		xx	xx		xx	
A/G-Radar		xx		xx	xx		xx	xx		xx	xx
GMR		xx		xx			xx			xx	xx
TFR				xx			s				
TRN											?
Puls-Doppler-Radar		xx					xx	xx		xx	
Track-while-scan-Radar		xx					xx	x		xx	
Look-down-Radar		xx					xx	xx		xx	
Radardetektion A/A	unter 100 km			xx	xx		xx	xx			
	100 bis 200 km	xx								xx	
	über 200 km									?	
IRST		xx									
TCS / optisches ID-Gerät											
FLIR		xx					s		xx	?	xx
DLIR		xx		s			s		xx	?	xx
Laserdesignator		xx		s			s		xx	?	?
NVG-kompatibel		xx					xx		xx	xx	?
Helmvisier		xx								xx	
GPS		xx		s			xx		xx	xx	xx
ECM intern		xx			x?				?	xx	xx
ECM extern			xx	xx	xx	x	xx	x			
ECCM		xx					xx	x		xx	xx
ELS							s				
BK eingebaut		xx		s	xx		xx			xx	
BK in Pod			xx			xx					
SRAAM		xx	xx	xx	xx	xx	xx	xx		xx	
MRAAM		xx					xx	xx		xx	
LRAAM		x								x	
SAR-AAM		xx					xx	xx			
GPB		xx	xx	xx	xx	xx	xx	xx		xx	xx
CBU		xx	xx	xx	xx	xx	xx	xx	xx	xx	
ungelenkte A/G-Raketen			xx		xx	xx	xx	xx			
Antipisten-Waffen				xx			x				
TV/IR/Laserbomben		xx		xx	xx		xx		xx	xx	xx
ASM		xx		xx	xx		xx			xx	
CM		xx		xx			xx		xx	xx	xx
AShM		xx		xx			xx	xx			?
ARM		xx		xx			xx			?	

Kampfflugzeuge im Vergleich 5

xx = vorhanden | x = beschränkt vorhanden | s = nur Spezialversion

Leistungsfaktor	Typ	MiG-21	MiG-23	MiG-25	MiG-27	MiG-29	MiG-31	MiG-AT	F-1 / T-2	F-2	K-8
Basistrainer											
Fortgeschrittenentrainer								xx			xx
Waffentrainer		s	s	s		s		xx	xx	s	xx
taktischer Aufklärer		xx		s							
strategischer Aufklärer				s							
Luftüberlegenheitsjäger		xx	xx			xx				xx	
Begleitschutzjäger										x	
Abfangjäger		x	xx	xx		x	xx			x	
Bomber											
Angriffsflugzeug / Jabo		x	x	x	xx	x			xx	xx	
Marinekampfflugzeug									xx	xx	
Erdkampf-/Nahunterstützungsflugzeug		x	x		xx	x/s		x	x	xx	x
EW-Flugzeug				s							
WW-Flugzeug				s	x					?	
eingebaute Aufklärungsausrüstung		s		s							
Pod-gestützte Aufklärungsausrüstung		xx									
optische Kameras		xx		s							
IRLS/SLIR											
SLAR				s							
Data-Link				s	x	x	xx			?	
Dogfight-Tauglichkeit		x	x		x	xx		x	x	xx	
Blindangriffsausrüstung (A/G)		x	x	xx	xx	xx	xx		x	xx	
Allwettereinsatzfähigkeit		x	xx	xx	xx	xx	xx		x	xx	
Stealth-Konstruktion										x	
Einsatzradius	bis 600 km	xx			xx			xx	xx		xx
	bis 1200 km		xx		x	xx				xx	
	über 1200 km			xx			xx				
Radar		xx	xx	xx		xx	xx		xx	xx	
A/A-Radar		xx	xx	xx		xx	xx		xx	xx	
A/G-Radar		x	x			x/s			xx	xx	
GMR						x				xx	
TFR											
TRN											
Puls-Doppler-Radar				xx		xx	xx			xx	
Track-while-scan-Radar				x		xx	xx			xx	
Look-down-Radar				xx		xx	xx			xx	
Radardetektion A/A	unter 100 km	xx	xx						xx		
	100 bis 200 km			xx		xx				xx	
	über 200 km						xx				
IRST						xx	xx				
TCS / optisches ID-Gerät											
FLIR		s			xx					xx	
DLIR		s			xx					xx	
Laserdesignator		s			xx					xx	
NVG-kompatibel										xx	
Helmvisier		s	s			xx				xx	
GPS						x	x			xx	
ECM intern		x	x	x	x	x	x			xx	
ECM extern						?	s	xx	xx	xx	x
ECCM				xx		xx	xx			xx	
ELS											
BK eingebaut		xx	xx		xx	xx	xx		xx	xx	
BK in Pod					xx			xx			xx
SRAAM		xx	xx	xx	xx	xx	xx	xx	xx	xx	
MRAAM		x	xx	xx		xx	xx			xx	
LRAAM							xx				
SAR-AAM		x	xx	xx		xx	xx			xx	
GPB		xx	xx		xx	xx		xx	xx	xx	xx
CBU		xx	xx		xx	xx		xx	xx	xx	xx
ungelenkte A/G-Raketen		xx	xx		xx	xx		xx	xx	xx	xx
Antipisten-Waffen					x						
TV/IR/Laserbomben		s			xx	xx				xx	
ASM		x	xx		xx	xx		?	x	xx	
CM											
AShM									xx	xx	
ARM				s	x	x				?	

Kampfflugzeuge im Vergleich 6

xx = vorhanden | x = beschränkt vorhanden | s = nur Spezialversion

Leistungsfaktor	Typ	Q/A-5	A-7 Corsair II	A-10	F-5A	F-5E	EA-6B	F-14	Tornado ADV	Tornado ECR	Tornado IDS
Basistrainer											
Fortgeschrittenentrainer											
Waffentrainer			s		s	s			(s)	xx	(s)
taktischer Aufklärer					s	s		xx			xx
strategischer Aufklärer											
Luftüberlegenheitsjäger						x		xx	x		
Begleitschutzjäger								xx	xx		
Abfangjäger								xx	xx		
Bomber											x
Angriffsflugzeug / Jabo		xx	xx	xx	x	x		xx		xx	xx
Marinekampfflugzeug		xx								xx	xx
Erdkampf-/Nahunterstützungsflugzeug		xx	xx	xx	x	x					x
EW-Flugzeug							xx			x	
WW-Flugzeug							x			xx	xx
eingebaute Aufklärungsausrüstung					s	s				xx	s
Pod-gestützte Aufklärungsausrüstung								xx			xx
optische Kameras					s	s		xx			xx
IRLS/SLIR					?	s		xx		xx	xx/s
SLAR											
Data-Link							xx	xx	xx	xx	xx
Dogfight-Tauglichkeit					x	x		xx	x	x	x
Blindangriffsausrüstung (A/G)		x	xx							xx	xx
Allwettereinsatzfähigkeit		x	xx				xx	xx	xx	xx	xx
Stealth-Konstruktion											
Einsatzradius	bis 600 km	xx			xx	xx					
	bis 1200 km	x	xx	xx			xx				
	über 1200 km							xx	xx	xx	xx
Radar			xx		s	xx	xx	xx	xx	xx	xx
A/A-Radar			x		s	xx		xx	xx	xx	xx
A/G-Radar			xx		s		xx	x	x	xx	xx
GMR			xx				xx			xx	xx
TFR										xx	xx
TRN											
Puls-Doppler-Radar								xx	xx		
Track-while-scan-Radar								xx	xx		
Look-down-Radar								xx	xx		
Radardetektion A/A	unter 100 km		xx		xx	xx				xx	xx
	100 bis 200 km								xx		
	über 200 km							xx			
IRST								xx			
TCS / optisches ID-Gerät								xx			
FLIR			s							xx	xx
DLIR								x		xx	xx
Laserdesignator								x		xx	xx
NVG-kompatibel				?				?		xx	xx
Helmvisier									(xx)		
GPS				x			xx	xx	xx	xx	xx
ECM intern							xx	xx			
ECM extern		x	xx	xx	x	x	xx		xx	xx	xx
ECCM							xx	xx	xx	xx	xx
ELS							xx			xx	
BK eingebaut		xx	xx	xx	xx	xx		xx	xx		xx
BK in Pod		xx									
SRAAM		xx	xx	xx	xx	xx		xx	xx	xx	xx
MRAAM								xx	xx		
LRAAM								xx			
SAR-AAM								xx	xx		
GPB		xx	xx	xx	xx	xx	x	xx		xx	xx
CBU		xx	xx	xx	xx	xx	x			xx	xx
ungelenkte A/G-Raketen		xx	xx	xx	xx	xx					
Antipisten-Waffen			x	x						xx	xx
TV/IR/Laserbomben		?	xx	xx				xx		xx	xx
ASM		x	xx	xx		xx				xx	xx
CM										xx	xx
AShM		x								xx	xx
ARM							xx			xx	xx

Kampfflugzeuge im Vergleich 7

xx = vorhanden | x = beschränkt vorhanden | s = nur Spezialversion

Leistungsfaktor	Typ	I-22 Iryda	105 / Sk60	Draken	Viggen	Gripen	Jaguar	J/F-8	G-2 / J-21	Super Galeb	Orao
Basistrainer											
Fortgeschrittenentrainer		xx	xx						xx	xx	
Waffentrainer		xx	xx	s	s	s	s		xx	xx	s
taktischer Aufklärer			s	s	xx	xx	xx		s		s
strategischer Aufklärer											
Luftüberlegenheitsjäger				xx	xx	xx		x			
Begleitschutzjäger											
Abfangjäger				x	xx	xx		xx			
Bomber											
Angriffsflugzeug / Jabo				x	xx	xx	xx	x		x	x
Marinekampfflugzeug					xx	xx	s				
Erdkampf-/Nahunterstützungsflugzeug		x			x	x	xx		x	x	xx
EW-Flugzeug											
WW-Flugzeug							x				
eingebaute Aufklärungsausrüstung			s	s	s				s		s
Pod-gestützte Aufklärungsausrüstung					xx	xx	xx		xx		?
optische Kameras			s	s	s	xx	xx		xx		s
IRLS/SLIR					s	xx	xx				
SLAR					?	?					
Data-Link						xx					
Dogfight-Tauglichkeit		x		x	xx	xx	x	x		x	x
Blindangriffsausrüstung (A/G)					xx	xx	xx				
Allwettereinsatzfähigkeit				xx	xx	xx	xx	xx			
Stealth-Konstruktion											
Einsatzradius	bis 600 km	xx	xx	xx		xx			xx	xx	xx
	bis 1200 km		x		xx	x	xx	xx			
	über 1200 km										
Radar				xx	xx	xx	s	xx			
A/A-Radar				xx	xx	xx	s	xx			
A/G-Radar					xx	xx	s	x			
GMR					xx	xx	s				
TFR											
TRN											
Puls-Doppler-Radar					xx	xx		xx			
Track-while-scan-Radar					xx	xx		xx			
Look-down-Radar					xx	xx		xx			
Radardetektion A/A	unter 100 km			xx	xx		s				
	100 bis 200 km					xx		xx			
	über 200 km										
IRST				s		s					
TCS / optisches ID-Gerät											
FLIR						xx					
DLIR						xx	s				
Laserdesignator						xx	s				
NVG-kompatibel						xx	s				
Helmvisier						?	s				
GPS					?	xx	s				
ECM intern											
ECM extern				x	xx	xx	xx	xx			
ECCM					xx	xx	s	xx			
ELS											
BK eingebaut				xx	xx	xx	xx	xx	xx		xx
BK in Pod		xx	xx						xx	xx	xx
SRAAM		xx	xx	xx	xx	xx	xx	xx		?	xx
MRAAM					xx	xx		xx			
LRAAM											
SAR-AAM					xx	xx		xx			
GPB		xx	xx	xx	xx	xx	xx	xx	xx	xx	xx
CBU		xx	xx	xx	xx	xx	xx	xx	xx	xx	xx
ungelenkte A/G-Raketen		xx	xx	xx	xx	xx	xx	xx	xx	xx	xx
Antipisten-Waffen					x	x	x				
TV/IR/Laserbomben						xx	xx				
ASM		?			xx	xx	xx	?		?	xx
CM					x	xx					
AShM					xx	xx	s	?			
ARM							xx				

Kampfflugzeuge im Vergleich 8

xx = vorhanden | x = beschränkt vorhanden | s = nur Spezialversion

Leistungsfaktor	Typ	Su-17/22	Su-24	Su-25	Su-27	Su-32FN	Su-33/30MK	Su-35/37	JH-7 / FBC-1	YAK-130
Basistrainer										
Fortgeschrittenentrainer										xx
Waffentrainer		s		s	s					xx
taktischer Aufklärer		xx	s				x		?	
strategischer Aufklärer			s							
Luftüberlegenheitsjäger					xx		xx	xx		
Begleitschutzjäger					xx		xx	xx		
Abfangjäger					xx		xx	xx		
Bomber			x			x				
Angriffsflugzeug / Jabo		xx	xx	x	x	xx	xx	xx	xx	
Marinekampfflugzeug			xx	x	s	xx	xx	xx	xx	
Erdkampf-/Nahunterstützungsflugzeug		xx		xx		x	x	x	x	xx
EW-Flugzeug			s			?				
WW-Flugzeug			?			?	x	x		
eingebaute Aufklärungsausrüstung		s	s			?				
Pod-gestützte Aufklärungsausrüstung		xx			s	?	x			
optische Kameras		xx	s		s	?	x			
IRLS/SLIR		?	s		?	?				
SLAR			s			?				
Data-Link			s		xx	xx	xx	xx		
Dogfight-Tauglichkeit		x			xx	x	xx	xx	x	x
Blindangriffsausrüstung (A/G)		x	xx	s		xx	xx	xx	xx	
Allwettereinsatzfähigkeit		x	xx	s	xx	xx	xx	xx	xx	
Stealth-Konstruktion										
Einsatzradius	bis 600 km			xx						xx
	bis 1200 km	xx	xx	x					xx	x
	über 1200 km		x		xx	xx	xx	xx		
Radar		x	xx		xx	xx	xx	xx	xx	
A/A-Radar			x		xx	xx	xx	xx	xx	
A/G-Radar		x	xx		x	xx	xx	xx	xx	
GMR			xx			xx	xx	xx	xx	
TFR			xx			xx				
TRN										
Puls-Doppler-Radar					xx	xx	xx	xx		
Track-while-scan-Radar					xx	xx	xx	xx		
Look-down-Radar					xx	xx	xx	xx		
Radardetektion A/A	unter 100 km		xx						xx	
	100 bis 200 km					xx				
	über 200 km				xx		xx	xx		
IRST					xx	?		xx		
TCS / optisches ID-Gerät										
FLIR			?			xx	xx	xx	?	
DLIR			xx			xx	xx	xx	?	
Laserdesignator			xx			xx	xx	xx	?	
NVG-kompatibel				?		?				
Helmvisier					xx	xx	xx	xx		
GPS			x			xx	xx	xx	?	
ECM intern		?	xx	?	x	xx	x	x		
ECM extern		xx	?	?	xx	xx	xx	xx	xx	x
ECCM					xx	xx	xx	xx		
ELS			s			?				
BK eingebaut		xx	xx	xx	xx	xx	xx	xx	xx	
BK in Pod				xx						xx
SRAAM		xx	xx	xx	xx	xx	xx	xx	xx	xx
MRAAM					xx	xx	xx	xx		
LRAAM					xx		xx	xx		
SAR-AAM					xx		xx	xx		
GPB		xx	xx	xx	xx	xx	xx	xx	xx	xx
CBU		xx	xx	xx	xx	xx	xx	xx	xx	xx
ungelenkte A/G-Raketen		xx	xx	xx	xx	xx	xx	xx	xx	xx
Antipisten-Waffen			x			x	x	x		
TV/IR/Laserbomben		xx	xx	xx	x	xx	xx	xx	?	?
ASM		xx	xx	xx	x	xx	xx	xx	?	?
CM			?			xx				
AShM			xx		s	xx	xx	xx	xx	
ARM		?	xx	xx		xx	xx	xx		

Abkürzungen/Glossar

AAA	Anti-Aircraft-Artillery; Fliegerabwehrkanonen
AAM	Air-to-Air Missile; Luft-Luft-Lenkwaffe
A/A	Air-to-Air; Luft-Luft
ACM	Advanced Cruise Missile; fortschrittlicher Marschflugkörper (AGM-129)
ADM	Air Defence Mission; Luftverteidigungsauftrag
ADV	Air Defence Variant; Luftverteidigungsvariante
Aéronavale	französische Marine
AEW	Airborne Early Warning; luftgestütztes Frühwarnradar
A/G	Air-to-Ground; Luft-Boden
AGM	Air-to-Ground-Missile; Luft-Boden-Lenkwaffe (mit Nummer für US-Kennzeichnung)
AIM	Air Intercept Missile; Luftabwehr-Lenkwaffe (mit Nummer für US-Kennzeichnung)
ALARM	Air-Launched Anti-Radar-Missile
ALCM	Air-Launched Cruise-Missile; luftgestützter Marschflugkörper
all-aspect	von allen Seiten einsetzbar (für IR-Lenkwaffen)
alpha	Anstellwinkel gegen den Luftstrom
AMRAAM	Advanced Medium-Range Air-to-Air-Missile; fortschrittliche Luft-Luft-Lenkwaffe mittlerer Reichweite (AIM-120)
AoA	Angle of Attack; Anstellwinkel (Flugzustand)
AR	active radar
ARM	Anti-Radar-Missile; Anti-Radar-Lenkwaffe
armée de l'air	französische Luftwaffe
AShM	Anti-Ship-Missile; Anti-Schiffs-Lenkwaffe
ASM	Air-to-Surface-Missile; Luft-Boden-Lenkwaffe
ASPJ	Airborne Self-Protection Jammer
ASRAAM	Advanced Short-Range Air-to-Air-Missile; fortschrittliche Luft-Luft-Lenkwaffe kurzer Reichweite (AIM-132)
ASTOR	Airborne Stand-off Radar; luftgestütztes Bodenüberwachungsradar
ATB	advanced technology bomber; Bomber fortschrittlicher Technologie (B-2)
ATF	advanced tactical fighter; fortschrittlicher taktischer Jäger (F-22)
Avionik	Flugzeugelektronik
AWACS	Airborne early-Warning and Control System; luftgestütztes Frühwarn- und Controlsystem
BAP	Bombe Anti-Piste; Antipisten-Bombe
BK	Bordkanone
BVR	Beyond Visual Range; außerhalb der Sichtweite
Canard	Entenflügel; Steuerflächen vor dem Hauptflügel
CBU	Cluster Bomb Unit; Streubombe
C^3CM	Command, Control, Communications Counter Measures
C^3I	Command, Control, Communication and Intelligence
CCV	aerodynamisch instabile Auslegung eines Flugzeuges
CM	Cruise-Missile; Marschflugkörper
COIN	Counter Insurgency; Aufständischenbekämpfung
COMINT	Communications Intelligence; Funkaufklärung
CRT	Cathode Ray Tube; Bildschirm
CW	Continuous Wave; Dauerstrich-Verfahren (Radar)
DASA	Daimler Benz Aerospace
DLIR	Down-Looking Infra-Red; nach unten gerichteter Infrarot-Sensor
Dogfight	Kurvenkampf
EAP	Experimental Aircraft Programme; britisches Experimentalflugzeug zur Erprobung der EF2000-Technologie
ECCM	Electronic Counter-Counter Measures; elektronische Schutzmaßnahmen
ECM	Electronic Counter Measures; elektronische Gegenmaßnahmen (CH: EGM)
EGM	elektronische Gegenmaßnahmen (CH)
ELINT	Electronic Intelligence; Radaraufklärung
ELS	Emitter Locator System; Radarlokalisierungsgerät
EloKa	elektronische Kriegführung (D)
EKF	elektronische Kriegführung (CH)
EM	elektromagnetisch oder Entfernungsmesser
EO	Electro-Optical; elektro-optisch, z.B. TV
EOGB	Electro-Optical-Guided Bomb; elektro-optisch gelenkte Bombe
ESM	Electronic Support Measures; elektronische Unterstützungsmaßnahmen oder elektronische Schutzmaßnahmen (CH)
EW	Electronic Warfare; elektronische Kriegführung
EWR	Early-Warning Radar; Frühwarnradar
FAC	Forward Air Control; vorgeschobene Überwachung der Bodenaktivitäten (luftgestützt)
fire-and-forget	schießen und vergessen; Lenkwaffen-Einsatzmodus

Flab Fliegerabwehr
FLIR Forward-Looking Infra-Red; nach vorne gerichteter Infrarot-Sensor
FBW Fly-By-Wire; elektrisches Flugsteuerungssystem

g Erdanziehungsbeschleunigung, 9,81 m/s^2
GBU Glide-Bomb-Unit; Gleitbombe (mit Nummer für US-Kennzeichnung)
GE General Electric
GMR Ground Mapping Radar; Bodendarstellungsradar
GPB General Purpose Bomb; Sprengbombe
GPS Global Positioning System

HAS Hardend Aircraft Shelter; Flugzeugbunker
HARM High-Speed Anti-Radiation Missile, AGM-88
Hard-Kill physische Bekämpfung
HDD Head-Down-Display; Bildschirm auf dem Instrumentenbrett
high alpha hoher Anstellwinkel
HOJ Home-on-Jam; senderansteuernd
HOTAS Hands on Trottle and Stick; Fliegen ohne die Hände vom Gas und Steuer zu nehmen
HUD Head Up Display; durchsichtiger Visierbildschirm auf Kopfhöhe

ICE Improved Combat Efficiency (F-4F); deutsches Kampfwertsteigerungsprogramm für die F-4F
IDS Interdictor/Strike; Angriffsflugzeug
IFF Identification Friend/Foe; elektronische Freund/Feind-Erkennung
IIR Imaging Infra-Red; bilderzeugender Infrarot-Sensor
INS Inertial Navigation System; Trägheitsnavigationssystem
IR Infrarot
IRLS Infra-Red-Line-Scanner; Infrarot-Zeilenabtaster
IRST Infra-Red Search and Track; Infrarot-Sensor zur Zielsuche und -verfolgung

JDAM Joint Direct Attack Munition; Modulare Luft-Boden-Lenkwaffe, GPS-gesteuert
JPATS Joint Primary Aircraft Trainer System; gemeinsames Pilotentrainingsflugzeug (USAF/USN/USMC), Beech MkII
J-STARS Joint Surveillance Target Attack Radar System; luftgestütztes Bodenüberwachungssystem, E-8
JTIDS Joint Tactical Information Distributation System; gemeinsames Informationsaustauschsystem (NATO)
JSOW Joint Stand-off Weapon; INS/GPS-gelenkter Gleitdispenser

kN Kilonewton

LANTIRN Low-Altitude, Navigation and Targeting, Infra-Red for Night; kombiniertes TFR-, FLIR- und Laserdesignatorsystem
LERX Leading-Edge Root Extensions; nach vorne gezogene Flügelwurzeln
LGB Laser-Guided Bomb; Laser-gelenkte Bombe
LRAAM Long-Range Air-to-Air-Missile; Luft-Luft-Lenkwaffe großer Reichweite
LRMTS Laser Ranger and Marked Target Seeker; Laserentfernungsmesser und Sucher für markierte Ziele
LTV Ling-Temco-Vought, jetzt Bestandteil von Northrop-Grumman
LW Luftwaffe (CH)

Mach Schallgeschwindigkeit (zirka 330 m/s, je nach Luftdichte)
MAD Magnetic Anomaly Detection; Sensor zur U-Boot-suche auf magnetischer Basis
MC Main Computer; Hauptcomputer
MFD Multi-Function-Display; Mehrzweckbildschirm
MRAAM Medium-Range Air-to-Air-Missile; Luft-Luft-Lenkwaffe mittlerer Reichweite

N/AW Night/All-Weather; Nacht/Allwetter
NVG Night Vision Goggles; Nachtsichtgerät

OKB russische Bezeichung für Konstruktionsbüro

PD Puls-Doppler, Arbeitsweise eines modernen Radars
PDWE Pulse Detonation Wave Engine; Pulswellen-Triebwerk, neuartiges (geheimes!) Triebwerk, bei welchem Explosionen Pulse und damit den Schub erzeugen
PGM Precision-Guided Munition; gelenkte Präzisionsmunition (z.B. LGB)
PPI Plan-Position Indicator; herkömmlicher Radarbildschirm
PW Pratt&Whitney

RAAF Royal Australian Air Force; australische Luftwaffe
RAF Royal Air Force; britische Luftwaffe

RAM	Radar-Absorbing Material; Radar-absorbierendes Material
RCS	Radar Cross-Section; Radar-Rückstrahlfläche
RDI	Radar Doppler à Impulsion; Puls-Dopplerradar
RHWR	Radar Homing And Warning Receiver, Radar-Peil- und Warngerät mit integriertem Gefahrenanalysecomputer
RN	Royal Navy: britische Marine
Rotte	Patrouille à zwei Flugzeuge
RSAF	Royal Saudi Air Force; saudische Luftwaffe
RWR	Radar Warning Receiver, Radarwarngerät
SAC	Strategic Air Command; amerikanisches Bomberkommando, jetzt aufgelöst
SAM	Surface-to-Air-Missile; Boden-Luft-Lenkwaffe
SARH	Semi-Active Radar-Homing; halbaktiv radargelenkt
SAS	Special Air Service, britische Spezialeinheit
SEAD	Suppression of Enemy Air Defences; Niederhaltung der gegnerischen Luftverteidigung
SIGINT	Signal Intelligence; elektronische Aufklärung
SLAM	Stand-off Land Attack Missile; Luft-Boden-Lenkwaffe großer Reichweite
SLAR	Sideways-Looking Airborne Radar; luftgestützter Seitensichtradar
SLIR	Sideways-Looking Infra-Red; luftgestützter Seitensicht-Infrarot-Sensor
SLUF	Short Little Ugly Fellow; kurzer kleiner häßlicher Typ (A-7 Corsair II)
sniperscope	optisches Gerät zur Identifikation von Flugzeugen auf BVR-Distanz
SPILS	Spin Prevention And Incidence Limiting System; System, das einen unkontrollierbaren Flugzustand verhindert
Soft-Kill	alle Mittel zur Ausschaltung von Luftverteidigungsmitteln, ohne sie zu zerstören.
SRAAM	Short-Range Air-to-Air-Missile; Luft-Luft-Lenkwaffe kurzer Reichweite
SRAM	Short-Range Attack Missile; Lenkwaffe kurzer Reichweite mit nuklearem Gefechtskopf
STO	Short Take-off; Start mit kurzer Rollstrecke
STOL	Short Take-off and Landing; Start und Landung mit kurzer Rollstrecke
STOVL	Short Take-off and Vertical Landing; Start mit kurzer Rollstrecke und senkrechte Landung
Supercruise	Überschall-Marschgeschwindigkeit ohne Nachbrenner
TACAN	Tactical Aid to Navigation; ein auf bodengestützten Sendern beruhendes Navigationssystem
tail slide	Manöver, bei dem sich das Flugzeug in der Vertikalen mit dem Heck gegen unten der Erde zu bewegt
TCS	Television Camera System; Kamerasystem zur optischen Identifikation von Flugzeugen auf große Distanzen
TFR	Terrain-Following-Radar; Geländefolgeradar
TIALD	Thermal Imaging and Laser-Designation; RAF-Behälter mit einer IIR-Kamera und einem Laser-Zielbeleuchter
TRN	Terrain-Referenced Navigation; Geländefolge mit senkrecht gerichtetem Radar und digitalen Satelliten-Karten
Turbofan	Strahltriebwerk, bei dem ein Teil der Luft um die Brennkammer herumgeleitet wird
Turbojet	Strahltriebwerk, bei dem die gesamte Luft durch die Brennkammer strömt
TWS	Track-While-Scan; Zielverfolgung bei gleichzeitiger Zielsuche
UAV	Unmanned Air Vehicle; Drohne
UCAV	Unmanned Combat Air Vehicle; Kampfdrohne
USAF	United States Air Force; amerikanische Luftwaffe
USMC	United States Marine Corps
USN	United States Navy
UV	Ultra-Violett
VAI	Visual Aircraft Identification; optische Flugzeugerkennung
Vmax	Höchstgeschwindigkeit
VTO	Vertikal Take-off; Senkrechtstart
WW	Wild-Weasel; amerikanische Bezeichnung für Anti-Radar-Flugzeuge

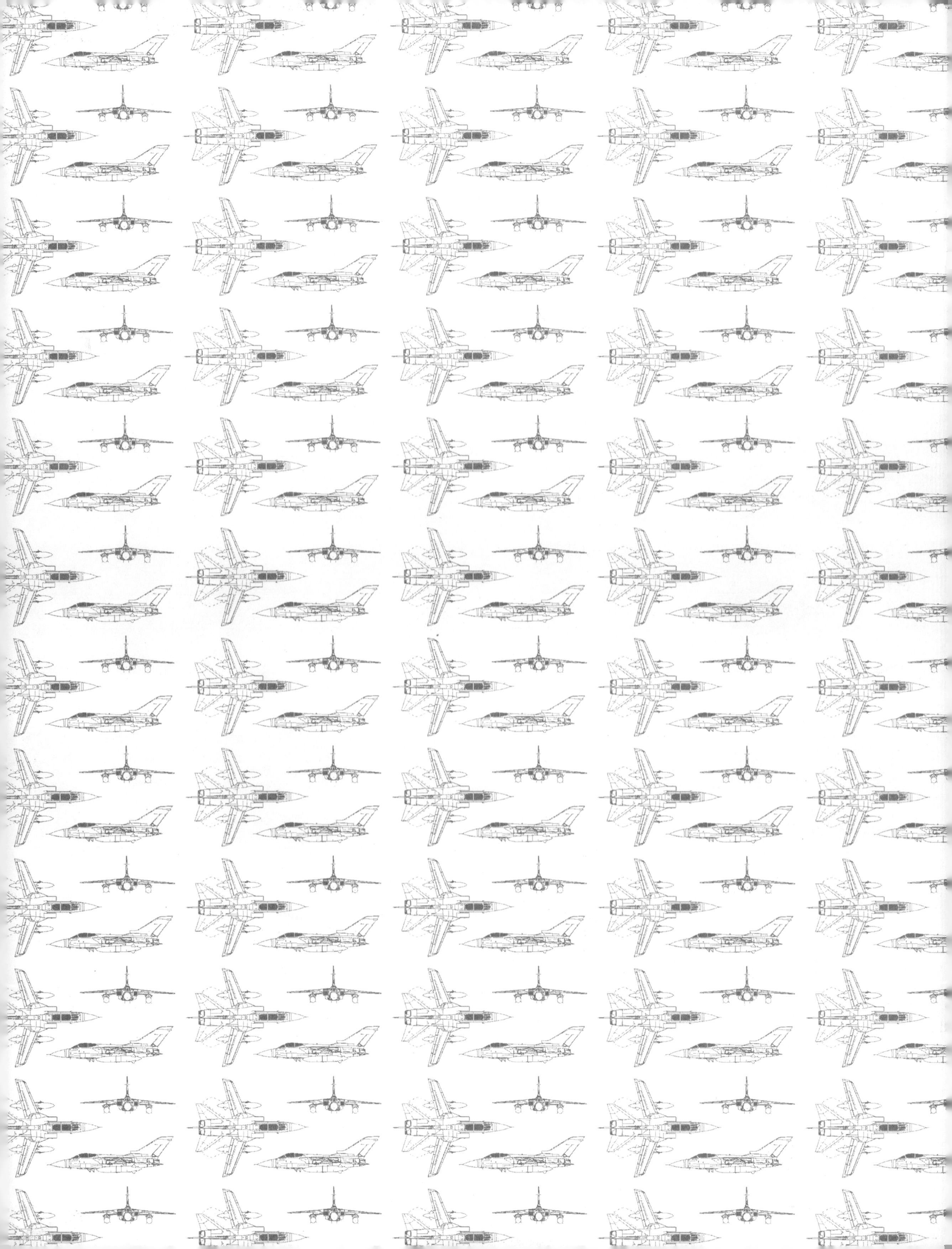